Python实现教程

——新工科过程计算与优化

方利国　方　曦　编著

化学工业出版社

·北京·

内容简介

本书是关于 Python 基础知识与实践应用的入门教程。全书以案例为导向，以实用为准则，在遵循 Python 语言简洁、高效、优雅的前提下，介绍了 Python 语言的基础知识及其利用 Python 语言进行科学计算、统计分析、数据可视化、人工智能、机器学习及图形用户界面开发方面的知识。全书程序代码为作者多年来从事计算机软件开发的经验总结，具有较强的实用性，可通过邮箱 lgfang@scut.edu 联系作者免费索取。本书有关慕课内容及 PPT 课件将陆续上传到作者的学堂在线《计算机辅助设计》课程上，欢迎大家选课学习。

本书可作为非计算机专业本科生和研究生计算机应用课程教材，也可以作为从事计算机应用及人工智能方面科技人员的参考书；有关章节页可以作为一般人员学习 Python 语言入门教程。

图书在版编目（CIP）数据

Python 实现教程：新工科过程计算与优化/方利国，方曦编著. —北京：化学工业出版社，2024.2（2025.1 重印）

ISBN 978-7-122-44956-6

Ⅰ. ①P… Ⅱ. ①方… ②方… Ⅲ. ①软件工具-程序设计-教材 Ⅳ. ①TP311.561

中国国家版本馆 CIP 数据核字（2024）第 020759 号

责任编辑：廉　静　　　　装帧设计：王晓宇

责任校对：李露洁

出版发行：化学工业出版社（北京市东城区青年湖南街 13 号　邮政编码 100011）

印　　装：北京科印技术咨询服务有限公司数码印刷分部

787mm×1092mm　1/16　印张 26½　字数 690 千字　2025 年 1 月北京第 1 版第 2 次印刷

购书咨询：010-64518888　　　　售后服务：010-64518899

网　　址：http://www.cip.com.cn

凡购买本书，如有缺损质量问题，本社销售中心负责调换。

定　　价：88.00 元

前言

PREFACE

Python 作为一门计算机语言尽管其发展历史不长，但其开源、免费、共享的生态环境以及第三方库功能丰富、编程代码简洁高效等禀赋已越来越引起人们的重视。掌握 Python 语言并利用其进行科学计算、数据分析、系统优化、图像处理、机器学习及人工智能已是当前和将来一段时间内科学研究和工程设计人员的选择。

全书共分 11 章，第 1 章是有关 Python 语言的基础知识，也可以作为短学时编程语言课程的学习资料；第 2 章介绍了数据可视化工具 Matplotlib 第三方库的具体应用；第 3～6 章介绍了普通方程求解、微分方程求解、模型参数拟合及辨识、过程系统优化等科学计算问题，重点在利用 Python 语言的第三方库 Numpy 库、Scipy 库、SymPy 库求解科学研究和工程设计中的实际问题；第 7 章介绍了利用 PyQt5 开发 Python 语言的图形用户界面（GUI）；第 8 章主要介绍了利用 Pandas 库、Seaborn 库、Statamodels 库进行数据统计和分析以及统计数据的可视化；第 9 章主要介绍了利用 OpenCV 库进行图像处理及机器学习入门基础知识；第 10 章介绍了人工智能算法在 Python 中的应用及五种主要人工智能算法的具体应用；第 11 章介绍了 Python 脚本共享框架 Streamlit 的基础知识及应用。

本书全部代码在 Python3.7.7 环境下调试通过，需要具体程序读者可以联系作者索取（lgfang@scut.edu.cn）。

本书的编写遵循简明、实用的原则，以大量的案例来说明 Python 语言的基础知识以及具体应用，对于需要用到复杂的数学知识及内容尽量以实用简单的形式，呈现给读者；对于既可以用第三方库函数也可以自己编程的问题，尽量提供两种方法求解的程序，力争为读者提供一种解决具体问题的基本思路。

感谢华南理工大学及中国邮政广东分公司信息局对本书的出版给予了大力支持；感谢 Python 语言生态圈所有知识共享的提供者；感谢本书的编辑组全体成员；感谢家人在本书写作过程中的默默支持。

本书在编写过程中，参考了一些前人的文献及专著，在此特表示感谢。因作者水平有限，疏漏之处在所难免，望同行及读者予以批评指正。

作　者

2023 仲秋年于广州

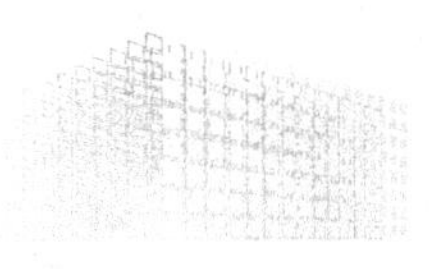

目录

CONTENTS

第 1 章 Python 入门基础

001-087

第 2 章 数据图形绘制

088-133

第 6 章 模型参数拟合及辨识

211-235

第 7 章 Python 图形用户界面开发

236-261

第1章 Python 入门基础

【本章导读】

本章是 Python 入门基础知识介绍。如果已经学习过 Python 基础课程，可以将本章作为小说一样，大致浏览一下，回顾一下这些知识是否还记得，但对于本章中关于数组运算、NumPy、SciPy、SymPy、Matplotlib、Skimage 等第三方库内容建议应认真学习。如果你是一个 Python 语言的新手，那么就必须按部就班依照本书的次序，循序渐进，逐步安装 Python 解释器、编辑器、第三方库，在此基础上，调用或输入本书上的代码，逐个运行这些代码，看返回的结果是否和本书一致，如果不一致，请分析原因，是版本问题还是运行界面问题或是其他原因。

1.1 Python 概述

1.1.1 发展历史

Python 是一门语法简洁、功能丰富的解释型脚本语言，是目前很受欢迎的程序设计语言之一，属于高级编程语言。Python 语言的创始人为荷兰计算机程序员吉多·范罗苏姆（Guido van Rossum）。1989 年的圣诞节期间，吉多·范罗苏姆为了在阿姆斯特丹打发时间，决心开发一个新的解释程序，作为 ABC 语言的一种继承。经过吉多·范罗苏姆两年左右时间的开发，1991 年第一个 Python 解释器诞生。它是用 C 语言实现的，并能够调用 C 语言的库文件。吉多·范罗苏姆选中 Python 作为程序的名字，是因为他是 BBC 电视剧-蒙提·派森的飞行马戏团（Monty Python's Flying Circus）的爱好者。

1994 年，Python1.0 正式发布，增加了 lambda、map、filter 和 reduce 等函数；2000 年 10 月 16 日 Python2.0 发布，增加了实现完整的垃圾回收，并且支持 Unicode；2008 年 12 月 3 日 Python3.0 发布，该版不完全兼容之前的 Python2.X 版本，此时 Python2.X 版本已更新至 Python2.6 版本。2010 年 7 月 3 日 Python2.7 版本发布，移植了一些 Python3.X 的新特性。2014 年 11 月，Python 核心开发团队发布了 Python2.7，并在 2020 年停止支持并不再发布 2.8 版本的消息。

Python3.0 版本，又被称为 Python3000，简称 Py3k。自从 Python3.0 版本发布以来，又陆续发布了 Python3.1（2009/06/27）、Python3.2（2011/02/20）、Python3.3（2012/09/29）、Python3.4（2014/03/16）、Python3.5（2015/09/13）、Python3.6（2016/12/23）、Python3.7（2018/06/27）、Python3.8（2019/09/14）、Python3.9（2020/09/05），作者写本书时的最新版本是 Python3.9.1。

1.1.2 安装与启动

Python 的安装包括 Python 语言本身解释器的安装以及第三方库的安装。Python 语言本身解释器的安装非常简单，只要进入 Python 的官方网站（https://www.python.org /），见图 1-1，鼠标移到 Downloads，点击 Windows，就会弹出 Python 所有适合 Windows 操作系统的解释器，如图 1-2 所示。在图 1-2 中，你可以根据自己电脑 Windows 的版本，选择合适的 Python 解释器版本进行下载安装。在目前情况下，一般推荐 3.7 以上版本，但也不推荐最新的 3.9.1 版本，因为最新的版本可能会存在一些 bug。

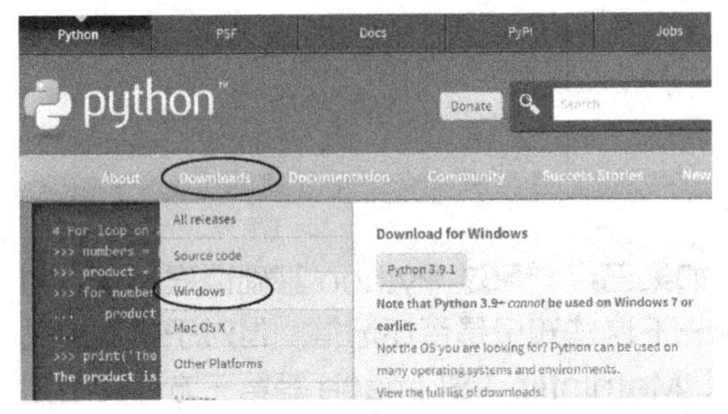

图 1-1 Python 官方网站主界面

Python Releases for Windows

- Latest Python 3 Release - Python 3.9.1
- Latest Python 2 Release - Python 2.7.18

Stable Releases

- Python 3.8.7 - Dec. 21, 2020

Note that Python 3.8.7 cannot be used on Windows XP or earlier.

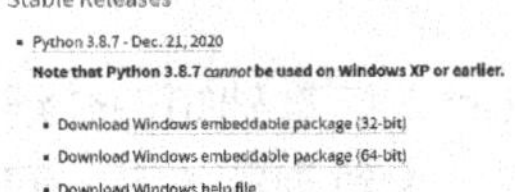

- Download Windows embeddable package (32-bit)
- Download Windows embeddable package (64-bit)
- Download Windows help file
- Download Windows installer (32-bit)
- Download Windows installer (64-bit)

Pre-releases

- Python 3.8.7rc1 - Dec. 7, 2020
  - Download Windows embeddable package (32-bit)
  - Download Windows embeddable package (64-bit)
  - Download Windows help file
  - Download Windows installer (32-bit)
  - Download Windows installer (64-bit)
- Python 3.10.0a3 - Dec. 7, 2020
  - Download Windows embeddable package (32-bit)

图 1-2 适用于 Windows 的 Python 下载界面

注意 Python 的 3.9 以后的版本不再支持 Windows 7 操作系统，但同时支持 32 位（32-bit）和 64 位系统（64-bit）。同一版本选择安装文件时，可选择 Windows installer，下载后直接运行该文件，按提示操作就可以安装好 Python 解释器。下面以 Windows 10 的 64 位操作系统为例，介绍 Python 解释器的安装过程。

① 点击图 1-2 中左下最后一项 Download Windows installer(64-bit)，根据提示下载文件，下载后直接运行下载文件，系统弹出图 1-3 的 Python 3.8.7 的安装界面。

② 将图 1-3 中的最后两项选中，点击 Install Now，系统就按默认的目录将 Python 3.8.7 安装到 C 盘，同时默认安装 IDEL、pip 及一些标准库，以便允许最低限度使用 Python 进行编程运算。

③ 图 1-4 是 Python 3.8.7 安装进程界面，等 Python 3.8.7 安装完毕，系统显示图 1-5 的界面，单击 Close，完成 Python3.8.7 的安装。

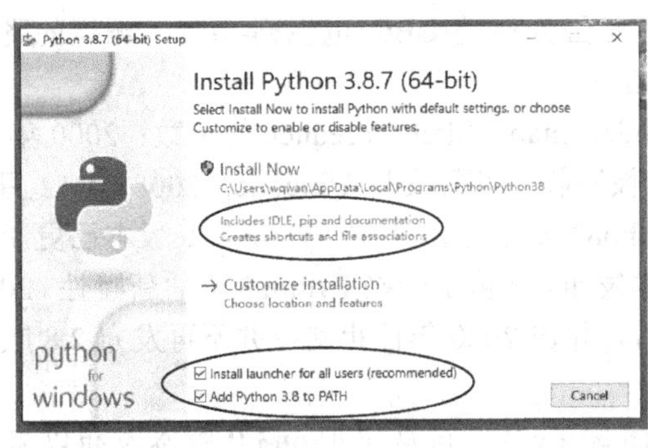

图 1-3 Python 3.8.7 安装界面

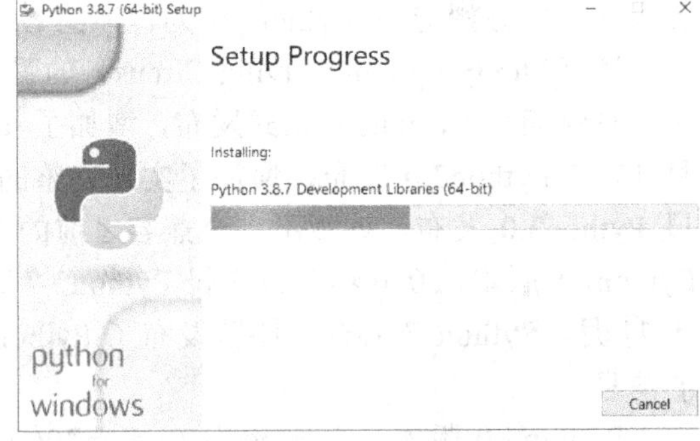

图 1-4 Python 3.8.7 安装进程界面

④ 鼠标点击左下方开始图标，系统显示图 1-6 界面，共添加了 4 项内容。

至此，Python 解释器安装完毕，可以进行一些基本的运算。点击图 1-6 中的第 4 项 Python 3.8 可直接进入 Python 运行界面，系统显示如下 3 行内容：

```
    Python 3.8.7 (tags/v3.8.7:6503f05, Dec 21 2020, 17:59:51) [MSC v.1928 64 bit (AMD64)] on win32 Type "help", "copyright", "credits" or "license()" for more information.
    >>>
```

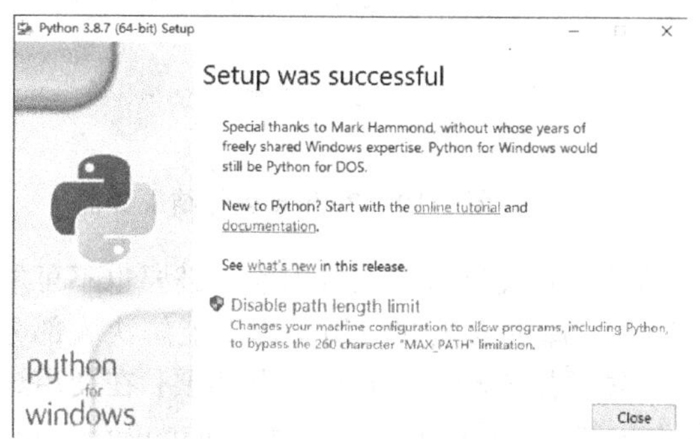

图 1-5　Python 安装成功界面

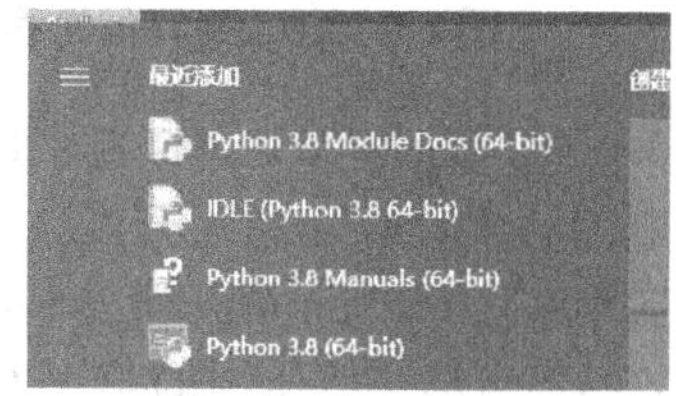

图 1-6　Python 安装成功后开始栏添加内容

用户可以在“＞＞＞”后面直接输入 Python 命令进行运算，如输入“x=5”回车，输入“y=5”回车，输入“z=x+y”回车，输入“z”回车，系统显示结果为 10，表明已进行正确的加法运算，见图 1-7。对于更加复杂的运算，需要先在编辑器中编写好 Python 的代码，再通过 Python 的解释器进行运算。在安装 Python 解释器时，系统已默认安装了一种 Python 编辑器 IDLE。点击图 1-6 中的第 2 项 IDLE，点击 File，再点击 New File，见图 1-8，就可以进行编程运算。

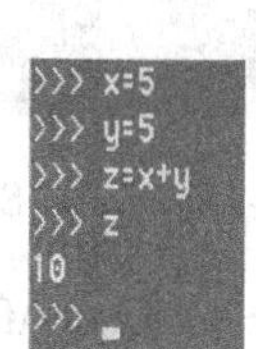

图 1-7　Python 命令行运行界面

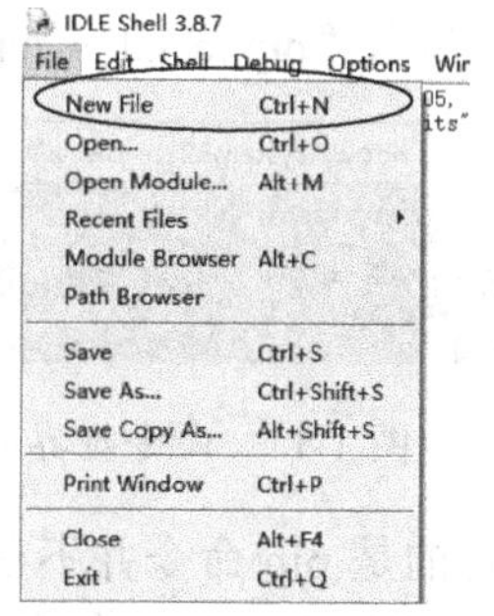

图 1-8　IDLE 初始见面

如要计算 1～10 的自然数的一次加和、平方加和、立方加和可以在 IDLE 编辑器中输入以下代码（01-sum.py）：

```
sum1,sum2,sum3=0,0,0
for x in range(10):                 #x 取 0 到 9,每次增加 1
    sum1=sum1+(x+1)                 #缩进 4 格
    sum2=sum2+(x+1)*(x+1)
    sum3=sum3+(x+1)*(x+1)*(x+1)     #循环到此为止
print("sum1,sum2,sum3=",sum1,sum2,sum3)
```

在 IDLE 中输入上述代码的界面图如图 1-9，点击 F5，按提示输入文件名为“01-sum”，就可以得到如图 1-10 所示的计算结果。

另一台电脑的操作系统是 Windows 7，安装的是 Python3.7.7 版本，后续大多数例子将在该版本下运行。Python 中的对象基本上可以分为三类，分别是内置对象、标准库对象和第三方扩展库对象。其中内置对象可以直接使用，没有对应的 Python 源代码；标准库对象是随

Python 安装的，但是需要导入才能使用；第三方扩展库需要单独安装之后再导入才能使用，也有一些第三方扩展库的核心代码编译成为 dll 或 pyd 的动态链接库。

```
*untitled*
File Edit Format Run Options Window Help
sum1, sum2, sum3=0, 0, 0
for x in range(10):
    sum1=sum1+(x+1)
    sum2=sum2+(x+1)*(x+1)
    sum3=sum3+(x+1)*(x+1)*(x+1)
print("sum1, sum2, sum3=", sum1, sum2, sum3)
```

图 1-9　IDLE 编程界面

```
File Edit Shell Debug Options Window Help
Python 3.8.7 (tags/v3.8.7:6503f05, Dec 21 2020, 17:59:51) [MSC
Type "help", "copyright", "credits" or "license()" for more in
>>> sum1, sum2, sum3=0, 0, 0
>>> x=1
>>> (x+1)*(x+1)
4
>>>
========================== RESTART: C:/Users/wqwan/AppData/L
sum1, sum2, sum3= 55 385 3025
>>>
```

图 1-10　Python 运行结果界面

Python 的第三库多达 15 万个以上，全面掌握和安装这些第三方库既无必要也不可能。作为一般的科学计算和通用开发，10～20 个第三方库的安装和应用基本上能解决大部分问题。第三方库在 Python 解释器安装时是没有的，需要用户根据自己的实际需要，在使用过程中逐步安装。当然一些常用的第三方库可以预先安装好，常用的第三方库有 NumPy、SymPy、SciPy、Matplotlib、Skimage、Turtle、Pyinstaller、OpenCV、PyQt5、Pandas、Seaborn 等。由于 Python 语言免费开源的生态环境，所有第三方库也是免费使用的，有多种途径获取第三方库。第三方库的安装有多种方法，其中最简单的方法是通过 pip 命令利用网络搜索自动安装。目前高版本的 Python 解释器安装时已自动安装 pip，如图 1-3 中间打圈部分提示。针对 Windows 系统的 pip 命令具体安装方法如下：

（1）点击屏幕左下方“开始”标志，在搜索框中输入“cmd”，回车，系统进入如图 1-11 所示的命令行界面。

（2）在保证网络连接的前提下，输入“pip install packageName”，回车。如需要安装 SymPy 库，就输入“pip install sympy”回车即可，见图 1-12。安装完成后，系统提示安装成功。

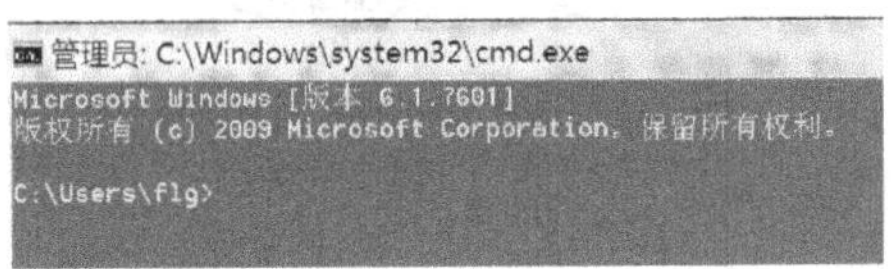

图 1-11　命令行界面

图 1-12　安装 SymPy 库

需要注意的是 pip 命令并不在 C:\User\flg 文件夹下，而是在 C:\Users\flg\AppData\Local\Programs\Python\Python37 文件夹下，但这并不影响 pip 命令的调用，这是因为在操作系统的环境变量 PATH 项下，添加了 C:\Users\flg\AppData\Local\Programs\Python \Python37，见图 1-13，这样，即使在其他文件夹下输入“pip”命令，操作系统会自动寻找 pip 命令所在的文件夹。

有些第三方库在安装时，需要先安装其他第三方库或对 Python 的版本有要求。大多数第三库安装问题可以根据 pip 命令安装时提供的安装错误信息，不断加以修改 pip 命令的内容从而完成第三方库的安装。第三方 SciPy 库安装时需要先安装 NumPy 库，并且这个 NumPy 库必须带有 mkl，一般通过“pip install numpy”不会带上 mlk，这时就需要先从网上下载带有 mkl 的 NumPy 库，针对 Windows 系统的具体下载界面见图 1-14。大多数第三方库均可以利用 http://www.lfd.uci.edu/~gohlke/pythonlibs/# packageName 网址进行下载。如要下载 SciPy 库，其网址为 http://www.lfd.uci.edu/~gohlke/pythonlibs/#scipy，只要将 packageName 改成对应的第三方库名即可。作者的电脑是 64 位的 Windows 7，下载图 1-14 中的倒数第二行文件“numpy-1.19.4+mkl-cp37-cp37m-win_amd64.whl”到某一路径，下载完成后就可以利用下面命令进行安装，具体安装命令如下：

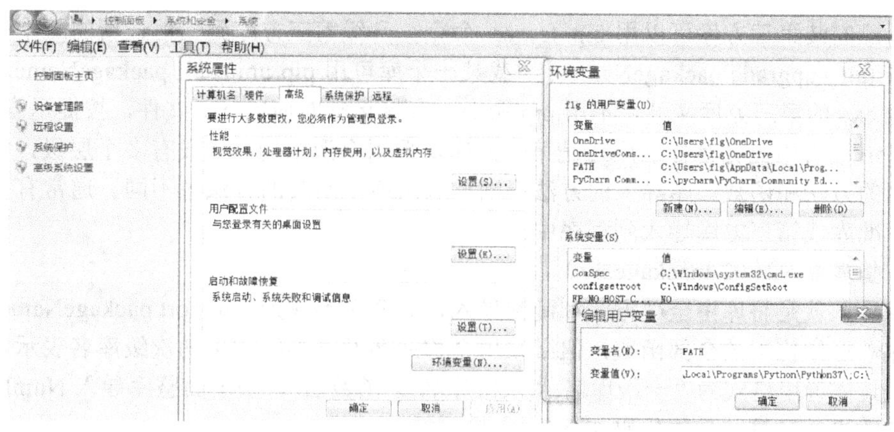

图 1-13　环境变量设置

```
pip install  <路径名>\ numpy-1.19.4+mkl-cp37-cp37m-win_amd64.whl
```

https://www.lfd.uci.edu/~gohlke/pythonlibs/#numpy

NumPy: a fundamental package needed for scientific computing with Python.
Numpy+MKL is linked to the Intel® Math Kernel Library and includes required DLLs in the numpy.DLLs directory.
Numpy+Vanilla is a minimal distribution, which does not include any optimized BLAS libray or C runtime DLLs.

numpy-1.19.4+vanilla-pp37-pypy37_pp73-win32.whl
numpy-1.19.4+vanilla-cp39-cp39-win_amd64.whl
numpy-1.19.4+vanilla-cp39-cp39-win32.whl
numpy-1.19.4+vanilla-cp38-cp38-win_amd64.whl
numpy-1.19.4+vanilla-cp38-cp38-win32.whl
numpy-1.19.4+vanilla-cp37-cp37m-win_amd64.whl
numpy-1.19.4+vanilla-cp37-cp37m-win32.whl
numpy-1.19.4+vanilla-cp36-cp36m-win_amd64.whl
numpy-1.19.4+vanilla-cp36-cp36m-win32.whl
numpy-1.19.4+mkl-pp37-pypy37_pp73-win32.whl
numpy-1.19.4+mkl-cp39-cp39-win_amd64.whl
numpy-1.19.4+mkl-cp39-cp39-win32.whl
numpy-1.19.4+mkl-cp38-cp38-win_amd64.whl
numpy-1.19.4+mkl-cp38-cp38-win32.whl
numpy-1.19.4+mkl-cp37-cp37m-win_amd64.whl
numpy-1.19.4+mkl-cp37-cp37m-win32.whl

图 1-14　Windows 系统的第三库下载界面

pip 命令除了用来安装第三方库的功能外，还可以卸载、升级、查询已安装的第三方库。pip 的具体应用可通过输入 pip 直接回车，系统就会显示 pip 的具体功能命令及说明，见图 1-15。

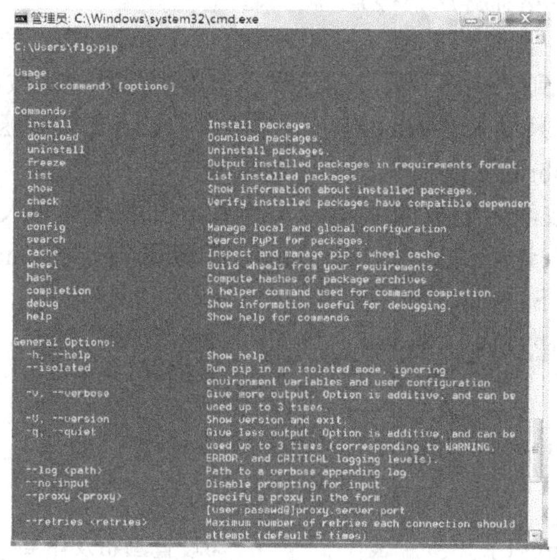

图 1-15　pip 主要功能命令

查询已安装第三方库可以用 pip freeze 命令；升级第三方库到当前最新的版本，可以使用 pip install –upgrade packageName；卸载某一个库可用 pip uninstall packageName。对于下载版本为.exe 的第三方库文件，不用 pip 命令，直接运行对应的.exe 文件，按提示安装即可。

Python 语言中无论是标准库还是第三方库均采用伞形结构，一般有多个层级，每个层级下有不同的方法和函数，库导入的方法不同，调用库中函数的方法也不同。通常有以下几种方法将标准库或第三方库导入到程序中。

（1）整库导入（02-tpackage.py）

整库导入就是将库中全部方法和函数导入，其命令形式为“import packageName”，可以调用该库伞形结构下的全部函数，但必须用全称库名及伞形结构下的次级库名表示，不能省略库名，具体调用格式为“一级库名.＜次级库名.＞函数名”，如下面整库导入 NumPy，并引用三角函数进行运算，具体代码如下：

```
# 整库导入例子
import numpy
x=5+numpy.sin(numpy.pi/2)+4*numpy.cos(numpy.pi/4)**2      #调用 sin、cos 及π
print('x=',x)
```

运行上述代码后，得到“x=8”的显示结果。注意在 Python 语言中用 pi 表示 π 值。

（2）函数导入

函数导入分为全部函数导入和指定函数导入，全部函数导入的命令为“from packageName import *”，指定函数导入时，其命令形式为“from packageName import funName”，全部函数调入时，引用该导入库中的函数时无需库名，只用函数名即可直接调用，具体代码如下（03-tfunc.py）：

```
# 全函数导入例子
from numpy import *
x=8+2*sin(pi/2)+4*cos(pi/4)**2                          #sin 等函数直接调用
print('x=',x)
```

运行上述代码后，得到“x=12”的显示结果。只导入部分函数时，能直接调用的只有这部分函数，其他没有单独导入的函数不能使用，具体代码如下（04-pfunc.py）：

```
# 部分函数导入例子
from numpy import sin,cos,pi      #只能直接调用上述 3 个函数,其他函数不能调用
x=8+4*sin(pi/2)+8*cos(pi/4)**2
print('x=',x)
```

运行上述代码后，得到“x=16”的显示结果，该库中的其他函数，即使采用“numpy.函数名”也无法调用，因为它只导入了 NumPy 库中的 sin，cos，pi 三种函数功能，没有导入全库。

（3）缩写导入（05-abridge.py）

缩写导入是将库名按约定俗成的缩写导入全库，引用这些导入库的函数时用“缩写名.＜次级库名.＞）函数名”进行引用。如将 numpy 库简称 np，将 matplotlib.pyplot 次级库简称 plt。具体导入代码如下：

```
import matplotlib.pyplot as plt               #缩写导入次级库
import numpy as np                            #缩写导入主库
import matplotlib                             #导入主库
x=np.linspace(-3*np.pi, 3*np.pi, 300)
y1=2*np.sin(x)
y2=np.cos(2*x)**2
fig, ax=plt.subplots()                        #设置画布及布局
matplotlib.pyplot.plot(x, y1, color="blue",label="y1(x)",lw=2)
```

```
                                                    #主库下的伞形调用
#plt.plot(x, y1, color="blue", label="y1(x)")       #和上面一句语句功能相同
plt.plot(x, y2, color="red", label="y2(x)", linestyle='-.')  #次级库缩写调用
ax.set_xlabel("x")
ax.set_ylabel("y")                                  #设置坐标轴名称
ax.set_xlim(-10, 10)
ax.set_ylim(-3, 3)
plt.grid(True)
plt.legend()                                        #显示图例
fig.savefig("g:/pybook/05-abridge.png", dpi=100) #图片保存在G盘pybook文件夹下
plt.show()                            #显示图形,此句要放在图片保存语句后面
```

运行上述代码后，系统显示图 1-16 所示的图形，同时将该图形以“05-abridge.png”的名称保存在 G 盘 pybook 文件夹下。

（4）次级导入(06-secin.py)

次级导入就是导入主库下的某一个层次下的函数，当然也可以像主库导入一样，可以全部导入、部分导入、缩写导入，具体应用代码如下：

```
from numpy import *
from numpy.linalg import *                    #次库函数全部导入
from numpy.linalg import solve                #次库函数只导入 solve
import numpy.linalg aslg                      #次库缩写成 lg 整体导入
a=mat([[1,2],[3,5]])                          #主库函数直接调用
b1=mat([[4],[11]])
b2=mat([[4,8],[11,15]])
aa=a.I
x1=aa*b1
x2=linalg.solve(a,b2)                         #主库-次库-函数调用
x3=solve(a,b2)                                #次库函数直接调用
x4=lg.solve(a,b2)                             #次库缩写-函数调用
print("X1=",mean(x1[0]),mean(x1[1]))
print("X2=",x2)
print("X3=",x3)
print("X4=",x4)
```

运行上述代码后，得到的计算结果见图 1-17，说明不同引用方法最后指向的函数是一致的，都能得到正确的计算结果。

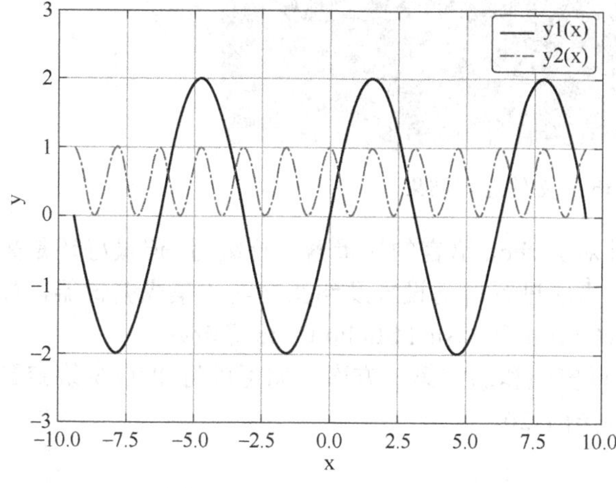

图 1-16　缩写导入案例图

```
>>>
=============== RESTART: G:/python 应用
X1= 1.9999999999999964 1.0
X2= [[  2. -10.]
 [  1.   9.]]
X3= [[  2. -10.]
 [  1.   9.]]
X4= [[  2. -10.]
 [  1.   9.]]
>>>
>>>
>>>
>>>
>>>
>>>
>>>
>>>
```

图 1-17　次级导入案例图

1.1.3 运行与编码模式

Python 运行模式一般可以分为两种，一种是在 Python 命令环境下交互式运行模式。对于 Windows 系统，可以通过点击“Win+R”，输入“cmd”回车，再输入“python”回车就可以进入 Python 解释器运行模式，进行输入一行回车后就运行一行的模式运行。交互模式比较适用于检验某个库是否安装成功以及检验某行代码是否能正确运行。譬如为了检验自己的计算机是否成功安装了 SciPy 库，可以在交互界面输入“import scipy”回车，系统显示“＞＞＞”表明该计算机已成功安装 SciPy 库，否则会显示错误信息。Python 另一种运行模式是文件运行模式，文件运行模式需要先利用某一个编辑器，将文件代码编写好，然后以 UTF-8 的编码形式用“*.py”作为文件名，保存在某一个目录下，点击 Win+R，输入“cmd”回车，再输入“python ＜路径名＞*.py”回车就可以运行“*.py”文件。如在记事本编辑器中，输入如图 1-18 所示的代码，用来计算 1～100 自然数的一次方、平方、立方的累加和，输入代码后，将代码以 UTF-8 的编码形式用“sum2.py”作为文件名保存在 G 盘的根目录下，利用上面所述的调用命令，就可以运行“sum2.py”文件，得到计算结果，见图 1-19。需要提醒读者注意的是在图 1-19 中，调用了 3 次 Python 命令，第一次调用时弹出了出错结果，这是因为在第一次调用的时候，“sum2.py”文件不是以 UTF-8 的编码形式保存的，而是以 ANSI 的形式保存的。第二次和第三次调用时，“sum2.py”文件均是以 UTF-8 形式保存，均得到了正确的计算结果，说明 python g:sum2.py 和 python g:\sum2.py 均指向同一个文件。

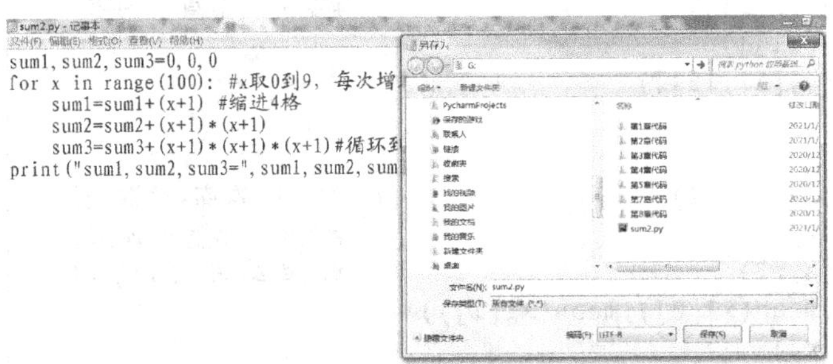

图 1-18 记事本中编辑及保存 Python 文件

```
C:\Users\flg
λ python g:\sum2.py
  File "g:\sum2.py", line 2
SyntaxError: Non-UTF-8 code starting with '\xb5' in file g:\sum2.py on line 2, but no encoding declared;
see http://python.org/dev/peps/pep-0263/ for details

C:\Users\flg
λ python g:sum2.py
sum1,sum2,sum3= 5050 338350 25502500

C:\Users\flg
λ python g:\sum2.py
sum1,sum2,sum3= 5050 338350 25502500
```

图 1-19 Python 文件运行结果

编写文件代码尽管可以用记事本等非针对 Python 语言的编辑器进行编写，但最好还是采用在代码编写过程中能对 Python 语言中的语法进行自动设置及纠错功能的集成编辑器，如 Python 语言自带的 IDLE、第三方编辑器 PyCharm 及 Visual Studio Code 等较好。

利用 PyCharm 集成环境编辑器，还可以安装和绑定第三方库，如可以将 PyQt5 绑定到 PyCharm 环境下，方便 GUI 程序的开发，见图 1-20。

1.1.4 变量与常量

任何程序的编写都离不开变量、常量、运算规则、内部函数、编码规则等内容。Python

语言的变量是一种弱类型，在使用变量时无需预先指定类型。Python 语言的常量与变量没有严格的区分，常量一般采用大写英文字母，其命名规则和变量一致。Python 语言的变量命名时需遵守以下几条规则：

① 变量名称的长度不受限制，但其中的字符必须是字母、数字或者下划线“_”，而不能使用空格、连字符、标点符号、引号或其他字符；

② 变量名称的第一个字符不能是数字；

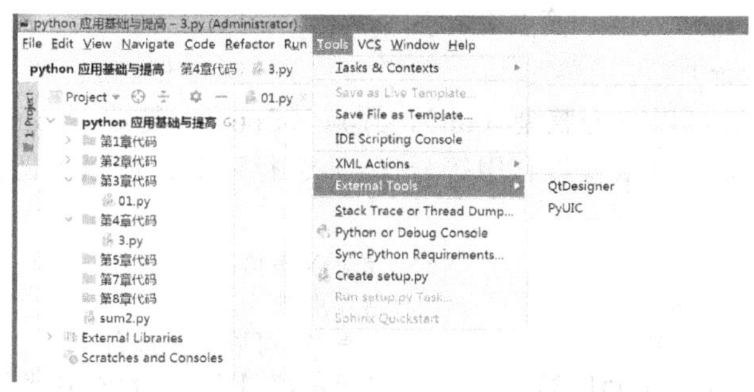

图 1-20　PyCharm 绑定 PyQt5 编程环境

③ 字母不仅限于英文字母，也可以是中文字符、日文字符、希腊字符等；

④ Python 语言中的关键词不能作为变量名。

图 1-21 所示的这些变量命名是正确，可以通过 print 语句成功打印，具体代码见本章 07-cvname.py 文件。图 1-22 是该文件运行结果，能正确打印显示。

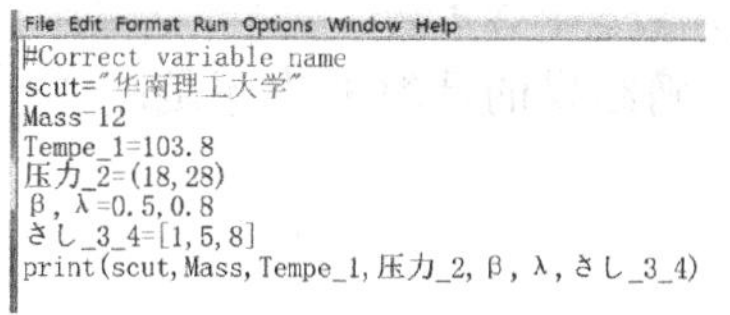

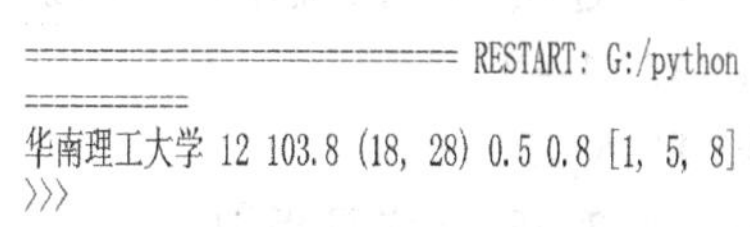

图 1-21　正确的变量命名　　图 1-22　正确命名变量打印结果

图 1-23 所示的这些变量命名是不正确的，无法通过 print 语句成功打印，具体代码见本章 08-ervname.py 文件。图 1-24 是该文件运行结果，显示错误提示信息。

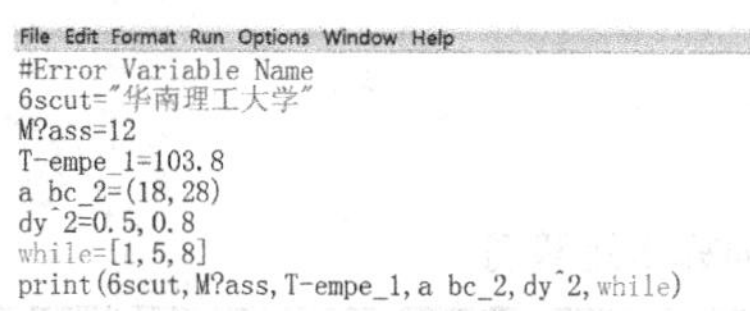

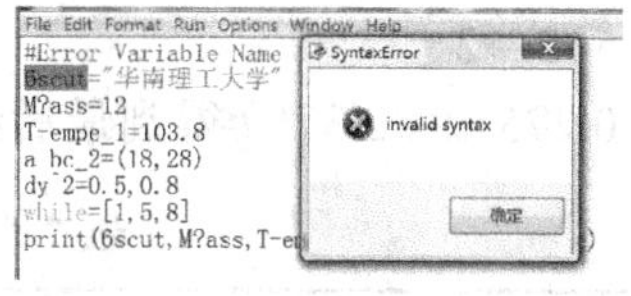

图 1-23　错误命名的变量　　图 1-24　错误命名变量运行结果

每一个变量均有四个要素，分别是变量的名称（name）、地址（内存位置）、类型（type）、数据（data）或值（value）。变量的名称是在程序编码中的唯一标识符，变量的数据需要在程序中给定或通过输入语句输入，而变量的地址和类型跟变量赋值的数据有关。需要注意的是 Python 语言是区分大小写的，因此 Scut 和 scut 是两个不同的变量名称。Python 每个变量在内存中创建，都包括变量的标识、名称和数据。每个变量在使用前都必须赋值，变量赋值以后该变量才会被创建。对于在变量名中使用下划线需注意以下几个问题：

① 以单一下划线开头的变量名（_x）不会被 from module import * 语句导入；

② 前后有下划线的变量名（_x_）是系统定义的变量名，对 Python 解释器有特殊意义；

③ 以两个下划线开头但结尾没有下划线的变量名（_ _x）是类的成员变量；

④ 变量名就是下划线（_），表示在交互式模式下，最近一次表达式的返回值。

1.1.5 数据及数据类型

数据是变量的核心，在 Python 语言中变量的数据类型决定了变量的类型，Python 语言的数据类型主要分为数字（Number）、字符串（String）、列表（List）、元组（Tuple）、集合（Set）、字典（Dictionary）等共六大类，简要介绍如下。

（1）数字（Number）

数字类型的数据又可以分为整型（int）、浮点（float）、复数（complex）、布尔（bool）共四种。数字类型的数据可以直接利用等号（=）进行赋值，如以下四种数字类型数据直接赋值代码如下：

```
x1_i,x2_i=7,-8                                    #可以是负整数
x1_f,x2_f=7.0,-8 .0                               #浮点数
x1_c, x2_c=6+8j ,-6j                              #复数,可以只有虚部
x1_b, x2_b =boo(1) ,bool(0)                       #布尔数,1 代表 True,0 代表 False
```

数字数据进行一般的算术运算时无需导入任何库，因为这些功能都是 Python 语言的内置对象。Python 语言内置对象提供了 8 种算术运算符，表 1-1 是按优先运算等级降序排列的 8 种算术运算符应用列表。其中乘法、浮点除法、整数除法、求余数为同一优先级，具体计算次序按出现的先后次序，加法和减法也属于同一优先级，具体计算次序按出现的先后次序。如有括号，则括号内的运算为最高级，如有下面计算式子：

```
x=35//4%5/2**3+(4*2-6/2)//2
print("x=%.3f"%x )                                #三位小数点的浮点数
```

运行上述代码，系统显示“x=2.375”，能得到正确结果的计算的次序是：

① 35//4→8

② 8%5→3

③ 2**3→8　#先算指数

④ 3/8→0.375

⑤ 4*2→8　#先算括号内

⑥ 6/2→3　#先算除法

⑦ 8-3→5

⑧ 5//2→2

⑨ 0.275+2→2.375 #得到最后结果

表 1-1　Python 语言 8 种算术运算符

运算形式	运算符	通例	特例	结果	备注
指数	**	x**y	6**2	36	x 可以为负，如（-3）**1.2=（-3.0234525017028746 -2.1966668238913387j）
取负	-	- x	-8	-8	
乘法	*	x*y	3*5	20	
浮点除法	/	x/y	3/5	0.6	y≠0
整数除法	//	x//y	5//3	1	求整除部分，y≠0
求余数	%	x% y	17 % 5	2	又称取模，实为求余数，y≠0
加法	+	x+y	3+5	8	“+”号还有字符串连接功能
减法	-	x-y	6-3	3	

数字数据属于不可变数据，一旦改变，就变成了另一个数据，放在不同的内存位置。如图1-25所示，尽管变量名字没变，到数据改变后，其内存位置也随之改变。

（2）字符串（String）

字符串是由数字、字母、下划线组成的一串字符，用于对应显示当中的数据，它是有序不可变数据。Python语言中的字符串数据在赋值时既可以用单引号，也可以用双引号和三引号。当字符串内没有引号时可以用单引号；当字符串内有单引号时，需要用双引号；用三引号表示换行，也常用来表示注释，下面是一系列不同引号字符串数据赋值及打印代码（09-str.py），其代码运行结果见图1-26。

```
#09-str.py                                      #字符串数据赋值
str1='scut.edu.cn_华南理工大学邮箱'                #单引号
str2="scut.edu.cn_'华南理工大学邮箱'"              #双引号内有单引号
str3='''scut.edu.cn
          华南理工大学
          化学与化工学院
          '''#三引号
str4="scut.edu.cn"                              #单纯双引号
str5=""'scut.edu.cn'                            #左右引号不等,多余的引号不起作用
str6="""scut.edu.cn"""                          #三个双引号
str7="" #空字符串
print("str1=",str1)
print("str2=",str2)
print("str3=",str3)
print("str4=",str4)
print("str5=",str5)
print("str6=",str6)
print("str7=",str7)
```

由图1-26所示的运行结果可知，字符串内容相同，无论用单引号、双引号、三个双引号还是左右不等的引号进行赋值，最后字符串变量的结果相同；三引号赋值的字符串具有换行功能。

Python语言字符串中包含的字符区分大小写，大写的字符与小写的字符属于不同的数据，如“scut”与“SCUT”属于两个不同的数据，它们的id值也不同，具体运行结果见图1-27。

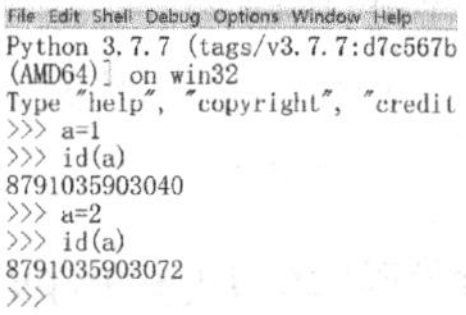

```
File Edit Shell Debug Options Window Help
Python 3.7.7 (tags/v3.7.7:d7c567b
(AMD64)] on win32
Type "help", "copyright", "credit
>>> a=1
>>> id(a)
8791035903040
>>> a=2
>>> id(a)
8791035903072
>>>
```

图1-25 同名不同值的数据id

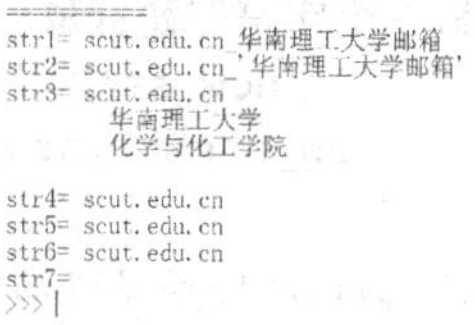

```
===========
str1= scut.edu.cn_华南理工大学邮箱
str2= scut.edu.cn_'华南理工大学邮箱'
str3= scut.edu.cn
          华南理工大学
          化学与化工学院

str4= scut.edu.cn
str5= scut.edu.cn
str6= scut.edu.cn
str7=
>>>
```

图1-26 字符串数据不同引号赋值运行结果

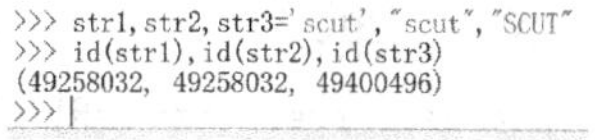

```
>>> str1,str2,str3='scut',"scut","SCUT"
>>> id(str1),id(str2),id(str3)
(49258032, 49258032, 49400496)
>>>
```

图1-27 大小写字符串的id值

包含字符的个数称为字符串长度，长度为零的字符串称为空字符串，比如""，引号里面没有任何内容，见图1-26中的str7等号后面无任何内容。字符串的长度可以用len(str)来计算。字符串属于序列类型的不可变数据，不能二次分配。如赋值str1="scut"后，不能再赋值str1[0]="S"试图将str1修改为“Scut”。当然你可以再次定义str1="Scut"，但其id值已改变，已属于一个新的字符串。字符串作为序列类型的数据，其列表的取值顺序有以下两种方法。

① 正向

从左到右索引默认从0开始，直至字符串最后一个字符，最大索引值为字符串长度减1，

即 n-1，n 为字符串字符个数，也称字符串长度。

② 反向

从右到左索引默认从-1 开始，直至字符串开头，其值为-n。作为序列类型的数据均可以进行索引、切片等运算，这些运算规则在 Python 语言中是通用的，无论是列表数据、元组数据还是数组都具有相通性，这里先对字符串的索引、切片及连接运算作一个简单的介绍，在后续内容的介绍中，将不断强化这些方面的内容。

字符串数据的索引截取一般可以分为以下几种情况：

① 从头第 1 个开始（索引号为 0）到第 m 个（索引号为 m-1）结束，间隔距离为 d（默认为 1），其索引格式为 new_str=old_str[0:m:d]，注意在 Python 语言中，索引范围一般左端为闭区间，右端为开区间，所以要想截取到第 m 个字符位置，尽管第 m 个位置的索引号为 m-1，但由于右区间是开区间，索引号必须加 1 才可以截取到第 m 个字符，下面是具体运行情况：

```
>>>old_str="123456789"
>>> new_str1=old_str[0:6:2]        #截取到第 6 个字符位置,间隔 2
>>> print("new_str1=",new_str1)
new_str1=135
>>> new_str2=old_str[0:7:2]        #截取到第 7 个字符位置,间隔 2
>>> print("new_str2=",new_str2)
new_str2=1357
>>> new_str3=old_str[0:7]          #截取到第 7 个字符位置,间隔 1
>>> print("new_str3=",new_str3)
new_str3=1234567
>>> new_str4=old_str[0:]           #截取到最后一个字符位置,默认间隔 1
>>> print("new_str4=",new_str4)
new_str4=123456789
```

② 从中间第 m1 个开始（索引号为 m1-1）到第 m2 个（索引号为 m2-1）结束，间隔距离为 d（默认为 1），其索引格式为 new_str=old_str[m1-1:m2:d]，具体应用代码如下（10-id_str.py）：

```
old_str="123456789"
new_str1=old_str[3:6]     #从第 4 个字符开始截取到第 6 个字符位置,间隔 1
new_str2=old_str[5:8:2]   #从第 6 个字符开始截取到第 8 个字符位置,间隔 2
new_str3=old_str[2:]      #从第 3 个字符开始截取到最后一个字符,间隔 1
new_str4=old_str[4:-2]    #从第 5 个字符开始截取到倒数第 3 个字符,间隔 1
print("new_str1=",new_str1,"        new_str2=",new_str2)
print("new_str3=",new_str3,"    new_str4=",new_str4)
```

运算结果：

```
=================RESTART: G:\python 应用基础与提高\第 1 章代码\10-id_str.py
new_str1=456        new_str2=68
new_str3=3456789    new_str4=567
```

尽管字符串属于不可变数据，但仍然可以通过“+”号将字符串数据连接起来生成新的字符串，也可以通过 join 的方法将两个字符串连接起来，Python 语言共有 45 种字符串内置函数，通过这些函数可以实现字符串替换、查找、分隔、转换大小写、去除空格、格式化对齐等功能，表 1-2 是字符串的常见运算及内置函数。

表 1-2　Python 语言字符串常见运算符及内置函数（11-cp_str.py）

运算或功能	运算符或函数	实例	结果	备注
连接	+	"sc"+"ut"	scut	字符串连接产生新字符串

续表

运算或功能	运算符或函数	实例	结果	备注
存在	in	"sc" in "scut" "ce" in "scut"	True False	判断字符串 str1 是否在字符串 str2 之中，是返回 True，否返回 False
不存在	not in	"sc" not in "scut" "ce" not in "scut"	False True	判断字符串 str1 是否不存在字符串 str2 之中
原始字符串	r/R	print(r"ch\scut\'ce") print(R'ch\scut\nce')	ch\scut\'ce ch\scut\nce	禁止对字符串进行转义操作保持原字符串形式，转义操作见下面
转为数值	int(str)	int("123456")	123456	字符串必须全部由数字组成
计算长度	len(str)	len("123456")	6	返回字符串的长度，空格也算
十种常见转义字符	\	print('ch.scut\ce')	ch.scutce	续行符号，注意一定要在行尾，否则无效
	\\	print("ch\\scutce")	ch\scutce	反斜杠（\）符号
	\'	print("ch\'scutce")	ch'scutce	单引号符号
	\"	print("ch\"scutce")	ch"scutce	双引号符号
	\b	print("ch\bscutce")	cscutce	退格符号在 IDLE 中显示ch□scutce
	\f	print("chscut\fce")	chscut ce	换页符号，不同集成工具下运行显示形式不同，IDLE 中显示 chscut♀ ce
	\n	print("ch\nscutce")	ch scutce	换行符号，字符串中遇到（\n）会自动换行
	\v	print("ch\vscutce")	ch scutce	纵向制表符，在 IDLE 中显示 ch♂scutce
	\t	print("ch\tscutce")	ch　scutce	横向制表符号，相当于 tab 键
	\r	print("ch\rscutce")	scutce	回车符，在 IDLE 中显示 chscutce，复制到 Word 文档显示 ch□scutce
逆转	s[::-1]	print(s[::-1])	工华河天 州广 321	需要先赋值字符串 s，本表中赋值 s="123 广州天河华工"，逆转运算不改变原字符串，产生新字符串
替换	s.replace(s1,s2)	print(s.replace ('华工','华农'))	123 广州天 河华农	用“华农”代替“华工”
去除左右空格	s.strip()	print(s.strip())	12345	此处 s="　12345 ")，删除空格
拆分	s.split()	print(s.split())	['I', 'like', 'reding']	空格拆分，返回 list，s="I like reding"，也可以指定的字符拆分
全部大写	s.upper()	print(s.upper())	I LOVE CHINA	s="i love china "
全部小写	s.lower()	print(s.lower())	i love china	s=" I LOVE CHINA "
首字大写	s.title()	print(s.title())	I Love China	s="i love china "
查找位置	s.find(sub [,start [,end]])	print(s.find("v", 2,-1))	4	返回 sub 字符串第一次出现的索引位置，可以通过 start 和 end 参数设置搜索范围，如果未找到 sub 时返回-1，本例中 s="i love china "

（3）列表（List）

列表是 Python 语言中使用率较高的数据类型，它是有序、可变的序列集合。创建列表的方法有以下两种。

① 使用中括号“[]”直接创建列表

使用“[]”创建列表时，需要在“[]”中写入列表的各个元素，元素和元素之间需要用逗号隔开，并用等号将列表数据赋给某个变量。列表中的各个元素类型可以不同，元素个数没有限制，也可以是空列表，具体格式如下。

```
li_name=[elem1 , elem2 , elem3 , ...]
```

其中，li_name 表示变量名，elem1、elem2 等表示列表元素，下面是定义的几个具体列表变量（12-list_1.py）。

```
#12-list_1.py,有关列表的基本定义
list1=[1,2,3,4,False]                    #含有布尔值
list2=[1,2,3,"ch","True","华南理工大学"]
list3=[]                                 #空列表
list4=[2*3,7**2,3/2,12//5,8+2,6-3/2]     #列表元素允许基本算术运算
set1={1,2,3}                             #集合
tup1=("a","b","c")                       #元组
dict1={'city':'guangzhou','GDP':10}      #字典
list5=[6,7,list2,set1,tup1,dict1]
print("list4=",list4)
print("list5=",list5)
```

运行上述代码后，系统显示以下计算结果：

```
list4=[6, 49,1.5, 2, 10, 4.5]
list5=[6, 7, [1, 2, 3, 'ch','True','华南理工大学'],{1,2,3},('a','b','c'),{'city':
'guangzhou','GDP':10}]
```

注意尽管列表中允许不同类型的数据，但不能直接将字符或符号直接作为元素写入列表中，只有布尔数据 True 和 False 例外，下面定义的列表是错误的。

```
list1=[1,2,a,b]          #元素 a 和 b 没有加引号
list2=[3,4,中国]          #元素“中国”没有加引号
```

② 使用 list() 函数创建列表

list(data)是 Python 语言的一个内置函数，使用它可以将其它数据“data”的类型转换为列表类型。例如在上面代码基础上添加下述代码：（以后均有类似情况，不再赘述，详细可参见具体代码文件）

```
rage1=range(1, 8)
list6=list(set1)          #将集合串转换成列表
list7=list(tup1)          #将元组转换成列表
list8=list(dict1)         #将字典转换成列表
list9=list(rage1)         #将区间转换成列表
print("list6=",list6)
print("list7=",list7)
print("list8=",list8)
print("list9=",list9)
```

运行得到以下结果：

```
list6=[1, 2, 3]
list7=['a', 'b', 'c']
list8=['city', 'GDP']     #只有字典中的 key 值转变
list9=[1, 2, 3, 4, 5, 6, 7]
```

列表和字符串一样，都是 Python 序列的一种，都可以进行索引、切片等操作运算，需要明确的是，尽管 Python 基本数据类型中没有数组（数组由 Numpy 第三方库创建，后面会单独介绍），但是加入了功能更加强大的列表。列表中的数据可以是不同类型的，但为了提高程序的可读性，一般情况下列表中尽量放入同一类型的数据。下面介绍列表的一些基本操作及主要函数和方法。

① 列表相加（组合）

语法：

```
list1+list2+…
```

参数：

list1 和 list2 是需要进行组合操作的列表。

返回值：

将各个列表按先后次序连接起来,生成一个新的列表,不影响原来的列表。

实例：(12-list_2.py)

```
list1=[1,2,3]
list2=[4,5,6]
list3=['city','guzhou']
list4=list1+list2+list3
print("list4=",list4)
```

运行结果：

```
list4=[1, 2, 3, 4, 5, 6,'city','guzhou']
```

用加号对三个列表进行操作就是将三个列表的元素直接连接起来，产生新的列表。

② 数乘列表（重复）

语法：

```
num*list 或 list*num
```

参数：

num 是和列表相乘的整数，也可以是布尔数。list 是和数字相乘的列表。

返回值：

当 num 为小于等于 0 的整数和 False 的布尔数时，不管原列表元素如何，返回空列表；当 num 为大于 0 的整数时，将原列表的内容增加 num-1 倍，以新的列表返回，布尔数 True 相乘时返回和原列表相同的内容。

实例：（接前面的代码内容(12-list_2.py)

```
list5=3*list1
list6=list3*2
list7=list1*(-1)
list8=list1*True
list9=list1*False
list10=list1*0
print("list5=",list5)
print("list6=",list6)
print("list7=",list7)
print("list8=",list8)
print("list9=",list9)
print("list10=",list10)
```

运算结果：

```
list5=[1, 2, 3, 1, 2, 3, 1, 2, 3]
list6=['city','guzhou','city','guzhou']
list7=[]
list8=[1, 2, 3]
list9=[]
list10=[]
```

③ 列表长度计算

语法：

```
len(list)
```

参数：

list 是需要计算长度的列表。

返回值：

返回列表 list 的长度，即元素的个数，只计算第一层次的元素个数，不计算二层次的元素个数。

实例：

```
print(len([1,2,3]),",",len([1,3,[4,6],"abc"]),len([]))
```

运行结果：

```
3,4,0
```

需要读者注意的是在列表[1,3,[4,6],"abc"]中，尽管第 3 项[4,6]和第 4 项"abc"本身具有多个元素，但在计算整体列表长度时，它们只能算一个元素计算。空列表的长度为零。

④ 列表访问

列表访问可以分为单个元素的索引访问和切片访问两种，单个元素索引访问时，无 end 项和 setp 项，start 项即为索引访问项。

语法：

```
list[start<:end<:step>>]
```

参数：

list 为进行访问的列表，start 表示起始索引或单个元素索引；end 表示结束索引但不包括此值，在单个元素索引时无此项；step 表示步长可以缺省，默认为 1。

返回值：

单个索引访问时，返回原列表中第（start+1）个元素；切片索引访问时，返回从原列表中第（start+1）个元素开始到第 end 个元素结束，间隔为 step 的全部符合条件元素。索引访问不会改变原列表的元素，返回值以新数据形式出现，其数据的类型和索引访问的具体数据有关。可以是列表、字符串、整数等。

实例：

```
li_1=[1,2,3,[4,5],5,6,7,8,9]
print(li_1[2],",",li_1[3],",",li_1[4:8])
print(li_1[2:-1:2],",",li_1[-5:-1])              #-1 表示最后一个元素
print(li_1[:],",",li_1[3:])                       #默认 step 为 1
print(type(li_1[2]))
```

运行结果：

```
3, [4, 5], [5, 6, 7, 8]
[3, 5, 7], [5, 6, 7, 8]
[1, 2, 3, [4, 5], 5, 6, 7, 8, 9], [[4, 5], 5, 6, 7, 8, 9]
<class'int'>
```

由运行结果可知，索引访问 li_1[2]得到的数据类型是 int 和列表 li_1 中第 3 个元素的类型一致。

⑤ 列表元素最值求取

列表元素最值求取分为最大值求取和最小值求取两种。

语法：

```
max(list)或 min(list)
```

参数：

list 为求取最值的列表，列表中的元素必须是整形数、浮点数及布尔数，不支持其他类型的数据。

返回值：

max(list)返回列表元素最大值,min(list)返回列表元素最小值

实例：

```
print("m1=",max([1,2,9,7])",","m2=",min([1,2,9,-8])
```

运行结果：

```
m1=9 , m2=-8
```

⑥ 列表元素添加

语法：

```
list.append(obj)
```

参数：

list 为进行添加操作的列表，可以是任意符合语法要求的列表，obj 是添加到原列表末尾处的元素，可以是符合语法的任意数据，也可以是另一个列表。

返回值：

没有返回值,直接修改原列表

实例：

```
li_2=[1,2,3]
li_2.append(4)
print("li_2=",li_2)
li_2.append("abc")
print("li_2=",li_2)
li_2.append([5,6])
print("li_2=",li_2)
li_2.append((7,8))
print("li_2=",li_2)
```

运行结果：

```
li_2=[1, 2, 3, 4]
li_2=[1, 2, 3, 4, 'abc']
li_2=[1, 2, 3, 4, 'abc', [5, 6]]
li_2=[1, 2, 3, 4, 'abc', [5, 6], (7, 8)]
```

⑦ 列表逆转

语法：

```
list.reverse()
```

参数：

list 为进行逆转操作的列表，可以是任意符合语法的列表。

返回值：

无返回值，但会修改原来的列表。该方法直接在原来的列表里面将元素进行逆序排列，不需要创建新的副本用于存储结果，也不需要重新申请空间来保存最后的结果。列表逆转的另一种方法是利用逆向索引，其索引格式为 list[::-1]，尽管该方法形式上十分简单，但这种方式会另外创建副本来保存列表的所有元素，需要消耗更多的内存空间。

实例：

```
list_3=[1,2,3,"a","b",[7,8]]
print("list_3=",list_3)
print(list_3.reverse())                          #方法反转,修改原列表指针
print("list_3=",list_3)
list_4=[6,7,8,9]
print("newlist=",list_4[::-1],",list_4=",list_4) #索引反转,不改变原列表
```

运行结果：

```
list_3=[1, 2, 3, 'a', 'b', [7, 8]]
None
list_3=[[7, 8], 'b', 'a', 3, 2, 1]
newlist=[9, 8, 7, 6] ,list_4=[6, 7, 8, 9]
```

⑧ 列表元素插入

语法：

```
list.insert(index, obj)
```

参数：

list 为需要进行插入操作的列表，index 为插入列表对象的索引位置，obj 为插入对象。

返回值：

没有返回值，但修改原列表，在对应位置插入对象。

实例：

```
list_5=["s","c","u","t"]
print(list_5.insert(2,"华工"))
print("list_5=",list_5)
```

运行结果：

```
None
list_5=['s', 'c', '华工', 'u', 't']
```

⑨ 列表元素删除

语法：

```
list.remove(obj)
```

参数：

list 为需要进行元素删除操作的列表，obj 为需要在列表中删除的元素。

返回值：

没有返回值，但修改原列表，移除列表中 obj 的第一个匹配项。

实例：

```
list_6=[5,1,5,6,7,6]
print(list_6.remove(5))
print("list_6=",list_6)
```

运行结果：

```
None                        #删除操作本身内有返回值，只修改原来的列表
list_6=[1, 5, 6, 7, 6]      #只删除了第一个元素为 5 的数据，第二个 5 没有删除
```

⑩ 列表排序

语法：

```
list.sort(cmp=None, key=None, reverse=False)
```

参数：

list 为需要进行排序操作的列表，列表中的元素必须为同质数据，如都是数字或字符串，也可以是列表，但列表中的元素个数和类型必须一致；cmp 为可选参数，如果指定了该参数会使用该参数的方法进行排序；key 为主要是用来进行比较的元素，可指定可迭代对象中的一个元素来进行排序。reverse 为排序规则，reverse = True 为降序，reverse = False 为升序，默认 reverse 为 False。该三个参数均可以缺省。

返回值：

该方法没有返回值，但是会对列表的对象进行排序，默认以升序排序；字符串进行升序排序时，先比较字符串中的第一个字符，再比较第二个字符，数字字符串优先于字母字符串。

实例：

```
li_px1=[3,12,1,9,2]
li_px2=["r","x","2","-2","e"]
li_px3=["b","b2","ba","bc","a","β"]
li_px4=[[1,2],[5,1],[4,7],[3,6]]
li_px1.sort(),li_px2.sort(),li_px3.sort(),li_px4.sort()
print("li_px1=",li_px1)
print("li_px2=",li_px2)
print("li_px3=",li_px3)
print("li_px4",li_px4)
```

运行结果：

```
li_px1=[1, 2, 3, 9, 12]
li_px2=['-2', '2', 'e', 'r', 'x']
li_px3=['a', 'b', 'b2', 'ba', 'bc', 'β']
li_px4=[[1, 2], [3, 6], [4, 7], [5, 1]]
```

如果希望列表 li_px4 按照列表元素子列表中的第二个元素大小进行降序排列，也就是要求得到[[4, 7],[3, 6], [1, 2], [5, 1]]的列表，则这必须调用参数，具体代码如下：

```
def takeSecond(li_px):             #注意一定要有冒号,自定义获取子列表的第二个元素的函数
    return li_px[1]                #返回列表的第 2 个元素
li_px4.sort(key=takeSecond,reverse=True) #降序
print("以子列表第 2 个元素降序排列的列表=",li_px4)
```

运行得到以下结果：

```
以子列表第 2 个元素降序排列的列表= [[4, 7], [3, 6], [1, 2], [5, 1]]
```

⑪ 元素存在判断

语法：

```
element in list
```

参数：

element 是判断是否存在与列表中的元素；list 是用来判断的列表。

返回值：

元素存在于列表中返回 True ，元素不存在于列表中返回 False。

实例：

```
print(2 in [3,6,2])                    #判断数字是否在列表中
print("a" in ["b","c","A","aa"])       #判断字符串是否在列表中
print([3,4] in (6,5,[3,4]))            #判断子列表是否在列表中
print((1,2) in [8,"9",(1,2)])          #判断元组是否在列表中
```

运行结果：

```
True
False
True
True
```

⑫ 列表扩展

语法：

```
list.extend(seq)
```

参数：

list 是扩展的原列表；seq 是扩展的内容。

返回值：

该方法没有返回值，但是会对原列表在列表末尾一次性追加另一个序列中的多个值。

实例：

```
li_ext=[1,2,3]
li_ext.extend([5,6,7])                    #扩展序列为列表
print(li_ext)
li_ext.append([5,6,7])                    #append 方法是单个对象添加,不对添加对象展开
li_ext.extend((8,9,10))                   #扩展序列为元组
print(li_ext)
li_ext.extend({11,12,13})                 #扩展序列为集合
print(li_ext)
li_ext.extend("广州华工")                  #扩展序列为字符串
print(li_ext)
li_ext.append(510640)                     #int 类数据不能扩展,只能作为单个对象添加
print(li_ext)
```

运行结果：

```
[1, 2, 3, 5, 6, 7]
[1, 2, 3, 5, 6, 7, [5, 6, 7], 8, 9, 10]
[1, 2, 3, 5, 6, 7, [5, 6, 7], 8, 9, 10, 11, 12, 13]
[1, 2, 3, 5, 6, 7, [5, 6, 7], 8, 9, 10, 11, 12, 13, '广', '州', '华', '工']
[1, 2, 3, 5, 6, 7, [5, 6, 7], 8, 9, 10, 11, 12, 13, '广', '州', '华', '工', 510640]
```

⑬ 元素统计

语法：

```
list.count(obj)
```

参数：

list 是被统计的列表，列表元素可以是任意符合语法要求的元素，obj 是需要统计在列表中出现次数的对象。

返回值：

返回某个对象在列表中出现的次数，如该对象不在列表中，则返回 0。

实例：

```
li_cot=[1,2,1,"ab","a","中国",[5,6],(1,2,3),{"a","b","c"}]
print(li_cot.count(1))
print(li_cot.count("a"))
print(li_cot.count([5,6]))
print(li_cot.count((1,2,3)))
print(li_cot.count({"a","b","c"}))
print(li_cot.count(-8))                   #列表中无此元素,则返回 0
```

运行结果：

```
2
1
1
1
1
0
```

⑭ 索引位置确定

语法：

```
list.index(obj)
```

参数：

list 是被索引的列表，列表元素可以是任意符合语法要求的元素，obj 是需要索引的对象。

返回值：

从列表中找出某个值第一个匹配项的索引位置。

实例：

```
li_ind=[1,2,(3,4),"sc",2,"sc",(3,4),{"a","b","c"}]
print("index1=",li_ind.index(2))      #只返回元素 2 第一次出现的索引位置,下同。
print("index2=",li_ind.index((3,4)))
print("index3=",li_ind.index("sc"))
print("index4=",li_ind.index({"a","b","c"}))
```

运行结果：

```
index1=1
index2=2
index3=3
index4=7
```

⑮ 移除指定序号元素

语法：

```
list.pop(index)
```

参数：

list 是移除指定序号元素的列表，index 为指定删除元素的索引号。

返回值：

返回指定索引号的元素，同时对原列表进行删除操作，删除索引号指定的元素。

实例：

```
li_del=[1,2,3,4,5,6]
print(li_del.pop())                   #无指定索引号,表示删除列表最后一个元素
print(li_del.pop(2))
print(li_del)
```

运行结果：

```
6
3
[1, 2, 4, 5]
```

⑯ 转为列表

语法：

```
list(seq)
```

参数：

seq 为转换为列表的可迭代数据，整数、浮点数、复数不能转换。

返回值：

返回列表，列表中的元素为可迭代数据 seq 中的对应元素。

实例：

```
print(list("123"),list((4,5,6)),list({"7","8","9"}),list({"Hu":90,"Wang":80}))
```

运行结果：

```
['1', '2', '3'] [4, 5, 6] ['7', '9', '8'] ['Hu', 'Wang']
```

字典转列表时，如没有具体指定，则只将字典中的 key 转为列表。如要将字典的 values 转为列表，可写成 list(dict.values())的形式，如运行下面语句：

```
print("list1=",list({"Hu":90,"Wang":80}.values()))
print("list1=",list({"Hu":90,"Wang":80}.keys()))
```

则返回以下结果：

```
list1=[90, 80]
list1=['Hu', 'Wang']
```

尽管可以用 str(list)将列表转化为字符串，但那是整体列表内容转化为字符串，如希望将列表中的每一个元素连接起来，组成一个字符串，建议用“''.join(list)”方法，具体代码如下：

```
listr=[ '华', '南', '理', '工', '大', '学']
print(str(listr),type(str(listr)))
str2=''.join(listr)
print("str2=" ,str2,type(str2))
```

运行以上代码，得到以下结果

```
['华', '南', '理', '工', '大', '学'] <class 'str'>
str2=华南理工大学 <class 'str'>
```

（4）元组（Tuple）

元组是不可变的有序序列数据，一旦创建无法修改。元组的常见创建方式是将所有元素放在小括号“()”当中，并用“=”指向一个变量。当然也可通过 tuple(data)函数，将其他类型的数据转换为元组，下面是几个具体创建的元组代码（13_tup1.py）。

```
#元组创建及其函数和方法调用
tup1=(1,2,3,'a','b','c')          #元组元素数字和字符串均可以
tup2='s','c','u','t'              #也可以不加括号
tup3=(6,)                         #元素为单个数字时,需要添加逗号
tup4=('gz',)                      #元素为单个字符串时,需要添加逗号
tup5=tuple([1,2,3])               #列表转换为元组(1,2,3)
tup6=tuple("scut")                #字符串转换成元组('s', 'c', 'u', 't')
tup7=tuple({'g','z'})             #集合转换为元组('g','z')
tup8=tuple({'gz':10,'hz':6,'xm':5.5})
                                  #字典转换为元组,只转换 key 部分成('gz', 'hz', 'xm')
```

Python 语言元组中常用的方法有 tuple.index()、tuple.count()等，常用内置函数有 min()、max()、len()、tuple()等，Python 的元组与列表类似，不同之处在于元组的元素不能修改。除了添加、删除、插入等修改列表内容的方法及函数外，其他如索引、切片、统计、重复、组合、逆转等方法和函数，元组都可以使用，对于这些方法及函数的具体使用，不再一一叙述，读者可以模仿上面对列表的介绍内容，下面直接列出元组的一些主要运算、函数、方法等代码（14_tup2.py）：

```
#14-tup2.py 元组运算、函数及方法
tup1=(1,2,3)
tup2=('s','c','u','t')
print('元组长度=',len(tup1))                    #计算元组长度
print("元组相加=",tup1+tup2)
print("元组重复=",3*tup1)
print("元组索引=",tup1[1])
print("元组切片=",tup2[1:3])
print("元组逆转=",tup1[::-1])
print("求取元组元素最大值=",max(tup1))          #元组中元素必须为数字
print("求取元组元素最小值=",min(tup1))
print("求取元组元素索引号=",tup2.index('u'))
print("求取某元组元素出现次数=",(2,6,2,7,8).count(2))
print ("元组 add 相加=",tup1.__add__((5,6)))
```

运行上述代码，得到以下结果：

```
元组长度=3
元组相加=(1, 2, 3, 's', 'c', 'u', 't')
元组重复=(1, 2, 3, 1, 2, 3, 1, 2, 3)
元组索引=2
```

```
元组切片=('c', 'u')
元组逆转=(3, 2, 1)
求取元组元素最大值=3
求取元组元素最小值=1
求取元组元素索引号=2
求取某元组元素出现次数=2
元组 add 相加=(1, 2, 3, 5, 6)
```

（5）集合（set）

集合是 Python 语言的基本数据类型之一，分为可变（set）和不可变（frozenset）两种，不可变（frozenset）一般应用比较少。不管是可变集合还是不可变集合，均是一个无序的不重复元素序列。可变集合可以使用大括号{ }通过等号（=）将集合赋值给变量，也可以通过转换函数 set(data)将数据 data 转变成可变集合（以后可变集合简称集合）。必须注意的是空集合不能像空列表[ ]那样直接用{ }来表示，空集合必须用 set()来创建，因为系统将{ }定义给来空字典。

集合赋值时元素可以重复，但当 print(set)时系统会自动删除重复的元素，只保留一个元素。集合中的元素必须是不可变数据，可以是数字、字符串、元组，不能是列表、集合和字典。集合可以进行交集、并集、差集、元素个数计算、添加元素、删除元素、子集判断等多种操作和运算，下面通过具体的代码及运算结果来展示这些功能。

```
#15_set.py                              #有关集合的创建、运算、方法和函数实例
set1=set('gzhnlgdx05')                  #用 set()创建集合
set2=set('gzzsdx06')
set3={'g','z','d','x'}                  #直接用大括号{}创建集合
print('set1,set2,set3=',set1,',',set2,',',set3)
print('两个集合的并集=',set1|set2)
print('两个集合的差集=',set1-set2)      #从集合 set1 中删除集合 set2 中相同的元素,创建
新的集合
print('两个集合的交集=',set1^set2)      #不会修改原集合
set1.add('华工')                        #添加元素,无返回值,修改原集合
print('添加元素后的集合 set1=',set1)
set2.clear()             #移除集合 set2 中的所有元素,仅从内存清空集合,但内存地址不删除
print('清空 set2=',set2)
set2=set('gzzsdx06')                    #重新复制 set2,以便后面操作
print('co_set=',set1.copy())            #将 set1 拷贝
print('差集方法 11=',set1.difference(set2,set3))
                         #返回 set1 与 set2 和 set3 的差集,但不改变原 set1 集合。
print('差集方法 12=',set1.difference('h','空集'))
                         #可删除单个元素,也可以是原集合中没有的元素不会出错。
set2.difference_update(set3)#在 set2 中移除集合 set3 中的元素,无返回值,会修改原
set2 集合。
print('差集方法 2=',set2)
set2=set('gzzsdx06')                    #重新复制 set2,以便后面操作
set1.discard('n')#删除集合 set1 中的元素 n,也可以是集合,无返回值,直接修改原集合
set1。
print('删除元素或集合=',set1)
print('交集方法 1=',set1.intersection(set3))
                                        #返回集合 set1 和集合 set3 的交集,不会修改原集合。
print('set1=',set1)
print('交集方法 2=',set1.intersection_update(set3))
                                        #无返回值,直接修改 set1 为两者集合的交集。
```

```
print('交集方法 2.set1=',set1)                #只有交集部分赋给 set1
set1=set('gzhnlgdx05')                        #恢复集合 set1 的原赋值,以便后续运算
print('无相同元素判断=',{1,2}.isdisjoint({3,4}))
          #判断两个集合是否含有相同的元素,如果没有相同元素返回 True,否则返回 False。
print(set3.issubset(set1))                    #判断 set3 集合是否为 set1 集合的子集。
print(set3,set1)
print(set1.issuperset(set3))#判断该方法的参数集合 set3 是否为指定集合 set1 的子集
set1.pop()                        #集合 set1 中随机移除 1 个元素,无返回值,但会修改 set1
print('set1=',set1)               #随机移除元素后的集合
set1.remove('g')                  #移除指定元素,无返回值,但会修改 set1
print('set1=',set1)               #移除指定元素后的集合
print('返回两集合不重复元素=',set2.symmetric_difference(set3))
                                  #返回两个集合中不重复的元素集合,不修改原集合。
s1={1,2,3,5}
s2={7,8,3,5}
s1.symmetric_difference_update(s2)#移除 s1 集合中 s2 集合中相同的元素,并将 s2 集合
中不同的元素插入到当前集合 s1 中。
print('s1=',s1)                   #前一语句没有返回值,直接改变集合 set1 是元素。
print(set1.union(set2))           #将 set2 插入到当前集合 set1 中,构建一个新的集合,相当
于集合并操作。
s3,s4={5,6,7},{8,9,10}
s3.update(s4)    #将集合或可迭代数据添加到指定集合中,无返回值,直接修改指定集合 s3
print('s3=',s3)
s3.update('abcd')#给集合添加元素,无返回值,修改原集合,可迭代数据会自动拆分
print('s3=',s3)
```

运行以上代码,得到以下结果:

```
set1,set2,set3={'d', 'x', 'h', 'z', 'l', '5', 'g', '0', 'n'} , {'d', 'x', 's',
'6', 'g', '0', 'z'} , {'d', 'x', 'g', 'z'}
两个集合的并集={'d', 'x', 'h', 'z', 'l', 's', '6', '5', 'g', '0', 'n'}
两个集合的差集={'l', '5', 'h', 'n'}
两个集合的补集={'l', '5', '6', 's', 'n', 'h'}
两个集合的交集={'z', 'x', 'g', 'd', '0'}
添加元素后的集合 set1={'d', 'x', 'h', 'z', 'l', '华工', '5', 'g', '0', 'n'}
清空 set2=set()
co_set={'d', 'x', 'h', 'z', 'l', '华工', '5', 'g', '0', 'n'}
差集方法 11={'h', 'l', '华工', '5', 'n'}
差集方法 12={'d', 'x', 'z', 'l', '华工', '5', 'g', '0', 'n'}
差集方法 2={'s', '6', '0'}
删除元素或集合={'d', 'x', 'h', 'z', 'l', '华工', '5', 'g', '0'}
交集方法 1={'d', 'x', 'g', 'z'}
set1={'d', 'x', 'h', 'z', 'l', '华工', '5', 'g', '0'}
交集方法 2=None
交集方法 2.set1={'d', 'x', 'g', 'z'}
无相同元素判断=True
True
{'d', 'x', 'g', 'z'} {'d', 'x', 'h', 'z', 'l', '5', 'g', '0', 'n'}
True
set1={'x', 'h', 'z', 'l', '5', 'g', '0', 'n'}
set1={'x', 'h', 'z', 'l', '5', '0', 'n'}
返回两集合不重复元素={'s', '6', '0'}
s1={1, 2, 7, 8}
```

```
{'d', 'x', 'h', 'l', 'z', 's', '6', '5', 'g', '0', 'n'}
s3={5, 6, 7, 8, 9, 10}
s3={5, 6, 7, 8, 9, 10, 'a', 'b', 'd', 'c'}
```

有关集合的创建、运算、方法和函数还有其它实例，望读者在课程的学习过程中自己探索和实际操作。

（6）字典（Dictionary）

字典是基于哈希表存储键值对的一种映射结构数据类型。其通常的创建方法是将键/值对元素放入{ }当中并用“=”指向一个变量，其中键（key）与值之间用冒号（:）隔开，键/值对之间用逗号隔开，如 dict1={'张三':89, '李四':92, '王五':93}，也可以用以下几种方法创建字典：

① 利用 dict 函数将列表转换成字典

```
dict2=dict([('化学',6),('物理',3),('数学',8)])
print('dict2=',dict2)
```

运行上述代码得到：

```
dict2={'化学': 6, '物理': 3, '数学': 8}
```

注意列表转换成字典时，列表中的元素是元组，每一个元组包含两个元素，第一元素作为字典的键 key，第二元素作为字典的值 value。

② 利用 dict 函数将等式序列转化成字典

```
dict3=dict(广州='花城',佛山='禅城',深圳='鹏程')
print('dict3=',dict3)
```

运行上述代码得到：

```
dict3={'广州': '花城', '佛山': '禅城', '深圳': '鹏程'}
```

注意等式的左边作为字典的键 key，无需加引号，等式的右边作为字典的值 value，如是中文字或字符必须加引号，否则会出错。

③ 利用 dict 函数将经过 zip 函数处理的两个列表转化为字典

```
dict4=dict(zip(['广州','佛山','深圳','宁波','上海'],['花城','禅城','鹏程','甬
城','申城']))
print('dict4=',dict4)
```

运行以上代码得到：

```
dict4={'广州': '花城', '佛山': '禅城', '深圳': '鹏程', '宁波': '甬城', '上海':
'申城'}
```

读者需要注意的是尽管字典属于可变数据，但字典中的键必须不可变，只能用数字，字符串或元组充当，不能用列表；然而字典中的值就可以用任意类型的数据，如 d1={'a':4+2j,'b':[1,3],'c':{'a':1}}是可行的字典赋值。另一个在创建字典时需要注意的问题是字典中的键名尽管在创建时允许重复，但代码执行后，只将最后重复出现的键名后的值记住，前面的值无效，如 d2={' key ':1,' key ':2,' key ':3}最后运行得到的结果是{'key':3}。字典中的值是可以重复的，同一个值可以赋值给不同的键，如 d3={' key 1':100,' key2 ':100,' key3 ':100}。有关字典的运算、方法和函数等的应用和说明见下面具体的代码(16-dict.py)：

```
#访问字典某个键对应的值
print('dict2 中键名为化学对应的值=',dict2['化学'])       #注意用中括号[]
#列出字典中全部键名
print('列出 dict4 中全部键名=',dict4.keys())            #返回的是列表的形式
#列出字典中全部值
print('列出 dict4 中全部值=',dict4.values())            #返回的是列表的形式
#计算字典的键/值对数
print('字典 dict1 的键/值对数=',len(dict1))              #返回的是 int
#向字典中添加键/值对及更新值
```

```
dict2['语文']=12        #添加语文/12 的键/值对
dict2['数学']=10        #更新数学的学分
print('更新和添加后的字典 dict2=',dict2)
#删除某键/值对或整个字典
del dict1['张三']       # 删除 dict1 中键是'张山'的键/值对
dict2.clear()           # 清空字典所有键/值对,但保留字典名,可访问和添加
del dict3               # 删除字典,不再保留空字典,无法访问和添加
print('删除张山条目后的 dict1=',dict1)                #返回字典
print('清空所有条目后的字典 dict2=',dict2)            #返回空字典
d1={'a':4+2j,'b':[1,3],'c':{'a':1}}                   #字典中的值可以是任意数据类型
d2={'key':1,'key':2,'key':3}                          #重复键名,只记住最后一个 key=3
d3={'key1':100,'key2 ':100,'key3':100}                #键值可以重复
str1=str(d3)                                          #将字典整体转换为字符串以便打印
dict5=dict4.copy()                                    #返回一个字典 dict4 的浅复制
print('复制字典 dict4=',dict5)
#创建一个新字典,以序列 seq 中元素做字典的键,val 为字典所有键对应的初始值,val 可以为空
print('一个初值创建字典=',dict.fromkeys(['a','b','c','d','e','f' ],6))
                                                      #如没有输入 6,则默认为 None
print('get 广州返回值=',dict5.get('广州'))            #返回指定键的值,如果值不在字典中返
回 default 值
print('字典中键名重庆存在判断=',dict5.__contains__('重庆'))#如果键在字典 dict 里
返回 True,否则返回 False
print('字典中键名宁波存在判断=',dict5.__contains__('宁波'))#如果键在字典 dict 里
返回 True,否则返回 False
li_tu=dict5.items()#items()方法把字典中每对 key 和 value 组成一个元组,并把这些元
组放在列表中返回
print('items()方法返回:',li_tu)#返回元组列表
print('字典 d3 中 key1 的值=',d3.setdefault('key1'))#返回字典中指定键名的值; ,如键
不存在于字典中;
d3.setdefault('key5') #如键不存在于字典中,则无返回值,但会将新的键名添加到字典中,键
并将值设为 None
print('添加 key5 键名后的字典 d3:',d3)
d2={'d':4,'f':'泰山'}
print('将字典 d2 添加到字典 d1 中:',d1.update(d2),',',d1)#把字典 d2 添加到 d1 里,无返
回值,只修改 d1
print('pop 方法上海返回值=',dict5.pop('上海'))#删除字典中键名上海所对应的条目,并
返回键名所对应的值
print('popitem 方法返回并删除的条目:',dict5.popitem())#返回并删除字典中的最后一对
键和值。
```

运行上述代码，得到以下运行结果：

```
dict2 中键名为化学对应的值=6
列出 dict4 中全部键名=dict_keys(['广州', '佛山', '深圳', '宁波', '上海'])
列出 dict4 中全部值=dict_values(['花城', '禅城', '鹏程', '甬城', '申城'])
字典 dict1 的键/值对数=3
更新和添加后的字典 dict2={'化学': 6, '物理': 3, '数学': 10, '语文': 12}
删除张山条目后的 dict1={'李四': 92, '王五': 93}
清空所有条目后的字典 dict2={}
复制字典 dict4={'广州': '花城', '佛山': '禅城', '深圳': '鹏程', '宁波': '甬城',
'上海': '申城'}
一个初值创建字典={'a': 6, 'b': 6, 'c': 6, 'd': 6, 'e': 6, 'f': 6}
get 广州返回值=花城
```

```
字典中键名重庆存在判断=False
字典中键名宁波存在判断=True
items()方法返回:dict_items([('广州', '花城'), ('佛山', '禅城'), ('深圳', '鹏程'),
('宁波', '甬城'), ('上海', '申城')])
字典 d3 中 key1 的值=100
添加 key5 键名后的字典 d3: {'key1': 100, 'key2 ': 100, 'key3': 100, 'key5': None}
将字典 d2 添加到字典 d1 中: None , {'a': (4+2j), 'b': [1, 3], 'c': {'a': 1}, 'd':
4, 'f': '泰山'}
pop 方法上海返回值=申城
popitem 方法返回并删除的条目: ('宁波', '甬城')
```

数组及用户自定义数据类型不在这里介绍，数组将在 NumPy 第三方库功能介绍时做详细介绍。

前面介绍六类数据中，其中数字、字符串、元组属于不可变数据，可进行哈希（hash）操作；列表、字典、集合属于可变数据，不可哈希（hash）。可变数据类型是指变量所指向的内存地址处的值是可以被改变的，也就是说可变类型在赋值的时候拷贝的是地址或者引用。不可变数据类型在第一次声明赋值声明的时候，会在内存中开辟一块空间，用来存放这个变量被赋的值，而这个变量实际上存储的并不是被赋予的这个值，而是存放这个值所在空间的内存地址，通过这个地址变量就可以在内存中取出数据了。所谓不可变就是说，我们不能改变这个数据在内存中的值，所以当我们改变这个变量的赋值时，只是在内存中重新开辟了一块空间，将这一条新的数据存放在这一个新的内存地址里，而原来的那个变量就不再引用原数据的内存地址而转为引用新数据的内存地址了，相当于改变了变量指向的内存地址。需要注意的是不可变数据尽管类型（type）、值(value)一致，但其 id 地址并不一定相同，具体请看下面交互运行记录。

```
>>> a,b=257,257
>>> id(a),id(b)
(48574384, 48574352)#整数超过 256,就放在不同的空间,只有[-5,256]放在相同的空间
>>> x,y=10.2,10.2
>>> id(x),id(y)
(47051408, 48572784)            #数字中的浮点数和复数即使同值也放在不同空间
>>> tup1,tup2=(1,2,3),(1,2,3)
>>> id(tup1),id(tup2)
(51209304, 51209224)            #元组是不可变数据,但同值的元组放在不同空间
>>> s1,s2='ab','ab'
>>> id(s1),id(s2)
(47931632, 47931632)            #字符串同值同 id
>>> int1,int2=256,256
>>> id(int1),id(int2)
(8791256701984, 8791256701984)  #数字[-5,256]区间内同值同 id
>>> list1,list2=[1,2,3],[1,2,3]
>>> id(list1),id(list2)
(48876232, 42782664)            #列表同值不同 id
>>> set1,set2={1,2,3},{1,2,3}
>>> id(set1),id(set2)
(49030088, 49032104)            #集合同值不同 id
>>> dict1,dict2={'a':1,'b':2},{'a':1,'b':2}
>>> id(dict1),id(dict2)
(51208504, 51208824)            #字典同值不同 id
```

另外读者还需注意对可变对象进行操作，比如列表，对象内部是会变化的；对不可变对象进行操作，比如字符串，对象内部是没有变化的，只是在内存空间中生成了新的对象。Python 中直接通过等号赋值实际上只是引用地址的传递，如 a = [1,2,3,4,5]，b=a 此时 b=[1,2,3,4,5]；但当再次输入 a[0]=10 后，a 变成了[10,2,3,4,5]，b 的值也会随之改变。如果希望 b 和 a 没有关系，可以通过下面的方法 b=a[:]进行赋值，这样 a 和 b 就是两个完全独立的数组，互相不会影响。另外还可以通过 import copy 调入 copy 模块，利用该模块中的 copy 和 deepcopy 函数进行浅复制和深复制。浅复制创建一个新对象，但它包含的是对原始对象中包含的项的引用；深复制将创建一个新对象，并且递归的复制它包含的所有对象，没有内置对象可以创建深复制。如定义 a=[4,5,[9,8]]、b=copy.copy(a)、b[2][0]=18 后，a 的值也改变成了[4, 5, [18, 8]]，此时 b 的值当然也是[4,5,[18,8]]；如果定义 a=[4,5,[9,8]]、b=copy.deepcopy(a)、b[2][0]=18 后，此时 b 的值为[4, 5, [18, 8]]，而 a 的值仍然为[4,5,[9,8]]，这就是浅复制和深复制的区别。

1.2 Python 基本运算符及函数

运算符与常用函数是 Python 编程的基础知识，学习 Python 语言就必须了解和掌握这些知识。

1.2.1 基本运算符

运算符是在程序代码中对各种变量和数据等进行运算的符号。例如算术运算符有加（+）、减（-）、乘（*）、除（/）等；逻辑运算符有与（and）、或（or）、非（not）；关系运算符有大于（＞）、小于（＜）、不等于（!=）、小于等于（＜=）等。Python 语言的运算符还有赋值运算符、位运算符、成员运算符、身份运算符。算术运算符已在前面介绍数字型数据时介绍过，在此不再介绍；位运算符对于一般应用型编程的人员也较少用到，也不作介绍。下面介绍 Python 语言的逻辑运算符、比较运算符、成员运算符、身份运算符及赋值运算符的主要功能和应用。

一般来说，Python 语言的逻辑运算符只有 and、or、not 三种，而从严格意义上来说逻辑运算符 and 和 or 还不算逻辑运算符，因为两者的返回值不一定是 True 或 False 的布尔值，可以是进行逻辑运算中的某一个对象，表 1-3 是三种逻辑运算符的具体应用情况。

表 1-3　三种逻辑运算符及其应用实例

逻辑	运算符	通例	特例	返回	备注
非	not	not x	not False	True	只有当表达式 x 为 0 或 False 时，返回 True ，其他情况返回 False
			not True	False	
			not 0	True	
			not 6	False	
			not　' scut '	False	
与	and	x and y x and y and z	False and True	False	返回的不一定是布尔值，碰到第一个 0 或 False，则返回 0 或 False，否则返回最后一个表达式，具体类型和表达式相同
			0 and True	0	
			5 and 6	6	
			5 and 6 and 7	7	
			bool('scut') and bool('gz')	True	

续表

逻辑	运算符	通例	特例	返回	备注
或	or	x or y x or y or z	False or True	True	返回的不一定是布尔值，碰到第一个 True 或非 0 对象，则返回 True 或对象，否则返回 0 或 False
			0 or True	True	
			5 or 6	5	
			False or 0	0	
			0 or False	False	

Python 的关系运算符有等于（==），大于（>），小于（<），不等于（!=），小于等于（<=），大于等于（>=）共六种，一般用于条件语句及循环语句中，其返回值只有两种，False 或 True。六种关系运算符的具体应用情况见表 1-4。

表 1-4　六种关系运算符应用示意表

运算关系	运算符	通例	特例	结果	备注
相等	==	x==y	12==12	True	注意 12 字符串和数字 12 类型的不同及字母 gz 大小写的不同
			12=='12'	False	
			'gz'=='GZ'	False	
不相等	!=	x!=y	12!=12	False	同上
			12!='12'	True	
			'gz'!=GZ'	True	
小于	<	x<y	8<9	True	大小比较只能同类数据，不同类数据不能比较，如"8<'z'"会出错
			'g'<'a'	False	
			(1,2,3)<(-1,-2,1)	False	
大于	>	x>y	[3,4]>[2,8]	True	元组、列表、字符串从第一个元素开始比较，若相等则往下比较，若不相等则直接出结果
			'ga'>'ah'	True	
			[3,4,5}>[1,2,12]	False	
小于等于	<=	x<=y	6<=6	True	比较规律同上
			[1,6]<=[1,5]	False	
			(1,2,3)<=(7,1,2)	True	
大于等于	>=	x>=y	17>=5	True	比较规律同上
			[7,6]>=[2,5]	True	
			(1,2,3)>=(7,1,2)	False	

Python 语言的成员运算只有两种，分别是 in 和 not in，其中 in 判断是否在其之中；not in 判断是否不在其中。身份运算符用于比较两个对象的存储单元，Python 身份运算符有 is 和 is not 两种，其中 is 是判断两个标识符是不是引用自同一个对象。x is y，类似 id(x) == id(y)，如果引用的是同一个对象则返回 True，否则返回 False，is 和相等"=="的区别是 is 用于判断两个变量引用对象是否为同一个（即同一块内存空间），"=="用于判断引用变量的值是否相等；is not 是判断两个标识符是不是引用自不同对象，x is not y，类似 id(a) != id(b)。如果引用的不是同一个对象则返回结果 True，否则返回 False。表 1-5 介绍了 Python 语言成员运算符和

身份运算符的具体应用情况。

表 1-5 Python 语言成员运算符和身份运算符具体应用

运算关系	运算符	通例	特例	结果	备注
在	in	x in y	3 in [3,4,5]	True	如果在指定的序列 y 中找到对象 x 则返 True，否则返回 False
			's' in 'gzscut'	True	
			(1,2) in [(1,2),(3,4)]	True	
不在	not in	x not in y	5 not in range(1,8)	False	规则和 in 刚好相反，注意 x 作为一个整体对象看待，y 需要拆分序列元素
			1 not in {1,2,3}	False	
			[1,2] not in [1,2]	True	
是	is	x is y	x=3，y=3	True	整数超过 256，尽管两个变量数字相同，但放在不同的存储空间
			x=257，y=257	False	
			x=[1,2]，y=[1,2]	False	
不是	is not	x is not y	x=[3,4]，y= [3,4]	True	列表为可变数据，尽管数据相同但 id 不同，元组是不变数据，但 id 处理同列表
			x='ga'，y= 'ga'	False	
			x=(1,2)，y=(1,2)	True	

Python 语言的赋值运算符由算术运算符和等号（=）组成，常在循环语句中使用，相当于算术运算语句。必须注意赋值运算符（+=，-=，*=，/=，%=，**=，//=）中间不要加空格，因为这本来就是一个整体符号，赋值运算符的具体应用见表 1-6。

表 1-6 Python 语言赋值运算符具体功能

名称	算符	实例	等效语句
加法赋值运算符	+=	x += y	x = x + y
减法赋值运算符	-=	x -= y	x = x - y
乘法赋值运算符	*=	x *= y	x = x * y
除法赋值运算符	/=	x /= y	x = x / y
取模赋值运算符	%=	x %= y	x = x % y
幂赋值运算符	**=	x **= y	x = x ** y
取整除赋值运算符	//=	x //= y	x = x // y

1.2.2 常用函数

函数是编程语言必不可少的功能，通过函数可大大简化程序的代码。这里说的函数不仅有常规意义上的数学函数，如三角函数、指数函数、对数函数等，还包括用户编写的自定义函数，编程语言自带的内置函数。对于 Python 语言而言，还包括各种标准库的函数及第三方库的函数，正是这些丰富的函数，大大提高了 Python 函数的编程效率。下面对 Python 语言的内置函数、常用数学函数、常用时间函数、常用数字转换函数、常用打印格式函数进行介绍。

（1）内置函数

Python 3.x 目前有各种内置函数 75 种，这些内置函数，用户无需调用任何库，均可直接使用，这些函数分别是 abs()、all()、any()、basestring()、bin()、bool()、bytearray()、callable()、chr()、classmethod()、cmp()、compile()、complex()、delattr()、dict()、dir()、divmod()、enumerate()、 eval()、execfile()、file()、filter()、float()、format()、frozenset()、getattr()、globals()、hasattr()、hash()、help()、hex()、id()、input()、int()、isinstance()、issubclass()、iter()、len()、list()、locals()、long()、map()、max()、memoryview()、min()、next()、object()、oct()、open()、ord()、pow()、print()、property()、range()、raw_input()、reduce()、reload()、repr()、reverse()、round()、set()、setattr()、slice()、sorted()、staticmethod()、str()、sum()、super()、tuple()、type()、unichr()、unicode()、vars()、zip()、__import__()。上述 75 个函数中，像 dict()、id()、max()、len()、tuple()、type()等我们在前面已有介绍，下面再挑选 8 种编程中常用的函数作具体应用介绍，至于其他函数在后续用到后再作介绍。

① abs(num)

对括号内的数据进行取绝对值操作，返回数据的绝对值。只能是数字类型数据可以进行 abs()操作，其他类型数据不行，具体应用情况见下面交互环境下运行代码及运行结果。

```
>>> print('abs(-3)=',abs(-3))
abs(-3)=3
>>> print('abs(-10.8)=',abs(-10.8))
abs(-10.8)=10.8
>>> print('abs(4+3j)=',abs(4+3j))
abs(4+3j)=5.0                                  #复数取绝对值返回复数的模
```

② enumerate(iterable, [,start=0])

括号内的 iterable 必须是一个序列，或迭代器，或其他支持迭代的对象，返回一个枚举对象。每个对象为一个元组，每个元组里面包含一个计数值（从 start 开始，默认为 0）和通过迭代 iterable 获得的值。一般和循环语句 for 一起使用，同时获取序列号和对应序列元素，单独使用时可通过 list 函数获得迭代器里面的每一个对象，单独使用时的代码及运算结果如下：

```
>>> list (enumerate('abcde',2))
[(2, 'a'), (3, 'b'), (4, 'c'), (5, 'd'), (6, 'e')]   #返回由元组构成的列表
```

和 for 一起使用时的代码如下：

```
>>> for i,s in enumerate('abcde',3):      #从 3 开始,作为第一个序列号,对应元素为 a
        print(i,':',s)
```

回车后得到以下结果：

```
3 : a
4 : b
5 : c
6 : d
7 : e
```

另一个 enumerate()的应用例子是 start 缺省，具体代码如下：

```
>>>for i,city in enumerate(['广州','深圳','佛山']):
       print(i+1,':',city)        #注意计数器 i 加了 1,避免了第一个数是 0
```

回车后得到以下结果：

```
1 : 广州
2 : 深圳
3 : 佛山
```

③ eval(expression<, globals<, locals>>)

括号内可以有三个实参，其中 expression 是一个字符串、字节或代码对象，以及可选的 globals 和 locals。globals 实参必须是一个字典，locals 可以是任何映射对象。如果 globals、locals 同时省略，表达式会在 eval()被调用的环境中执行。返回值为表达式求值的结果，如果表达式是确定的列表、元组、集合、字典的字符串，则直接返回该字符串的原列表、元组、

集合、字典。如果 globals、locals 有对表示式中对应变量值的定义，则会传入表达式中进行计算，具体应用情况见下面交互环境下运行代码及运行结果。

```
>>> eval('x+y+2',{'x':3,'y':5})                    #具有 globals
10
>>> eval('x+y+2',{'x':3,'y':5},{'x':2,'y':2,'z':5}   #具有 globals、locals
6# 以 locals 赋值为准
>>> x,y=7,8
>>> eval('x+y+2')# globals、locals 缺省,结果以运行环境时的变量值进行计算.
17
>>> eval('[1,2,3]'),eval('(1,2,3)'),eval('{1,2,3}'),eval("{'a':1,'b':2}")
([1, 2, 3], (1, 2, 3), {1, 2, 3}, {'a': 1, 'b': 2})
```

④ input(tipmsg)

input()函数是 Python 语言获取用户在键盘上的输入信息的函数，程序执行到该函数时会暂停运行，等待用户输入一些文本。获取用户输入后，Python 将其存储在一个字符串变量中，以方便使用。tipmsg 表示提示信息字符串，它会显示在控制台上，告诉用户应该输入什么样的内容，也可以缺省，如果缺省就不会有任何提示信息。input() 函数总是以字符串的形式来处理用户输入的内容，所以用户输入的内容可以包含任何字符。input()返回的是字符串，如果想得到去掉引号的非字符串数据，则需要进行强制类型转换，可在 input()函数前面再套接 eval 函数，即 evla(input(tipmsg))。具体应用情况见下面交互环境下运行代码及运行结果。

```
>>> x=input("请输入城市名称:")
请输入城市名称:广州
>>> x
'广州'                                    #返回字符串广州
>>> num=eval(input("请输入人口数字="))    #若不进行转换,将得到 num='8000000 '
请输入人口数字=8000000
>>> num
8000000
>>> list1=eval(input("请输入列表数据="))  #若不进行转换,将得到 list1='[1,2,3]'
请输入列表数据=[1,2,3]
>>> list1
[1, 2, 3]
```

⑤ range(start<, stop<, step>>)

该函数共有三个参数，实际调用时可以是一个参数，也可以是两个参数，也可以是三个参数，三个参数均必须为整数。如果只有一个参数，则就是 stop 参数；如果是两个参数，则第一个参数为 start，第二个参数为 stop，step 默认为 1；如果三个参数全齐，则按 start、stop、step 取值。该函数返回的实际上是一个不可变的序列类型，从 0 开始，每次增加 step(默认 1)到 stop-1 结束的整数序列，具体应用情况见下面交互环境下运行代码及运行结果。

```
print('range(8)=',range(8))#stop=8
range(8)=range(0, 8)
>>> print('list(range(2,7))=',list(range(2,7)))#start=2,stop=7
list(range(2,7)=[2, 3, 4, 5, 6]#range 函数套接 list 函数后序列变成列表返回
>>> print('list(range(1,10,2))=',list(range(1,10,2))) start=1,stop=10,step=2
list(range(1,10,2))=[1, 3, 5, 7, 9]
```

⑥ round(number,ndigits)

该函数有 2 个参数，第一个参数 number 为需要圆整的浮点数，第二个参数为需要保留的小数点位数，也可以是负整数。如果第二个参数是负整数，表示向左侧进行圆整。圆整时一般采用四舍六入五向偶数看齐的基本原则，但考虑到具体浮点数在计算机中截断误差的问

题，也会出现不符合五向偶数看齐的特例，如 round(2.675,2)=2.67 不是 2.68 的情况，这是由于计算机中用二进制表示 2.675 时由于截断误差的原因，可能已经小于 2.675，圆整函数的具体应用情况见下面交互环境下运行代码及运行结果。

具体数值修约的方法为四舍六入五考虑，五后非零应进一；五后皆零视奇偶，五前为偶应舍去，五前为奇则进一。

```
>>> print('round(0.5)=',round(0.5),",",'round(-0.5)=',round(-0.5))
round(0.5)=0 , round(-0.5)=0
>>> print('round(1.235,2)=',round(1.235,2),",",'round(-1.235,2)=',round
(-1.235,2))
round(1.235,2)=1.24 , round(-1.235,2)=-1.24
>>> p rint('round(150,-2)=',round(150,-2),",",'round(-150,-2)=',round(-150,-2))
round(150,-2)=200 , round(-150,-2)=-200#小数点左侧第二位进行圆整
```

⑦ sorted(iterable<,reverse=False>)

排序函数，可将迭代序列 iterable 默认按升序排序，共有两个参数，其中 reverse 为可选参数，默认为 False。注意该排序函数和排序方法 iterable .sort() 方法的不同之处，iterable .sort() 排序方法无返回值，直接修改原可迭代序列如列表、元组等，而该排序函数则有返回值，不会修改原序列，具体应用情况见下面交互环境下运行代码及运行结果。

```
str1,li1,tup1,set1,dict1='scut',[6,1,5],(9,7,8),{12,6,2,19},{'g':12,'a':5,'c':12}
>>> sorted(str1),sorted(li1),sorted(tup1),sorted(set1),sorted(dict1)
(['c', 's', 't', 'u'], [1, 5, 6], [7, 8, 9], [2, 6, 12, 19], ['a', 'c', 'g'])
                                            #字典默认只对键进行排序
>>> print(str1,li1,tup1,set1,dict1)
scut [6, 1, 5] (9, 7, 8) {2, 19, 12, 6} {'g': 12, 'a': 5, 'c': 12}
                                            #sorted()不修改原来的序列
>>> print(sorted([1,18,9,6,3],reverse=True))    #reverse=True 时，按降序排列
[18, 9, 6, 3, 1]
```

⑧ sum(iterable[, start])

该函数对可迭代序列或对象 iterable 进行求和计算，序列或对象可以是列表、元组、集合，但列表、元组和集合中的元素必须是可以进行加和计算的整数、浮点数和复数。start 为可选参数，默认为零，该参数作为一个加和项，直接加在序列加和之后，具体应用情况见下面交互环境下运行代码及运行结果。

```
>>> li1,tup1,set1=[3,4,5],(5+2j,4+3j),{4,5,6}
>>> print('sum(li1,1)=',sum(li1,1),",",'sum(tup1,2)=',sum(tup1,2),","'sum(set1)=',
sum(set1))
sum(li1,1)=13 , sum(tup1,2)=(11+5j) ,sum(set1)=15
```

（2）常用数学函数

Python 语言的数学函数能直接调用的不多，一般需要先调用 math 标准库或 Numpy 第三方库，对于 math 标准库采用 from math import *，这样对于该库中的数学函数可以直接调用；对于 Numpy 第三方库采用 import numpy as np，利用该库的函数时需要加上前缀“np.”方可进行函数调用，常用数学函数的调用情况见表 1-7，详细引用代码见 18-mathfun.py。

表 1-7 常用数学函数调用

名称	函数	实例	返回	备注
正弦函数	sin(x)	sin(pi/4)	0.7071	math 库中 pi=π 可直接调用，numpy 库中，需采用 np.pi 调用；函数计算时以弧度为单位，只有 numpy 库中的函数可以处理列表结果取 4 位小数点，下同
		np.sin([pi/8,pi/6])	[0.3827 0.5]	
余弦函数	cos(x)	cos(pi/3)	0.5000	
正切函数	tan(x)	tan(pi/4)	1.0000	

续表

名称	函数	实例	返回	备注
反正弦	asin(x)	asin(0.5)	0.5236	math 库中 pi=π 可直接调用，numpy 库中，需采用 np.pi 调用；函数计算时以弧度为单位，只有 numpy 库中的函数可以处理列表结果取 4 位小数点，下同
反余弦	acos(x)	acos(0)	1.5708	
反正切	atan(x)	atan(1)	0.7854	
自然指数	exp(x)	exp(2)	7.3890	取自然数 e 的 x 次幂
自然对数	log(x)	log(10)	2.3026	取以 e 为底的对数
常用对数	log10(x)	log10(12)	1.0792	取以 10 为底的对数
底 2 对数	log2(x)	log2(8)	3.0	取以 2 为底的对数
开根号	sqrt(x)	sqrt(4)	2.0	x>=0，求平方根
取整及字符串转数字函数	int(x<,base>)	int (99.8);	99	求取整数部分，截去小数点后的数字。此函数为内置函数，也可将字符串数字转化为十进制数字，base 是 x 为字符串时的进制形式
		int (-99.2)	-99	
		int('0x12a',16)	298	
		int('0b111101',2)	61	
		int('0o123456',8)	42798	
		int('123456',10)	123456	
截断函数	np.fix(x)	np.fix(99.8);	99.0	截去小数部分，用“0”代替，调用 Numpy 库
		np.fix(-99.2)	-99.0	
符号函数	np.sign(x)	np.sign (-8)	-1	判断数值正负，当 x>0 时为 1；x=0 时为 0；x<0 时为-1，调用 Numpy 库
		np.sign (0)	0	
		np.sign (3)	1	
范数计算	hypot(x,y)	hypot(3,4)	5.0	返回 sqrt(x*x + y*y)
弧角转换	degrees(x)	degrees(pi)	180.0	将弧度转换为角度
角弧转换	radians(x)	radians(180)	3.1415926	将角度转换为弧度

（3）随机函数

利用随机数可以模拟许多实际过程，进而解决许多实际问题，如计算圆周率、线上考试出题、密码加关联一串随机数等。Python 语言目前有两种方法获得随机数，一种是利用 Python 语言内置的 random 模块，该方法使用时需要导入 random 模块；另一种是利用第三方的 Numpy 库提供了 random 模块，可以生成多维度数组形式的随机数，使用该方法时需要导入 numpy 库。

下面先介绍 Python 内置的 random 模块的几种生成随机数的方法，假设以 import random as rnd 形式导入 random 模块，以 import numpy as np 导入 Numpy 第三方库。

① rnd.random()

随机生成 0 到 1 之间的浮点数[0.0, 1.0)。注意的是返回的随机数可能会是 0 但不可能为 1，即左闭右开的区间。

代码：

```
for i in range(3):                                  #产生 3 个随机数
    print("random():%.5f" % rnd.random())           #小数点保留 5 位
```

结果：

```
random():0.23569
random():0.41471
random():0.61333
```

内置 random 模块产生的随机数其实是伪随机数，依赖于特殊算法和指定不确定因素或种子 seed 来实现，对于同一个 seed 值的输入产生的随机数会相同，省略 seed 参数则意味着使用当前系统时间秒数作为种子值，每次运行产生的随机数就不同。下面是指定种子后运算上述随机数的代码和结果。

代码：

```
for i in range(3):
    rnd.seed(3)
    print("random():%.5f" % rnd.random())
```

结果：

```
random():0.23796
random():0.23796
random():0.23796
```

由结果可知，当指定种子 seed 为 3 时，每次得到的随机数是不变的，均为 0.23796。

② rnd.randint(x , y)

随机生成 x 与 y 之间的整数 a，x≤a≤y，注意 a 可以是 x 或 y，下面是不指定种子的运行代码和结果（通过 rnd.seed(None)语句将上次指定的种子消除）。

代码：

```
rnd.seed(None)#消除种子
for i in range(3):
    print("randint():" , rnd.randint(1,100))        #[1,100]闭区间内
```

返回：

```
randint(): 38
randint(): 42
randint(): 100
```

如果设置一个种子，则每次产生一样的 3 个在[1,100]闭区间内的整数，其代码和运行结果如下。

代码：

```
rnd.seed(6)
for i in range(3):
    print("randint():" , rnd.randint(1,100))
```

返回：

```
randint(): 74
randint(): 11
randint(): 63
```

每次运行上述代码，均产生 74、11、63 三个整数，如要消除种子的影响，必须删除 rnd.seed(6)语句，先运行 rnd.seed(None)语句消除种子，再运行消除种子后的代码即可。

③ rnd.randrange(x,y,step)

随机生成 x 与 y 之间，间隔为 step 的整数 a，x≤a<y，注意 a 可以是 x 但不可能是 y，下面是运行代码和结果。

代码：

```
for i in range(3):
    print("randrange():" , rnd.randrange(1,20,3))
```

结果：

```
randrange(): 4
randrange(): 16
randrange(): 1
```

④ rnd.uniform(x, y)

随机生成 x 与 y 之间的浮点数 f，x≤f≤y，注意 f 可以是 x 或 y，下面是运行代码和结果。

代码：

```
for i in range(3):
        print("uniform(1,10):" , rnd.uniform(1,10))
```

结果：

```
uniform(1,10): 7.601851899019244
uniform(1,10): 4.499618168074537
uniform(1,10): 8.902978743168136
```

⑤ rnd.choice(seq)

从序列 seq 中随机取出一个元素，seq 可以是列表、元组、字符串等。该函数不会改变原序列 seq，要求序列 seq 不能为空。

代码：

```
print("rnd.choice([2,6,7,9,12]):", rnd.choice([2,6,7,9,12]))
print("rnd.choice('scutgzws):", rnd.choice('scutgzws'))
print("rnd.choice((52,63,73,92,12)):", rnd.choice((52,63,73,92,12)))
```

返回：

```
rnd.choice([2,6,7,9,12]): 9
rnd.choice('scutgzws): s                #IDLE 中返回的是's'
rnd.choice((52,63,73,92,12)): 73
```

⑥ rnd.shuffle(items)

把列表 items 中的元素随机打乱，修改原列表的内容。如果不想修改原来的列表，需要预先利用 copy.deepcopy()模块先复制一份原来的列表。

代码：

```
li=[5,6,9,12,33]
print('rnd.shuffle(li):',rnd.shuffle(li))
print('li=',li)
```

返回：

```
rnd.shuffle(li): None
li=[12, 33, 6, 5, 9]
```

⑦ rnd.sample(items, n)

从列表 items 中随机取出 n 个元素，但不改变原列表。

代码：

```
li=[5,6,9,12,33]
print('rnd.sample(li,3):',rnd.sample(li,3))
print('li=',li)
```

返回：

```
rnd.sample(li,3): [6, 9, 5]
li=[5, 6, 9, 12, 33]
```

Numpy 第三方库也提供了和内置 random 模块相仿的 random 模块，不同之处在于 Numpy 第三方库提供的 random 模块用于生成数组形式的随机数。除了维度因素之外，Numpy 第三方库提供的 random 模块在其他方面和内置 random 模块的功能基本相仿，下面对 Numpy 第三方库 random 模块几种生成随机数的方法仅作简单介绍，直接提供代码和运行结果（20-np_random.py）。

① np.random.rand(d_0,d_1,…,d_n)

根据给定维度参数 d_0、d_1…、d_n 生成随机的 array 数组数据，如 np.random.rand(2,3)则返

回 2×3 的随机数组，数组中的每个元素大于等于 0，小于 1。

② np.random.randn(d_0,d_1,…,d_n)

根据给定维度参数 d_0、d_1…、d_n 生成随机的以 0 为均值、以 1 为标准差的正态分布 array 数组数据，如 np.random.randn(2,3)则返回 2×3 的随机正态分布数组，数组中的每个元素值范围没有具体要求，只要满足正态分布即可。

③ np.random.randint(low, high=None, size=None, dtype=int)

返回随机整数或数组，当只有一个参数时，返回[0,low]的随机整数或数组，low 可以是整数或列表；当只有两个参数无说明时，前一个是 low，后一个是 high，返回[low,high）随机整数或列表，high 可以是整数或列表；参数 size 没有定义时为 1，定义时可以是整数或元组，元组表示随机数的数组结构，注意和 low 及 high 相互匹配。注意 Numpy 库中也可以设置随机种子，使随机数可预测，其格式是 np.random.seed()。

④ np.random.uniform(low, high, size)

产生在[low,high)这个区间中随机浮点数或数组，默认值为[0，1)，数组结构为 size，默认值为 1，其它和前面的 np.random.randint()的函数相仿。

⑤ np.random.normal(loc, scale, size)

返回均值为 loc，标准差为 scale，大小为 size 的正态分布数组，当 loc=0，scale=1 的情况下，该函数等同于前面的 np.random.randn()函数，三个参数全部缺省时也有随机数返回，具体应用见代码。

⑥ np.random.sample(size)

返回在半开区间 [0.0, 1.0) 随机的浮点数或数组，数组大小为 size，默认为 1。

```
Numpy 第三方库随机函数全部代码：
#20-np_random.py 数组随机数#
import numpy as np
#生成[0,1)的随机 array 数组数据
print("np.random.rand(2,3)=\n{}".format(np.random.rand(2,3)))
#生成随机的以 0 为均值、以 1 为标准差的正态分布 array 数组数据
print("np.random.randn(2,3)=\n{}".format(np.random.randn(2,3)))
#产生 10 个大于等于 1,小于 10 的随机整数
print("np.random.randint(1,10,size=10)={}".format(np.random.randint(1,10,
size=10)))
#产生 2×3 随机数组,数组元素大于等于 1,小于 10 的随机整数
print("np.random.randint(1,10,size=(2,3))=\n{}".format(np.random.randint(1,
10,size=(2,3))))
print("np.random.randint(1,10)={}".format(np.random.randint(1,10)))
print("np.random.randint(10)={}".format(np.random.randint(10)))
print("np.random.randint([7,8,10])={}".format(np.random.randint([7,8,10])))
#size 的值必须和 low 及 high 相互匹配,下面的 size 只能 n×3
print("np.random.randint([7,8,10],[20,30,40],size=(2,3))=\n{}".format(np.
random.randint([7,8,10],[20,30,40],size=(2,3))))
#产生随机浮点数或数组
print("np.random.uniform(1,10,size=(2,3))=\n{}".format(np.random.uniform(1,
10,size=(2,3))))
print("np.random.uniform(1,10)={}".format(np.random.uniform(1,10)))
print("np.random.uniform(10)={}".format(np.random.uniform(10)))
print("np.random.uniform([7,8,10])={}".format(np.random.uniform([7,8,10])))
#返回均值为 loc,标准差为 scale,大小为 size 的正态分布数组
print("np.random.normal(5,10,size=(2,3))=\n{}".format(np.random.normal(5,10,
```

```
size=(2,3))))
print("np.random.normal(10,2,size=(2,3))=\n{}".format(np.random.normal(10,2,
size=(2,3))))
print("np.random.normal()=",np.random.normal())
#返回在半开区间 [0.0, 1.0) 随机的浮点数或数组,数组大小为 size,默认为 1
print("np.random.sample()=",np.random.sample())
print("np.random.sample((2,3))=\n{}".format(np.random.sample((2,3))))
```

运行返回结果:

```
np.random.rand(2,3)=
[[0.77685268 0.28352131 0.4707244 ]
 [0.70927708 0.29857702 0.71990836]]
np.random.randn(2,3)=
[[-1.05099855  0.13339945 -0.49013483]
 [-2.24203414  0.55551432  0.17047748]]
np.random.randint(1,10,size=10)=[5 5 2 2 5 6 5 8 1 4]
np.random.randint(1,10,size=(2,3))=
[[1 4 8]
 [2 6 9]]
np.random.randint(1,10)=8
np.random.randint(10)=1
np.random.randint([7,8,10])=[5 1 3]
np.random.randint([7,8,10],[20,30,40],size=(2,3))=
[[10 14 17]
 [15 18 34]]
np.random.uniform(1,10,size=(2,3))=
[[6.46490164 3.17507795 5.42110142]
 [2.84078909 9.94813743 8.19879502]]
np.random.uniform(1,10)=6.779781291255243
np.random.uniform(10)=5.531183228341502
np.random.uniform([7,8,10])=[4.25135319 5.65503215 9.51106547]
np.random.normal(5,10,size=(2,3))=
[[17.14537452 11.77688624 -1.45104708]
 [-5.06956289 16.06271033  6.59719033]]
np.random.normal(10,2,size=(2,3))=
[[10.16156844  9.43642776 12.88864777]
 [10.78604309  9.74057973  8.67190841]]
np.random.normal()=-0.5377355244215604
np.random.sample()=0.8331183686097456
np.random.sample((2,3))=
[[0.32753532 0.67150274 0.14670215]
 [0.56931731 0.05328623 0.90415759]]
```

（4）常用时间和日期函数

时间和日期函数是任何编程语言必备的函数，Python 也不例外。Python 语言调用时间和日期函数时必须先加载模块，因为时间和日期函数不是 Python 的内置函数。Python 语言中处理时间与日期最相关的模块是 time、datetime、date、calendar，其中应用较多的是 time 和 datetime 模块，下面介绍该两个模块的主要功能及具体应用。

time 模块包含一些函数用于获取时钟时间和处理器的运行时间，还提供了基本解析和字符串格式化工具。它是由底层 C 库提供与时间相关的函数，因此在不同的平台上会有细微的差别，使用 time 模块前需要通过 import time 先引入模块才能使用该模块下的各种函数，在 Python3.7.7 版本上，time 模块下的函数有 altzone，asctime，clock，ctime，daylight，get_clock_ info，gmtime，localtime，mktime，monotonic，monotonic_ns，perf_counter，perf_counter_ns，process_time，process_time_ns，sleep，strftime，strptime，struct_time，thread_time，thread_time_ns，time，time_ns，timezone，tzname 共 25 种，其中 clock 函数已在 Python3.8 版本中弃用，可用 perf_counter 函数代替。下面介绍 time 模块几个常用的函数。

① time()

返回一个时间戳。所谓时间戳，是指格林威治时间 1970 年 1 月 1 日 0 时 0 分 0 秒（北京时间 1970 年 1 月 1 日 8 时 0 分 0 秒）起至现在的总秒数（不计闰秒）。在 Windows 和大多数 Unix 系统上，格林威治时间 1970 年 1 月 1 日 0 时 0 分 0 秒又称纪元，也通常被称为 Unix 时间。在不同的平台上 time()返回的秒数可能会有细微的差异，譬如作者写书时运行 time.time()得到的时间戳为 1613216553.2150002。对于精度要求不高的测试程序运行时间可以通过前后两次获取时间戳，利用两者的差异得到中间程序的运行时间，具体应用代码如下。

```
import time,datetime,calendar
#time()求时间差
start_time=time.time()
print("start_time:",start_time)
for i in range(5000):
        for j in range(1000):
                x=i+j
end_time=time.time()
print("end_time-start_time=", end_time-start_time)
```

运行以上代码，得到以下结果：

```
time 程序运行计时 0.5729999542236328
```

② localtime(<secs>)

将自纪元以来的秒数 secs 转换到本地的时间，类型为时间元组 time.struct_time。无 secs 时，默认为当前时间即 time.time()，也可以接受具体的时间戳数据。如运行默认时间的 time.localtime()则返回如下内容：

```
time.struct_time(tm_year=2021, tm_mon=2, tm_mday=13, tm_hour=23, tm_min=11,
tm_sec=47, tm_wday=5, tm_yday=44, tm_isdst=0)
```

在上述时间元组中，共有 9 项内容，依次分别是年份、月、日、时、分、秒、星期标志数、本年已过天数（包括当天）、夏令时标志。本次返回的是 2021 年 2 月 13 日 23 时 11 分 47 秒星期六本年第 44 天非夏令时。注意星期标志数 tm_wday 范围为 0～6，从星期一到星期日；时令是标志为 tm_isdst，0 表示正常令时，1 表示夏令时，-1 不确定是否是夏令时。如运行：time.localtime(17000000000)则返回 time.struct_time(tm_year=2508，tm_mon=9，tm_mday=16，tm_hour=14，tm_min=13，tm_sec=20，tm_wday=6，tm_yday=260，tm_isdst=0)

③ gmtime(<secs>)

返回格林威治天文时间下的时间元组，也就是 0 时区的时间，比北京时间早 8 小时，其它功能和 localtime 类似，如运行 time. gmtime (17000000000)则返回 time.struct_time (tm_year=2508，tm_mon=9，tm_mday=16，tm_hour=6，tm_min=13，tm_sec=20，tm_wday=6，tm_yday=260，tm_isdst=0)，比运行 time.localtime(17000000000)早了 8 个小时。

④ perf_counter()

返回以小数秒为单位性能计数器的值作为浮点数，具有最高可用分辨率的时钟，包括系统范围的睡眠期间经过的时间 sleep()，用在测试代码时间时，需要通过调用两次，进行差值运算方可得到具体的运行时间，下面是和 time()同样代码的运行时间计算程序。

```
start_time=time.perf_counter()
```

```
print("start_time:",start_time)
for i in range(5000):
        for j in range(1000):
                x=i+j
end_time=time.perf_counter()
print("perf_counter 程序运行计时=", end_time-start_time)
```

运行上述程序，返回如下结果：

```
start_time: 0.735479523
perf_counter 程序运行计时=0.5268544980000001
```

由此可见，同样的程序代码运行，利用 time()计时比利用 perf_counter()计时要多，两者有差别。

⑤ process_time()

返回以秒为单位的当前进程系统和用户 CPU 时间总和值的浮点数，通常用在测试代码运行的时间上，但不包括 sleep()休眠时间期间经过的时间，需要通过两次调用，进行差值运算方可得到具体的运行时间，下面是和 time()同样代码的运行时间计算程序。

```
start_time=time.process_time()
print("start_time:",start_time)
for i in range(5000):
        for j in range(1000):
                x=i+j
end_time=time.process_time()
print("process_time 程序运行计时=", end_time-start_time)
```

运行上述代码，返回以下结果：

```
start_time: 1.1388073
process_time 程序运行计时=0.5460034999999999
```

对比 perf_counter 程序运行计时，相同的代码 process_time 程序运行计时略微大了一点，比 time.time 的计时小一点，这些小的差别，在不同的平台每次运行时会有不同的结果。

⑥ ctime(<secs>)

将时间戳转换为 Weekday Month Day HH:MM:SS Year 形式的时间字符串，如没有提供时间戳，则默认当前时间，如作者运行 time.ctime()则返回时间字符串为'Sun Feb 14 18:59:24 2021'，如果只需当时的时钟数据，可以通过下面代码获取时钟部分时间字符串数据。

```
time_str=time.ctime()
print("显示时钟部分时间字符串:",time_str[11:19])
```

运行上述代码，返回如下结果：

```
显示时钟部分时间字符串:19:09:53
```

⑦ sleep(seconds)

设定当前线程的休眠时间，走完设定时间后再次启动当前线程。这个方法常被用来控制程序的延时运行。需要注意的是 process_time 并不计算 sleep 的休眠时间，而 perf_counter 则会计算休眠时间。

⑧ mktime(tupletime<local>)

接收时间元组或 localtime 的本地时间的 struct_time，返回时间戳，注意该时间戳返回的整秒数，而 time.time()也返回本地时间戳且无需参数，但该时间戳有小数点，如 time.time()返回 1613314228.106，而 time.mktime(time.localtime())则返回 1613314321.0。

⑨ asctime(<tupletime>)

接收一个有九个元素的时间元组 tupletime 并返回一个可读的形式为 Weekday Month Day

HH:MM:SS Year 的字符串，默认为当前时间，其输出结果和 ctime 一致。两者不同的是输入参数不同，ctime 的参数为时间戳，是浮点数，如 time.ctime(1620000000) 返回'Mon May 3 08:00:00 2021'; asctime 是时间元组，如 time.asctime((2021,2,16,8,15,18,1,47,0))返回'Tue Feb 16 08:15:18 2021'。

⑩ time.strftime(format＜,tupletime＞)

接收时间元组或空白，以 format 的格式返回时间元组或当前时间（无时间元组即空白）的时间字符串。具体应用代码如下：

```
my_format1="%Y/%m/%d %H:%M:%S"
my_format2="%Y/%B/%d %A %H:%M:%S"
print("按格式获取当前时间字符串 1:",time.strftime(my_format1))#无时间元组
print("按格式获取当前时间字符串 2:",time.strftime(my_format2))
t_tup1=(2021,2,16,8,15,18,1,47,0)
t_tup2=(1999,2,16,8,15,18,1,47,0)
print("按格式获取元组时间字符串 1:",time.strftime(my_format1,t_tup1))
print("按格式获取元组时间字符串 2:",time.strftime(my_format2,t_tup2))
```

运行上述代码，返回以下结果:

```
按格式获取当前时间字符串 1:2021/02/15 09:38:45
按格式获取当前时间字符串 2:2021/February/15 Monday 09:38:45
按格式获取元组时间字符串 1:2021/02/16 08:15:18
按格式获取元组时间字符串 2:1999/February/16 Tuesday 08:15:18
```

有关日期和时间格式的符号含义见表 1-8。

表 1-8 日期时间格式化字符串含义

格式化字符串	日期/时间单元	范围
%Y	年	0001-9999
%m	月	1-12
%B	月名	January,...
%b	月名缩写	Jan,...
%d	1	01-31
%A	星期	Sunday,...
%a	星期缩写	Sun,...
%H	时(24 时制)	00-23
%I	时(12 时制)	01-12
%p	上午/下午	AM,PM
%M	分	00-59
%S	秒	00-61

datetime 模块是 Python 语言另一个有关日期和时间的常用模块，它提供对于日期和时间进行简单或复杂的操作。该模块下一级函数有 datetime.MINYEAR、datetime.MAXYEAR、datetime.date 、 datetime.time 、 datetime.datetime 、 datetime.datetime_CAPI 、 datetime.sys 、datetime.timedelta、datetime .timezone、datetime.tzinfo 共 10 类，其中 datetime.MINYEAR、datetime.MAXYEAR 表示日期系统中年份的最小值和最大值，作者电脑中年份的最小值为 1，最大值为 9999；而其他 8 类下面还有二级函数。datetime 模块除了 time 模块的一些常用功能外，额外增加了有关日期和时间的运算功能，而 datetime. datetime 相当于集合了 datetime.date、 datetime.time 两者的功能，下面对 datetime. datetime 作一些介绍。

datetime.datetime 参数包括 year、month、day、hour、minute、second、microsecond、tzinfo（时区），其中 year、month、day 必选参数，其他参数如果不需要可以省略不写默认为零。有关 datetime.datetime 的几个具体应用程序如下。

```
#datetime 计算程序运行时间
x=0
start_time=dt.now()
print("start_time:",start_time)
for i in range(5000):
        for j in range(1000):
                x=i+j
end_time=dt.now()
print("datetime 计算程序运行计时=", end_time-start_time)
#datetime 计算两日期之间的时间差
t1=dt(2021,3,8)
t2=dt(1997,10,8)
print("两日期之差:",(t2-t1).days)
```

运行上述程序得到以下结果：

```
start_time: 2021-02-15 21:24:52.320400
datetime 计算程序运行计时=0:00:00.501000
两日期之差:-8552
```

（5）常用数字转换函数

Python 语言和其他编程语言一样，也有许多数字转换函数，这些函数大多数是内置函数，可以直接调用，一些常用的数字转换函数见表 1-9。

表 1-9 数字格式转换函数

函数	功能	实例	结果	备注
hex(x)	将不同制式的整数转化为十六进制，返回字符串形式	hex (291)	0x123	在打印语句返回时没有加字符串的引号，“0x”表示十六进制
		hex(0b11111)	0x1f	
		hex (0o234)	0x9c	
oct(x)	将不同制式的整数转化为八进制，以字符串形式表示	oct (291)	0o443	在打印语句返回时没有加字符串的引号，“0o”表示八进制
		oct (0b11111)	0o37	
		oct (0x234)	0o1064	
chr(x)	用来返回整数 x 所对应的 Unicode 字符	chr(70)	F	在打印语句返回时没有加字符串的引号，x 取值范围必须在[0-1114111(十六进制为 0x10FFFF)]之间，否则将引发 ValueError 错误
		chr(49)	1	
		chr(0x61)	a	
		chr(111111)	Ð	
		chr(1)	╔	
		chr(0x30)	0	
ord(x)	返回字符串 x 对应的 ASCII 数值，或者 Unicode 数值，是 chr()的配对函数	ord('8')	56	主流语言的文字及字母基本上都有 Unicode 数值对应，注意必须以字符串的形式作为输入参数
		ord('T')	84	
		ord('中')	20013	
		ord('y')	121	
		ord('β')	946	
bin(x)	将不同制式的整数转化为二进制，返回字符串形式	bin(29)	0b11101	在打印语句返回时没有加字符串的引号，“0b”表示二进制
		bin(0x11)	0b10001	
		bin(0o134)	0b1011100	

续表

函数	功能	实例	结果	备注
int(x)	将不同制式的整数转化为十进制，返回数字形式	int(0x291)	657	注意转化为十进制，返回的不是字符串是数字
		int(0b11111	31	
		int(0o234)	156	

（6）常用格式函数

在 Python2.6 之前，数据打印格式通过“%”加具体的格式指示符来实现，如 print('x=%.5f ' %6.180339)则返回 x=6.18034，但从 Python2.6 开始，新增了一种格式化字符串的函数 S.format(*args,**kwargs)，它增强了字符串格式化的功能，其基本语法是通过 {} 和 : 来代替以前的%。如上述的用“%”的打印格式，如果用 S.format()形式则为 print('x={:.5f}'.format(6.180339))。S.format 函数既可以接受单值（*）可变参数，也可以接收键值对（**）可变参数，参数个数不限，键值对位置可以不按顺序，比以前用%来表示的格式化功能大大增强，当大括号{}内为空时，表示按 format()括号内的顺序显示内容；大括号内有“:.5f”之类的数字格式，则按数字格式对应 format()括号内的顺序显示内容；大括号内为键名时，则显示键名对应的值；大括号内为整数时，则显示该整数对应 format()括号内次序的内容，注意次序从 0 开始；大括号内的内容为“：”加^，＜，＞分别是居中、左对齐、右对齐的格式，后面的数字是宽度；若“：”号后面带填充的字符，则用指定字符填充至指定宽度；若“：”号后面带 b、d、o、x 则表示以二进制、十进制、八进制、十六进制表示，此外可以使用大括号 {} 来转义大括号，表 1-10 是 S.format()的具体应用，注意屏幕显示的内容已省去了表示字符串的符号“''”。

表 1-10　打印格式化函数

功能描述	具体语句	屏幕显示
字符串任意调用 1	'{1}{0}您'.format('欢迎','华工')	华工欢迎您
字符串任意调用 2	'{2}{1}{2}{0}'.format(3,5,6)	6563
小数点位数调用	'{:.3f}'.format(3.14159)	3.142
百分比格式调用	'{:.2%}'.format(0.12356)	12.36%
科学计数法调用	'{:.5e}'.format(1245689756)	1.24569e+09
列表索引参数调用	list1=['华工','化工'] list2=['广州','www.scut.edu.cn'] print('学校：{0[0]},专业：{0[1]},地址：{1[0]},网址：{1[1]}'.format(list1,list2))	学校：华工，专业：化工，地址：广州，网址：www.scut.edu.cn
字典参数调用	dict1={"school":"华工","specialty":"化工"} print("学校：{school},专业：{specialty}".format(**dict1))	学校：华工，专业：化工
键值对调用	print("学校：{学校},专业：{专业}".format(学校="华工",专业="化工"))	学校：华工，专业：化工
左填充格式	'{:9＞4d}'.format(21)	9921
右填充格式	{:9＜4d='.format(21)	2199
左对齐格式	'{:＜4d='.format(21)	21
右对齐格式	'{:＞4d}'.format(21)	21
中间对齐格式	'{:^4d}'.format(21)	21
转二进制	'{:b}'.format(21)	10101

续表

功能描述	具体语句	屏幕显示
转八进制	'{:o}'.format(21)	25
转十进制	'{:d}'.format(0x21)	33
转小写字母十六进制	'{:x}'.format(31)	1f
转大写字母十六进制	'{:X}'.format(31)	1F
转有进制标志小写十六进制	'{:#x}'.format(31)	0x1f
转有进制标志大写十六进制	'{:#X}'.format(31)	0X1F
转有进制标志二进制	'{:#b}'.format(21)	0b10101
转有进制标志八进制	'{:#o}'.format(21)	0o25
转有进制标志十进制	'{:#d}'.format(0x21)	33

注意字典参数调用时，字典名前面必须加 2 个*，表示是键值对调用。转有进制标志十进制时，十进制的标志并没有出现。

（7）自定义函数

自定义函数就是把具有独立功能的代码块编写为一个小模块，在需要的时候以函数的形式，通过参数调用实现某种功能或返回函数的结果。函数中的参数允许全部或部分使用空参数（即为无参数），固定参数、默认参数、单值（*args）可变参数、键值对（**kwargs）可变参数，自定义函数的一般调用语法为：

```
def fun_name(var1,var2, …, cons1=x1,cons2=x2, …,*args,**kwargs):
    运算模块…
    return 结果表达式
```

另外，Python 还提供了简单好用的一行隐函数的自定义函数的方法。该函数的语法形式是：

```
fun_nam=lambda 参数列表 x:执行语句
```

该一行自定义函数，相当于以下的标准自定义函数形式：

```
def fun_nam（参数列表 x）:
    return  执行语句
```

在程序开发过程时，使用函数可以提高程序编写效率，加快程序开发速度。Python 语言中自定义函数必须写在该函数调用之前，而不像 VB 等语言自定义函数可以放在调用代码后面，这一点对于 Python 语言的初学者必须引起注意。Python 函数名称尽量取能够表达函数代码功能名字，以方便后续的调用。函数名称的命名应该符合标识符的命名规则，可以由字母、下划线和数字等组成，但不能以数字开头，不能与关键字重名。

函数中的参数在函数定义时称为形参，是用来接收参数用的，在函数内部作为局部变量使用，不会影响函数外面的同名变量；当调用函数时，小括号中的参数是实参，是用来把数据传递到函数内部用的，注意实参的位置必须和形参一一对应即可，无需和形参的名称一致。下面介绍几种常见的自定义函数的具体应用。

① 无参数无返回值自定义函数

有些自定义函数是为了实现某些功能，可以既无参数也无返回值，它通过自定义函数内部的语句实现了需要达到的目的，如下面自定义函数：

```
def do_print_wellcome():
    print("华南理工大学与中国邮政广东分公司欢迎您")
```

需要调用时，也无需参数，只要输入 do_print_wellcome()回车，即可得到以下结果：

华南理工大学与中国邮政广东分公司欢迎您

② 单参数自定义函数

自定义函数中带一个参数，调用时需要代入该参数才能得到正确的返回值，下面是计算1-x的自然数平方和自定义函数：

```
def do_calsum(x):
    sum=0
    for i in range(x):
        sum=sum+(i+1)**2
    return sum
```

调用该函数时，可以用 print(do_calsum(10))语句，得到打印结果为 385，但没有赋值作用，如果需要得到赋值效果，需要添加 n= do_calsum(10)。注意函数内的 sum 计算得到的值不会传递到函数外面，同理即使你先运行 sum=100，再运行 print(do_calsum(10))得到的结果还是 385。

③ 双参数自定义函数

自定义函数中带两个参数，如计算圆柱体体积和外表面积时，需要圆柱体半径和高度两个参数，返回时也需要同时返回体积和外表面积两个数据，具体自定义函数如下：

```
def do_calvolum(r, h):
    v=math.pi*r**2*h
    s=2*math.pi*r**2+2*math.pi*r*h
    return v, s                        # 以元组形式返回
```

如需要计算半径为 1，高度为 10 的圆柱体的体积和外表面积时，可以通过 print (do_calvolum(1, 10))语句，得到打印的元组数据(31.41592653589793, 69.11503837897544)，如需要赋值则用 vs= do_calvolum(1, 10)语句即可。

④ 不确定个数的单值参数自定义函数

有时候不确定具体调用时的参数个数，就可以采用单值参数不确定自定义函数的形式来处理，下面是用来计算若干个单值参数立方和自定义函数：

```
def find_add3(*args):
    sum3=0
    for i in args:
        sum3=sum3+i**3
    return sum3
```

注意程序中的“*args”和“args”字符不可修改，是该函数规定的字符，如调用 print(find_add3(28, 45, 17, 67))，则显示该四个数的立方和为 418753。下面是另一个寻找素数的单值参数不确定自定义函数代码：

```
def find_PriNum(*args):
    prime=0
    for i in args:
        Para=True
        m=int(math.sqrt(i)+1)
        for j in range(2, m):
            if i % j==0:
                Para=False
                break
        if Para==True:
            prime=i
            break
    return prime
```

注意该自定义函数一旦找到一个素数就停止寻找，返回找到的第一个素数，后面即使还

有素数，也不再寻找。在该自定义函数前面，必须先运行 import math 导入 math 标准库。如运行 print("找到的第一个素数是：find_PriNum(28, 45, 17, 67, 53))语句，返回的是“找到的第一个素数是：17”的结果。

⑤ 不确定个数的键值对参数自定义函数

键值对也可以作为自定义函数的参数，而且键值对数量也可以不确定，下面关于成绩单打印的自定义函数就将不确定个数的键值对作为参数的自定义函数，具体代码如下：

```
def print_score(*args,**kwds):
        print("华南理工大学化学与化工学院 2021 年学生成绩单")
    print(*args)                                    #单值不确定参数
    dict1=dict(kwds)                                #键值对转化为字典
    for k in dict1.keys():                          #取字典键名
        print(k,end='  ')
    print()#起到换行作用
    for v in dict1.values():                        #取字典值
        print("{:>4d}".format(v),end='      ')     #4 位右对齐
    print()#起到换行作用
```

运行 print_score('化工 21 班','王正','男','广东','2021123456',分析化学=93,物理化学=95,化工原理=96)代码后，得到如下打印结果：

```
华南理工大学化学与化工学院 2021 年学生成绩单
化工 21 班 王正 男 广东 2021123456
分析化学  物理化学  化工原理
  93        95        96
```

⑥ 函数的嵌套调用

一个函数里面又调用了另外一个函数，这就是函数嵌套调用，通过函数的嵌套调用，可以使主程序的逻辑更加清晰简洁，但必须注意的是所有的函数必须在嵌套前先定义好，否则会出错。下面的代码是利用二分法求取非线性方程在规定范围内的所有根的程序，该程序实现了三个自定义函数的相互嵌套。首先是通过自定义函数 f(x)确定所要求解的非线性；其次通过 binarySolver(f, a, b, eps)自定义函数，利用二分法求解符合区间条件的根，注意在 binarySolver(f, a, b, eps)函数中需要调用前面定义的 f(x)函数；最后通过 binaryMulSolver(f, a, b, eps)，求解规定范围[a,b]内方程 f(x)的所有根，注意在 binaryMulSolver(f, a, b, eps)需要调用前面的两个自定义函数。主程序只需直接调用 binaryMulSolver(f, a, b, eps)，再加上打印结果代码即可，具体代码如下。

```
# 二分法解非线性方程零根
# bisection method
import math
h=0.2                   #搜索空间增量,不要太大,否则会漏根
f1=lambda x: x ** 3 - 7.7 * x ** 2 + 19.2 * x - 15.3
def f2(x):              #两种方法定义所求方程
    return x ** 3 - 7.7 * x ** 2 + 19.2 * x - 15.3
f3=lambda x: 3 - x * math.sin(x)
def binarySolver(f, a, b, eps):
    """
    f: function
    a, b: search range of root
    eps: precision
    """#在连续的三对引号之间编写对函数的说明文字
    y1, y2=f(a), f(b)
```

```
        if y1 * y2 > 0:
            print(f"the input range [{a},{b}] is not valid, plz check")
            raise ValueError
        elif y1==0: # edge case
            return a
        elif y2==0:
            return b
        while y1 * y2 < 0:
            mid=(a + b)/2
            y=f(mid)
            if abs(y) <=eps:
                return mid
                #print(f"the root of the function is {mid}, y={y}")
            if y * y1 < 0:
                b=mid # [a, mid]
                continue
            if y * y2 < 0:
                a=mid # [mid, b]
def binaryMulSolver(f, a, b, eps):
        """ 应对多个零点的方程,找出全部的零点
        f: function
        a, b: search range of root
        eps: precision
        """
        res=[]
        i, j=a, a + h                            # 子区间
        while i < b and j < b:
            if f(i) * f(j) < 0:                  # one solution exists in [i, j]
                k=binarySolver(f, i, j, eps)
                res.append(k)
                i=j                              # modify "start" of the range
            else:
                j=j + h                          # modify "end" of the range
        return res
#主程序代码
sol1=binaryMulSolver(f1, 0, 10, 0.000001)
sol2=binaryMulSolver(f3, 0, 30, 0.000001)
for i, s1 in enumerate(sol1):
       print("x{}={:.5f}".format(i,s1))
print()
for i, s2 in enumerate(sol2):
        print("x{}={:.5f}".format(i,s2))
```

在函数的嵌套调用中，一定要注意自定义函数相互之间的逻辑关系，同时注意自定义函数中遇到 return 语句，执行完该语句后就跳出该自定义函数，返回调用它的语句的下一条语句，而该下一条语句可能又在另一个自定义函数当中，如此不断重复调用自定义函数，可以使主程序显得十分简单明了。

1.2.3 数组创建及运算

数组并不是 Python 语言的六种基本数据类型之一，它是 NumPy （Numerical Python 的简称）第三方库中定义的数据类型，NumPy 库是高性能科学计算和数据分析的基础包，还可

以用作通用数据的高效多维容器，它包含以下主要内容：

① 提供具有矢量运算及复杂广播功能的多维数组对象 ndarray；

② 提供有用的线性代数、傅里叶变换和随机数；

③ 提供大量的标准函数，直接对数组中的元素进行批量处理；

④ 提供用于集成 C / C ++和 Fortran 代码的工具；

⑤ 提供了用于读写磁盘数据与操作内存映射文件的工具。

1.2.3.1 数组属性

建立 NumPy 的数组最直接的方法就是利用赋值语句直接输入，尽管这个方法有点费事，但对于数据不多的数组还是比较有效的。赋值数组之前必须先通过 import numpy as np 引入 NumPy 库，再通过 ar1=np.arrar(object,dtype=None,copy=True,order='K',subok=False, ndmin=0) 语句输入数据，其中用户一般只要输入参数 object 的内容就可以了，object 可以是各种符合数组的数据，其他参数可以由系统默认。其中参数 dtype 表示数组元素的数据类型；参数 copy 表示对象是否需要复制，是布尔数，默认 True，如定义 False，则复制时只复制副本；参数 order 表示内存分配形式，建议采用默认值；参数 subok 表示子类传递是否允许，默认不允许，只返回一个与基类类型一致的数组；ndmin 指定生成数组的最小维度，一般不用指定，系统自动会根据输入对象 object 的结构生产数组的维度数据。

在 IDLE 编辑器输入“np.array(”，系统会自动弹出如图 1-28 所示的提示信息，如在 Visual Studio Code 编辑器中，则弹出图 1-29 所示的信息，用户只需输入第一参数 object 的内容，再加上右括号“)”回车即可。

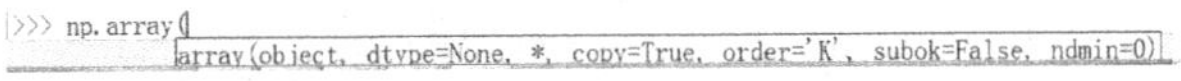

```
>>> np.array(
     array(object, dtype=None, *, copy=True, order='K', subok=False, ndmin=0)
```

图 1-28　在 IDLE 编辑器输入“np.array(”弹出信息示意图

按照上述方法建立的数组，通过 type()函数，可以获知其类为 numpy.ndarray，该类对象具有许多性质，如在 IDLE 先定义一个数组 ar1=np.array([[1,2],[3,4],[5,6]])，当再次输入“ar1.”时，系统就会弹出数组的所有属性、方法和函数，如图 1-30。注意有些需要加括号，有些无需括号，读者可以自己逐个操作，下面对数组的几个重要属性进行介绍，假设已定义前述的数组 ar1，在 IDLE 交互界面操作。

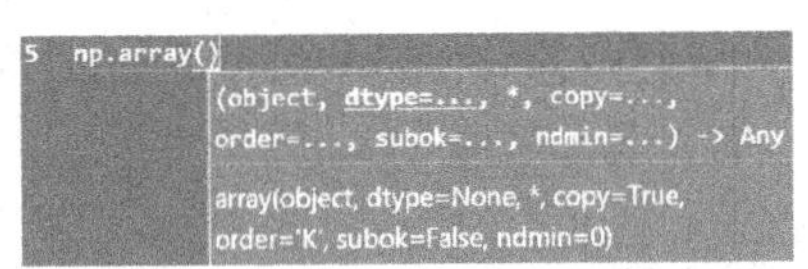

图 1-29　在 Visual Studio Code 编辑器输入“np.array(”弹出信息示意图

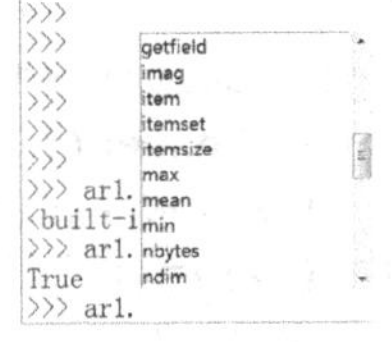

图 1-30　数组属性、函数等辅助信息弹出框示意图

① 数组的维度或级数 ndim，输入 ar1.ndim，返回 2，表明数组 ar1 是二维数组。

② 数组的尺寸 shape，也就是数组每一维的大小，输入 ar1.shape，返回一个元组（3,2），表示数组是 3 行 2 列。对于所有具有 n 行 m 列的数组矩阵，返回值是（n，m）。

③ 数组元素的总数 size，输入 ar1.size，返回 6，表明数组 ar1 共有 6 个元素，其实 size 的值就是 shape 中返回值中元素的乘积，如本例中 shape 返回值是（3,2），所以 size 的返回值就等于 3×2=6，如果超过两维，size 就是所有维度大小的乘积。

④ 描述数组中元素类型 dtype，输入 ar1.dtype，返回 dtype('int32')。

⑤ 数组中每个元素的字节大小 itemsize，输入 ar1. itemsize，返回 4。表明 32 位的整数类型，每个元素需要用 4 个字节来表示，有关数组属性的具体代码参见 25-array_pro.py。

1.2.3.2 数组创建

创建数组除了利用 array 函数直接赋值或接收一切序列对象（包括其他数组对象）产生一个新的 NumPy 数组外，还可以利用其它许多方法创建数组，如在前面介绍随机函数时创建的随机数组，其它创建数组的方法见表 1-11（26-array_cre.py）

表 1-11 数组创建方法

功能描述	具体语句	屏幕显示
任意维度的零数组 （数组大小用元组表示）	np.zeros((2,3))	array([[0., 0., 0.], [0., 0., 0.]])
任意维度元素为 1 数组 （数组大小用元组表示）	np.ones((2,2))	array([[1., 1.], [1., 1.]])
任意值的对角数组 （对角上任意值用列表表示，也可用 arange()函数表示，可用参数 k 表示对角线偏移，大于零向右上偏移，小于零向左下偏移）	①np.diag([1,2,3]) ②np.diag(np.arange(8,24,8) ,k=1) ③np.diag(np.arange(8,24,8) ,k=-1)	①array([[1, 0, 0], [0, 2, 0], [0, 0, 3]]) ②array([[0, 8, 0], [0, 0, 16], [0, 0, 0]]) ③array([[0, 0, 0], [8, 0, 0], [0, 16, 0]])
任意增量序列整数一维数组	np.arange(1,11,2)	array([1, 3, 5, 7, 9])
任意数目的一维等差数组	np.linspace(1,9,5)	array([1., 3., 5., 7., 9.])
任意数目的一维等比数组 （元素是 10^x，x∈[0,2]的等间隔 4 个数，如指定 base=2，则元素是 2^x）	①np.logspace(0,2,4) ②p.logspace(0,2,4,base=2)	①array([1. , 4.64158883, 21.5443469, 100.]) ②array([1. , 1.58740105, 2.5198421 , 4.])
由一维坐标生成高维坐标数组	x=np.arange(1,4) y=np.arange(4,7) X,Y=np.meshgrid(x,y)	X=array([[1, 2, 3], [1, 2, 3], [1, 2, 3]]) Y=array([[4, 4, 4], [5, 5, 5], [6, 6, 6]])
创建方阵数组（行数和列数相等，对角线元素为 1，其余为 0）	np.identity(3)	array([[1., 0., 0.], [0., 1., 0.], [0., 0., 1.]])
创建任意大小任意相同元素填充的数组 （大小用元组表示）	np.full((2,3),8)	array([[8, 8, 8], [8, 8, 8]])
创建相同属性数组 shape 和 dtype 一致，假设已设置数组 A 为：array([[1, 2, 3], [4, 5, 6]]) 注意 empty 表示数组元素为空，元素值不一定为零，可能出现奇怪的结果，如返回 array([[1, 1, 1], [1, 1, 1]])	np.ones_like(A)	array([[1, 1, 1], [1, 1, 1]])
	np.zeros_like(A)	array([[0, 0, 0], [0, 0, 0]])
	np.empty_like(A)	array([[0, 0, 0], [0, 0, 0]])
	np.full_like(A,3)	array([[3, 3, 3], [3, 3, 3]])
创建对角线或其偏移线元素为 1 的方阵数组，可用参数 k 表示对角线偏移，大于零向右上偏移，小于零向左下偏移	①np.eye(3) ②np.eye(3,k=1) ③np.eye(3,k=-1)	①array([[1. 0. 0.], [0. 1. 0.], [0. 0. 1.]]) ②array([[0., 1., 0.], [0., 0., 1.], [0., 0., 0.]]) ③array([[0., 0., 0.], [1., 0., 0.], [0., 1., 0.]])

注意 np.arange(1,11,2)中，1 是数组开始值，11 是终止值，但不包括 11，2 是增量值，默认为 1，可以只有一个参数，则默认从 0 开始，增量为 1；np.linspace(1,11,6)中，1 是数组开始值，11 是终止值，包括 11，6 是数组元素数量。有关随机数组前面已有介绍，在此不再赘述。

1.2.3.3 数组索引切片与调整

（1）索引

数组索引的基本规律和前面介绍的列表基本一致，正向都从 0 开始索引，依次加 1，负向从-1 开始，依次减 1。一维数组的索引和一维列表相仿，假设 A1 是一维数组，则 A1[m]则索引号为 m 的数组 A1 的元素，其实就是一维数组 A1 中第 m+1 个元素；当然也可以用负数表示，如 A1[-m]，表示一维数组 A1 从右边向左边数起第 m 个元素。对于两维数组 A2，则用 A2[m,n]进行索引，其中 m 为第一维方向索引号即行方向，从上到下为正方向；n 为第二维方向索引号即列方向，从左向右为正方向。二维数组的索引也支持负向索引，如 A2[-1,-1]表示该数组右下角最后一个元素，A2[-m,-n]表示倒数第 m 行倒数第 n 列元素。超过二维的数组索引可仿照二维数组索引规律即可。

（2）切片

数组的切片和前面介绍过的列表切片相仿，既支持正向切片，也支持负向切片，默认切片间隔步长为 1。如对一维数组切片，通用的表达式是 A1[m:n:p]。必须注意的是切片表达式中的三个参数既可单独缺省，也可缺省两个，也可全部缺省。缺省起始索引 m，则默认为 0；缺省终止索引号 n，则默认到最后；缺省间隔 p，则默认为 1。切片操作 A1[m:n:p]表示截取一维数组从索引号 m 开始，间隔距离 p，直至索引号为 n-1 的元素位置，所有切片操作，右区间都是开区间（p＞0，m＜n）；若 p＜0，则要求 m＞n，n 端为开区间，表示从索引号 m 开始，向左减少索引号，间隔为-p，直至索引号为 n+1 的元素位置。如 A1=array([1,2,3,4,5,6])，根据前面的表述，切片 A1[1:3]= array([2, 3])，切片 A1[::2]=array([1, 3, 5])，切片 A1[:]=array([1,2,3,4,5,6]，切片 A1[:4]=array([1, 2, 3, 4])，A1[2:]=array([3,4,5,6])，A1[1::2]=array([2, 4, 6])，A1[5:0:-2]=array([6, 4, 2])。对于二维数组 A2，其切片的通用表达式为 A2[m1:n1:p1,m2:n2:p2]，其意义和一维相仿，只不过将一维的切片规则，同时应用到两个维度方向上，该通式的含义是截取数组 A2 在行方向上从索引号 m1 开始，间隔距离为 p1，直到索引号为 n1-1，在列方向上从索引号为 m2 开始，间隔距离为 p2，直到索引号为 n2-1。注意索引号和实际的行或列的序号相差 1，二维数组的切片代码如下：

```
A2=np.arange(1,26).reshape(5,5)
print("A2[:,:]:\n",A2[:,:])
print("A2[:,:]:\n",A2[:,:])
print("A2[1:4,3:]:\n",A2[1:4,3:])
print("A2[:4:2,:4:2]:\n",A2[:4:2,:4:2])
print("A2[4:0:-2,1:4:2]:\n",A2[4:0:-2,1:4:2])
print("A2[::2,::2]:\n",A2[::2,::2])
print("A2[:3,:3]:\n",A2[:3,:3])
print("A2[3:,3:]:\n",A2[3:,3:])
```

运行上述代码，返回以下结果：

```
A2[:,:]:
 [[ 1  2  3  4  5]
 [ 6  7  8  9 10]
 [11 12 13 14 15]
 [16 17 18 19 20]
 [21 22 23 24 25]]
A2[1:4,3:]:
```

```
  [[ 9 10]
   [14 15]
   [19 20]]
 A2[:4:2,:4:2]:
  [[ 1  3]
   [11 13]]
 A2[4:0:-2,1:4:2]:
  [[22 24]
   [12 14]]
 A2[::2,::2]:
  [[ 1  3  5]
   [11 13 15]
   [21 23 25]]
 A2[:3,:3]:
  [[ 1  2  3]
   [ 6  7  8]
   [11 12 13]]
 A2[3:,3:]:
  [[19 20]
   [24 25]]
```

若数组维数多于二维，切片时也遵循和二维切片一致的原则，请读者自己操作实践。

（3）调整

利用数组调整函数或方法可以将低维数组变成高维数组或将高维数组变成低维数组，以便满足各种数组数据处理的需要，下面介绍几个重要的数组调整函数或方法。

① 数组形状调整

数组形状调整，既可以改变数组的维度，也可以改变数组在各个维度上的长度，但数组的总元素不变，可以利用 np.reshape(data，shape)函数或 data.reshape(shape)方法，输入以下代码 np.reshape(np.arange(1,25),(3,8))，则返回 3 行 8 列数组为：

```
array([[ 1,  2,  3,  4,  5,  6,  7,  8],
       [ 9, 10, 11, 12, 13, 14, 15, 16],
       [17, 18, 19, 20, 21, 22, 23, 24]])
```

也可以通过 np.arange(1,25).reshape((3,8))得到同样结果，如果输入 np.arange(1,25).reshape((2,12))，则得到以下结果：

```
array([[ 1,  2,  3,  4,  5,  6,  7,  8, 9, 10, 11, 12],
       [13, 14, 15, 16, 17, 18, 19, 20, 21, 22, 23, 24]])
```

上面代码中 np.arange(1,25)相当于 data，它是一个一维数组，通过形状调整函数，调整为二维的 3×8 或 2×12 的数组，但总元素不变，还是 24 个。

② 多维数组折叠为一维数组

多维数组折叠为一维数组可采用 np.ndarray.flatten(data)或 data.flatten()，该方法和函数创建副本，不影响原数组；也可采用另一种方法 np.ndarray.ravel(data)或 data.ravel()，此方法和函数优先创建视图，除非无法创建，才创建副本，改变折叠后的数组有可能影响原数组，两种方法的具体调用代码如下：

```
ar2=ar1.reshape((2,12))
print("ar2:",ar2)
print("ar2_11:",np.ndarray.flatten(ar2))      #默认 order='C',行为主序
print("ar2_12:",ar2.flatten(order='F'))       #列为主序
print("ar2_13:",ar2.ravel(order='F'))         #创建视图优先
```

```
print("ar2_14:",np.ndarray.ravel(ar2))
```

运行上述代码，返回以下结果：

```
ar2: [[ 1 2  3  4  5  6  7  8  9 10 11 12]
      [13 14  15 16 17 18 19 20 21 22 23 24]]
ar2_11: [ 1  2  3  4  5  6  7  8  9 10 11 12 13 14 15 16 17 18 19 20 21 22 23 24]
ar2_12: [ 1 13  2 14  3 15  4 16  5 17  6 18  7 19  8 20  9 21 10 22 11 23 12 24]
ar2_13: [ 1 13  2 14  3 15  4 16  5 17  6 18  7 19  8 20  9 21 10 22 11 23 12 24]
ar2_14: [ 1  2  3  4  5  6  7  8  9 10 11 12 13 14 15 16 17 18 19 20 21 22 23 24]
```

③ 数组转置

数组转置和数学中的矩阵转置一致，就是对数组的轴进行翻转，以二维为例，就是将原来的行变成列，原来的列变成行。数组转置最简单的方法就是 data.T,当然也可以用函数 np.ndarray.transpose(data)，注意如果是一维以行为序的数组无法通过转置将其变成以列为序的数组，如数组 ar1=np.array([1,2,3]),无法通过 ar1.T 将其转置成以列为序的数组，因为 ar1.shape=(3,)，是一维数组。可以通过构建二维数组（其中一维的长度为 1）达到将单行数组转置成单列数组,如定义 ar1_2= np.array([[1,2,3]])或 ar1_2= np.array([1,2,3],ndmin=2), 此时 ar1_2.shape 等于(1,3)，表明已构建 1 行 3 列的二维数组，就可以通过 ar1_2.T 将其转置为 3 行 1 列的数组。有关数组转置的详细代码请参见 27-arr_reshape.py。

④ 水平堆叠

水平堆叠的常用函数是 np.hstack(data)，通过数组的水平堆叠，可以进行元素扩充，可将列向量扩充为矩阵。对于一维的行数组，水平堆叠，只是扩充数据，仍是单行的一维数组，具体应用代码如下：

```
arHr=np.array([1,2,3,4])                 #单行数组
arHc=np.array([[1],[2],[3],[4]])         #单列数组
print("np.hstack([arHr,arHr,arHr]):\n",np.hstack((arHr,arHr,arHr)))
print("np.hstack([arHc,arHc,arHc]):\n",np.hstack((arHc,arHc,arHc)))
```

运行以上代码，返回以下结果：

```
np.hstack([arHr,arHr,arHr]):
 [1 2 3 4 1 2 3 4 1 2 3 4]
np.hstack([arHc,arHc,arHc]):
 [[1 1 1]
 [2 2 2]
 [3 3 3]
 [4 4 4]]
```

注意水平堆叠时，也可以是不同的数组进行堆叠，但两者的 shape 必须一致。

⑤ 垂直堆叠

垂直堆叠的常用函数是 np.vstack(data)，通过数组的垂直堆叠，可以进行元素扩充，可将行向量扩充为矩阵,具体应用代码如下：

```
arV1=np.array([1,2,3,4])                 #单行数组
arV2=np.array([['a','b'],['c','d']])     #二维数组
print("np.vstack((arV1,arV1,arV1)):\n",np.vstack((arV1,arV1,arV1)))
print("np.vstack((arV2,arV2,arV2)):\n",np.vstack((arV2,arV2,arV2)))
```

运行以上代码，返回以下结果：

```
np.vstack((arV1,arV1,arV1)):
 [[1 2 3 4]
 [1 2 3 4]
 [1 2 3 4]]
np.vstack((arV2,arV2,arV2)):
```

```
 [['a' 'b']
 ['c' 'd']
 ['a' 'b']
 ['c' 'd']
 ['a' 'b']
 ['c' 'd']]
```

注意垂直堆叠时，也可以是不同的数组进行堆叠，但两者的 shape 必须一致。

⑥ 深度堆叠

深度堆叠的常用函数是 np.dstack(data)，通过数组的深度堆叠，至少得到三维数组，不同的数组进行深度堆叠时只要两者的 shape 相同即可，具体应用代码如下：

```
arD1=np.array([1,2,3,4])                #一维数组
arD2=np.array([5,6,7,8])                #一维数组
print("np.dstack((arD1,arD2)):\n",np.dstack((arD1,arD2)))
print("arD.shape",np.dstack((arD1,arD2)).shape)
arD1=np.array([[1,2],[3,4]])            #二维数组
arD2=np.array([[5,6],[7,8]])            #二维数组
print("np.dstack((arD1,arD2)):\n",np.dstack((arD1,arD2)))
print("arD.shape",np.dstack((arD1,arD2)).shape)
```

运行以上代码，返回以下结果：

```
np.dstack((arD1,arD2)):
 [[[1 5]
   [2 6]
   [3 7]
   [4 8]]]
arD.shape (1, 4, 2)
np.dstack((arD1,arD2)):
 [[[1 5]
   [2 6]]
 [[3 7]
  [4 8]]]
arD.shape (2, 2, 2)
```

由返回的 shape 可知，均生成了三维数组。

⑦ 添加元素

数组添加元素的函数是 np.append(arr,element, axis=None)，其中 arr 是原数组，element 是要添加的元素，元素既可以是单个数字，也可以是数组，默认情况下通过添加后，所有是数组数据均折叠为一维数组，只有 axis 的值指定时，才按指定的轴进行添加，此时原数组和添加的元素必须在某一维度上具有相同的结构，如 shape 为（2,4）的数组可以添加 shape 为（1,4）数组，不能添加 shape 为（1,3）的数组,具体应用代码如下：

```
ar_app1=np.array([[1,2,3,4],[5,6,7,8]])        #元组也可以转换为数组
print("无轴添加结果:\n",np.append(ar_app1,[[10,12,14,16],[21,22,23,24]]))
print("轴 0 添加结果:\n",np.append(ar_app1,[[10,12,14,16],[21,22,23,24]],axis=0))
print("轴 1 添加结果:\n",np.append(ar_app1,[[10,12,14,16],[21,22,23,24]],axis=1))
```

运行以上代码，返回以下结果：

无轴添加结果：

```
 [ 1  2  3  4  5  6  7  8 10 12 14 16 21 22 23 24]
```

轴 0 添加结果：

```
 [ [ 1  2  3  4]
   [ 5  6  7  8]
```

```
 [10 12  14 16]
 [21 22  23 24]]
```

轴 1 添加结果：

```
[[ 1  2  3  4 10 12 14 16]
 [ 5  6  7  8 21 22 23 24]]
```

⑧ 插入元素

插入元素的通用函数是 np.insert(arr, obj, values, axis=None)，其中 arr 是被插入的数组，obj 是插入的位置，values 是插入的元素值，axis 是指定插入的轴，默认为 None，当用默认轴插入时，和前面添加元素的情况一样，数组元素全部折叠到一维数组。数组插入操作会生成新的数组，不会改变原来数组的数据。

注意插入位置用序列（用“[obj]”表示）和标量的不同以及插入元素（可以是单个数字及列表和数组）和被插入数组在 shape 方面的协调性和可广播性，否则均会出错提示。插入元素的具体应用代码如下：

```
ar_ins=np.array([[1,2,3],[5,6,7]])
print("np.insert(ar_ins,(1,2),13):\n",np.insert(ar_ins,[1,2],13))
                                        #在原索引位置 1,2 前面插入 13
print("np.insert(ar_ins,1,[12,13,14],axis=0):\n",np.insert(ar_ins,1,[12,13,
14],axis=0))
b2=np.arange(1,13).reshape((4,3))       #创建 4 行 3 列数组
print("np.insert(b2,[2],[21,22,23])\n",np.insert(b2,[2],[21,22,23]))
print("np.insert(b2,2,[21,22,23],axis=0)\n",np.insert(b2,2,[21,22,23],axis=0))
print("np.insert(b2,[2],[21,22,23],axis=1)\n",np.insert(b2,[2],[21,22,23],
axis=1))
print("np.insert(b2,2,[21,22,23,24],axis=1)\n",np.insert(b2,2,[21,22,23,24],
axis=1))
print("np.insert(b2,[2],[21,22,23,24],axis=1)\n",np.insert(b2,[2],[21,22,23,
24],axis=1))
```

运行以上代码，返回以下结果：

```
np.insert(ar_ins,(1,2),13):
 [ 1 13  2 13  3  5  6  7]
np.insert(ar_ins,1,[12,13,14],axis=0):
 [[ 1  2  3]
 [12 13 14]
 [ 5  6  7]]
np.insert(b2,[2],[21,22,23])
 [ 1  2 21 22 23  3  4  5  6  7  8  9 10 11 12]
np.insert(b2,2,[21,22,23],axis=0)
 [[ 1  2  3]
 [ 4  5  6]
 [21 22 23]
 [ 7  8  9]
 [10 11 12]]
np.insert(b2,[2],[21,22,23],axis=1)
 [[ 1  2 21 22 23  3]
 [ 4  5 21 22 23  6]
 [ 7  8 21 22 23  9]
 [10 11 21 22 23 12]]
np.insert(b2,2,[21,22,23,24],axis=1)
 [[ 1  2 21  3]
```

```
 [ 4  5 22  6]
 [ 7  8 23  9]
 [10 11 24 12]]
np.insert(b2,[2],[21,22,23,24],axis=1)
 [[ 1  2 21 22 23 24  3]
 [ 4  5 21 22 23 24  6]
 [ 7  8 21 22 23 24  9]
 [10 11 21 22 23 24 12]]
```

⑨ 删除元素

删除元素的常用函数是 np.delete(arr, obj, axis=None)，函数中的参数意义和前面插入一致，当采用默认轴删除时，原数组全部折叠到一维数组。如果想采用数组切片时的序列表示删除元素的位置时，需要采用 np.s_[m:n:p]的形式赋值 obj，具体应用代码如下：

```
arr_Del=np.arange(1,16).reshape(3,5)
print("np.delete(arr_Del,[3,4]):",np.delete(arr_Del,[3,4]))
#一维折叠后删除索引号 3,4 的元素
print("np.delete(arr_Del,1,0):\n",np.delete(arr_Del,1,0))#沿 0 轴删除索引号 1 的元素
print("np.delete(arr_Del,[2,3],1):\n",np.delete(arr_Del,[2,3],1))
#沿 1 轴删除索引号 2,3 的元素
print("np.delete(arr_Del,np.s_[::2],1):\n",np.delete(arr_Del,np.s_[::2],1))
#沿 1 轴删除索引号 0,2,4 的元素
运行以上代码,返回以下结果:
np.delete(arr_Del,[3,4]): [ 1  2  3  6  7  8  9 10 11 12 13 14 15]
np.delete(arr_Del,1,0):
 [[ 1  2  3  4  5]
 [11 12 13 14 15]]
np.delete(arr_Del,[2,3],1):
 [[ 1  2  5]
 [ 6  7 10]
 [11 12 15]]
np.delete(arr_Del,np.s_[::2],1):
 [[ 2  4]
 [ 7  9]
 [12 14]
```

⑩ 删除长度为 1 的维度

删除长度为 1 的维度的常用函数是 np. squeezz (arr)，它不会改变原数组的 shape，将创建新的数组，具体应用代码如下：

```
ar_squ=np.arange(1,7).reshape((1,6))      #创建 1 行 6 列数组
ar_d1=np.squeeze(ar_squ)
print("ar_squ.shape,ar_d1.shape:",ar_squ.shape,",",ar_d1.shape)
```

运行以上代码，返回以下结果：

```
ar_squ.shape,ar_d1.shape: (1, 6) , (6,)
```

⑪ 增加长度为 1 的维度

通过增加长度为 1 的维度，可以将低维度的数组变成高维度的数组，一般有三种方法可以增加长度为 1 的维度。第一种方法是通过 reshape 函数，如 arr.reshape((1,n, 1))可以将原来含有 n 个元素的一维数组，扩展成三维数组；第二种方法是通过数组索引的方法，增加长度为 1 的数组，如 arr[:,newaixs, newaixs]；第三种方法通过扩展数轴的方法，如 np.expand_dims (arr,axis=1)，具体应用代码如下：

```
arr=np.array([1,2,3])
arr1_3_1=arr.reshape(1,3,1)
```

```
    arr3_1=arr[:,np.newaxis]
    arr1_3=arr[ np.newaxis,:]
    arr3_12=np.expand_dims(arr,axis=1)
    arr1_32=np.expand_dims(arr,axis=0)
    print("arr1_3_1.shape,arr3_1.shape,arr1_3.shape,arr3_12.shape,arr1_32.shape:\n",
    arr1_3_1.shape,",",arr3_1.shape,",",arr1_3.shape,",",arr3_12.shape,",",arr1_
32.shape)
```

运行以上代码，返回以下结果：

```
arr1_3_1.shape,arr3_1.shape,arr1_3.shape,arr3_12.shape,arr1_32.shape:
 (1, 3, 1),(3, 1) ,(1, 3),(3, 1) ,(1, 3)
```

由运行结果可知，原来一维的数组 arr，通过三种方法均变成了二维或三维数组，增加数轴的长度均为 1。

⑫ 数组大小调整

利用 resize 函数可以调整数组的大小，该函数和 reshape 函数不同点在于不受元素总数的限制，大小调整后的新数组，元素总数既可以大于原数组，也可以小于原数组。新数组的元素用原数组一维折叠后的次序依次填入新数组，如果全部填完还不够，则在从头开始调用原数组的元素，直至填充完毕，具体应用代码如下：

```
a_resize=np.arange(1,9)
print("np.resize(a_resize,(3,3)):\n",np.resize(a_resize,(3,3)))
print("np.resize(a_resize,(2,2)):\n",np.resize(a_resize,(2,2)))
```

运行以上代码，返回以下结果：

```
np.resize(a_resize,(3,3)):
 [[1 2 3]
 [4 5 6]
 [7 8 1]]
np.resize(a_resize,(2,2)):
 [[1 2]
 [3 4]]
```

1.2.3.4 数组运算

前面介绍了数组的属性、创建及调整，本节主要介绍数组的运算。数组的运算包括数组之间的运算及数组本身内部元素的运算。其实只要将数组看作一个整体对象，大多数用于数字、列表的方法、函数只要加上前缀“np.”就可以用于数组。

（1）算术运算

数组之间的算术运算对于使用者来说其实十分简单，和常规的数字之间的四则运算没有太大的差别，只不过数组之间的四则运算是批量运算，一个算式就可以实现大量数据之间的算术运算，数组之间的算术运算遵循以下规则：

① 相同 shape 的数组进行四则运算，只是将对应元素进行四则运算后产生新的数组；

② 数组 shape 不同时，shape 小的数组可以广播成 shape 大的数组，再按第①条规则运算；

③ 小数组广播成大数组必须满足某一个维度方向上和大数组一致的结构，如大数组的 shape 是（m,n），那么 shape 为（m,）、（m,1）、（1,n）均可以广播成 shape 为（m,n）的数组；

④ 小数组广播时就是按小数组本身的数据，根据大数组的 shape，重复填充，直至变成和数组 shape 一致的数组。

下面代码是数组之间的加、减、乘、除、整除、指数六种运算：

```
import numpy as np
a_cal1=np.arange(1,13).reshape(3,4)        #3 行 4 列数组
a_cal2=np.arange(1,5)                      #1 行 4 列数组
```

```
a_cal3=np.arange(1,4).reshape(3,1)             #3 行 1 列数组
a_cal4=np.arange(10,22).reshape(3,4)           #3 行 4 列数组
a_div=a_cal1/a_cal3
a_add=a_cal1+a_cal2
a_mul=a_cal1*a_cal3
a_minus=a_cal1-a_cal2
a1=np.arange(1,5).reshape(2,2)
a2=np.arange(1,5).reshape(2,2)
a_pow=a1**a2                                   #指数运算
a_int=a_cal4//a_cal1                           #整除
print("a_add:\n",a_add)
print("a_minus:\n",a_minus)
print("a_mul:\n",a_mul)
print("a_div:\n",a_div)
print("a_pow:\n",a_pow)
print("a_int:\n",a_int)
```

运行上述程序后可以得到以下结果：

```
a_add:
 [[ 2  4  6  8]
 [ 6  8 10 12]
 [10 12 14 16]]
a_minus:
 [[0 0 0 0]
 [4 4 4 4]
 [8 8 8 8]]
a_mul:
 [[ 1  2  3  4]
 [10 12 14 16]
 [27 30 33 36]]
a_div:
 [[1.         2.         3.         4.        ]
 [2.5        3.         3.5        4.        ]
 [3.         3.33333333 3.66666667 4.        ]]
a_pow:
 [[  1   4]
 [ 27 256]]
a_int:
 [[10  5  4  3]
 [ 2  2  2  2]
 [ 2  1  1  1]]
```

（2）函数运算

数组本身的函数运算更加简单，只需按 np.funame(arr)的格式，就可以进行数组的函数运行，常见的三角函数、对数函数、反三角函数就可以按此格式运算，用户只需将数组看成一个整体对象，像数字函数一样处理即可，下面列出几个数组函数的计算代码：

```
a_fun=np.array([[1,2,3],[4,5,6]])
print("np.sin(a_fun):\n",np.sin(a_fun))
print("np.arcsin(0.1*a_fun):\n",np.arcsin(0.1*a_fun))    #元素不能大于 1
print("np.sinh(a_fun):\n",np.sinh(a_fun))                #双曲
print("np.arcsinh(a_fun):\n",np.arcsinh(a_fun))          #反双曲
print("np.sqrt(a_fun):\n",np.sqrt(a_fun))
```

```
print("np.exp(a_fun):\n",np.exp(a_fun))
print("np.log10(a_fun):\n",np.log10(a_fun))
print("np.log2(a_fun):\n",np.log2(a_fun))
```

运行上述代码得到以下计算结果：

```
np.sin(a_fun):
 [[ 0.84147098  0.90929743  0.14112001]
 [-0.7568025  -0.95892427 -0.2794155 ]]
np.arcsin(0.1*a_fun):
 [[0.10016742 0.20135792 0.30469265]
 [0.41151685 0.52359878 0.64350111]]
np.sinh(a_fun):
 [[  1.17520119   3.62686041  10.01787493]
 [ 27.2899172   74.20321058 201.71315737]]
np.arcsinh(a_fun):
 [[0.88137359 1.44363548 1.81844646]
 [2.09471255 2.31243834 2.49177985]]
np.sqrt(a_fun):
 [[1.         1.41421356 1.73205081]
 [2.         2.23606798 2.44948974]]
np.exp(a_fun):
 [[  2.71828183   7.3890561   20.08553692]
 [ 54.59815003 148.4131591  403.42879349]]
np.log10(a_fun):
 [[0.         0.30103    0.47712125]
 [0.60205999 0.69897    0.77815125]]
np.log2(a_fun):
 [[0.         1.         1.5849625 ]
 [2.         2.32192809 2.5849625 ]]
```

（3）聚合函数

数组中的聚合函数都有一个对应的方法，函数用 np.funame(arr,axis=n)格式，而方法用 arr. funame(axis=n)，n 为函数或方法调用时的数轴，默认 axis 为 None。许多的列表中可用的函数都可以在数组中使用，只要注意聚合函数的数轴参数即可。常见的聚合函数有计算元素平均值 mean、计算标准差 std、计算方差 var、计算元素和 sum、计算元素乘积 prod、计算所有元素的逐个累积和 cumsum（原数组折叠到一维数组）、计算所有元素的逐个累积乘 cumprod（原数组折叠到一维数组）、计算数组中元素的最大值 max 和最小值 min、计算数组中元素的最大值的索引 argmax 和最小值索引 argmin、所有元素不为零判断 all 及任何一个元素不为零判断 any。下面是数组聚合操作具体应用代码：

```
a_aggre=np.arange(1,28).reshape(3,3,3)#该三维数组具体数据分布见图 1-31
print("a_aggre.mean(axis=0):\n",a_aggre.mean(axis=0))          #计算元素平均值
print("a_aggre.std(axis=0):\n",a_aggre.std(axis=1))            #计算标准差
print("a_aggre.var(axis=None):\n",a_aggre.var(axis=None))      #计算方差
print("a_aggre.sum(axis=(0,1):\n",a_aggre.sum(axis=(0,1)))     #计算元素和
print("a_aggre.prod(axis=0):\n",a_aggre.prod(axis=0))          #计算元素乘积
print("a_aggre.cumsum():\n",a_aggre.cumsum())#计算所有元素的逐个累积和
print("a_aggre.cumprod(axis=0):\n",a_aggre.cumprod(axis=0))#计算所有元素的逐个累积乘
print("a_aggre.max(axis=(0,1):\n",a_aggre.max(axis=(0,1)))#计算数组中元素的最大值
print("a_aggre.min(axis=(1,2)):\n",a_aggre.min(axis=(1,2)))  #最小值
```

```
print("a_aggre.argmax(axis=0):\n",a_aggre.argmax(axis=0))#计算数组中元素的最大
值的索引
print("a_aggre.argmin(axis=0):\n",a_aggre.argmin(axis=0))#最小值索引
print("a_aggre.all():\n",a_aggre.all())          #所有元素不为零判断
print("a_aggre.any():\n",a_aggre.any())          #任何一个元素不为零判断
```

运行上述代码，得到以下结果：

```
a_aggre.mean(axis=0):
 [[10. 11. 12.]
 [13. 14. 15.]
 [16. 17. 18.]]
a_aggre.std(axis=0):
 [[2.44948974 2.44948974 2.44948974]
 [2.44948974 2.44948974 2.44948974]
 [2.44948974 2.44948974 2.44948974]]
a_aggre.var(axis=None):
 60.666666666666664
a_aggre.sum(axis=(0,1):
 [117 126 135]
a_aggre.prod(axis=0):
 [[ 190  440  756]
 [1144 1610 2160]
 [2800 3536 4374]]
a_aggre.cumsum():
 [  1   3   6  10  15  21  28  36  45  55  66  78  91 105 120 136 153 171
 190 210 231 253 276 300 325 351 378]
a_aggre.cumprod(axis=0):
 [[[   1    2    3]
  [   4    5    6]
  [   7    8    9]]
 [[  10   22   36]
  [  52   70   90]
  [ 112  136  162]]
 [[ 190  440  756]
  [1144 1610 2160]
  [2800 3536 4374]]]
a_aggre.max(axis=(0,1):
 [25 26 27]
a_aggre.min(axis=(1,2)):
 [ 1 10 19]
a_aggre.argmax(axis=0):
 [[2 2 2]
 [2 2 2]
 [2 2 2]]
a_aggre.argmin(axis=0):
 [[0 0 0]
 [0 0 0]
 [0 0 0]]
a_aggre.all():
 True
a_aggre.any():
 True
```

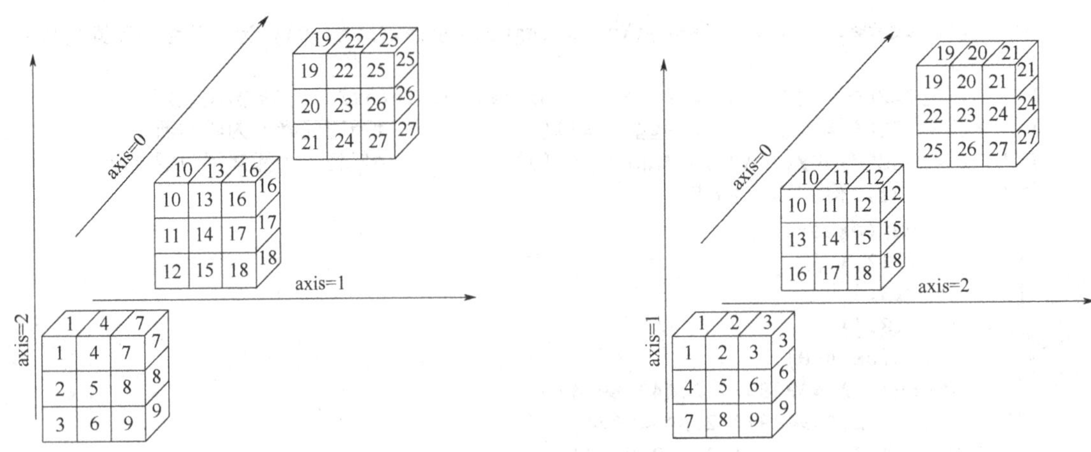

图 1-31　三维数组示意图

（4）矩阵和向量函数

Numpy 库还对数组提供了相当于矩阵及向量运算的函数，如矩阵乘法（点积）np.dot，数组标量乘法（内积）np.inner，数组向量的张量积（外积）np.outer，数组叉积 np.cross 及其他有关向量操作的函数和方法。在一般的科学计算中，用得较多的是矩阵乘法和标量乘法。

① 矩阵乘法

数组 A 和数组 B 之间的元素要想达到数学上矩阵相乘的目的，可以采用函数 np.dot(A,B)或方法 A.dot(B)，但数组 A 和 B 的 shape 必须满足数学上矩阵相乘的条件，如果 A.shape=(m,n)，那么 B.shape 只能为（n,1）、（n,p）、(n,)，其中 p 为任意大于 1 的整数，若为其它数据，则数组 A 和数组 B 无法达到数学上矩阵相乘，也叫点积的运算。

② 标量乘法

数组和数组之间的标量乘法也叫数组之间的内积，可以采用函数 np.inner(A,B)或方法 A.inner(B)。如果数组是一维数组，如 A=[a1,a2,a3]，B=[b1,b2,b3]，则 A 和 B 之间的内积 A • B 其实是一种向量运算，其结果为某一数值，并非向量，其值是 a1×b1+a2×b2+a3×b3，其实也等于 |A| × |B| × cosθ，其中，|A| 和 |B| 分别是向量 A 和 B 的模，θ 是向量 A 和向量 B 的夹角。当数组为二维数值时，仿照一维数组内积的规律，返回值也为二维数组，注意数组进行标量乘法时，数组的 shape 必须一致，这和数组之间的点积有所不同。

③ 数组向量外积

数组向量的外积也称张量积，可以采用函数 np.outer(A,B)或方法 A.outert(B)。外积是将两个向量映射到矩阵，注意两个向量大小必须一致，如 A=[a1,a2,a3]，B=[b1,b2,b3]，则 A 和 B 之间的外积相当于 A 的转置列向量和行向量 B 进行矩阵乘法，得到 3 行 3 列的数组，第一行数据为[a1b1,a1b2,a1b3] ，第二行数据为[a2b1,a2b2,a2b3]，第三行数据为[a3b1,a3b2,a3b3]。

④ 数组向量叉积

数组向量叉积可以采用函数 np.cross(A,B)或方法 A.cross(B)。注意两个向量大小必须一致，如 A=[a1,a2,a3]，B=[b1,b2,b3]，则 A.cross(B)返回向量[a2b3-a3b2,a3b1-a1b3, a1b2-a2b1]

下面是有关数组矩阵和向量函数运算的代码：

```
a34=np.arange(1,13).reshape(3,4)
a4=np.arange(1,5)
a41=np.arange(1,5).reshape(4,1)
a43=np.arange(1,13).reshape(4,3)
a_dot1=np.dot(a34,a43)
```

```
print("a_dot1:\n",a_dot1)
a_dot2=np.dot(a34,a4)
print("a_dot2:\n",a_dot2)
a_dot3=np.dot(a34,a41)
print("a_dot3:\n",a_dot3)
a_dot4=np.dot(a43,a34)
print("a_dot4:\n",a_dot4)
a_in1=np.inner(a4,a4)
print("a_in1:\n",a_in1)
a_in2=np.inner(a34,a34)
print("a_in2:\n",a_in2)
a_out1=np.outer(a4,a4)
print("a_out1:\n",a_out1)
a_out2=np.outer(a34,a34)
print("a_out2:\n",a_out2)
a_cro1=np.cross([1,2,4],[4,5,6])
print("a_cro1:\n",a_cro1)
a_cro2=np.cross(a43,a43+2)
print("a_cro2:\n",a_cro2)
```

运行上述代码，返回以下结果：

```
a_dot1:
 [[ 70  80  90]
 [158 184 210]
 [246 288 330]]
a_dot2:
 [ 30  70 110]
a_dot3:
 [[ 30]
 [ 70]
 [110]]
a_dot4:
 [[ 38  44  50  56]
 [ 83  98 113 128]
 [128 152 176 200]
 [173 206 239 272]]
a_in1:
 30
a_in2:
 [[ 30  70 110]
 [ 70 174 278]
 [110 278 446]]
a_out1:
 [[ 1  2  3  4]
 [ 2  4  6  8]
 [ 3  6  9 12]
 [ 4  8 12 16]]
a_out2:
 [[  1   2   3   4   5   6   7   8   9  10  11  12]
 [  2   4   6   8  10  12  14  16  18  20  22  24]
 [  3   6   9  12  15  18  21  24  27  30  33  36]
 [  4   8  12  16  20  24  28  32  36  40  44  48]
```

```
 [  5  10  15  20  25  30  35  40  45  50  55  60]
 [  6  12  18  24  30  36  42  48  54  60  66  72]
 [  7  14  21  28  35  42  49  56  63  70  77  84]
 [  8  16  24  32  40  48  56  64  72  80  88  96]
 [  9  18  27  36  45  54  63  72  81  90  99 108]
 [ 10  20  30  40  50  60  70  80  90 100 110 120]
 [ 11  22  33  44  55  66  77  88  99 110 121 132]
 [ 12  24  36  48  60  72  84  96 108 120 132 144]]
a_cro1:
 [-8 10 -3]
a_cro2:
 [[-2  4 -2]
 [-2  4 -2]
 [-2  4 -2]
 [-2  4 -2]]
```

有关数组的集合运算及比较运算请读者参考有关 Numpy 库的知识介绍，在此不再介绍。

1.2.4 矩阵运算

前面介绍了通过 dot 函数实现数组之间的矩阵运算，其实 Numpy 库还提供了一种更直接的矩阵运算方法，该方法通过 mat 函数，直接将数组转化成矩阵，从而实现和数学上书写公式一致的矩阵运算，该功能和 Matlab 语言中的矩阵运算功能相当，但使用者必须时刻注意运算的是数组还是矩阵，因为当采用乘法时，两者的公式是一样的，但根据数据类型的不同，一个进行数组相乘运算，一个采用矩阵相乘运算，两者的结果是不同的。

（1）创建矩阵

要将数组变成矩阵，可以通过 np.mat(arr)即可，如定义 arr=np.arange(1,10).reshape(3,3)，则 np.mat(arr)就返回：

```
matrix([[1, 2, 3],
        [4, 5, 6],
        [7, 8, 9]])
```

（2）矩阵运算

将数组转变成矩阵后，就可以方便地进行矩阵运算，其中矩阵之间的加减和除法与数组之间的加减和除法规律一致，均可以进行广播，只要符合广播原则即可。当低维度矩阵广播成高维度矩阵后，矩阵的加、减、除就相当于对应元素之间的加、减、除。下面是在交互界面的加、减、除运算界面：

```
>>> arr1=np.arange(1,10).reshape(3,3)
>>> arr2=np.arange(10,13)
>>> ar3=np.arange(20,23).reshape(3,1)                #定义三个数组
>>> M_arr1=np.mat(arr1)
>>> M_arr2=np.mat(arr2)
>>> M_arr3=np.mat(arr3)                              #数组转化为矩阵
>>> M_arr1+arr1                                      #矩阵和数组相加
matrix([[ 2,  4,  6],
        [ 8, 10, 12],
        [14, 16, 18]])
>>> M_arr1+M_arr2                                    #矩阵加法可以广播
matrix([[11, 13, 15],
        [14, 16, 18],
        [17, 19, 21]])
>>> M_arr1-M_arr3                                    # 矩阵减法可以广播
```

```
matrix([[-19, -18, -17],
        [-17, -16, -15],
        [-15, -14, -13]])
M_arr1/M_arr2    # 矩阵除法可以广播
matrix([[0.1       , 0.18181818, 0.25      ],
        [0.4       , 0.45454545, 0.5       ],
        [0.7       , 0.72727273, 0.75      ]])
>>> arr1*arr2    #数组相乘可以广播返回矩阵
array([[ 10,  22,  36],
       [ 40,  55,  72],
       [ 70,  88, 108]])
>>> M_arr1*arr2 #矩阵和数组相乘不可以广播,返回错误提示
错误提示***
>>> M_arr1*arr3 #矩阵和数组相乘不可以广播,但符合要求的 shape 数组返回矩阵运算结果
matrix([[128],
       [317],
       [506]])
>>> M_arr1*M_arr3#矩阵相乘符合 shape 条件,返回矩阵
matrix([[128],
       [317],
       [506]])
```

由上面的交互运行结果可知，矩阵和矩阵之间及矩阵和数组之间的加法、减法、除法只要符合可广播原则，均可以进行逐个元素之间的对应运算，返回新矩阵；但矩阵和矩阵之间及矩阵和数组之间的乘法，必须满足矩阵乘法的要求，但和采用 dot 函数不同，采用 dot 函数实现数组的矩阵相乘条件为：如果 A.shape=(m,n)，那么 B.shape 可以为（n,p）、（n,），其中 p 为任意大于 0 的整数，但采用 mat 函数将数组矩阵化后，B.shape 只能为（n,p）才可以实现 A 矩阵和 B 矩阵之间的乘法。利用 mat 函数除了方便实现乘法外，还可以利用 A.T 实现矩阵转置，A.I 实现矩阵求逆，利用矩阵函数的这些功能，线性方程组求解的程序代码变得十分简单，代码的主要工作是数据的输入及输出问题，因为方程的求解只要一句代码即可解决。如线性方程组表示为 Ax=b，则 x=A.I*b 就可以得到方程的解。下面是利用矩阵函数进行线性方程求解的代码：

```
#利用矩阵函数 mat 求解线性方程组 30-linefun.py
import numpy as np
flag=1
while (flag):
    n=eval(input("请输入线性方程组变量数="))
    A,b=np.zeros((n,n)),np.zeros(n).reshape(n,1)
    for i in range(n):
          temp=input(f'请以逗号间隔依次输入第{i+1}条方程的系数和常数')
          temp=temp.split(',')
          b[i][0]=eval(temp[n])
          for j in range(n):
                A[i][j]=eval(temp[j])
    A,b=np.mat(A),np.mat(b)         #数据输入和转化完毕
    x=A.I*b                         #线性方程求解
    for i in range(n):              #输出数据打印
          print("x(",i+1,")=","{:.5f}".format(x[i,0]))#输出数据保留 5 位小数点
    flag=input('是否需要继续计算其他方程组,是输入 1,否回车')
```

具体运行结果：

```
请输入线性方程组变量数=2
请以逗号间隔依次输入第 1 条方程的系数和常数 3,5,12
请以逗号间隔依次输入第 2 条方程的系数和常数 6,1,9
x( 1 )=1.22222
x( 2 )=1.66667
是否需要继续计算其他方程,是输入 1,否回车
```

选择回车，结束程序运行。上述代码中，真正求解线性方程组的代码只有一行，即 x=A.I*b，其他均是数据输入与输出处理的代码，真正体现了 Python 语言在应用层面简洁、高效的特性。

1.3 Python 程序运行与控制结构

Python 程序运行的基本结构有三种，它们分别是顺序结构、循环结构、选择结构。这三种结构具有单入口、单出口的特点，各种其他不同的程序结构就是由若干种基本结构组成。Python 程序针对不同的问题有不同的算法。算法是为解决某一特定问题而采取的方法和步骤。Python 编程时将具体的问题分解为若干个计算机可以顺序执行的基本步骤，然后用计算机语言将这些步骤描述出来，就是解决问题的计算机程序。一个算法一般具有有穷性、确定性、有效性、输入、输出等 5 个特征。描述算法最常用工具是流程图，流程图有下面 5 种基本符号，具体见图 1-32。

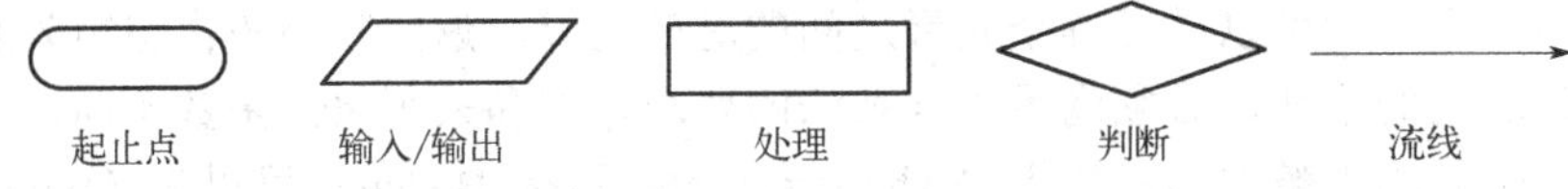

图 1-32　算法常用 5 种符号

目前在 Python 语言的流程图中常常用●表示程序起点，用◉表示程序止点。Python 语言三种基本运行结构流程图见图 1-33、图 1-34 及图 1-35。

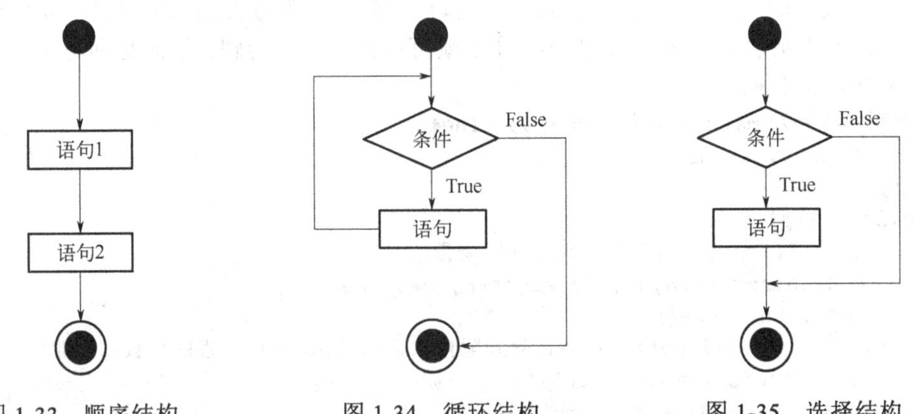

图 1-33　顺序结构　　图 1-34　循环结构　　图 1-35　选择结构

1.3.1 顺序结构

所谓顺序结构就是程序的执行按照代码语句的先后次序顺序运算和处理，如图 1-33 所示。顺序结构常常用于数据的输入、输出，文件的打开、关闭等一些需要按先后顺序处理的代码段。

1.3.2 循环结构

循环结构的基本形式如图 1-34 所示，具体实现的方法有 for 和 while 两种，for 循环的示意图如图 1-36，while 循环的示意图如图 1-37。Python 的 for 循环可以遍历任何序列的目标，

如一个列表、一个字符串或者 range(num)函数，在循环执行过程中，遍历序列目标中的所有元素，直至为空停止执行循环语句，for 循环代码的一般格式如下：

```
for  <循环变量>  in  <序列目标>:
     <执行语句>
```

Python 的 while 循环，先进行条件判断，条件成立，执行循环语句，再返回条件判断，如图 1-37 所示；如果条件不成立，则停止循环。执行过程中，while 循环代码的一般格式如下：

```
while  <判断条件> :
       <执行语句>
```

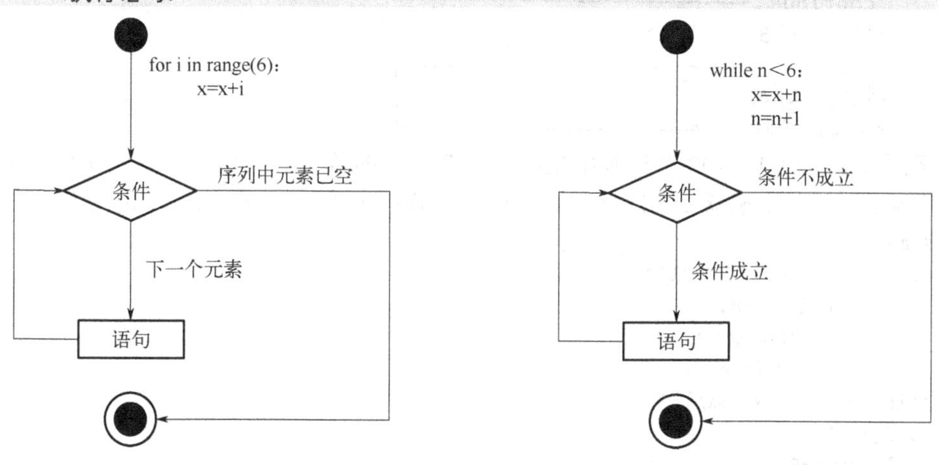

图 1-36　for 循环结构　　　　图 1-37　while 循环结构

下面以计算 1～10 自然数平方和、立方和程序为例说明两种循环语句的使用（31-con_cycle.py 前半部分代码）。

```
sum2,sum3=0,0
for i in range(10):                          #i 的取值范围为 0~9 共 10 数
     sum2=sum2+(i+1)**2
     sum3=sum2+(i+1)**3
print(f"sum2={sum2},sum3={sum3}")            #一种打印格式,大括号内为打印的数据
n,s2,s3=1,0,0
while n<11:
    s2=s2+n**2
    s3=s2+n**3
    n=n+1
print(f"s2={s2},s3={s3}")
```

运行上述代码，得到以下结果：

```
sum2=385,sum3=1385
s2=385,s3=1385
```

无论用 for 循环还是 while 循环，两者得到相同的计算结果。循环语句中还可以嵌套 continue 和 break 语句。当然在 continue 和 break 语句前面一般还有条件选择语句，也就是说循环语句可以嵌套条件选择语句。在循环语句中，如遇到 continue 语句，即使后面还有循环体的语句也不再执行，直接进入下一轮循环；如遇到 break 语句，则跳出循环体，返回主程序。下面是 for 循环嵌套 continue 和 break 语句代码的一般格式如下：

```
for  <循环变量>  in  <序列目标>:  ◄──┐
     <执行语句 1>                    │
     <执行语句 2>                    │
       continue ─────────────────────┘
```

```
    <执行语句 3>
     break
    <执行语句 4>
    <主程序代码>
```

while 循环中嵌套 continue 和 break 语句代码的一般格式如下：

```
while  <判断条件>:
    <执行语句 1>
    <执行语句 2>
    continue
    <执行语句 3>
     break
    <执行语句 4>
    <主程序代码>
```

下面通过计算 1～100 自然数中扣除能被 7 整除的数之后其他数的累加和程序来说明 for 循环和 while 循环中嵌套 continue 的具体应用，代码如下（31-con_cycle.py 中下半部代码）：

```
sum1=0
for i in range(1,101):
    if i%7==0:
        continue
    sum1=sum1+i
print(f"sum1={sum1}")
sum2,n=0,0
while n<100:
    n=n+1
    if n%7==0:
        continue
    sum2=sum2+n
print(f"sum2={sum2}")
```

运行上述代码，两种循环模式中嵌套 continue 语句得到相同的计算结果，sum1=4315 sum2=4315。循环语句中可以嵌套条件选择语句，也可以再嵌套循环语句，但循环语句和循环语句之间不能交叉穿越，只能一个包含另一个，下面通过具体编程计算例子来说明循环嵌套的程序代码。

【例 1-1】计算自然数 1～30 中不能被 3 整除数的阶乘和（31-con_cycle.py）。

题意分析：1～30 中符合条件的自然数的阶乘需要通过循环计算，而这些阶乘的和又需要通过循环加和计算，故共有两层循环加一层条件选择，具体代码如下：

```
sum=0
for i in range(1,31):
    if i%3==0:
        continue
    temp=1
    for j in range(1,i+1):
        temp=temp*j
    sum=sum+temp
print("阶乘和=",sum)
```

运行上述程序，得到阶乘和= 9147069168001158142141524679107，如果采用 while 循环嵌套 for 循环，程序代码如下：

```
while i <30:
    i=i+1
    if i%3==0:
```

```
        continue
    temp=1
    for j in range(1,i+1):       #保证取到 i
        temp=temp*j
    sum=sum+temp
print("阶乘和=",sum)
```

运行上述代码，得到和 for 循环嵌套一致的结果，读者自己可以将此程序改成 while 循环嵌套 while 循环。根据上述代码可知，for 循环可以不考虑循环变量的变化问题，而 while 循环必须通过用户自己书写代码来确定循环变量的变化，一般建议能用 for 循环的尽量不用 while 循环，以减少代码编写。

1.3.3 选择结构

程序控制结构除了顺序结构、循环结构，还有选择结构。选择结构最基本的形式是单个结构 if 语句，该语句的格式是：

```
if  <条件> :
    <语句组 1>
<主代码>
```

也可以是 if 和 else 配对的双语句，其格式如下：

```
if  <条件> :
    <语句组 1>
else:
    <语句组 2>
<主代码 >
```

单个结构 if 语句的执行过程是：如果条件判断为 True，则执行语句组 1 代码，然后返回后续主代码；如果条件判断为 False，则不执行语句组 1 代码，直接返回后续代码。if 和 else 配对的双语句的执行过程是：如果条件判断为 True，则执行语句组 1 代码，然后返回后续主代码；如果条件判断为 False，则执行语句组 2 代码，再返回后续主代码。两种结构的条件选择语句的示意图见图 1-38。

条件语句除了上述两种基本结构外，还可以有多重条件选择语句，其结构图见图 1-39，具体格式代码如下：

```
if <条件 1>:
    <语句组 1>
elif <条件 2> :
    <语句组 2>
……
elif <条件 n>:
     <语句组 n>
<主代码>
```

if 语句除了上述 3 种结构之外，还可以像循环语句的多层嵌套一样，进行多层嵌套，其格式如下：

```
if <条件 1> :
      if <条件 2> :
           <语句组 1>
      else :
           <语句组 2>
else:
      if <条件 2> :
           <语句组 3>
```

```
    else:
        <语句组 4>
<主代码>
```

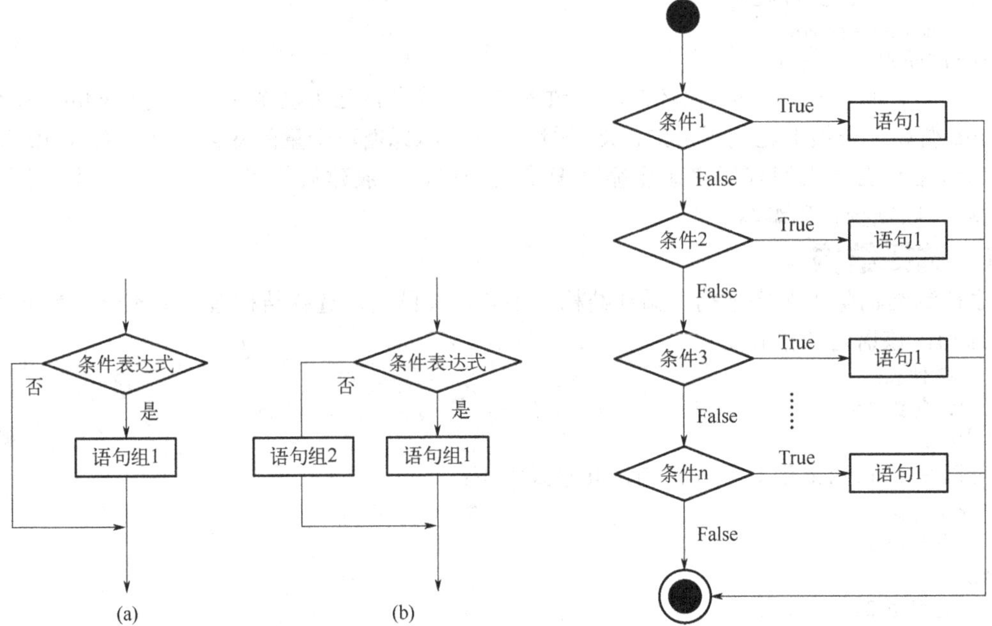

图 1-38　两种结构的条件选择语句　　　　图 1-39　多分支的 if 语句流程图

if 语句的嵌套必须完全“包住”，不能相互交叉，<语句组 1>、<语句组 2>、<语句组 3>和<语句组 4>中还可以嵌入其它 if 语句，形成多层嵌套。同时 if 语句中也可以嵌套入 for 和 while 循环语句，互相嵌套但又不能相互交叉，可以使用 break 语句跳出循环，也可以利用 continue 语句提前结束本轮循环进入下一轮循环，总之通过各种嵌套，可以形成许多复杂的综合结构。Python 语言无 Select Case 语句，但可以通过多重条件选择或字典的 get 方法来实现。

【例 1-2】编写程序，根据输入的 x 变量值计算式（1-1）分段函数的值。（32-multifun.py）

$$y=\begin{cases}3x & x\leqslant 10\\ 2x+10 & x\leqslant 20\\ x+40 & x\leqslant 30\\ 50+0.5x & x>30\end{cases} \tag{1-1}$$

题意分析：本题需要根据输入自变量 x 的取值范围，确定因变量 y 的计算公式，并将其计算打印，需要用到多重条件选择，具体代码如下：

```
#多段函数计算 32-multifun.py
flag=1
while (flag):
        x=eval(input("请输入自变量 x 的值并回车"))
        if x<=10:
              print("y=",3*x)
        elif x<=20:
              print("y=",2*x+10)
        elif x<=30:
```

```
            print("y=",x+40)
        elif x>30:
            print("y=",0.5*x+50)
        flag=input('是否需要继续计算其他 x 的 y 值,是输入 1,否回车')
```

【例 1-3】求 4 位数中各位数的四次方之和就是该 4 位数的数（33-fourflower.py）。

题意分析：共需要验证 1000~9999 之间 9000 个自然数，需要通过循环程序，同时每一循环，均需要进行提取各位数及四次方加和运算和判断是否等于该数本身，程序如下：

```
#求四面开花数 33-fourflower.py
n=0
num=[]                          #建立空列表
for i in range(1000,10000):
str_num=str(i)                  #数字转化为字符串,以便提取千、百、十及个位上的数字
fourpower=eval(str_num[0])**4+eval(str_num[1])**4+eval(str_num[2])**4+
eval(str_num[3])**4
     if fourpower==i:
         n=n+1
         num.append(i)      #向空列表添加数据
         print(f"找到第{n}个四面开花数:{i}")#花括号内为需要打印的数据不是字符串
print(f"共找到{n}个四面开花数",num)
```

如果程序稍作修改，就可以求三面开花数也称水仙花数，其各位数字的立方和等于该 3 位数本身。水仙花数共 4 个，分别是 153、370、371 和 407。读者自己还可以求证是否存在五面开花数、六面开花数等更多位数的开花数。

【例 1-4】编程找出从 10^6+10^4No 开始到 10^8 之间的前 50 个素数，其中 No 为学生考试序号 1～100，并要求计算程序所花的时间（34-para.py）。

题意分析：本题是参数化考试的试题，通过引入学生考试序号，从而保证每个同学在相同难度试题下题目的答案均不同，杜绝考试的抄袭现象。本题首先需要有一个 1～100 的循环语句，在每一个循环下，确定一个开始的数组，进行素数判断，直到找到 50 个素数，跳出素数判断循环，进入 1～100 序号的下一轮循环。素数就是只能被 1 和自身整除的数，是否是素数的判断也是一个循环过程，所以本程序共有 3 层循环，具体代码如下：

```
#求素数并计算所用时间
import math
import numpy as np
from time import *
start=time()
sushu=np.zeros((100,50))             #构建 100 行 50 列零元素数组
for No in range(100):#No 从 0-99
    k=0
    for i in range(10**6+10**4*(No+1),10**8):
        Para=True
        m=int(math.sqrt(i)+1)
        for j in range(2, m):
            if i % j==0:
                Para=False       #只要能被其中一个数整除,就不是素数
                break
        if Para==True:               #所有数都不能整除时,才是素数
            sushu[No,k]=i
            k=k+1
```

```
        if k==50:
            break
print(sushu)
end=time()
print(f"计算用时:{(end-start):.4f}秒")
```

运行上述程序,得到如下结果(部分显示):

```
[[1010003. 1010033. 1010069. ... 1010767. 1010771. 1010783.]
 [1020001. 1020007. 1020011. ... 1020631. 1020667. 1020683.]
 [1030019. 1030021. 1030027. ... 1030723. 1030739. 1030741.]
 ...
 [1980019. 1980023. 1980029. ... 1980631. 1980637. 1980659.]
 [1990007. 1990031. 1990033. ... 1990559. 1990577. 1990579.]
 [2000003. 2000029. 2000039. ... 2000653. 2000659. 2000671.]]
```

计算用时：1.3100 秒

1.4 Python 常用标准库和第三方库

“合抱之木，生于毫末；九层之台，起于累土”，Python 语言丰富的标准库及第三方库就好比九层之台的累土，为我们快速高效地编写程序提供了坚强的基石。人类的知识是一个不断地累积与提升的过程，Python 语言开源免费的各种库提供了目前人们已经开发的各种解决问题的高效算法及通用函数。人们通过对这些算法及函数的直接调用，免去了后续学习 Python 语言人员的重复编写，让人们有机会站在巨人的肩膀上继续前进，因此了解和学习掌握 Python 语言的常用标准库及第三方库，是学好 Python 语言的必由之路。下面让我们一起来学习这些标准库和第三方库。

1.4.1 time 和 calendar

time 和 calendar 是 Python 内置的标准库，无需单独安装，在 Python 安装时已经加载，但使用该两个标准库中的函数和方法是仍需先导入它们。有关 time 库的内容在前面介绍时间函数时已有介绍，在此不再赘述，这里主要介绍一下 calendar 库的主要功能。

calendar 库主要是跟日历有关的内容，其主要功能有以下几种。

（1）返回指定年指定月的日历

用 calendar.month(year, month)函数，在交互运行界面，返回的是列表数据，需要用打印语句，才正确排列，否则如运行 calendar.month(2021, 3)则返回：

```
'     March 2021\nMo Tu We Th Fr Sa Su\n 1  2  3  4  5  6  7\n 8  9 10 11 12 13 14\n15 16 17 18 19 20 21\n22 23 24 25 26 27 28\n29 30 31\n'
```

如采用打印语句 print(calendar.month(2021, 3))，则返回以下结果：

```
     March 2021
Mo Tu We Th Fr Sa Su
 1  2  3  4  5  6  7
 8  9 10 11 12 13 14
15 16 17 18 19 20 21
22 23 24 25 26 27 28
29 30 31
```

（2）返回指定年的日历

calendar.calendar(year)，注意返回的是列表数据，需要用打印语句，才正确排列，如运行 print(calendar. calendar (2021))，则返回图 1-40 所示的日历。

```
>>> print(calendar. calendar (2021))
                                  2021

      January                   February                   March
Mo Tu We Th Fr Sa Su      Mo Tu We Th Fr Sa Su      Mo Tu We Th Fr Sa Su
             1  2  3       1  2  3  4  5  6  7       1  2  3  4  5  6  7
 4  5  6  7  8  9 10       8  9 10 11 12 13 14       8  9 10 11 12 13 14
11 12 13 14 15 16 17      15 16 17 18 19 20 21      15 16 17 18 19 20 21
18 19 20 21 22 23 24      22 23 24 25 26 27 28      22 23 24 25 26 27 28
25 26 27 28 29 30 31                                29 30 31

       April                      May                       June
Mo Tu We Th Fr Sa Su      Mo Tu We Th Fr Sa Su      Mo Tu We Th Fr Sa Su
          1  2  3  4                      1  2          1  2  3  4  5  6
 5  6  7  8  9 10 11       3  4  5  6  7  8  9       7  8  9 10 11 12 13
12 13 14 15 16 17 18      10 11 12 13 14 15 16      14 15 16 17 18 19 20
19 20 21 22 23 24 25      17 18 19 20 21 22 23      21 22 23 24 25 26 27
26 27 28 29 30            24 25 26 27 28 29 30      28 29 30
                          31
```

图 1-40　2021 年部分日历

注意这里只截取了前 6 个月的日历，千万注意一定要用打印语句，否则返回列表数据。

（3）闰年判断

用 calendar.isleap(year)函数，判断某一年是否为闰年，如果是，返回 True，如果不是，则返回 False，如运行 calendar.isleap(2021)，则返回 False

（4）返回某年某月第一天是星期几及该月天数

用 calendar.monthrange(year, month)函数，返回数据用元组表示，元组中第一个元素表示第一天是星期几，第二个元素表示该月的天数，如运行 calendar.monthrange(2021, 3)则返回元组数据(0, 31)，表示该月的第一天的 weekday 数据是 0，该月共有 31 天。注意 weekday 数据用数字 0～6 表示从星期一到星期日，不同于一般的理解，需引起重视。

（5）统计两年份之间闰年数量

用 calendar.leapdays(year1,year2)函数，返回(year1,year2)年份之间的闰年数量，如输入 calendar.leapdays(1900,2000)则返回 24，注意不包括 2000 年是否是闰年的数据。

（6）按格式对应某年日历

用函数 calendar.prcal(2020,w=0,l=0,c=6,m=3)，打印某年的日历，注意 w 表示每个单元格宽度，默认为 0，最小宽度为 2；l 为换行数据，默认为 0，表示最少换一行；c 表示月与月之间的间隔宽度，默认为 6，最小宽度为 2，m 表示将 12 个月分为 m 列，默认为 3。一般建议用默认值即可，如要打印 2021 年的日历，就可以用 calendar.prcal(2021)命令，得到和 print (calendar.calendar(2021))命令一样的返回结果。

（7）日历第一天 weekday 设置

calendar 库中的日历默认是星期一到星期日，而常见日历中是从星期日、星期一到星期六，可以通过 calendar.setfirstweekday(firstweek)函数，将日历中星期的第一天改为任意 weekday，如需要改成常见日历中的星期日，只要运行 calendar. setfirstweekday(6)后再运行 calendar. prcal(2021)，就可以得到一周第一天是星期日的日历，其部分显示结果如下图 1-41。

```
                                  2021

      January                   February                   March
Su Mo Tu We Th Fr Sa      Su Mo Tu We Th Fr Sa      Su Mo Tu We Th Fr Sa
                1  2          1  2  3  4  5  6          1  2  3  4  5  6
 3  4  5  6  7  8  9       7  8  9 10 11 12 13       7  8  9 10 11 12 13
10 11 12 13 14 15 16      14 15 16 17 18 19 20      14 15 16 17 18 19 20
17 18 19 20 21 22 23      21 22 23 24 25 26 27      21 22 23 24 25 26 27
24 25 26 27 28 29 30      28                        28 29 30 31
31

       April                      May                       June
Su Mo Tu We Th Fr Sa      Su Mo Tu We Th Fr Sa      Su Mo Tu We Th Fr Sa
             1  2  3                         1             1  2  3  4  5
 4  5  6  7  8  9 10       2  3  4  5  6  7  8       6  7  8  9 10 11 12
11 12 13 14 15 16 17       9 10 11 12 13 14 15      13 14 15 16 17 18 19
18 19 20 21 22 23 24      16 17 18 19 20 21 22      20 21 22 23 24 25 26
25 26 27 28 29 30         23 24 25 26 27 28 29      27 28 29 30
                          30 31
```

图 1-41　调整第一天为星期日的 2021 年日历

（8）返回某年某月以周为单位的数据序列函数

该函数为 calendar.monthcalendar(year,month)，如输入 calendar.monthcalendar(2021,3)则返回：[[0, 1, 2, 3, 4, 5, 6], [7, 8, 9, 10, 11, 12, 13], [14, 15, 16, 17, 18, 19, 20], [21, 22, 23, 24, 25, 26, 27], [28, 29, 30, 31, 0, 0, 0]]，注意此数据是在设置 calendar. setfirstweekday(6)后得到的，已将星期的第一天设置为星期日，该列表数据是列表中套列表，主列表有 5 个次列表组成，每个次列表由 7 个元素组成，对应星期日、星期一到星期六的该月序数，注意元素为 0 表示该日不在本月。

利用 calendar.monthcalendar(year,month)函数，开发的中文日历代码如下（35-makecalendar.py）：

```
import calendar
def pri_calen(k,ws,day):自定义打印格式函数
    if day>10:
        print(f"{int(3+k*7)*ws}{day}",end="")
    else:
        if day==10:
            print(f"{int(4+k*7)*ws}{day}",end="")
        else:
            print(f"{int(3+k*8)*ws}{day}",end="")
year=eval(input("请输入需要制作日历的年份,输入后请回车 year="))
print("{:>29}".format("2021 年日历"))
for i in range(1,13):
    mlist=calendar.monthcalendar(year,i)
    print("")
    print("{:>27d}".format(i),"月")
    print("")
    print("星期日  星期一  星期二  星期三  星期四  星期五  星期六 ")
    ww=len(mlist)
    for w in range(ww):
        k=0
        for d in range(7):
            day=mlist[w][d]
            if day==0:
                k=k+1
                continue
            ws=" "
        if d==0:
            print(f"{3*ws}{day}",end="")
            k=0.51      #预防精度问题影响取整函数
        else:
            pri_calen(k,ws,day)
            k=0.51
    print("")
```

运行上述程序，得到中文按月日历，截取其中 6 月份日历如图 1-42 所示。

6 月

星期日	星期一	星期二	星期三	星期四	星期五	星期六
	1	2	3	4	5	6
7	8	9	10	11	12	13
14	15	16	17	18	19	20
21	22	23	24	25	26	27
28	29	30				

图 1-42　中文日历部分截取图

1.4.2　sys 和 os

sys 库和 os 库是 Python 语言的内置标准库，无需独立安装，但使用前需通过 import sys 和 import os 进行导入（在后续有关库的功能介绍时，有关导入的问题，不再赘述，默认库已导入），是 Python 官方提供的两个重要的核心库，这两个库都是

直接和操作系统打交道，其中 sys 是 system 的简称，即“系统”之意。该模块提供了一些接口，用于访问 Python 解释器自身使用和维护的变量，同时模块中还提供了一部分函数，可以与解释器进行比较深度的交互。

sys 库的主要方法和函数有 sys.platform 用来查询所操作计算机的系统平台和版本，如在作者电脑的 IDEL 界面中输入 sys.platform 返回‘win32’；用 sys.argv 方法返回传递给 Python 脚本的命令行参数列表，如作者电脑中输入 sys.argv，返回['C:\\Users\\flg\\AppData\\Local\\Programs\\Python\\Python37\\makecalendar.py']，因为作者正在使用 makecalendar.py 程序；sys.path 方法用来查看当前 Python 版本的搜索路径；sys.modules 方法用来查看当前 Python 进程中已加载的模块列表；用 sys.exit()函数结束运行中的程序；用 sys.maxsize 方法查看平台支持的最大正整数，如作者的平台返回 9223372036854775807。有关 sys 库其他更多的功能请读者查看其他专业书籍。

os 是 operation system 的简称，即操作系统，os 库主要功能和操作系统相关，用于处理文件和目录等操作，比如新建文件夹、获取文件列表、删除某个文件、获取文件大小、重命名文件、获取文件修改时间等。该模块包含了大量的操作系统的操作函数和方法，主要有 os.name 显示当前使用的平台；os.getcwd()返回当前的工作目录，如作者电脑返回'C:\\Users\\flg\\AppData\\Local\\Programs\\Python\\Python37'; os.chdir(path) 改变当前工作目录到指定的路径；os.mkdir(path[, mode])创建目录；os.listdir（path）列出目录下所有文件和文件夹；os.rename(old, new) 文件进行重命名，old 为要修改的目录名，new 为修改后的目录名；os.path.getmtime(path) 返回最近文件修改时间，从新纪元到访问时的秒数，如在作者电脑上运行 os.path.getmtime('C:\\Users\\flg\\AppData\\Local\\Programs\\Python\\Python37')返回 1615040637.76，有关 os 库其他更多的功能请读者查看其他专业书籍。

1.4.3 math 和 random

math 和 random 均为 Python 内置模块，无需独立安装。math 模块库提供了如三角函数、对数函数、指数函数等数学上常用的函数，具体应用见前面常用数学函数介绍。random 模块是 Python 用来生成随机数的模块，具体应用见前面随机函数的介绍。

1.4.4 NumPy 库

NumPy 是第三方库，需要下载安装，安装时一般和加速运算的 mkl 库一起安装，以便 SciPy 库的安装和调用。如下载 NumPy 库和 mkl 库时需要结合所安装电脑操作系统的版本，如作者的电脑选择下载“numpy-1.19.4+mkl-cp37-cp37m-win_amd64.whl”到某一路径，下载完成后就可以利用下面命令进行安装，具体安装命令如下：

```
pip install <路径名>\ numpy-1.19.4+mkl-cp37-cp37m-win_amd64.whl
```

NumPy 是 Numerical Python 的简称，该库是高性能科学计算和数据分析的基础包，还可以用作通用数据的高效多维容器，提供具有矢量运算及复杂广播功能的多维数组对象，还提供线性代数、傅里叶变换、随机数、标准函数、集成工具等功能。利用该库中的 polyfit 函数可以进行多项式拟合；利用该库中的 poly1d 函数可以进行一维多项式处理，利用该库中的 linalg 模块可以进行矩阵求逆、求特征值、解线性方程组以及求解行列式等，下面是利用 NumPy 库求解具体问题的代码（36-numpy_cal.py）：

```
#numpy 库计算
import numpy as np
#多项式参数拟合
x=[1,2,3,4,5,6]
y=[5,9,12,19,26,36]
fitcoeff=np.polyfit(x,y,3)
```

```
print("fitcoeff=",fitcoeff)
#一维多项式处理
print("poly1d:\n",np.poly1d(fitcoeff))   #打印已知系数多项式
p=np.poly1d([1,2,3,-18])                 # 注意系数从高次幂到 1 次幂再到常数项
root3=p.r#求多项式的根
print("root3:",root3)
#线性方程组求解
A=np.mat('1 ,2, 3;3 ,-5 ,2;5 ,-7, 9')
b=np.array([9,7,12])
X=np.linalg.solve(A, b)
print('X=',X)
```

运行上述代码,返回以下结果:

```
fitcoeff=[0.07407407 0.04365079 2.68386243 2.33333333]
poly1d:
         3           2
0.07407 x + 0.04365 x + 2.684 x + 2.333
root3: [-1.90719043+2.50666397j -1.90719043-2.50666397j  1.81438086+0.j  ]
X=[ 6.11320755  2.09433962 -0.43396226]
```

1.4.5 SymPy 库

SymPy 是一个符号计算的 Python 库，SymPy 是 Symbolic Python 的简写，它旨在成为功能齐全的计算机代数系统(Computer Algebra System)，同时保持代码简洁、易于理解和扩展。SymPy 完全由 Python 写成，仅依赖于 mpmath，而 mpmath 又是用于任意浮点算术的纯 Python 库。SymPy 库具有符号计算、高精度计算、模式匹配、绘图、解方程、微积分、组合数学、离散数学、几何学、概率与统计、物理学等方面的功能。

SymPy 通过 Symbol 函数定义变量符号，从而展开一系列的符号运算，下面一段代码是 SymPy 库其中一些符号运算功能（37-sympy_cal.py）:

```
#sympy 库符号运算例子
import sympy as smp
#解方程
x,y=smp.symbols("x y")
f1=3.0*x**2+y-28#用 3.0 是为了保证返回浮点数而不是其他类型
f2=2*x+3*y-12    #变量的次数非整数时可能无法得到解或费时较长
sol=smp.solve([f1,f2],[x,y])
print(sol)       #单个解时返回字典,多个解时返回列表,列表中以元组为单位表示一组解
aa=smp.solve([x*x+y**1.2-3,x-3.*y+5],[x,y])#此题耗时较长
print(aa)#[(-1.31086461575200, 1.22971179474933), (0.872411667038352,
          1.95747055567945)]
#积分
from sympy import *
t=Symbol('t')
x=Symbol('x')
m=integrate(2*sin(t)/(pi-t), (t,0,x))
print(integrate(m, (x, 0, pi))) #返回 4
#微分
x=symbols('x')
f=log(x)-log(1-x)+2.2*(1-2*x)/(1+x**2)
dify=diff(f, x)                          # f 对 x 求导
print("dify=",dify)
#求极限
```

```
lim1=limit(sin(x)/x,x,0)
print("lim1=",lim1)
#因式分解
f=x**6+1
ff=factor(f)
print("ff=",ff)
#绘制函数图
from sympy.abc import x
from sympy.plotting import plot
plot(2*sin(x))
#到此为止,其他功能请读者自己练习添加
```

运行以上代码，返回以下结果，同时绘制的图形见图1-43。

```
[(-2.71949760063489, 5.81299840042326), (2.94171982285711, 2.03885345142859)]
[(-1.31086461575200, 1.22971179474933), (0.872411667038352, 1.95747055567945)]
4
dify=-2*x*(2.2-4.4*x)/(x**2+1)**2-4.4/(x**2+1)+1/(1-x)+1/x
lim1=1
ff=(x**2+1)*(x**4-x**2+1)
```

1.4.6 SciPy库

SciPy是Python科学计算环境的通称，主要用于数学、科学和工程计算。实际上SciPy库是许多高级科学计算库的集合，也是很多科学计算核心库的伞形组织。SciPy库依赖于NumPy库，NumPy库提供了方便和快速的n维数组操作。它们一起可以运行在所有流行的操作系统上，组合使用NumPy、SciPy和Matplotlib，作为MATLAB的替代品已经成为趋势。根据不同的计算领域，SciPy库主要模块有矢量量化 / K-均值模块（scipy.cluster），物理和数学常数模块（scipy.constants），傅里叶变换模块（scipy.fftpack），积分模块（scipy.integrate），插值模块（scipy.interpolate），输入输出模块（scipy.io），线性代数模块（scipy.linalg），多维图像处理模块（scipy.ndimage），正交距离回归模块（scipy.odr），优化模块（scipy.optimize），信号处理模块（scipy.signal），稀疏矩阵模块（scipy.sparse），空间数据结构和算法模块（scipy.spatial），特殊函数模块（scipy.special），统计模块（scipy.stats）。

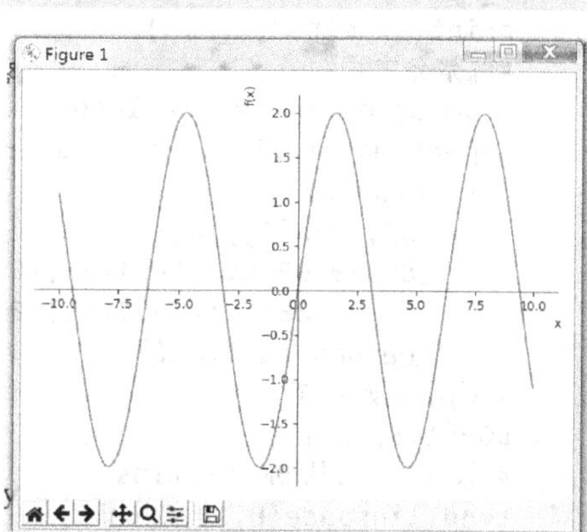

图1-43　SymPy库绘制的函数图形

下面是SciPy库具体应用代码（38-scipy_cal.py）：

```
#scipy库符号运算例子
from scipy import *
import  scipy.linalg as la
from scipy import optimize
import numpy as np
#线性方程组集合求解AX=B
A=10* np.random.random((3,3))
B=18* np.random.random((3,3))
X=la.solve(A,B)
print("X=",X)
#参数拟合
xdata=[-23.7,-10,0,10,20,30,40]
```

```
ydata=[0.101,0.174,0.254,0.359,0.495,0.662,0.880]
def f(x, a0, a1,a2):
        return a2*x**2 +a1*x+a0
guess=[2,2,2]
params, params_covariance=optimize.curve_fit(f, xdata, ydata, guess)
print("params=",params)
for i, x in enumerate(params):
        print(f'a{i}={x:.7f}')
#非线性方程求解
def f(x):
        return np.log(x)-np.log(1-x) + 2.2*(1-2*x)#定义方程
# 调用 fsolve 函数
sol_fsolve=optimize.fsolve(f, [0.1, 0.9])    # 第一个参数为我们需要求解的方程,第二个参数为方程解的估计值
print(sol_fsolve)
#求函数最小值
def f(x):
        return -x**3 +200*(1-x)**2 + 2.2*(1-2*x)  #定义方程
x_min=optimize.fminbound(f,-100,100)      #得到指定范围([a,b])内的局部最低点
print("x_min=",x_min)
#解微分方程组
from scipy.integrate import odeint        #导入库
import matplotlib.pyplot as plt
def du(u, t):
       u1,u2=u[0], u[1]
       du1=0.09*u1*(1-u1/20)-0.45*u1*u2
       du2=0.06*u2*(1-u2/15)-0.01*u1*u2
       return [du1,du2]
# 确定初始状态
u0=[1.6,1.2]
# 设定时间:从 0min-5mins
t=np.linspace(0,10,100)
# 解常微分方程
u=odeint(du,u0,t)
# 绘制 u1 关于时间的函数图像
#print(u[:,0])
plt.figure()
plt.plot(t,u[:,0],label='u1')
#u[:,0]即返回值的第一列,是 u1 的值。label 是为了显示 legend 用的。
plt.plot(t,u[:,1],label="u2")          #u[:,1]即返回值的第二列,是 u2 的值
plt.legend()
ax=plt.gca()
ax.grid(True)
plt.show()
```

运行上述程序，返回计算结果及图 1-44 如下。

```
X=[[ 16.60560646-49.73460134 -18.24713125]
 [-15.09369798  48.77093496  17.76806242]
 [ -6.9056519   22.01862623   8.63539856]]
params=[2.48447050e-01 9.56949803e-03 1.50589736e-04]
a0=0.2484470
a1=0.0095695
a2=0.0001506
[0.24852971 0.75147029]
x_min=1.0187846103171039
```

1.4.7 Matplotlib 库

Matplotlib 是 Python 的一个绘图库，它可以提供优质的 2D 和 3D 图形，并支持多种不同格式的输出。Matplotlib 库的许多功能均可达到 MATLAB 的图形绘制功能，尽管在数据可视化方面 Python 还有 Brokeh、Plotly、Mayavi 等库，但在静态数据分析可视化方面，Matplotlib 库无疑是 Python 最受欢迎的数据可视化库。有关该库的具体应用，将在第 2 章作详细介绍，下面先看一个具体的例子，简单了解一些该库的一些基本功能，具体代码如下（39-matplot.py）：

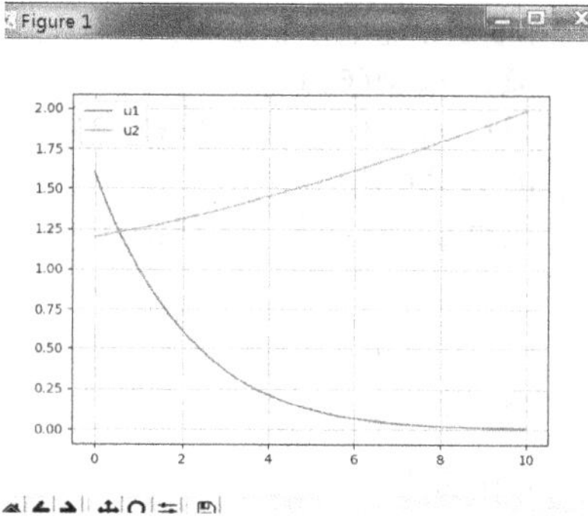

图 1-44 Scipy 库代码运行结果图

```
import numpy as np
from matplotlib import pyplot as plt
import matplotlib.ticker as mticker
import matplotlib as mpl
mpl.rcParams["font.sans-serif"]=["SimHei"]
mpl.rcParams["axes.unicode_minus"]=False
x=np.arange(1, 13)
fig, ax1=plt.subplots(figsize=(20,9))
# 设置第一纵坐标轴的单位
ax1.yaxis.set_major_formatter(mticker.FormatStrFormatter('%d 万吨/月'))
#自定义横轴
ax1.set_xticklabels([str(i)+'月' for i in range(1,13)], fontsize=18)
# 设置横轴 特定 x 值时显示刻度
ax1.set_xticks([i for i in range(1,13,1)])
ax1.tick_params(labelsize=20)
yxl=np.array([20,30,18,40,70,100,110,150,170,190,210,200])
nxl=np.zeros(12)
s=0
for i in range(0, 12):
    s=s+yxl[i]
    nxl[i]=s
plt.plot(x, yxl, 'g', label="月销量")
# 显示网格
plt.grid(True)
plt.xlabel("月份", size=20)
plt.ylabel('月销量', size=20)
plt.title("某公司甲醇月销售及汇总图", size=20)
#设置线标的位置
plt.legend(loc='upper left')
plt.ylim(0, 220)
#第二纵轴的设置和绘图
ax2=ax1.twinx()
bar_width=0.5
ax2.yaxis.set_major_formatter(mticker.FormatStrFormatter('%d 万吨/月'))
plt.plot(x, nxl,'r',label="累计销量")
plt.bar(x, nxl, bar_width, label="累计销量", align="center")
plt.legend(loc='upper right')
ax2.tick_params(labelsize=18)
ax2.set_ylabel("累计销量",size=20)
```

```
#限制横轴显示刻度的范围
plt.xlim(0,13)
plt.ylim(0,nxl[-1]+100)
plt.show()
```

运行上述代码，得到图 1-45。

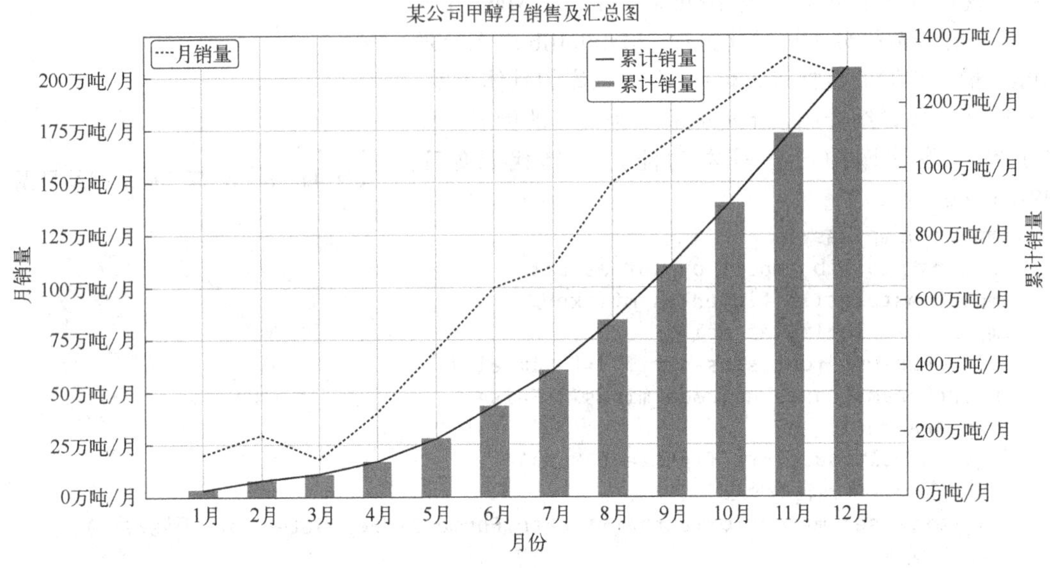

图 1-45　某公司甲醇月销售及汇总图

1.4.8　Skimage 库

Skimag 全称 scikit-image，是基于 Scipy 的一款图像处理包，并对 scipy.ndimage 进行了扩展，它将图片作为 Numpy 数组进行处理，是非常好的数字图像处理工具。Skimage 库需要依赖 Numpy+mkl 和 Scipy，因此安装该库前必须先安装 Numpy+mkl 和 Scipy 库，然后通过 pip install sckit_image 安装 Skimage 库。该库的官方网址为 https://scikit-image.org/，编者编写时 Skimag 库的最新稳定版本为 0.18.1，Skimage 库由许多的子模块组成，各个子模块提供不同的功能，主要子模块名称及功能见表 1-12。

表 1-12　Skimage 库主要子模块

子模块名称	主要实现功能
io	读取、保存和显示图片或视频
data	提供一些测试图片和样本数据
color	颜色空间变换
filters	图像增强、边缘检测、排序滤波器、自动阈值等
draw	操作于 numpy 数组上的基本图形绘制，包括线条、矩形、圆和文本等
transform	几何变换或其它变换，如旋转、拉伸和缩放变换等
morphology	形态学操作，如开闭运算、骨架提取等
exposure	图片强度调整，如亮度调整、直方图均衡等
feature	特征检测与提取等
measure	图像属性的测量，如相似性或等高线等

续表

子模块名称	主要实现功能
segmentation	图像分割
restoration	图像恢复
util	通用函数

下面是有关 io 和 data 两个模块的程序代码（40-skimage.py）：

```
from skimage import io
import numpy as np
import matplotlib.pyplot as plt
img1=("taoflower.jpg")
asimg1=io.imread(img1)
print(type(asimg1),asimg1.shape,asimg1.dtype)
plt.imshow(asimg1)
plt.show()
print(asimg1[5000,300:400,:])
#data module
plt.close
import matplotlib.pyplot as plt
from skimage import data
cat=data.chelsea()
print(f"shape:{cat.shape}")
print(cat.min(), cat.max())
plt.imshow(cat)
plt.colorbar()
cat[10: 110, 10: 110, :]=[255, 0, 0]
plt.imshow(cat)
plt.show()
```

运行结果见图 1-46。

图 1-46　Skimage 库程序运行结果图

1.4.9　Turtle 库

Turtle 库是 Python 的标准库之一，属于入门级的图形绘制函数库，无需单独安装。Turtle 库绘制原理是设置一只海龟在窗体正中心（0,0），该海龟可以在画布上自由游走，走过的轨迹形成了绘制的图形，海龟游走路线由程序代码控制，可以自由改变路线轨迹的颜色、方向、宽度等参数，从而绘制出各种人们想要的图像。

绘图初始，默认以正东方向为画笔初始方向（绝对 0°），画笔初始位置在画布正中心，坐标为（0,0）。表 1-13 是 Turtle 库的一些主要函数及其功能描述。

表 1-13　Turtle 库一些主要函数及其功能描述

函数名称	功能
setup(width,height)	设置绘图窗体大小
screensize(width,height, bg)	设置画布尺寸及背景颜色
setworldcoordinates(x0, y0, x1, y1)	自定义坐标系，其中画布的左下角坐标为（x0,y0），右上角的坐标为（x1,y1）
title(string)	设置绘图标题
penup(x,y)	抬起画笔
pendown(x,y)	落下画笔
pensize(size)	设置画笔宽度
pencolor(colorstring)	设置画笔颜色
fillcolor(colorstring)	设置填充颜色
bgcolor(colorstring)	设置背景色
color(color1,color2)	同时设置 pencolor=color1, fillcolor=color2
speed(speed)	设置画笔移动速度，速度范围为[0,10]整数。
hideturtle()	隐藏画笔的形状
showturtle()	显示画笔的形状
forward(d)	当前行进方向前
backword(d)	当前行进方向向后
right(angle)	以当前行进方向向右旋转
left(angle)	以当前行进方向向左旋转
seth(angle)	设置画笔当前行进方向的绝对角度
goto(x,y)	将画笔移动到绝对位置
circle(r,angle)	根据半径绘制圆弧或圆，r 为负时，圆心在右边
begin_fill()	开始填充
end_fill()	填充结束
filling()	返回当前是否在填充状态
done()	停止画笔绘制，但绘图窗体不关闭
tracer(False)	直接出图不显示绘制过程
reset()	清空窗口，重置 turtle 状态为起始状态
undo()	撤销上一个 turtle 动作
write(s[,font=("font-name",font_size, "font_type")])	写文本，s 为文本内容，font 为字体的参数，分别为字体名称、大小和类型；font 为可选项，font 的参数也是可选项

下面是用 turtle 绘制的 3 个图像代码（41-turtle.py）：

```
#turtle 库应用
from turtle import *    #方便函数直接调用
import numpy as np
from time import *
speed(10)
setup(650,650)
```

```
    dic={1:'red',2:'orange',3:'yellow',4:'green',5:'blue',6:'purple',7:'pink',8:
'purple'}
    title('彩色三角函数绘制')
    penup()
    goto(-400,0)
    pendown()
    pensize(5)
    for i in range(0,7*360+1):
          x=i*2*np.pi/360
          y=100*np.sin(x)
          j=int(i/360)
          if j>=7:
               j=6
          pencolor(dic[j+1])
          goto(20*x-400,y)
          #print(x,y)
    pencolor('black')
    penup()
    goto(-400,0)
    pendown()
    goto(520,0)
    penup()
    goto(-400,-200)
    pendown()
    goto(-400,200)
    goto(-410,170)
    goto(-390,170)
    goto(-400,200)
    penup()
    goto(520,0)
    pendown()
    goto(490,10)
    goto(490,-10)
    goto(520,0)
    penup
    hideturtle()                        #隐藏海龟
    sleep(3)                            #休眠 3s
    reset()                             #回到原点
    dic={1:'red',2:'orange',3:'yellow',4:'green',5:'blue',6:'purple',7:'pink'}
    title('彩色圆绘制')
    for i in range(7):
          penup()
          goto(0,-30*(i+1))             #从里面最小的一个圆的底部,慢慢变大
          pendown()
          pensize(5*(i+1))
          pencolor(dic[i+1])
          circle(30*(i+1))
          hideturtle()                  #隐藏海龟
    sleep(3)
    reset()
    setup(400,400)                      #设置窗体
```

```
screensize(800,450, bg="blue")  #设置画布
title('太阳花绘制')
tracer(False)
color("red", "yellow")
speed(10)
begin_fill()
goto(0,0)
pendown()
for i in range(50):
   fd(280)
   left(170)
end_fill()
hideturtle()                    #隐藏海龟
done()
```

运行上述代码，会依次绘制三角函数曲线，停留 3 秒后绘制彩色圆环，再停留 3 秒绘制太阳花，最后画面停留在太阳花画面。三个图像见图 1-47。

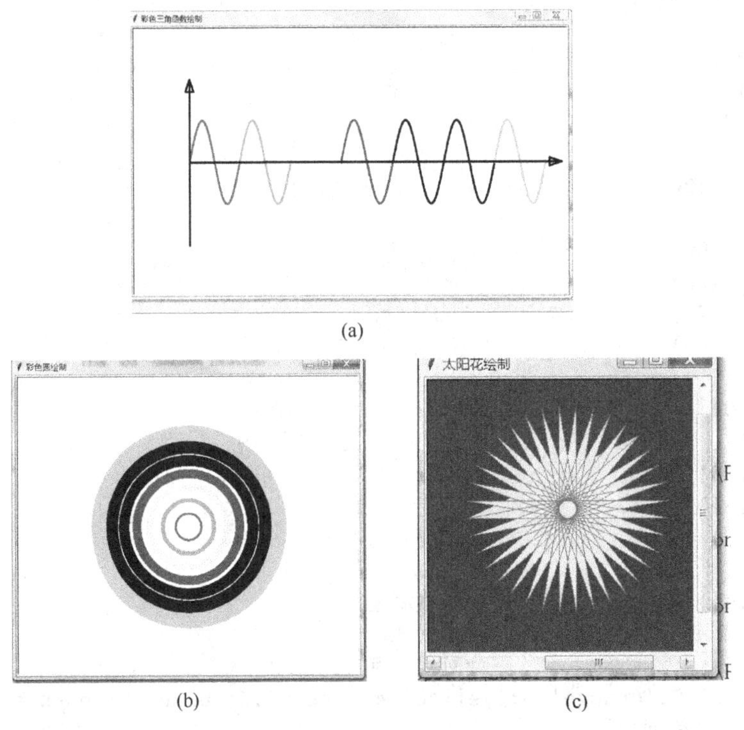

(a)

(b) (c)

图 1-47 利用 Turtle 库绘制的三个图样

1.4.10 Pyinstaller 库

Pyinstaller 库是第三方库，利用该库可以将 Python 语言的脚本（.py 文件）打包成 Windows 等操作系统下可执行文件，从而使得 Python 程序可以在没有安装 Python 的环境中运行，Pyinstaller 库的官方网站网址为 http://www.pyinstaller.org/。安装该库可以利用 pip install pyinstaller 命令进行安装。安装好 Pyinstaller 库，进入该库目录或其他可以运行 pyinstaller 的目录，通过 pyinstaller g:\01-sum.py 命令就可以打包 01-sum.py 文件(注意前提是 01-sum.py 文件在 G 盘根目录下)，打包成功执行完毕后，打包操作所在目录将生成 dist 和 build 两个文件夹，如作者在 c:\users\flg 目录下操作 pyinstaller g:\01-sum.py，最终在 c:\users\flg 目

录下生成 build 和 dist 两个文件夹，其中 build 文件夹存储打包过程临时文件，可以安全删除；而在 dist 文件夹内部的 01-sum 子目录中的 01-sum.exe 是打包后的可执行文件，目录中其他文件是可执行文件 01-sum.exe 的动态链接库，见图 1-48。使用 Pyinstaller 库进行打包时需注意以下问题：

① 文件路径中不能出现空格和英文句号（.）；

② 源文件名中不能出现英文句点（.）；

③ 源文件必须是 UTF－8 编码，暂不支持其他编码类型，其中采用 IDLE 编写的源文件可直接使用。

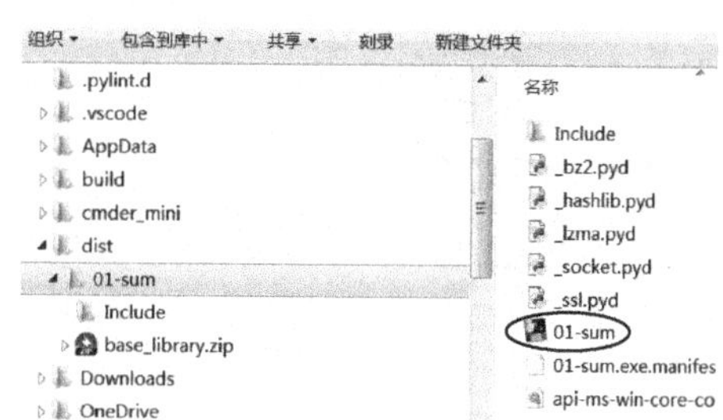

图 1-48 pyinstaller 打包操作后生成的文件夹及可执行文件

1.4.11 GUI 库

GUI 是 Graphic User Interface 的简称，就是图形用户界面的意思，目前大多数操作系统都采用 GUI，Python 本身没有 GUI，需要通过第三方库来生成 GUI。目前 Python 常用的 GUI 第三方库主要有 CEF Python、Dabo、wxPython、Tkinter、PyGObject、PyGUI、PyQt、PySide 等，其中 PyQt 是 Qt 库的 Python 版本。Qt 是一个跨平台的框架，它是用 C ++编写的，是一个非常全面的库。它包含许多工具和 API，被广泛应用于许多行业。PyQt 目前的最新版本是 PyQt5。PyQt5 可以和 Pycharm 联合起来使用，可以方便地开发 Python 图形界面的程序，见图 1-49、图 1-50。

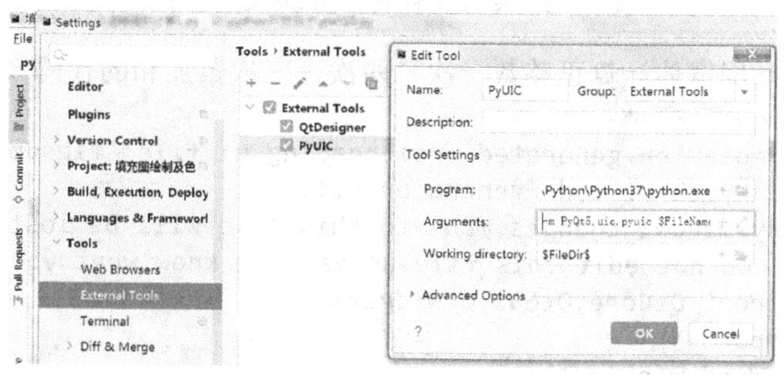

图 1-49 File-Setings-External Tools 绑定 Qt5Designer 和 PyQt5 示意图

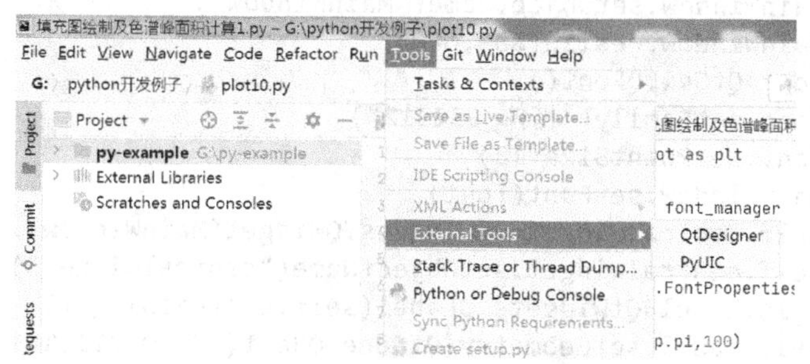

图 1-50 PyCharm 中使用 QtDesigner 和 PyUIC

利用 Qt5Designer 通过拖拉操作设置好界面及信槽关系，将设置好的窗体用 test.ui 文件名保存好，见图 1-51，然后转置 Pycharm 界面，选中 test.ui，再点击 PyUIC，就可以见到有 test.py 文件生成，见图 1-52。在 Pycharm 打开该 test.py 文件，补充需要运算的代码，然后运行该文件，就会出现利用 QtDesigner 设计好的界面。

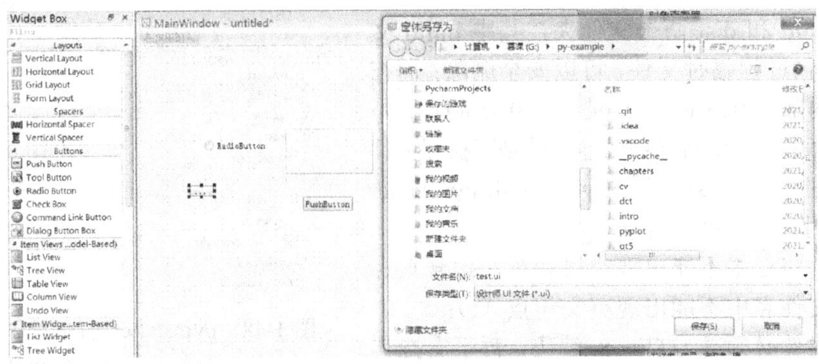

图 1-51 QtDesigner 设计及文件保存界面

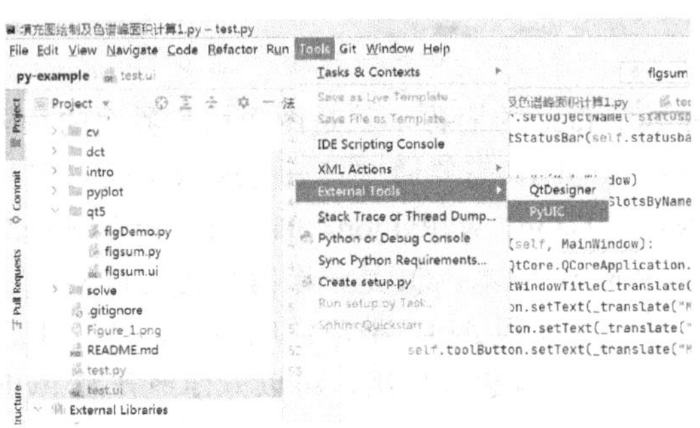

图 1-52 窗体文件转 Python 文件界面

下面是利用液晶屏窗体计算正整数一次、两次、三次累加和的代码（42-qt5.py）：

```
# -*- coding: utf-8 -*-
# Form implementation generated from reading ui file 'flgsum.ui'
# Created by: PyQt5 UI code generator 5.15.1
# WARNING: Any manual changes made to this file will be lost when pyuic5 is
# run again.  Do not edit this file unless you know what you are doing.
from PyQt5 import QtCore,QtGui,QtWidgets
from scipy import *
class Ui_MainWindow(object):
    def setupUi(self, MainWindow):
        MainWindow.setObjectName("MainWindow")
        MainWindow.resize(800,600)
        font=QtGui.QFont()
        font.setFamily("楷体_GB2312")
        font.setPointSize(18)
        MainWindow.setFont(font)
        self.centralwidget=QtWidgets.QWidget(MainWindow)
        self.centralwidget.setObjectName("centralwidget")
        self.label=QtWidgets.QLabel(self.centralwidget)
        self.label.setGeometry(QtCore.QRect(50,90,221,161))
        self.label.setObjectName("label")
        self.lineEdit=QtWidgets.QLineEdit(self.centralwidget)
        self.lineEdit.setGeometry(QtCore.QRect(310,130,231,61))
        self.lineEdit.setObjectName("lineEdit")
        # 在文本框中输入数字并回车,程序自动与自定义槽函数关联并进行计算
        self.lineEdit.editingFinished.connect(self.sumflg)
        #注意上面的连接函数必须放在 lineEdit 的设置后面
```

```
        self.label_2=QtWidgets.QLabel(self.centralwidget)
        self.label_2.setGeometry(QtCore.QRect(70,270,181,41))
        self.label_2.setObjectName("label_2")
        self.label_3=QtWidgets.QLabel(self.centralwidget)
        self.label_3.setGeometry(QtCore.QRect(70,350,151,31))
        self.label_3.setObjectName("label_3")
        self.label_4=QtWidgets.QLabel(self.centralwidget)
        self.label_4.setGeometry(QtCore.QRect(70,420,161,41))
        self.label_4.setObjectName("label_4")
        self.lcdNumber=QtWidgets.QLCDNumber(self.centralwidget)
        self.lcdNumber.setGeometry(QtCore.QRect(310,270,241,41))
        self.lcdNumber.setObjectName("lcdNumber")
        self.lcdNumber_2=QtWidgets.QLCDNumber(self.centralwidget)
        self.lcdNumber_2.setGeometry(QtCore.QRect(310,340,241,41))
        self.lcdNumber_2.setObjectName("lcdNumber_2")
        self.lcdNumber_3=QtWidgets.QLCDNumber(self.centralwidget)
        self.lcdNumber_3.setGeometry(QtCore.QRect(310,420,241,41))
        self.lcdNumber_3.setObjectName("lcdNumber_3")
        #通过程序增加数字显示位数到 18 位
        self.lcdNumber.setProperty("digitCount",18)
        self.lcdNumber_2.setProperty("digitCount",18)
        self.lcdNumber_3.setProperty("digitCount",18)
        MainWindow.setCentralWidget(self.centralwidget)
        self.menubar=QtWidgets.QMenuBar(MainWindow)
        self.menubar.setGeometry(QtCore.QRect(0,0,800,36))
        self.menubar.setObjectName("menubar")
        MainWindow.setMenuBar(self.menubar)
        self.statusbar=QtWidgets.QStatusBar(MainWindow)
        self.statusbar.setObjectName("statusbar")
        MainWindow.setStatusBar(self.statusbar)
        self.retranslateUi(MainWindow)
        QtCore.QMetaObject.connectSlotsByName(MainWindow)
#自定义函数
    def sumflg(self):
        s1=self.lineEdit.text()   #获取文本框字符串
        s1=int(s1)                #字符串转变成数字
        sum1=0
        sum2=0
        sum3=0                    #设置初值
        for i in range(s1):
            sum1=i+1+sum1
            sum2=sum2+(i+1)*(i+1)
            sum3=sum3+(i+1)*(i+1)*(i+1)
        sum1=str(sum1)
        sum2=str(sum2)
        sum3=str(sum3)            #数值转字符串
        self.lcdNumber.setProperty("value",sum1)
        self.lcdNumber_2.setProperty("value",sum2)
        self.lcdNumber_3.setProperty("value",sum3)
        print("s1=",sum1)
        print("s2=",sum2)
        print("s3=",sum3)
    def retranslateUi(self, MainWindow):
        _translate=QtCore.QCoreApplication.translate
```

```
        MainWindow.setWindowTitle(_translate("MainWindow", "MainWindow"))
        self.label.setText(_translate("MainWindow", "<html><head/><body><p> 请
        输入需要求累</p><p>计的转换的数字</p></body></html>"))
        self.label_2.setText(_translate("MainWindow","一次加和"))
        self.label_3.setText(_translate("MainWindow","平方加和"))
        self.label_4.setText(_translate("MainWindow","立方加和"))
import sys
# 主方法,程序从此处启动 PyQt 设计的窗体
if __name__=='__main__':
    app=QtWidgets.QApplication(sys.argv)
    MainWindow=QtWidgets.QMainWindow()              #创建窗体
    ui=Ui_MainWindow()                              #创建 PyQt5 设计的窗体
    ui.setupUi(MainWindow)                          #调用 PyQt5 窗体
    MainWindow.setWindowFlags(QtCore.Qt.WindowCloseButtonHint)  #显示关闭按钮
    MainWindow.show()                               #显示窗体
    sys.exit(app.exec_())                           #退出进程
```

上述代码中，作者真正编写的主要部分就是自定义函数部分，其他都由系统自动产生，运行上述程序，在生成的界面中输入某个自然数，回车得到图 1-53 所示界面。

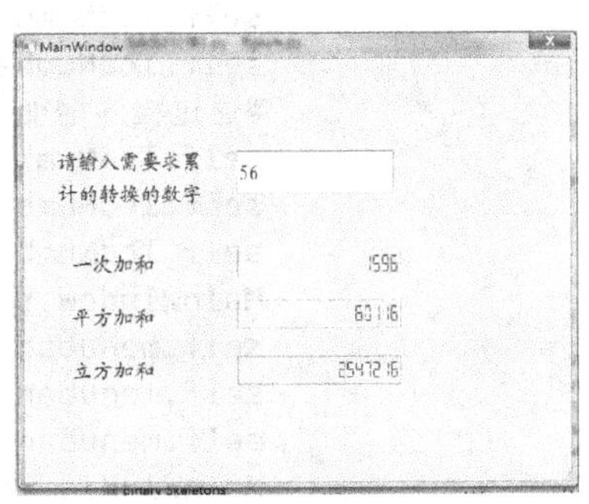

图 1-53　液晶屏运行界面

1.4.12　数据统计与分析库

数据分析与统计是科学研究、数字经济等领域的重要手段和方法，Python 在这一方面有许多第三方库，如 Seaborn、Pandas、Patsy、Statsmodels、jieba 等第三方库。Seaborn 是一个用 Python 制作统计图形的库，它建立在 Matplotlib 之上，并与 Pandas 数据结构紧密集成，其主要功能有面向数据集的 API，用于检查多个变量之间的关系；支持使用分类变量来显示观察结果或汇总统计数据；可视化单变量或双变量分布以及在数据子集之间进行比较；不同种类因变量的线性回归模型的自动估计和绘图等。该库可以通过 pip install seaborn 进行安装。Patsy 第三方库用于描述统计模型，尤其是线性模型或具有线性成分的模型，并构建设计矩阵，它受到 R 和 S 中使用的迷你语言的启发并与之兼容，可以通过 pip install patsy 进行安装。Statsmodels 库是 Python 统计建模和计量经济学的工具包，可以通过 pip install statsmodels 进行安装。当然作为中文分词工具库的 jieba 第三方库可以用于中文文章的分析，它是 Python 中一个重要的第三方中文分词函数库，能够将一段中文文本分割成中文词语的序列。jieba 库支持三种分词模式：精确模式，将句子最精确地切开，适合文本分析；全模式，把句子中所有可以成词的词语都扫描出来，速度非常快，但是不能解决歧义；搜索引擎模式，在精确模式基础上，对长词再次切分，提高召回率，适合用于搜索引擎分词。

1.4.13　OpenCV 库

OpenCV 是 Open Source Computer Vision Library 的简称，是一个开源跨平台的计算机视觉库，可以运行在 Linux、Windows 和 mac OS 操作系统上。OpenCV 于 1999 年由 Intel 建立，后转由 Willow Garage 提供支持，又转由 Itseez 支持，Itseez 又被 Intel 收购。OpenCV 由一系列 C 函数和少量 C++类构成，同时提供了 Python、Ruby、Matlab 等语言的接口，实现了图像处理和计算机视觉方面的很多通用算法。该库可以根据开源 BSD 许可证免费使用，支持深度学习框架 TensorFlow、Torch/PyTorch 和 Caffe，在 Windows 操作系统安装该库需用 pip install opencv-python，导入用 import cv2 或 from cv2 import *，注意和其他库的安装与调用的区别，说明该库的底层并非 Python 语言编写，只是提供了一个 Python 的接口。

1.4.14 Sklearn

Sklearn，全称 scikit-learn，是 Python 中的机器学习库，建立在 NumPy、SciPy、Matplotlib 等数据科学包的基础之上，涵盖了机器学习中的样例数据、数据预处理、模型验证、特征选择、分类、回归、聚类、降维等几乎所有环节，功能十分强大，目前 Sklearn 版本是 0.24.1。中文官方网站地址 https://www.sklearncn.cn/有教程可供学习。

1.5 Python 前景展望

Python 语言由于相对简单易学、面向对象、可扩展性及丰富的标准库和第三方库等特点，吸引了越来越多的人来学习、应用、开发和维护 Python 语言，其生态环境越来越好。Python 尽管算作一门新兴的语言，但它的应用前景不容小觑。目前，Python 语言已应用于诸多领域，如 Web 应用开发、网络爬虫、数据分析、游戏开发、自动化测试、机器学习与人工智能、云计算、科学计算与数据可视化等。鉴于 Python 语言免费开源，随着越来越多的人投入 Python 语言的应用开发及新的第三方库不断涌现，Python 语言在目前已应用领域将不断提高效率和拓展新的应用空间；同时也将在自动化运维、物联网、智能机器人、无人驾驶等领域展示其简洁高效的优点。另外也有理由相信可以和目前付费软件 Origin、AutoCAD 功能相当的利用 Python 开发的视窗界面的完全免费的 Py_Origin、Py_AutoCAD 的诞生只是时间问题，各种和 Matlab 工具箱相当的第三方库或集成采用 GUI 的通用或专业计算或模拟软件也将诞生。只要秉承免费开源、共享共建的宗旨不变，Python 语言将走得更远。

本章重点知识

本章是 Python 入门基础知识的介绍，通过本章的学习，读者应重点掌握 Python 语言解释器以及第三方库的安装方法，了解 Python 语言的六类基础数据类型及其索引方法，熟练运行数组及矩阵运算。读者还应掌握 Python 语言的各类基本函数和方法，学会 Python 程序编写的基本方法，理解各种循环结构、选择结构语句内在的执行逻辑，大致了解常用 time、sys、os、math、random 等标准库及 NumPy、SciPy、SymPy、Matplotlib、Skimage 等常用第三方库的调用方法和主要功能，为后续章节的学习提供 Python 语言的基础知识与理论支撑。

习 题

1. 演练本章全部代码 1～2 遍，写出 1000 字左右的读书心得。
2. 利用 Python 语言中的随机函数，编写利用概率计算圆周率的程序。
3. 利用 Python 语言编写棒子、鸡、虫子的人机游戏，要求能判断输赢并统计人和计算机的输赢次数。
4. 自学 Python 有关网络爬虫的第三库，编写有关化工、邮政有关的信息爬取程序，如化工设备生产厂家信息；化工原料产地、价格信息；全国邮政网店地址信息、邮政服务内容及价格信息，并写出 1000 字左右的读书报告。
5. 自学 Python 有关网站开发的第三方库，开发简易网站一个，并写出 1000 字左右的读书报告。

第2章 数据图形绘制

【本章导读】

本章主要介绍如何利用Python的Matplotlib第三方库实现各种数据的可视化操作，即根据不同的数据绘制成符合出品要求的各种图形，如果读者还不具备Python语言的基础知识，建议先学习第1章的内容。但如果已有其他语言的基础，譬如MATLAB、C++或R等语言基础，可以边学习本章的内容，边学习本章中用到的Python语言的基础知识，做到两者齐头并进。尽管配合教材的电子资料提供了全部程序的源代码，但笔者建议按部就班根据提供的源代码作参考，重新敲一遍代码，尝试按照自己的理解，修改一些参数设置，看结果会如何改变。如果想快速了解Matplotlib绘制数据图形的功能，解决自己目前实际应用所需，可以采用直接演示本教材提供的源代码，看哪种运行结果图和所需要的结果类似，再重点学习该程序代码所在章节的知识，达到快速解决实际问题的目的。

2.1 数据图形绘制概述

无论是自然科学还是社会科学均离不开实验研究和调查研究，通过实验研究和调查研究，除了看到一些具体现象外，还会获得大量的数据，将这些数据以图形的形式可视化展示出来，以方便人们进行趋势判断和比较研究是科学研究的基本手段之一。尽管目前已有Origin、MATLAB、Excel等软件可以将各种数据绘制成图形，但这些软件无一例外均为收费软件。利用Python编辑器及Matplotlib第三方库的免费软件也可以绘制出和上述收费软件相仿的数据图形，同时通过程序可以自由地对图形中的数据表达方式（散点图、饼状图、柱状图、气泡图、箱线图、棉棒图、极线图、误差图）、坐标轴名称，坐标轴范围及刻度，线条类型及粗细，数据标记大小，各种要素的颜色、间隔距离、对齐方式及图例位置进行修改和设定。可以说没有Matplotlib做不到，只有你想不到，几乎完全可以对标Origin绘制出符合出品要求的图形。

利用Python的Matplotlib不仅可以绘制2D数据图形，也可以绘制各种3D数据图，进行更为复杂的数据分析；同时也可以利用免费的第三方库如PyQt5开发基于GUI（图形操作）的数据图形绘制软件。利用Python的Matplotlib库进行图形绘制时，一般需要导入以下库：

```
import matplotlib  as mpl                    #导入主库
import matplotlib.pyplot as plt              #导入次库
import numpy as np                           #导入Numpy库方便数据处理
mpl.rcParams["font.sans-serif"]=["SimHei"]   #保证显示中文字
```

```
mpl.rcParams["axes.unicode_minus"]=False      #坐标轴的负号正常显示
```

在后续程序代码中有关上述5行代码不再重复显示，必须注意Matplotlib主库下有次级库、函数及方法，主库下的函数和方法可以通过mpl.name（name表示函数或方法名称，或库名，下同）直接调用，但次库中的函数和方法不能通过诸如mpl.pyplot.name调用，要调用matplotlib.pyplot次库中的函数和方法只能通过plt.name调用。如果想要查阅某库下有哪些方法和函数，可以在IDLE交互界面下输入dir(name)，前提是该库必须已经导入，如果已用缩写名导入则用缩写名查阅，如在IDEL界面输入dir(mpl)回车（前面5行代码已执行，下同），系统显示下面内容：

```
>>> dir(mpl)
['ExecutableNotFoundError', 'LooseVersion', 'MatplotlibDeprecationWarning',
'MutableMapping', 'Parameter', 'Path', 'RcParams', 'URL_REGEX', '_DATA_DOC_APPENDIX',
'_DATA_DOC_TITLE', '_ExecInfo', '__bibtex__', '__builtins__', '__cached__', '__doc__',
'__file__', '__loader__', '__name__', '__package__', '__path__', '__spec__',
'__version__', '_add_data_doc', '_all_deprecated', '_animation_data', '_check_versions',
'_cm', '_cm_listed', '_color_data', '_constrained_layout', '_deprecated_ignore_map',
'_deprecated_map', '_deprecated_remain_as_none', '_ensure_handler', '_get_config_or
_cache_dir', '_get_data_path', '_get_executable_info', '_get_ssl_context', '_get_xdg_
cache_dir', '_get_xdg_config_dir', '_image', '_init_tests', '_label_from_arg',
'_layoutbox', '_log', '_logged_cached', '_mathtext_data', '_open_file_or_url', '_path',
'_preprocess_data', '_pylab_helpers', '_rc_params_in_file', '_replacer', '_text_layout',
'_version', 'afm', 'animation', 'artist', 'atexit', 'axes', 'axis', 'backend_bases',
'backend_managers', 'backend_tools', 'backends', 'bezier', 'blocking_input', 'category',
'cbook', 'checkdep_ps_distiller', 'checkdep_usetex', 'cm', 'collections', 'colorbar',
'colors', 'compare_versions', 'container', 'contextlib', 'contour', 'cycler', 'dates',
'defaultParams', 'default_test_modules', 'docstring', 'dviread', 'figure', 'font_
manager', 'fontconfig_pattern', 'ft2font', 'functools', 'get_backend', 'get_cachedir',
'get_configdir', 'get_data_path', 'get_home', 'gridspec', 'image', 'importlib', 'inspect',
'interactive', 'is_interactive', 'is_url', 'legend', 'legend_ handler', 'lines', 'locale',
'logging', 'markers', 'mathtext', 'matplotlib_fname', 'mlab', 'mplDeprecation',
'namedtuple', 'numpy', 'offsetbox', 'os', 'patches', 'path', 'pprint', 'projections',
'pyplot', 'quiver', 'rc', 'rcParams', 'rcParamsDefault', 'rcParamsOrig', 'rc_context',
'rc_file', 'rc_file_defaults', 'rc_params', 'rc_params_ from_file', 'rcdefaults',
'rcsetup', 're', 'sanitize_sequence', 'scale', 'set_loglevel', 'shutil', 'spines',
'stackplot', 'streamplot', 'style', 'subprocess', 'sys', 'table', 'tempfile', 'test',
'texmanager', 'text', 'textpath', 'ticker', 'tight_bbox', 'tight_ layout', 'transforms',
'tri', 'units', 'use', 'validate_backend', 'warnings', 'widgets']
```

这是在Matplotlib主库下的全部内容，也包含pyplot次库。如果你想查pyplot次库中的内容，就可以通过dir(plt)，系统也会显示下面一大串内容。

```
>>> dir(plt)
['Annotation', 'Arrow', 'Artist', 'AutoLocator', 'Axes', 'Button', 'Circle',
'Figure', 'FigureCanvasBase', 'FixedFormatter', 'FixedLocator', 'FormatStrFormatter',
'Formatter', 'FuncFormatter', 'GridSpec', 'IndexLocator', 'Line2D', 'LinearLocator',
'Locator', 'LogFormatter', 'LogFormatterExponent', 'LogFormatterMathtext', 'LogLocator',
'MaxNLocator', 'MouseButton', 'MultipleLocator', 'Normalize', 'NullFormatter',
'NullLocator', 'Number', 'PolarAxes', 'Polygon', 'Rectangle', 'ScalarFormatter',
'Slider', 'Subplot', 'SubplotTool', 'Text', 'TickHelper', 'Widget', '_INSTALL_
FIG_OBSERVER', '_IP_REGISTERED', '__builtins__', '__cached__', '__doc__', '__file__',
'__loader__', '__name__', '__package__', '__spec__', '_auto_draw_if_interactive',
'_backend_mod', '_code_objs', '_copy_docstring_and_deprecators', '_get_required_
```

```
interactive_framework', '_interactive_bk', '_log', '_pylab_helpers',
'_setup_pyplot_info_docstrings', '_warn_if_gui_out_of_main_thread', '_xkcd',
'acorr', 'angle_spectrum', 'annotate', 'arrow', 'autoscale', 'autumn', 'axes',
'axhline', 'axhspan', 'axis', 'axline', 'axvline', 'axvspan', 'bar', 'barbs', 'barh',
'bone', 'box', 'boxplot', 'broken_barh', 'cbook', 'cla', 'clabel', 'clf', 'clim',
'close', 'cm', 'cohere', 'colorbar', 'colormaps', 'connect', 'contour', 'contourf',
'cool', 'copper', 'csd', 'cycler', 'delaxes', 'disconnect', 'docstring', 'draw',
'draw_all', 'draw_if_interactive', 'errorbar', 'eventplot', 'figaspect', 'figimage',
'figlegend', 'fignum_exists', 'figtext', 'figure', 'fill', 'fill_between', 'fill_
betweenx','findobj', 'flag', 'functools', 'gca', 'gcf', 'gci', 'get', 'get_ backend',
'get_cmap', 'get_current_fig_manager', 'get_figlabels', 'get_fignums', 'get_
plot_commands', 'get_scale_names', 'getp', 'ginput', 'gray', 'grid', 'hexbin',
'hist', 'hist2d', 'hlines', 'hot', 'hsv', 'importlib', 'imread', 'imsave', 'imshow',
'inferno', 'inspect', 'install_repl_displayhook', 'interactive', 'ioff', 'ion',
'isinteractive', 'jet', 'legend', 'locator_params', 'logging', 'loglog', 'magma',
'magnitude_spectrum', 'margins', 'matplotlib', 'matshow', 'minorticks_off', 'mino-
rticks_on', 'mlab', 'new_figure_manager', 'nipy_spectral', 'np', 'pause', 'pcolor',
'pcolormesh', 'phase_spectrum', 'pie', 'pink', 'plasma', 'plot', 'plot_date', 'plot-
ting', 'polar', 'prism', 'psd', 'quiver', 'quiverkey', 'rc', 'rcParams', 'rcParams-
Default', 'rcParamsOrig', 'rc_context', 'rcdefaults', 'rcsetup', 're', 'register_
cmap', 'rgrids', 'savefig', 'sca', 'scatter', 'sci', 'semilogx', 'semilogy', 'set_
cmap', 'set_loglevel', 'setp', 'show', 'specgram', 'spring', 'spy', 'stackplot', 'stem',
'step', 'streamplot', 'style', 'subplot', 'subplot2grid', 'subplot_mosaic', 'subplot_
tool', 'subplots', 'subplots_adjust', 'summer', 'suptitle', 'switch_backend', 'sys',
'table', 'text', 'thetagrids', 'threading', 'tick_params', 'ticklabel_format',
'tight_layout', 'time', 'title', 'tricontour', 'tricontourf', 'tripcolor', 'triplot',
'twinx', 'twiny', 'uninstall_ repl_displayhook', 'violinplot', 'viridis', 'vlines',
'waitforbuttonpress', 'winter', 'xcorr', 'xkcd', 'xlabel', 'xlim', 'xscale', 'xticks',
'ylabel', 'ylim', 'yscale', 'yticks']
```

注意不能用 dir(pyplot)，但可以用 dir(matplotlib.pyplot)，返回和上面一样的内容。本章的主要内容基本围绕上述两个库的函数和方法展开，但不可能全部介绍，建议采用 help 函数来帮助你理解各个函数和方法的具体应用。如想了解 plot 函数的具体应用，就可以通过 help (plt.plot) 系统显示 273 行文字，具体说明该函数的应用；如调用 help(mpl.pyplot)那将有 10584 行文字等着你去阅读，系统会建议尽量不要直接打开阅读而采用复制方法进行阅读。matplotlib.pyplot 模块提供了面向对象的 API（Application Programming Interface）接口和有状态的 API 接口，建议读者采用面向对象的 API 接口，这样通过 plt.xticks()、plt.yticks()、plt.ylim()，plt.xlim()等面向对象的函数就可以对绘制图形进行设置。

2.2 布局设置

布局设置是任何图形绘制的第一步工作，在实体图形绘制中，一张 A4 纸是我们的画布，在这张 A4 纸上可以绘制多幅图形；而在 matplotlib.pyplot 中 plt.figure 就是画布，是最大的容器，可以配置多个坐标系 axes。每个 axes 上有 xaxis 坐标轴、yaxis 坐标轴、绘制的图形、图例 legend、标题 title 等内容。坐标轴上有刻度标签 xticks 及 yticks、坐标轴名称 xlabel 及 ylabel。下面通过具体的例子说明几种布局设置的具体应用。

2.2.1 单个 axes 布局

一个画布 figure 中只布置一个坐标系 axes 是最简单的布局设置。当然一个坐标系中可以绘制多条曲线，如绘制两条曲线，基本采用默认设置，最简单的单代码如下：

```
x=np.linspace(0,10,100)
plt.plot(x,np.sin(2*x),'r',x,2*np.cos(2*x),'b')#'r'表示红色,'b'表示蓝色
plt.show()#显示图片,以后为了节省篇幅,此语句省去,但在具体程序中保留。
```

图 2-1 是运行上述代码系统绘制的图形及作者补充的画布与坐标系位置关系及大小数据。画布默认左下角为（0,0），右上角为（1,1），画布宽和高均以 1 个单位计量，但具体的数据需根据画布 figsize 设置而定。plt.figure() 函数里面可以设置 8 个参数，这 8 个参数中前 6 个分别是 num，图像编号或名称，数字为编号 ，字符串为名称；figsize，指定 figure 的宽和高，单位为英寸，用元组表示如 figsize=(16,9)；dpi，指定绘图对象的分辨率，即每英寸多少个像素，缺省值为 80；facecolor,背景颜色,默认为 None；edgecolor，边框颜色，默认为 None；frameon，是否显示边，默认为 None；后面还有 2 个分别是 FigureClass 和 clear。一般单坐标体系绘制时建议全部采用默认参数，也可以不调用 plt.figure() 函数，系统会默认设置一个画布，除非同一程序中需要绘制多个画布，则必须用 plt.figure() 函数建立一个新的画布。图 2-1 中的坐标系位置是系统默认的位置，坐标系左下角距离画布左边 0.125 个单位，距离画布底部 0.1 个单位；坐标系右上角在画布中的位置为（0.9,0.9），其实就是距离画布左边 0.9 个单位，距离画布底部 0.9 个单位。坐标系的位置可以通过 plt.subplots_adjust()函数来设置，该函数共有 6 个参数，分别是 left，坐标系左下角距离画布左边的距离，默认 0.125 个单位；bottom，坐标系左下角距离画布底部的距离，默认 0.1 个单位；top，坐标系右上角距离画布底部的距离，默认为 0.9 个单位；right，坐标系右上角距离画布左边的距离，默认 0.9 个单位；wspace，为子图之间的空间保留的宽度，以平均轴宽为 1 个单位，默认为 0.2 个单位；hspace ，为子图之间的空间保留的高度，以平均轴高度为 1 个单位，默认为 0.2 个单位。在单坐标系绘图中可以不考虑 wspace 和 hspace 两个参数，因为子图只有一个，在前面绘制图 2-1 中，如果在 plt.show()前增加 plt.subplots_adjust(left = 0.5 ,right = 0.9, bottom = 0.5,top = 0.9)语句，系统得到图 2-2 所示的图形。由图 2-2 可知，子图坐标系左下角移到了画布的中央，坐标系右上角和图 2-1 中的位置一致，因为通过 plt.subplots_adjust(left = 0.5 ,right = 0.9, bottom = 0.5,top = 0.9)语句，设置了坐标系左下角在画布中的位置为（0.5,0.5），右上角的位置为（0.9,0.9），右上角的位置和系统默认位置一致。（01-singelaxes.py）

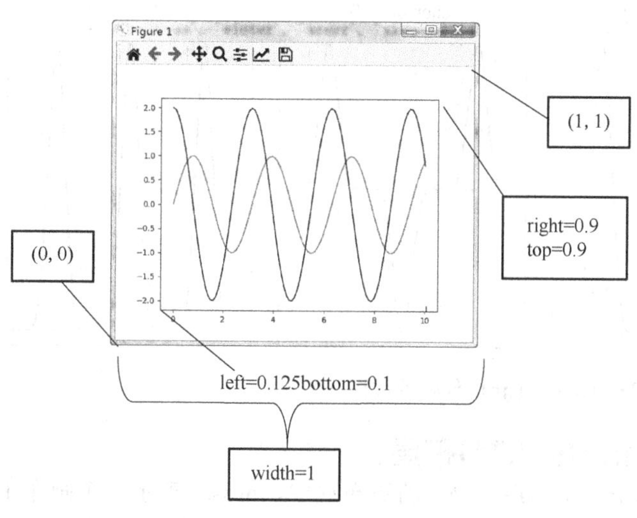

图 2-1　默认画布单个坐标系绘制

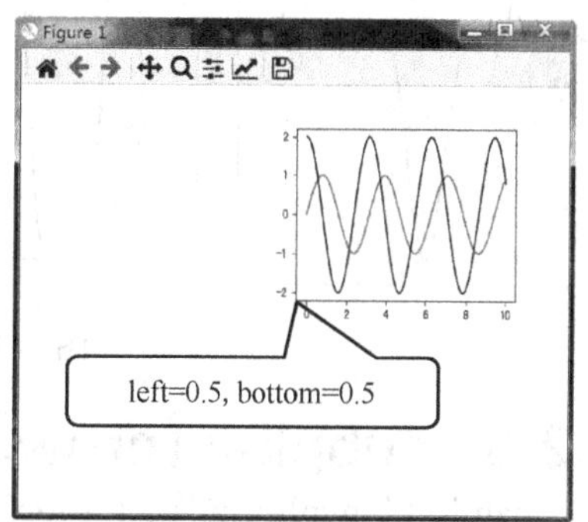

图 2-2　子图位置调整后的图形

2.2.2 subplot(ijn) 布局

matplotlib.pyplot 次库的 subplot(ijn) 函数布局中，i 表示一个画布中布置子图的行数，j 表示一个画布中布置子图的列数，n 表示该子图在画布中的序号，其中 n=j×(子图在画布中的行号-1)+子图在画布中的列号，通过 ax=plt.subplot(ijn)确定具体的坐标系位置，如一个 2×4 布局的画布，利用 subplot(ijn)函数的核心代码如下（02- subplot(ijn).py）：

```
axes_num=[241,242,243,244,245,246,247,248]          #布局图号列表
for i,axn in enumerate(axes_num):
    ax=plt.subplot(axn)                              #将布局图号为 axn 的子图赋给 ax，
                                                     以便后续用 ax 调用
    x=np.linspace(0, 3*np.pi, 100)
    y=np.sin(x)**(i+1)                               #调整次方
    ax.plot(x,y,lw=2)                                #可以添加其他各种属性
    plt.title('subplot('+str(axn)+')')
    plt.axhline(y=0,ls="--",c="r")                   #绘制水平线
    plt.xticks([])                                   #隐藏刻度线
    plt.yticks([])
```

运行上述核心代码所在的程序 02- subplot(ijn).py，得到图 2-3。读者可以根据自己需要随意改变 i 和 j 的数据，并根据前面规定计算 n 的公式，设置任意的布局，同时可以修改 ax.plot() 函数中的内容，得到各种图形，也可以将 plot 改换成后面介绍的诸如 bar、pie 等不同图形绘制的函数。

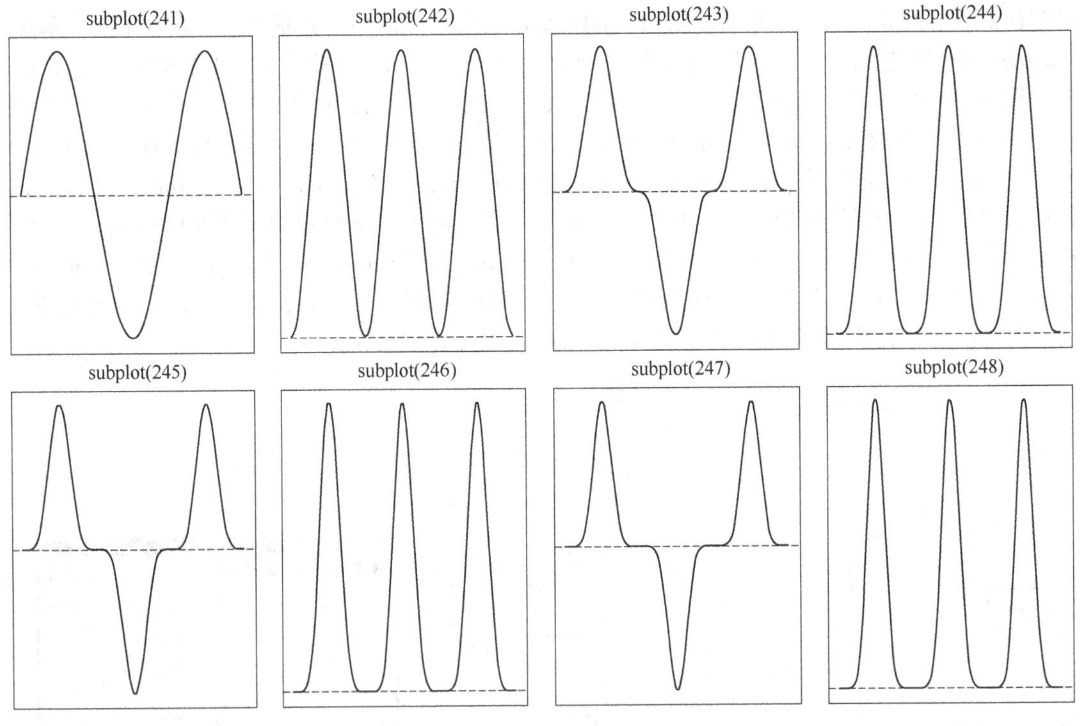

图 2-3　2×4 subplot(ijn) 布局示意图

2.2.3 subplots(nrows,ncols,*,**)布局

matplotlib.pyplot 次库的 subplots(nrows,ncols,*,**) 函数布局中，nrows 表示一个画布中布置子图的行数，ncols 表示一个画布中布置子图的列数，*和**表示其他参数，注意和前面布局设置函数名称的不同，多了一个 s，通过 fig,ax=plt.subplots(i,j, *,**)一次性确定全部子图

具体的坐标系，子图坐标系调用时通过行列位置索引来确定具体的位置，索引方法和列表元素索引相仿，均从 0 开始索引，如第 1 行第 3 列的子图坐标系就用 ax[0,2] 来表示，一个 2×4 布局的画布，利用 subplots(nrows,ncols,*,**)函数的核心代码如下（03-subplot(i,j).py）：

```
fig,ax=plt.subplots(2,4,figsize=(20,4),num="subplot(i,j,**kwargs)布局")
x=np.linspace(0, 3*np.pi, 100)
dic={1:'red',2:'orange',3:'yellow',4:'green',5:'blue',6:'purple',7:'pink',8:
    'black'}          #设置颜色字典
for i in range(1,9):#i 取值为 1-8,不包含 9
        y=np.cos(x*(0+i))
        ax[i//5,i-i//5*4-1].plot(x,y,lw=2,color=dic[i])
                    #i//5 表示行减 1,i-i//5*4-1 表示列号减 1
        ax[i//5,i-i//5*4-1].set_title('ax['+str(i//5)+','+str(i-i//5*4-1)+'].
           plot')
        ax[i//5,i-i//5*4-1].axhline(y=0,ls="--",c="r")#绘制水平线
```

运行上述核心代码所在的程序 03-subplot3(i,j).py，得到图 2-4。读者可以根据自己需要随意改变 i 和 j 的数据，设置任意的布局。注意本次代码中有关设置 title 属性和前面的不同，本次采用 ax[].set_title()函数，如果直接采用 plt.title()则只能在最后一个子图上有 title，用 plt 调用 title 和用 ax[]调用 title 的不同点读者必须引起注意，其实在程序 02- subplot(ijn).py 中代码 plt.title('subplot('+str(axn)+')')也可以写成 ax.set_title('subplot('+str(axn)+')')，绘制效果不变。

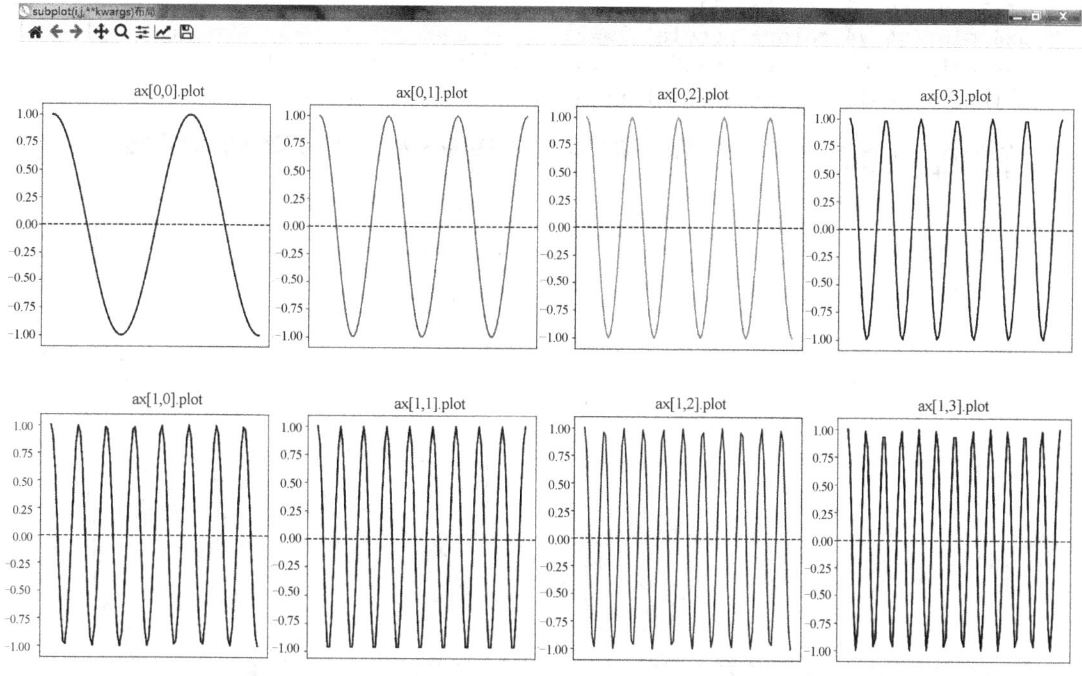

图 2-4　2×4 subplots(nrows,ncols,*,**)布局示意图

2.2.4 fig.add_axes()布局

fig.add_axes()布局是利用该函数中的 loc 参数，将增加的坐标系放置在画布的任意位置，既灵活多样，也可以达到和 subplot(ijn)及 subplots(nrows,ncols,*,**)一致的布局效果。该函数布局通过 ax=fig.add_axes(loc,*,**)设置坐标系，其中 loc 是一个含有 4 个元素的元组，loc=(left,bottom,width,height)，其中 left 和 bottom 确定坐标系左下角在画布中的位置，width 和 height 确定坐标系自身的宽度和高度（以画布宽、高为 1 个单位计，后续同类情况不再说明），下面是利用 fig.add_axes()函数设置 2×2 布局的核心代码：

```
fig=plt.figure(figsize=(16,8),facecolor="white",num="fig_add_axes 布局策略")
loc1=(0.05,0.05,0.4,0.4)
ax1=fig.add_axes(loc1,facecolor="#e1e1e1")
x1=np.linspace(0,3*np.pi,500)
y1=2*np.sin(x1)**2
ax1.plot(x1,y1,color='r')
ax1.set_title("三角函数绘制 loc1="+str(loc1),fontsize=12)
loc2=(0.55,0.05,0.4,0.4)
ax2=fig.add_axes(loc2,facecolor="#e1e1e1")
x2=np.linspace(0,100,300)
y2=3*np.log(x2)+1
ax2.plot(x2,y2,color='b')
ax2.set_title("对数函数绘制 loc2="+str(loc2),fontsize=12)
loc3=(0.05,0.55,0.4,0.4)
ax3=fig.add_axes(loc3,facecolor="#e1e1e1")
x3=np.linspace(0,10,300)
y3=2*x3**1.2
ax3.plot(x3,y3,color='g')
ax3.set_title("1.2 次方函数绘制 loc3="+str(loc3),fontsize=12)
loc4=(0.55,0.55,0.4,0.4)
ax4=fig.add_axes(loc4,facecolor="#e1e1e1")
x4=np.linspace(0,10,300)
y4=5*np.exp(-0.1*x4**2+3)
ax4.plot(x4,y4,color='purple',lw=2)
ax4.set_title("指数衰减函数绘制 loc4="+str(loc4),fontsize=12)
```

运行上述核心代码所在的程序 04-fig_add_axes.py，得到图 2-5。

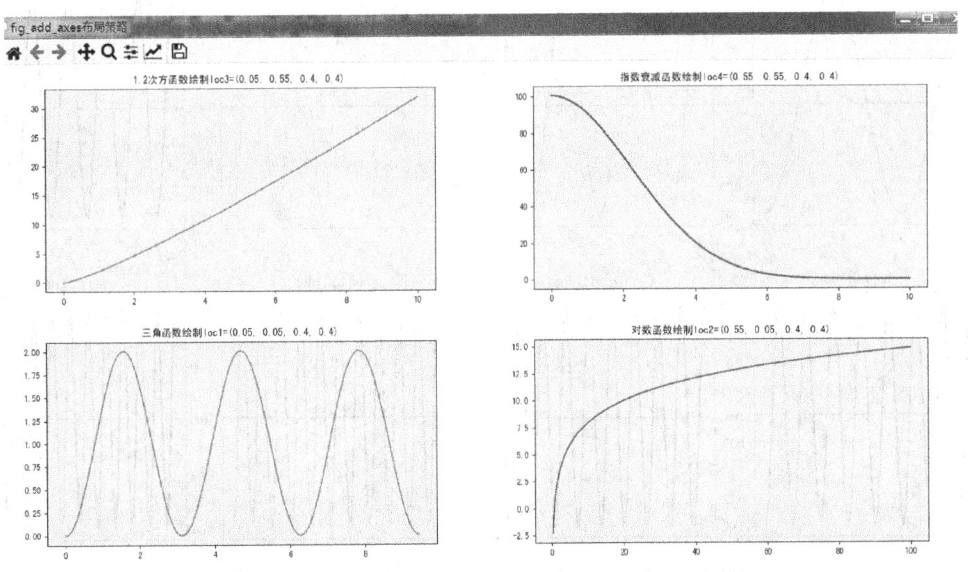

图 2-5　2×2 fig.add_axes()布局示意图

2.2.5 subplot2grid()布局

subplot2grid()布局是 matplotlib.pyplot 又一种布局设置方法，它允许各个子图大小不一，可以任意占据不同的行数和列数，可以直接设置坐标系省去画布设置，当然也可以设置画布，再设置坐标系，效果不变。坐标系的设置函数为 ax = plt.subplot2grid((nrows, ncols), (row, col), rowspan, colspan)，(nrows, ncols)元组表示布局的行数和列数；(row, col)元组表示本子图的索引位置，意义和 subplots()函数布局相仿；rowspan 表示本子图占多少行，默认为 1 行；colspan 表示本子图占多少列，默认为 1 列。下面是 3 行 4 列 subplot2grid()布局的核心代码：

```
ax1=plt.subplot2grid((3,4),(0,0),colspan=2)
ax1.set_title("ax1 布局位置参数="+"(3,4),(0,0),colspan=2",fontsize=12)
x1=np.linspace(0,3*np.pi,500)
y1=3*np.cos(1.5*x1)
ax1.plot(x1,y1,lw=2)#绘制 x1 和 y1 之间的函数曲线
ax2=plt.subplot2grid((3,4),(1,0),colspan=2,rowspan=2)
ax2.set_title("ax2 布局位置参数="+"(3,4),(1,0),colspan=2,rowspan=2",fontsize=12)
x2=np.arange(1,7)
y2=[3,8,1,5,7,4]
ax2.bar(x2,y2,color="pink",align="center",hatch="//")
ax3=plt.subplot2grid((3,4),(0,2),rowspan=3)
ax3.set_title("ax3 布局位置参数="+"(3,4),(0,2),rowspan=3",fontsize=12)
x3=np.linspace(1,10,10)
y3=np.random.randn(10)
ax3.stem(x3,y3,linefmt="-.",markerfmt="*",basefmt="-")#linefmt=棉棒的样式,
        markerfmt=棉棒末端样式,basefmt=基线样式)
ax4=plt.subplot2grid((3,4),(0,3))
ax4.set_title("ax4 布局位置参数="+"(3,4),(0,3)",fontsize=12)
labels=["数学","化学","物理","哲学"]
students=[0.35,0.25,0.10,0.30]
colors=["red","blue","green","pink"]
explode=(0.1,0.1,0.1,0.1)
ax4.pie(students,explode=explode,labels=labels,startangle=45,shadow=True,
        colors=colors,autopct="%3.1f%%")
ax5=plt.subplot2grid((3,4),(1,3),rowspan=2)
ax5.set_title("ax5 布局位置参数="+"(3,4),(1,3),rowspan=2",fontsize=12)
x5=np.linspace(1,10,10)
y5=np.random.randn(10)
ax5.errorbar(x5,y5,fmt="bo:",yerr=0.2,xerr=0.1)
```

运行上述核心代码所在的程序 05-subplot2grid.py，得到图 2-6。用户可以任意修改代码中关系布局大小及子图位置的函数，得到不同的布局图，也可以留空一些行和列。

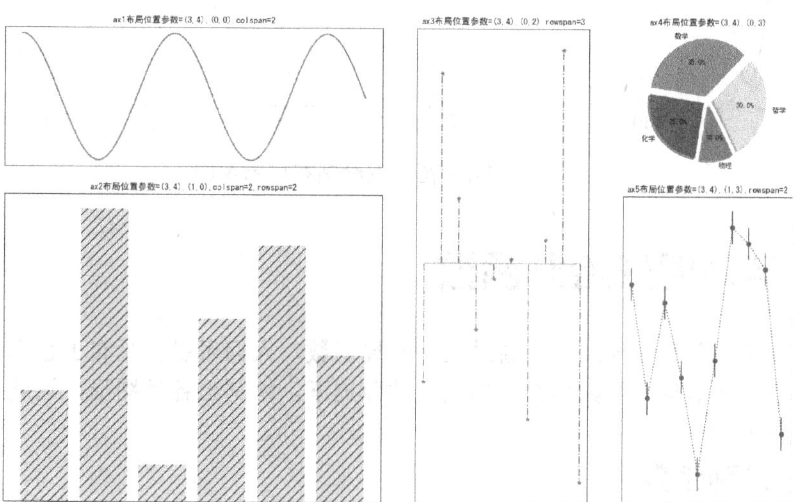

图 2-6　3×4 subplot2grid()布局示意图

2.2.6 图中图布局

图中图布局其实就是利用上面介绍的 fig.add_axes 函数，通过 loc 参数的设置，将一个小的子图放入大的子图中，同时考虑不要有内容互相交叉，小的子图的 facecolor 设置成 none 即可实现图中图的效果。下面是一个图中图布局的核心代码：

```
fig=plt.figure(figsize=(16,8),facecolor="none ",num="图中图布局策略")
loc1=(0.1,0.1,0.85,0.85)                    #主图位置和大小
ax1=fig.add_axes(loc1,facecolor="#e1e1e1")
x1=np.linspace(0,50,500)
y1=2*np.sin(x1)*np.exp(-x1/8)
ax1.plot(x1,y1,color='r')
ax1.set_xlim(0,51)
#图中图绘制
ax1.axvline(20,ymax=0.5,c="r",ls=":")       #绘制垂直线
ax1.axvline(40,ymax=0.5,c="r",ls=":")       #绘制垂直线
loc2=(0.57,0.55,0.35,0.35)                  #图中图位置与大小
ax2=fig.add_axes(loc2,facecolor="none")
x2=np.linspace(20,40,500)                   #截取 20-40 部分放大
y2=2*np.sin(x2)*np.exp(-x2/8)
ax2.plot(x2,y2,color='b')
```

运行上述核心代码所在的程序 06-fig_in_figt.py，得到图 2-7。

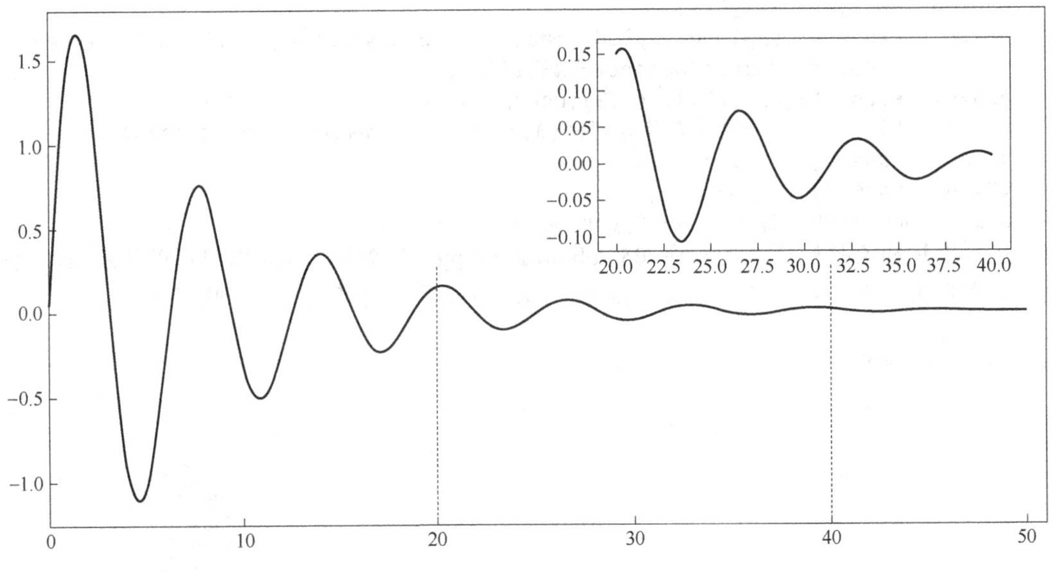

图 2-7　图中图绘制布局示意图

2.3 各种图形绘制函数

前面介绍了各种布局函数，通过这些布局函数，人们可以在画布上任意设置子图的大小及布局位置。本节将介绍如何在布局确定的前提下，绘制出各种图形，这就需要借助于下面的各种绘制函数。

2.3.1 绘制函数

（1）plot

plot 函数能够绘制折线图或散点图，如果数据密集的话，连续函数绘制的折线就会变成

视觉上的光滑曲线。该函数的调用格式为 plt.plot(x,y,*args,scalex=True, scaley=True,data=None,**kwargs)，必选参数为 x 或 y，默认绘制数据 y 关于数据 x 的折线图。如果只有一个数据，则这个数据按 y 处理，x 数据为 y 数据的索引号，如调用函数中只有数据[3,6,7,12,18]，即 plt.plot([3,6,7,12,18])，系统自动取 x=[0,1,2,3,4]，相当于 plt.plot([0,1,2,3,4]，[3,6,7,12,18]) 绘制命令。scalex、scaley、True 这三个参数一般不用考虑，采用默认值，可以省略，故该函数的一般调用格式为 plt.plot(x,y,*args, **kwargs)。scalex=True 和 scaley=True 表示需要对 x 轴及 y 轴数据采用比例缩放，如果你设置 scalex=False 和 scaley=False，那么 x 轴和 y 轴的取值范围均为[0,1]，超出此范围的数据就无法显示。*args 表示单值可变参数，主要有线型 ls，线宽 lw，颜色 color，图例 label，数据标记 marker，标记大小 makersize 等；**kwargs 表示键值对可变参数。下面是该函数绘制图形的核心代码（07-plot_linemarker.py）：

```
#自定义绘制函数
def ax_draw(ax,x,y,title,lw,ls,color,marker,markersize,label):
        ax.plot(x,y,lw=lw,ls=ls,color=color,label=label,marker=marker,
                markersize=markersize)
        ax.set_title(title,fontsize=18)
        ax.legend(fontsize=18)
fig,ax=plt.subplots(2,4,figsize=(2,16))       #设置 2×4 图组
#绘制线性关系曲线
x=np.linspace(0,10,11)
y=2*x+2
title,lw,ls,color,marker,markersize,label="线条与标记",2,"-.","b","*",12,"A"
ax_draw(ax[0,0],x,y,title,lw,ls,color,marker,markersize,label)
#绘制圆关系曲线
x=np.linspace(-5,5,201)
y=np.sqrt(25-x**2)
title,lw,ls,color,marker,markersize,label="纯圆线条",2,"-","r","",0,"B"
ax_draw(ax[0,1],x,y,title,lw,ls,color,marker,markersize,label)
label=""
ax_draw(ax[0,1],x,-y,title,lw,ls,color,marker,markersize,label)
#绘制倒三角点图
x=np.linspace(0,10,21)
y=x**2-4*x
title,lw,ls,color,marker,markersize,label="倒三角点图",2,"","m","v",12,"C"
ax_draw(ax[0,2],x,y,title,lw,ls,color,marker,markersize,label)
#绘制泡泡图
x=np.linspace(0,20,21)
y=np.random.randn(21)
title,lw,ls,color,marker,markersize,label="泡泡图",1,"-","g","o",12,"D"
ax_draw(ax[0,3],x,y,title,lw,ls,color,marker,markersize,label)
#绘制班级人数统计
x=['A 班','B 班','C 班','D 班','E 班','F 班']
y=[46,42,51,57,38,47]
title,lw,ls,color,marker,markersize,label="班级人数统计",2,"-","b","o",12,"E"
ax_draw(ax[1,0],x,y,title,lw,ls,color,marker,markersize,label)
ax[1,0].set_ylim(min(y)-2,max(y)+2)
#绘制显示数据点图线
x=['氮','磷','钾','钙','锌']
y=[0.36,0.16,0.25,0.21,0.04]
title,lw,ls,color,marker,markersize,label="显示数据点图线",2,"-","r","H",8,"F"
```

```
ax_draw(ax[1,1],x,y,title,lw,ls,color,marker,markersize,label)
for i,yy in enumerate(y):
        ax[1,1].text(i+0.2,yy,str(yy))
ax[1,1].set_xlim(-0.5,len(x))
#绘制显示水平垂直辅助线数据图
x=np.linspace(0,4*np.pi,201)
y=np.sin(x)
title,lw,ls,color,marker,markersize,label="水平垂直辅助线数据图",2,"-","m","",
12,"G"
ax_draw(ax[1,2],x,y,title,lw,ls,color,marker,markersize,label)
ax[1,2].axhline(y=-1,ls=":",lw=2,c="r")
ax[1,2].axhline(y=1,ls=":",lw=2,c="r")
ax[1,2].axhline(y=0,ls=":",lw=2,c="r")
ax[1,2].axvline(x=2.5*np.pi,ls=":",lw=2,c="b")
#绘制显示水平垂直辅助区域数据图
x=np.linspace(0,4*np.pi,201)
y=np.sin(x)
title,lw,ls,color,marker,markersize,label="水平垂直辅助区域数据图",2,"-","g",
"",12,"H"
ax_draw(ax[1,3],x,y,title,lw,ls,color,marker,markersize,label)
ax[1,3].axhspan(ymin=-0.5,ymax=0.5,ls="-",lw=4,facecolor='b',alpha=0.5,
edgecolor='r')
ax[1,3].axvspan(xmin=1.5*np.pi,xmax=2.5*np.pi,ls="-,lw=4,facecolor='b',
alpha=0.5,edgecolor='r')
```

运行核心代码所在的程序 07-plot_linemarker 得到如图 2-8 所示的图形。为了保证在 16:9 的显示器绘制的圆不变形，采用 2 行 4 列布局。由图 2-8 可知，其实 plot 函数通过数学函数的配合可以绘制圆、椭圆等图形，同时通过设置线型为空白，可以绘制各种标记的散点图，和利用 scatter 函数绘制的散点图完全一致，结合绘制水平线 axhline，垂直线 axvline，水平区域图 axhspan，垂直区域 axvspan，文本书写 text 等辅助功能绘制，可以绘制出像图 2-8 第 2 行形式多样的图形。更详细的代码说明见程序（07-plot_linemarker.py）。

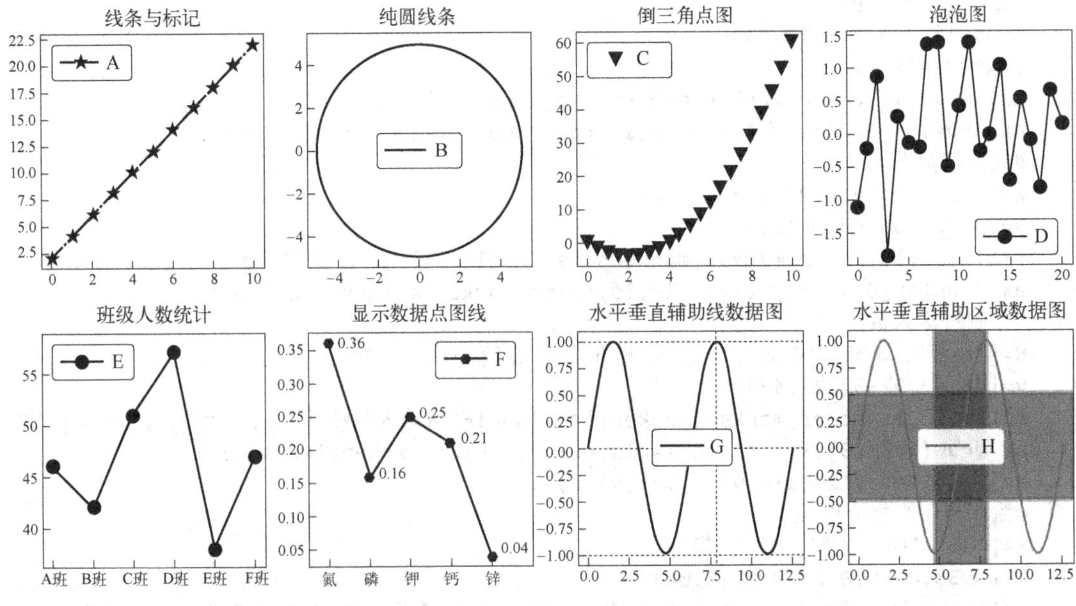

图 2-8　plot 函数绘制图形示意图

（2）bar

bar 函数能够绘制柱状图。该函数的调用格式为 plt.bar (x,height,width=0.8,bottom= None *args,align= 'center',data=None,**kwargs)，必选参数为 x 和 height，其他参数均可缺省。系统默认 width=0.8，bottom=0，align= 'center'，data=None，*args 和 **kwargs 参数意义同上面 plot 函数。本函数中，*args 参数可以设置柱体的填充颜色 color，柱体填充颜色的透明度 alpha，每个柱体的标签名称 tick_label=labels，柱体的边框颜色 edgecolor，柱体边框线的宽度 linewidth，柱体边框线的类型 linestyle 等参数。该函数最简单的调用格式为 plt.bar(x,height)，其他参数均采用系统默认即可。参数 x 是柱体在 x 轴上的坐标位置；参数 height 是柱体的高度；参数 width 是柱体的宽度；参数 bottom 是柱体基线的 y 轴坐标；参数 hatch 是剖面线形式；align 表示柱子的位置与 x 值的关系，有 center，edge 两个参数可选，center 表示柱子位于 x 值的中心位置，edge 表示柱子位于 x 值的边缘位置。其中表示剖面线形式 hatch，可以是"/"或"//"等，斜杠越多，表示剖面线越密集。另外一些具有共性的参数基本上都可以尝试使用。下面是利用 bar 函数绘制的 8 种图形的核心代码：

```
def ax_draw(ax,x,height,align,color, tick_label, alpha, width,bottom,
edgecolor, lw,ls,hatch,label):
    ax.bar(x,height,align=align,color=color, tick_label=tick_label,
    alpha=alpha, width=width,bottom=bottom, edgecolor=edgecolor, lw=lw,
         ls=ls, hatch=hatch,label=label)
    ax.set_title(title,fontsize=16)
    ax.legend(fontsize=16,edgecolor="b")
fig,ax=plt.subplots(2,4,figsize=(16,8))          #设置 2×4 图组
#绘制六个实验成功率数据
x=['有机','无机','物化','电工','金工','建工']
height=[86,93,78,90,92,86]
align,color, tick_label, alpha, width,bottom, edgecolor, lw,ls,hatch,label=
"center","gray",x,0.5,0.8,0.5,"None",1,"-","","A"
title="默认绘制"
ax_draw(ax[0,0],x,height,align,color, tick_label, alpha, width,bottom, edgecolor,
lw, ls,hatch,label)
ax[0,0].set_ylabel("实验成功率（%）", size=16)
#ax[0,0].set_xlabel("实验名称", size=18)
#柱体边缘对齐绘制粉色填充
x=np.arange(0,6)
height=[18,5,32,21,19,7]
align,color, tick_label, alpha, width,bottom, edgecolor, lw,ls,hatch,label=
"edge","pink",x,0.5,0.8,0.5,"None",1,"-","","B"
title="柱体边缘对齐粉色填充"
ax_draw(ax[0,1],x,height,align,color, tick_label, alpha, width,bottom, edgecolor,
lw,ls,hatch,label)
#显示柱体边框线条
x=np.arange(0,6)
height=[18,5,32,21,19,7]
align,color, tick_label, alpha, width,bottom, edgecolor, lw,ls,hatch,label="edge",
"pink",x,0.5,0.8,0.5,"blue",3,"-","","C"
title="显示柱体边框线条"
ax_draw(ax[0,2],x,height,align,color, tick_label, alpha, width,bottom, edgecolor,
lw,ls,hatch,label)
#显示剖面线填充
```

```
x=np.arange(0,6)
height=[18,5,32,21,19,7]
align,color, tick_label, alpha, width,bottom, edgecolor,lw,ls,hatch,label=
"edge","pink",x,0.5,0.8,0.5,"blue",3,"-","////","D"
title="显示剖面线填充"
ax_draw(ax[0,3],x,height,align,color, tick_label, alpha, width,bottom,
edgecolor,lw,ls,hatch,label)
#同类数据垂直叠加
x=['有机','无机','物化','电工','金工','建工']
height=[86,93,78,90,92,85]
bottom=[87,92,81,91,86,89]
ax[1,0].bar(x,bottom,color="r",label="A 班",hatch="////",edgecolor="b")
ax[1,0].bar(x,height,tick_label=x,alpha=0.5,label="B 班",
          bottom=bottom,hatch="//",edgecolor="b")
ax[1,0].legend()
ax[1,0].set_ylabel("实验成功率（%）", size=16)
ax[1,0].set_title("同类数据垂直叠加",fontsize=16)
#同类数据水平比较
tkl=['有机','无机','物化','电工','金工','建工']
x=np.arange(0,6)
height1=[86,93,78,90,92,85]
height2=[87,92,81,91,86,89]
ax[1,1].bar(x,height1,width=0.3,color="r",label="A 班",
          hatch="////",edgecolor="b",align='edge')
ax[1,1].bar(x+0.3,height2,width=0.3,tick_label=tkl,alpha=0.5,label="B 班",
         hatch="//",edgecolor="b",align='edge')
ax[1,1].legend()
ax[1,1].set_title("同类数据水平比较",fontsize=16)
#柱体上端标注数据
x=np.arange(0,6)
height=[18,5,32,21,19,7]
align,color,tick_label, alpha, width,bottom, edgecolor,
lw,ls,hatch,label= "edge","pink",x,0.5,0.8,0.5,"blue",3,"-","////","G"
title="柱体上端标注数据"
ax_draw(ax[1,2],x,height,align,color, tick_label, alpha, width,bottom, edgecolor,
lw,ls,hatch,label)
for x,y in enumerate(height):
    ax[1,2].text(x+0.3,y+1,str(y))
#柱体与折线组合
x=np.arange(0,6)
height=[18,5,32,21,19,7]
align,color, tick_label, alpha, width,bottom, edgecolor,
lw,ls,hatch,label= "center","pink",x,0.5,0.8,0.5,"blue",1,"-","////","H"
title="柱体与折线组合"
ax_draw(ax[1,3],x,height,align,color, tick_label, alpha, width,bottom, edgecolor,
lw,ls,hatch,label)
ax[1,3].plot(x,height+0.5*np.ones(6),lw=2,color="r")
```

运行上述核心代码所在的程序 08-bar.py，得到图 2-9 所示的图形。注意代码中自定义绘制函数的各个参数传递关系，参数的具体含义请参考程序 08-bar.py 中的注释。只要结合数学知识及 text 等一些通用函数，可以绘制出各种柱状图，Python 语言已经为你准备好了各种可能情况的解决方案，关键是需要你自己去开发。

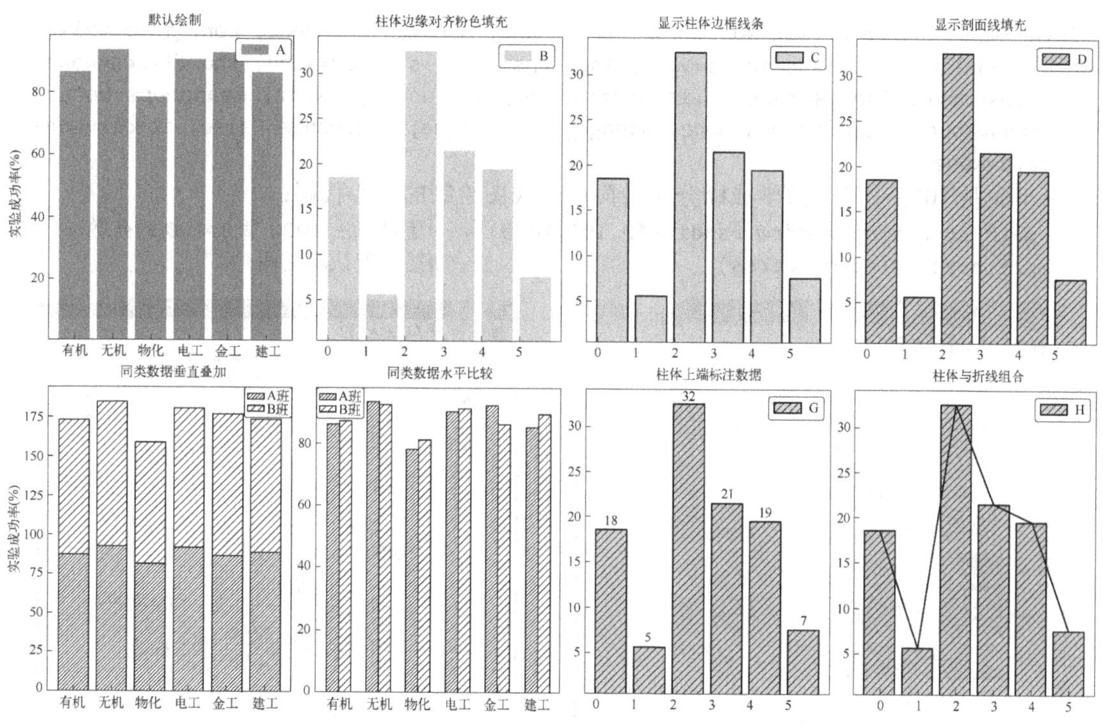

图 2-9 八种 bar 绘制图形

（3）barh

barh 函数能够绘制条形图。其实就是将柱状图旋转 90° 变成水平的柱状图。该函数的调用格式为 plt. barh (x,y, height=0.8,left= None, *args,align= ‘center’,data=None,**kwargs)，必选参数为 x 和 y，其他参数均可缺省。系统默认 heiht=0.8，align= ‘center’，data=None。参数有 y 为自变量 x 在水平方向的条形长度，自变量 x 在垂直方向从下向上排序，left 参数代替了 bar 函数中的 bottom，其他参数的含义均和 bar 函数一致，读者可以模仿 bar 函数的代码进行编写，下面是一个水平堆积的 barh 函数应用核心代码：

```
x=['有机','无机','物化','电工','金工','建工']
y1=[86,93,78,90,92,85]
y2=[87,92,81,91,86,89]
plt.barh(x,y1,color="r",label="A班",hatch="////",edgecolor="b")
plt.barh(x,y2,tick_label=x,alpha=0.5,label="B班",left=y1,hatch="//",edgecolor="b")
plt.legend()
plt.xlabel("实验成功率（%）", size=28)
plt.ylabel("实验名称", size=28)
```

运行上述核心代码所在的程序 09-barh.py，得到图 2-10 所示的图形。更多不同形式的条形图绘制，请模仿 08-bar.py 程序。

（4）boxplot

boxplot 函数可以绘制数据的箱线图，箱线图表示了某一类特征数据的分布情况。箱线图由箱体、箱须、离群值组成。箱体由数据的第一四分位、第二四分位（中位数）和第三四分位组成；箱须分上箱须和下箱须；上下箱须末端之外的数据为离群值，具体含义见图 2-11 所示。该函数最简单的调用格式是 plt.boxplot(x)，其它参数采用缺省默认值。全部参数调用格式如下：

```
plt.boxplot(x, notch=None, sym=None, vert=None, whis=None, positions=None,
```

```
widths=None, patch_artist=None, bootstrap=None, usermedians=None, conf_intervals=
None, meanline=None, showmeans=None, showcaps=None, showbox=None, showfliers=None,
boxprops=None, labels=None, flierprops=None, medianprops=None, meanprops=None,
capprops=None, whiskerprops=None, manage_xticks=True, autorange=False, zorder=None,
 * data=None)
```

下面是 1000 个学生数学成绩分布最简单箱线图绘制的核心代码：

```
math_scores=np.random.randint(0,100,1000)    #随机产生 1000 个 0~100 的整数
plt.boxplot(math_scores)                     #绘制默认箱线图
```

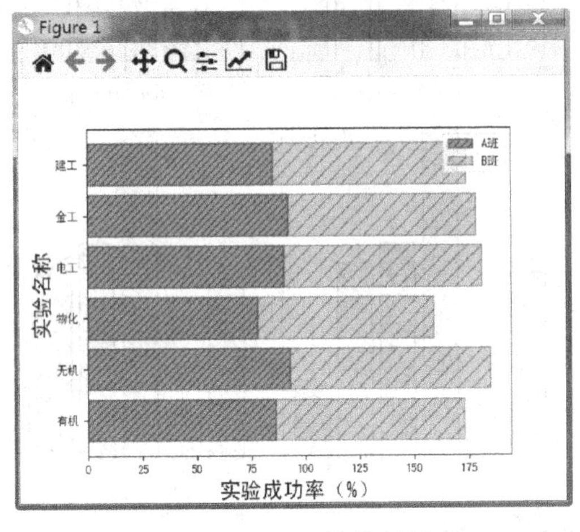

图 2-10　barh 函数绘制图形

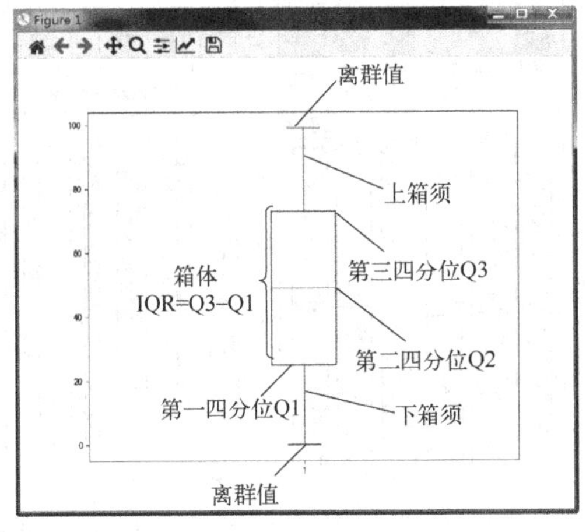

图 2-11　默认参数箱线图绘制

有关 boxplot 函数中各个参数的含义可以在 IDEL 交互界面先运行 import matplotlib.pyplot as plt，再通过 help(plt.boxplot)查询各个参数的含义，其他绘制函数中的参数意义也可照此方法查询。Python 函数中确定四分位位置的方法和其他方法略有不同，因而四分位位置的数值也略有不同。具体方法是先将含有 n 个元素的数据从小到大进行排列，得到 data=[d_1,d_2,…d_n]，四分位位置 W_i=1+(n−1) β_i，其中 β_1=0.25，β_2=0.5，β_3=0.75，假设 W_i=a.b，a 表示整数部分，b 表示小数部分，则某一个四分位的数组 Q_i=(1−b)d_a+b d_{a+1}。如有一组数据 data=[1,2,4,6,8,12,15,18,23,45,67,87]共 12 个数值，n=12，则 W_1=1+11×0.25=3.75，W_2=1+11× 0.5=6.5，W_3=1+11×0.75=9.25，根据前面计算公式可得 Q_1=(1−0.75)×d_3+0.75d_4=0.25×4+0.75×6=5.5，同理可得 Q_2=13.5，Q_3=28.5。箱体是高度 IQR=Q_3−Q_1=23，如按默认值，箱须的高度取 1.5IQR=34.5，该数据绘制的箱线图见图 2-12。注意上箱须上端最大的值取 Q_3+1.5IQR；下箱须下端最小的值取 Q_1-1.5IQR，但并非一定要取到最大值或最小值，如图 2-12，显然都没有取到最大和最小值。图 2-12 中还显示了有 2 个数据点是离群值，分别是 67 和 87，因为它们已经离开了上箱须的区域。对于四分位数的计算，Python 语言中可以用 percentile 函数进行计算，具体调用格式为 np.percentile(data, np.arange(0,100,25))，系统返回含有 4 个元素的数组，其中第二、第三、第四个元素分别是第一四分位值、第二四分位值、第三四分位值。箱线图绘制函数的参数中，比较常见设置的参数有箱体的宽度 width、数据的标签 label、离群值的标记 sym、箱体颜色添加参数 patch_artist（默认 False）、箱体形状参数（默认 False）、图形垂直放置参数 vert（默认 Ture）、flierprops 设置异常值形状、大小、填充色等属性等。下面是三种树叶长宽比数据箱线图绘制核心代码：

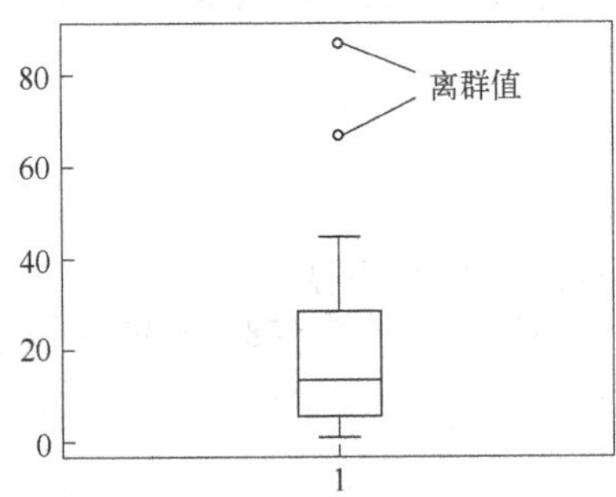

图 2-12　具有离群值的箱线图

```
colors=["r","b","m"]
labels=["白玉兰","细叶榕","阔叶榕"]
d1=[3.1,2.9,2.5,3.01,3,4.1,3.1,2.8,2.9,2.0,3.11,2.89,2.3,3.3,3.2,3,4,3.5,2.6,
2.8,3.6,4.1,2.2]
d2=d1-2*np.ones(len(d1))+0.2*np.random.random(len(d1))
d3=d1-np.ones(len(d1))-0.1*np.random.random(len(d1))
x=[d1,d2,d3]
width=[0.5,0.5,0.5]
whis=1.2
flp1={'marker': 'o', 'markersize':16,'markerfacecolor' : 'red','color' : 'black'}
ax1=plt.subplot(121)
p_box=ax1.boxplot(x,whis=whis,widths=width,sym="o",flierprops=flp1,
labels=labels,patch_artist=True)
for patch,color in zip(p_box["boxes"],colors):
      patch.set_facecolor(color)
plt.ylabel("树叶的长宽比",fontsize=18)
plt.title("三种不同树叶长宽比统计数据比较",fontsize=18)
plt.grid(True,ls=":",lw=2,c="b")
colors=['orangered', 'goldenrod', 'orchid']
flp2={'marker': '*', 'markersize':12,'markerfacecolor' : 'blue','color' : 'black'}
#设置异常值属性,点的形状,填充色和边框色
ax2=plt.subplot(122)
p_box=ax2.boxplot(x,whis=whis,widths=width,sym="*",flierprops=flp2,
labels=labels,patch_artist=True,vert=False)
for patch,color in zip(p_box["boxes"],colors):
     patch.set_facecolor(color)
plt.xlabel("树叶的长宽比",fontsize=18)
plt.title("三种不同树叶长宽比统计数据比较",fontsize=18)
plt.grid(True,ls=":",lw=2,c="b")
```

运行上述核心代码所在的程序 10-boxplot.py，得到图 2-13 所示图形。

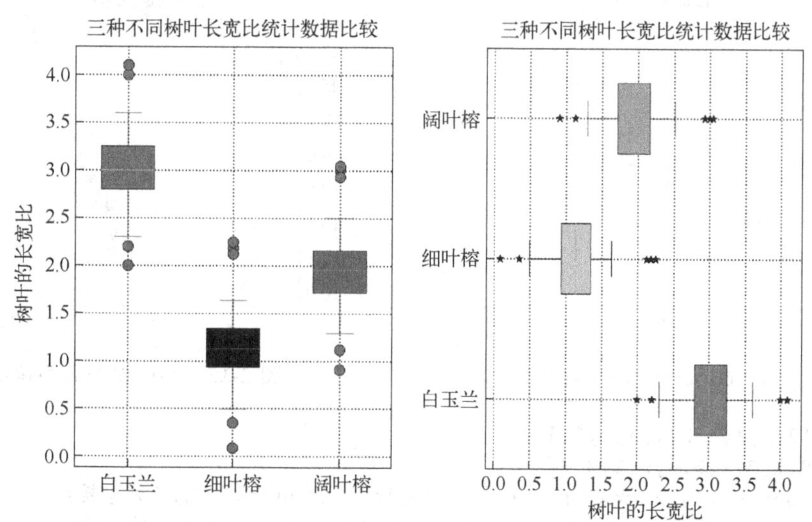

图 2-13　三种树叶长宽比两种放置形式箱线图

（5）errorbar

errorbar 函数能够绘制带有误差棒的线条或纯标记图形，该函数的全部参数调用格式为

plt.errorbar(x, y, yerr=None, xerr=None, fmt="", ecolor=None, elinewidth= None, capsize=None, barsabove=False, lolims=False, uplims= False, xlolims=False, xuplims=False, errorevery=1, capthick= None, *, data=None, **kwargs)，最简单的调用格式是 plt. errorbar(x,y,yeer,xeer)，其中 x 和 y 为数据点的坐标位置，yeer 和 xeer 为对应坐标轴的误差。在交互环境中，通过 help(plt.errorbar) 可以查询各个参数的含义，注意参数中有*和**kwargs 表示其它通用的单值参数和键值对参数。一个简单的 errorbar 绘制核心代码如下：

```
x=np.arange(1,6)
y=[12,16,19,21,28]
yerr,xerr=1,0.2
plt.errorbar(x,y,xerr=xerr,yerr=yerr)
plt.title("最简单调用")
```

运行上述核心代码所在程序 11-errorbar.py，得到图 2-14 所示的图形。errorbar 函数中其它常用参数有数据点及数据连接线的样式的 fmt，如可取“ro:”，表示红色圆点点线样式；误差棒的线条颜色 ecolor；误差棒的线条粗细 elinewidth；误差棒边界横杠的大小 capsize；误差棒边界横杠的厚度 capthick；数据点的大小 ms；数据点的颜色 mfc；数据点边缘的颜色 mec；y 轴方向下误差是否显示布尔参数 lolims，默认为 True；y 轴方向上误差是否显示布尔参数 uplims；x 轴方向下误差是否显示布尔参数 xlolims，默认为 True；x 轴方向上误差是否显示布尔参数 xuplims 等，通过设定各种常用参数及增加*等通用参数，可以得到各种误差棒图形，必须注意的是许多参数设置既可以是单个数字，也可以是一个单行列表，也可以是两行的列表，如上例最简单调用中，可以设置 yeer=2，表示所有点 y 轴方向上下误差均为 2；也可以设置 yeer= [2,3,1,4,5]，表示个点 y 轴方向上下误差依次为 2,3,1,4,5；还可以设置 yerr=[[2,3,1,4,5],[2,2,2,1,1]]，表示各点 y 轴方向下误差依次为 2,3,1,4,5，上误差依次为 2,2,2,1,1。

下面是不同误差大小调用核心代码，运行后得到如图 2-15 所示的图形。

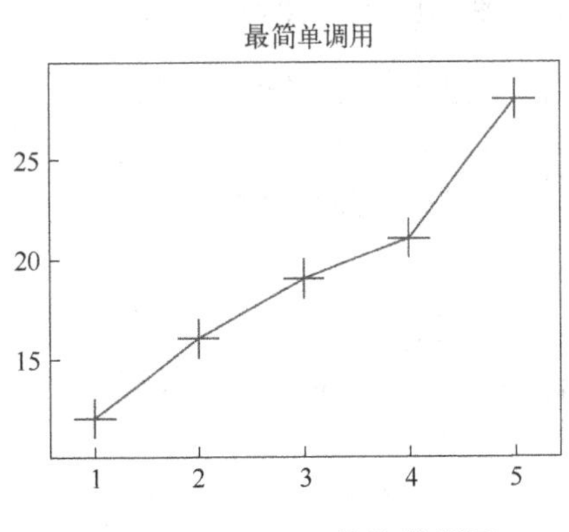

图 2-14　erroebar 最简单调用

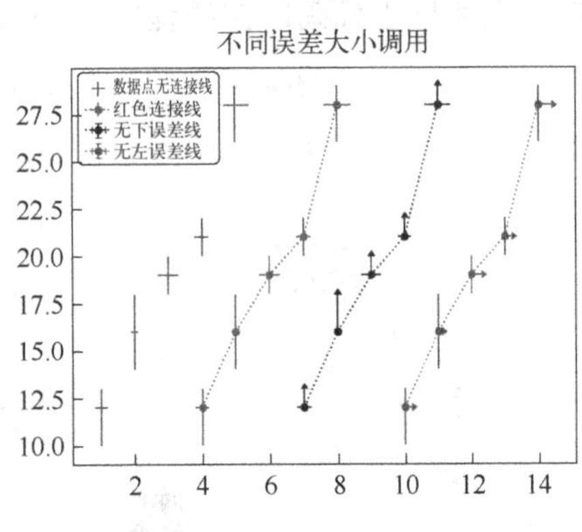

图 2-15　不同误差大小调用

```
yerr=[[2,2,1,1,2],[1,2,1,1,1]]
xerr=[0.2,0.1,0.3,0.2,0.4]
plt.errorbar(x,y,xerr=xerr,yerr=yerr,ls="",label="数据点无连接线")
plt.errorbar(x+3,y,xerr=xerr,yerr=yerr,fmt="ro:",label="红色连接线")
plt.errorbar(x+6,y,xerr=xerr,yerr=yerr,fmt="bo:",lolims=True,label="无下误差线")
plt.errorbar(x+9,y,xerr=xerr,yerr=yerr,fmt="go:",xlolims=True,label="无左误差线")
plt.legend(fontsize=12)
plt.title("不同误差大小调用")
```

下面是误差棒各种特性设置调用核心代码，运行后得到如图 2-16 所示的图形。

```
plt.errorbar(x,y,xerr=xerr,yerr=yerr,ecolor="b",label="ecolor=b")
plt.errorbar(x+3,y,xerr=xerr,yerr=yerr,fmt="ro:",elinewidth=3,label="elinew-
idth=3")
plt.errorbar(x+6,y,xerr=xerr,yerr=yerr,fmt="bo:",capsize=3,label="capsize=3")
plt.errorbar(x+9,y,xerr=xerr,yerr=yerr,fmt="go:",capthick=3,label="capthick=3")
plt.legend(fontsize=12)
plt.title("不同误差棒特性调用")
```

（6）hist

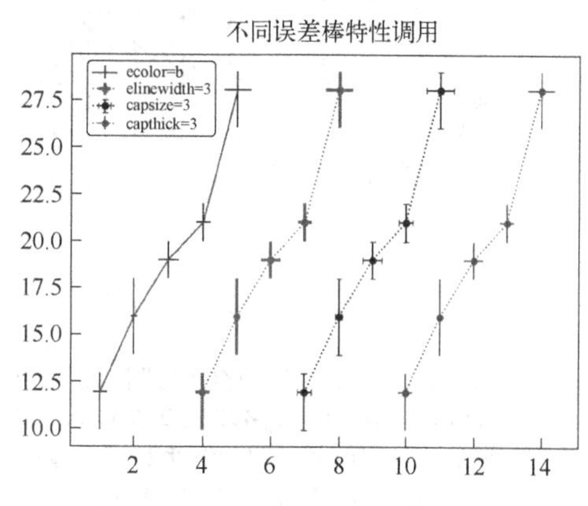

图 2-16　不同误差棒特性调用

hist 函数能够绘制具有数据统计功能的直方图，其最简单的调用格式是 plt.hist(x,bins)，x 表示定量数据，bins 表示将定量数据均匀分隔的份数，也可以采用提供列表数据，进行任意范围的分隔，如设置 bins=[b0,b1,…bn]，则表示将数据按 b_0-b_1，b_1-b_2，…，b_{n-1}-b_n 进行分隔统计数据。直方图的高度表示在每一份范围内定量数据数目之和（不是数据本身之和），可以用来分析数据的分布情况。该函数的全部参数调用格式为 hist(x, bins=None, range=None, density=False, weights=None, cumulative= False, bottom=None, histtype='bar', align='mid', orientation= 'vertical', rwidth=None, log=False, color=None, label=None, stacked=False, *, data=None, **kwargs)，可以通过 help(plt.hist)查询各个参数的含义，有些参数和前面其他函数中的同名参数基本一致，不再重复阐述。下面是两个绘制不同随机函数数据分布的直方图核心代码（12-hist.py）：

```
x=np.random.randint(0,100,1000)          #随机产生 100 个 0~100 之间的整数
bins=10                                  #数据统计的间隔及范围
plt.hist(x,bins=bins,histtype="bar",rwidth=1,color="m",hatch="/",alpha=0.6,
edgecolor='b')
title="绘制 randint 直方图"
plt.title(title)
plt.xticks(np.arange(0,101,10))
plt.xlim(0,100)
plt.figure(dpi=120)
x=np.random.randn(1000)                  #随机产生 1000 正态分布数
bins=20                                  #数据统计的间隔及范围
plt.hist(x,bins=bins,histtype="bar",rwidth=1,color="b",hatch="///",alpha=0.6,
edgecolor='r')
title="绘制 randn 直方图"
plt.title(title)
```

运行上述核心代码所在的程序 12-hist.py,得到图 2-17 和图 2-18 两种不同直方图。

（7）pie

pie 函数能够绘制定性数据不同类别百分比饼图，其最简单的调用格式是 plt.pie(x)，x 表示定性数据，一般要求各个数据之和为 1，如果小于 1，饼图会留下一个空缺；如果大于 1，系统会自动进行归一化处理。该函数的全部参数调用格式为 pie(x, explode=None, labels=None, colors=None, autopct=None, pctdistance=0.6, shadow=False, labeldistance=1.1, startangle=0, radius=1, counterclock=True, wedgeprops=None, textprops=None, center=(0,0), frame=False, rotatelabels=False, *, normalize=None, data=None)，可以通过 help(plt.pie)查询各个参数的含义，下面是两个绘制饼图程序的核心代码（13-pie.py）：

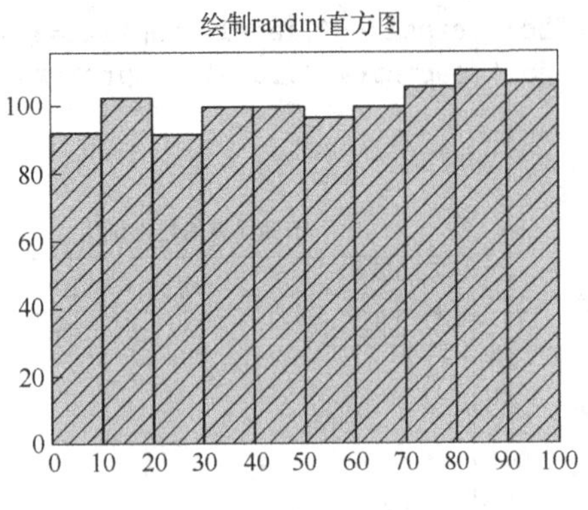

图 2-17 randint 直方图

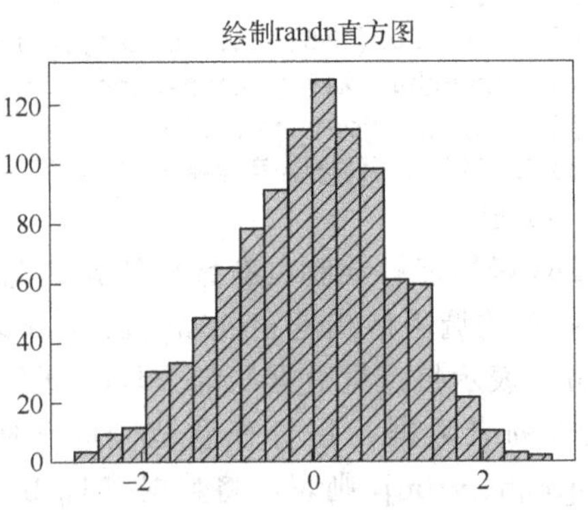

图 2-18 randn 直方图

```
labels=["数学","化学","物理","哲学"]
students=[0.35,0.25,0.10,0.30]                    #选课学生比例
colors=["red","lightblue","green","pink"]         #颜色
explode=(0.1,0.1,0.1,0.1)                         #间隔距离，半径的比例
plt.pie(students,explode=explode,labels=labels,startangle=45,shadow=True,
          colors=colors,autopct="%3.1f%%")
plt.title("学生选课情况图",fontsize=18)
plt.figure()
x=[0.05,0.08,0.12,0.25, 0.50 ]
labels=['氧化亚氮','臭氧','甲烷','氯氟碳类','二氧化碳']
colors=["red","lightblue","green","pink","c"]     #颜色
plt.pie(x,labels=labels,startangle=45,shadow=False,
         colors=colors,autopct="%3.1f%%")
plt.title("温室气体比例",fontsize=18)
#添加表格：
title="温室气体比例"
xValue=[[0.05,0.08,0.12,0.25, 0.50 ]]     #表格数据
plt.table(loc='bottom',                   #表格在图表区的位置
          colLabels=labels,               #表格每列的列名称
          colColours=colors,              #表格每列列名称所在单元格的填充颜色
          colLoc='center',                #表格中每列列名称的对齐位置
          colWidths=[0.35]*5,             #表格每列的宽度，对字体大小有影响
          cellText=xValue,                #表格中的数值, 每行数据的列表
          cellLoc='center',               #表格中数据的对齐位置
          rowLabels=["温室气体比例"],     #表格行名称
          fontsize=18)
```

运行上述核心代码所在的程序 13-pie.py 得到图 2-19 所示的饼图。

（8）polar

polar 函数能够在极坐标下绘制各种函数关系的图形，其最简单的调用格式是 polar(theta, r)，theta 表示角度（弧度），r 表示半径。当用 help(plt.polar)查询时，提示支持 plt.plot 中的各种特性参数，下面是绘制四个极坐标饼图形的核心代码（14-polar.py），注意为了能在子图调用中采用极坐标绘制函数及填充函数，直接在子图设置中增加 projection='polar'

参数，这样在子图中调用 plot 及 fill 就相当于在极坐标下调用。

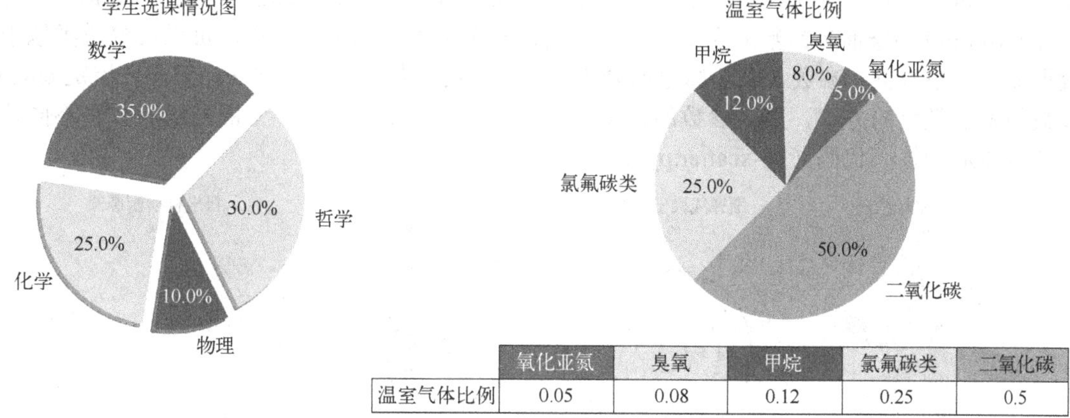

图 2-19　学生选课比例及温室气体分布饼图

```
plt.figure(num="polar_draw",figsize=(16,4))
ax1=plt.subplot(141,projection='polar')
ax2=plt.subplot(142,projection='polar')
ax3=plt.subplot(143,projection='polar')
ax4=plt.subplot(144,projection='polar')
#玫瑰花极坐标绘制
x=np.linspace(0,2*np.pi,1000,endpoint=False)
r=2*np.sin(6*x)
ax1.fill(x,r)
ax1.plot(x,r,c="red",lw=2,marker="*",mfc="r",ms=0.1)#mfc 表示 marker 颜色,ms 表
示大小
ax1.set_title("玫瑰花极坐标绘制",fontsize=12)
#渐开线绘制
x=np.linspace(0,6*np.pi,1000)
r=3*x
ax2.plot(x,r,c="blue",lw=2,marker="*",mfc="r",ms=0.1)#mfc 表示 marker 颜色,ms 表
示大小
ax2.set_title("渐开线极坐标绘制",fontsize=12)
#随机折线绘制
x=np.linspace(0.0, 2*np.pi, 16, endpoint=False)
r=20*np.random.rand(16)
ax3.plot(x, r, color="b", linewidth=2, marker="*", mfc="r", ms=20)
ax3.set_title("随机折线极坐标绘制",fontsize=12)
#极坐标绘制椭圆
a,b=20,10
x=np.linspace(0.0, 2*np.pi, 500)
r=np.sqrt((a**2+b**2)/(b**2*np.cos(x)**2+a**2*np.sin(x)**2))
ax4.plot(x, r, color="g", linewidth=2)
ax4.set_title("极坐标绘制椭圆",fontsize=12)
```

运行上述核心代码所在的程序 14-polar.py，得到图 2-20 所示的极坐标图。

（9）scatter

scatter 函数绘制标记大小及颜色均可改变的散点图，其最简单的调用格式是 plt.scatter(x,y)，x，y 表示散点的位置。其完整参数调用格式为 scatter(x, y, s=None, c=None, marker=None, cmap=None, norm=None, vmin=None, vmax=None, alpha=None, linewidths=None, verts=＜deprecated parameter＞, edgecolors=None, *, plotnonfinite=False, data=None, **kwargs)，可用 help(plt.polar)查询各参数的含义，其中常用的参数 s 表示标记的大小，可以设置成类似于数据 x 的大小数据，参数 c 表示标记的颜色，也可采用参数 s 的表示方法，但需要指定 cmap 参数的映射颜色的方式，更多参数的含义请参考帮助文件中的内容。下面是绘制四个不同特性散点图形的核心代码（15-scatter.py）：

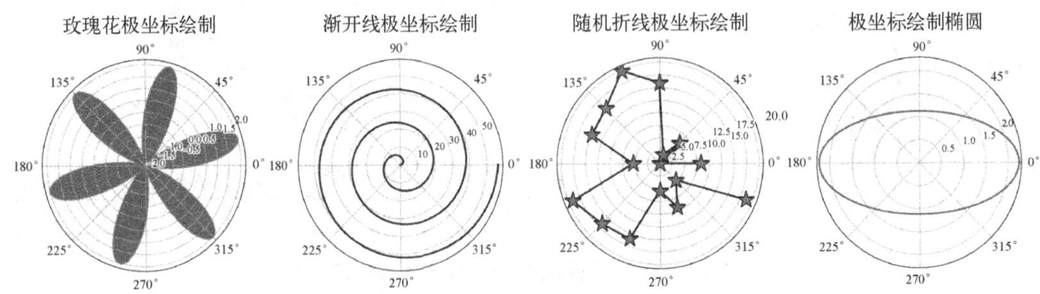

图 2-20　极坐标绘制的 4 种图形

```
#默认设置绘制
x=np.random.randn(300)
y=np.random.randn(300)        #随机产生 300 个数据
ax1.scatter(x,y)
title="默认设置散点图"
ax1.set_title(title)
#统一标记大小颜色散点图
x=np.random.randn(300)
y=np.random.randn(300)        #随机产生 300 个数据
ax2.scatter(x,y,s=20,c="b")
title="统一标记大小颜色"
ax2.set_title(title)
#大小颜色随数据改变
x=np.random.randn(300)
y=np.random.randn(300)        #随机产生 300 个数据
ax3.scatter(x,y,s=(20*x+10*y)**2,c=np.random.rand(300),cmap=mpl.cm.RdYlBu)
                    #cmap 颜色映射
title="大小颜色随数据改变"
ax3.set_title(title)
#添加连接线散点图
x=np.random.randn(300)
y=np.random.randn(300)        #随机产生 300 个数据
ax4.scatter(x,y,s=70,c="r",marker="*",label="红色散点图",alpha=0.6)
title="红色散点图"
ax4.set_title(title)
```

运行上述核心代码所在的程序 15-scatter.py，得到图 2-21 所示的散点图。

（10）stem

stem 函数用于绘制离散有序数据的棉棒图，其最简单的调用格式是 plt.stem(x,y)，x 表示指定棉棒在 x 轴上的位置，y 表示绘制棉棒的长度，其完整参数调用格式为 stem(x,y, linefmt=None, markerfmt=None, basefmt=None, bottom=0, label=None, use_line_collection=True, data=None,*args)，可用 help(plt.stem)查询各参数的含义。常用的参数有棉棒的样式 linefmt，

该参数是字符串参数，有“-、--、-.、:”共 4 种；markerfmt 表示棉棒末端的样式，表示方法和 plot 函数中的标记相同；basefmt 表示基线的样式。bottom、label 及*args 参数和其他函数中的含义一致。下面是 4 种不同参数设置绘制的棉棒图核心代码（16-stem.py）

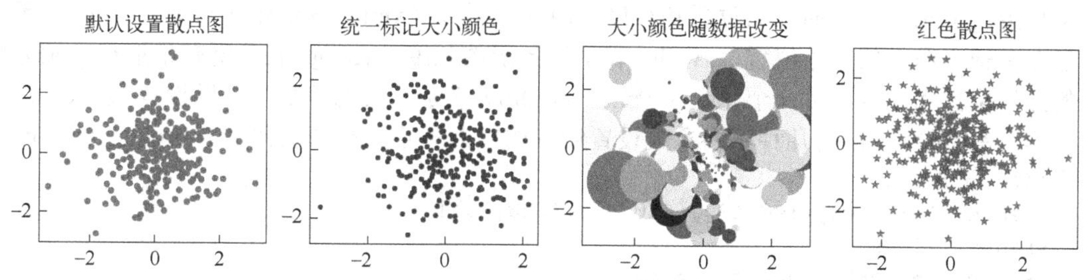

图 2-21　四种不同参数设置绘制的散点图

```
#默认设置绘制
x=np.linspace(1,10,10)
y=np.random.randn(10)
ax1.stem(x,y)#linefmt=棉棒的样式,markerfmt=棉棒末端样式,basefmt=基线样式)
title="默认设置绘制棉棒图"
ax1.set_title(title)
ax1.set_xticks(np.linspace(1,10,10))
#设置三种参数棉棒图
ax2.stem(x,y,linefmt="-.",markerfmt="*",basefmt="C3-.")#linefmt=棉棒的样式,
markerfmt=棉棒末端样式,basefmt=基线样式,C3 表示颜色序号)
title="设置三种参数棉棒图"
ax2.set_title(title)
ax2.set_xticks(np.linspace(1,10,10))
#基线位置数据设置图
ax3.stem(x,y,linefmt="b-.",markerfmt="d",basefmt="C3-.",bottom=0.5)
title="基线位置数据设置图"
ax3.set_title(title)
ax3.set_xticks(np.linspace(1,10,10))
#添加网格图例棉棒图
ax4.stem(x,y,linefmt="b-.",markerfmt="d",basefmt="C3-.",label="网格图")
title="添加网格图例棉棒图"
ax4.set_title(title)
ax4.legend()
ax4.grid(True,color="m",lw=2,ls=":")
ax4.set_xticks(np.linspace(1,10,10))
```

运行上述核心代码所在的程序 16-stem.py，得到图 2-22 所示的棉棒图。

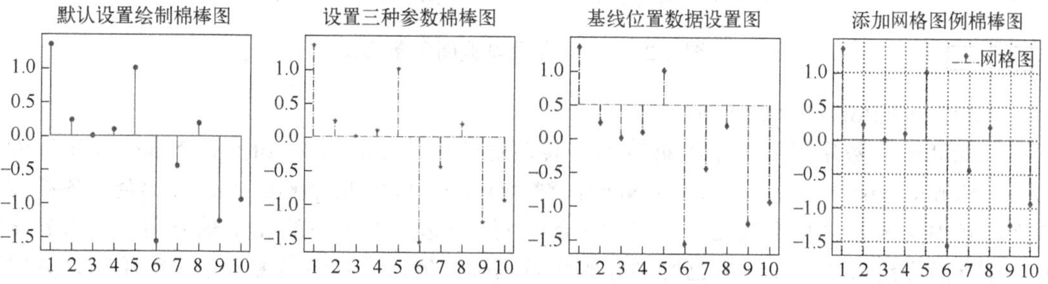

图 2-22　四种不同参数设置绘制的棉棒图

（11）broken_barh 间断条形图

broken_barh 函数用于绘制间断条形图，其调用格式是 plt. broken_barh(xranges, yrange, *, data=None, **kwargs)，可用 help(plt. broken_barh)查询各参数的含义。其中 xranges 表示各间断条形图在 x 轴方向上的开始位置和长度，用元组系列（xmin，xwidth）表示，xmin 表示该条形在 x 轴方向上的开始位置，xwidth 表示该条形的长度；yrange 表示所有条形在 y 轴方向上的开始位置和高度，用一个元组（ymin，ywidth）表示。其他参数还可以设置颜色、线型、填充形式等特性，下面是几种不同参数设置绘制的间断条形图核心代码（17- broken_barh.py）：

```
#默认设置绘制
xranges=[(30,50),(100,60),(180,30),(220,80)]
yranges=(10,8)
ax1.broken_barh(xranges,yranges)
title="默认设置绘制"
ax1.set_title(title)
#多种参数设置绘制图
xranges1=[(30,50),(100,60),(180,30),(220,80)]
yranges1=(10,18)
ax2.broken_barh(xranges1,yranges1,facecolors=('gray', 'blue','pink','m'))
ax2.broken_barh(xranges1,(35,12),facecolors=('gray', 'green','pink','m'),hatch='x')
ax2.broken_barh(xranges1,(53,10),facecolors=('gray','green','pink','m'),hatch='*',
edgecolors="b")
xranges2=[(20,30),(70,50),(150,30),(200,90)]
ax2.broken_barh(xranges2,(70,8),facecolors=('blue','pink','m','yellow'),
hatch='//', edgecolors="r",lw=2,ls=":")
title="多种参数设置绘制图"
ax2.set_title(title)
```

运行上述核心代码所在的程序 17- broken_barh.py，得到图 2-23 所示的间断条形图。

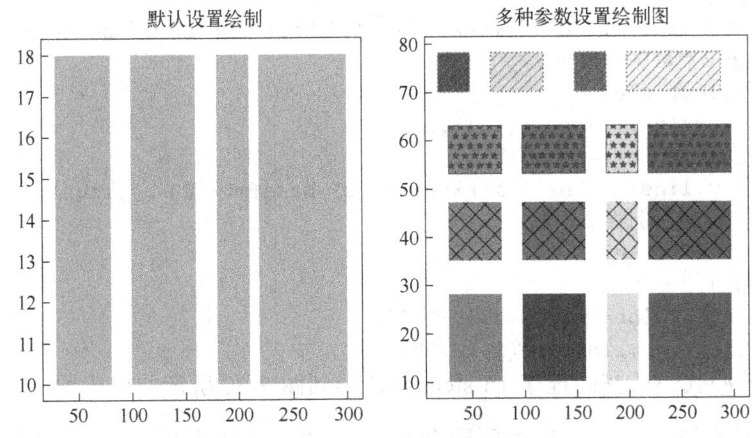

图 2-23　不同参数设置间断条形图

（12）stackplot 堆积折线图

stackplot 函数用于绘制堆积折线图，其调用格式是 plt.stackplot(x,y, *args，labels=()，colors=None，baseline='zero'，data=None，**kwargs)，可用 help(plt. stackplot)查询各参数的含义。其中 x 表示堆积折线在 x 轴方向上的位置，y 表示堆积折线在 y 轴方向的各组高度数据，注意后面线条依次在原来已绘制好的线条基础上依据自身的高度数据进行绘制，并用不同颜色进行填充。y=[y1,y2⋯yn]表示 n 条折线进行堆积。其他参数还可以设置颜色、填充形

式等特性，下面是两种不同参数设置绘制的堆积折线图核心代码（18-stackplot.py）

```
ax1=plt.subplot(121)
ax2=plt.subplot(122)
#普通堆积坐标设置
x=np.linspace(0,4*np.pi,100)
y1=np.sin(x)
y2=np.cos(x)
ax1.stackplot(x, y1,y2)
title="普通堆积图"
ax1.set_title(title)
ax1.set_xticks([0,np.pi/2,np.pi,3*np.pi/2,2*np.pi,5/2*np.pi,3*np.pi,7/2*np.
pi,4*np.pi])
#[0,r"$\pi/2$",r"$\pi$",r"$3\pi/2$",r"$2\pi$",r"$5\pi/2$",r"$3\pi$",r"$7\pi/
2$",r"$4\pi$"])
#设置填充图形
x=np.linspace(1,8,8)
y1=[0,2,3,5,3,7,8,9]
y2=[1,3,6,7,4,3,5,7]
y3=[2,4,7,8,3,5,10,6]
ax2.stackplot(x, y1,y2,y3,hatch='*')
title="设置填充图形"
ax2.set_title(title)
ax2.set_xticks(np.linspace(1,8,8))
ax2.set_xlim(1,8)
```

运行上述核心代码所在的程序 18-stackplot .py，得到图 2-24 所示的堆积折线图。

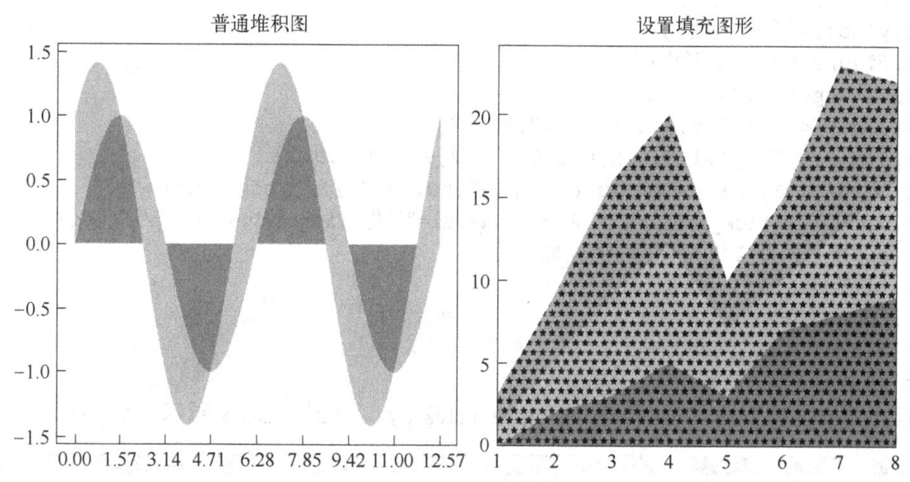

图 2-24　两种不同设置堆积图

除了以上 12 种常见图形绘制函数以外，还可以用 setp 函数绘制阶梯图，通过 stacked、histtype、bottom、left 等参数的设置，绘制直方阶梯堆积、柱状堆积、条形堆积等图形，具体代码如下：

```
plt.figure(num="直方阶梯图")
x1=np.random.normal(60,120,1000)
x1=(x1-min(x1))/(max(x1)-min(x1))*150
x2=np.random.normal(70, 160,1000)
x2=(x1-min(x1))/(max(x1)-min(x1))*150
```

```
x=[x1,x2]
bins=range(0,151,10)
labels=["甲地","乙地"]
colors=["pink","#66c2a5"]
plt.hist(x,bins=bins,color=colors,rwidth=1.2,edgecolor="black",
         histtype="stepfilled",stacked=True,label=labels)
title="甲乙两地高考数学成绩直方阶梯图"
plt.title(title)
plt.legend()
plt.xlabel("高考数学成绩")
plt.ylabel("学生人数")
plt.figure(num="直方堆积图")
x1=np.random.normal(60,120,1000)
x1=(x1-min(x1))/(max(x1)-min(x1))*150
x2=np.random.normal(70, 160, 1000)
x2=(x1-min(x1))/(max(x1)-min(x1))*150
x=[x1,x2]
bins=range(0,151,10)
labels=["甲地","乙地"]
colors=["pink","#66c2a5"]
plt.hist(x,bins=bins,color=colors,rwidth=1.2,edgecolor="r",
         histtype="bar",stacked=True,label=labels)
title="甲乙两地高考数学成绩堆积图"
plt.title(title)
plt.legend()
plt.xlabel("高考数学成绩")
plt.ylabel("学生人数")
plt.figure(num="条形堆积图")
x=np.arange(1,13)
y1=[3,3.6,4,4.3,5,5.6,5,4.8,7,8,8.2,9]
y2=[3.3,3.9,4.8,4.1,5,4.5,6.2,5.1,7.2,7.8,8.5,9.1]
plt.barh(x,y1,color="r",label="甲地",hatch="////",edgecolor="b")
plt.barh(x,y2,tick_label=x,alpha=0.5,label="乙地",left=y1,hatch="//",edgecolor="b")
title="甲乙两地 2020 年汽油消耗量万吨"
plt.title(title)
plt.legend()
plt.xlabel("汽油消耗万吨/月")
plt.ylabel("月份")
```

运行上述核心代码所在的程序 19-multi_stack.py，得到图 2-25 所示三种图形。

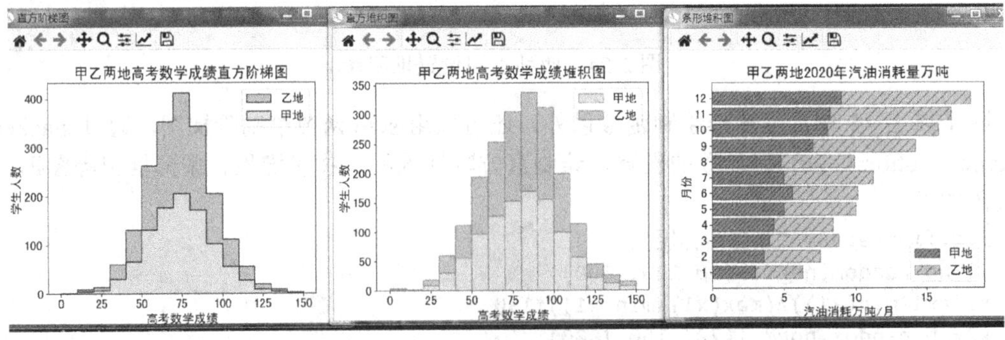

图 2-25 三种不同堆积图

2.3.2 综合应用例子

下面的代码是10种不同绘制函数的综合应用绘制在一个画布上的代码（20-allstyle.py）：

```
def axes_settings(fig,ax,title):
    ax.set_xticks([])
    ax.set_yticks([])
    ax.set_title(title)
x=np.linspace(0,3*np.pi,500)
y1=2*np.sin(x)
y2=3*np.cos(1.5*x)
fig,ax=plt.subplots(2,5,figsize=(15,3))        #设置5×2图组
#绘制普通曲线
ax[0,0].plot(x,y1,lw=2)                        #绘制x和y1之间的函数曲线
title="plot 绘制普通曲线"
axes_settings(fig,ax[0,0],title)
#绘制散点趋势点图
y=np.random.rand(500)                          #随机产生500个0~1的数据
ax[0,1].scatter(x,y,color="blue")
title="scatter 绘制散点趋势点图"
ax[0,1].set_ylim(0,1)
axes_settings(fig,ax[0,1],title)
#绘制柱状图
x3=np.arange(1,7)
y3=[3,8,1,5,7,4]
ax[0,2].bar(x3,y3,color="bisque",align="center",hatch="//", edgecolor='g')
title="bar 绘制柱状图"
axes_settings(fig,ax[0,2],title)

#绘制条状图
x4=np.arange(1,7)
y4=[3,8,1,5,7,4]
ax[0,3].barh(x4,y4,color="green",align="center",hatch="/", edgecolor='b')
title="barh 绘制条状图"
axes_settings(fig,ax[0,3],title)
#绘制直方图
x5=np.random.randint(0,8,100)         #随机产生100个0~8之间的整数
bins=range(0,9,1)                     #数据统计的间隔及范围
ax[0,4].hist(x5,bins=bins,histtype="bar",rwidth=1,color="m",hatch="/",alpha=
0.6, edgecolor='b')
title="hist 绘制直方图"
axes_settings(fig,ax[0,4],title)
ax[0,4].set_xlim(0,8)
#绘制饼图
mpl.rcParams["font.sans-serif"]=["SimHei"]#保证显示中文字
mpl.rcParams["axes.unicode_minus"]=False
labels=["数学","化学","物理","哲学"]
students=[0.35,0.25,0.10,0.30]
colors=["red","blue","green","pink"]
explode=(0.1,0.1,0.1,0.1)
ax[1,0].pie(students,explode=explode,labels=labels,startangle=45,shadow=True,
colors=colors,autopct="%3.1f%%")
ax[1,0].set_title("pie 饼图绘制",fontsize=12)
#绘制棉棒图
x6=np.linspace(1,10,10)
```

```
y6=np.random.randn(10)
ax[1,1].stem(x6,y6,linefmt="-.",markerfmt="*",basefmt="-")#linefmt=棉棒的样式,
markerfmt=棉棒末端样式,basefmt=基线样式)
title="stem 绘制棉棒图"
axes_settings(fig,ax[1,1],title)
#绘制箱线图
x7=np.random.randn(800)
ax[1,2].boxplot(x7)
title="boxplot 绘制箱线图"
axes_settings(fig,ax[1,2],title)
#绘制误差图
x8=np.linspace(1,10,10)
y8=np.random.randn(10)
ax[1,3].errorbar(x8,y8,fmt="bo:",yerr=0.2,xerr=0.1)
title="errorbar 绘制误差图"
axes_settings(fig,ax[1,3],title)
#填充图绘制
ax[1,4].fill_between(x,y1,y2,alpha=0.618)#y1 和 y2 之间填充,alpha 为透明度
title="fill_between 填充图绘制"
axes_settings(fig,ax[1,4],title)
plt.show()
plt.tight_layout()
```

运行上述代码（20-allstyle.py）程序，得到图 2-26 所示的图形。

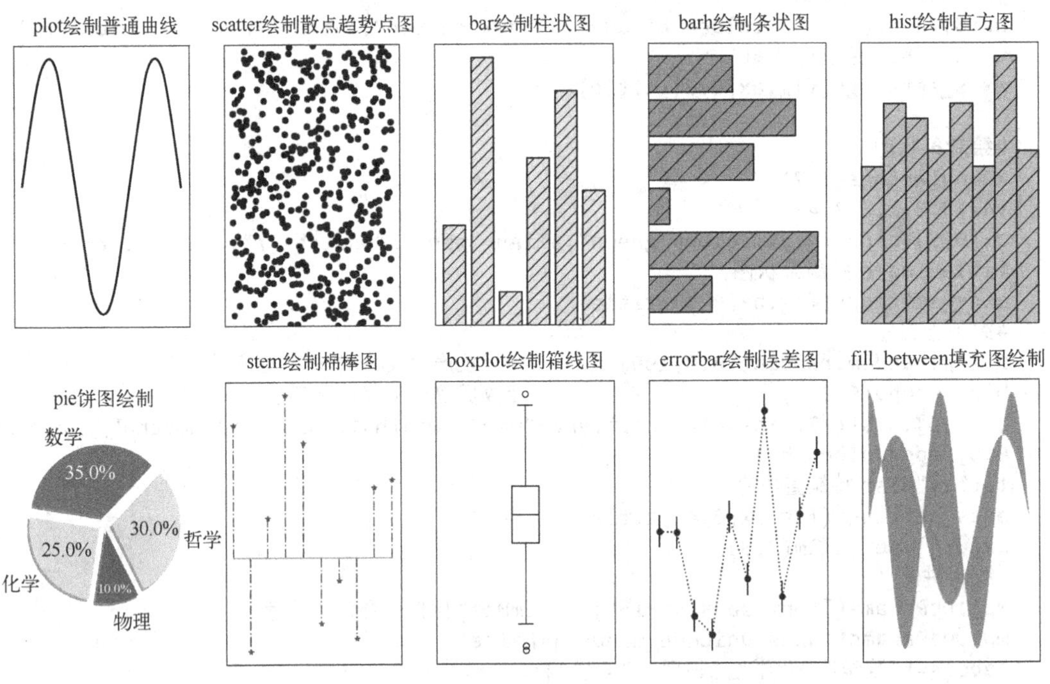

图 2-26　十种不同类型绘制函数绘制的图形

2.4　界面细节设置

界面细节设置是图形进一步优化美观图形的必要步骤，包括诸如文字设置、坐标轴设置、图例设置、网格线设置、线型设置等诸多内容，下面将从界面细节设置的实际问题出发，逐

一介绍能解决问题的确实可行的方法。

2.4.1 文字设置

文字设置涉及文字种类、大小、风格、粗细等特性设置，最主要的是文字的种类，尤其是对于中文用户而言，由于每一个中文字符和英文字符所占的字节不同，如在 UTF-8 编码中一个中文字符占三个字节，一个英文字符占一个字节；而在 Unicode、GBK、ASSII 编码中一个中文字符占两个字节，一个英文字符占一个字节。尽管目前 Python3.X 版本已采用 UTF-8 编码，在一般的打印语句如 print("中文打印")无需任何其他代码，可以正常显示中文，但在 Matplotlib 第三方库绘制图形时，在 title、label、num 等参数设置中的中文字，如果不做特殊的处理，系统将无法显示中文字符。作者建议采用全局参数法或局部参数法设置文字，从而解决中文字符无法显示的问题。全局参数法就是通过下面语句进行设置：

```
mpl.rcParams["font.sans-serif"]=["simhei"]   #保证显示中文字,此句最重要
mpl.rcParams["font.size"]=28                 #设置字体大小
mpl.rcParams["font.style"]="oblique"         #设置字体风格,倾斜与否
mpl.rcParams["font.weight"]="normal"         #设置字体粗细
```

上面语句中，最重要的是前面两句，设置了中文的字体和大小，如果在局部调用时，又添加了 fontsize=18 的特性参数，则以局部设置的参数为准，但不影响其他没有单独设置的调用。注意中文字体的名称要和系统文件 fonts 文件夹下安装的字体相符，一般常见中文字库的名字有黑体 SimHei、微软雅黑 Microsoft YaHei、微软正黑体 Microsoft JhengHe、新宋体 NsimSun、新细明体 PmingLiU、细明体 MingLiU、标楷体 DFKai-SB、仿宋 FangSong、楷体 KaiTi 等，注意不同的电脑，字体名称可能会有所不同。注意对于字体风格及字体粗细的设置，有时尽管设置了不同的参数，但差异并不十分明显，这和字库及字符本身有关，如有些字符没有斜体。font.weight 参数一般可以设置 normal 常规、bold 加粗、bolder 较粗、lighter 较细，也可以设置 100、200、300…900 的数字。风格设置一般有三种，分别是 normal 正常体、italic 斜体、oblique 字体倾斜（没有斜体变量的特殊字体）。

局部参数设置法通过下面语句设置各种字体，局部调用时作为参数即可：

```
from matplotlib.font_manager import FontProperties
font1=FontProperties(fname='g:\Fonts\simhei.ttf', size=24)
font2=FontProperties(fname='g:\Fonts\simkai.ttf',size=28,style="oblique",
weight=500)
font3=FontProperties(fname='g:\Fonts\simfang.ttf',size=24,style="oblique",
weight=900)
font4=FontProperties(fname='g:\Fonts\simyou.ttf',size=24,style="oblique",
weight=100)
```

必须注意作者的字库放在 G 盘根目录下，如你的字库放在其它目录下，需要根据实际情况进行修改。下面是设置了上述字体后，进行中文显示实验的代码核心程序（21-word_set.py）：

```
x=np.arange(11)
for i in range(10):
      plt.plot(x,0*x+(i+1)*5,lw=2)
plt.xlim(0,10)
plt.ylim(0,40)
plt.text(1,35,"我是全局设置大小 28 号隶书",size=28)
plt.text(1,31,"我是局部设置大小 18 号隶书",size=18)
plt.text(1,26,"我是黑体 24 号",FontProperties=font1)
plt.text(1,21,"我是楷体 28 号",FontProperties=font2)
plt.text(1,16,"我是仿宋体 24 号",FontProperties=font3)
plt.text(1,11,"我是幼体 24 号",FontProperties=font4)
```

```
plt.text(1,6,"有些字体字库有但 Python 不一定支持",size=18)
```

运行上述核心代码所在的程序 21-word_set.py，得到图 2-27。

2.4.2 坐标轴设置

坐标轴设置涉及坐标轴名称、范围、刻度线朝向、刻度标签等细节问题设置，下面分别介绍。

（1）坐标轴名称

坐标轴名称（标签）设置是大多数图形都需要设置的属性，在单个图形布局（figue）中可直接用 plt.xlabel()和 plt.ylabel()函数调用；而在多个子图布局（figue,ax），则需要使用 ax. set_xlabel()和 ax. set_ylabel()方法调用。无论是函数调用还是方法调用，括号内的第一个参数为字符串参数，表示坐标轴名称，后面可以添加其他通用参数，如字体颜色、大小、名称，同时还有一个特有参数 labelpad 表示坐标名称和坐标轴之间的距离，用磅为单位，大多数情况下不用设置此参数。下面是两种不同情况设置坐标轴名称的核心代码（22-axes_set.py）

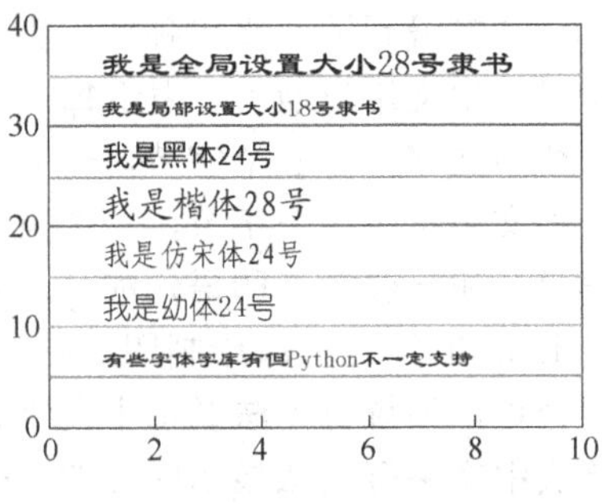

图 2-27 文字设置显示图

```
plt.xlabel("x",fontname="serif")
plt.ylabel("y",labelpad=5,fontname="serif") #设置名称和坐标轴的距离和字体
ax[0,0].set_xlabel(r"$x$")                  #子图布局调用,x 会倾斜
ax[0,0].set_ylabel("y",labelpad=3)  #labelpad 表示标注名称与坐标轴之间的距离
```

上述命令运行结果的图形在本小节的最后一个属性介绍完后，统一运行全部代码后再展示，后续不再说明。

（2）坐标轴范围

坐标轴范围一般情况下可以采用默认设置，但有时为了特殊需要，只要求显示某个范围的坐标，就可以手动设置坐标轴范围，和坐标名称设置一样，也分为两种情况：plt.xlim()和 plt.yliml()函数调用及 ax.set_xlim()和 ax.set_yliml()方法调用。无论是函数调用还是方法调用，括号内为两个数据，一个是坐标开始数据，一个是坐标结束数据，注意数据只要是符合条件的数据即可，不一定是数字，也可以是字符串，下面是两种不同情况设置坐标轴范围的核心代码：

```
plt.xlim(0,18)                 #设置 x 轴范围
ax[0,0].set_xlim(0,18)
ax[0,0].set_ylim(-3,3)         #设置 y 轴范围
ax[0,1].set_xlim("B","F")      #设置 x 轴字符范围
```

（3）坐标轴刻度线朝向

默认的坐标轴刻度线是朝外的，有时需要刻度线朝内的图形，只要进行下面设置：

```
plt.rcParams['xtick.direction']='in'
plt.rcParams['ytick.direction']='in'
```

或：

```
mpl.rcParams['xtick.direction']='in'
mpl.rcParams['ytick.direction']='in'
```

无论单图绘制还是子图布局，坐标轴的刻图线都设置成了朝内，如果程序后面的图形又需要设置成朝外，只要重新设置将'in'改成'out'即可。这是因为无论是运行 mpl.rcParams.keys()，还是 plt.rcParams.keys()，系统均提示有 351 行内容，点击查看两者内容一致，均是 matplotlib 图形绘制的关键字设置，默认设置关键字'xtick.direction'和'ytick.direction'均为'out'，所以只要将这两个关键字的属性进行重新设置即可达到所需要的刻度线朝向。注意在子图布局中，如果需要单独设置某个子图的刻度线朝向，则需要以下代码：

```
ax[0,2].tick_params(direction='in')
```

这时第一行第三列的子图坐标轴全部朝内，当然一般情况下子图布局统一风格，全局设置朝内或朝外即可。

（4）坐标轴刻度线标签

坐标轴刻度线标签如无特殊情况，建议采用默认值标注。系统一般会根据绘制图形的数据自动调整坐标轴范围及刻度线，并根据刻度线标注对应的数据。有时需要指定的刻度线及标签，这时需要手动指定。

① 显示顶部及右边坐标轴刻度线

默认情况下，顶部及右边坐标轴的刻度线是没有的，这是因为在 rcParams 的关键字'ytick.right'和'xtick.top'默认为 False，只要在程序中添加如下代码，即可出现顶部及右边坐标轴刻度线。

```
mpl.rcParams['ytick.right']=True
mpl.rcParams['xtick.top']=True
```

上述设置是全局设置，如果在后继的画布中不需要这个功能，可以将 True 改成 False，重复上述两行代码即可。也可以针对具体子图部分进行局部设置，达到同样的效果，代码如下：

```
ax.tick_params(top='on', right='on', which='both')#ax表示子图坐标系
```

② 显示主次刻度线

一般默认绘制时是没有主次刻度线的区分，全部根据数据的大小直接按系统默认的方法显示统一的刻度线，如果需要显示主次刻度线，就需要调用 matplotlib 中 mpl.ticker 模块，该模块中刻度分为主刻度 major_tick 和次刻度 minor_tick。具体调用 x 轴和 y 轴主次刻度线的函数是如下 4 行代码：

```
ax.xaxis.set_major_locator(x_major_ticker)
ax.xaxis.set_minor_locator(x_minor_ticker)
ax.yaxis.set_major_locator(y_major_ticker)
ax.yaxis.set_minor_locator(y_minor_ticker)
```

其中 ax 表示子图坐标系，实际调用时需根据子图位置表示成 ax[i,j]，括号内的内容表示刻度线的具体划分方法，系统提供三种划分方法，分别是 mpl.ticker.MaxNLocator(N)、mpl.ticker.FixedLocator(list)、mpl.ticker.MultipleLocator(n)，其中第一种方法中的 N 表示设置刻度数量的最大值为 N，具体应用时系统会根据数据的范围作合理的处理；第二种方法采用固定值，用列表 list 中的具体数值划分刻度线，如可取 list=[0,1,2,3,4]，那么坐标的刻度线就在 0、1、2、3、4 共五个位置处，并显示上述数据；第三种方法采用固定间隔法，如 n=2，则表示在 x 轴或 y 轴上每间隔 2 就放置一个刻度线。

③ 任意设置刻度线

如果不需要区分主次刻度线的话，可以利用 ax.set_xticks(*args)和 ax.set_yticks(*args)及 plt.xticks(*args)和 plt.yticks(*args)进行显示设置刻度线，在*args 中可以表示具体的刻度位置，刻度标签、旋转角度等参数，如 plt.xticks(xt,x_labels,rotation=0,alpha=1)。

④ 显示 π 刻度标签

有时刻度标签采用和刻度位置不同的数据表示形式，还可以通过 ax.set_xticklabels(str) 和 ax.set_yticklabels(str)，如需要在刻度标签上显示 π，则可以通过以下代码实现：

```
x_labels=[r"$-4\pi$" ,r"$-2\pi$",0,r"$2\pi$",r"$4\pi$",r"$6\pi$"]#设置标签内容
ax.set_xticks(np.arange(-4*np.pi,7*np.pi,2*np.pi))
ax.set_xticklabels(x_labels,rotation=0,alpha=1)
```

（5）取消坐标轴

有时绘制时需要取消部分坐标轴，而系统默认是具有四个坐标轴，可以通过 rcParams 字

典中对坐标轴的关键字进行设置，具体代码如下：

```
plt.rcParams['axes.spines.right']=False        #去除右边坐标轴
plt.rcParams['axes.spines.top']=False          #去除顶边坐标轴
```

这个设置是全局性的，如果只对某个子图进行设置，则可采用下面的代码：

```
ax.spines['right'].set_color('none')
ax.spines['top'].set_color('none')
```

（6）移动坐标轴位置

默认坐标轴位置是根据绘制图形的数据按一定规则作了最佳的配置，能完整显示图形，但有时需要将坐标轴移动到特定的位置，如将 y 轴移动到 x=0 的位置或将 x 轴移动到 y=0 或其他数据的位置，在子图布局中，可采用下面代码：

```
ax[1,3].spines['bottom'].set_position(('data',0))
ax[1,3].spines['left'].set_position(('data',0))
```

注意上述第一行代码表示第二行第四列子图的底部 x 轴移到 y=0 的位置；第二行代码表示第二行第四列子图的左边 y 轴移到 x=0 的位置，也可将代码中的“0”改成其他数据，如“3”，对应坐标轴就移动到对应值为 3 的位置。

运行本小节的代码 22-axes_set.py，得到全部上述对坐标轴进行设置的图形 2-28。

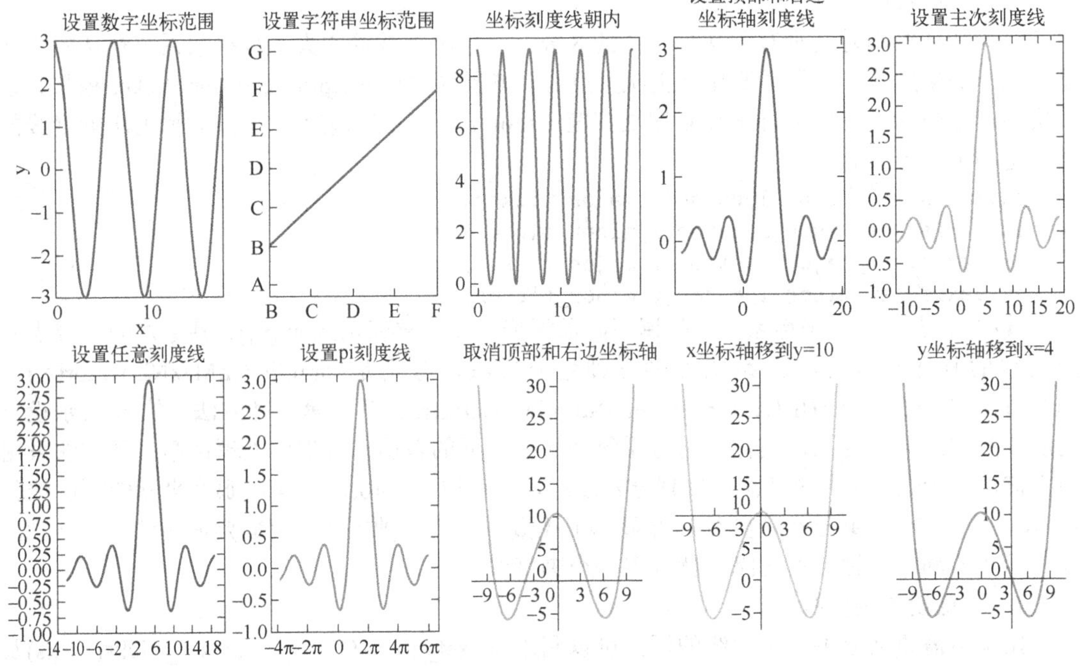

图 2-28　各种坐标轴设置效果图

2.4.3 网格设置（网格线型、线宽）

Matplotlib 图形绘制中，默认是没有网格线的，这个可以通过查询 mpl.rcParams.keys()得到和 grid 有关的 7 个关键字设置获知。7 个关键字的设置情况为'axes.grid': False；'axes.grid.axis': 'both'；'axes.grid.which': 'major'；'grid.alpha': 1.0；'grid.color': '#b0b0b0'；'grid.linestyle': '-',；'grid.linewidth': 0.8。上述关键字中第一个关键字 axes.grid 设置为 False 就表明系统默认是没有网格线的，但一旦第一个关键字设置为 True，则余下的 6 个关键字都自动有效，这 6 个关键字的设置有效时，分别表示网格线所有坐标轴均有；只在主刻度线上；

透明度为 1；颜色为'#b0b0b0'；线型为直线；线宽为 0.8。一般情况下，如果想要全局设置网格线，可以通过这些关键字的设置即可，如设置 mpl.rcParams['axes.grid']=True 就可以保证在后续的图形绘制中均有网格线，且其他 6 个和网格线有关的关键字均以系统默认设置为准。全局设置网格尽管简单有效，但对有些逐个单图或子图布局的绘制图形，对网格线的设置有不同的要求，就需要利用 plt.grid（单图）或 ax.grid（子图）函数进行对网格线的独立设置。独立设置网格线时，plt.grid 函数的调用格式为：

```
plt.grid(b=None, which='major', axis='both', **kwargs)
```

其中 b 为布尔参数，如果为 True，则表明有网格，但如果没有赋值，但有后续参数赋值，则参数 b 自动设置成 True。参数 which 表示网格线在刻度线的位置选择，共有 3 种选项，分别是{'major', 'minor', 'both'}；参数 axis 表示网格线在坐标轴的位置选择，也有 3 种选项，分别是{'both', 'x', 'y'}；**kwargs 表示其他各种有效的参数设置，如颜色、线宽、线型等，可以设置成下面的形式：

```
plt.grid(which='both', axis='both', color='r',linestyle='-',linewidth=2)
```

对于子图布局的，则需要利用 ax.grig 函数独立设置，注意网格线的位置和刻度线的位置有关，网格线的设置必须配合刻度线的设置情况，下面是网格线设置 4 种方法核心代码（23-grid_set.py）

```
ax[0].grid()
ax[1].grid(which='major',color='b',linestyle=':',linewidth=1.5)
ax[2].grid(color="purple",which="both",linestyle=':',linewidth=1.5)
ax[3].grid(which='both',axis='x',color='m',linestyle=':',linewidth=1.5)
```

运行核心码所在的程序 23-grid_set.py 得到图 2-29。

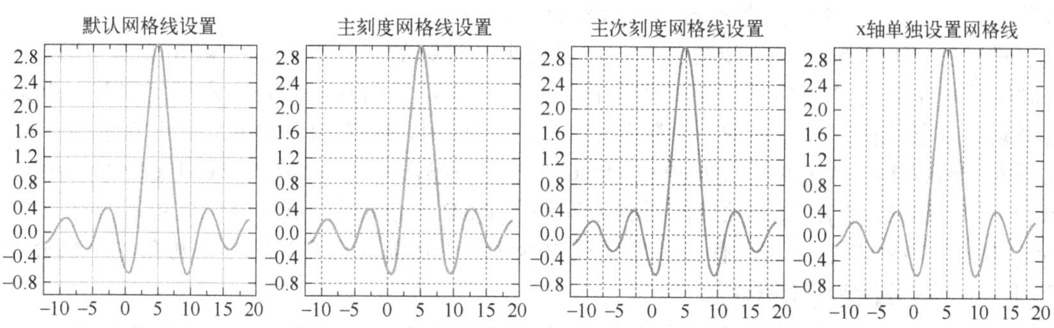

图 2-29　四种不同情况设置的网格线图形

2.4.4　线型线宽设置

线型线宽是 Matplotlib 多种函数中用到的参数，线型参数为 linestyle，可以简写成 ls；线宽参数是 linewidth，可以简写成 lw。线型参数主要有'-'实线样式、'--'短横线样式、'-.'点划线样式、':'虚线样式四种；线宽参数采用浮点数。下面是不同线型线宽绘制线条的代码：

```
import numpy as np
import matplotlib.pyplot as plt
#loc=1,2,3,4=右上角,左上角,左下角,右下角=uper right,upper left,lower left,lower
right
fig,ax=plt.subplots(figsize=(9,9))
ls=['-',':','-.','--']#ls=linestyles
x=np.linspace(-10,10,100)
for n in range(1,9):
        ax.plot(x,0 * x+n,lw=n,ls=ls[n%4],label="lw=%d" % n)
```

```
ax.legend(ncol=4,loc='lower left',bbox_to_anchor=(0,1),fontsize=16)
#nocl 表示图例分为多少列,loc 表示图例位置
fig.subplots_adjust(top=0.8);
plt.xticks([])
plt.yticks([])
plt.ylim(0,9)#y 轴取值范围为 0-9
plt.show()
```

运行上述代码（24-ls-lw_set.py），得到图 2-30 所示的图形。

2.4.5 颜色设置

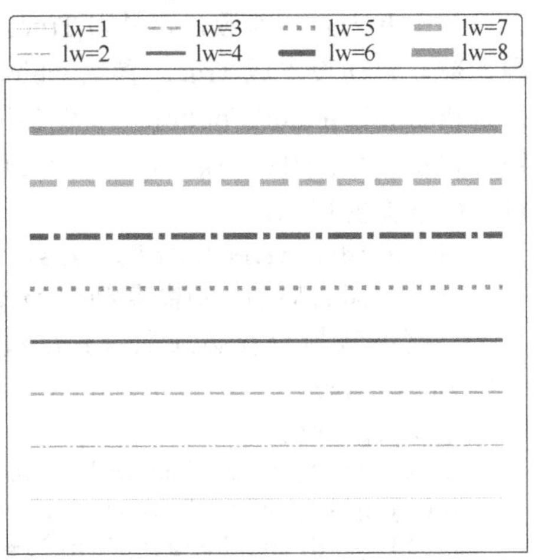

图 2-30 各种线型及线宽绘制图形

颜色设置在 Matplotlib 图形绘制中的许多函数和对象都要用到，不同函数不同对象对颜色设置的参数名称各有不同，一般 color 是通用的颜色设置参数，可以简写为 c，如线条的颜色、网格线的颜色；参数 facecolor 表示背景颜色,一般默认为 None；参数 edgecolor 表示边框颜色，一般默认为 None；参数 markeredgecolor 表示标记边框颜色，可简写为 mec；参数 markerfacecolor 表示标记背景颜色可简写为 mfc。有关更多的设置颜色参数，读者可根据具体函数的帮助文档获取信息。一般对这些颜色的设置可以直接用英文名称的字符串或简写字符串如常见的蓝色'b'、绿色'g'、红色'r'、青色'c'、品红色'm'、黄色'y'、黑色'k'、白色'w'，也可以用'purple'表示紫色，'pink'表示粉红色，'lightblue'表示浅蓝色；还可以用十六进制的字符串表示，'#0f0f0f '，注意十六进制字符串中共有 7 个字符，第一个字符统一为“#”，后面六位才是十六进制字符，Python 绘制系列线条或图形时会采取一套默认的颜色循环机制，共有 10 种颜色，其十六进制字符串代码为 ['#1f77b4', '#ff7f0e', '#2ca02c', '#d62728', '#9467bd', '#8c564b', '#e377c2', '#7f7f7f ', '#bcbd22', '#17becf ']。其他颜色的设置方法还有 RGB 三色值及 cmap 颜色映射等方法，其中 cmap 共有 170 种映射方法。有关颜色设置的具体应用在前面已有实例，不再集中举例介绍。

2.4.6 数据点标记设置

Matplotlib 在绘制数据图形时提供了多种数据点标记，主要有表 2-1 所示 23 种标记。

表 2-1 Matplotlib 图形绘制的 23 种数据标记对照表

字符	'.'	','	'o'	'v'	'^'	'<'
描述	点标记	像素标记	圆标记	倒三角标记	正三角标记	左三角标记
字符	'>'	'1'	'2'	'3'	'4'	's'
描述	右三角标记	下箭头标记	上箭头标记	左箭头标记	右箭头标记	正方形标记
字符	'p'	'*'	'h'	'H'	'+'	'X'
描述	五边形标记	星形标记	六边形标记 1	六边形标记 2	加号标记	X 标记
字符	'x'	'D'	'd'	'|'	'_'	
描述	x 标记	菱形标记	窄菱形标记	竖直线标记	水平线标记	

对于表 2-1 中的数据的标记进行编程，运行（25-marker_set.py）,得到图 2-31 所示的图形。

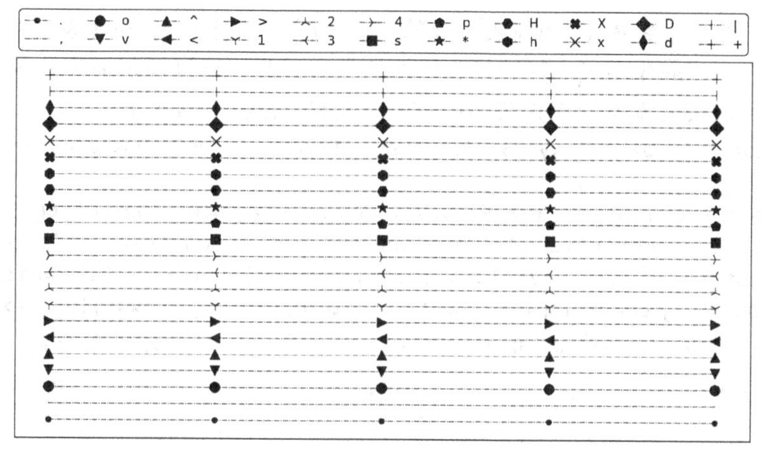

图 2-31　各种数据点标记图形

2.4.7　文本标注

在图形绘制中，有时需要在图形的特殊位置标注文字，这时就需要调用 text 函数。该函数无论是全局调用还是子图调用，调用格式是一致的，无需像 title 函数调用那样，子图调用时需要添加“set_”，全局调用用 plt.text，子图调用用 ax.text。text 函数完整参数模式调用为：text(x, y, s, fontdict=None, **kwargs)。其中 x，y 为标注文字左下角的坐标位置，注意具体数据和该坐标绘制数据有关，可以设置其他通用参数，也可通过 fontdict 设置标注文字的边框及文本框填充等特性，如 text(x, y, s, bbox=dict(facecolor='red', alpha=0.5))。更多有关 text 函数的内容可以通过运行 help(plt.text)，下面是三种文本不同放置策略的核心代码 (25-text_set.py)：

```
ax[0].text(5.8,2.8,'最高点')
ax[1].text(5,-0.85,'主刻度线' ,bbox=dict(facecolor="w",alpha=1,edgecolor='b',
 lw=2))
ax[2].text(9.5,-0.89,'最低点',bbox=dict( facecolor="pink",alpha=0.5,edgecolor=
'b',lw=2))
```

运行上述代码所在的程序 26-text_set.py，得到图 2-32。

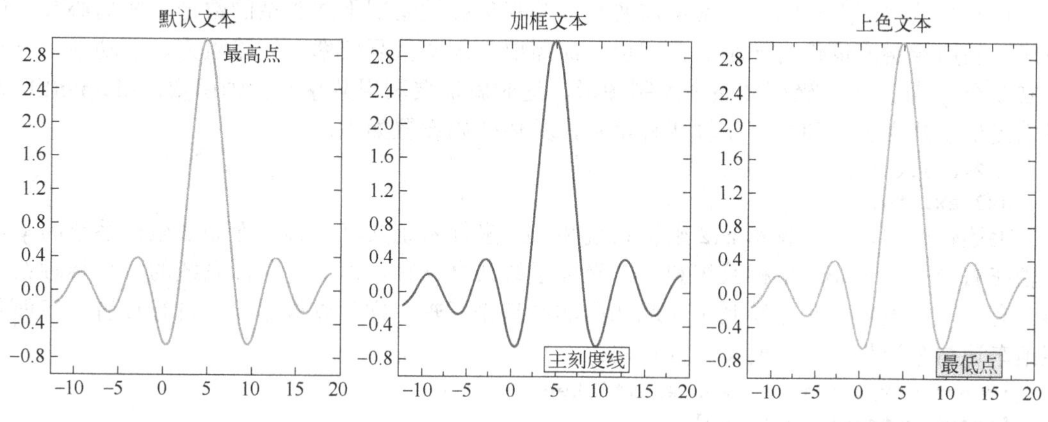

图 2-32　三种文本放置策略图形

2.4.8　箭头文本

箭头文本是箭头指向和文本标注的综合使用，可以让人们更加明白标注文本的具体指向，其一般调用格式为 plt.annotate(text, xy, xytext, arrowprops)，其中参数 text 为字符串参数，表示放置文本的内容；参数xy为箭头指向的坐标，用元组表示；xytext表示放置文本位置的坐标，用元组表示；arrowprops表示箭头特性的字典参数，可以表示箭头的各种特性。

下面是三种箭头文本不同放置策略的核心代码(27-arrow_set.py):

```
ax[0].annotate( '最高点', xy=(5,3), xytext=(10,2.4), arrowprops=dict(arrowstyle='->',
color="r"))
ax[1].annotate('主刻度线',xy=(5,-0.97),xytext=(12,-0.6),bbox=dict( facecolor="w",
alpha=1, edgecolor='b',lw=2), arrowprops=dict(arrowstyle='->',color="b"))
ax[2].annotate('次高点',xy=(12.5,0.38),xytext=(11,1.3) , bbox=dict(facecolor=
"pink",alpha=0.5, edgecolor='b',lw=2),arrowprops=dict(arrowstyle='<->',color="g"))
```

运行上述代码所在的程序27-arrow_set.py，得到如图2-33所示的图形。

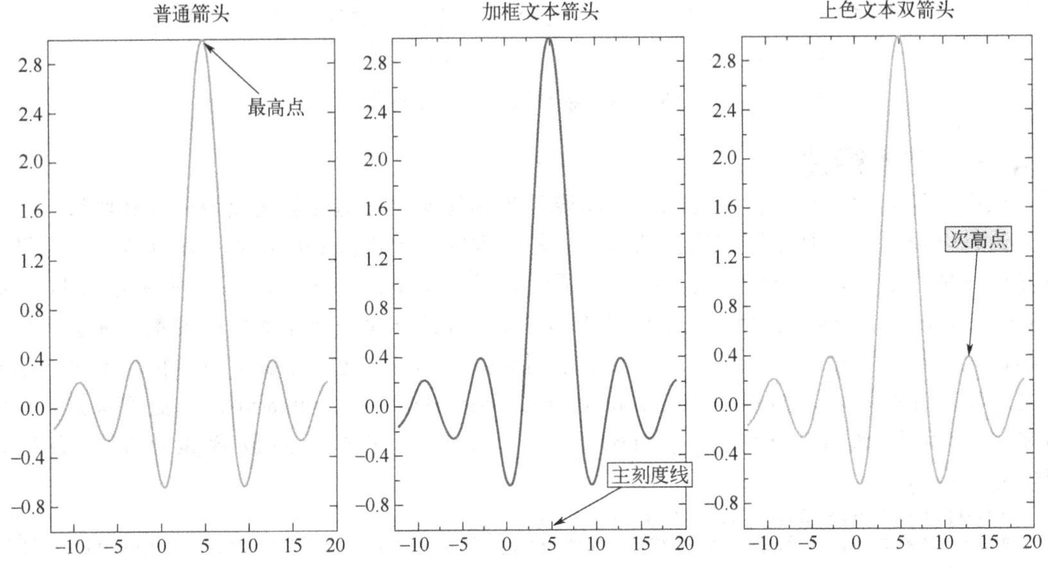

图2-33 三种箭头文本放置策略图

2.4.9 共享坐标轴

在不少数据图形绘制中，常常需要利用共享坐标轴绘制不同类型的数据，如离心泵工作曲线，利用管路流量作为x轴的自变量，而需要为因变量泵效率、管路阻力、泵功率、压头建立多个y轴在一个坐标体系中绘制图形，这时就需要利用共享坐标轴函数。Matplotlib为我们提供了共享x轴和共享y轴两种函数，具体代码设置如下：

```
ax2=ax1.twinx()
ax3=ax1.twiny()
```

上述代码的设置，表示ax2坐标系统和ax1坐标系统共享x轴，而ax2坐标系统的y坐标轴在右边；表示ax3坐标系统和ax1坐标系统共享y轴，而ax3坐标系统的x坐标轴在顶部。有了上述设置，其他绘制工作就如同非共享坐标轴一样可以根据需要进行设置，下面是某地车速与车流量共享时间x轴的代码:

```
import matplotlib.ticker as mticker
import matplotlib as mpl
import numpy as np
import matplotlib.pyplot as plt
mpl.rcParams["font.sans-serif"]=["SimHei"]   #保证显示中文字
mpl.rcParams['xtick.direction']='in'         #坐标轴上的短线朝内,默认朝外
mpl.rcParams['ytick.direction']='in'
```

```
mpl.rcParams["font.size"]=18                          #设置字体大小
mpl.rcParams['ytick.right']=True
mpl.rcParams['xtick.top']=True
flow=np.random.normal(160,60,300)                     #共 300 个随机数,均值为 160
speed=np.random.normal(30,12,300)
x=np.arange(0,24,24/300)
font1={'family':'Times New Roman'}
fig,ax1=plt.subplots(figsize=(16,6))
# 设置第一纵坐标轴的单位
ax1.yaxis.set_major_formatter(mticker.FormatStrFormatter('%d km/h'))
ax1.set_xticks([i for i in range(0,25,2)])            #自定义横轴刻度线
ax1.set_xticklabels([str(i)+':00' for i in range(0,25,2)],font1)
ax1.tick_params(labelsize=18)
ax1.plot(x,speed,'r',label="车速",ls="--")
ax1.grid()# 显示网格
ax1.set_xlabel("时间",fontsize=18)
ax1.set_ylabel('车速',fontsize=18)
ax1.set_ylim(0,70)
ax1.set_title("共享时间坐标",fontsize=18)
ax1.legend(loc='upper left',fontsize=18)              #设置图例的位置
ax2=ax1.twinx()# 第二纵轴的设置和绘图
ax2.plot(x,flow,'g',label="车流")
ax2.legend(loc='upper right',fontsize=18)
ax2.tick_params(labelsize=18)
ax2.set_ylabel("车流",fontsize=18)
ax2.yaxis.set_major_formatter(mticker.FormatStrFormatter('%d 辆/h'))
plt.xlim(0,24)                                        #限制横轴显示刻度的范围
plt.show()
```

运行上述代码的程序 28-twinxy.py，得到图 2-34 所示的图形。

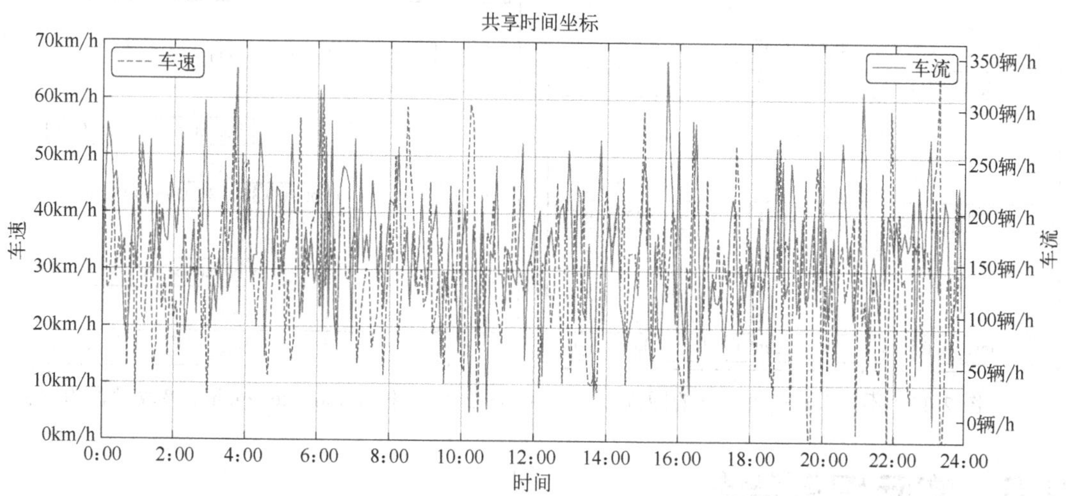

图 2-34　共享坐标轴图形

2.4.10　图例设置

当一个图中有多条曲线时，需要通过图例来说明每条曲线具体对应的情况，这时就需要通过图例来说明问题。图例的调用函数是 legend，调用格式为 plt.legend (*args, **kwargs)，

可以设置许多参数，常见的参数设置为 plt. .legend (ncol,loc,bbox_to_anchor, fontsize)，参数 nocl 表示图例每行的列数，用正整数表示；参数 loc 表示图例框在图中的位置（参数 bbox_to_anchor 未设置时有效，如已设置 bbox_to_anchor，以 bbox_to_anchor 设置的位置为准，loc 只是辅助作用，表明 bbox_to_anchor 参数确定的位置在图例框中的位置），可以用 0～10 的整数表示，也可以用字符串表示，具体情况见表 2-2。

表 2-2　loc 参数含义对照表

序号	0	1	2	3	4	5
字符串	'best'	'upper right'	'upper left'	'lower left'	'lower right'	'right'
含义	最佳	右上	左上	左下	右下	右
序号	6	7	8	9	10	
字符串	'center left'	'center right'	'lower center'	'upper center'	'center'	
含义	中左	中右	中下	中上	中	

注意一般情况下序号 0 和 1 是同一个位置；序号 5 和 7 也是同一个位置，图 2-35 是 loc 不同参数设置得到的图形，具体代码见 29-legend.py。

参数 bbox_to_anchor 是对图例框的任意精确定位可用 2 位元组数据（x,y）或 4 位元组数据(x, y, width, height)，注意 x,y 的最大值为 1，图的左下方为（0,0），图的右上方为（1,1），在有 bbox_to_anchor 时，loc 参数的含义不再是对图的位置定义，而是对图例框的定义；fontsize 表示图例中文字的大小，图例中的文字来自每条曲线绘制时对参数 label 的设置，当然也可以在 legend 函数中设置 label 参数，但并不推荐此方法，另外关于图框的填充颜色、边框线条、阴影等其他常规参数均可以进行设置，不过一般无特殊需求时，建议采用默认参数。图 2-36 是不同 bbox_to_anchor 参数设置的图形，具体代码见 30-legend_bbox.py。

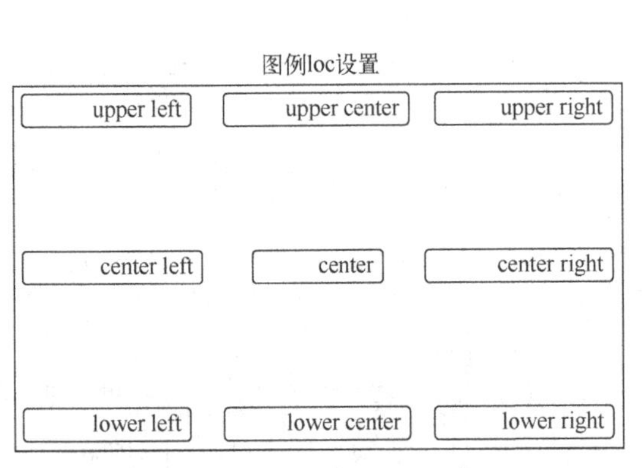

图 2-35　不同 loc 参数设置的图例

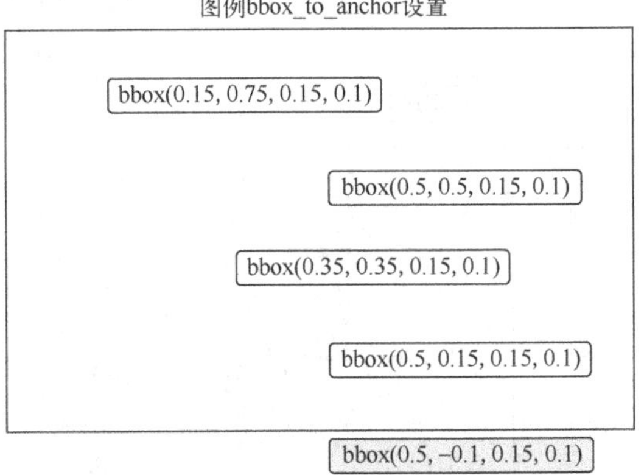

图 2-36　不同 bbox_to_anchor 参数设置的图形

2.5　实际案例绘制

前面已经介绍了 Matplotlib 绘图的基础知识，借助于这些基本知识并将它们进行综合应用，可以绘制出绝大多数数据图形，在前面基础知识的介绍过程中，已经绘制了大量的图形。在各种数据图形绘制时，一般需要通过导入绘图库及数据处理库、准备数据、绘制图形、完善细节、保存导出等 5 个主要步骤。下面再通过一些工程科学中的实际图例绘制来进一步说明 Matplotlib 数据可视化绘制技术。

2.5.1 多根函数绘制

方程求解是科学研究中最基础的任务之一，对于具有多根的单变量超越方程的求解，如果能够先绘制出所求超越方程变量和函数值关系的图形，就可以通过图形判断根的多少和大致范围。如已知方程如式（2-1），求该方程在[0,30]内的所有的根。

$$x - \mathbf{2} - \mathbf{4}x\sin\mathbf{2}x = \mathbf{0} \tag{2-1}$$

利用下面核心代码所在的程序 31-solver.py，运行该程序，可以得到图 2-37 所示的图形，由图 2-37 可以方便地观察方程式（2-1）在[0,30]范围内的根的情况。

```
fig,ax=plt.subplots(figsize=(12,6))
x=np.linspace(0,30,301)
y=x-4*x*np.sin(2*x)-2
ax.plot(x,y,lw=2,color='b')#
ax.spines['right'].set_color('none')              #取消右边坐标轴
ax.spines['top'].set_color('none')                #取消顶部坐标轴
ax.spines['bottom'].set_position(('data', 0))     #将底部 x 坐标轴移到 y=0 处
ax.spines['left'].set_position(('data',0))        #将左边 y 坐标轴移到 x=0 处
ax.set_xticks(np.arange(3,31,3))
ax.set_yticks(np.arange(-100,140,20))
ax.xaxis.set_minor_locator(mpl.ticker.MultipleLocator(1.5))  #次刻度间隔 1.5
ax.set_xlim(0,32)
ax.set_ylim(-105,145)
ax.fill([31,32,31,31],[3,0,-3,3],c="k")                      #x 坐标箭头
ax.fill([0.20,0,-0.20,-0.20],[125,145,125,125],c="k")        #y 坐标箭头
ax.set_title("多根方程示意图")
```

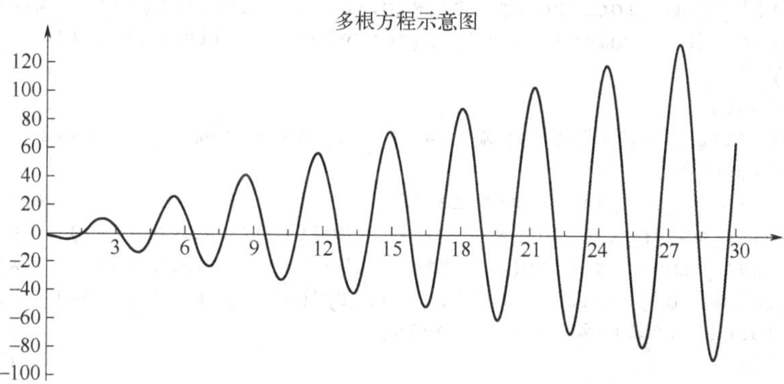

图 2-37 多根方程图形可视化

本例实际绘制中，共有 3 个关键知识点，一是通过颜色设置 None 来消除顶部及右边坐标轴；二是通过 position(('data',ps)函数将指定坐标轴移到 ps 处；三是通过 fill 函数来制作坐标轴上的箭头，注意箭头制作的具体数据需要根据坐标轴的范围进行调整。通过上述 3 个关键知识点的设置，达到了符合特殊要求的可视化数据图形绘制。

2.5.2 离心泵性能曲线绘制

在化工实验中，常常会碰到一个变量的改变会引起其他多个变量的变化，如果要绘制这样的实验曲线图，首先碰到的问题是多个变化的变量单位不同的问题，要解决这个问题，必须采用多轴绘制技术，也即共享 x 轴，建立多个 y 轴。通过实验及理论研究，已获取某离心泵的实验数据，见表 2-3。

表 2-3　某离心泵实验数据

实验点	流量 q_v/L·s^{-1}	压头 H/m	效率 η/%	管路阻力 He/m	功率 P/kW
1	0	11	0	6	2
2	2	10.8	15	6.096	2.3
3	4	10.5	30	6.384	2.5
4	6	10	45	6.864	2.9
5	8	9.2	60	7.536	3.5
6	10	8.4	65	8.4	3.9
7	12	7.4	55	9.456	4.5
8	14	6	30	10.704	5.0

根据上述数据要求绘制以流量为 x 轴，压头和管路阻力共用一个 y 轴，效率和功率各自再设置一个 y 轴，绘制出和利用 Origin 软件效果相仿的图形，核心代码如下：

```
#压头和管路阻力曲线绘制
ax.plot(x,H,label="压头 H/m",c=cy_c[1],marker=mks[2],lw=2)
ax.plot(x,He,label="管路阻力 He/m",c=cy_c[2],marker=mks[3],lw=2)
ax.legend(loc=d_loc[1],fontsize=16)                          #loc 表示图例位置
ax.set_xlim(0,15)
ax.set_ylim(5,13)
ax.set_ylabel("压头 H/m,管路阻力 He/m",fontsize=18)
ax.set_xlabel("流量"+r"$q_{v}/L·s^{-1}$",fontsize=18)
# 数学公式中的上标用^号,下标用_符号
ax.set_title("离心泵工作曲线",fontsize=18)
ax.xaxis.set_major_locator(mpl.ticker.MultipleLocator(2))    #主刻度间隔 2
ax.xaxis.set_minor_locator(mpl.ticker.MultipleLocator(1))    #次刻度间隔 1
ax.grid(color="b", which="both", linestyle=':', linewidth=1)
#效率曲线绘制
ax1=ax.twinx()
ax1.plot(x,eita,label="效率 η/%",c=cy_c[3],marker=mks[5],lw=2)
ax1.set_ylim(0,80)
ax1.legend(loc=d_loc[2] ,fontsize=16)                         #loc 表示图例位置
ax1.yaxis.set_major_locator(mpl.ticker.MultipleLocator(10))  #主刻度间隔 10
ax1.yaxis.set_minor_locator(mpl.ticker.MultipleLocator(5))   #次刻度间隔 5
ax1.grid(color="b", which="both", linestyle=':', linewidth=1)
ax1.set_ylabel("效率 η/%",fontsize=18)
#功率曲线绘制
ax2=ax.twinx()
ax2.plot(x,P,label="功率 P/kw",c=cy_c[4],marker=mks[6],lw=2)
ax2.set_ylim(0,10)
ax2.legend(loc=d_loc[3] ,bbox_to_anchor=(0.004,0.83),fontsize=16)#图例位置确定
ax2.spines['right'].set_position(('data', 16))
ax2.set_ylabel("功率 P/kw",fontsize=18)
```

运行上述核心代码所在的程序 32-pump.py，得到图 2-38 所示的图形。本例实际绘制中，共有 4 个关键知识点：一是通过 ax.twinx()函数共享 x 轴，在图形右边设置了两个 y 轴；二是通过 ax2.spines['right'].set_position(('data', 16))语句将 ax2 坐标系统的 y 轴放置在 x=16 的位置，避免和 ax1 坐标系统的 y 轴重叠；三是通过 bbox_to_anchor=(0.004,0.83)的设置，使左右两边的图例基本对称，无重叠现象；四是利用“^”符号表示上标，“_”符号表示下标，解决 x 坐标轴名称中的上下标问题。通过上述 4 个关键知识点的设置及其他通用颜色、标记、坐标

刻度等设置，达到了符合特殊要求的离心泵工作曲线绘制。

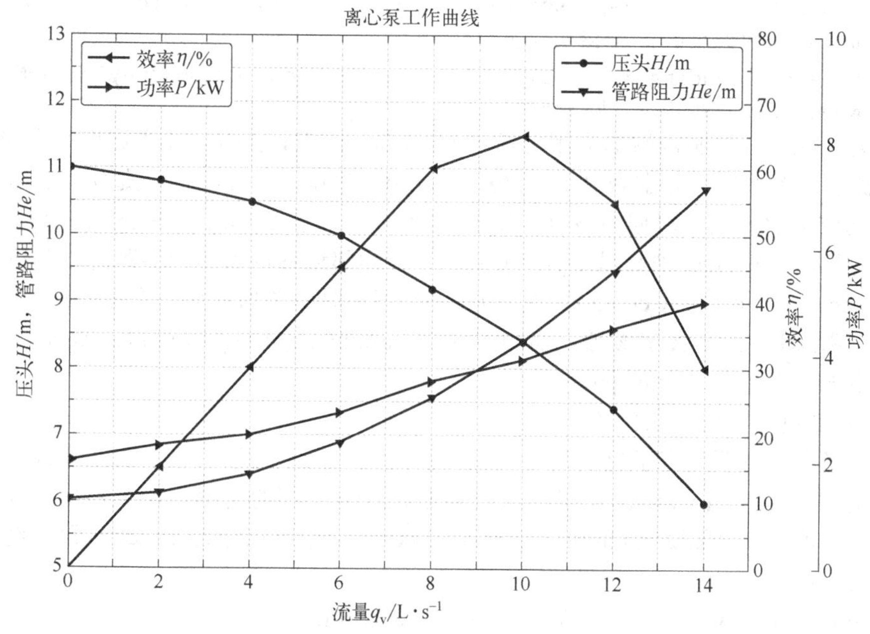

图 2-38　离心泵工作曲线图

2.5.3　二维函数值色图绘制

二维函数值的色图的绘制其实就是在二维空间的某个点上(x,y)，根据该点处的函数$z=f(x,y)$的值的大小配上颜色，当然配色的色图 cmap 及具体机理 shading 可有多种不同选项。二维函数值色图绘制的常用函数有 pcolor、imshow 以及使用相同格式数据绘制等高线或轮廓线的 contour 及 countourf 函数。下面通过式（2-2）所示的 ackley 函数色图的绘制，说明二维函数值色图的具体绘制方法。

$$f(z) = -20e^{-0.2\sqrt{\frac{x^2+y^2}{2}}} - e^{0.5(\cos 2\pi x+\cos 2\pi y)} + 20 + e \tag{2-2}$$

① 构建 x 方向和 y 方向一维数据，具体代码如下：

```
x=np.arange(-5,5.01,0.01)          #右边取 5.01 保证数据取到 5
y=np.arange(-5,5.01,0.01)
```

② 将两个一维数据构建成二维网格数据，具体代码如下：

```
X, Y=np.meshgrid(x,y)              #调用 Numpy 库中的 meshgrid 函数
```

③ 计算 ackley 函数值，具体代码如下:

```
R=np.sqrt((X**2 + Y**2)/2)
Z=-20*np.exp(-0.2*R)+20+np.exp(0.5)-np.exp(0.5*(np.cos(2*np.pi*X)+np.cos(2*
np.pi*Y)))
```

④ 确定色图 cmap 的类型及数值映射范围

Matplotlib 提供了 170 种色图类型，如 orange、winter、summer、spring、pink、RdYlBu 等，注意色图类型作为色图绘制函数的参数调用，具体设置为 cmap= 'summer'；数值映射有两种方法，一种是通过设定 vmin 及 vmax 参数的值；另一种是通过设置 norm 参数的值，而 norm 参数又通过 mpl.colors.Normalize(vmin, vmax)函数设置。设置颜色映射范围的目的是二维函数计算值 Z 在任何一个色图类型上都可一一对应，相当于数值归一化处理的作用。注意数值映射的两种方法不要同时使用。

⑤ 选择所需函数绘制色图。选择 pcolor，则具体的代码如下：

```
p=ax.pcolor(X, Y, Z, cmap='seismic',norm=norm,shading='auto')
```

注意 pcolor 函数调用时的全参数格式如下：

```
pcolor(*args, shading=None, alpha=None, norm=None, cmap=None, vmin=None,
vmax=None, data=None, **kwargs)
```

更多关于 pcolor 绘制函数的应用可通过 help(mpl.pcolor)获得，注意这里有个 shading 参数，系统提供 3 个选项，分别为 flat、auto、nearest。建议采用 auto，否则有可能出现错误提示,这是由于 flat 的着色是根据网格点 Z[i, j]的值在 4 个二维点[(i, j), (i+1, j), (i, j+1), (i+1, j+1)]的方格内进行，而 nearest 则是以(i, j)为中心，延伸到邻近网格点的一半距离。其他 3 种函数的调用和 pcolor 相仿，注意 countour 及 countourf 调用时需要增加同一个等高线数目的参数，而 imshow 调用时，无需 X,Y 参数，而用 extent=[x.min(), x.max(), y.min(), y.max()]代替，具体的调用格式见程序 33-ackley.py。

⑥ 绘制颜色与数值对应色条

绘制色条十分重要，有了色条，用户就可以清楚明白不同颜色表示的具体数值，色条的绘制函数是 plt.colorbar(p, ax=ax)，其中 p 表示前面绘制色图的句柄，ax 表示坐标体系，一般建议采用默认即可。如果设置 cb=plt.colorbar(p, ax=ax)，则可以通过 cb.set 函数来设置色条的 label、ticks、alpha 等参数。

下面是 4 种 ackley 函数色图绘制核心代码（33-ackley.py）

```
fig, ax=plt.subplots(1, 4, figsize=(16, 4) )                    #布局设置
#pcolor 绘制
p=ax[0].pcolor(X, Y, Z, cmap='seismic',norm=norm,shading='auto')
plt.colorbar(p, ax=ax[0])
ax[0].set_title("pcolor 绘制")
#contour 绘制
p=ax[1].contour(X, Y, Z, 15, cmap=mpl.cm.RdBu,norm=norm)       #15 是等高线数目
plt.colorbar(p, ax=ax[1])
ax[1].set_title("contour 绘制")
#imshow 绘制
p=ax[2].imshow(Z, norm=norm, cmap='summer',
               extent=[x.min(), x.max(), y.min(), y.max()])
plt.colorbar(p,ax=ax[2],orientation='horizontal')
ax[2].set_title("imshow 绘制")
#contourf 绘制
p=ax[3].contourf(X,Y,Z,15,cmap=mpl.cm.RdBu,norm=norm)#cmpa 共有 170 种
plt.colorbar(p, ax=ax[3])
ax[3].set_title("contourf 绘制")
```

运行上述核心代码所在的程序 33-ackley.py，得到图 2-39 所示的图形。

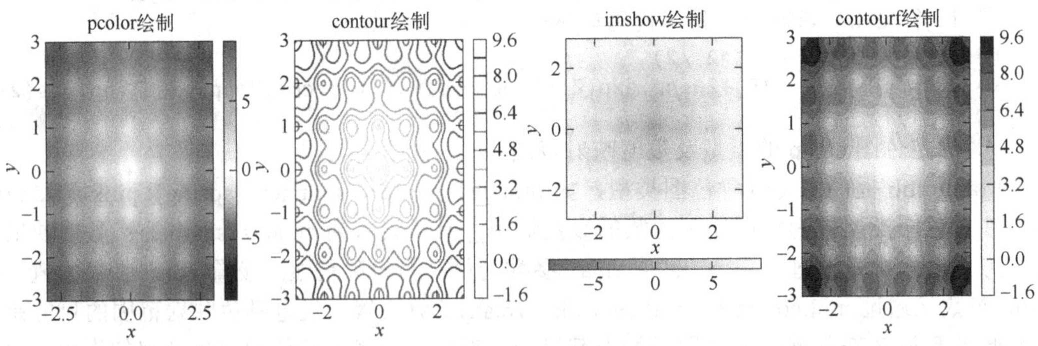

图 2-39　四种函数绘制的色图

2.5.4 地壳元素含量饼状图绘制

现时地球的地壳中若依质量来排序所含元素的前八个分别是氧（46.6%）、硅（27.7%）、铝（8.1%）、铁（5.0%）、钙（3.6%）、钠（2.8%）、钾（2.6%）、镁（2.1%）及其它元素（1.5%），下面是地壳元素含量饼状图绘制的核心代码（34.pie_earth.py）：

```
x=[0.466,0.277,0.081,0.050,0.036,0.028,0.026,0.021,0.015]   #元素含量
labels=['氧','硅','铝','铁','钙','钠','钾','镁','其他' ]       #元素名称
wedges,texts,autotexts=plt.pie(x,startangle=45,shadow=False,
        colors=cy_col,autopct="%3.1f%%",textprops=dict(color="w"))
plt.text(-0.20,-1.15,"地壳元素含量表")     #将原来的 title 用 text 放在下面
xValue=np.zeros(9)                          #数据转换
for i in range(9):
    xValue[i]=int(x[i]*100*10)/10
xValue=[xValue]                             #一维转二维
plt.table(loc='bottom',                     #表格在图表区的位置
          colLabels=labels,                 #表格每列的列名称
          colColours=None,                  #表格每列列名称所在单元格的填充颜色
          colLoc='center',                  #表格中每列列名称的对齐位置
          colWidths=[0.15]*9,               #表格每列的宽度,对字体大小有影响
          cellText=xValue,                  #表格中的数值，每行数据的列表
          cellLoc='center',                 #表格中数据的对齐位置
          rowLabels=["含量,%"],             #表格行名称
          fontsize=16 )
plt.legend(wedges, labels,loc='center left',title="元素名称",bbox_to_anchor=
(0.9,0,0.3,1))
```

运行上述核心代码所在程序 34.pie_earth.py，得到图 2-40 所示的图形。

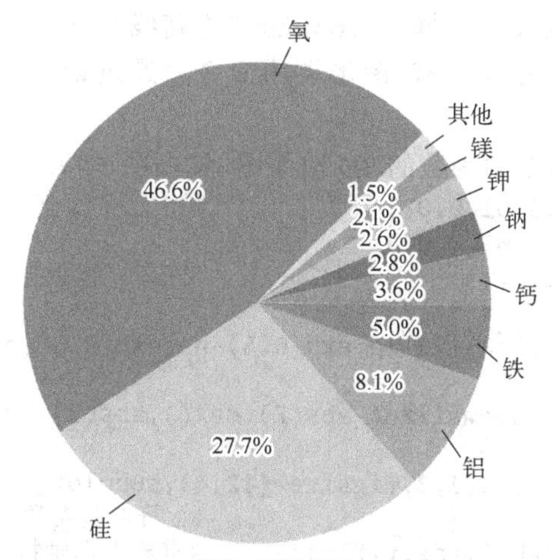

地壳元素含量表

	氧	硅	铝	铁	钙	钠	钾	镁	其他
含量，%	46.6	27.7	8.1	5.0	3.6	2.8	2.6	2.1	1.5

图 2-40　地壳元素含量饼状图

在图 2-40 的绘制中需要注意下面五个知识点的应用：一是在绘制饼状图时获取 wedges，texts，autotexts 三个句柄，以便在图例绘制时使用；二是在饼状图绘制函数中不设置 labels 参数，这样就不会在饼状图周围标注 labels，同时通过参数 textprops=dict(color="w")设置饼状图上显示的数字颜色为白色；三是利用 plt.legend(wedges, labels)设置图例，注意

bbox_to_anchor 参数的设置；四是采用 text 函数而不是 title 函数，将原来在上部的标题移动到饼图与表格之间；五是采用 table 函数绘制表格。通过以上五点特殊的设置以及其他通用的设置，成功绘制图 2-40。

2.6 3D 图像绘制

对于 3D 图像的绘制既可以通过 from mpl_toolkits.mplot3d.axes3d import Axes3D 显式地导入 Axes3D 对象，该对象的具体内容可以在导入后通过 dir(Axes3D)查询得到，里面包含了诸如'tricontour', 'tricontourf', 'tripcolor', 'triplot'等绘制函数及其他常规设置功能的函数。对于一般要求的 3D 图形绘制，无需显式导入 Axes3D 对象，可通过下面两种在子图布局设置时，添加参数 projection 的设置，也可以方便地绘制 3D 图形，同时也可以像在 2D 图形绘制时一样设置各种诸如坐标名称、刻度、范围等特性的参数，下面是两种子图绘制 3D 图形布局设置代码：

```
fig, ax=plt.subplots(1, 4, figsize=(16, 4),subplot_kw={'projection': '3d'})
                                                    #1 行 4 列子图布局
ax=plt.subplot(131, projection='3d')                #1 行 3 列子图布局
```

注意第一项设置时返回画布 fig 和画布上的坐标系对象 ax，接下来在该坐标系对象上进行的操作均需要加上前缀“ax[i].”，如果是多行多列时则需要加前缀“ax[i,j].”，i，j 均从 0 开始计数；第二项设置时只返回坐标系对象，每个子图需要分别设置，在绘制 3D 图形前加前缀“ax.”即可调用各种命令。

3D 图形的绘制过程基本和绘制 2D 的色图相仿，也需经过数据处理(x，y)、网格生成(X,Y)、数据点计算（Z）、立体图绘制、色条绘制等步骤。其中立体图绘制的主要命令有 plot_surface（表面）、plot_wireframe（线框）、contour（等高线）、bar3D（柱状）等，有关这些绘制函数的具体应用，可以在加载 3D 图形调用命令后通过诸如 help(ax[0]. plot_wireframe)函数进行查询。

下面是绘制公式(2-2)函数的 3D 曲面图、线框图、等高线图的核心代码(37-3D_draw.py)：

```
x=np.arange(-5,5.01,0.02)              #将 x 从-5 到 5,间隔 0.02 进行取点.
y=np.arange(-5,5.01,0.02)
X,Y=np.meshgrid(x,y)                   #生成网格数据点
R=np.sqrt((X**2 + Y**2)/2)
Z=-20*np.exp(-0.2*R)+20+np.exp(0.5)-np.exp(0.5*(np.cos(2*np.pi*X)+np.cos(2*
np.pi*Y)))
norm=mpl.colors.Normalize(-abs(Z).max(),abs(Z).max())    #确定映射数据范围
#布局设置
fig,ax=plt.subplots(1,3,figsize=(12,4),subplot_kw={'projection':'3d'})
                                       #1 行 3 列布局
def title_and_lablim(ax,title):        #常规坐标轴特性设置,可通用
      ax.set_title(title)
      ax.set_xlabel("$x$",fontsize=16)
      ax.set_ylabel("$y$",fontsize=16)
      ax.set_zlabel("$z$",fontsize=16)
      ax.set_xlim(-5,5.1)
      ax.set_ylim(-5,5.1)
      ax.set_xticks(np.arange(-5,5.1,1))
      ax.set_yticks(np.arange(-5,5.1,1))
p=ax[0].plot_surface(X,Y,Z,rstride=1,cstride=1,linewidth=0,antialiased=False,
norm=norm, cmap=mpl.cm.copper)
rstride=1,cstride=1 表示行、列的跨度,跨度越大线条密度越疏
```

```
ax[0].contour(X,Y,Z,zdir='z',offset=0,norm=norm,cmap=mpl.cm.copper)
# zdir 表示投影方向;offset 表示垂直于投影方向的被投影平面的偏移量
fig.colorbar(p,ax=ax[0],shrink=0.8)
title_and_lablim(ax[0],"plot_surface+z_contour")
p=ax[1].plot_wireframe(X,Y,Z,rstride=5,cstride=5,norm=norm,cmap=mpl.
cm.RdBu,lw=0.5)
ax[1].contour(X,Y,Z,zdir='z',offset=0,norm=norm,cmap=mpl.cm.RdBu)
title_and_lablim(ax[1],"plot_wireframe+z_contour")
ax[2].contour(X,Y,Z,zdir='z',offset=0,norm=norm,cmap=mpl.cm.Blues)
ax[2].contour(X,Y,Z,zdir='y',offset=5,norm=norm,cmap=mpl.cm.copper)
ax[2].contour(X,Y,Z,zdir='x',offset=-5,norm=norm,cmap='Purples')
title_and_lablim(ax[2],"3D_contour")
```

运行上述核心代码所在的程序 35-3D_draw.py，得到图 2-41 所示的图形。如果采用第二种子图布局设置的 3D 图形绘制，即调用 ax=plt.subplot(131, projection= '3d')的形式设置坐标系，也完全无需显式地调用 from mpl_toolkits.mplot3d.axes3d import Axes3D，照样绘制出和图 2-41 所示的图形，具体代码见程序 36-3D_draw.py。

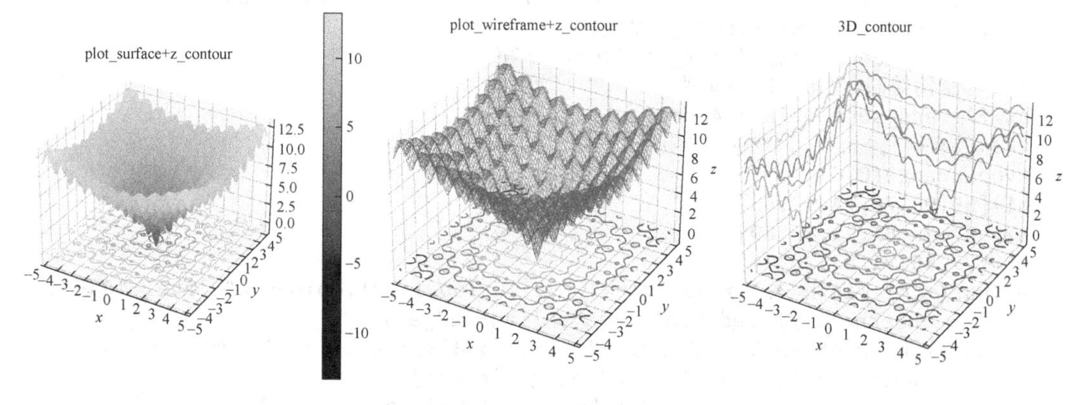

图 2-41　3D 图形绘制

2.7　二维绘制命令在三维空间绘制

在 2.4 小节中介绍了多种二维空间绘制各种图形的命令，其实这些命令有不少可以在三维空间进行应用。应用时可以借助于上面介绍的两种 3D 图形绘制子图布局设置的方法进行绘制，但本节介绍利用 from mpl_toolkits.mplot3d.axes3d import Axes3D 导入 Axes3D 模块进行 3D 图形绘制的方法，该方法先通过下面代码建立起 3D 绘制的环境：

```
import matplotlib.pyplot as plt
from mpl_toolkits.mplot3d.axes3d import Axes3D
fig=plt.figure()
ax=fig.add_subplot(1,1,1,projection='3d' )
```

这样就可以在坐标轴实例 ax 上利用二维绘制的命令函数绘制具有 3D 效果的图形，当然也可以使用像 bar3D 那样的 3D 绘制命令。下面是利用 plot、bar、scatter 及 bar3D 命令绘制具有 3D 效果的线条图、散点图、柱状图及它们的结合体，具体核心代码如下（37-axes3D.py）：

```
t=np.arange(0,5*np.pi,0.01)      #将 x 从-5 到 5,间隔 0.01 进行取点
x=5*np.sin(2*t)
y=5*np.cos(2*t)
z=0.5*t
fig=plt.figure()
```

```
#线条绘制
ax=fig.add_subplot(2,3,1,projection='3d')
p=ax.plot(x,y,z,c="m")
title_and_lablim(ax, "plot_3Dline")
#散点线条绘制
t=np.arange(0, 5*np.pi, 0.1)          #将 x 从-5 到 5,间隔 0.1 进行取点
x=5*np.sin(2*t)
y=5*np.cos(2*t)
z=0.5*t
ax=fig.add_subplot(2,3,2,projection='3d')
p=ax.scatter(x,y,z,c="blue",marker="*",s=20)
title_and_lablim(ax, "plot_3Dscatter")
#随机散点
ax=fig.add_subplot(2,3,3,projection='3d')
x=2*np.random.randn(300)
y=2*np.random.randn(300)                   #随机产生 300 个数据
z=np.random.randn(300)
p=ax.scatter(x,y,z,c=z,cmap=mpl.cm.RdYlBu,marker="o",s=60,zdir="z")
fig.colorbar(p, ax=ax,shrink=0.5)
title_and_lablim(ax, "plot_randscatter")
#3D 柱状图绘制,投影方向为 y 轴
ax=fig.add_subplot(2,3,4,projection='3d')
tkl=['有机','无机','物化','电工','金工','建工']
x=np.arange(0,6)
h1=[66,93,78,74,92,85]
h2=[87,75,81,91,86,69]
h3=[77,85,91,83,76,94]
ax.bar(x,h1,width=0.3,zs=0,zdir="y",tick_label=tkl,color="r",label="A 班",
       hatch="////",edgecolor="b",align='edge')
ax.bar(x,h2,width=0.3,zs=2,zdir="y",alpha=0.5,label="B 班",
       hatch="//",edgecolor="b",align='edge')
ax.bar(x,h3,width=0.3,zs=4,zdir="y",alpha=0.5,label="C 班",
       hatch="//",edgecolor="b",align='edge')
ax.set(zlabel="z",yticks=[0,2,4], yticklabels=["A 班","B 班","C 班"] )
ax.set_title("三个班级各科平均成绩比较")
#渐开线 3D 柱状图,采用 bar3D,柱体可以有长、宽、高共 3 个参数
ax=fig.add_subplot(2,3,5,projection='3d' )
thta=np.linspace(0,2*np.pi,12)
x=3*thta*np.cos(thta)
y=3*thta*np.sin(thta)
z=3*thta
p=ax.bar3d(x, y, 0* np.ones_like(x),
           0.9* np.ones_like(x), 0.9 * np.ones_like(x),z,color="red",
           edgecolor="b")
ax.plot(x,y,z,c="b")
ax.set_title("渐开线立体柱状图")
#投影方向为 x 轴
ax.set(zlabel="z",xlabel="x",ylabel="y")
ax=fig.add_subplot(2,3,6,projection='3d')
ax.bar(y,h1,width=0.3,zs=0,zdir="x",color="r",label="A 班",
      hatch="////",edgecolor="b",align='center')
ax.bar(y,h2,width=0.3,zs=2,zdir="x",alpha=0.5,label="B 班",
      hatch="//",edgecolor="b",align='center')
ax.bar(y,h3,width=0.3,zs=4,zdir="x",alpha=0.5,label="C 班",
      hatch="//",edgecolor="b",align='center')
ax.set(zlabel="z",xticks=[0,2,4],xticklabels=["A 班","B 班","C 班"],
```

```
        yticks=np.arange(0,6),yticklabels=tkl)
    ax.set_title("三个班级各科平均成绩比较")
```

运行上述核心代码所在的程序 37-axes3D.py，得到图 2-42。

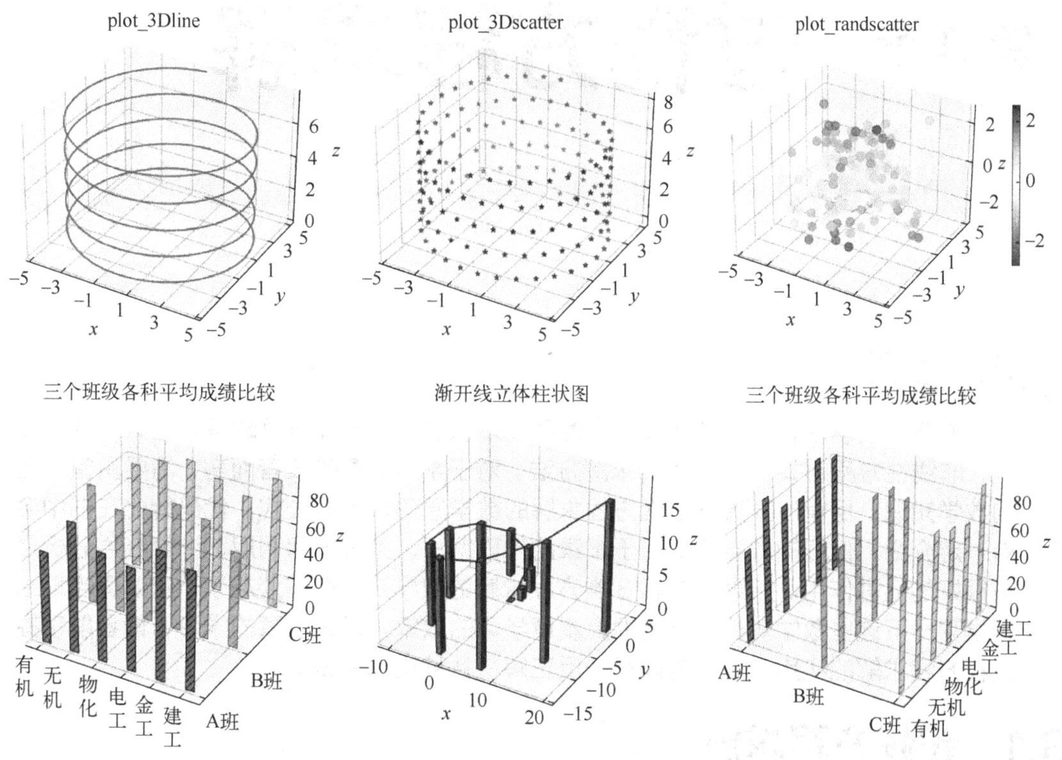

图 2-42　利用 axes3D 环境绘制 3D 图形

本章重点知识

本章主要介绍了利用 Matplotlib 第三方库绘制各种数据图形的方法。这些图形包括二维的折线图、散点图、柱状图、饼状图、直方图、箱线图、棉棒图、误差棒图，三维的曲面图、线框图、等高线图、三维柱状图、三维散点图、三维曲线图等。读者需要重点掌握绘制这些图形函数的调用环境及具体参数设置，重点在弄清楚各种绘制函数各自特有参数的含义及设置方法，对于诸如颜色 color、字体 font、边框线颜色 edgecolor、标记 marker、线条粗细 linewidth、线条类型 linestyle 等通用参数能够灵活应用，并掌握这些参数的全称和简称。总之，通过本章的学习，必须具备了只要能想象到的数据图形，就可以利用 Matplotlib 第三方库将它绘制出来，获得可视化的数据图形的能力，为后续有关章节的学习提供数据可视化工具。

习　　题

请将本章全部案例代码自己运行一遍，并尝试修改部分数据和代码，绘制出不同的数据图形，写出不少于 2000 字的学习心得。

第 3 章 过程方程求解

【本章导读】

本章主要学习利用 Python 语言的基础知识及第三方库求解超越方程、线性方程组、非线性方程组共 3 类方程的求解方法。对于学习本章的读者而言，需要具备一定的数学知识。尽管涉及具体过程方程求解的数学原理、计算公式、代码转化在书中会有一定介绍，但好的数学知识对于本章的代码编写、第三方库调用、计算结果分析具有很好的促进作用。如果对本章 3 类方程求解的数学知识有些淡忘了，建议适当地回顾学习一下这些数学知识，这将提高本章学习的效率。通过本章的学习，读者能掌握过程方程求解的实用方法，并能举一反三解决各种实际问题。

3.1 超越方程求解

超越方程（transcendental equation）是包含超越函数的方程，该类方程中有无法用自变量的多项式或开方表示的函数，如 $e^x x=1$，$x=\sin x$ 等方程。超越方程的求解无法利用代数几何来进行，大部分的超越方程求解没有一般的公式，也很难求得解析解，只有数值解或近似解，特殊的超越方程才可以求出解析解来。

尽管超越方程求解困难，但它却是工程实际问题中必然遇到的方程之一，如常见的雷诺数和摩擦系数关系方程，如式（3-1）：

$$\left(\frac{1}{\lambda}\right)^{0.5}=1.74-2\lg\left[\frac{2\varepsilon_i}{d_i}+\frac{18.7}{Re\lambda^{0.5}}\right] \tag{3-1}$$

这是一个典型的超越方程，在工程管路设计中经常碰到，其中 λ 是需要求解的摩擦系数，雷诺数 Re 及管道内径 d_i 和表面粗糙度 ε_i 是已知数据。

在天文学中，有关轨道偏近点角 E 的开普勒方程如式（3-2）：

$$M=E-e\sin E \tag{3-2}$$

其中 E 为所求变量偏平近点角，已知数据 M 为轨道的平近点角，e 为轨道的离心率，式（3-2）也是超越方程。

3.1.1 基本方法

超越方程一般无法解析求解，只能采用数值求解或图形求解。图形求解通过两条曲线的交点来确定方程的解，误差较大。对于计算机编程而言，超越方程可采取数值求解。数值求解超越方程有多种方法，下面介绍几种常见的数值求解方法。

（1）直接迭代法

对给定的方程 $f(x)=0$，将它转换成等价形式：$x=\varphi(x)$。给定初值 x_0，由此来构造迭代序列 $x_{k+1}=\varphi(x_k)$，$k=1,2,\cdots$，如果迭代收敛，即 $\lim\limits_{k\to\infty}x_{k+1}=\lim\limits_{k\to\infty}(x_k)=b$，有 $b=\varphi(b)$，则 b 就是方程 $f(x)=0$ 的根。在计算过程中，当 $|x_{k+1}-x_k|$ 小于给定的精度控制量时，取 $b=x_{k+1}$，停止计算。如 $e^x x=1$ 的超越方程，可以选取 $x_{k+1}=\dfrac{1}{e^{x_k}}$ 格式进行迭代。注意迭代格式中的下标变量 k 仅表示计算次序，并不表示不同的变量符号。

（2）松弛迭代法

有些超越方程当用直接迭代法求解时，迭代过程是发散的。如超越方程 $x\sin x+7x-18=0$，采用 $x_{k+1}=\dfrac{18-7x_k}{\sin(x_x)}$ 迭代格式，从 $x_0=1$ 开始迭代，可以求得 13.0723、−151.6656、−1413.5108、48485.6641 等一系列数值，迭代计算得到的数值越来越大，很快就无法计算。这时可引入松弛因子，采用松弛迭代法进行迭代。通过选择合适的松弛因子，就可以使迭代过程收敛。松弛法的迭代公式如下：

$$x_{k+1}=x_k+\omega(\varphi(x_k)-x_k) \tag{3-3}$$

由上式可知，当松弛因子 ω 等于 1 时，松弛迭代变为直接迭代。当松弛因子 ω 大于 1 时松弛法使迭代步长加大，可加速迭代，但有可能使原来收敛的迭代变成发散；当 $0<\omega<1$ 时，松弛法使迭代步长减小，这适合于迭代发散或振荡收敛的情况，可使振荡收敛过程加速。当 $\omega<0$ 时,将使迭代反方向进行，可使一些迭代发散过程收敛。

松弛法是否有效的关键因子是松弛因子 ω 值的选定。如果 ω 值选用适当，能使迭代过程加速，或使原来不收敛的过程变成收敛。但如果 ω 值选用不合适，则效果相反，有时甚至会使原来收敛的过程变得不收敛。松弛因子的数值往往要根据经验选定，但选用较小的松弛因子，一般可以保证迭代过程的收敛。如对式（3-1）所示的方程，假设：

$$x=\left(\frac{1}{\lambda}\right)^{0.5},\frac{2\varepsilon_i}{d_i}=0.1,\ Re=5000,\ x^{(0)}=0,\ \omega=0.5$$

则利用松弛迭代公式可得：

$$x^{(k+1)}=0.5x^{(k)}+0.5\times(1.74-2\lg\left[0.1+\frac{18.7}{5000}x^{(k)}\right],k=1,2,\cdots\cdots \tag{3-4}$$

经 11 次迭代可得摩擦系数为 0.07593。

（3）韦格斯坦法

此法是一种迭代加速方法，其一般计算通式为：

$$x_{n+1}=x_n+\frac{1}{1-k}[\phi(x_n)-x_n] \tag{3-5}$$

其中 $k=[\phi(x_n)-\phi(x_{n-1})]/[x_n-x_{n-1}]$，注意下标 n 相当于前面两种方法中的下标 k，由上述公式可知，韦格斯坦法也是一种松弛法，其松弛因子为：

$$\omega=\frac{1}{1-k} \tag{3-6}$$

一般情况下，当 $1>k>0$ 时，迭代过程为单调收敛过程。当 $-1<k<0$ 时，迭代过程为振荡收敛过程，但当 $k=1$ 时，收敛将发散，故在编程计算时应注意当 $k=1$ 时则取 $k=0$ 进行计算。

（4）牛顿迭代法

对方程 $f(x)=0$ 可构造多种迭代格式 $x_{k+1}=\varphi(x_k)$，牛顿迭代法是借助于对函数 $f(x)=0$ 的泰勒展开而得到的一种迭代格式，其具体的迭代格式为式（3-7）所示：

$$x_{k+1}=x_k-\frac{f(x_k)}{f'(x_k)},\quad k=1,2,\cdots \tag{3-7}$$

如对于 m 个组分等温闪蒸的物料和相平衡计算中得到非线性方程：

$$\sum_{i=1}^{m}\frac{z_i(1-k_i)}{k_i+a}=0 \tag{3-8}$$

如采用牛顿迭代公式，则可以得到如下的具体迭代公式：

$$a^{n+1}=a^n+\frac{\sum_{i=1}^{m}\frac{z_i(1-k_i)}{k_i+a^n}}{\sum_{i=1}^{m}\frac{z_i(1-k_i)}{(k_i+a^n)^2}} \tag{3-9}$$

在方程式（3-9）中只有 a 是未知数，k_i 为相平衡常数，z_i 为进料组分的摩尔浓度，均为已知数。注意式（3-9）中的 n 并不是指数，仅表示迭代次序。

（5）割线法

在牛顿迭代格式中：$x_{k+1}=x_k-\frac{f(x_k)}{f'(x_k)},\quad k=1,2,\cdots$，用差商 $f[x_{k-1},x_k]=\frac{f(x_k)-f(x_{k-1})}{x_k-x_{k-1}}$ 代导数 $f'(x_k)$，并给定初始值 x_0 和 x_1，那么迭代格式可写成如下形式：

$$x_{k+1}=x_k-\frac{f(x_k)(x_k-x_{k-1})}{f(x_k)-f(x_{k-1})},\quad k=1,2,\cdots \tag{3-10}$$

上式（3-10）称为割线法。用割线法迭代求根，每次只需计算一次函数值，而用牛顿迭代法每次要计算一次函数值和一次导数值。但割线收敛速度稍慢于牛顿迭代法，割线法为 1.618 阶迭代方法，开始时需要计算 2 个点的函数值。

（6）对分法

对分法或称二分法是超越方程近似求解的一种简单直观的方法。设函数 $f(x)$在$[a,b]$上连续，且 $f(a)f(b)<0$，则 $f(x)$在$[a,b]$上至少有一零点，这是微积分中的介值定理，也是使用对分法的前提条件。计算中通过对分区间，逐步缩小区间范围的步骤搜索零点的位置。如果所要求解的方程从物理意义上来讲确实存在实根，但又不满足 $f(a)f(b)<0$，这时可以通过改变 a 和 b 的值来满足二分法的应用条件，而这些工作均可以通过程序来完成。

3.1.2 编程求解

前面介绍超越方程的 6 种求解方法，对于确实存在实数根的方程，只要迭代格式或变量范围设置合理，均可求到实数根。但是相对简单、发散风险较小或没有发散风险的是松弛迭代法和对分法。对分法是基于函数性质的一种方法，没有发散风险；松弛迭代法只要适当选取松弛因子，一般均可以获得收敛结果，下面介绍这两种方法的编程代码。

（1）松弛迭代法（Relaxation iteration）编程

松弛迭代法需要根据不同的求解方程人工确定迭代格式，建议为这个迭代格式建立自定义函数，同时根据每次的迭代结果设置收敛判据和迭代次数超限判断，针对超越方程 $x\sin x+7x-18=0$ 的松弛迭代法核心代码如下（01-relax_itera.py）

```
f=lambda x:x*np.sin(x)+7*x-18          #超越方程
def f1(x,omiga):
```

```
        return x+omiga*((18-7*x)/np.sin(x)-x)          #迭代格式 1
    def f2(x,omiga):
        return x+omiga*((18-x*np.sin(x))/7-x)          #迭代格式 2
    eps=0.0000001                                      #收敛精度
    x0=1#初值
    k=0#迭代次数
    flag=True
    sol1=[]
    while abs(f(x0))>eps:
            x0=f1(x0,0.1)
            k=k+1
            sol1.append(f(x0))
            if k>10000:
                print("此迭代格式发散")
                flge=False
                break
    if flag==True:
        print("迭代次数 k={},x={:.5f},f(x)={:.7f}".format(k,x0,f(x0)))
    x0=1
    k=0#迭代次数
    flag=True
    sol2=[]
    while abs(f(x0))>eps:
            x0=f2(x0,0.1)
            k=k+1
            sol2.append(f(x0))
            if k>10000:
                print("此迭代格式发散")
                flge=False
                break
    if flag==True:
        print("迭代次数 k={},x={:.5f},f(x)={:.7f}".format(k,x0,f(x0)))
    fig=plt.figure(figsize=(16,8),num="收敛过程图")
    plt.plot(sol1,lw=2,color="b",marker="o",label="格式 1")#绘制迭代格式 1 函数曲线
    plt.plot(sol2,lw=2,color="r",marker="*",label="格式 2")#绘制迭代格式 2 函数曲线
    plt.xlabel("迭代次数,k",fontsize=18)
    plt.ylabel("函数值,f(x)",labelpad=5,fontsize=18)
    plt.grid(which='both', axis='both', color='r', linestyle=':', linewidth=1)
    plt.xlim(0,30)
```

运行上述核心代码所在的程序 01-relax_itera.py，得到两种不同迭代格式的迭代次数、收敛点的变量值及函数值如下：

迭代格式 1：迭代次数 k=40,x=2.32998,f(x)=-0.0000001

迭代格式 2：迭代次数 k=196,x=2.32998,f(x)= -0.0000001

具体迭代过程函数值的变化情况图见图 3-1，由图 3-1 可知，第一种迭代格式在迭代过程中，有几个点的函数值出现了突变，但在松弛因子的作用下，这些突变点很快收敛，最后收敛时的迭代次数比第二种无突变情况的迭代次数还少，但作者建议还是采用第二种迭代格式较好，因为第一种迭代格式在分母项中有 sin(x)，存在分母为零的风险。

（2）对分法编程

超越方程求解的前 5 种求解方法均有存在发散不收敛的风险，只有第 6 种方法对分法，

只要方程存在实数根，就可以通过不断搜索，得到满足收敛精度要求解。图 3-2 给出对分法的示意图，对分法计算过程基本步骤如下：

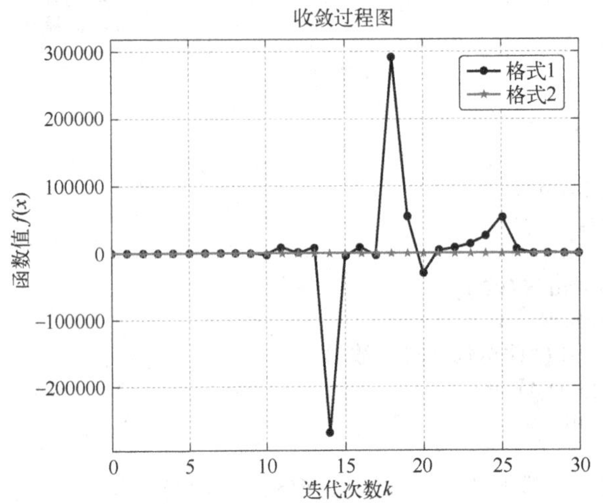

图 3-1　松弛迭代法收敛情况图

① 输入求根区间$[a,b]$和误差控制量 ε，定义函数 $f(x)$。

② 判断 $f(a)f(b)<0$ 则转下，否则，重新输入 a 和 b 的值。

③ 计算中点 $x=(a+b)/2$ 以及 $f(x)$的值，分情况处理

a．$|f(x)|<\varepsilon$：停止计算 $x^*=x$，转向步骤④

b．$f(a)f(x)<0$：修正区间$[a,x]\to[a,b]$，重复③

c．$f(x)f(b)<0$：修正区间$[x,b]\to[a,b]$，重复③

④ 输出近似根 x^*。

对分法的算法简单，然而，若 $f(x)$在$[a,b]$上有多个零点时，如不作特殊处理只能算出其中一个零点；另一方面，即使$f(x)$在$[a,b]$上有零点，也未必有 $f(a)f(b)<0$。这就限制了对分法的使用范围。对分法只能计算方程$f(x)=0$ 的实根。对于多个零点的方程，可以通过将给定的区间$[a,b]$进行细分，然后在细分后的区间内用对分法分别求解，从而得到多个零点。例如求方程 $f(x)=3-x\sin x=0$ 在 0～30 内的所有根。需要对二分法进行以下处理：即先给定一个 a，本例中为 0，然后不断增加，直到找到一个 b，使 $f(a)f(b)<0$，调用二分法，计算在$[a, b]$范围内的根，然后将 b 作为 a，重复上面的工作，直到计算范围超出 30 为止。Python 语言通用二分法多根求解代码如下（02-bisection.py）

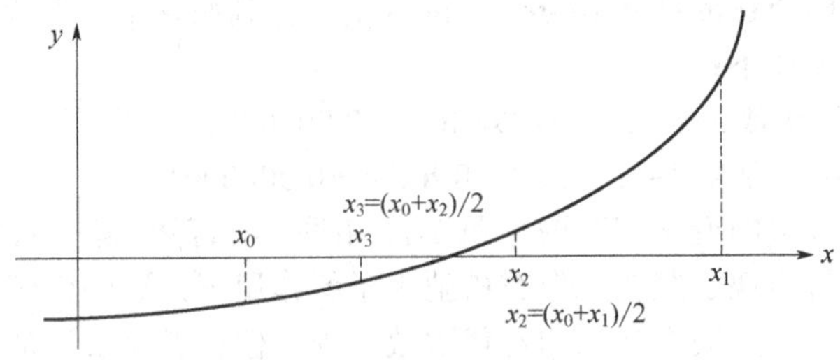

图 3-2　逐步对分区间

```
f=lambda x: 3-x *np.sin(x)              #超越方程
def f1(x):
```

```
        return x**3-7.7*x**2+19.2*x-15.3                                #三次方程
def f2(x):
        return  x**0.5-1.74+2*np.log10(0.1+18.7*x**0.5/5000)    #摩擦系数求解
h=0.2                                                  #搜索空间增量,不要太大,否则会漏根
def binarySolver(f,a,b,eps):
        y1, y2=f(a),f(b)
        if y1*y2>0:
                print(f"the input range[{a},{b}] is not valid, plz check")
                raise ValueError
        elif y1==0:#edge case
                return a
        elif y2==0:
                return b
        while y1*y2<0:
                mid=(a+b)/2
                y=f(mid)
                if abs(y)<=eps:
                        return mid
                if y*y1<0:
                        b=mid #[a,mid]
                        continue
                if y * y2 < 0:
                        a=mid # [mid,b]
def binaryMulSolver(f,a,b,eps):
        res=[]
        i,j=a,a+h                                                       #子区间
        while i<b and j<b:
            if f(i)*f(j)<=0:
                        k=binarySolver(f, i, j, eps)
                        res.append(k)
                        i=j
            else:
                        j=j + h
         return res
sol1=binaryMulSolver(f,0,30,0.000001)
sol2=binaryMulSolver(f1,0,30,0.000001)
sol3=binaryMulSolver(f2,0,30,0.000001)
for i,s1 in enumerate(sol1):
         print("x{}={:.5f}".format(i,s1))                       #保留5位小数的浮点数
print()
for i,s2 in enumerate(sol2):
             print("x{}={:.5f}".format(i,s2))
print()
for i,s3 in enumerate(sol3):
        print("x{}={:.8f}".format(i,1/s3))
```

运行上述核心代码所在的程序 02-bisection.py，得到三个不同方程根的情况如下：

方程 1：

```
x0=6.74417
x1=9.08838
x2=12.80289
x3=15.51336
```

```
x4=19.00805
x5=21.85344
x6=25.25183
x7=28.16763
```

方程 2：

```
x0=1.70000
x1=2.99941
x2=3.00078
```

方程 3：

```
x0=0.07591374
```

注意方程 2 表面上看得到了 3 个根，但实际上 x1=2.99941，x2=3.00078 本质上是同一个根，原来所求方程 2 可以化为$(x-3)^2(x-1.7)=0$，x=3 是方程的重根，也是驻点，该所求方程函数值变化的情况如图 3-3 所示。对分法遇到既是方程驻点，又是方程零点时，有时会错过该点作为方程的根，这是在多根求解时需要注意的问题。

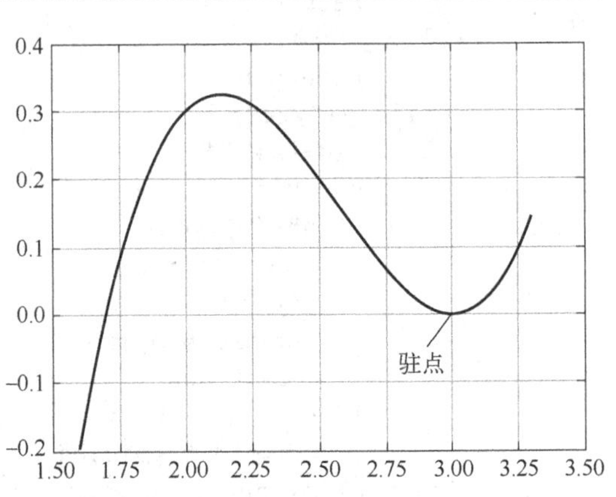

图 3-3　函数值为零的驻点

3.1.3　库函数求解

Python 语言针对单变量函数提供了较多的第三方库的函数求解方法，如 Sympy 库的 solve 函数，Scipy 库中 optimize 模块中的 bisect、newtow、fsolve、brentq、brenth 等函数，其中 Sympy 库的 solve 函数只能求解可解析方程，一般不能求解超越方程，只有那些特殊的可解析的超越方程可以求解；Scipy 库中 optimize 模块中的函数可以求解超越方程，其中 bisect、brentq、brenth 三种函数的调用格式为 funname(f,a,b)，其中 funname 为函数名称，bisect 为二分法，brentq 和 brenth 为使用经典的布伦特方法及其相关方法；参数 f 为求根方程，参数 a,b 为求根区间，一般只要保证 f(a)*f(b)＜0，就能保证求到根。newton（牛顿法）、fsolve（该法可用于多变量方程组）函数的调用格式为 funname (f,x0)，参数 x0 为求解初值，需要用户设定，多个初值可以设定成列表，求出不同初值下的根。下面代码是利用上述函数求解各类单变量方程的核心代码和说明注释。

```
from scipy.optimize import fsolve,bisect,newton,brentq,brenth
import  sympy  as syp
import scipy as scp
f1=lambda x: 3-x*np.sin(x)                                             #超越方程
def f2(x):
      return x**3-7.7*x**2+19.2*x-15.3                                 #多项式方程
def f3(x):
      return  x**0.5-1.74+2*np.log10(0.1+18.7*x**0.5/5000)    #摩擦系数方程
x=syp.symbols('x')
syp_sol0=syp.solve(3*syp.cos(x)+7.0 *syp.sin(x)-4,x)       #可解析求解的超越方程
syp_sol2=syp.solve(x**3-7.7*x**2+19.2*x-15.3,x)
print(f"syp_sol0={syp_sol0},syp_sol2={syp_sol2}")
sol1=[]
for i in np.arange(6,30,3):
          k=fsolve(f1,i)
          sol1.append(list(k)[0])
```

```
print(f"fsolve_sol1={sol1}")
print(f"f3_bisect={1/bisect(f3,0,20):.5f}")
print(f"f3_newton={1/newton(f3,1):.5f}")
print(f"f3_brentq={1/brentq(f3,0,20):.5f}")
print(f"f3_brenth={1/brenth(f3,0,20):.5f}")
print(f"f2_bisect={bisect(f2,0,4):.5f}")
print(f"f2_newton={newton(f2,1):.5f}")
print(f"f2_brentq={brentq(f2,0,4):.5f}")
print(f"f2_brenth={brenth(f2,0,4):.5f}")
```

运行上述核心代码所在的程序 03-lib_fun.py，得到各类方程使用不同函数下的求根结果：

```
syp_sol0=[0.14809,2.18372],syp_sol2=[1.70000,3.00000]
fsolve_sol1=[6.74417, 9.08838, 12.80289, 15.51336,19.00805,21.85344,25.25183,
28.16763]
f3_bisect=0.07591
f3_newton=0.07591
f3_brentq=0.07591
f3_brenth=0.07591
f2_bisect=1.70000
f2_newton=1.70000
f2_brentq=1.70000
f2_brenth=1.70000
```

注意对前 2 组数据进行了人工保留 5 位小数处理。各种函数在调用时，除了上面介绍的基础参数外，其实还有其它诸如计算精度、最大迭代次数、是否返回收敛状态信息等参数，更多的函数信息可以在交互界面导入该函数的前提下通过 help（funname）查询，如通过执行 help(bisect)，可以查询 bisect 函数全参数调用格式为：

```
bisect(f, a, b, args=(), xtol=2e-12, rtol=8.881784197001252e-16, maxiter=100,
full_output=False, disp=True)
```

由上面调用格式可知，函数已有默认的精度及最大迭代次数 100 等数据的设置，建议采用默认设置即可，如需要了解收敛时的迭代次数等情况，需要将 full_output 设置成 True。如果不需要在默认设置下显示收敛时实时错误信息提示，可以将 disp 设置成 False 即可。其它函数调用情况和 bisect 函数相仿，但对于 Sympy 库中函数调用前需先通过 sympy.symbols('x') 函数，将变量 x 设置成 Sympy 库可以辨识的符号。

3.1.4 实例求解分析

【例3-1】已知 CO_2 气体的 P-V-T 方程如式(3-11)，方程中各个参数取值为 A_2=−4391473.1、A_3=233734790、A_4=−8196792900、A_5=113229830000、B_2=4501.7239、B_3=−102972.05、B_5=74758927、B=20.101853、C_2=−60767617、C_3=5081973600、C_5=−3229376000000、T_C=304.2。式中压力 P 的单位为 atm，温度 T 的单位为 K，V 为气体的摩尔体积，单位为 $1\times10^{-6}m^3 \cdot mol^{-1}$，计算 T=333.15K 到 533.15K，间隔 40K；P=10atm 到 110 之间，每间隔 2.5atm 时的 CO_2 气体的摩尔体积，并绘制曲线。

$$
\begin{aligned}
P = \frac{RT}{V-B} + \frac{A_2 + B_2T + C_2\exp\left(\dfrac{-5T}{T_C}\right)}{(V-B)^2} + \frac{A_3 + B_3T + C_3\exp\left(\dfrac{-5T}{T_C}\right)}{(V-B)^3} \\
+ \frac{A_4}{(V-B)^4} + \frac{A_5 + B_5T + C_5\exp\left(\dfrac{-5T}{T_C}\right)}{(V-B)^5}
\end{aligned}
\tag{3-11}
$$

解：由式（3-11）可知，如果展开将得到关于 V 的 5 次方程，一般的 5 次方程没有解析解，只有一些特殊的 5 次方程才有解析解。考虑到本题实际情况，在已知条件下，CO_2气体的摩尔体积只有一个实数解，其它 4 个解为复数解，不符合实际情况（注意当压力和温度改变时，式（3-11）有可能有 3 个实数根），本题通过调用 bisect 库函数求解，核心代码如下（04-Mar_ equation.py）：

```
from scipy.optimize import fsolve,bisect,newton,brentq,brenth
global  2,a3,a4 ,a5,b2,b3,b5,bv,c2,c3,c5,tc
a2=-4391473.1                                            #其它系数代码省略
def f(x):
    return  p-(82.06*t/(x-bv)+(a2+b2*t+c2*math.exp(-5*t/tc))/ (x-bv)**2+
              (a3+b3*t+c3*math.exp(-5*t/tc)) /(x-bv)**3+a4/(x-bv)**4+(a5+
              b5*t+c5*math.exp(-5*t/tc))/(x-bv)**5)
p,t=1,423.15
print(f"v(p=1,t=423.15)={brentq(f,22,100000):.3f}")
v=np.zeros((6,41))
for i in range(6):
        t=333.15+i*40
        for j in range(41):
                p=10+2.5*j
                v[i,j]=brentq(f,22,100000)                  #共计算 6 行 41 列
p=np.linspace(10,110,41)
for i in range(6):
        tt=str(333.15+i*40)+"°C"
        y=v[i,:]
        plt.plot(p,y,lw=2,label=tt)                         #绘制 6 条曲线
plt.xlim(10,110)
plt.xlabel("p,atm",font1)
plt.ylabel(r"$v,1×10^{-6}m^{3}.mol^{-1}$",font1)           #设置 y 轴坐标名称
```

运行程序 04-Mar_ equation.py，得到 v(p=1,t=423.15)=34670.519 及图 3-4。

由计算结果可知温度为 423.15K，压力为 1atm 时，CO_2 气体的摩尔体积为 34670.519mL/mol，文献中的数值是 34669mL/mol，相对误差为 0.004381%，说明用 brentq 函数计算单变量方程的根还是比较有效的。通过本题计算，作者发现 brentq 等函数调用时无法像 Matlab 的 fsolve 函数那样将其他参数如本例中的 t、p 作为参数直接带入函数中，但可以提前设置 t、p 的值，再默认 t、p 是已知值的情况下求解方程的根，也许有其它更好的方法直接将参数带入，建议读者自己探索。

【例 3-2】在天文学中，有关轨道偏近点角 E 的开普勒方程如前面所述的式（3-2）$M = E - e\sin E$，已知 M 为轨道的平近点角，其值范围为 0.1 到 3.1 弧度，间隔 0.1 弧度；e 为轨道的离心率，其变化范围为 0.1 到 0.8，间隔 0.1，试计算上述条件下所有偏平近点角 E 的值，并绘制图形。

解：此题属于超越方程求解，可采用 fsolve 函数，通过给定初值，在调用 fsolve 函数前，预先设置 M 和 e 的值，求出各种条件下的 E 值，核心代码如下（05-Kepler_equ.py）：

```
def f(E):
    return M-E+e*math.sin(E)                       #定义函数
sol=np.zeros((8,31))
f_sol=np.zeros((8,31))
for i in range(8):
    e=(i+1)*0.1
```

```
        for j in range(31):
            M=(j+1)*0.1
            sol[i,j]=fsolve(f,0.1)                 #所求根
            f_sol[i,j]=f(sol[i,j])                 #零点处函数值
p=np.linspace(0.1,3.1,31)
for i in range(8):
    et="e="+str(int(10*(i+1)*0.1)/10)             #设置标记提示信息
    y1=sol[i,:]
    plt.plot(p,y1,lw=2,label=et)
plt.xlim(0,3.5)
plt.ylim(0,3.5)
```

运行上述代码所在的程序 05-Kepler_equ.py，得到图 3-5 所示的计算结果可视化图，具体数据不再显示。

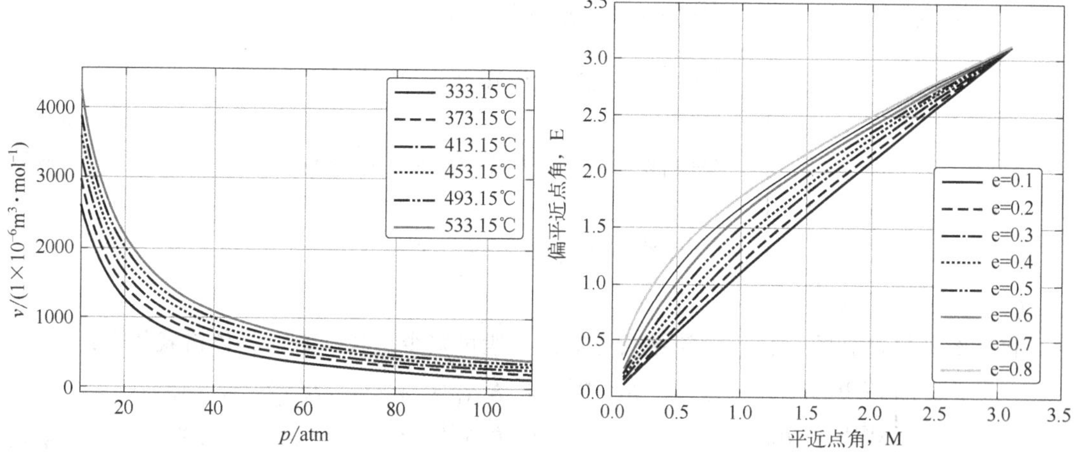

图 3-4　不同压力、温度下 CO_2 气体的摩尔体积

图 3-5　开普勒方程计算结果示意图

3.2　线性方程组求解

在许多工程计算及过程模拟与优化计算中常常需要求解线性方程组，尽管线性方程组不是解决问题的关键，但不通过线性方程组的求解，整个工程计算和系统优化问题就无法得到解决。因此掌握线性方程组的求解方法是工程技术人员必备的技能。

3.2.1　基本方法

n 元线性方程组如式（3-12）所示：

$$\begin{cases} a_{11}x_1+a_{12}x_2+\cdots+a_{1n}x_n=t_1 \\ a_{21}x_1+a_{22}x_2+\cdots+a_{2n}x_n=t_2 \\ \qquad\cdots\qquad\cdots \\ a_{n1}x_1+a_{n2}x_2+\cdots+a_{nn}x_n=t_n \end{cases} \tag{3-12}$$

对于式（3-12）所示的线性方程组的求解有多种方法，如可以采用直接迭代法、松弛迭代法、紧凑格式迭代法，三角分解法、高斯消去法、主元最大高斯消去法。各类迭代方法尽管所占计算机资源较少，但在具体计算过程中可能存在发散的风险，而主元最大高斯消去法只要方程组存在唯一解，就可以求出具体解。下面简单介绍一下几种方法的迭代格式及基本

原理。

（1）简单迭代公式

若 $a_{ii}\neq 0$，$i=1,2,\cdots\cdots.n$，将式（3-12）中的每个方程的 $a_{ii}x_i$ 留在方程的左边，其余各项都移到方程的右边；方程两边除以 a_{ii}，则得到下面同解方程组式（3-13）：

$$\begin{cases} x_1 = & -\dfrac{a_{12}}{a_{11}}x_2 - \cdots - \dfrac{a_{1n}}{a_{11}}x_n - \cdots + \dfrac{t_1}{a_{11}} \\ x_2 = -\dfrac{a_{21}}{a_{22}}x_1 & - \cdots - \dfrac{a_{2n}}{a_{22}}x_n - \cdots + \dfrac{t_2}{a_{22}} \\ & \cdots \quad \cdots \\ x_n = -\dfrac{a_{n1}}{a_{nn}}x_1 - \cdots - \dfrac{a_{n,n-1}}{a_{nn}}x_{n-1} & \cdots + \dfrac{t_n}{a_{nn}} \end{cases} \tag{3-13}$$

记 $b_{ij}=-a_{ij}/a_{ii}, y_i=t_i/a_{ii}$，得到简单构造迭代公式（3-14）：

$$\begin{cases} x_1^{(k+1)} = & b_{12}x_2^{(k)} + b_{13}x_3^{(k)} + \cdots + b_{1n}x_n^{(k)} + y_1 \\ x_2^{(k+1)} = b_{21}x_1^{(k)} & + b_{23}x_3^{(k)} + \cdots + b_{2n}x_n^{(k)} + y_2 \\ & \cdots \quad \cdots \\ x_n^{(k+1)} = b_{n1}x_1^{(k)} + b_{n2}x_2^{(k)} + \cdots + b_{n,n-1}x_{n-1}^{(k)} & + y_n \end{cases} \tag{3-14}$$

（2）紧凑迭代格式

将已经计算得到的 x_i 代入本轮迭代计算，一般可减少迭代次数，具体格式如下：

$$\begin{cases} x_1^{(k+1)} = & b_{12}x_2^{(k)} + b_{13}x_3^{(k)} + \cdots + b_{1n}x_n^{(k)} + y_1 \\ x_2^{(k+1)} = b_{21}x_1^{(k+1)} & + b_{23}x_3^{(k)} + \cdots + b_{2n}x_n^{(k)} + y_2 \\ & \cdots \quad \cdots \\ x_n^{(k+1)} = b_{n1}x_1^{(k+1)} + b_{n2}x_2^{(k+1)} + \cdots + b_{n,n-1}x_{n-1}^{(k+1)} & + y_n \end{cases} \tag{3-15}$$

（3）松弛迭代格式

通过引入松弛因子，防止迭代过程发散，具体迭代格式如式（3-16）。

$$\begin{cases} x_1^{(k+1)} = (1-\omega)x_1^{(k)} + \omega\left(b_{12}x_2^{(k)} + b_{13}x_3^{(k)} + \cdots + b_{1n}x_n^{(k)} + y_1\right) \\ x_2^{(k+1)} = (1-\omega)x_2^{(k)} + \omega\left(b_{21}x_1^{(k+1)} + b_{23}x_3^{(k)} + \cdots + b_{2n}x_n^{(k)} + y_2\right) \\ \qquad \cdots \qquad \cdots \\ x_n^{(k+1)} = (1-\omega)x_n^{(k)} + \omega\left(b_{n1}x_1^{(k+1)} + b_{n2}x_2^{(k+1)} + \cdots + b_{n,n-1}x_{n-1}^{(k+1)} + y_n\right) \end{cases} \tag{3-16}$$

（4）高斯消去法

高斯消元法就是将如式（3-12）所示的 n 维线性方程组，从第 1 行的方程开始，将该方程各系数除以 a_{11} 依次消去下面方程的 x_1，其他各行仿照前面操作依次消去 x_2、x_3 直至最后得到关于 x_n 的单变量线性方程；再逐次往上反代，依次得到 x_{n-1}、x_{n-2}、$\cdots\cdots x_1$。高斯消元法的算法复杂度是 $O(n^3)$，所需要的计算量大约与 n^3 成比例。高斯消元法在一般电脑中可以解决数千维的线性方程组，但当维数达到数百万时，比较费时。

（5）主元最大高斯消去法

在高斯法消元过程中，如果遇到 a_{ii} 为零或是一个非常接近零的数，会导致消元过程无法进行或结果失真，这时就需要引入主元最大高斯消去法。主元最大高斯消去法有行主元最大高斯消去法、列主元最大高斯消去法，一般采用行主元最大高斯消元法。如在第 1 行开始时，在所有行的 abs(a_{i1})中选取最大的值（假设为 a_{k1}）作为第一行的 a_{11}，并将第 k 行的方程调到第 1 行，将第 1 行调到第 k 行，这样就保证主元不为零。因为如果所有行 abs(a_{i1})中选取的最大的值为零，意味着所有方程中 x_1 的系数为零，这样 x_1 可以取任意值而不影响方程。由此可见对于变量数小于方程数或存在线性相关方程的方程组，主元最大高斯消去法是无效的，其实此类方程组叫欠定方程组，可以有无穷多组解，可以用公式表示，Python 中可以用 Sympy 库中的函数进行求解。

3.2.2 编程求解

对于线性方程组的求解，尽管可以用多种库函数进行求解，但掌握一种简单有效的编程求解线性方程组的方法还是十分必要的。下面代码是求解线性方程组的松弛迭代法（06-Relax_ itera.py）:

```
import numpy as np
a=np.array([[5.0,1,1,12],[15,9.0,3,42],[2,2,7.0,13]])
for i in range(3):                              #形成迭代矩阵
     a[i,:]=-a[i,:]/a[i,i]
     a[i,i]=0
x0=np.ones(10)*0.5
x=np.zeros(3)
omiga=0.1#初始化
flag=True
eps=0.0000001
k=1
while flag==True:
    k=k+1
    for i in range(3):                          #方程行号
         temp=-a[i,3]
         for j in range(3):                     #列号
              temp=temp+a[i,j]*x0[j]
         x[i]=(1-omiga)*x0[i]+omiga*temp
    if max(abs(x-x0))<=eps:
       flag=False
    x0[:]=x[:]                                  #注意不能用 x0=x 互换
    if k==1000:
          flag=False
print("k=",k,"x=",x)
```

运行上述程序，计算 3×3 的方程组，迭代得到如下结果：k=288，x=[1.99999959 1.00000187 0.99999919]，表明迭代 288 次求得方程的解，代入原方程，符合精度要求。松弛迭代格式的收敛要求尽管比直接迭代宽松，但当作者尝试运行随机产生的 10×10 的方程组求解时，有时会出现发散现象。其实迭代收敛格式和主元最大消去法相仿，需要将最大的系数选择作为主元进行迭代格式构建，从而保证迭代格式收敛，这个工作留给读者去完成。

3.2.3 库函数求解

线性方程求解时一般分为三种情况：一是方程数少于变量数，这时方程有无数多解，无法进行数值求解，可采用 Sympy 库的符号求解功能的 solve 函数进行求解；二是方程数等于变量数，可以直接利用矩阵求逆运算求解以及 Sympy 库中的 solve 函数、Numpy 库下 linalg 模块中的 solve 函数、Scipy 库下 linalg 模块中的 solve 函数进行求解；三是方程数超过变量数，则属于超定方程，超定方程的求解其实就是参数拟合的范畴，将在过程参数拟合章节中进行讲解，本节主要介绍前两种情况条件下求解的方法。

（1）矩阵求逆求解法

线性方程组的矩阵表达式 **Ax=b** 通过两边同时左乘系数矩阵的逆阵 $\mathbf{A}^{-1}$，就可以得到 x= $\mathbf{A}^{-1}\mathbf{b}$，线性方程组的求解就变成简单的一句代码，但前提条件是要将系数通过 Numpy 库的 mat 函数变成矩阵格式，同时常数项也要变成 n 行 1 列的矩阵，这个十分重要。下面是利用矩阵求逆求解两个线性方程组的代码（07-martrix_linfun）：

```
import numpy as np
A=np.mat([[5.0,1,1],[15,9.0,3],[2,2,7.0]])
b=np.mat([[12],[42],[13]])
x=A.I * b                         #线性方程求解
print("固定 3×3 方程组求解")
for i in range(len(x)):
        print(f"x{i+1}={x[i,0]:.5f}")
#随机 10×10 方程
print("随机 10×10 方程组求解")
a=10*np.random.rand(10,10)        #产生系数
A=np.mat(a)
b=np.mat(20*np.random.rand(10)).reshape(10,1)
x=A.I * b                         #线性方程求解
for i in range(len(x)):
            print(f"x{i+1}={x[i,0]:.5f}")
```

注意矩阵求逆求解法只能用于方程数等于变量数的良性方程组，对于欠定方程无法求解，对病态方程组可能会有较大误差或失效。运行上述代码，求得两组线性方程的解，其中第一组方程和前面松弛迭代法方程一致，求解结果也基本一致，表明求解方法正确。

固定 3×3 方程组求解：x1=2.00000，x2=1.00000，x3=1.00000

随机 10×10 方程组求解：x1=-1.78439，x2=0.19650，x3=7.61921，x4=-0.88388，x5=-3.87947，x6=-7.18590，x7=-2.61169，x8=-0.38185，x9=3.83690，x10=8.4838

（2）Sympy 库函数求解

Sympy 库中用 A.solve(b)方法可以求解满秩方程，也可以用 solve(A*x-b, x_syb)求解欠定方程，上述方法和函数中的 A，b，x 均必须用 Sympy 库中的 Matrix 函数转化成矩阵格式，而 x_syb 则用 symbols 函数将所求变量转化成符号，注意 Matrix 函数和 Numpy 库中 mat 函数在常量 b 的表达上的不同，下面是三组线性方程组利用 Sympy 库求解的具体代码：

```
import sympy as syp
import numpy as np
A=syp.Matrix([[5.0,1,1],[15,9.0,3],[2,2,7.0]])
b=syp.Matrix([12,42,13])      #注意和 Numpy 库中 mat 表达的不同
x=A.solve(b)                  #线性方程求解 Ax=b
print("固定 3×3 方程组求解")
for i in range(len(x)):
        print(f"x{i+1}={x[i,0]:.5f}")
#随机 10×10 方程组
print("随机 10×10 方程组求解")
a=10*np.random.rand(10,10)   #产生系数
A=syp.Matrix(a)
b=syp.Matrix(20*np.random.rand(10))
x=A.solve(b)
for i in range(len(x)):
```

```
            print(f"x{i+1}={x[i,0]:.5f}")
    #随机 3×4 欠定方程组求解
    print("随机 3×4 欠定方程组求解")
    x_syb=syp.symbols("x_1,x_2,x_3,x_4")      #构建变量符号
    a=10*np.random.rand(3,4)                  #产生系数
    A=syp.Matrix(a)
    b=syp.Matrix(20*np.random.rand(3))
    x=syp.Matrix(x_syb)
    x=syp.solve(A*x-b,x_syb)
    print(x)
```

运行上述代码所在的程序 08-syp_linfun，可以求得 3 组方程的解，其中前两组方程的解和矩阵求逆求解法相仿，不再显示，下面是第 3 组欠定方程的求解结果：

随机 3×4 欠定方程组求解（系数小数点保留 5 位，作了人工处理，以后此情况不再提示）

```
{x_3:1.16394-0.92264*x_4,x_2:-0.99763*x_4 2.17005,x_1:0.44506*x_4+3.24137}
```

由第 3 组方程求解结果可知，Sympy 库中的 solve 函数顺利求解出了 3×4 欠定方程组，x1、x2、x3 三个变量用 x4 来表达，x4 可以取任意实数，这样方程就有无穷多组解。

（3）Numpy 库函数求解

Numpy 库针对满秩线性方程组除了利用矩阵求逆运算进行求解外，还提供了 linalg 模块下的 solve 函数进行求解，其调用格式是 linalg.solve(A,b)，但 A 和 b 均需采用 mat 函数设置。下面是利用 Numpy 库下 linalg 模块中 solve 函数进行求解 2 组线性方程组的代码：

```
    import numpy as np
    from numpy import linalg
    A=np.mat([[5.0,1,1],[15,9.0,3],[2,2,7.0]])
    b=np.mat([[12],[42],[13]])
    x=linalg.solve(A,b)
    print("固定 3×3 方程组求解")
    for i in range(len(x)):
        print(f"x{i+1}={x[i,0]:.5f}")
    print("随机 10×10 方程组求解")
    a=10*np.random.rand(10,10)               #产生系数
    A=np.mat(a)
    b=np.mat(20*np.random.rand(10)).reshape(10,1)
    x=linalg.solve(A,b)                      #调用函数求解
    for i in range(len(x)):
            print(f"x{i+1}={x[i,0]:.5f}")
```

运行上述代码所在的程序 09-np_linfun，得到和前面求解相仿的结果，不再显示。

（4）Scipy 库函数求解

Scipy 库针对满秩线性方程组也提供了 linalg 模块下的 solve 函数进行求解，其调用格式也是 linalg.solve(A,b)，A 和 b 也需采用 mat 函数设置，只要将利用 Numpy 库求解线性方程组的代码中的第二行改成：from scipy import linalg 即可，详细代码见 10-scp_linfun。运行程序 10-scp_linfun，得到和前面其他方法相仿的结果。

3.2.4 病态方程组分析

前面曾提到病态方程组，所谓病态方程组就是当线性方程组的常数项 b 有微小的增量 Δb，就会引起方程组的解 x 有较大的变化，病态方程组求解时，常常会有较大的不确定性。线性方程组是否病态和线性方程组的系数矩阵有关，通过系数矩阵，可以计算方程组的秩 rank、条件数 cond 以及范数 norm。病态方程组的条件数较大。下面的线性方程组式（3-17）

就是病态方程组。

$$\begin{cases}2x_1+2.99999x_2=4\\2x_1+3.00001x_2=8\end{cases}\tag{3-17}$$

方程组的秩 rank、条件数 cond 以及范数 norm 既可以用 Sympy 库的函数进行计算，也可以用 Numpy 库下 linalg 模块中的函数进行计算，具体计算代码如下（11-rank_cond_norm）：

```
import numpy as np
A=np.array([[2,2.99999],[2,3.00001]])
b=np.array([[4],[8]])
rank=np.linalg.matrix_rank(A)                 #秩
cond=np.linalg.cond(A)                        #条件数
norm=np.linalg.norm(A)                        #范数
x2=np.linalg.solve(A,b)
print("np_x=",x.T)
print(f"np_rank,cond,norm={rank:.5f},{cond:.5f},{norm:.5f}")
```

运行上述代码，得到以下结果：

```
np_x=[[-299996.99999803  199999.99999869]]
np_rank,cond,norm=2.00000,650000.00000,5.09902
```

可以发现该方程组的条件数为 650000 是一个很大的数，将常数项作微小修改，如将 b 修改为 b=np.array([[4],[8.1]])，则得到 np_x= [[-307496.97499799   204999.99999866]]，可以发现 b 的微小变化，x 的解引起了较大的变化。

3.3 非线性方程组求解

3.3.1 基本方法

对于单变量方程的求解，对分法是最有效的方法，但对于非线性方程组，则对分法不能直接推广应用到多变量方程组。对于多变量方程组的求解，可以采用直接迭代法、松弛迭代法、牛顿迭代法、布罗伊登迭代法等方法，还可以通过将所有方程进行平方加和，利用函数优化方法求解这个平方加和最小值的解就是原方程组解的思路，求解有实数解的方程组。

3.3.2 编程求解

本次采用牛顿迭代法进行编程求解非线性方程组，下面先简单介绍一下牛顿迭代法在多变量方程组的应用。为了叙述的简单，我们以解两变量非线性方程组为例演示解题的方法和步骤，类似地，可以得到求解更多变量的非线性方程组的方法和步骤。设两变量方程组：

$$\begin{cases}f_1(x,y)=0\\f_2(x,y)=0\end{cases}\tag{3-18}$$

其中 x，y 为自变量，为了方便起见，将方程组写成向量形式：

$$F(u)=\begin{pmatrix}f_1(x,y)\\f_2(x,y)\end{pmatrix}，\text{其中}u=\begin{pmatrix}x\\y\end{pmatrix}$$

将 $f_1(x,y)$，$f_2(x,y)$ 在 (x_0,y_0) 附近进行二元泰勒展开，并取其线性部分，得到下面方程组：

$$\begin{cases}f_1(x_0,y_0)+(x-x_0)\dfrac{\partial f_1(x_0,y_0)}{\partial x}+(y-y_0)\dfrac{\partial f_1(x_0,y_0)}{\partial y}=0\\f_2(x_0,y_0)+(x-x_0)\dfrac{\partial f_2(x_0,y_0)}{\partial x}+(y-y_0)\dfrac{\partial f_2(x_0,y_0)}{\partial y}=0\end{cases}\tag{3-19}$$

令 $x-x_0=\Delta x_0, y-y_0=\Delta y_0$，则有

$$\begin{cases}\Delta x_0\dfrac{\partial f_1(x_0,y_0)}{\partial x}+\Delta y_0\dfrac{\partial f_1(x_0,y_0)}{\partial y}=-f_1(x_0,y_0)\\ \Delta x_0\dfrac{\partial f_2(x_0,y_0)}{\partial x}+\Delta y_0\dfrac{\partial f_2(x_0,y_0)}{\partial y}=-f_2(x_0,y_0)\end{cases} \tag{3-20}$$

如果 $|J(x_0,y_0)|=\begin{vmatrix}\dfrac{\partial f_1}{\partial x} & \dfrac{\partial f_1}{\partial y}\\ \dfrac{\partial f_2}{\partial x} & \dfrac{\partial f_2}{\partial y}\end{vmatrix}_{(x_0,y_0)}\neq 0$，解出 $\Delta x_0, \Delta y_0$，得

$$u_1=u_0+\begin{pmatrix}\Delta x_0\\ \Delta y_0\end{pmatrix}=\begin{pmatrix}x_0+\Delta x_0\\ y_0+\Delta y_0\end{pmatrix}$$

再将原方程组在 u_1 处进行二元泰勒展开，并取其线性部分，得到下面方程组：

$$\begin{cases}\dfrac{\partial f_1(x_1,y_1)}{\partial x}(x-x_1)+\dfrac{\partial f_1(x_1,y_1)}{\partial y}(y-y_1)=-f_1(x_1,y_1)\\ \dfrac{\partial f_2(x_1,y_1)}{\partial x}(x-x_1)+\dfrac{\partial f_2(x_1,y_1)}{\partial y}(y-y_1)=-f_2(x_1,y_1)\end{cases} \tag{3-21}$$

解出 $\Delta x_1=x-x_1, \Delta y_1=y-y_1$，得出

$$u_2=\begin{pmatrix}x_1+\Delta x_1\\ y_1+\Delta y_1\end{pmatrix}$$

继续做下去，每一次迭代都是一个方程组

$$J(x_k,y_k)\begin{pmatrix}\Delta x_k\\ \Delta y_k\end{pmatrix}=-\begin{pmatrix}f_1(x_k,y_k)\\ f_2(x_k,y_k)\end{pmatrix} \tag{3-22}$$

$x_{k+1}=x_k+\Delta x_k, y_{k+1}=y_k+\Delta y_k$，直到 $\max(|\Delta x_k|,|\Delta y_k|)<\varepsilon$ 为止。由此可见编程的关键是如何求出 $\Delta x_k, \Delta y_k$，观察式（3-22）可知，要计算 $\Delta x_k, \Delta y_k$ 其实是求解一个线性方程组，因为在 k 时刻，除 $\Delta x_k, \Delta y_k$ 外，所有其它值均为已知，由此可以算得 k+1 时刻的 x、y 值。具体求解可以通过将式（3-22）两边左乘 $\boldsymbol{J}^{-1}$ 得到 $\Delta x_k, \Delta y_k$ 的值，公式如下：

$$\begin{pmatrix}\Delta x_k\\ \Delta y_k\end{pmatrix}=-J(x_k,y_k)^{-1}\begin{pmatrix}f_1(x_k,y_k)\\ f_2(x_k,y_k)\end{pmatrix} \tag{3-23}$$

【例 3-2】用牛顿迭代法编程求解下面非线性方程组

$$\begin{cases}f_1(x,y)=8-x^2-0.5y^2=0\\ f_2(x,y)\ \ =4-e^x-2y=0\end{cases} \tag{3-24}$$

解：此题是超越非线性方程组，无解析解，但可以通过数值求解，利用牛顿迭代法进行迭代计算。在具体编程过程中，利用自定义函数定义及 Sympy 库中的 diff 求导函数确定雅各比矩阵 J，利用 Numpy 库中的 linalg.inv 函数进行求逆，具体代码如下（12-newtow_itera）：

```
from sympy import *
import sympy
import numpy as np
import math
```

```
x1=symbols('x1')
x2=symbols('x2')
f1=8.0-x1**2-0.5*x2**2.0                        #定义符号方程,建议整数后面加".0"
f2=4.0-sympy.exp(x1)-2.0*x2                     #注意需要调用 sympy.exp()
t10=-1.0
t20=2.0
t0=np.array([[t10],[t20]])
def jacobi(t1,t2):                              #构建雅各比矩阵
    dF11=diff(f1,x1)                            #求偏导
    dF11=dF11.subs([(x1,t1),(x2,t2)])           #求偏导函数值
    dF12=diff(f1,x2)
    dF12=dF12.subs([(x1,t1),(x2,t2)])
    dF21=diff(f2,x1)
    dF21=dF21.subs([(x1,t1),(x2,t2)])
    dF22=diff(f2,x2)
    dF22=dF22.subs([(x1,t1),(x2,t2)])
    return   np.array([[dF11,dF12],[dF21,dF22]])
def F00(t1,t2):                                 #构建迭代起点函数矩阵
    ff1=f1.subs([(x1,t10),(x2,t20)])
    ff2=f2.subs([(x1,t10),(x2,t20)])
    F0=np.mat([[ff1],[ff2]])
    return F0
flag=True
eps=0.0000000001                                #设置收敛精度
k=0
while flag==True:
    k=k+1
    F0=F00(t10,t20)
    F0=F0.astype(np.float64)
    ja=jacobi(t10,t20).astype(np.float64)
    ja=np.linalg.inv(ja)
    x=-ja*F0+t0
    if max(abs(x-t0))<=eps:
        flag=False
    t0[:]=x[:]                                  #注意不能用 t0=x 互换
    t10=t0[0,0]
    t20=t0[1,0]
    if k==200:                                  #超过 200 次迭代停止迭代
        flag=False
print(f"k={k}\nx={x.T}\nF={F0.T}")
```

运行上述代码 12-newtow_itera，求得如下结果：

```
k=6
x=[[-2.46657148  1.95756232]]
F=[[-4.59632332e-13 -1.95399252e-14]]
```

由运行结果可知，总共迭代 6 次，求得 x=−2.46657148，y=1.95756232，此时，f_1=−4.59632332e-13，f_2=−1.95399252e-14，由 f_1 和 f_2 的值可知，方程求解的结果是正确的。本次编程过程中，遇到了通过自定义函数返回的数据其类型变成了 object，导致无法进行求逆运算，需要通过 F0=F0.astype(np.float64)、ja=jacobi(t10,t20).astype(np.float64)将数据转换成浮点数，这一点必须引起注意。另一点需要注意的是在自定义方程时，尽量不要采用整数作为方程中的系数，建议在整数后面加".0"，将整数变成浮点数，以防在后续计算中可能出现的错误。

3.3.3 库函数求解

Python 的 Scipy 库下的 optimize 模块中的 broyden1、broyden2、fsolve 函数均可以用来求解非线性方程组，其调用的基本格式均为 optimize.funname(fun,x0)，其中 funname 为调用函数名，如 fslove；fun 为需求解的非线性方程组；x0 为非线性方程组的变量初值。下面是利用上述 3 种函数求解非线性方程组式（3-24）的代码。

```
from scipy import optimize
import math
def fun(x):
    return[8.0-x[0]**2-0.5*x[1]**2.0 ,4.0-math.exp(x[0])-2*x[1]]
sol=optimize.broyden1(fun,[-1.8,0.8])
print("sol_broyden1=",sol.T)
print(fun(sol))
sol=optimize.broyden2(fun,[-1.8,0.8])
print("sol_broyden2=",sol.T)
print(fun(sol))
sol=optimize.fsolve(fun,[-1.8,0.8])
print("sol_fsolve=",sol.T)
print(fun(sol))
```

运行上述代码的程序 13-nonlin_fso_broy.py,得到求解结果:

```
sol_broyden1=[-2.46657168  1.9575621]
[-5.459215581815613e-07,4.5925827762971494e-07]
sol_broyden2=[-2.46657154  1.95756232]
[-2.7511635591892514e-07,-2.4895565609028836e-09]
sol_fsolve=[-2.46657148  1.95756232]
[2.220446049250313e-16,0.0]
```

由求解结果可知，3 种方法的求解结果基本一致，该结果也和自主编程的牛顿迭代法基本一致。需要提醒读者注意的是，此题有多解，如将初值由原来的[-1.8, 0.8]改成[0.8, -1.8]，则得到[2.20023218，-2.51355459]的解。

【例 3-3】 利用 Scipy 库函数求解下面非线性方程组的解

$$\begin{cases} f_1(x_1,x_2,x_3)=2.0x_1-0.5\sin(x_2x_3)-0.8 \\ f_2(x_1,x_2,x_3)=e^{x_1}-56(x_2+0.2)+\cos(x_3)+1.22 \\ f_3(x_1,x_2,x_3)=0.7x_1^2+0.6x_2+x_3-62 \end{cases} \tag{3-25}$$

解：这是 3 个变量的非线性方程组，只要将 13-nonlin_fso_broy.py 程序中的自定义函数改成如下代码：

```
def fun(x):
    return[2.0*x[0]-0.5*math.sin(x[1]*x[2])-0.8 ,
            math.exp(x[0])-56*(x[1]+0.2)+math.cos(x[2])+1.22, 0.7* x[0]**2+0.6*
x[1]+x[2]-62]
```

同时将初值设置成[0.1, 0.1,-0.1]，运行程序 13-nonlin_fso_broy.py 就可以得到 3 种库函数计算非线性方程组式（3-25）的解，具体结果如下：

```
sol_broyden1=[0.26200812 -0.14249553 62.03744476]
[-1.1310930416730258e-06,-6.048328716978801e-06,1.2208229378529722e-06]
sol_broyden2=[0.26200965 -0.14249565 62.03744128]
[-8.862083703542467e-07,-6.517425932273113e-09,-1.7680036279443812e-06]
sol_fsolve=[0.26200981 -0.14249562 62.03744298]
[1.638644775425746e-10,1.3012546595803087e-10,1.2725820397463394e-11]
```

由运算结果可知，fsolve 函数计算得到的精度最高，其他两种方法精度在 10^{-6} 左右，这是因为其他两种方法的默认收敛精度设置成 10^{-6}，若想提高精度，可以修改默认的收敛精度即可。

本章
重点知识

本章主要介绍了利用 Python 语言自编程序和第三方库函数求解超越方程、线性方程组、非线性方程组的方法及其基本数学原理，重点放在各种方程求解的具体方法及其对所求解是否正确的判断上。通过本章的学习，必须掌握求解超越方程、线性方程组、非线性方程组的实用方法，针对各种不同方程，必须有对应的方法加以求解，注意在求解过程中初值的设置、最大迭代数 maxiter 的设置、精度 xtol 的设置、结果全输出 full_output 设置、数据类型转变等问题。

习　题

1. 已知 $f(x)=x-\dfrac{1}{2}-4x\sin x+0.1No$，求[0,60]内的所有根，$No$ 取值范围为 0～100。

2. 已知 $f(x)=3+0.1No-x\cos x$，计算方程在[0,30]内的所有根，No 取值范围为 0～100。

3. 求解非线性方程组，No 取值范围为 0 ~ 100:

$$\begin{cases}x^2+\sin(xy)-e^y=0.1No\\2x^3-xy+\cos y=0.2No\end{cases}$$

4. 求解下列线性方程组，No 的取值为 0～100，间隔 10。

(1) $$\begin{cases}2x_1-x_2+x_3=-1+No\\3x_1-3x_2+9x_3=0\\3x_1-3x_2+5x_3=4\end{cases}$$

(2) $$\begin{cases}5x_1-x_2+x_3=-1+No\\3x_1-6x_2+2x_3=0\\x_1-x_2+2x_3=4\end{cases}$$

5. 已知某管道摩擦系数 λ 与雷诺数 Re 的关系如下式:

$$\left(\frac{1}{\lambda}\right)^{0.7}=1.88-2\lg\left[\frac{2\varepsilon_i}{d_i}+\frac{18.8+0.1No}{Re\lambda^{0.5}}\right]$$

试计算雷诺数 Re 从 1000~10000 每间隔 1000 共 10 个点的摩擦系数，已知 $\dfrac{2\varepsilon_i}{d_i}$=0.05 到 0.25，间隔 0.05 共 6 个数据，注意 lg 表示以 10 为底的对数，并绘制图形。

6. 已知 x 和 y 是反应体系中两种物质的无量纲浓度，同时满足下面两个方程的约束，试求 x 和 y 的值，No 的取值为 0 ~ 100，间隔 10，绘制 x，y 值随 No 变化的图形。

$$2x^{0.35}+4xy^{0.78}=1+No/100$$
$$0.5x^{1.21}y^{0.23}+3y^{0.36}=1+No/100$$

7. 求解下面非线性方程组的解，并绘制出解值随 No 变化的图形，No 取值范围为 0 ~ 100。

$$\begin{cases}3.0x_1-0.5\sin(x_2x_3)=2.8\\e^{-x_1x_3}+0.2x_2+\cos(2x_3)=3.8\\0.7x_1^2+0.6x_2+x_3=12+No\end{cases}$$

第 4 章 微分方程求解

【本章导读】

本章在介绍常微分方程（组）及偏微分方程的求解方法及离散化公式的基础上，着重在于如何利用 Python 语言自己编程或利用库函数求解常微分方程（组）及偏微分方程。建议读者将主要精力放在利用库函数求解微分方程上，尽量避免自己编写全部代码，自己编写部分重点放在微分方程构建及计算结果可视化表达上。注意各类微分方程求解时边界条件的设置及邻近边界点的细微处理，尤其还要注意所给边界条件是否冗余及不足引起无法求解的问题，总之，在求解微分方程时，Python 语言仅是一种工具，对具体求解方法的选择、边界条件及初值的设置还依赖于读者自身的数学知识，重新复习一下有关微分方程求解的数学知识，不失为是一种明智的选择。

4.1 微分方程应用概述

微分方程（含常微分方程和偏微分方程）可用于大气环流、海洋环流、地壳震动、扬尘输运、材料形变、反应进程、物种进化、金融经济等诸多领域的模拟与预测，掌握各类微分方程的求解方法，可为基础科学研究和工程应用研究提供有力的工具。有时二个截然不同的科学领域会形成相同的微分方程，通过微分方程求解就可以发现不同现象背后一致的数学机理。

本章主要介绍单个常微分方程如式（4-1）的传热方程、多个常微分方程组如式（4-2）多组分串联反应、偏微分方程（组）如式（4-3）的离散化求解公式及其基本编程思路，重点在于利用 Python 语言的第三方库的函数求解不同类型的微分方程。

$$\frac{\mathrm{d}t}{\mathrm{d}l}=\frac{2K}{u\rho\ C_P r}(T_W-t) \tag{4-1}$$

其中 t 为所求变量温度，l=0 处的 t 已知；l 为位置应变量，其余均为已知参数。

$$\begin{cases}\dfrac{\mathrm{d}C_A}{\mathrm{d}\tau}=0.5k_2C_B-k_1C_A\\ \dfrac{\mathrm{d}C_B}{\mathrm{d}\tau}=2k_1C_A-k_3C_B^2-k_2C_B\\ \dfrac{\mathrm{d}C_C}{\mathrm{d}\tau}=k_2C_B^2\end{cases} \tag{4-2}$$

其中已知初始条件：τ=0，C_{A0}=20，C_{B0}=0，C_{C0}=0，其余均为已知参数。

$$A\frac{\partial^2 u}{\partial x^2}+B\frac{\partial^2 u}{\partial x\partial y}+C\frac{\partial^2 u}{\partial x^2}+D\frac{\partial u}{\partial x}+E\frac{\partial u}{\partial y}+Fu=f\left(x,y,u,\frac{\partial u}{\partial x},\frac{\partial u}{\partial y}\right) \tag{4-3}$$

其中当 A，B，C 为常数时，称为拟线性偏微分方程，当 A，B，C 满足不同条件时，分为三种不同的类型，$B^2-4AC<0$ 时属于椭圆型方程；$B^2-4AC=0$ 时属于抛物线型方程；$B^2-4AC>0$ 时属于双曲线型方程。

4.2 常微分方程求解

在微分方程中我们称自变量函数只有一个的微分方程为常微分方程，自变量函数个数为两个或两个以上的微分方程为偏微分方程。给定微分方程及其初始条件，称为初值问题；给定微分方程及其边界条件，称为边值问题。

在过程模拟及预测常微分方程中碰到的主要是初值问题：

$$\begin{cases} y'(x)=f(x,y) \\ y(a)=y_0 \end{cases},(a\leqslant x\leqslant b) \tag{4-4}$$

或记为

$$\begin{cases} \dfrac{\mathrm{d}y}{\mathrm{d}x}=f(x,y) \\ y(a)=y_0 \end{cases},(a\leqslant x\leqslant b)$$

只有一些特殊形式的 $f(x,y)$ 才能找到它的解析解；对于大多数常微分方程的初值问题，如式（4-5）只能计算它的数值解。常微分方程初值问题的数值解就是求 $y(x)$在求解区间$[a,b]$上各个分点序列 x_n，$n=1,2,\ldots,m$ 的数值解 y_n。在计算中约定 $y(x_n)$表示常微分方程准确解的值，y_n 表示 $y(x_n)$的近似值。

$$\frac{\mathrm{d}T}{\mathrm{d}\tau}=-0.03\times e^{0.0015(T-300)}(T-300)^{0.85} \tag{4-5}$$

4.2.1 基本方法

1. 向前欧拉公式

对于常微分方程初值问题式（4-4），在求解区间$[a,b]$上作等距分割，步长 $h=\dfrac{b-a}{m}$，记 $x_n=x_{n-1}+h$，$n=1,2\cdots,m$。用差商近似导数计算常微分方程，做 $y'(x_0)$ 的在 $x=x_0$ 处的一阶向前差商得：

$$y'(x_0)\approx\frac{y(x_1)-y(x_0)}{h} \tag{4-6}$$

又 $y'(x_0)=f(x_0,y(x_0))$，于是得到：

$$\frac{y(x_1)-y(x_0)}{h}\approx f(x_0,y(x_0)) \tag{4-7}$$

故 $y(x_1)$的近似值 y_1 可按式（4-8）求得：

$$\frac{y_1-y_0}{h}=f(x_0,y_0)\Rightarrow y_1=y_0+hf(x_0,y_0) \tag{4-8}$$

类似地，可得到计算 $y(x_{n+1})$ 近似值 y_{n+1} 的向前欧拉公式（4-9）：

$$y_{n+1}=y_n+hf(x_n,y_n) \tag{4-9}$$

由 y_n 直接算出 y_{n+1} 值的计算格式称为显式格式，向前欧拉公式是显式格式，而向后欧拉格式则是隐式格式，如式（4-10）。

$$y_{n+1} = y_n + hf(x_{n+1}, y_{n+1}) \tag{4-10}$$

2. 梯形公式

在 x_n, x_{n+1} 两点之间进行梯形近似计算有：

$$\int_{x_n}^{x_{n+1}} y'(x)\mathrm{d}x \approx \frac{1}{2}(x_{n+1} - x_n)(y'(x_{n+1}) + y'(x_n)) = \frac{h}{2}(f(x_n, y(x_n)) + f(x_{n+1}, y(x_{n+1}))$$

则得梯形公式：

$$y_{n+1} = y_n + \frac{h}{2}(f(x_n, y_n) + f(x_{n+1}, y_{n+1})) \tag{4-11}$$

梯形公式是隐式格式，计算中为了保证一定的精确度，又避免用迭代过程不菲的计算量，可先用显式公式算出初始值，再用隐式公式进行一次修正，称为预估-校正过程。例如，下面是用显式的欧拉公式和隐式的梯形公式给出的一次预估-校正公式：

$$\begin{cases} \overline{y}_{n+1} = y_n + hf(x_n, y_n) \\ y_{n+1} = y_n + \dfrac{h}{2}[f(x_n, y_n) + f(x_{n+1}, \overline{y}_{n+1})] \end{cases} \tag{4-12}$$

式（4-12）也称为改进的欧拉公式，它可合并成式（4-13）

$$y_{n+1} = y_n + \frac{h}{2}(f(x_n, y_n) + f(x_{n+1}, y_n + hf(x_n, y_n))) \tag{4-13}$$

如果想要获得较高的计算精度，可进行多次迭代计算，也就是进行多次校正计算。

3. 龙格-库塔方法

龙格-库塔法（Runge-Kutta methods）是求解常微分方程较常用的一种方法，它通过巧妙的线性组合，在显式格式情况下获得理想的计算精度，大大提高了计算速度。龙格-库塔法常用四阶公式，有 2 种四阶龙格-库塔法公式，具体如下：

$$(1)\quad \begin{cases} y_{n+1} = y_n + \dfrac{h}{6}(k_1 + 2k_2 + 2k_3 + k_4) \\ k_1 = f(x_n, y_n) \\ k_2 = f\left(x_n + \dfrac{1}{2}h, y_n + \dfrac{1}{2}hk_1\right) \\ k_3 = f\left(x_n + \dfrac{1}{2}h, y_n + \dfrac{1}{2}hk_2\right) \\ k_4 = f(x_n + h, y_n + hk_3) \end{cases} \tag{4-14-1}$$

$$(2)\quad \begin{cases} y_{n+1} = y_n + \dfrac{h}{8}(k_1 + 3k_2 + 3k_3 + k_4) \\ k_1 = f(x_n, y_n) \\ k_2 = f\left(x_n + \dfrac{1}{3}h, y_n + \dfrac{1}{3}hk_1\right) \\ k_3 = f\left(x_n + \dfrac{2}{3}h, y_n + \dfrac{1}{3}hk_1 + hk_2\right) \\ k_4 = f(x_n + h, y_n + hk_1 - hk_2 + hk_3) \end{cases} \tag{4-14-2}$$

4.2.2 编程求解

对于常微分方程的初值问题，利用上面提供的离散化公式，可以方便地编写常微分方程的 Python 语言数值求解代码。如果常微分方程不是初值问题，而是终值问题，如式（4-15）所示。

$$\begin{cases}\dfrac{\mathrm{d}y}{\mathrm{d}x}=f(x,y),(a\leqslant x\leqslant b), \quad y(b)=y_b\end{cases} \tag{4-15}$$

既可以利用逆向迭代进行求解，也可以通过假设两个初值正向迭代计算得到两个终点后，再和已知的终点值进行比较，采用插值法确定新初值的收敛策略进行双重迭代直至收敛。

【例 4-1】用四阶龙格-库塔法编程求解下面常微分方程初值问题：

$$\begin{cases}\dfrac{\mathrm{d}y}{\mathrm{d}x}=y^2\cos x \\ y(0)=1\end{cases}, \quad 0\leqslant x\leqslant 1.5 \tag{4-16}$$

解：利用四阶龙格-库塔法编程计算微分方程时，一般需要用自定义所求的微分方程 dy(x,y)及四阶龙格-库塔法算法函数 rgkt(y0,x0)，具体计算的核心代码如下（01-RgKt.py）：

```
#初始化参数设置
h=0.05
x00=0
y0=1
xt=3.2
n=int((xt-x00)/h)                        #确定离散化点数目
def dy(x,y):#定义微分方程
      ddy=y**2*np.cos(x)
      return ddy
def rgkt(y0,x0):                         #定义四阶龙格-库塔法
      k1=dy(x0,y0)
      k2=dy((x0+0.5*h),(y0+0.5*h*k1))
      k3=dy((x0+0.5*h),(y0+0.5*h*k2))
      k4=dy((x0+h),(y0+h*k3))
      y=y0+h/6*(k1+2*k2+2*k3+k4)
      return y
ddy=[]
result=[]
for i in range(n):                       #迭代计算
    x0=h*i+x00
    y=rgkt(y0,x0)
    k1=dy(x0,y0)
    ddy.append(k1)
    y0=y
    result.append(y0)
for i in range(int(n/2)):                #数据打印
        print(f"x={2*(i+1)*h:.2f},y={result[2*(i+1)-1]:.5f}")#注意列表数据下标
从 0 开始
plt.figure(figsize=(8,6),dpi=80)# 创建一个 8*6 点(point)的图,并设置分辨率为 80
X=np.linspace(0,xt,n,endpoint=True)
# 绘制温度曲线,使用红色、连续的、宽度为 2(像素)的线条
plt.plot(X,result,label='y',color="red",linewidth=2,linestyle="-")
# 绘制温度变化速率曲线,使用绿色的、虚线、宽度为 2 (像素)的线条
```

```
plt.plot(X,ddy,label='dy/dx',color="green",linewidth=2.0,linestyle="--")
plt.xlim(0,xt)                          #设置横轴的上下限
plt.xticks(np.arange(0,xt,0.2))         #设置横轴刻度
ymin=[min(result[:]),min(ddy[:])]
ymax=[max(result[:]),max(ddy[:])]
plt.ylim(min(ymin)-1,max(ymax)+1)       #设置纵轴的上下限
plt.xlabel('x',color='blue')            #设置 x 轴描述信息
plt.ylabel('y,dy',color='red')          #设置 y 轴描述信息
```

运行上述核心代码所在的程序 01-Rg_Kt.py ，得到图 4-1 所示的可视化计算结果及如下具体数据（截取到 x=1.0）。

```
x=0.10,y=1.11091
x=0.20,y=1.24792
x=0.30,y=1.41949
x=0.40,y=1.63778
x=0.50,y=1.92095
x=0.60,y=2.29696
x=0.70,y=2.81070
x=0.80,y=3.53800
x=0.90,y=4.61519
x=1.00,y=6.30782
```

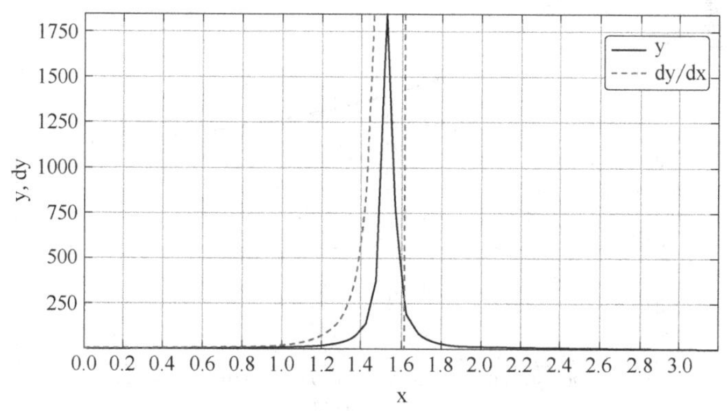

图 4-1 【例 4-1】可视化计算结果图

其实式（4-16）有解析解，结合初值条件可以得到 $y=\dfrac{1}{1-\sin x}$，解析解在 x=0～1.0 间隔 0.2 的数据和利用龙格-库塔法计算的数据比较如表 4-1 所示。

表 4-1 解析解和龙格-库塔法数值解比较

x	0.2	0.4	0.6	0.8	1
解析解	1.24792	1.63778	2.29696	3.53802	6.30799
数值解	1.24792	1.63778	2.29696	3.538	6.30782
百分误差	0	0	0	−0.0006	−0.0027

由表 4-1 的数据可知，龙格-库塔法的计算结果在保留 5 位小数点的情况下，基本和解析解一致。需要读者注意的是该微分方程的解当 x=2kπ+0.5π 时，y 的解析解中的分母为零，计算结果趋向无穷大。

【例 4-2】编程计算式（4-5）所示的微分方程。已知 τ=0 时，T=2000；τ 的取值范围为 0～170。

解：只要在 01-Rg_Kt.py 的基础上，重新定义微分方程及初始条件，就可以方便地求解

本微分方程，其中核心在于重新定义微分方程及初值设置，具体如下：

```
h=0.5
y0=2000
x00=0
xt=170
n=int( (xt-x00)/h)
def dy(x,y):
    ddy=-0.03*np.exp(0.0015*(y-300))*(y-300)**0.85
return ddy
```

运行上述核心代码所在的程序 02-Rg_Kt.py 的程序，得到如图 4-2 所示的可视化计算结果图。

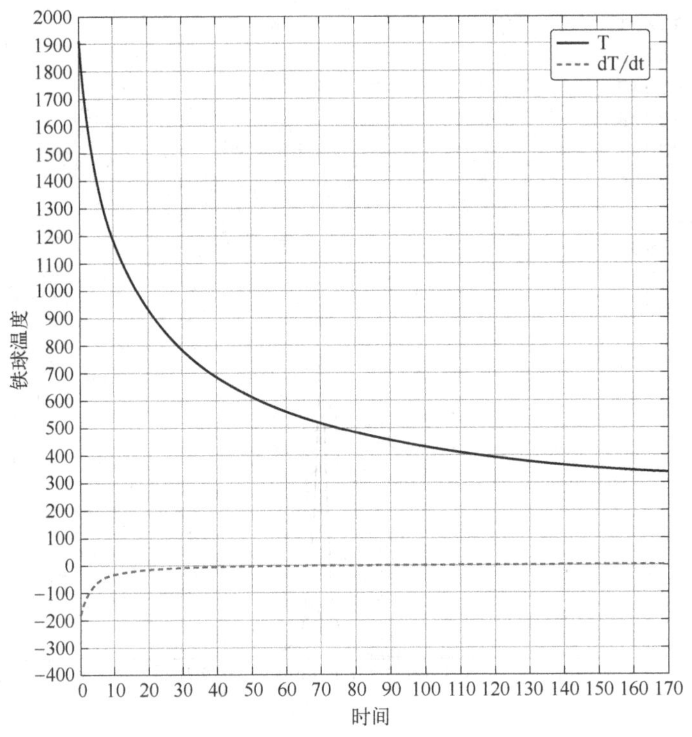

图 4-2 【例 4-2】可视化计算结果图

4.2.3 库函数求解

Python 语言对于常微分方程求解提供了不同的库函数求解策略及方法，如 Sympy 库提供的 dsolve 函数，通过符号求解常微分方程（组），但该法只对有解析解的微分方程（组）有效，故本书中不作详细介绍，感兴趣的读者可以通过 help（dsolve）帮助函数进行查询。对于大多数没有解析解的微分方程（组），Scipy 库下的 integrate 提供了 odeint 函数求解微分方程（组）的方法，该函数具体调用求解微分方程分二步进行（用于单个方程）：

（1）定义微分方程

```
def  dy(y,x):
    dydx=******
    return dydx
```

（2）调用 odeint 函数进行计算

```
x=np.linspace(x0,xt,n)          #设置计算范围
result=odeint(dy,y0,x)          #求解微分方程
plt.plot(x,result)              #绘制可视化解
```

上述看似简单的二步调用，有时可能会出现错误。注意在利用 odeint 函数求解微分方程时，定义的微分方程格式必须是 dy(y,x)，第一个参数必须是应变量，第二个参数是自变量，这在自己编程的龙格库塔法中刚好相反。龙格库塔法中是 dy(x,y)，因为在龙格库塔法中具体对谁求导在后续程序中会有体现，但在 odeint 函数中全部后续程序按默认第一参数是应变量，第二个参数是自变量，如果仍按原来的方法定义微分方程，计算结果就会出现错误，如你定义的是 dy/dx=x，但系统其实当做了 dy/dx=y 来处理，这一点读者必须引起注意。同时对于所求的解 result，尽管是单个微分方程的解，其实是二维数组，行数为 len(x)，列数为 len(y0)，只有一个微分方程时的解其实就是 result[:,0], odeint 函数可以用于求解微分方程组，具体方法会在下节介绍。利用 odeint 函数求解【例 4-1】的核心代码如下：

```
def dy(y,x):                        # 注意是参数 y 在前面
    ddy=y**2*np.cos(x)
    return ddy
x=np.arange(0,1.5,0.05)             #确定自变量范围
y0=1                                #确定初始状态
result=odeint(dy,y0,x)
ddy=dy(result[:,0],x[:])            #注意不要直接用数组
```

运行上述核心码所在的程序 03-odeint.py，得到和图 4-1 基本一致的可视化图。利用 odeint 函数求解【例 4-2】的核心代码如下：

```
def dy(y,x):
    ddy=-0.03 *np.exp(0.0015*(y-300))*(y-300)**0.85
    return ddy
x=np.arange(0,300.1,0.5)            #确定自变量范围
y0=2000                             #确定初始状态
result=odeint(dy,y0,x)
ddy=dy(result[:,0],x[:])
```

运行上述核心代码所在的程序 04-odeint.py，得到和图 4-2 基本一致的可视化图。更多关于 odein 函数的应用可通过 help(odeint)查询获得，另外 Scipy 还提供了一个新的函数求解微分方程（组），该函数为 integrate.solve_ivp，可先调入 integrate 模块，再通过 help(integrate.solve_ivp)查询具体应用，注意该函数定义微分方程时，参数的次序是 dy(x,y)需引起注意。

4.3 常微分方程组求解

常微分方程组是指只有一个自变量，多个应变量组成的微分方程组。高阶的常微分方程，通过变量代换，最后可以降为一阶常微分方程组，掌握常微分方程组求解的方法，可以解决许多工程实际问题。

4.3.1 基本方法

常微分方程组求解方法尽管也可能存在解析解，也可以利用 Sympy 库 dsolve 函数求解，但对于无解析解的常微分方程组，dsolve 函数会返回错误提示信息。对于一阶常微分方程组的数值解法，前面对常微分方程所用的各种方法，都可以平行地应用到常微分方程组的数值解中，对于有 2 个应变量的常微分方程组：

$$\begin{cases} \dfrac{\mathrm{d}y}{\mathrm{d}t} = f(t,y,z) \\ \dfrac{\mathrm{d}z}{\mathrm{d}t} = f(t,y,z) \\ y(a) = y_0 \\ z(a) = z_0 \end{cases} \qquad (a \leqslant t \leqslant b) \tag{4-17}$$

通过平行应用单个常微分方程的数值求解公式，得到微分方程组欧拉计算公式：

$$\begin{cases} y_{n+1} = y_n + hf(t_n, y_n, z_n) \\ z_{n+1} = z_n + hg(t_n, y_n, z_n) \end{cases} \tag{4-18}$$

预估-校正公式：

$$\begin{aligned} &\begin{pmatrix} \overline{y}_{n+1} \\ \overline{z}_{n+1} \end{pmatrix} = \begin{pmatrix} y_n \\ z_n \end{pmatrix} + h\begin{pmatrix} f(t_n, y_n, z_n) \\ g(t_n, y_n, z_n) \end{pmatrix} \\ &\begin{pmatrix} y_{n+1} \\ z_{n+1} \end{pmatrix} = \begin{pmatrix} y_n \\ z_n \end{pmatrix} + \frac{h}{2}\left[\begin{pmatrix} f(t_n, y_n, z_n) \\ g(t_n, y_n, z_n) \end{pmatrix} + \begin{pmatrix} f(t_{n+1}, \overline{y}_{n+1}, \overline{z}_{n+1}) \\ g(t_{n+1}, \overline{y}_{n+1}, \overline{z}_{n+1}) \end{pmatrix}\right] \end{aligned} \tag{4-19}$$

四阶龙格-库塔公式：

$$\begin{aligned} &Y_{n+1} = Y_n + \frac{h}{6}\left[K_1 + 2K_2 + 2K_3 + K_4\right] \\ &\begin{pmatrix} y_{n+1} \\ z_{n+1} \end{pmatrix} = \begin{pmatrix} y_n \\ z_n \end{pmatrix} + \frac{h}{6}\left[\begin{pmatrix} k_1^{(1)} \\ k_1^{(2)} \end{pmatrix} + 2\begin{pmatrix} k_2^{(1)} \\ k_2^{(2)} \end{pmatrix} + 2\begin{pmatrix} k_3^{(1)} \\ k_3^{(2)} \end{pmatrix} + \begin{pmatrix} k_4^{(1)} \\ k_4^{(2)} \end{pmatrix}\right] \\ &K_1 = \begin{pmatrix} k_1^{(1)} \\ k_1^{(2)} \end{pmatrix} = \begin{pmatrix} f(t_n, y_n, z_n) \\ g(t_n, y_n, z_n) \end{pmatrix} \\ &K_2 = \begin{pmatrix} k_2^{(1)} \\ k_2^{(2)} \end{pmatrix} = \begin{pmatrix} f\left(t_n + \frac{h}{2}, y_n + \frac{h}{2}k_1^{(1)}, z_n + \frac{h}{2}k_1^{(2)}\right) \\ g\left(t_n + \frac{h}{2}, y_n + \frac{h}{2}k_1^{(1)}, z_n + \frac{h}{2}k_1^{(2)}\right) \end{pmatrix} \\ &K_3 = \begin{pmatrix} k_3^{(1)} \\ k_3^{(2)} \end{pmatrix} = \begin{pmatrix} f\left(t_n + \frac{h}{2}, y_n + \frac{h}{2}k_2^{(1)}, z_n + \frac{h}{2}k_2^{(2)}\right) \\ g\left(t_n + \frac{h}{2}, y_n + \frac{h}{2}k_2^{(1)}, z_n + \frac{h}{2}k_2^{(2)}\right) \end{pmatrix} \\ &K_4 = \begin{pmatrix} k_4^{(1)} \\ k_4^{(2)} \end{pmatrix} = \begin{pmatrix} f\left(t_n + h, y_n + hk_3^{(1)}, z_n + hk_3^{(2)}\right) \\ g\left(t_n + h, y_n + hk_3^{(1)}, z_n + hk_3^{(2)}\right) \end{pmatrix} \end{aligned} \tag{4-20}$$

对于 m 个应变量的常微分方程组：

$$\begin{cases} \dfrac{\mathrm{d}y_1}{\mathrm{d}x} = f_1(x, y_1, y_2, \ldots, y_m) \\ \dfrac{\mathrm{d}y_2}{\mathrm{d}x} = f_2(x, y_1, y_2, \ldots, y_m) \\ \cdots \\ \dfrac{\mathrm{d}y_m}{\mathrm{d}x} = f_m(x, y_1, y_2, \ldots, y_m) \\ y_1(a) = \eta_1 \\ y_2(a) = \eta_2 \\ \cdots \\ y_m(a) = \eta_m \end{cases} \quad (a \leqslant x \leqslant b) \tag{4-21}$$

对于高阶的微分方程，也可以化为一阶的微分方程组，其原高阶方程如下：

$$\begin{cases} \dfrac{\mathrm{d}^3 y(x)}{\mathrm{d}x} = f\left(x, y, y', y''\right) \\ y(a) = \eta^{(0)} \\ y'(a) = \eta^{(1)} \\ y''(a) = \eta^{(2)} \end{cases} \quad (a \leqslant x \leqslant b) \tag{4-22}$$

化为一阶方程组：

$$\begin{cases} y_1 = y \\ \dfrac{\mathrm{d}y_1(x)}{\mathrm{d}x} = y_2(x) \\ \dfrac{\mathrm{d}y_2(x)}{\mathrm{d}x} = y_3(x) \\ \dfrac{\mathrm{d}y_3(x)}{\mathrm{d}x} = f\left(t, y_1(x), y_2(x), y_3(x)\right) \\ \\ y_1(a) = \eta^{(0)} \\ y_2(a) = \eta^{(1)} \\ y_3(a) = \eta^{(2)} \end{cases} \tag{4-23}$$

注意式（4-23）中 y_1、y_2、y_3 中对应的含义，原来的 y 已用 y_1 代替。有了这样的处理，高阶的微分方程就转变成了一阶的微分方程组，可以通过平行调用单个常微分方程的数值求解公式加以求解。

4.3.2 库函数求解

利用 Scipy 库的 odeint 函数即可以求解单个常微分方程，其实也可求解多个常微分方程组成的方程组，对于式（4-21）m 个应变量组成的常微分方程组，其具体调用求解微分方程组的两个主要步骤代码如下：

（1）定义微分方程组

```
def  dy(y,t):
     y1,y2,…,ym=y[0],y[1],…,y[m-1]
     dy1=f1(y1,y2,…,ym,t)
     dy2=f2(y1,y2,…,ym,t)
     :
     dym=fm(y1,y2,…,ym,t)
     return [dy1,dy2,…,dym]
```

（2）调用 odeint 函数进行计算

```
t=np.linspace(t0,tn,n)                                  #设置计算范围
y0=[y10,y20,…,ym0]
sol=odeint(dy,y0,t)                                     #求解微分方程
plt.plot(x,sol[:,0],sol[:,1],…,sol[:,m-1] )             #绘制可视化解
```

【例 4-3】两种微生物，其数量分别是 $u=u(t)$， $v=v(t)$，t 的单位为分钟，其中一种微生物以吃另一种微生物为生，两种微生物的增长函数如下列常微分方程组所示，绘制 30 分钟内两种微生物的数量变化曲线。

$$\begin{cases} \dfrac{\mathrm{d}u}{\mathrm{d}t} = 0.1u\left(1-\dfrac{u}{20}\right) - 0.35uv \\ \dfrac{\mathrm{d}v}{\mathrm{d}t} = 0.05v\left(1-\dfrac{v}{15}\right) - 0.151uv \\ u(0) = 1.6 \\ v(0) = 1.2 \end{cases} \tag{4-24}$$

解：分析式（4-24），该微分方程组自变量为 t，应变量为 u 和 v，初值已知，可调用 odeint 函数进行计算，具体程序的核心代码如下：

```
def dy(y,t):
    y1,y2=y[0],y[1]
    dy1=0.1*y1*(1-y1/20)-0.35*y1*y2
    dy2=0.05*y2*(1-y2/15)-0.15*y1*y2
    return [dy1,dy2]
y0=[1.6,1.2]                          #确定初始状态
tspan=np.linspace(0,30,301)           #确定自变量范围
sol=odeint(dy,y0,tspan)
```

运行上述核心代码所在的程序 05-uvode.py，得到图 4-3 所示的计算结果。由图 4-3 的数据可知，20 分钟左右，物种 u 的数量接近为零。那么问题来了，如果时间无限增加，物种 v 是否可以不断增加呢？按照科学知识，两种物种互将对方作为食物来源，当对方数量消失时，自身的数量也不会再增加，达到一个稳定数，这个可以将时间延长到 300 分钟，求解微分方程组式（4-24）的解得到图 4-4 所示的物种数量曲线得到解释。由图 4-4 可知，大约 200 分钟左左，物种 v 的数量基本上达到最大值，不再增加。如果在微分方程组中再加入物种自身的衰减因子，那么互为依赖的两种物种，如果一种消亡了，那么另一种由于自身衰减又得不到食物补充随着时间增长也会消亡，说明了生态平衡的重要性。

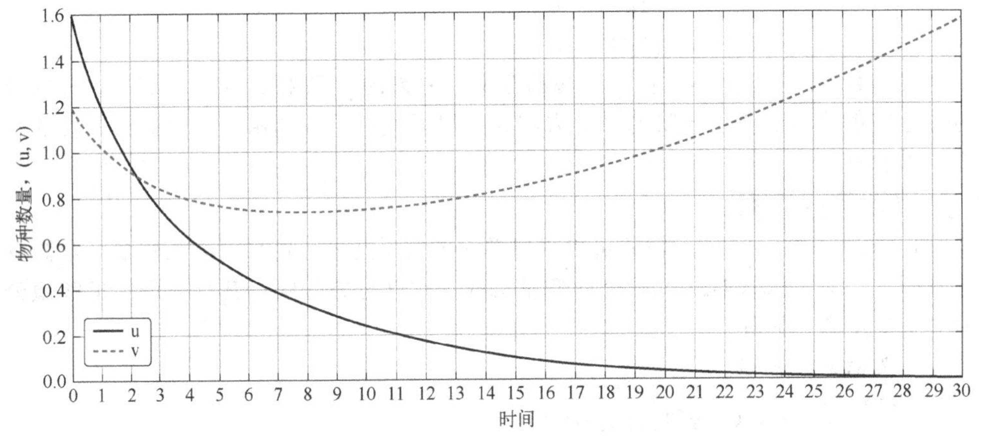

图 4-3 两种微生物竞争生长数量变化曲线

【例 4-4】 求下面式（4-25）的高阶微分方程

$$
\begin{cases}
\dfrac{d^2 y(x)}{dx} = x^2 \cos x + y \sin x \\
y(0) = 0 \\
y'(0) = 1
\end{cases}
\quad (0 \leqslant x \leqslant 30) \tag{4-25}
$$

解：式（4-25）是二阶微分方程，将其展开成式（4-26）的一阶微分方程组，再调用 odeint 就可求解，转化的一阶微分方程组如下：

$$
\begin{cases}
y = y_1 \\
\dfrac{dy_1}{dx} = y_2 \\
\dfrac{dy_2}{dx} = x^2 \cos x + y_1 \sin x \\
y_1(0) = 0 \\
y_2(0) = 1
\end{cases} \tag{4-26}
$$

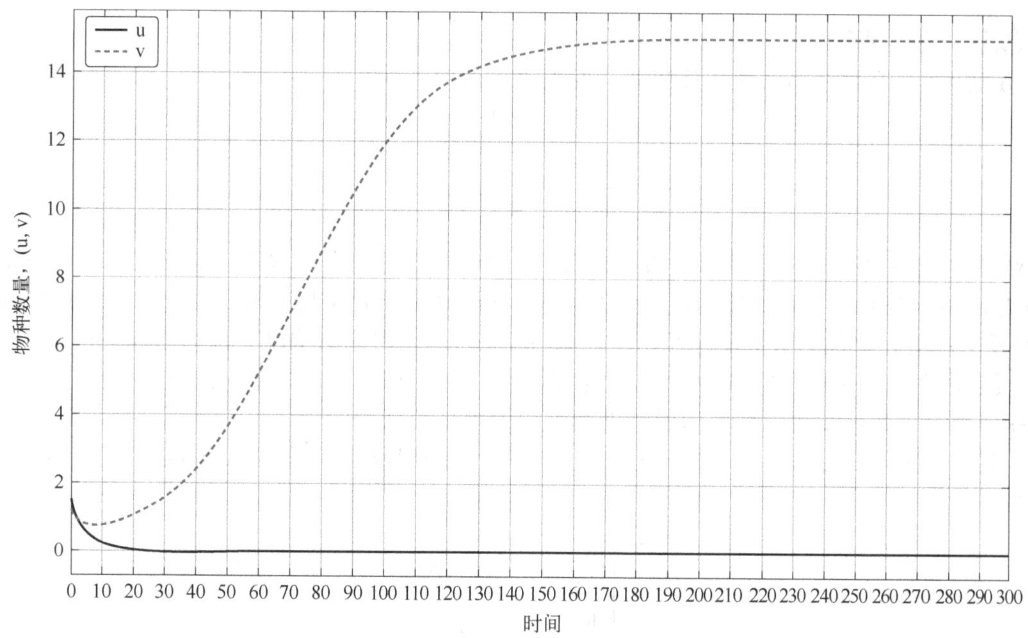

图 4-4　大时间长度内生物竞争生长数量变化曲线

根据式（4-26）的微分方程组，利用 odeint 函数可以方便地求出原高阶微分方程的解，具体核心代码如下：

```
def dy(y,t):
    y1,y2=y[0],y[1]
    dy1=y2
    dy2=t**2*np.cos(t)+y1*np.sin(t)
    return[dy1,dy2]
y0=[0,1]                        #确定初始状态
tspan=np.linspace(0,30,301)     #确定自变量范围
sol=odeint(dy,y0,tspan)
```

运行上述核心代码所在的程序 06-ydyode.py，得到图 4-5 所示的计算结果，由图 4-5 的数据可知，从 x=22 开始，函数值进入剧烈变化之中，已经达到了 10^6 的数量级；其实如果缩小计算范围，如图 4-6 所示，在 x=0～10 之间，函数值也达到了 600 左右，只不过相对于 10^6 的数量级 600 的数据看起来似乎在零附近。

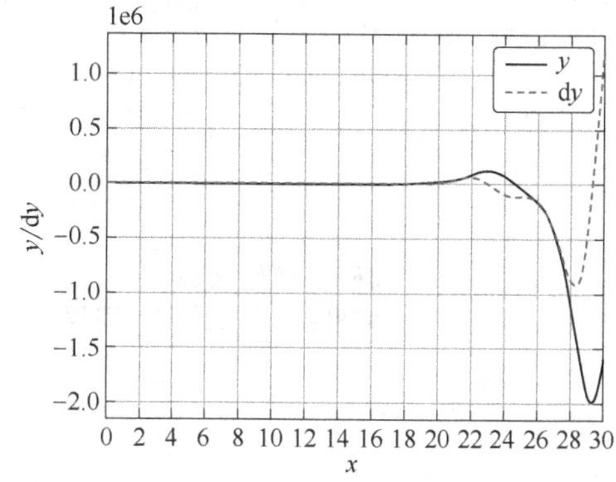

图 4-5　高阶微分方程大范围计算

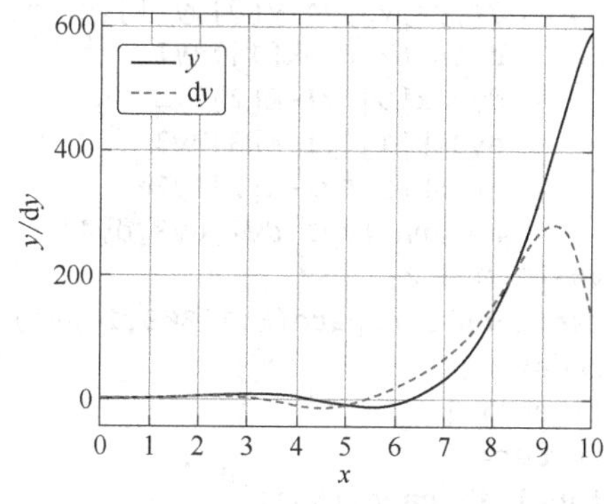

图 4-6　高阶微分方程小范围计算

4.3.3 实例求解

【例 4-5】某复杂间歇液相反应器，发生以下反应：

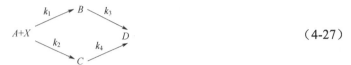

（4-27）

反应物 X 大量过剩，B 是目标产物，C、D 为副产物。各级反应均为一级反应，即 $r=-kc$，$k=k_0\exp(-E/RT)$，R 是气体常数，R=8.31434kJ/kmol·K；E 是反应活化能，单位为 kJ/kmol；T 是反应温度，单位为 K；反应开始时，A、B、C、D 四组分的浓度分别为 2kmol/m^3，0，0，0。反应可在 180～230℃之间进行，试计算 A、B、C、D 四组分的浓度随反应时间的变化及目标产物 B 的浓度最大时的反应时间及随反应温度的变化情况。

解：上述问题可以转化为微分方程组的求解，根据反应工程知识，经过推导可以得到以下微分方程组：

$$\begin{cases}\dfrac{\mathrm{d}c_A}{\mathrm{d}t}=-(k_1+k_2)c_A\\ \dfrac{\mathrm{d}c_B}{\mathrm{d}t}=k_1c_A-k_3c_B\\ \dfrac{\mathrm{d}c_C}{\mathrm{d}t}=k_2c_A-k_4c_C\\ \dfrac{\mathrm{d}c_D}{\mathrm{d}t}=k_3c_B+k_4c_C\end{cases}\tag{4-28}$$

式中，t 为反应时间，单位为秒，k_i 为计算反应速率 r 的时间常数，均可利用已知参数计算得到，c_A,c_B,c_C,c_D 为四个组分的液相浓度，已知初始条件分别为 2.0，0，0，0。有关具体参数数据见程序代码。该题是四个应变量的微分方程组求解，并通过求解确定 B 组分的浓度在何时达到最大值。程序编写时可以先求解微分方程的解，再利用数组元素求最大值的 max()函数及其对应数组索引序号确定的方法 list.index(obj)，确定物质 B 浓度达到最大值的时间及数值，并通过 Matplotlib 将计算结果可视化，具体核心代码如下：

```
R=8.31434                                          #气体常数 kJ/kmol.K
k0=np.array([1.2e+10 ,2.8e+10,1.8e+5,3.2e+7])      #阿累乌尼斯常数,1/s
E=np.array([1.3e+5, 1.6e+5 ,8.0e+4,1.2e+5])        #活化能,kJ/kmol
global k
def dy(y,t):
    y1,y2,y3,y4=y[0],y[1],y[2],y[3]
    dy1=-(k[0]+k[1])*y1
    dy2=k[0]*y1-k[2]*y2
    dy3=k[1]*y1-k[3]*y3
    dy4=k[2]*y2+k[3]*y2
    return [dy1,dy2,dy3,dy4]
y0=[2,0,0,0]                                       #确定初始状态
tspan=np.linspace(0,10000,10001)                   #确定自变量范围,间隔 1
cbmax=[]
timemax=[]
temper=[]
for i in range(50):
    T=181+i+273.15
    k=k0*np.exp(-E/(R*T))                          #反应速率常数,1/s
```

```
        sol=odeint(dy,y0,tspan)                          #微分方程组求解
        MAX_C_B=max(sol[:,1])                            #确定最大的 c_B
        time1=list(sol[:,1]).index(MAX_C_B)              #确定最大的 c_B 位置索引号,由于时间
                                                          间隔为 1 秒,索引号即为时间
        cbmax.append(MAX_C_B)                            #添加最大浓度数据
        timemax.append(time1)                            #添加达到最大浓度所需时间数据
        temper.append(T)                                 #添加反应温度数据
plt.figure(figsize=(8,6),dpi=80)
plt.plot(temper,cbmax,label='$maxc_{B}$',color="green",linewidth=3.0,linesty
le="-")
plt.xlabel("反应温度,T(K)")
plt.ylabel("物质 B 浓度,"+"$c_{B}$")
plt.figure(figsize=(8,6),dpi=80)
plt.plot(temper,timemax,label='opt-time',color="green",linewidth=3.0,linesty
le="-")
plt.xlabel("反应温度,T(K)")
plt.ylabel("物质 B 浓度最大时反应时间,s")
plt.figure(figsize=(8,6),dpi=80)
plt.plot(tspan,sol[:,0],label=r'$c_{A}$',color="red",linewidth=3,linestyle="-")
plt.plot(tspan,sol[:,1],label='$c_{B}$',color="green",linewidth=3.0,linestyle="-.")
plt.plot(tspan,sol[:,2],label='$c_{C}$',color="b",linewidth=3.0,linestyle="--")
plt.plot(tspan,sol[:,3],label='$c_{D}$',color="k",linewidth=3.0,linestyle=":")
plt.annotate(f'最高点{MAX_C_B:.5f}',xy=(time1,MAX_C_B),xytext=(time1+1400,
MAX_C_B+0.2),arrowprops=dict(arrowstyle='->',color="r",lw=2.5))
plt.xlabel('时间 t,s',color='blue')                            # 设置 x 轴描述信息
plt.ylabel("浓度"+r"$c,kmol/m^{3}$",color='red')               # 设置 y 轴描述信息
```

运行上述核心代码所在的程序 07-react_ode.py，得到图 4-7、图 4-8、图 4-9 所示的计算结果。图 4-7 是在不同反应温度下物质 B 可以达到的最大浓度数据图；图 4-8 是在不同反应温度下物质 B 可以达到最大浓度时的反应时间图；图 4-9 是在温度为 230°C 四种物质浓度随反应时间的变化曲线。

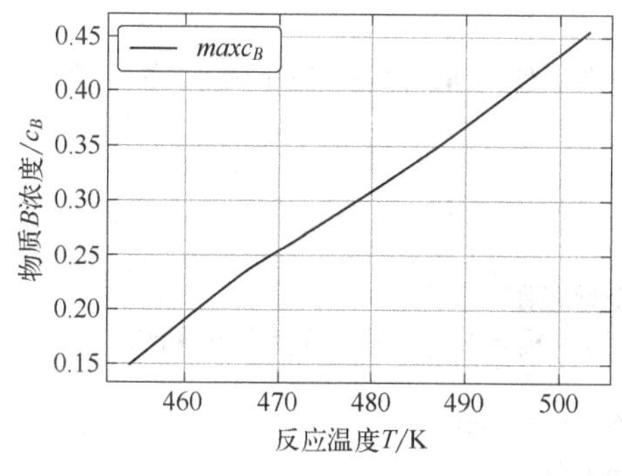

图 4-7　物质 B 最大浓度随反应温度变化曲线

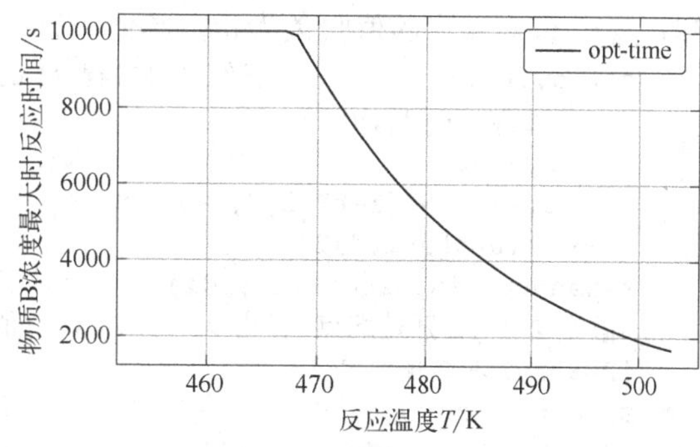

图 4-8　最佳反应时间随反应温度变化曲线

4.3.4　边值问题

边值问题相对于初值问题而言，多了一个端点的约束，如果在高阶或微分方程组中端点约束过多，微分方程组可能无解，端点约束有一定限制。根据自由度定义，如果一个变量多了一个端点约束，势必导致另一个变量少了一个初始端点的约束，这导致无法用 odeint 函数进行求解，但可以通过插值加迭代的方法求解边值问题。下面通过一个具体的例子来说明边值问题的求解。

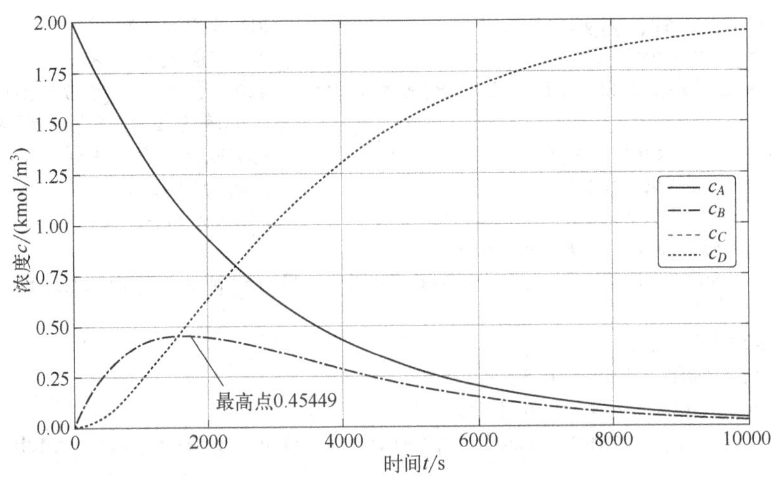

图 4-9　四种物质浓度随反应时间变化曲线

【例 4-6】求解下面边值问题的微分方程

$$\begin{cases} y'' - 0.05(1+x^2)y - 2 = 0 \\ y(0) = 40, y(10) = 80 \end{cases} \tag{4-29}$$

令 $y=y_1$，则原题转化为一阶微分方程组：

$$\begin{cases} y_1' = y_2 \\ y_2' = 0.05(1+x^2)y_1 + 2 \\ y_1(0) = 40, y_1(10) = 80 \end{cases}$$

注意此微分方程组由于缺少了变量 y_2 的初值，无法用 odeint 函数进行求解，但可以通过先假设两个 y_2 的初值，利用 odeint 函数算出对应变量 y_1 右端的两个值，结合已知 y_1 的右端为 80，通过插值法得到新的 y_2 变量的迭代初值，在此基础上，不断利用插值原理进行迭代求解，直至 y_1 右端点的值收敛为止，具体代码如下：

```
def dy(y,t):            #已知微分方程 y1 的两个端点值为 40 和 80,但不知 y2 的开始端点值
    y1,y2=y[0],y[1]
    dy1=y2
    dy2=0.05*(1+t**2)*y1+2
    return[dy1,dy2]
tspan=np.linspace(0,10,101)         #确定自变量范围
#假设 2 个 y2 开始端点,算出 y1 的末端端点值,利用内插产生 y2 开始端点迭代初值
f2=80#y1 右端值
a1,a2=0,-20                         #假设 2 个 y2 开始端点
y0_1,y0_2=[40,a1],[40,a2]           #两组初始条件
sol_1=odeint(dy,y0_1,tspan)         #计算得到y2始点为a1的y1的末端值为sol_1[100,0]
sol_2=odeint(dy,y0_2,tspan)         #计算得到y2始点为a1的y1的末端值为sol_2[100,0]
k=(a2-a1)/(sol_2[100,0]-sol_1[100,0])          #计算比例系数
c_0=a1+k*(f2-sol_1[100,0])                     #插值得到迭代初值
flag=True
while flag:
    sol=odeint(dy,[40,c_0],tspan)
    if abs((f2-sol[100,0])/f2)>=0.00001:               #y_1 右端点收敛判据
            c_1=c_0+k*(f2-sol[100,0])                  #不断迭代
```

```
            c_0=c_1
        else:
            flag=False
    plt.plot(tspan,sol[:,0],label="y",color="red",linewidth=2,linestyle="-")
                                                        #绘制曲线
    plt.plot(tspan,sol[:,1],label='dy',color="green",linewidth=2.0,linestyle="--")
```

运行上述核心代码所在的程序 08-bc_ode.py，得到以下计算结果图形。由图 4-10 可知，y_1 的右端点值确实为 80。

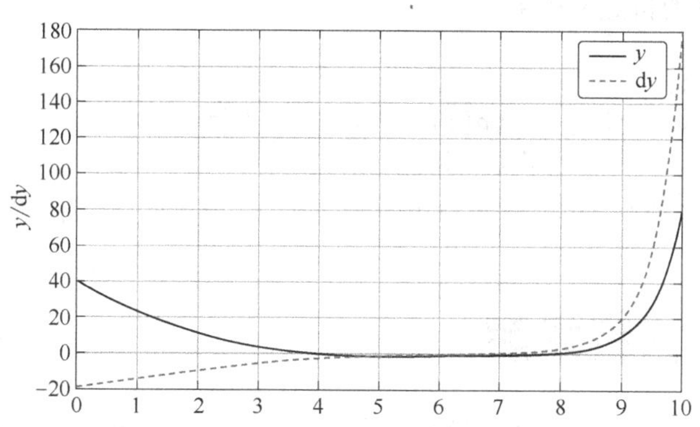

图 4-10　边值问题微分方程解

如果边值问题的端点值设置在 y_1 的左端点和 y_2 的右端或者均在 y_1 和 y_2 的右端点，均可以利用本题的求解思路加以求解。

边值问题除了用上述通过迭代加 odeint 函数的方法求解外，还可以直接用 scipy.integrate 模块下的 solve_bvp 函数，读者必须注意的是 solve_bvp 函数在自定义函数及函数调用中的不同，自定义函数时，需要将自变量写在前面，应变量写在后面和 odeint 函数的自定义函数写法刚好相反，同时返回的必须是数组，不是列表，具体用 solve_bvp 函数求解时的自定义函数代码为：

```
def dy(t,y):
    y1,y2=y[0],y[1]
    dy1=y2
    dy2=0.05*(1+t**2)*y1+2
    return np.vstack((dy1, dy2))
```

对于边界条件，solve_bvp 函数的定义方式和 Matlab 相仿，具体代码如下：

```
def BC(ya,yb):
    f1,f2=40,80
return np.array([ya[0]-f1,yb[0]-f2])
```

注意 ya 表示左边界的应变量，yb 表示有边界的应变量，应变量的维数通过自定义微分函数时确定，本例中是 2 维，故 ya[0]表示 y1，本例中的边界条件是已知 y1 的左右边界条件，当然也可以已知 y2 的边界条件，但两个应变量 y1 和 y2 加在一起已知的边界条件不能超过 2 个。

利用 solve_bvp 函数求解微分方程时还要给定应变量全部对应点上的迭代初值，具体代码如下：

```
tspan=np.linspace(0,10,101)                #确定自变量范围
y_tspan=np.zeros((2,tspan.size))           #确定应变量迭代初值
```

具体求解的调用代码如下:

```
sol=solve_bvp(dy,BC,tspan,y_tspan)
y=sol.sol(tspan)[0]
dyy=sol.sol(tspan)[1]#表示 y'
```

注意求解结果和 odeint 函数的表达不同，反而和 Matlab 相仿，这一点必须引起注意。如果边界条件改为：

$y'(0)=40, y(10)=80$

只需将边界条件的自定义函数改为：

```
def BC(ya,yb):
    f1,f2=40,80
return np.array([ya[1]-f1,yb[0]-f2])
```

即可。具体计算代码见 09-BVP_ode.py，运行修改边界条件后的代码，得到图 4-11 所示的计算结果。

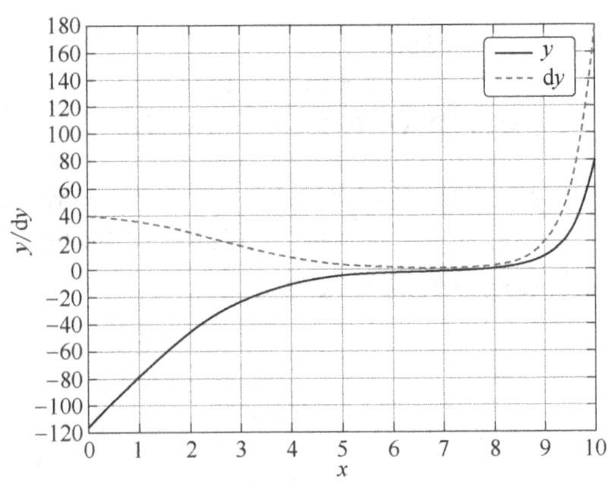

图 4-11　不同边值问题求解结果图

4.4　偏微分方程求解

包含有偏导数的微分方程称为偏微分方程（Partial Differential Equation，PDE）。从实际问题中归纳出来的常用偏微分方程可分为三大类：波动方程、热传导方程和调和方程。对于它们特殊的定解条件，有一些解决的解析方法，而且要求方程是线性的、常系数的。但是在实际过程中碰到的问题往往要复杂得多，不仅偏微分方程的形式无一定标准，且边界条件五花八门，方程中的系数随气象条件、运行工况等改变而改变，想利用解析求解是不可能的。另一方面，实际问题的要求不一定需要严格的精确解，只要求达到一定的精度，就可借助于差分方法来求偏微分方程的数值解。

4.4.1　基本方法

对于没有解析解时，偏微分方程目前一般采用有限元法（Finite-Element Mthod，FEM）及有限差分法（Finite-Difference Mthod，FDM）加以求解。其中，有限元法将未知函数写成简单的基函数的线性组合，基函数可以容易地进行微分和积分，而有限差分法是将偏微分方程中的导数用近似的有限差分来表示，通过显式迭代或隐式线性方程组的重复求解得到离散偏微分方程的解，下面主要介绍有限差分法求解常见偏微分方程的离散化迭代格式，以方便用 Python 语言进行编程计算。

（1）基本离散化公式

大部分偏微分方程中，自变量一般不会超过四个。以三维空间为例，再加一维时间为自变量已可基本包括大部分偏微分方程的自变量形式，将此类微分方程离散化的应变量表示成 $u_{i,j,k}^{n}$，它所表示的真正含义如式（4-30）：

$$u_{i,j,k}^{n}=u(t,x,y,z)_{t=n\Delta t,x=i\Delta x,y=j\Delta y,z=k\Delta z} \tag{4-30}$$

有了式（4-30）的定义，可以得到一阶偏导的向前欧拉公式（4-31）：

$$\begin{aligned}\left.\frac{\partial u}{\partial t}\right|_{t=n\Delta t,x=i\Delta x,y=j\Delta y,z=k\Delta z}&=\frac{u_{i,j,k}^{n+1}-u_{i,j,k}^{n}}{\Delta t}\\ \left.\frac{\partial u}{\partial x}\right|_{t=n\Delta t,x=i\Delta x,y=j\Delta y,z=k\Delta z}&=\frac{u_{i+1,j,k}^{n}-u_{i,j,k}^{n}}{\Delta x}\end{aligned} \tag{4-31}$$

$$\left.\frac{\partial u}{\partial y}\right|_{t=n\Delta t,x=i\Delta x,y=j\Delta y,z=k\Delta z}=\frac{u_{i,j+1,k}^{n}-u_{i,j,k}^{n}}{\Delta y}$$

$$\left.\frac{\partial u}{\partial z}\right|_{t=n\Delta t,x=i\Delta x,y=j\Delta y,z=k\Delta z}=\frac{u_{i,j,k+1}^{n}-u_{i,j,k}^{n}}{\Delta x}$$

对于时间偏导而言，有时采用向后欧拉公式，时间的向后欧拉公式如下：

$$\left.\frac{\partial u}{\partial t}\right|_{t=(n+1)\Delta t,x=i\Delta x,y=j\Delta y,z=k\Delta z}=\frac{u_{i,j,k}^{n+1}-u_{i,j,k}^{n}}{\Delta t} \tag{4-32}$$

这样在以后的计算中，得到的是隐式的计算公式，需通过求解线性方程组才能求解。具体的计算过程在下面会针对具体的偏微分方程进行讲解。

对于二阶偏导，可以通过泰勒展开式处理技术得到下面离散化计算公式：

$$\begin{aligned}
\left.\frac{\partial^2 u}{\partial t^2}\right|_{t=n\Delta t,x=i\Delta x,y=j\Delta y,z=k\Delta z}&=\frac{u_{i,j,k}^{n+1}-2u_{i,j,k}^{n}+u_{i,j,k}^{n-1}}{\Delta t}\\
\left.\frac{\partial^2 u}{\partial x^2}\right|_{t=n\Delta t,x=i\Delta x,y=j\Delta y,z=k\Delta z}&=\frac{u_{i+1,j,k}^{n}-2u_{i,j,k}^{n}+u_{i-1,j,k}^{n}}{(\Delta x)^2}\\
\left.\frac{\partial^2 u}{\partial y^2}\right|_{t=n\Delta t,x=i\Delta x,y=j\Delta y,z=k\Delta z}&=\frac{u_{i,j+1,k}^{n}-2u_{i,j,k}^{n}+u_{i,j-1,k}^{n}}{(\Delta y)^2}\\
\left.\frac{\partial^2 u}{\partial z^2}\right|_{t=n\Delta t,x=i\Delta x,y=j\Delta y,z=k\Delta z}&=\frac{u_{i,j,k+1}^{n}-2u_{i,j,k}^{n}+u_{i,j,k-1}^{n}}{(\Delta z)^2}
\end{aligned} \tag{4-33}$$

有了以上的离散化公式，就可以进行偏微分方程的数值求解工作。当然，在具体求解时，还会碰到不同的问题，需要区别对待，同时在利用计算机编程计算时也会碰到困难，这些问题会通过具体的例子加以说明。

（2）波动方程离散化

波动方程的通式如下：

$$\begin{cases}
\dfrac{\partial^2 u}{\partial t^2}-a^2\dfrac{\partial^2 u}{\partial x^2}=f(x,t)\\
u\Big|_{t=0}=\varphi(x),\left.\dfrac{\partial u}{\partial t}\right|_{t=0}=\psi(x)\\
u\Big|_{x=0}=\mu_1(t),u\Big|_{x=l}=\mu_2(t)
\end{cases} \tag{4-34}$$

其中：$u\Big|_{t=0}=\varphi(x),\left.\dfrac{\partial u}{\partial t}\right|_{t=0}=\psi(x)$ 为初值条件

$u\Big|_{x=0}=\mu_1(t),u\Big|_{x=t}=\mu_2(t)$ 为边值条件

当波动方程只提初值条件时，称此方程为波动方程的初值问题；二者均提时，称为波动方程的混合问题。利用上面提供的离散化基本公式，得到波动方程离散化方程：

$$\frac{u_i^{n+1}-2u_i^n+u_i^{n-1}}{(\Delta t)^2}-a^2\frac{u_{i+1}^n-2u_i^n+u_{i-1}^n}{(\Delta x)^2}=f(i\Delta x,n\Delta t) \tag{4-35}$$

将式（4-35）进行处理，把 $n+1$ 时刻的变量留在右边，其余放在左边得到：

$$u_i^{n+1}=a^2\frac{(\Delta t)^2}{(\Delta x)^2}u_{i+1}^n+\left(2-2a^2\frac{(\Delta t)^2}{(\Delta x)^2}\right)u_i^n+a^2\frac{(\Delta t)^2}{(\Delta x)^2}u_{i-1}^n+u_i^{n-1}+\frac{(\Delta t)^2}{(\Delta x)^2}f(i\Delta x,n\Delta t) \tag{4-36}$$

同时将边界条件和初始条件也离散化，得到：

$$u_i^0 = \varphi(i\Delta x), \frac{u_i^1 - u_i^0}{\Delta t} = \psi(i\Delta x)$$
$$u_0^n = \mu_1(n\Delta t), u_m^n = \mu_2(n\Delta t) \tag{4-37}$$

这样，由式（4-36），并结合式（4-37），就可以从 n 时刻的各点 u 值，计算得到下一时刻的 u 值，这样层层递推，就可以计算出任意时刻、任意位置的 u 值。但在利用式（4-36）进行第一轮计算时，若取 n=0，则发现等式右边出现了 u_i^{-1}，这是一个无法计算的值。这时可以利用另一个初值条件 $\frac{u_i^1 - u_i^0}{\Delta t} = \psi(i\Delta x)(i = 1,2,\cdots,m-1)$ 算得 u_i^1，这样，可在第一轮计算的时候，取 n=1，计算得到 u_i^2，由 u_i^2，递推得到 u_i^3，这样就可由式（4-36）一排一排往上推，计算得到所有希望得到的 u 值。u_i^{-1} 的计算也可利用另一种方法进行计算，解决的办法是将另一个初值条件利用向后欧拉离散化 $\frac{u_i^0 - u_i^{-1}}{\Delta t} = \psi(i\Delta x)(i = 1,2,\cdots,m-1)$ 算得 u_i^{-1}，这样利用式（4-36），取 n=0 就可以得到 u_i^1，取 n=1，得到 u_i^2，和前一种处理方法一样一排一排往上推，计算得到所有希望得到的 u 值。像这样可以用已知点上函数值直接推出所有点上函数值的格式，称为显式格式。

当方程是初值问题时，边界条件没有了，由于在 t=0 时，u 与 $\frac{\partial u}{\partial t}$ 值是已知的，若需要求某 u_i^n 的值，只要按“波及原则”多算一些初值即可。

为了保证差分方程的解在 $\Delta x \to 0, \Delta t \to 0$ 时收敛于原来波动方程的解，要求式（4-36）中等式右边的各项系数均大于 0，即：

$$2 - 2a^2 \frac{(\Delta t)^2}{(\Delta x)^2} > 0$$

化简得：

$$\lambda = \frac{a\Delta t}{\Delta x} < 1$$

而且，可以证明，只要初始条件，边界条件满足一定的光滑性要求，且满足收敛关系式时，差分格式是稳定的。

（3）一维流动传热传导方程离散化

一维流动传热传导方程如下：

$$\begin{cases} \frac{\partial u}{\partial t} - a^2 \frac{\partial^2 u}{\partial x^2} + b\frac{\partial u}{\partial x} = f(u,t) & (0 \leqslant x \leqslant l, t \geqslant 0) \\ u\big|_{t=0} = \varphi(x), & (0 \leqslant x \leqslant l) \\ \left.\frac{\partial u}{\partial x}\right|_{x=l} = 0 & (t \geqslant 0) \\ u\big|_{x=0} = \mu_1(t) & (t \geqslant 0) \end{cases} \tag{4-38}$$

利用基本离散化公式进行离散化，得到其离散化公式：

$$\begin{cases} \frac{u_i^{n+1} - u_i^n}{\Delta t} - a^2 \frac{u_{i+1}^n - 2u_i^n + u_{i-1}^n}{(\Delta x)^2} + b\frac{u_{i+1}^n - u_i^n}{\Delta x} = f(i\Delta x, n\Delta t) \\ u_i^0 = \varphi(i\Delta x) & (\mathrm{i} = 1,2,\cdots,m) \\ \frac{u_{m+1}^n - u_m^n}{\Delta x} = 0 & (n = 0,1,2,\cdots) \\ u_0^n = \mu_1(n\Delta t) & (n = 0,1,2,\cdots) \end{cases} \tag{4-39}$$

将上式进行处理得到 n+1 时刻应变量计算公式：

$$u_i^{n+1}=\Delta t\times f(i\Delta x,n\Delta t)+\left(a^2\frac{\Delta t}{(\Delta x)^2}-b\frac{\Delta t}{\Delta x}\right)u_{i+1}^n+\left(1-2a^2\frac{\Delta t}{(\Delta x)^2}+b\frac{\Delta t}{\Delta x}\right)u_i^n+a^2\frac{\Delta t}{(\Delta x)^2}u_{i-1}^n \tag{4-40}$$

利用初始条件和边界条件，可以得到零时刻各点的 u_i^0（i=0,1,2,…m）及 $u_{m+1}^0=u_m^0$，这样就可以利用式（4-40）计算得到 u_i^1，依次类推，可以得到其他时刻的各点值，所以式（4-40）也是显式格式。只要保证式（4-40）中各项系数大于零，一般情况下，式（4-40）的计算公式是稳定的，可以获得稳定的解。

若偏微分方程在 $(i\Delta x,(n+1)\Delta t)$ 点上进行离散化，且对时间的偏微分采用向后欧拉公式，得到原偏微分方程的离散化公式：

$$\frac{u_i^{n+1}-u_i^n}{\Delta t}-a^2\frac{u_{i+1}^{n+1}-2u_i^{n+1}+u_{i-1}^{n+1}}{(\Delta x)^2}+b\frac{u_{i+1}^{n+1}-u_i^{n+1}}{\Delta x}=f(i\Delta x,(n+1)\Delta t)\quad (i=1,2\cdots m)$$

$$u_0^{n+1}=\mu_1((n+1)\Delta t),\qquad u_m^{n+1}=u_{m+1}^{n+1} \tag{4-41}$$

正好共有 m+2 个方程，同时有 m+2 个变量 $u_i^{n+1}(i=0,1\cdots m+1)$，就能解出 n+1 时刻各点值。

（4）稳态导热/扩散方程

在导热及扩散过程中，没有物流的流动，仅靠导热及扩散进行热量及质量的传递。如果此时系统达到稳定状态，也就是说，系统中每一个控制单元的各项性质，如温度、浓度等不再随时间的改变而改变，系统中的各种性质只与其所处的位置有关，可以得到下面二维、三维的稳态导热或扩散偏微分方程：

$$\frac{\partial^2 u}{\partial x^2}+\frac{\partial^2 u}{\partial y^2}=0 \tag{4-42}$$

$$\frac{\partial^2 u}{\partial x^2}+\frac{\partial^2 u}{\partial y^2}+\frac{\partial^2 u}{\partial z^2}=0 \tag{4-43}$$

首先利用基本离散化公式（不考虑 u 中的上标变量 n，因为扩散或导热已达平衡状态），可得下面离散化公式：

$$\frac{u_{i+1,j}-2u_{i,j}+u_{i-1,j}}{(\Delta x)^2}+\frac{u_{i,j+1}-2u_{i,j}+u_{i,j-1}}{(\Delta y)^2}=0$$

取 $\Delta x=\Delta y$，经化简得：

$$u_{i,j}=\frac{1}{4}(u_{i+1,j}+u_{i,j+1}+u_{i-1,j}+u_{i,j-1})$$

对于每一个边界内的离散点 (x_i,y_i) 均可列出这样的五点格式。若 $u_{i+1,j},u_{i,j+1},u_{i-1,j},u_{i,j-1}$ 中有边界点，用边界值代入。若 $u(x_i,y_i)$ 靠边界很近，也可以看作边界节点，从靠它最近的边界点 (x_i^*,y_i^*) 上的 u 值 $u(x_i^*,y_i^*)$ 来取代。由于此计算格式不存在时间上的递推问题，它只是不同空间位置上变量的求解问题，而已知条件仅仅知道边界上的值，这样，要求边界内点的值，只能通过离散化的偏微分方程来求解，幸好有多少个内节点就有多少个离散化的方程，构成了一个未知数个数与方程个数相等的稀疏方程组，既可直接求解，也可迭代求解，一般用迭代法解比较好，下面介绍 3 种迭代格式：

① 同步迭代：$u_{i,j}^{(k+1)}=\frac{1}{4}(u_{i+1,j}^{(k)}+u_{i,j+1}^{(k)}+u_{i-1,j}^{(k)}+u_{i,j-1}^{(k)})$

② 异步迭代：$u_{i,j}^{(k+1)}=\frac{1}{4}(u_{i+1,j}^{(k)}+u_{i,j+1}^{(k)}+u_{i-1,j}^{(k+1)}+u_{i,j-1}^{(k+1)})$

③ 超松弛迭代：$\begin{cases}\bar{u}=\frac{1}{4}(u_{i+1,j}^{(k)}+u_{i,j+1}^{(k)}+u_{i-1,j}^{(k+1)}+u_{i,j-1}^{(k+1)})\\ u_{i,j}^{(k+1)}=w\bar{u}+(1-w)u_{i,j}^{(k)}\end{cases}$

当计算范围 R 为 $(a\leqslant x\leqslant b, c\leqslant y\leqslant d)$ 矩阵区域，x 方向 m 等分，y 方向 n 等分，那么最佳松弛因子 $w=\dfrac{2}{1+\sqrt{1-\left(\dfrac{\cos\dfrac{\pi}{m}+\cos\dfrac{\pi}{n}}{2}\right)^2}}$，不断迭代，直至前后两次的差异符合收敛要求为止。

4.4.2 编程求解

有了上面的离散化公式，结合 Python 语言 Numpy 库和 Scipy 库强大的数组计算功能，以及结合 Matplotlib 的数据可视化功能，完全可以求解一些常见的偏微分方程。

【例 4-7】用数值法求解下面偏微分方程，并绘制可视化图形。

$$\frac{\partial t}{\partial \tau}=2(T_W-t)-3\frac{\partial t}{\partial x}$$
$$T_W=150, t_j^0=30, t_0^n=30$$
$$0\leqslant x\leqslant 1, \left.\frac{\partial t}{\partial x}\right|_{x=1}=0$$

解：首先根据前面的知识，将所求的微分方程离散化，先假设以下各式：

$$\frac{\partial t}{\partial \tau}=\frac{t_j^{n+1}-t_j^n}{\Delta\tau}$$
$$\frac{\partial t}{\partial x}=\frac{t_j^n-t_{j-1}^n}{\Delta x}$$
$$\left.\frac{\partial t}{\partial x}\right|_{x=1}=\frac{t_{m+1}^n-t_m^n}{\Delta x}=0$$
$$\Delta\tau=0.001, \Delta x=0.01$$

代入微分方程并化简得：

$$t_j^{n+1}=0.002T_W+0.698t_j^n+0.3t_{j-1}^n \tag{4-44}$$

分析式（4-44）可知，如果知道了某一时刻的各点 t（j=0,1,2….100），就可以求下一时刻的各点温度值，有了以上各式，上面的微分方程就可以求解了。其实这个微分方程，是在不考虑流体本身热传导时的套管传热微分方程，下面是其求解的 Python 核心代码：

```
t=np.zeros((1001,102))          #设置初始解为零
t[:,0]=30                       #设置边界条件
t[0,:]=30                       #设置初始值
TW=150                          #设置蒸汽温度
x=np.arange(102)*0.01           #长度位置，归一处理，从 0 开始，共 102 个点，终端外引入 1 点
t_time=np.arange(1001)*0.001#计算时间，步长 0.001
X,Y=np.meshgrid(x, t_time)
for n in range(0,1000):
    for j in range(1,101):
        t[n+1,j]=0.002*TW+0.698*t[n,j]+0.3*t[n,j-1] #迭代计算
```

```
        t[n+1,101]=t[n+1,100]                    #边界处一阶偏导为零处理
    norm=mpl.colors.Normalize(abs(t).min(),abs(t).max())
    fig,ax=plt.subplots(1,1,figsize=(16,8))          #布局设置
    p=ax.pcolor(X,Y,t,cmap=mpl.cm.RdBu,norm=norm,shading='auto')#pcolor 绘制
    cb=plt.colorbar(p,ax=ax)
    cb.set_label("温度")
    ax.set_title("不同时间不同位置温度变化色图")
```

运行上述核心代码所在的程序 10-heat_trans.py，得到可视化图 4-12 和图 4-13。

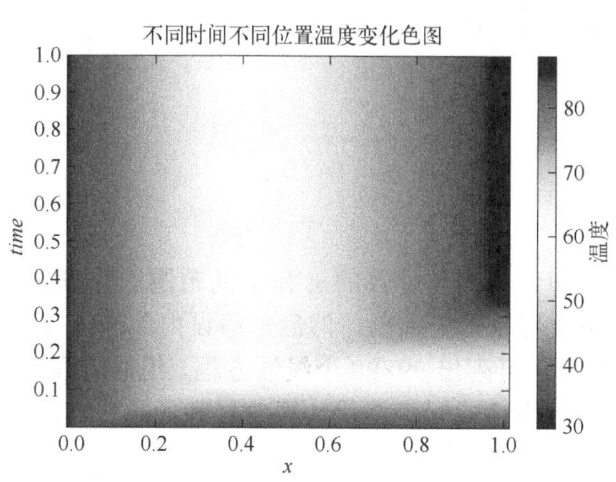

图 4-12　不同位置不同时刻温度色度

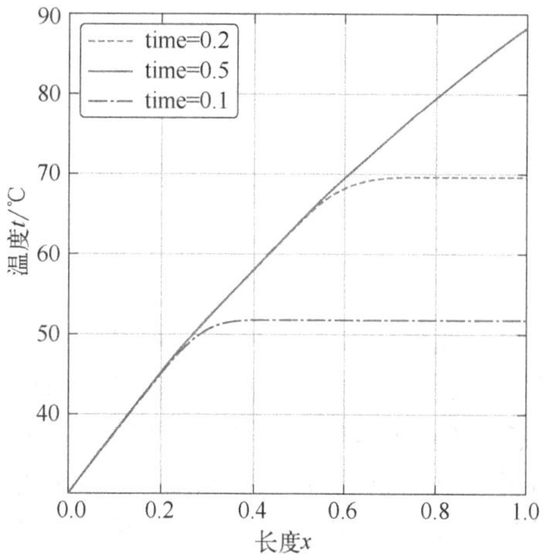

图 4-13　温度随长度改变曲线

由图 4-12 和图 4-13 可知，随着时间及长度位置的增加，计算所得的温度逐渐增加，最后大约达到 88°C 左右不再增加，这是符合套管传热的科学机理的，一定长度的套管，在外部温度恒定为 150℃的时候，达到传热平衡时，出口的温度是恒定的。如果想要提高出口温度，就必须提高管子的长度，或提高传热系数。提高传热系数会改变离散化方程的系数，这里通过增加管子长度来观察一下具体效果。管子长度增加时，离散化迭代公式不变，只需修该“x=np.arange(102)*0.01”语句中的 102 的数据及其后面循环中跟长度有关的对应数据即可，如管子长度增加到 3，则修改成“x=np.arange(302)*0.01”，另外“for j in range(1,101)”修改成“for j in range(1,301)”；“t[n+1,101]=t[n+1,100]”修改成“t[n+1,301]=t[n+1,300]”即可，运行计算后得到图 4-14、图 4-15。

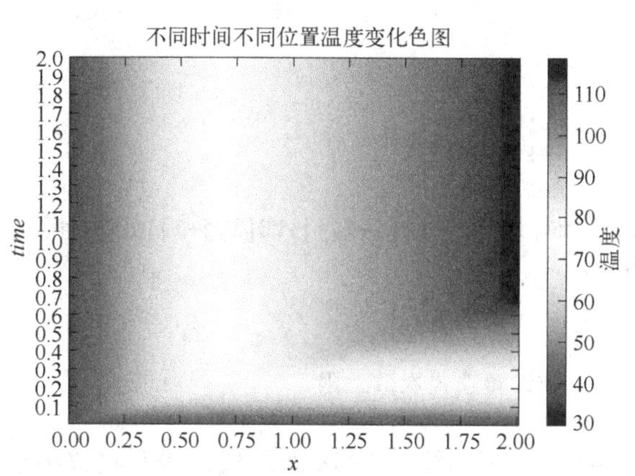

图 4-14　不同位置不同时刻温度色度

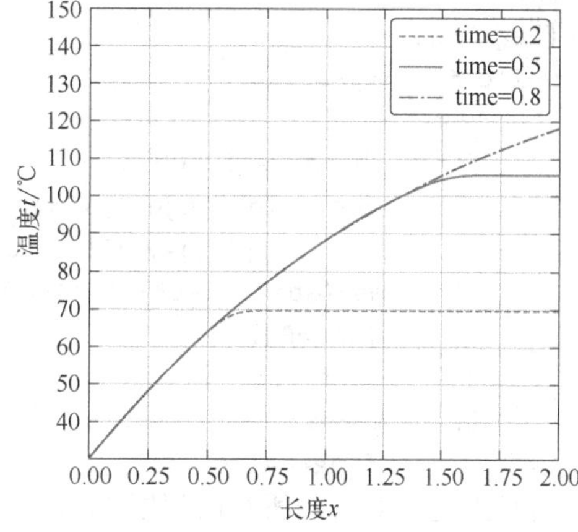

图 4-15　温度随长度改变曲线

【例 4-8】用数值法求解下面波动方程，并绘制可视化图形。

$$\frac{\partial^2 t}{\partial x^2}+\frac{\partial^2 t}{\partial y^2}=0 \quad (0 \leqslant x \leqslant 1,\ 0 \leqslant y \leqslant 1)$$

其中边界条件如下：

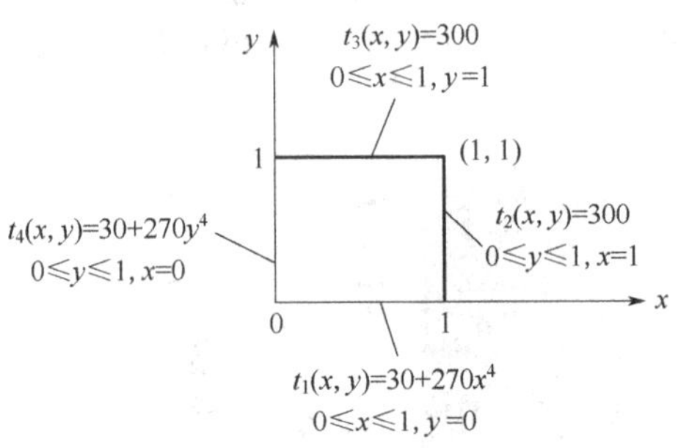

解：此偏微分方程可用五点格式同步迭代计算，将需要计算的 x 和 y 的范围均分成 100 等分，4 条边上共有 400 个离散点，利用边界条件可以预先求出，然后先假设内部 99×99 点的初值，在利用前面介绍的五点格式，迭代求解。也可列出 99×99 个线性方程，组成方程组，利用第 3 章介绍的方法进行求解。本书介绍利用五点格式同步迭代计算的程序，其它方法请读者自己进行计算，五点迭代计算的核心代码如下：

```
t0=100.0*np.ones((101,101))                  #设置初始解为 1
t0[100,:]=300.0                              #设置右边界条件
t0[:,100]=300.0                              #设置上边界条件
t1=300.0*np.ones((101,101))                  #设置初始解为 300
for i in range(101):
        t0[i,0]=30.0+270*(i/100.0)**4        #设置下边界条件
        t0[0,i]=30.0+270*(i/100.0)**4        #设置左边界条件
        t1[i,0]=30.0+270*(i/100.0)**4        #边界值迭代过程不变
        t1[0,i]=30.0+270*(i/100.0)**4
x=np.arange(101)*0.01                        #长度位置,归一处理,从 0 开始,共 101 个点
y=np.arange(101)*0.01
X,Y=np.meshgrid(x,y)
k=0
flag=True
while flag==True:
    k=k+1
    for i in range(1,100):                   #内部点迭代
        for j in range(1,100):
            t1[i,j]=0.25*(t0[i-1,j]+t0[i,j-1]+t0[i+1,j]+t0[i,j+1])#迭代计算
    if np.max(abs((t1-t0)/t0))<=0.0001:
        flag=False
    t0[:,:]=t1[:,:]
    if k==10000:                             #设置迭代次数上限
        flag=False
```

运行上述核心代码所在的程序 11-Wave_equa.py，可知经过 2998 次迭代，得到收敛结果见图 4-16。

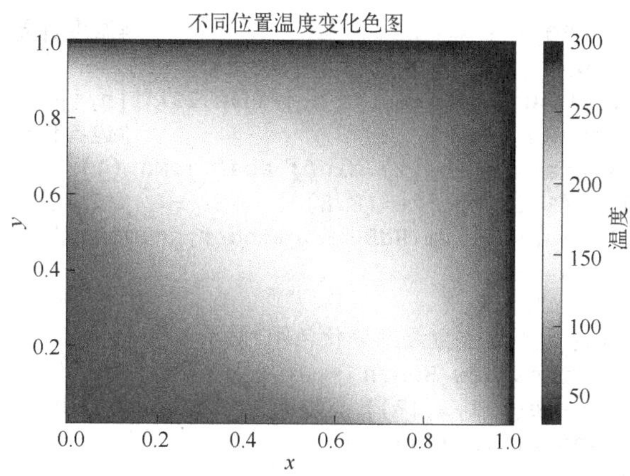

图 4-16 二维波动方程求解结果

4.4.3 实例应用

求解下面考虑热传导的套管传热偏微分方程：

$$\frac{\partial T}{\partial t}=\frac{2K}{r\rho C_P}(T_W-T)+\frac{\lambda}{\rho C_P}\frac{\partial^2 t}{\partial x^2}-u\frac{\partial T}{\partial x}$$

解：将具体数据代入，对 x 进行归一化处理，并结合边界实际，写出边界条件及初始条件：

$$\frac{\partial T}{\partial t}=3(T_W-T)-5\frac{\partial T}{\partial x}+0.01\frac{\partial^2 T}{\partial x^2}$$

$$T_W=150, T_j^0=30, T_0^n=30$$

$$0\leqslant x\leqslant 1, \left.\frac{\partial T}{\partial x}\right|_{x=1}=0$$

首先根据前面的知识，将所求的方程离散化，先假设以下各式：

$$\frac{\partial t}{\partial \tau}=\frac{t_j^{n+1}-t_j^n}{\Delta\tau}$$

$$\frac{\partial t}{\partial x}=\frac{t_j^n-t_{j-1}^n}{\Delta x}$$

$$\frac{\partial^2 t}{\partial x^2}=\frac{t_{j+1}^n-2t_j^n+t_{j-1}^n}{(\Delta x)^2}$$

$$\Delta\tau=0.001, \Delta x=0.01$$

代入微分方程并化简得：

$$t_j^{n+1}=0.003T_W+0.1t_{j+1}^n+0.297t_j^n+0.6t_{j-1}^n \tag{4-45}$$

分析式(4-45)可知，如果知道了某一时刻的各点 t_j^n，就可以求下一时刻的各点温度值 t_j^{n+1}，现在已经知道了零时刻管内各点的温度分布及入口处在任何时刻的温度，如想求下一时刻的温度值，根据上面的离散化计算公式，还需知道在 j=101 处的温度，这个温度可利用给定的边界条件离散化求得：

$$\left.\frac{\partial t}{\partial x}\right|_{x=1}=\frac{t_{j+1}^n-t_j^n}{\Delta x}=0$$

有了以上各式，上面的微分方程就可以用 Python 语言编程求解了。下面是编程求解的核心代码：

```
for n in range(0,1000):                               #温度计算
      for j in range(1,101):
            t[n+1,j]=0.003*TW+0.1*t[n,j+1]+0.297*t[n,j]+0.6*t[n,j-1]#迭代计算
      t[n+1,101]=t[n+1,100]                           #边界处一阶偏导为零处理
norm=mpl.colors.Normalize(abs(t).min(),abs(t).max())
fig,ax=plt.subplots(1,1,figsize=(8,8) )               #布局设置
p=ax.pcolor(X,Y,t,cmap=mpl.cm.RdBu,norm=norm,shading='auto')#pcolor 绘制
cb=plt.colorbar(p,ax=ax)
cb.set_label('温度,t(°C)')
ax.set_title("不同时间不同位置温度变化色图")
font1={'family': 'Times New Roman'}
plt.yticks(np.linspace(0.1,1,10))                     # 设置纵轴刻度
plt.xticks(np.linspace(0,1,11))
fig=plt.figure()                                      #绘制 3 维图布局
ax=plt.subplot(111,projection='3d' )                  #设置 3 维绘图
p=ax.plot_surface(X,Y,t,rstride=1,cstride=1,linewidth=0,antialiased=False,
norm=norm,cmap=mpl.cm.RdBu)
cb=plt.colorbar(p,ax=ax,shrink=0.8)
ax.set_title('温度变化 3D 图')
```

运行上述核心码所在的 12-pde_heat.py 程序，得到图 4-17 及图 4-18 的计算结果。

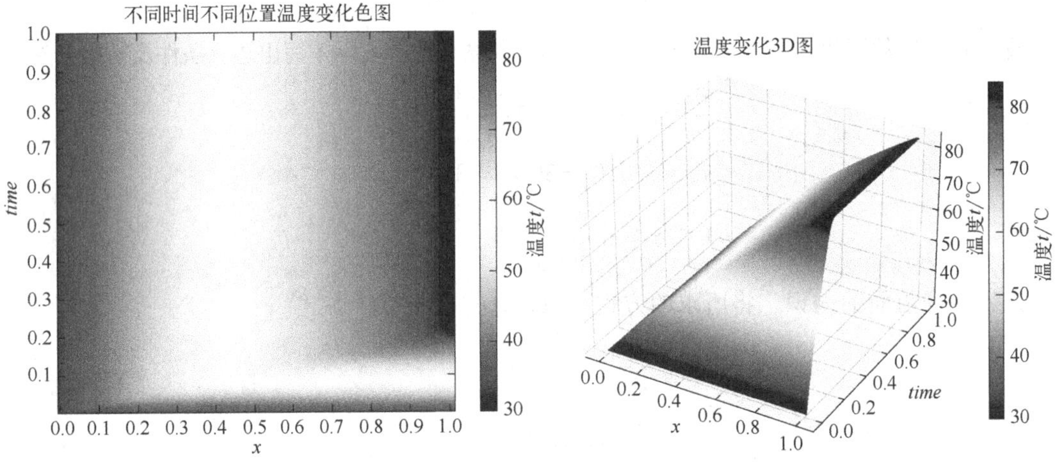

图 4-17　考虑导热的套管传热问题色图解　　图 4-18　考虑导热的套管传热问题 3D 解

和前面不考虑热传导的情况比较，可以发现温度有细微的变化，由于导热的缘故，已经加热的向前流动的流体却要向后方向进行热传导，从而降低了总体传热效率，使在相同时刻、相同位置点的温度比没有热传导时要低。

4.5　库函数求解偏微分方程

Python 语言用于求解偏微分的第三方库有 Pypde、FiPy、FeniCS、SfePy。偏微分方程第三方库的调用比常微分方程求解调用 odeint 函数复杂，有时简单的偏微分方程求解还不如自己编程求解，因为使用第三方库需要充分理解开发者的思路，有关利用第三方库求解偏微分方程的内容，本书对 FiPy 作简单介绍，其他第三方库请读者参考其他专业书籍。

4.5.1　FiPy 库简介及安装

FiPy 第三方库是一个面向对象的偏微分方程（PDE）求解器，用 Python 编写，基于标

准有限体积法（Finite-Volume Mthod，FVM）。这种组合形式提供了一个可扩展、强大且免费的工具，有关 FiPy 更多的内容可以参考其官方网站 https://www.ctcms.nist.gov/fipy/index.html。根据网站介绍，FiPy 框架包括瞬态扩散、对流和标准源等专用术语，能够求解耦合椭圆、双曲线和抛物线 PDE 的任意组合。网站提供了典型的应用实例，如用户需要更多的应用实例还可以跟 FiPy 第三方库开发人员索取。

在 Python3.X 应用条件下，该库的安装可以通过 cmd 环境下用简单的“pip install fipy”进行安装，具体运行 FiPy 库时，一般需要 Scipy、Numpy、Matplotlab 等第三方库的支持，如果在具体运行时系统提示缺少某个第三方库，可以通过“pip install **”进行安装，其中**表示缺少的第三方库。

4.5.2 FiPy 库具体应用

根据 FiPy 第三方库 3.4.2.1 版本，该库目前共有 148 个函数、方法、模块、类等内容，用户在具体求解偏微分方程时需逐步加以应用和理解，具体内容可以通过交互环境下输入“import fipy”回车，再输入“dir(fipy)”回车得到共 148 项内容：

```
['AbstractBaseClassError','AdvectionTerm','BetaNoiseVariable','CellVariable','CentralDifferenceConvectionTerm','Constraint','ConvectionTerm','CylindricalGrid1D','CylindricalGrid2D','DefaultAsymmetricSolver','DefaultSolver','DiffusionTerm','DiffusionTermCorrection','DiffusionTermNoCorrection','DistanceVariable','DummySolver','DummyViewer','ExplicitDiffusionTerm','ExplicitUpwindConvectionTerm','ExplicitVariableError','ExponentialConvectionTerm','ExponentialNoiseVariable','FaceVariable','FirstOrderAdvectionTerm','FixedFlux','FixedValue','GammaNoiseVariable','Gauss-ianNoiseVariable','GeneralSolver','Gmsh2D','Gmsh2DIn3DSpace','Gmsh3D','GmshGrid2D','GmshGrid3D','Grid1D','Grid2D','Grid3D','Histogram Variable','HybridConvection-Term','IllConditionedPreconditionerWarning','Implicit DiffusionTerm','ImplicitSourc-eTerm','IncorrectSolutionVariable','L1error','L2error','LINFerror','LinearBicgstab Solver','LinearCGSSolver','LinearGMRESSolver','LinearLUSolver','LinearPCGSolver','Matplotlib1DViewer','Matplotlib2DGrid ContourViewer','Matplotlib2DGridViewer','Ma-tplotlib2DViewer','MatplotlibStream Viewer','MatplotlibVectorViewer','MatplotlibVie-wer','MatrixIllConditionedWarning','MaximumIterationWarning','MayaviClient','MeshDimensionError','ModularVariable','MultiViewer','NthOrderBoundaryCondition','PeriodicGrid1D','PeriodicGrid2D','PeriodicGrid2DLeftRight','PeriodicGrid2DTopBottom','PeriodicGrid3D','Periodic  Grid3DFrontBack','PeriodicGrid3DLeftRight','Periodic-Grid3DLeftRightFrontBack','PeriodicGrid3DLeftRightTopBottom','PeriodicGrid3DTopBottom','PeriodicGrid 3DTopBottomFrontBack','PhysicalField','PowerLawConvection-Term','Preconditioner NotPositiveDefiniteWarning','PreconditionerWarning','Resi-dualTerm','Scalar QuantityOutOfRangeWarning','ScharfetterGummelFaceVariable','Skewed-Grid2D','Solution VariableNumberError','SolutionVariableRequiredError','Solver','SolverConverge nceWarning','SphericalGrid1D','StagnatedSolverWarning','Surfac-tantConvection Variable','SurfactantVariable','TSVViewer','TermMultiplyError','TransientTerm','Tri2D','UniformNoiseVariable','UpwindConvectionTerm','VTKCellViewer','VTKFace Viewer','VTKViewer','VanLeerConvectionTerm','Variable','VectorCoe-ffError','Viewer','Vitals','__all__','__builtins__','__cached__','__doc__','__docformat__','__file__','__loader__','__name__','__package__','__path__','__spec__','__version__','_saved_stdout','_serial_doctest_raw_input','_version','boundary Conditions','doctest_raw_input','dump','input','input_ original','matrices','mes-hes','numerix','openMSHFile','openPOSFile','parallel','parallelComm','serial','serialComm','solvers','steppers','sweepMonotonic','sys','terms','test','tests','text_to_native_str','tools','unicode_literals','variables','vector','viewers'
```

如果想了解该库的一些具体应用方法及规则等内容，可以在交互环境下“help(fipy)”回车，系统提示共有 30914 行内容，其中前面 1～2 页的内容显示为：

```
Help on package fipy:
NAME
    fipy
DESCRIPTION
    :term:'FiPy' is an object oriented, partial differential equation (PDE) solver,
    written in :term:'Python', based on a standard finite volume (FV) approach. The
    framework has been developed in the Materials Science and Engineering Division
    (MSED_) and Center for Theoretical and Computational Materials Science (CTCMS_),
    in the Material Measurement Laboratory (MML_) at the National Institute of
    Standards and Technology (NIST_).
    The solution of coupled sets of PDEs is ubiquitous to the numerical
    simulation of science problems.  Numerous PDE solvers exist, using a
    variety of languages and numerical approaches. Many are proprietary,
    expensive and difficult to customize.  As a result, scientists spend
    considerable resources repeatedly developing limited tools for
    specific problems.  Our approach, combining the FV method and :term: 'Python',
    provides a tool that is extensible, powerful and freely available. A
    significant advantage to :term:'Python' is the existing suite of tools for
    array calculations, sparse matrices and data rendering.
    The :term:'FiPy'framework includes terms for transient diffusion,
    convection and standard sources, enabling the solution of arbitrary
    combinations of coupled elliptic, hyperbolic and parabolic PDEs. Currently
    implemented models include phase field :cite:'BoettingerReview:2002'
    :cite:'ChenReview:2002' :cite:'McFaddenReview:2002' treatments of polycrystalline,
    dendritic, and electrochemical phase transformations, as well as drug
    eluting stents :cite:'Saylor:2011p2794', reactive wetting :cite:'PhysRevE.
    82.051601', photovoltaics :cite:'Hangarter:2011p2795' and a level set
    treatment of the electrodeposition process :cite:'NIST:damascene:2001'.
    .. _MML:                   http://www.nist.gov/mml/
    .. _CTCMS:                 http://www.ctcms.nist.gov/
    .. _MSED:                  http://www.nist.gov/mml/msed/
    .. _NIST:                  http://www.nist.gov/
PACKAGE CONTENTS
    _version
    boundaryConditions (package)
    matrices (package)
    meshes (package)
    solvers (package)
    steppers (package)
    terms (package)
    testFiPy
    tests (package)
    tools (package)
    variables (package)
    viewers (package)
SUBMODULES
    dump
    numerix
```

```
    vector
CLASSES
    builtins.Exception(builtins.BaseException)
        fipy.terms.ExplicitVariableError
        fipy.terms.IncorrectSolutionVariable
        fipy.terms.SolutionVariableNumberError
        fipy.terms.SolutionVariableRequiredError
        fipy.terms.TermMultiplyError
```

有关 FiPy 库更多的数学原理及具体应用也可以参见前面提到的官方网站，网站上有详细的介绍。下面根据网站介绍的例子，结合作者添加的一些功能拓展，通过几个典型的例子来说明 FiPy 库求解偏微分方程的具体应用。

（1）两维无源扩散

该问题的偏微分方程如下：

$$\frac{\partial u}{\partial t}=D\frac{\partial^2 u}{\partial x^2}+D\frac{\partial^2 u}{\partial y^2} \quad (0\leqslant x\leqslant 2,\ 0\leqslant y\leqslant 2, t>0) \tag{4-46}$$

已知边界条件及 t=0 时的 u 初值，利用 FiPy 库编程求解不同时刻的应变量 u 在已知二维空间中的分布。

解：已知边界条件如图 4-19 所示，边界内全部初值为 0；当 t 大于 0 时，正方形左、右边界的 u 值全部为 100，上部边界的 u 值为 30，底部边界 u 值无具体数据，但底部无流动项，表示无扩散，其法向梯度为零。在使用 FiPy 库计算时，该类边界为默认边界，无需设置。下面是利用 FiPy 库计算，并利用 Numpy 库及 Matplotlab 库进行数据处理的程序代码（13-fipy_D）

```
import fipy as fp
import numpy as np
import matplotlib as mpl
import matplotlib.pyplot as plt
import numpy as np
font1={'family':'Times New Roman'}
#全局设置字体
mpl.rcParams["font.sans-serif"]=["FangSong"]      #保证显示中文字
mpl.rcParams["axes.unicode_minus"]=False          #保证负号显示
mpl.rcParams["font.size"]=16                      #设置字体大小
mpl.rcParams["font.style"]="oblique"              #设置字体风格,倾斜与否
mpl.rcParams["font.weight"]="normal"              #"normal"=500,设置字体粗细
#设置网格数据
nx=200
ny=nx
dx=0.01
dy=dx
L=dx * nx#长度等于 200×0.01=2
mesh=fp.Grid2D(dx=dx, dy=dy, nx=nx, ny=ny)
u0=fp.CellVariable(name="u 值求解结果", mesh=mesh, value=0.)#设置所有网格初值为 0
u=u0
D=1.
eq=fp.TransientTerm()==fp.DiffusionTerm(coeff=D) #设置方程
valueTopLeft=30                                   #设置顶端左边点值
valueBottomRight=100                              #设置底部右边点值
valueBottomLeft=100 设置底部左边点值
X, Y=mesh.faceCenters                             #配置网格
```

```
facesTopLeft=((mesh.facesLeft & (Y>=L))
                | (mesh.facesTop &(X<=L)))                  #设置上边全部边界
facesBottomRight=((mesh.facesRight &(Y<=L))
                | (mesh.facesBottom &(X>=L)))               #设置右边全部边界
facesBottomLeft=((mesh.facesLeft &(Y<=L))
                | (mesh.facesBottom &(X<=0)))               #设置左边全部边界
u.constrain(valueTopLeft,facesTopLeft)
u.constrain(valueBottomRight,facesBottomRight)
u.constrain(valueBottomLeft,facesBottomLeft)                #配置约束边界

viewer=fp.Viewer(vars=u0,datamin=0.,datamax=100)            #配置 Viewer 参数
viewer.plot()                                               #绘制初始 u 值分布图
timeStepDuration=0.1
#利用 FiPy 库绘制图形
steps=8
for step in range(steps):
    eq.solve(var=u,
          dt=timeStepDuration)                            #求解下一时刻偏微分方程解
    viewer.plot()
#利用 Matplotlib 库绘制图形
fig,ax=plt.subplots(2,4,figsize=(20,4),num="8 个时间步长的 u 值分布")
norm=mpl.colors.Normalize(0,100)
x=np.arange(nx)*dx#长度位置,归一处理,从 0 开始,共 101 个点
y=np.arange(nx)*dy
X,Y=np.meshgrid(x,y)
u0=fp.CellVariable(name="solution variable",
                 mesh=mesh,value=0.)
for i in range(1,9):#i 取值为 1-8,不包含 9
    eq.solve(var=u0,
            dt=timeStepDuration)
    arr=np.zeros(len(u0))
    for j in range(len(u0)):
        arr[j]=u0[j]
    ar=arr.reshape(nx,ny)                                   #数据重构为二维
    p=ax[i//5,i-i//5*4-1].pcolor(X,Y,ar,cmap=mpl.cm.jet,norm=norm,
    shading='auto') ax[i//5,i-i//5*4-1].set_title("时间步长="+str(i))
    ax[i//5,i-i//5*4-1].set_xticks([0,0.5,1.0,1.5,2])# 设置纵轴刻度
    ax[i//5,i-i//5*4-1].set_yticks([0,0.25,0.5,0.75,1.0,1.25,1.5,1.75,2])
    ax[i//5,i-i//5*4-1].set_xlabel('x',font1)
    ax[i//5,i-i//5*4-1].set_ylabel('y',font1)
plt.tight_layout()
cb=plt.colorbar(p,ax=ax[i//5,i-i//5*4-1])                  #最后一个子图设置色棒
cb.set_label("温度")
plt.show()
```

运行上述程序得到图 4-20 和图 4-21、图 4-20 是利用 FiPy 库中 Viewer 模块绘制的最后显示的图形；图 4-21 则是利用 Matplotlib 库绘制 8 个不同时刻的图形，其中最后一个图形的数据和图 4-20 中图形的数据完全一致。需要注意的是在 Visual Stadio Code 环境下，Viewer 模块和 Matplotlib 的绘图模块不兼容，显示了 Viewer 模块绘制的图形，后面用 Matplotlib 绘制图形完成后，全部图形都闪退了，包括 Viewer 模块已绘制好的图形，但在 IDLE 环境下，两者是兼容的，可以同时绘制图形，希望读者自己解决这个问题。

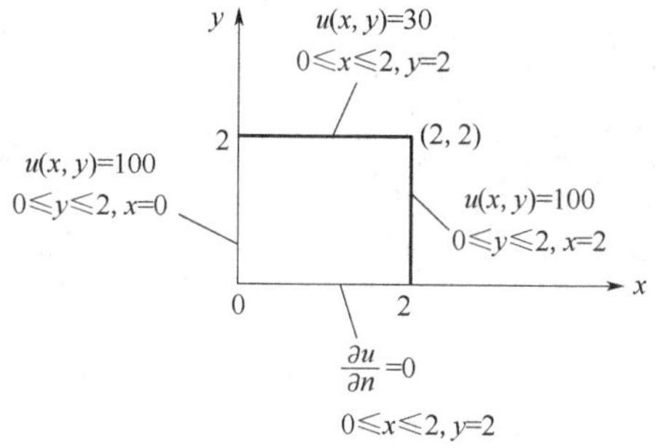

图 4-19　二维无源扩散边界条件

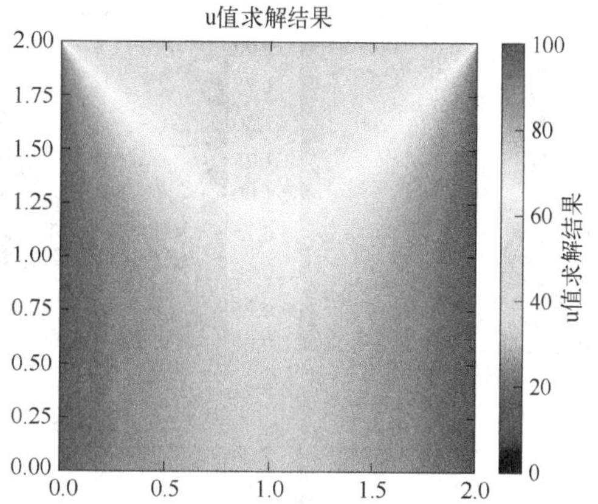

图 4-20　D=1 时 FiPy 库绘制图形

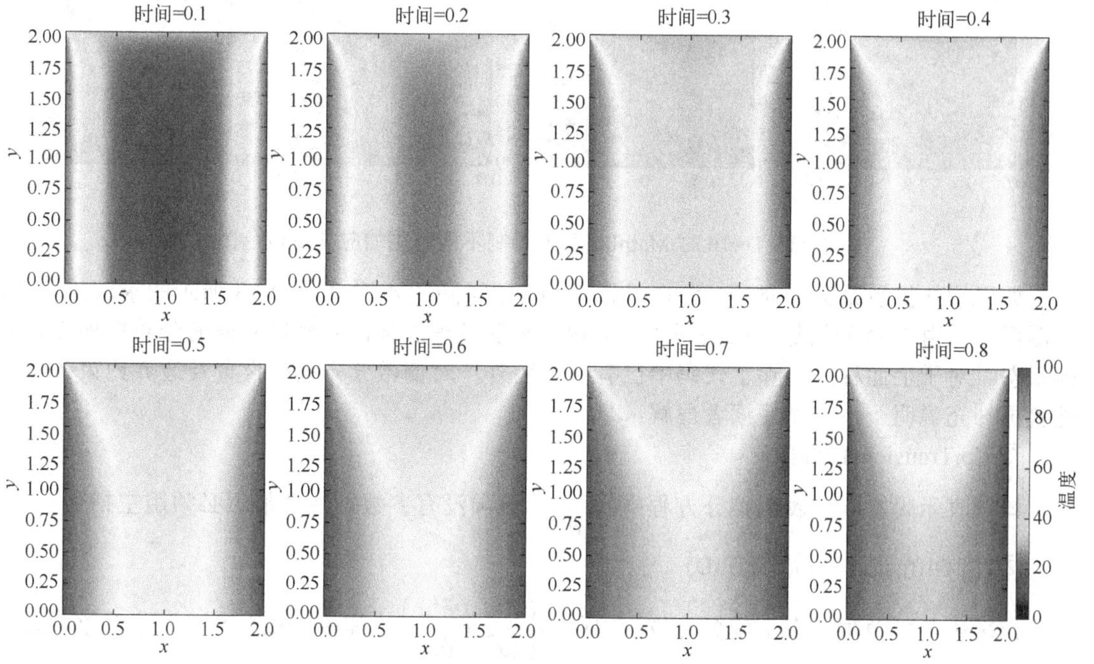

图 4-21　D=1 时 Matplotlib 库绘制不同时刻的应变量值色图

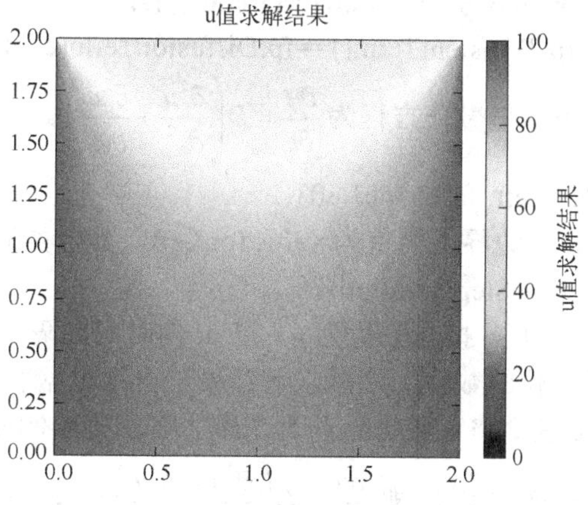

图 4-22　D=10 时最后求解结果

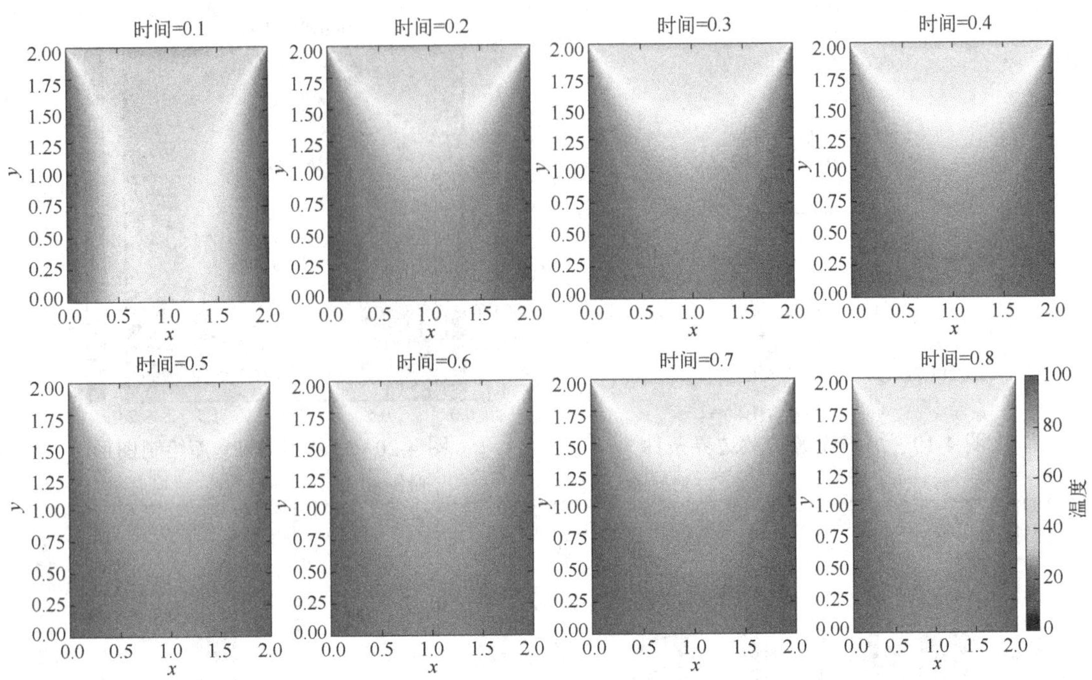

图 4-23 D=10 时 Matplotlib 库绘制不同时刻的应变量值色图

如果增加扩散系数 D 的值，将 D 设置为 10，则得到图 4-22 及图 4-23 所示的求解结果图，由图可知，由于 D 的增加，在相同的时间内，扩散过程加强，应变量 u 值的分布更加接近平衡状态。对于上面程序，除了代码中已有的说明外，对偏微分方程的设置及边界约束条件的配置再补充说明一下，以便读者理解。

① fp.TransientTerm()

该项表示瞬态项，表示偏分方程中的 $\frac{\partial u}{\partial t}$，该项没有参数，注意最后必须用空括号。

② fp.DiffusionTerm(coeff=D)

该项表示扩散项，表示偏微分方程中的 $D\left(\frac{\partial^2 u}{\partial x^2}+\frac{\partial^2 u}{\partial y^2}\right)$，其中 coeff 表示扩散系数，必须赋值，也可以直接写 coeff=1.0。

③ eq =fp.TransientTerm()==fp.DiffusionTerm(coeff=D)

eq 表示偏微分方程，fp.TransientTerm()==fp.DiffusionTerm(coeff=D)，表示具体的方程，注意用的是双等号，该式表示偏微分方程为 $\frac{\partial u}{\partial t}=D\left(\frac{\partial^2 u}{\partial x^2}+\frac{\partial^2 u}{\partial y^2}\right)$。

④ u.constrain(valueTopLeft, facesTopLeft)

表示按 facesTopLeft 定义边界上的值为 valueTopLeft，其他类同。

⑤ eq.solve(var=u, dt=timeStepDuration)

根据 eq 定义的偏微分方程，按当前值为 u，以 dt 为时间间隔，求解下一时刻的 u 值，其在循环语句中是一个不断变化的数值，注意求解结果以一维数据表示。利用 Matplotlib 进行绘制时，需要利用 reshape 函数将该数据重塑为二维方可正确绘制图形。

如果求解的是稳态扩散过程，即 $\frac{\partial u}{\partial t}=D\left(\frac{\partial^2 u}{\partial x^2}+\frac{\partial^2 u}{\partial y^2}\right)$=0，只需将方程定义为 eq=fp.

TransientTerm()==fp.DiffusionTerm(coeff=D)==0，或者 eq = =fp.DiffusionTerm(coeff=D)即可，这时 D 的大小不影响求解结果，因为求解的是平衡态时的方程解，此时扩散已达到平衡，无扩散运动，平衡态的解见图 4-24。

如果改变约束条件，变成左边边界和上边边界为 30，右边边界及底部靠右二分之一边界为 100，具体边界设置代码如下：

```
valueTopLeft=30
valueBottomRight=100
facesTopLeft=((mesh.facesLeft&(Y>=0))
              | (mesh.facesTop&(X<=L)))
facesBottomRight=((mesh.facesRight&(Y<=L))
                  | (mesh.facesBottom&(X>=L/2)))
u.constrain(valueTopLeft,facesTopLeft)
u.constrain(valueBottomRight,facesBottomRight)
```

改变边界设置后，运行程序得到稳态时的解如图 4-25 所示。由图 4-25 可知，其边界确实如实际设置一致。

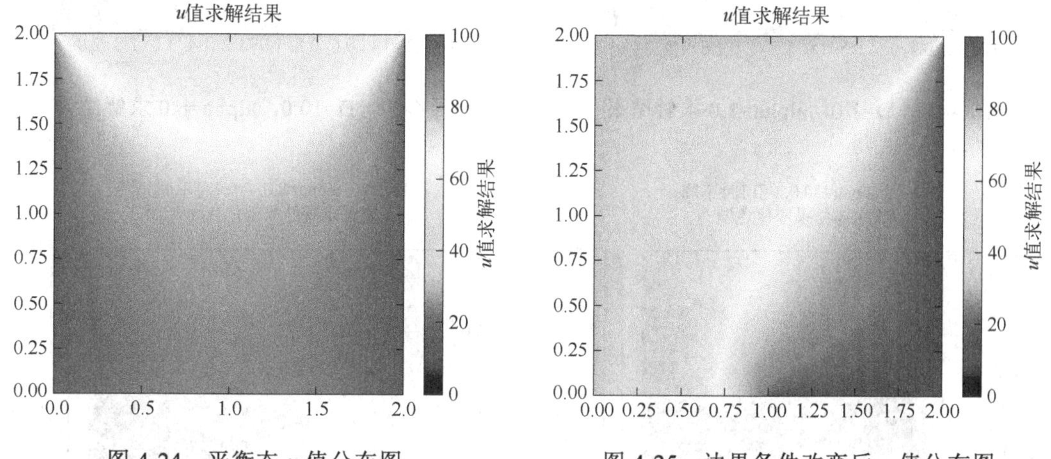

图 4-24　平衡态 u 值分布图　　　　图 4-25　边界条件改变后 u 值分布图

（2）两维有源扩散

该问题的偏微分方程如下：

$$\frac{\partial u}{\partial t}=D\frac{\partial^2 u}{\partial x^2}+D\frac{\partial^2 u}{\partial y^2}+\alpha u \quad (0\leqslant x\leqslant 2,\ 0\leqslant y\leqslant 2, t>0) \tag{4-47}$$

已知边界条件及 t=0 时的 u 初值，利用 FiPy 库编程求解不同时刻的应变量 u 在已知二维空间中的分布。

解：式（4-47）和前面式（4-46）最大的不同是偏微分方程的右边多了 αu 这一项，这样可以研究不同的 D 和 α 取值情况下对不同时刻以及最后平衡态时求解结果的影响，具体代码中最核心的是将定义偏微分方程 eq 的代码修改为：eq=TransientTerm()==DiffusionTerm (coeff=D)+ImplicitSourceTerm(alpha)，其他对应代码的修改仅涉及图形绘制方面的知识，详细程序见 14-fipy_DI.py。如果设置 D=1.0，alpha=3.0，时间步长为 0.01，则经过 10 个时间步长后的求解结果见图 4-26；如果将参数设置成 D=10.0，alpha=8.0，时间步长为仍为 0.01，则经过 10 个时间步长后的求解结果见图 4-27。

比较图 4-26 和图 4-27，在相同边界条件，相同时间时，较大的 D 和 alpha 值的图 4-27，求解结果值大的区域比图 4-26 多，这是由于 D 大表明扩散速度快，短时间内可以将边界上较大值的数据扩散开来，而 alpha 大，则表明有内生源，可以导致本区域点应变量不断增加，如果取 alpha=30，则得到图 4-28 所示的图形，表明应变量 u 值大的区域进一步增加。

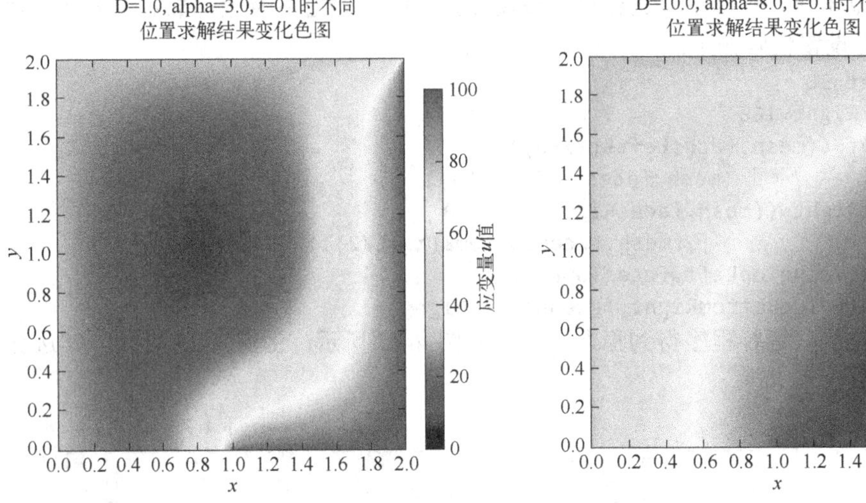

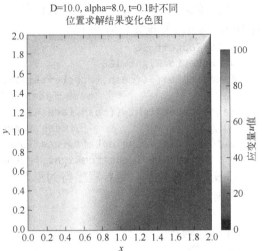

图 4-26　D=1.0，alpha=3.0 求解结果　　图 4-27　D=10.0，alpha=8.0 求解结果

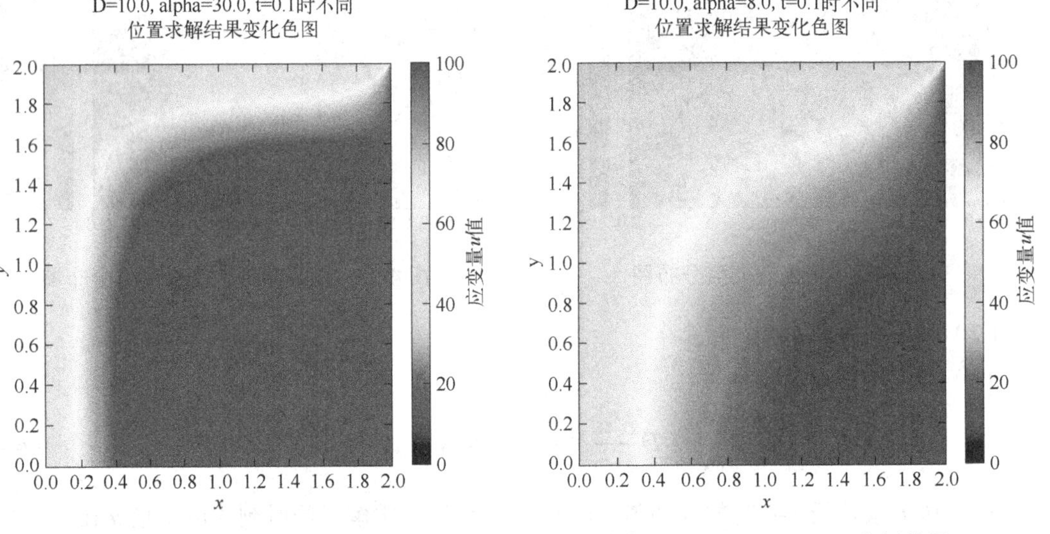

图 4-28　D=10.0，alpha=30.0 求解结果　　图 4-29　c1=10，c2=1 求解结果

如果偏微分方程右边引入一次偏导 $c1\dfrac{\partial u}{\partial x}+c2\dfrac{\partial u}{\partial y}$，可以通过引入 PowerLawConvectionTerm((c1,c2))，将偏微方程定义为：eq=TransientTerm()==DiffusionTerm(coeff=D)+ImplicitSourceTerm(alpha)+ PowerLawConvectionTerm((c1,c2))即可，其计算结果见图 4-29。

（3）三维扩散

该问题的偏微分方程如下：

$$\frac{\partial u}{\partial t}=\frac{\partial^2 u}{\partial x^2}+\frac{\partial^2 u}{\partial y^2}+\frac{\partial^2 u}{\partial z^2}\quad (0\leqslant x\leqslant 1,\ 0\leqslant y\leqslant 1, 0\leqslant z\leqslant 1, t>0) \tag{4-48}$$

已知边界条件及 t=0 时的 u 初值，利用 FiPy 库编程求解不同时刻的应变量 u 在已知三维空间中的分布。

该问题的编程代码见 15-fipy_3D，核心代码如下：

```
nx=10
ny=nx
nz=nx
dx=0.1
dy=dx
dz=dx
L=dx * nx
mesh=fp. Grid3D(dx=dx,dy=dy,dz=dz,nx=nx,ny=ny,nz=nz)
u=fp. CellVariable(name="solution variable",mesh=mesh,value=0.)
D=10.
eq=fp. DiffusionTerm(coeff=D)==0
valueTopLeft=30
valueBottomRight=100
X,Y,Z=mesh.faceCenters
facesTopLeft=((mesh.facesLeft&(Y>0))|(mesh.facesTop&(X<L)))
facesBottomRight=((mesh.facesRight & (Y<=L))|(mesh.facesBottom&(X>=L/2)))
u.constrain(valueTopLeft,facesTopLeft)
u.constrain(valueBottomRight,facesBottomRight)
timeStepDuration=10*0.9*dx**2/(2*D)
steps=10
for step in range(steps):
    eq.solve(var=u,
             dt=timeStepDuration)
arr=np.zeros(len(u))
for i in range(len(u)):
   arr[i]=u[i]
arr1=list(arr)
b=arr1.reverse()
arr=np.array(arr1)
ar=arr.reshape(nx,ny,nz)
x=np.arange(nx)*dx#
y=np.arange(ny)*dy
z=np.arange(nz)*dz
X,Y,Z=np.meshgrid(x,y,z)
ax=plt.subplot(111,projection='3d' )
p=ax.scatter(X,Y,Z,s=250,c=ar,cmap=mpl.cm.jet,marker="o",zdir="z",norm=norm)
ax.set_xlabel('x',font1)
ax.set_ylabel('y',font1)
ax.set_zlabel('z',font1)
fig.colorbar(p,ax=ax,shrink=0.8)
plt.show()
```

运行 15-fipy_3D 程序，得到间隔 10 个时间步长后的计算结果如图 4-30，和二维扩散类似，也可以引入源项即一阶偏导项。引入源项即：eq =fp.TransientTerm()==fp.Diffusion Term (coeff=D)+fp.ImplicitSourceTerm(alpha)，取 alpha=100，得到图 4-31 所示的运算结果，由图 4-31 可知，由于引入了 alpha 值较大的源项，控制体内应变量 u 值大的区域增加。

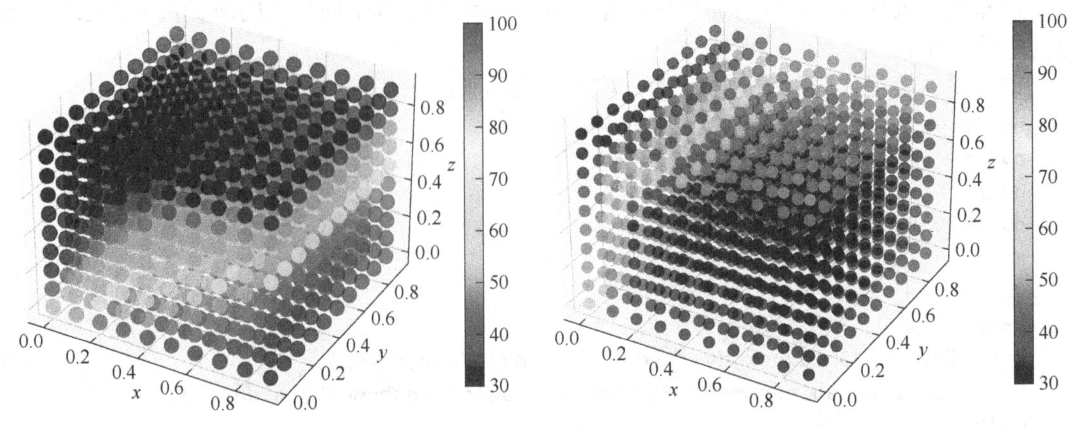

图 4-30　三维扩散计算结果

图 4-31　具有源项的三维扩散计算结果

本章重点知识

本章重点在于如何利用有限差分的通用迭代公式，得到各种常微分方程（组）及偏微分方程的迭代格式，根据不同的迭代格式，编写合理的 Python 代码，求解各种常微分方程（组）及偏微分方程。注意在求解过程中，利用 Numpy 库的强大的数组运算功能及 Matplotlib 库丰富的数据可视化工具，高效快速的求解各种常微分方程（组）及偏微分方程。对于常微分方程（组）必须熟练掌握 scipy.integrate 模块中的 odeint 函数求解常微分方程（组）的初值问题，对于边值问题，要能编写迭代计算的程序，也能熟练调用 solve_bvp 函数，并注意和 odeint 函数调用上的不同点；对于常见的偏微分方程，能利用差分公式编程计算，同时掌握利用 FiPy 第三方库求解常规偏微分方程的基本方法并能举一反三。

习　　题

1. 求定解问题：

$$\begin{cases} \dfrac{\partial u}{\partial t}-\dfrac{\partial^2 u}{\partial x^2}=3x-t & (t>0,x\in(0,1)) \\ u\big|_{t=0}=4x(1-x) & (x\in[0,1]) \\ u\big|_{x=0}=u\big|_{x=1}=0 & (t\geqslant 0) \end{cases}$$

2. 修改五点格式，并求定解问题的数值解，画出温度分布曲线。

$$\begin{cases} \dfrac{\partial^2 u}{\partial x^2}+2\dfrac{\partial^2 u}{\partial y^2}=2 \\ x\in(0,1), y\in(0,2) \\ u(x,0)=x^3, u(x,2)=(x-2)^2 \\ u(0,y)=y^2, u(1,y)=(y-1)^2 \end{cases}$$

3. 解初值问题：

$$\begin{cases}\dfrac{\mathrm{d}y}{\mathrm{d}x}=x+y^2 \\ y(0)=1\end{cases} \qquad 0.1\leqslant x\leqslant 1$$

4. 解初值问题：

$$\frac{\mathrm{d}p(t)}{\mathrm{d}t}=bp(t)-kp^2(t)$$

其中：$p(0)=50976$，$b=2.9\times10^{-2}$，$k=1.4\times10^{-7}$。

5. 已知某高温物体其温降过程符合以下规律，其中温度 T 的单位为 K，时间 τ 的单位为分钟，零时刻高温物体的温度为 3000K，请计算零时刻以后至 200 分钟的温度数据，并确定什么时候温度可下降到 1000K。

$$\frac{\mathrm{d}T}{\mathrm{d}\tau}=-0.03\times e^{0.0015(T-300)}(T-300)^{0.85} \tag{10}$$

6. 请计算下面偏微分方程：

$$\frac{\partial t}{\partial \tau}=2(T_W-t)+0.01\frac{\partial^2 t}{\partial x^2}-3\frac{\partial t}{\partial x}$$

$$T_W=150, t_j^0=30, t_0^n=30$$

$$0\leqslant x\leqslant 1, \left.\frac{\partial t}{\partial x}\right|_{x=1}=0$$

第5章 过程系统优化

【本章导读】

过程系统优化涉及科学研究、工业设计、生产调度、过程控制等诸多领域，作为理工科大学生与科技人员，一定要掌握必要的过程系统优化方法。尽管不同领域的优化问题千变万化，但将这些优化问题抽象到数学模型后却具有共性，本章主要介绍具有共性的优化数学模型的 Python 语言编程求解策略。针对不同的优化模型介绍不同的编程计算策略及第三方库求解函数。本章知识的学习必须立足读者自己专业领域的知识，读者需要具备将本专业的优化问题抽象到数学模型的能力。只有首先将各自专业的物理问题抽象到数学模型，才有可能利用 Python 语言进行编程求解。在本章的学习过程中，将进一步利用 Numpy 库的强大数组运算功能、Scipy 库的科学计算功能、Matplotlib 库的数据可视化功能来求解优化问题。

5.1 优化问题概述

抬头望天空，见鸟儿优雅飞翔；低头看路边，见绿植竞争向上。鸟儿为了更好地飞翔，发展出了强大的翅膀、流线的身型；绿植为了获得更多的阳光，不断改变生长方向并在阳光多的方向不断分蘖，以求获得竞争优势，可见优化无处不在。科学研究、工程设计、生产控制、物流配送、无线基站设置、卫星入轨参数设定等均离不开优化。通过优化，使得上述工作在付出一定的代价下，获得最大的效益，取得最佳的效果。

5.1.1 优化数学模型

在具体的物理过程中，达到某一目的或设计要求的方法可能有多种，在多种方法中找到其中一种最佳的方法的过程就是优化。要研究具体优化的方法，首先需要将各种物理过程抽象到数学模型，一般优化的通用模型如下：

目标函数：

$$J=f(X,U) \tag{5-1}$$

约束条件：

$$g_i(X,U)=0 \quad (i=1,2,\cdots n) \tag{5-2}$$

$$q_j(X,U)\geqslant 0 \quad (j=n+1,n+2,\ \cdots p) \tag{5-3}$$

其中：$X=(x_1,x_2,\cdots x_n)$，$U=(u_1,u_2,\cdots u_m)$

对于由式（5-1）～式（5-3）构成的优化模型，为了分析方便，我们将可以通过等式约束计算出来的变量取名为状态变量，用 x_i 来表示。它的个数和优化模型的等式约束相等，均为

n个。除了这n个变量之外的其他变量，用u_i来表示，它的个数为m。这样优化模型共涉及（m+n）变量，而等式约束为n个，不等式约束为m个，则系统的自由度为m。需要提醒读者注意的是将状态变量和其他变量（实际上是设计变量或决策变量）人为地用不同的符号来表达是为了分析方便，在具体的优化求解过程中，没有将其分开，可以用各种具体研究过程的变量。

如果你的优化模型建立后，发现总的等式约束数和总的变量数是相等的，此时相当于m=0，则相当于系统模型方程的自由度为零，即模型方程中未知变量数和方程数相等，存在着一个以上的确定解（当模型方程为非线性时存在多解）。若模型方程只有唯一解，则不存在优化问题，该唯一解就是最优解。如果模型方程中未知变量数大于独立方程数时，模型方程称为待定模型，这时模型方程具有无穷可行解。优化就是要从无穷个可行解中找出使目标函数的值达到最优的一个或若干个解。当未知变量数少于方程数时，模型方程是矛盾的，此时必须放松若干个约束。

目前尚没有一种优化方法能有效地适用所有的优化问题。针对某一特定问题选择优化方法的主要根据为：

① 目标函数的特性；

② 约束条件的性质；

③ 决策变量和状态变量的数目；

优化问题求解的一般步骤为：

① 对过程进行分析，列出全部变量；

② 确定优化指标，建立指标和过程变量之间的关系，即目标函数关系式；

③ 建立过程的数学模型和外部约束（包括等式约束及不等式约束），确定自由度和决策变量。一个过程的模型可以有多种，应根据需要，选择简繁程度合适的模型；

④ 如果优化问题过于复杂，则将系统分成若干子系统分别优化；或者对目标函数的模型进行简化；

⑤ 选用合适的优化方法进行求解；

⑥ 对得到的解进行检验，考察解对参数和简化假定的灵敏度。

前三步为对优化问题进行数学描述，第四步建议对过程作尽可能的简化，而又不改变问题的本质。首先，可以忽略那些对目标函数影响不大的变量，这可以根据实际工程判断来确定，也可以通过灵敏度分析作出判断；其次，也可以根据工程判断人为地固定某些变量，使其成为具有确定值的参数；另外，对一些形式简单的约束方程，可将它们代入其他方程或目标函数中去，自然就被消掉了。优化问题可表达为求出满足约束条件式(5-2)和式(5-3)，使目标函数J式（5-1）达到最小（或最大）时决策变量的值U^*和相应状态变量的值X^*。

5.1.2 优化问题的基本方法

优化问题的求解方法称为优化方法。优化问题的性质不同，求解的方法也将不同。根据优化问题有无约束条件，可分为无约束优化问题和有约束优化问题。无约束条件优化可分为单变量函数优化和多变量函数优化；而有约束优化问题也可分为两类：线性规划问题和非线性规划问题。当目标函数及约束条件均为线性时，称为线性规划问题；当目标函数或约束条件中至少有一个为非线性时，称为非线性规划问题。求解线性规划问题的优化方法已相当成熟，通常采用单纯形法。

求解非线性规划问题的优化方法可归纳为两大类：

（1）间接优化方法

间接优化方法就是解析法，即按照目标函数极值点的必要条件用数学分析的方法求解，再按照充分条件或者问题的物理意义，间接地确定最优解是极大还是极小。例如，微分法即属于这一类。

（2）直接优化方法

直接优化方法属于数值法。由于不少优化问题比较复杂，模型方程无法用解析法求解，目标函数不能表示成决策变量的显函数形式，得不到导函数，此时须采用数值法。这种方法是利用函数在某一局部区域的性质或在一些已知点的数值，确定下一步计算的点。这样一步步搜索逼近，最后达到最优点。直接法是 Python 编程优化问题的主要求解方法。

5.2 无约束问题优化求解

尽管大多数优化问题都有一定的约束条件，但有些约束条件通常可以化去，最后有约束优化问题转变成无约束优化问题。无约束优化问题求解方法是有约束优化问题求解的基础，因此想掌握优化问题求解的方法必须先学习和掌握无约束优化问题的求解方法。无约束优化问题又可以分为单变量无约束优化和多变量无约束优化，下面分别介绍。

5.2.1 单变量函数优化

对于单变量函数的优化，必须先确定单变量函数的极值情况。只有一个极值的单变量函数称单峰函数，单峰函数只有一个唯一的极值(极大或极小)。下面介绍的大部分单变量函数优化方法对单峰函数有效，对多峰函数有时必须先分割成若干个单峰函数进行分区间求解。多峰函数具有多个极值称多峰函数。单峰函数和多峰函数的示意图见图 5-1、图 5-2。

即使是单峰函数，其极值也分两种情况，分别是极小值和极大值，见图 5-3、图 5-4。对极小值而言，需满足（若 x^*为极值点）：

$$f(x_1)>f(x_2)>f(x^*) \qquad x_1<x_2<x^* \tag{5-4}$$

$$f(x_4)>f(x_3)>f(x^*) \qquad x^*<x_3<x_4 \tag{5-5}$$

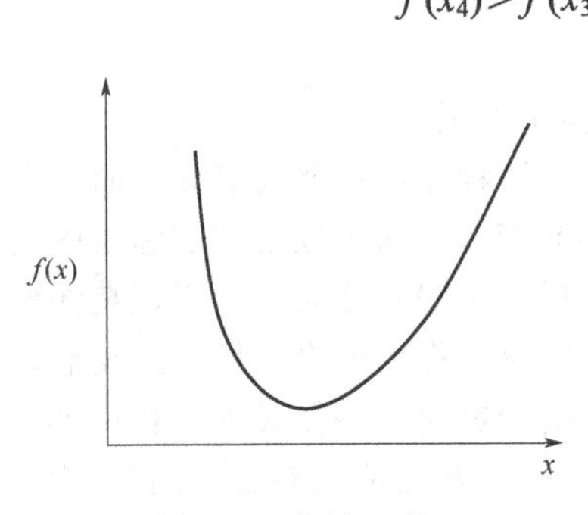

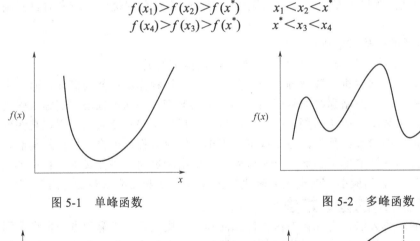

图 5-1　单峰函数

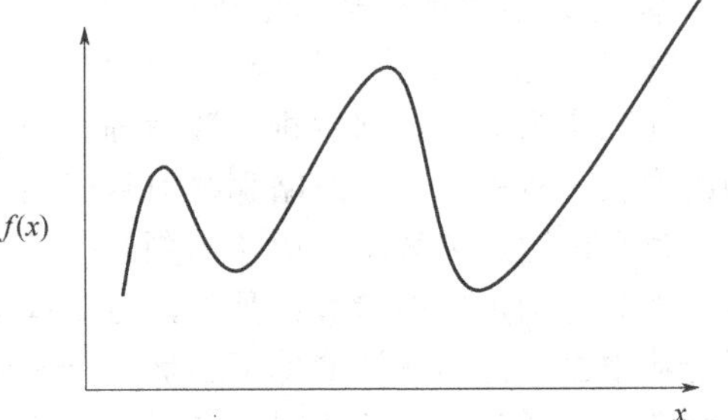

图 5-2　多峰函数

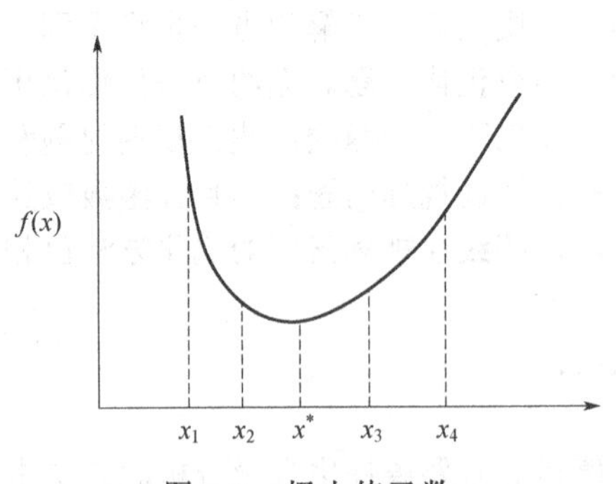

图 5-3　极小值函数

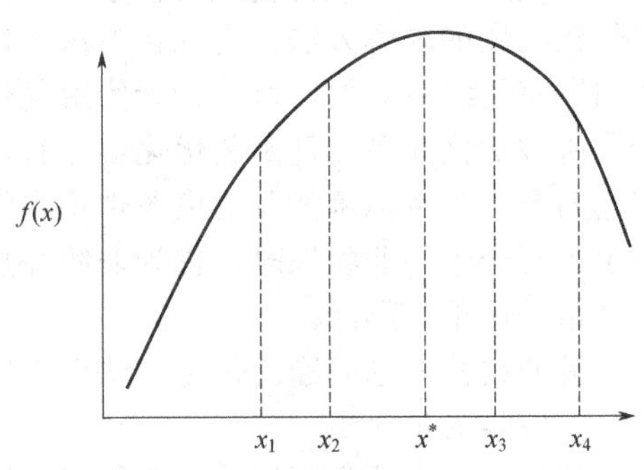

图 5-4　极大值函数

对极大值而言，需满足（若 x^*为极值点）：

$$f(x_1)<f(x_2)<f(x^*) \qquad x_1<x_2<x^* \tag{5-6}$$

$$f(x_4)<f(x_3)<f(x^*) \qquad x^*<x_3<x_4 \tag{5-7}$$

为了计算方便，统一将单变量函数的优化问题转变成求极小值或最小值问题，因为求函数 $f(x)$的最大值可以通过求函数$-f(x)$的最小值来获得最优解。如：

$$\max \quad f(x)=-x^2+2x+4 \tag{5-8}$$

的最优解为 $x=1$，最大值为 5，等价与：

$$\min \quad -f(x)=x^2-2x-4 \tag{5-9}$$

的最优解为 $x=1$，最小值为-5。比较可以发现式（5-8）和式（5-9）的解均是 $x=1$，而目标函数刚好符号相反，但绝对值相同。所以，单变量函数优化问题就可以统一为求单变量函数的最小值（已规定为单峰区间，极值已是全局最值）。观察图 5-3 可以发现，最小值一定在中间低，两头高的三点之间，如 x_1、x_2、x_3 或 x_1、x_3、x_4。这是单变量函数优化的最基本原理。通过不断地寻找满足这一条件的点，并将 3 点的范围不断缩小，就引发了单变量函数优化的各种方法。这些方法有二分法、四分法、黄金分割法、穷举法、抛物线法、斐波那契法、牛顿法，拟牛顿法。下面简单介绍一下穷举法、二分法、黄金分割法的基本原理及步骤。

1. 穷举法

穷举法是最直接、最具有物理意义的计算单变量函数的方法，也可称为暴力搜索，其计算思路就是根据优化问题的实际意义，确定最优解的区间为$[a_0,b_0]$，然后将$[a_0,b_0]$区间分成 n_1 等份，计算各个函数值，找到最小值点及其左右两点。将左右两点作为新的优化区间$[a_1,b_1]$再分成 n_2 等份，计算各个函数值，找到最小值点及其左右两点；不断重复上述过程，直至最优解的区间缩至规定的精度要求。

穷举法在具体使用时，如果不能根据问题的实际情况确定优化区间，就必须利用函数的快速扫描法，确定最初的优化区间。所谓快速扫描就是从目标函数的某一点出发，通过不断增加步长，找到中间低、两头高的三个点，扫描法的步骤为：

① 给定步长 α，初始点 x_1，置 $n=1$，$f_1=f(x_1)$

② $x_{n+1}=x_n+\alpha 2^{n-1}$, $f_{n+1}=f(x_{n+1})$，if $f_1<f_2$ then $\alpha=-\alpha$，转①

③ 找到$f_{n-1}>f_n<f_{n+1}$ 的三点，否则取 $n=n+1$,转②

【例 5-1】用穷举法计算优化下面换热器最优设计目标函数：

$$J=225\frac{\ln(14-0.1t)}{130-t}+\frac{480}{t-30} \tag{5-10}$$

解：根据式（5-10）所表示的目标函数，可以知道最优解一般在（30，140）之间，为了避免出现被零除，跳过 130，取[32,128]。每轮计算时将区间分成 100 等份，需计算 101 个点，剩下的区间由最小点和左右两点组成，所以每轮计算后剩下的区间为原来区间的 2%，一般称为区间收缩率 E，计算公式为

$$E=\text{收缩后的区间 } L_n/\text{初始优化区间 } L_0 \tag{5-11}$$

若连续进行 3 轮如此的计算，则总收缩率达到 0.0008%，完全符合最优化温度要求。其程序的核心代码如下：

```
def func(t):                          #自定义优化函数
    return 225*np.log(14-0.1*t)/(130-t)+480/(t-30)
start_time=time.time()
t1,t2=32,128
```

```
f=np.ones(101)
for k in range(3):                              #进行 3 轮穷举
    t=np.linspace(t1,t2,101)
    for i in range(101):                        #每轮穷举 100 等分
        f[i]=func(t[i])
    fmin=min(f[:])                              #确定最小值
    index=list(f[:]).index(min(f[:]))           #确定最小值所在的位置
    t1=t[index-1]                               #重新设置 t1
    t2=t[index+1]
optim=t[index]
minf=func(t[index])
print(f't={optim:.5f},minf={minf:.5f}')
end_time=time.time()
print("程序运行计时", end_time - start_time)
```

运行上述代码所在的程序 01-Exhaustive.py，得到以下计算结果：

```
t=92.48614,minf=17.02887
```

程序运行计时 0.0020003318786621094

由计算结果可知，最优解的 t 为 92.48614，此时目标函数 J 为 17.02887，计算用时约 0.002 秒。由于在穷举法程序中充分发挥了 Python 语言列表求最小值及寻址功能，使得程序十分简单，求解速度也比较快。

2. 二分法

所谓二分法，就是将原来的优化区间一分为二，在分界点的左右两侧各取两点和原来的区间两端点共 4 个点组成一个优化判断区间点，见图 5-5。在这 4 个点中找中间低，两头高的 3 个点，构成新的优化区间，不断重复以上过程，直至收缩率 E 达到规定精度 ε_1 要求为止。

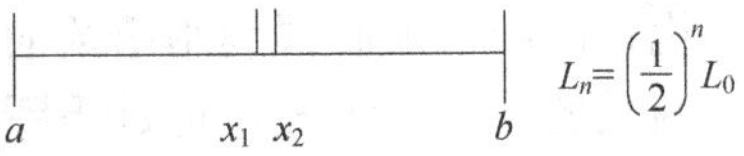

a　x_1 x_2　b　$L_n=\left(\frac{1}{2}\right)^n L_0$

图 5-5　二等分法示意图

二分法点的计算规则如下：

$$x_1=(a+b)/2-\beta(b-a) \tag{5-12}$$

$$x_2=(a+b)/2+\beta(b-a) \tag{5-13}$$

收敛判据为 $E\leqslant\varepsilon_1$ 其中 β 为中心偏离因子，其值小于 1，一般可取 0.01。理论极大收缩率为 0.5^n，n 为迭代次数。

利用二等分法机理，求解【例 5-1】的 Python 的核心代码如下：

```
start_time=time.time()
t1,t2,n=32,128,0
a0,b0=t1,t2
beita=0.005
eer1=0.000001
eer2=0.000001
flag=True
while flag:
    n=n+1
    a=t1
    b=t2
    x1=(a+b)/2-beita*(b-a)
    x2=(a+b)/2+beita*(b-a)
    f1=func(x1)
    f2=func(x2)
    if f1>=f2:
        t1=x1
```

```
            e1=(b-x1)/(a0-b0)
            optim=x2
            minf=f2
        else:
            t2=x2
            e1=(b-x1)/(a0-b0)
            optim=x1
            minf=f1
        e2=abs(f2-f1)/(1+abs(f1))                    #防止分母为 0
        if e1<=eer1 and  e2<=eer2:
            flag=False
    print(f't={optim:.5f},minf={minf:.5f},n={n}')
    end_time=time.time()
    print("程序运行计时", end_time-start_time)
```

运行上述代码所在的程序 02-Bisection.py，得到以下计算结果：

```
t=92.44289,minf=17.02887,n=7
```

程序运行计时 0.0010001659393310547

由计算结果可知，二分法计算结果和穷举法基本相等，计算用时约 0.001 秒，比穷举法快了一倍。尽管理论上如果 β 值越小，收缩率也越小，收缩效率越高。但如果 β 取得过小，可能将最优解的区域错过，从而导致无法求得最优解或尽管程序提示求得最优解，其实不是最优解。除了二分法，还可以进行三分法。所谓三分法就是将原来的优化区间，一分为三等份，中间两点和原来的区间两端点共 4 个点组成一个优化判断区间点，见图 5-6。在这 4 个点中找中间低、两头高的 3 个点，构成新的优化区间，不断重复以上过程，直至收缩率 E 达到规定精度 ε_1 要求为止。

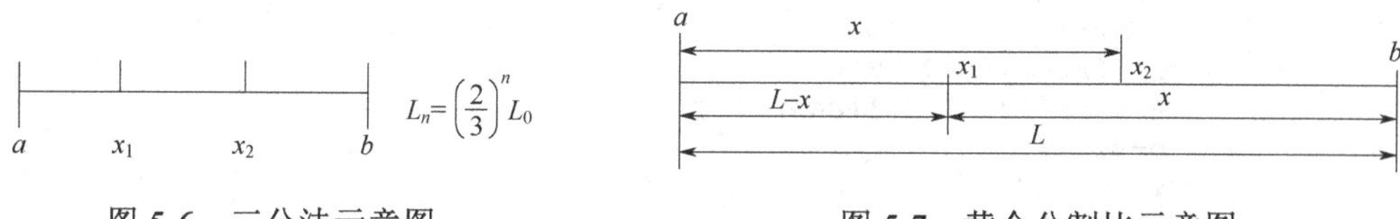

图 5-6 三分法示意图　　　图 5-7 黄金分割比示意图

3. 黄金分割法(Golden Section Search Method)

对于长为 L 的线段，将它分割成长短不同的两部分，长的一段为 x，短的一段为 L-x。如图 5-7 所示。若这两个线段的比值满足下面的关系式：

$$\frac{x}{L}=\frac{L-x}{x} \tag{5-14}$$

则称为黄金分割。根据上面的定义，可解出 x 同 L 的关系。由式（5-14）可得 $x^2+Lx-L^2=0$，即：

$$\left(\frac{x}{L}\right)^2+\frac{x}{L}-1=0$$

解之得：

$$\frac{x}{L}=\frac{1\pm\sqrt{1+4}}{2}=\frac{\sqrt{5}-1}{2}\approx 0.618$$

0.618 就是黄金分割比。利用黄金分割法确定最优解内部两点的好处在于第一轮计算时需要计算内部两点，但当第二轮计算时，只需计算一点，另一点可以利用上一轮计算保留的内点即可。数学知识可以证明图 5-7 中的 x_2 点是线段 x_1b 的其中一个黄金分割点，这样可以减少内点的计算。黄金分割法的核心代码如下：

```
start_time=time.time()
eer1=0.00000001
eer2=0.00000001
beita=0.5*(5**0.5-1)
a=Opt_inter[0]
b=Opt_inter[1]
x1=a+(1-beita)*(b-a)
x2=b-(1-beita)*(b-a)
f1=func(x1)
f2=func(x2)
flag=True
n=0
a0,b0=a,b
while  flag:
    n=n+1
    if f1>=f2:
        e1=(b-x1)/(a0-b0)
        optim=x2
        minf=f2
        e2=abs(f2-f1)/(1+abs(f1))
        a=x1
        x1=x2
        f1=f2
        x2=b-(1-beita)*(b-a)
        f2=func(x2)
    else:
        optim=x1
        minf=f1;
        e1=(x2-a)/(a0-b0)
        e2=abs(f2-f1)/(1+abs(f1))
        b=x2
        x2=x1
        x1=a+(1-beita)*(b-a)
        f2=f1
        f1=func(x1)
    if e1<=eer1 and  e2<=eer2:
        flag=False
print(f't={optim:.8f},minf={minf:.8f},n={n}')
end_time=time.time()
print("程序运行计时", end_time-start_time)
```

运行上述代码所在的程序 03-golden.py，得到以下计算结果:

```
t=92.48459471,minf=17.02886698,n=18
程序运行计时 0.0
```

计算结果和其他方法基本一致，耗时显示为 0，这是舍入误差引起的，其实是需要一点时间的，不过一般人几乎感觉不到。注意在 03-golden.py 程序中，调用黄金分割法前需要先用快速扫描法确定优化区间，具体代码请参看程序。

4. 抛物线法（Parabolic Method）

该法利用已知优化区间两端点及内部任意一点共 3 点为基础，见图 5-8，将该 3 点利用二次函数拟合，再利用抛物线求顶点公式得到抛物线的极值点，将该点和原来 3 点一起进行比较，找到中间低、两头高的 3 点。再从该 3 点出发，进行二次函数拟合，求抛物线顶点，不断重复以上过程，直至满足收敛条件为止，抛物线的顶点计算公式如下：

$$x^* = \frac{1}{2}\frac{f_1(x_2^2 - x_1^2) + f_2(x_3^2 - x_1^2) + f_3(x_1^2 - x_2^2)}{f_1(x_2 - x_1) + f_2(x_3 - x_1) + f_3(x_1 - x_2)} \tag{5-15}$$

有关抛物线法的程序请读者自行开发。不过作者认为，抛物线法的程序相对于其它方法过于复杂，其带来的加速收缩的优点可能由于复杂的逻辑判断而牺牲，其计算耗时不一定比穷举法少。至于其他方法如斐波那契法尽管是已知收缩速度最快的方法，在计算耗时方面并不一定少，因和其他方法相仿，常常收缩速率快的方法，点的计算及逻辑判断就比较复杂，牺牲了一定的计算时间。

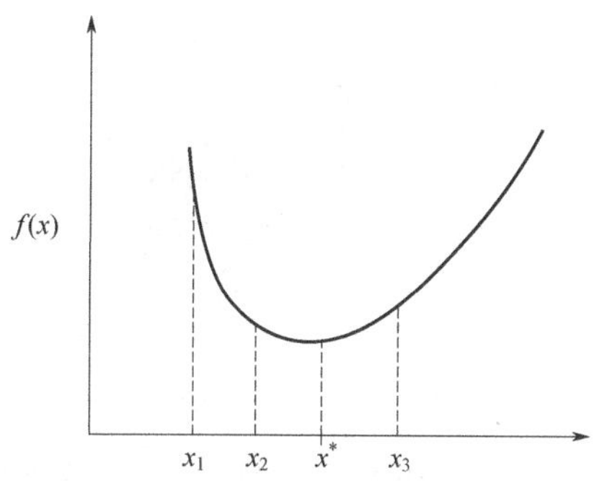

图 5-8 抛物线法示意图

5.2.2 多变量函数优化

多变量函数优化相对于单变量函数优化而言，增加的难度是搜索方向的确定。如果通过某一个规则能确定使函数下降（求最小值，最大值可以将函数加负号即可）的方向，并沿这个方向按一定的步长搜索，不断重复以上过程，直到达到精度要求为止。对于步长，既可以固定步长，也可以优化步长。对于搜索方向和步长的不同确定方法，延伸出了许多不同的多变量函数的优化方法。尽管多变量函数优化有许多不同的方法，但它们通用的计算步骤是一致的，具体如下：

① 给定精度 ε，初始点 X^0，置 k=0

② 决定搜索方向 S_k，一维搜索 $f(X^k+\lambda_k S_k)=\text{Min}f(X^k+\lambda S_k)$,令 $X^{k+1}=X^k+\lambda_k S_k$,得到一个新点

③ 判断：

$$\left\|X^{k+1} - X^k\right\| \leqslant \varepsilon \tag{5-16}$$

若式（5-16）成立，则停止计算，反之则令 $k=k+1$，转②，直至精度满足要求为止。多变函数无约束优化问题的求解方法主要有以下几种。

（1）变量轮换法（Coordinate Rotation）

变量轮换法的基本原理是对于有 n 个变量的函数，以 n 个线性无关的向量作为 n 个搜索方向，搜索步长可用各种方法。变量轮换法在具体应用时，对某些函数求不出最优点，这是由于固定的搜索方向引起。例如在两个变量函数中，若其等高线如图 5-9，则用变量轮换法不能求得最优解。

（2）单纯形法（Simplex Algorithm）

单纯形法在优化计算过程中无需计算函数的梯度，它属于模式搜索法，即是一种按照事先规定的模式来探索最优点的方法。单纯形法是根据函数的最小值最有可能出现在函数最大值的对称位置上这个基本思想来进行计算的。通过建立 n 维空间中的单纯形，求出 n+1 个顶点的函数值，找到函数值最大点，求出此点的对称点，并计算其函数值，根据函数值的大小确定是否需要扩张、压缩、收缩等策略，各点示意图如图 5-10 所示。

各点坐标计算公式：

$$\begin{aligned}
&U_C = \frac{\sum_{i=0}^{n} U_i - U_H}{n} \\
&U_R = U_C + \alpha(U_C - U_H) \qquad \alpha = 1 \\
&U_E = U_R + \mu(U_R - U_H) \qquad \mu = 0.2 \to 1 \\
&U_S = U_H + \lambda(U_R - U_H) \qquad 0 < \lambda < 1 \quad \lambda \neq 0.5 \\
&U_K = (U_i + U_L)/2
\end{aligned} \tag{5-17}$$

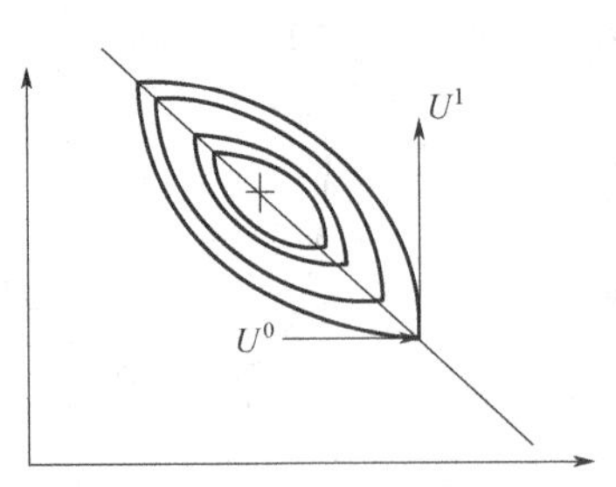

图 5-9 变量轮换法失效情况

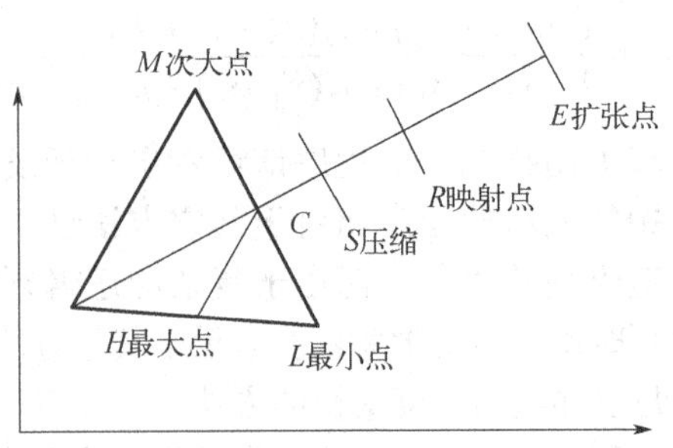

图 5-10 单纯形计算过程各点示意图

（3）梯度法（Gradient Method）

多变量函数的负梯度方向是函数下降最快的方向。梯度法就是沿着负梯度进行搜索的一个优化方法。梯度是一个向量，其各元素的值为函数对各变量偏导数在某一点处的值。有某一 n 维函数 $f(X)$，则其梯度 $\nabla f(X)$ 记作：

$$\nabla f(X)=\left(\frac{\partial f}{\partial x_1},\frac{\partial f}{\partial x_2},\cdots\cdots\frac{\partial f}{\partial x_n}\right)^{\mathrm{T}} \tag{5-18}$$

梯度法新点的迭代公式如下：

$$X^{k+1}=X^k+\lambda_k S_k \tag{5-19}$$

$$S_k=-\nabla f(X^k) \tag{5-20}$$

其中 λ_k 为搜索步长，可利用解析求解或数值求解或直接给定一个比较小的步长。梯度法计算过程示意图如图 5-11。

在利用梯度法进行多变量函数优化计算时，当函数接近最优值时，每一次计算函数值的下降将越来越小。从理论上来说，要取得最优值需无穷多次，要解决这个问题可在靠近最优解时，改变搜索方向，使函数很快达到最优解，其中较有效的方法是采用共轭梯度法。

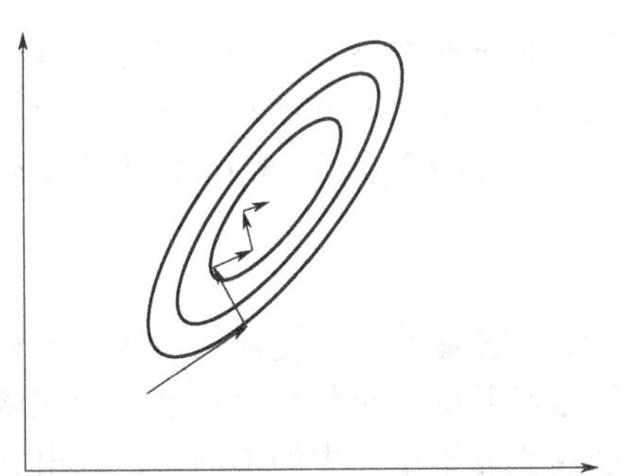

图 5-11 梯度法计算过程示意图

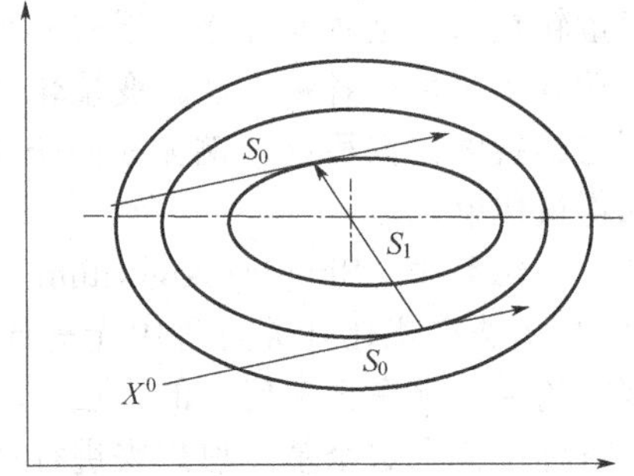

图 5-12 共轭梯度搜索方向示意图

（4）共轭梯度法（Conjugate Gradient Method）

由于梯度法在靠近最优解附近时，函数值改变很小，从理论上说梯度法若想得到精确解需要无穷多次迭代，为此人们提出了共轭梯度法。共轭梯度法是基于当函数达到最优值附近时，函数的等高线近似于同心椭圆族，而由数学知识可知，两条平行于同心椭圆族的切线必定通过同心椭圆族的中心，这个中心就是最优解，见图 5-12。如果能找到沿同心椭圆族中心的方向，并沿这个方向搜索，就能一步达到最优解。

（5）其他方法

其实关于多变量函数优化的方法还有许多，如 DFP 变尺度法，此法由 Davidon 提出，后经 Fletcher 和 Powell 修正和证明，故称 DFP 变尺度法。此外还有牛顿法 Newton、拟牛顿法 BFGS、鲍威尔法 Powell 等，在 Python 的 SciPy 第三方库的 optimize 模块下有许多优化函数，将在下节加以介绍。

5.2.3 库函数求解无约束问题

关于无约束函数最优化问题，可以用 SciPy 第三方库的 optimize 模块下的许多优化函数来求解，可以在交互环境下输入：

```
>>> from scipy import optimize
>>> dir(optimize)
```

系统将显示 optimize 模块下的所有方法和函数，可用于函数优化的有'BFGS'，'fmin'，'fmin_bfgs'，'fmin_cg'，'fmin_cobyla'，'fmin_l_bfgs_b'，'fmin_ncg'，'fmin_powell'，'fmin_slsqp'，'fmin_tnc'，'fminbound'，'minimize'，'minimize_scalar'，'golden'等函数，每个函数的具体应用可以通过 help(optimize.funname)来查询。上述优化函数中，有些只能用于单变量函数优化，如'golden'函数，有些可以用于多变量函数如'BFGS'，当然用于多变量的优化函数也可以用于单变量优化函数，有些还可以用于带约束条件的非线性函数优化问题。下面通过具体案例的求解来说明优化函数的调用方法。

【例 5-2】 利用 optimize 模块下的三种优化函数求解下面单变量函数的最小值：

$$\min J=0.21x^4-2x^3+5.5x^2-6x+5$$

解： 选取以下 3 种方法进行求解（04-optim_single）

（1）golden 函数求解

golden 函数的调用格式如下：

```
golden(func,args=(),brack=None,tol=1.4901161193847656e-08,full_output=0,
maxiter=5000)
```

它用于单变量函数的优化，返回用黄金分割法优化计算的结果。参数中 func 是自定义的需要优化的单变量函数，为必选参数，其他参数均可缺省。args 为可选参数，额外需要传递到 func 的参数；brack 为优化初始范围，用元组表示，可以是 2 个元素，也可以是 3 个元素，如果是 3 个元素，必须满足函数值是中间低、两头高的 3 个点，建议设置 2 个元素或缺省；tol 为计算变量收敛公差标准，浮点数，建议采用默认值；full_output 为布尔值，建议设置 True，这样输出时可以有优化点的变量值、函数值及迭代次数； maxiter 为最大迭代次数。该题先自定义函数如下：

```
def func(x):
    return 0.21*x**4-2*x**3+5.5*x**2-6*x+5
```

黄金分割法函数调用及打印如下：

```
minf=optimize.golden(func,brack=(1,5),full_output=True)
print("golden_output=",minf)
```

运算结果如下：

```
golden_output=(4.663060369727084, -6.884508511785114, 43)
```

输出元组中的 3 个数分别代表函数最小值时的变量值、函数值及迭代次数，注意尽管设置了 brack=(1,5)，但并不代表最优解一定在 1 和 5 之间，允许最优解在其他范围内。

（2）fmin

fmin 函数的调用格式如下：

```
fmin(func,x0,args=(),xtol=0.0001,ftol=0.0001,maxiter=None,maxfun=None,full_
output=0,disp=1,retall=0,callback=None,initial_simplex=None)
```

该函数是利用最速单纯形算法（the downhill simplex algorithm），可对多变量函数进行优化求解，它只依赖于函数的值，无需函数的一阶和二阶偏导信息，默认返回达到最优解时的变量值。参数 func、args、maxiter、full_output 和 golden 函数中的含义一致，参数 xtol 相当于 golden 函数中 tol；参数 ftol 为计算函数值收敛公差标准，建议采用默认值；参数 disp 为布尔值，表示是否显示收敛信息；参数 retall 为布尔值，若为 True，则显示全部迭代过程的变量值；maxfun 为可选参数，表示迭代过程允许的最大函数值；其他更多的信息请参考帮助文档 help（optimize.fmin）。fmin 最简单的调用格式为 fmin(func, x0)，返回优化点处的变量值，针对本例具体调用及打印代码为：

```
minf=optimize.fmin(func,x0=5)
print("fmin_output:")
optim=minf[0]
minf=func(optim)
print(f'x={optim:.5f},minf={minf:.5f}')
```

运行结果如下：

```
fmin_output:
x=4.66309,minf=-6.88451
```

注意由于该优化函数是用于多变量函数优化的，故用于单变量函数时，需要用 minf[0] 来求取第一个变量的优化值，并以此值代入函数求出函数值，当然也可以设置 full_output=True，获取全部输出信息，如代码改为：

```
minf=optimize.fmin(func,x0=5,full_output=True)
print("fmin_output:/n”,min)
```

运算结果输出：

```
fmin_output:
 (array([4.66308594]),-6.88450850856384,14,28,0)
```

上述结果中，4.66308594 是函数优化处的变量值；-6.88450850856384 是优化函数值；14 是迭代次数；28 是函数调用次数；0 表示错误显示信息，0 代表没有错误提示信息，表示优化成功。

（3）minimize

minimize 函数是一个通用的函数优化调用函数，其全部内容调用格式为：

```
minimize(fun,x0,args=(),method=None,jac=None,hess=None,hessp=None,bounds=
None,constraints=(),tol=None,callback=None,options=None)
```

它可用于一个或多个变量的标量函数最小化，同名参数的含义和前面一致，其他主要参数含义如下：参数 method 表示调用方法，用字符串表示，可以调用的方法有'Nelder-Mead'、'Powell'、'CG'、'BFGS'、'Newton-CG'、'L-BFGS-B'、'TNC'、'COBYLA'、'SLSQP'、dogleg'、'trust-ncg、'trust-exact'、trust-krylov'；参数 jac 表示梯度；参数 bounds 表示变量边界，只适用于 L-BFGS-B，TNC，SLSQP，Powell，trust-constr 方法，可通过“(min，max)”对的序列对变量的每一个分量设置边界；参数 constraints 表示约束条件，约束类型：“eq”表示等式约束，一般表示为等于零，“ineq”表示不等式约束，一般表示为大于等于零。其他更多的信息请参考帮助文档 help（optimize.minimize）。minimize 最简单的调用格式为 minimize(func, x0,method=method)，返回最优化点处的信息，针对本例是具体调用及打印代码为：

```
res=optimize.minimize(func,[4],method='CG')
optim=res.x
minf=func(optim)
print(f'minimize_output:\nx={optim[0]:.5f},minf={minf[0]:.5f}')  #\n 表示换行
print(f"res=\n{res}")
```

运算结果：

```
minimize_output:
```

```
x=4.66306,minf=-6.88451
res=
      fun: -6.884508511780734
      jac: array([-9.53674316e-06])
message: 'Optimization terminated successfully.'
      nfev: 18
       nit: 4
       njev: 9
  status: 0
success: True
        x: array([4.66305941])
```

由运算结果可知，minimize 函数优化返回结果的信息较多，其中 jac 表示梯度，nfev 表示函数值计算次数，njev 表示雅各比矩阵计算次数。如果只需要优化处的变量值，则需要用 res.x 来表示，而优化处的函数值需要用 res.fun 来表示。由于该优化函数可用于多变量函数，故用于单变量函数时，需要通过添加“[0]”来获取列表数据的第一个元素。

【例 5-3】利用 optimize 模块下的优化函数求解【例 5-1】。

解：分析式（5-9），如果直接用单变量函数进行优化，可能会得到不符合实际情况的解，如 t 小于 30 或 t 大于 140，这时需要对变量 t 的边界进行限制，所以必须选择合理的方法，可以选用'L-BFGS-B'的方法，该方法允许用户对变量的边界进行设置，保证最优解在设置的边界范围内，核心代码如下：

```
def fun(t):
      return 225*np.log(14-0.1*t)/(130-t)+480/(t-30)
start_time=time.time()
res=optimize.minimize(fun,[60],method='L-BFGS-B',bounds=[(32,138)])
optim=res.x
minf=fun(optim)
print(f't={optim[0]:.5f},minf={minf[0]:.5f}')
```

运行上述代码所在的程序 05-L-BFGS-B.py，得到以下运算结果：

```
t=92.48577,minf=17.02887
```

该运算结果和前面用自编程序优化计算的结果一致，注意'L-BFGS-B'方法是用于多变量函数的，所以用在单变量函数获取变量值时，需要通过添加“[0]”获取第一个元素。

【例 5-4】请利用 optimize 模块下的优化函数求解下面串联换热面积最小化问题：

某三级串联换热过程，示意图见图 5-13，根据已知条件推导得到在满足出口温度为 500°C 时，3 个换热面积之和为最小的目标函数如下：

$$\min J = 10000\left(\frac{T_1 - 100}{3600 - 12T_1 +} + \frac{T_2 - T_1}{3200 - 8T_2} + \frac{500 - T_2}{400}\right) \tag{5-21}$$

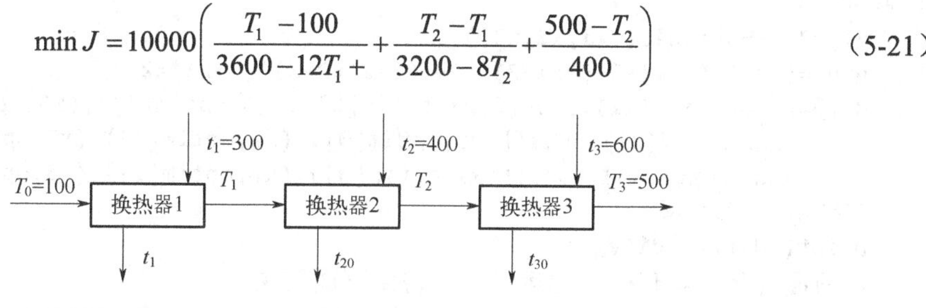

图 5-13　三级串联换热示意图

解：根据目标函数式（5-21）并结合实际换热情况，看上去是没有约束条件的双变量优化问题，其实对于变量 T_1 和 T_2 还是有边界要求的，否则在优化计算时会得到负面积的不合理现象。对于 T_1 必须满足大于 100，小于 300；对于 T_2 必须大于 T_1 小于 400。这样可取 T_1 的边界为（101，299），T_2 的边界为（150,399），采用'L-BFGS-B'的方法，具体核心代码如下：

```
def fun(x):
      T1,T2=x[0],x[1]
      return 10000*((T1-100)/(3600-12*T1)+(T2-T1)/(3200-8*T2)+(500-T2)/400)
res=optimize.minimize(fun,[150,350],method='L-BFGS-B',bounds=[(101,299),(151,
399)])
optim=res.x
minf=fun(optim)
print(f'T1={optim[0]:.5f},T2={optim[1]:.5f},minf={minf:.5f}')
```

运行上述代码所在的程序 06-SC_heat.py，得到以下运算结果：

```
T1=182.01748,T2=295.60112,minf=7049.24927
```

此运算结果和 Matlab 编程计算结果一致，说明优化结果是正确的。注意在自定义函数中需要用 x[0]和 x[1]来表示变量 T_1 和 T_2，求解得到的优化变量也需要通过 optim[0]、optim[1]获得，注意单个元素和列表的区别，这种情况在多变量函数优化中均存在，需要引起重视。

【例 5-5】 利用 optimize 模块下的优化函数求解下面多变量函数的最小值：

$$\min f(X)=(x_1-2)^2+(x_2-3x_1-2)^2+(x_3-2x_2-3)^2+x_1x_2 \tag{5-22}$$

解： 本题是 3 变量无约束优化问题，可采用共轭梯度法（CG）法进行计算，共轭梯度法没有独立的模块，需要在 minimize 模块下指定 method='CG'即可，具体核心代码如下（07-CG.py）：

```
def fun(x):
     x1,x2,x3=x[0],x[1],x[2]
     return (x1-2)**2+(x2-3*x1-2)**2+(x3-2*x2-3)**2+x1*x2
res=optimize.minimize(fun,[6,6,6],method='CG')
optim=res.x
minf=fun(optim)
print(f'X={optim},minf={minf}')
```

运行上述代码所在的程序 07-CG.py 得到以下结果：

```
X=[0.2666666  2.66666645  8.33333286],minf=3.7333333333333534
```

由运行结果可知，当 x1=0.2666666，x2=2.66666645，x3=8.33333286 时，所求的目标函数达到最小值，为 3.73333。为了证明所求的解就是函数的最小值，可以利用 Sympy 库中的求导函数 diff，并将最优点处的值代入导数，观察在求得的解处函数对变量的导数是否等于零，对于多变量函数，可以观察导数列表各个分量的值是否接近零即可，具体代码如下：

```
x1,x2,x3=symbols('x1,x2,x3')
expr=(x1-2)**2+(x2-3*x1-2)**2+(x3-2*x2-3)**2+x1*x2
dify=[expr.diff(x1).subs([(x1,optim[0]),(x2,optim[1]),(x3,optim[2])]),
      expr.diff(x2).subs([(x1,optim[0]),(x2,optim[1]),(x3,optim[2])]),
      expr.diff(x3).subs([(x1,optim[0]),(x2,optim[1]),(x3,optim[2])])] # f对x
求导并代入最优解
print("dify=",dify)
```

和前面优化求解代码一起运行后，得到下面结果：

```
dify=[-2.01325885740289e-7,-2.41892905705754e-9,-5.63577842171981e-8]
```

由运算结果可知，在最优点处，目标函数分别对 x1,x2,x3 求导得到的结果在 10^{-7}～10^{-9} 之间，非常接近于零，所以可以证明本次得到的优化结果是正确的。库函数优化方法求解更多例子可参见程序 08-optimize.py

5.3 线性优化求解

5.3.1 线性规划概述

目标函数和约束条件均为线性的优化问题称为线性规划问题。线性规划(Linear Programming，LP)是目前应用最广、最有效的优化方法之一，也是整数规划、混合规划、非线性规划的基础算法或简化模型后的算法。在生产和管理中常见的线性规划问题的实例有产品生产计划的安排、劳动力和设备使用安排、生产环节各个单元的合理配置、投标争取合同等。这些问题的数学描述包含众多变量、大量方程和不等式，问题的解不仅需满足约束方程，还需使目标函数达到最优。线性规划最早提出有效计算方法的是 G.B.Dantzig 于 1949 年提出的单纯形法（Simple Method)。该法是目前许多教科书作为经典的线性规划求解方法加以介绍，也是目前许多软件求解线性规划的基本方法。由于线性规划问题具有很广的实用意义，对于某些大型问题，涉及的约束条件可能是上万个以上，此时利用单纯法可能会造成计算量骤增、耗时长等问题。为此，人们提出了许多其他计算方法。比较有名且证明能解决实际问题的如 1984 年 Karmakar 提出的一个新算法以及受 Karmakar 方法启发而来的各种内点法。内点法名如其义，就是从满足线性约束区域的某点出发，利用各种不同方法（不同的研究者有不同的算法，如“中心线法”)，通过不断迭代，求得最优解。这些新的方法将线性规划问题转化成某一形式的非线性规划，从而可以利用一些非线性函数优化的方法如梯度法等进行迭代求解。

5.3.2 线性规划通用模型

由于线性规划的约束条件、目标函数均为线性，为方便求解，一般将该问题统一为如下模型：

$$
\begin{aligned}
&\min \quad J=f(X)=\sum_{i=1}^{r} c_i x_i \\
&\text{s.t.} \quad \sum_{i=1}^{r} a_{ji} x_i = b_{1j} \quad j=1,2,\cdots\cdots,m \\
&\qquad \sum_{i=1}^{r} a_{ji} x_i \leqslant b_{2j} \quad j=m+1,m+2,\cdots\cdots,p \\
&\qquad x_i \geqslant 0 \quad i=1,2,\cdots\cdots,r
\end{aligned} \tag{5-23}
$$

或写成向量形式：

$$
\begin{aligned}
&\min \quad f(X)=c^{\mathrm{T}} X \\
&\text{s.t.} \quad A_1 X = b_1 \\
&\qquad A_2 X \leqslant b_2 \\
&\qquad X \geqslant 0
\end{aligned} \tag{5-24}
$$

共有 r 个变量，r 个非负约束，p 个约束（m 个等式约束和 $p-m$ 个不等式约束)。对最大值问题可将 $f(X)$乘以−1，使之转化为最小值问题。

5.3.3 线性规划库函数求解

线性规划 SciPy 第三方库 optimize 模块下的统一调用接口为 linprog，在该接口中可以通过 method 参数指定求解线性规划问题的方法，这些方法有'highs-ds'、'highs-ipm'、 'highs'、'interior-point'、'revised simplex'、'simplex'，默认方法是内点法（interior-point)，其全参数调用格式如下：

```
    linprog(c,A_ub=None,b_ub=None,A_eq=None,b_eq=None,bounds=None,method=
'interior-point',callback=None,options=None,x0=None)
        linprog 调用线性规划问题对应的线性规划模型如下：
    minimize: c @ x
              A_ub@x<=b_ub
              A_eq@x==b_eq
              lb<=x<=ub
```

其中 lb 默认等于 0，ub 默认 None

该模型和前面提出的线性规划通用模型一致，结合全参数调用格式及其对应模型，各个参数的含义可以通过一一对应即可知道其具体含义，下面通过具体问题的求解来说明 linprog 的应用并加深对各参数含义的理解。

【例 5-6】 求下面线性规划模型的最优解

$$\begin{aligned}
\min\ & f=-7x_1-12x_2 \\
\text{s.t.}\ & 3x_1+10x_2+x_3=30 \\
& 4x_1+5x_2+x_4=20 \\
& 9x_1+4x_2+x_5=36 \\
& x_i\geqslant 0,\ i=1\sim 5
\end{aligned}$$

解：对照 linprog 函数的对应的线性规划模型可知以下调用参数：

```
c=[-7,-12,0,0,0]
A_eq=[[3,10,1,0,0],[4,5,0,1,0],[9,4,0,0,1]]
b_eq=[30,20,36]
```

由于只有等式约束，变量自身的约束符合默认约束，故该题调用格式为：

```
r=linprog(c,A_eq=A_eq,b_eq=b_eq,method='simplex')
```

运算结果如下：

```
con:array([0.00000000e+00,0.00000000e+00,7.10542736e-15])
fun:-42.8
message:'Optimization terminated successfully.'
nit:4
slack:array([],dtype=float64)
status:0
success:True
 x:array([2.,2.4,0.,0.,8.4])
```

由上述结果可知，通过 4 轮迭代计算，优化成功，此时 5 个变量的值分别为 2,2.4,0,0,8.4，目标函数的值为-42.8。con 表示等式约束的收敛情况，其值为“b_eq - A_eq @ x”，收敛时要求各元素为零；slack 表示为不等式约束的收敛情况，其值为“b_ub - A_ub @ x”，收敛时要求各元素大于等于零，若刚好等于零，表明该不等式约束为紧约束，否则为非紧约束；status 表示收敛情况的整数，0 表示按指定方法成功优化；1 表示达到迭代次数上限；2 表示原优化问题不可行；3 表示原优化问题无限；4 表示优化遇到数值困难。

【例 5-7】求解下面一般线性规划问题（09-linpro.py）

$$\begin{aligned}
\max\ & f=x_1-x_2 \\
\text{s.t.}\ & 2x_1-x_2\geqslant -2 \\
& x_1-3x_2\leqslant 2 \\
& x_1+x_2\leqslant 4 \\
& x_1\geqslant 0,\ x_2\text{ 无限制}
\end{aligned}$$

解：对照 linprog 要求的模型，将本题的线性规划模型进行化：

$$\begin{aligned}
\min\ & f_1=-f=-x_1+x_2 \\
\text{s.t.}\ & -2x_1+x_2\leqslant 2
\end{aligned}$$

```
x1-3x2≤2
x1+x2≤4
x1≥0,x2 无限制
```

根据改写的模型，得到各个调用参数如下：

```
c=[-1,1]
A_ub=[[-2,1],[1,-3],[1,1]]
b_ub=[2,2,4]
```

该优化问题只有不等式约束，但变量自身的约束不符合默认约束，故该题调用格式为：

```
r=linprog(c,A_ub=A_ub,b_ub=b_ub,bounds=( (0,None),(None,None)))
```

采用部分打印格式，代码如下：

```
print(f'x={r.x},J={r.fun:.5f}')
```

运算结果如下：

```
x=[3.5 0.5],J=-3.00000
```

由运算结果可知，当变量 x1、x2 的值分别为 3.5 和 0.5 时，原目标函数达到最大值为 3。线性规划问题利用库函数进行求解相对简单，一般情况下，建议设置 method 为 simplex。

5.3.4 灵敏度分析

【例 5-8】 已知线性规划问题如下：

```
max J=16(c1)x1+12x2+8x3
            s.t    4x1+2x2+4x3≤38
                   6x1+5x2+3x3≤30(b2)
                   9x1+4x2+2x3≤36
                   x1+5x2+2x3≤28
                   2x1+5x2+3x3≤48
                  x1≥0,x2≥0,x3≥2,
```

请分析：

① 当目标函数的系数 c1 从 12 变化到 21，每次增加 1 时，最优解变化情况；

② 资源约束 b2 从 30 变化到 39，每次增加 1 时，最优解变化情况。

解：根据题目所给的线性规划模型及要求，首先将目标函数求最大转化成求最小以符合 linprog 函数的调用，其次通过循环语句，将 c1 及 b2 的变化传递给 linprog 函数，并将每次优化的结果保存到列表，完成全部循环后再用 Matplotlib 进行绘制，对于问题①的具体核心代码如下：

```
J=np.zeros(10)                    #建立列表
x=np.zeros((10,3))
A_ub=[[4,2,4],[6,5,3],[9,4,2],[1,5,2],[2,5,3]]
b_ub=[38,30,36,28,48]
for i in range(10):
        c1=-12-i
        c=[c1,-12,-8]             #目标函数最小化后系数变成负数
        r=linprog(c,A_ub=A_ub,b_ub=b_ub,bounds=( (0,None),(0,None),
(2,None)),method='simplex')
    J[i]=r.fun
    x[i,:]=r.x
x_c1=np.linspace(12,21,10)           #共 10 个 c1
y_j=-0.1*J        #目标函数乘 0.1 以便和 x 的值比例相似，加负号是将最小值反转为最大值
plt.plot(x_c1,y_j,lw=2,color="b",label="0.1J",marker="o",markersize=12)
#绘制 c1 和 J 之间的函数曲线
plt.plot(x_c1,x[:,0],lw=2,color="r",label="x1",marker="*",markersize=12)
#绘制 c1 和 x1 之间的函数曲线
```

```
plt.plot(x_c1,x[:,1],lw=2,color="k",label="x2",marker="d",markersize=12)
#绘制 c1 和 x2 之间的函数曲线
plt.plot(x_c1,x[:,2],lw=2,color="purple",label="x3",marker="p",markersize=12)
#绘制 c1 和 x3 之间的函数曲线
```

运算结果如图 5-14。

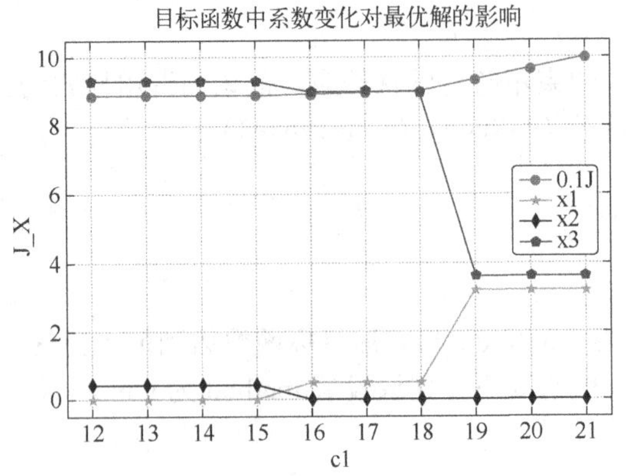

图 5-14　目标函数中系数变化对最优解的影响

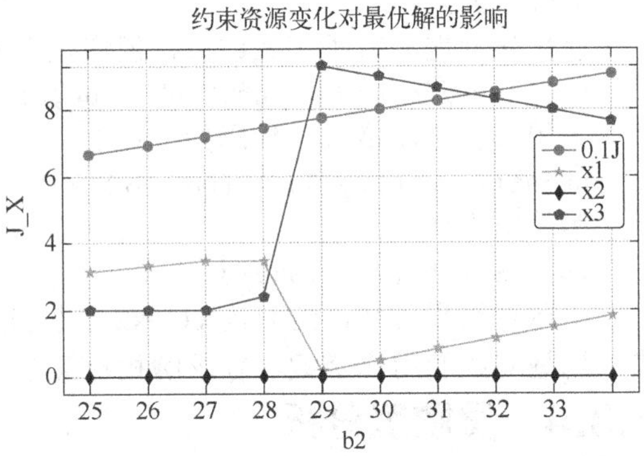

图 5-15　约束资源变化对最优解的影响

对于问题②的核心代码如下：

```
J=np.zeros(10)                           #设置初值建立列表
x=np.zeros((10,3))
c=[-16,-12,-8]
A_ub=[[4,2,4],[6,5,3],[9,4,2],[1,5,2],[2,5,3]]
for i in range(10):
        b_ub=[38,25+i,36,28,48]
        r=linprog(c,A_ub=A_ub,b_ub=b_ub,bounds=( (0,None),(0,None),(2,None)),
        method='simplex')
        J[i]=r.fun
        x[i,:]=r.x
```

运算结果见图 5-15。由图 5-14 及图 5-15 可知，当目标函数中的系数及约束方程中的资源发生改变的时候，最优解会发生变化，但这个变化并不针对所有变量，如当资源约束的 b2 增加时，变量 x2 在 b2 的整个变化范围内始终为零；也并不针对整个变化过程，如当资源约束的 b2 从 25 增加到 27，x3 的变量始终为 2。如果某个变量的目标函数系数 c_i 改变时最优目标函数的值没有变化，表明此时最优解对应的 $x_i=0$，见图 5-14 中 c_1 由 12 变化到 15，最优目标函数 J 始终没有改变，而此时的最优变量 x_1 也始终为零；如果某个资源约束 b_j 改变时，最优解的目标函数值也改变，表示这个资源约束是紧约束，反之是非紧约束。图 5-15 中，当 b_2 改变时，目标函数的优化值 J 也随之改变，所以第 2 个约束条件是紧约束。如果改变第一个资源约束，将其从 33 变化到 42 间隔 1 进行 10 次线性规划求解，得到图 5-16 所示的求解结果，由此图可知，资源约束 b1 增加时，最优的目标函数

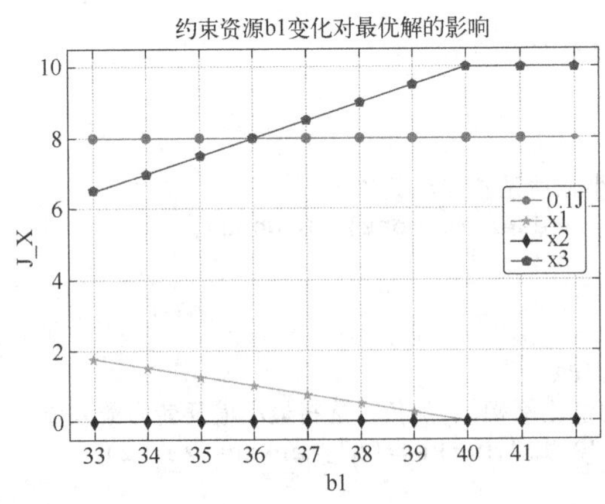

图 5-16　非紧约束资源改变对最优解的影响

J 并没有增加和减少，而是保持不变，说明此时第一种资源约束是非紧约束，资源在一定范围内改变不会影响最优解。利用此题的思路，还可以进行多个参数或资源同时改变时对最优解的影响，进而通过绘制 3D 图形进行参数灵敏度分析，这方面的工作请读者自行研究完成。

5.4 非线性规划求解

5.4.1 非线性规划求解基本方法

非线性规划问题指的是在优化模型中的目标函数和（或）约束条件至少一个为非线性的优化问题，非线性规划问题的一般形式为：

$$
\begin{aligned}
&\min \quad J=f(X,U) \\
&\text{s.t.} \quad g_i(X,U)=0 \qquad i=1,2,\cdots\cdots,m \\
&\qquad h_j(X,U)\geqslant 0 \qquad j=m+1,\cdots\cdots,p
\end{aligned} \tag{5-25}
$$

式（5-25）中的不等式约束可以引入松弛变量 σ，变成下述形式的等式约束：

$$h_j(X,U)-\sigma_j^2=0 \tag{5-26}$$

对于非线性规划问题目前常用以下几种方法。

（1）消元法（Elimination Method）

消元法主要针对带等式约束的非线性规划问题，利用等式约束，消去和等式约束数相等的变量，使非线性规划问题变成无约束多变量求解的一种优化方法。当然，对于同时具有等式约束和不等式约束的非线性规划问题，也可利用消元法，减少优化模型的变量数，使优化求解过程降维。

（2）拉格朗日乘子法（Lagrange Multiplier Method）

基本的拉格朗日乘子法其主要思想是引入一个新的参数 λ（即拉格朗日乘子），将约束条件函数与原函数联系到一起，构建一个无约束的新的函数，即拉格朗日函数 L，通过求解新函数的最优解，从而得到原函数极值的各个变量的解，普通的拉格朗日函数表达式如下：

$$L=f(X,U)+\sum_{i}^{m}\lambda_i g_i(X,U) \tag{5-27}$$

（3）罚函数法（Penalty Function Method）

罚函数法有许多不同的形式。但所有这类方法，本质上都是把一个带约束的优化问题转化成一系列无约束问题，然后求解。这类方法属于序列无约束最优化方法（Sequential Unconstrained Minimization Technique，SUMT)。罚函数法根据初始计算点的不同，可分为外部罚函数法和内部罚函数法。顾名思义，外部罚函数法从可行域的外部移动，不断接近可行域，对不符合约束条件点加以惩罚，并不断加大惩罚力度，使其向满足约束条件的区域靠拢。

（4）逐次线性规划（Successive Linear Programming）

如果将目标函数和约束条件在某一点线性化，非线性规划问题就能转化为线性规划问题，用线性规划的各种方法求解，这就是逐次线性规划(SLP)的基本原理。

非线性规划问题的求解方法除了上面介绍的方法外，还有广义简约梯度法（Generalized Reduced Gradient Alogrithm，简称 GRG 法）、变量轮换法、可行方向法等许多方法。目前求解非线性规划的软件从所需费用分可分为三类：第一类是免费软件，该类软件可从网络免费下载，通常带有源代码，可进行二次开发；第二类是共享软件，以极低的价格在网络上发布；第三类是功能齐全的商业软件。无论哪一种软件，对于应用者来说，关键的是软件的使用方便程度、稳定程度及求解的精确程度。但不管哪一类软件，均有失效的时候，这时就需要使用者动手调整有关参数，来获取解，如可以调整初值、调整精度（以牺牲计算速度来获取解）、调整目标函数中可能出现的零项等方法来获得优化过程的收敛。

5.4.2 非线性规划库函数优化求解

非线性规划问题比线性规划问题更复杂，也比无约束的非线性函数优化难度增加。尽管可以利用上面介绍的求解非线性规划问题的方法进行编程求解，不过作者建议能够利用库函数求解的非线性规划问题尽量利用库函数进行求解，将主要精力用于模型建立、库函数约束条件构建、解的表达及灵敏度分析。其实在前面介绍利用库函数求解无约束函数最优化中的有些库函数是可以用于求解非线性规划的。在 minimize 库函数调用中，有三种指定方法可以求解非线性规划问题，分别是 method='COBYLA'、method='SLSQP'和 method='trust-constr'，前两种方法有单独调用的接口，但接口函数和通用函数 minimize 调用时的命名不同，单独调用时分别取名为 fmin_cobyla 和 fmin_slsqp。method='trust-constr'没有单独调用接口，只能通过 minimize 接口指定 method='trust-constr'调用。下面介绍利用前两种方法求解非线性规划问题。

（1）COBYLA

COBYLA 是 Constrained Optimization BY Linear Approximation 的简称，该算法基于对目标函数和约束条件的线性近似处理的优化方法。

单独调用的格式为：

```
fmin_cobyla(func,x0,cons,args=(),consargs=None,rhobeg=1.0,rhoend=0.0001,
maxfun=1000,disp=None,catol=0.0002)
```

通用调用的格式为：

```
minimize(fun,x0,args=(),method='COBYLA',jac=None,hess=None,hessp=None,
constraints=(),tol=None,callback=None,options=None)
```

在上述两个调用中，参数 fun 及 func 表示求最小值的优化函数，一般通过自定义函数设置；参数 x0 是变量初值，可用元组或列表；参数 args 可选，是传递给函数的额外参数，默认为 None；参数 consargs 为元组，可选，是传递给约束函数的额外参数，默认为 None；参数 cons 及 constraints 为约束函数，一般通过自定义函数设置；参数 rhobeg 为浮点数，可选，表示变量的合理初始更改值；参数 rhoend 为浮点数，可选，表示优化的最终精度，但不一定精确保证；disp 为显示参数，可利用默认设置；参数 maxfun 为整型数，可选，函数值的最大计算次数，可默认；参数 catol 为浮点数，可选，违反约束的绝对容忍度，一般默认。有关更多其他参数及其具体应用可以通过 help(optimize.fmin_cobyla)查询。

【例 5-9】用 fmin_cobyla 函数求解下面非线性规划问题（11-NPL.py）：

$$\min J = x^2 - 2x - 4y$$

$$s.t\ \ 4x^2 + y^2 - xy \leqslant 4$$

$$x \geqslant 0 \quad y \geqslant 0$$

解：观察本题的优化模型，表面看似乎只有一个约束方程，但由于还有两个对变量非负的约束，所以实际是 3 个约束方程，将该题优化模型中的变量 x 转化为 fmin_cobyla 函数中的 x[0]，变量 y 转化为 fmin_cobyla 函数中的 x[1]，分别定义目标函数和约束条件如下：

```
def func(x):
    return x[0]**2-2*x[0]-4*x[1]
def cons(x):
    constr1=4-4*x[0]**2-x[1]**2+x[0]*x[1]          #将原约束化为大于等于零约束
    constr2=x[0]
    constr3=x[1]
```

调用格式及打印代码如下：

```
sol=optimize.fmin_cobyla(func,x0=[1,1],cons=cons,rhoend=1e-7)
print(f'x={sol[0]:.5f},y={sol[1]:.5f},minJ={func(sol):.5f}')
```

运行结果如下：

```
x=0.39532,y=2.04535,minJ=-8.81576
```

利用 12-NLP_draw.py 程序绘制本题等高线和约束条件的图形，见图 5-17，由图可见，尽管是不等式约束，但其最优解其实发生在约束的边界上。

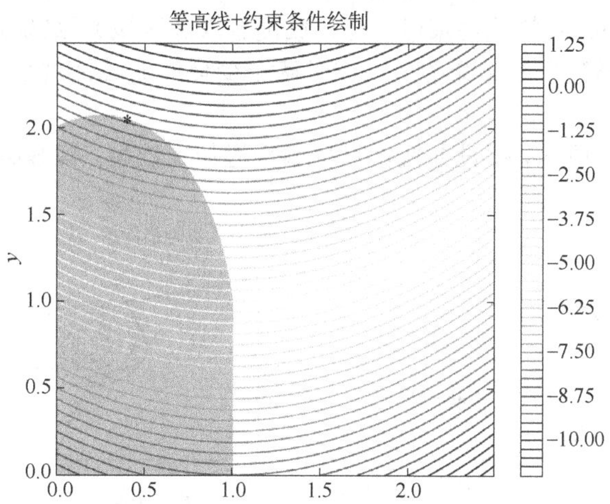

图 5-17 【例 5-9】优化求解示意图

针对非线性规划求解问题，作者曾在另一部专著中对非线性规划解的存在区域提出过如下假设。

假设 1：

非线性规划问题如果存在最优解，且目标函数是线性的，则不管约束条件如何，该问题的最优解必在约束条件的边界上，或两个和多个约束条件的交点上，或某一约束条件和目标函数线（面）的相切点上，不可能在约束条件内部区域产生最优解。涉及两个变量的非线性规划问题，该假设的图示见图 5-18。

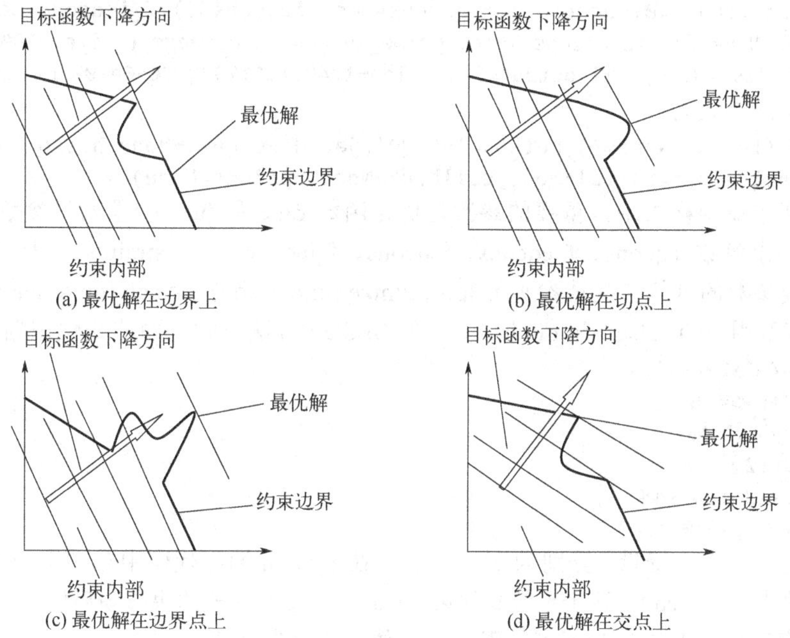

图 5-18 假设 1 的图示

假设 2：

非线性规划问题如果存在最优解，且目标函数是非线性的，则不管约束条件如何，可以先不考虑所有约束，求解无约束问题的最优解，如果所得的最优解符合约束条件，则此解就是最优解；如果所得的解不符合约束条件，则最优解不可能落在约束区域内部（假设只有不等式约束，无等式约束；有等式约束时，可行域没有内部区域），最优解必定是约束区域边界和无约束目标函数图形等高线相交的上，涉及两个变量的非线性规划问题。该假设的图示见图 5-19。

针对假设 2 的两种情况，假设非线性目标函数近似二次型，其等高线和边界关系图如下：

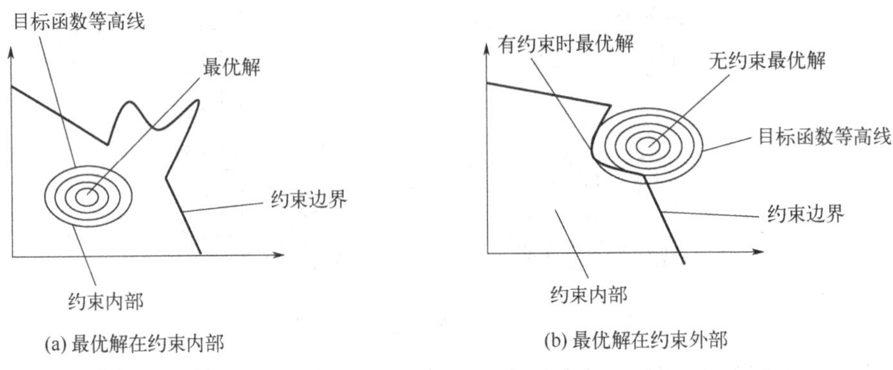

图 5-19　假设 2 的图示

根据作者提出的以上假设，也可以方便地求解许多非线性规划问题，请读者自己编程验证以上假设。

（2）SLSQP

SLSQP 是 Sequential Least Squares Programming 简称，中文名为序贯最小二乘编程法，可用于等式约束和非等式约束的非线性规划问题，单独调用的格式为：

```
fmin_slsqp(func,x0,eqcons=(),f_eqcons=None,ieqcons=(),f_ieqcons=None,bounds=
(),fprime=None,fprime_eqcons=None,fprime_ieqcons=None,args=(),iter=100,acc=1e-06,
iprint=1,disp=None,full_output=0,epsilon=1.4901161193847656e-08,callback=None)
```

通用调用的格式为：

```
minimize(fun,x0,args=(),method='SLSQP',jac=None,hess=None,hessp=None,bounds=
None,constraints=(),tol=None,callback=None,options=None)
```

在上述两个调用格式中，重要的参数是优化函数 func 和 fun，变量初值参数 x0；等式约束和不等式约束参数 eqcons、f_eqcons、ieqcons、f_ieqcons、constraints 以及变量边界参数 bounds，各类参数的具体含义请参见 help(optimize.fmin_slsqp) 及 help(optimize.minimize)。

【例 5-10】用 fmin_slsqp 和 minimize 中的 SLSQP 方法求解下面非线性规划问题：

$$
\begin{aligned}
\min \quad & J=4x^2+2xu+y^2+u^2 \\
\text{s.t.} \quad & x^2+y+u=36 \\
& 2y^2+u^2=48 \\
& 3x+2u \geqslant 18 \\
& 5x+3y+6u \leqslant 48 \\
& x \geqslant 0, y \geqslant 0, z \geqslant 0
\end{aligned}
$$

解：本例共有 3 个变量，分别为 x、y、u，而在 Python 编程代码中分别用 $x[0]$、$x[1]$、$x[2]$ 表示；两个等式约束（eq），两个不等式约束（ieq），注意不等式约束移项后均要表示成“≥0”的形式；还有三个对变量本身范围的限定。具体代码开发如下。

① 定义目标函数

目标函数通过 lambda 函数定义，两种调用格式可以通用，统一定义为 fun(x)，代码如下：

```
fun=lambda x:4*x[0]**2 +2*x[0]*x[2]+x[1]**2+x[2]**2
```

注意用 SLSQP 方法进行非线性规划时，尽量不要用 def 定义目标函数，而是用 lambda 函数定义目标函数。

② 指定约束条件

约束条件两种调用格式不一样，因为在 minimize 函数中没有区分等式约束和非等式约束的参数，统一用 constraints 参数，这时需要通过约束条件的元组字典中指明约束的类型，minimize 约束条件设置代码如下：

```
cons1=({'type':'eq','fun':lambda x: x[0]**2+ x[1]+x[2]-36},
       {'type':'eq','fun':lambda x:2*x[1]**2+ x[2]**2-48},
       {'type':'ineq','fun':lambda x:-18+3*x[0]+ 2 * x[2]},
       {'type':'ineq','fun':lambda x:48-5*x[0] -3* x[1]-6*x[2]})
```

用于 fmin_slsqp 调用的约束条件代码如下：

```
def cons(x):
     constr1=-18+3*x[0]+2*x[2]
     constr2=48-5*x[0]-3*x[1]-6*x[2]
     return[constr1,constr2]
def eq_cons(x):
     coneq1=x[0]**2+x[1]+x[2]-36
     coneq2=2*x[1]**2+x[2]**2-48
     return [coneq1,coneq2]
```

③ 变量边界设置

变量边界设置可以通用，具体代码如下：

```
bnds=((0,None),(0,None),(0,None))
```

④ minimize 调用及打印结果代码

```
res1=optimize.minimize(fun,x0=(5,4,0.7),method='SLSQP',bounds=bnds,
    constraints=cons1)
print(res1)
```

运行结果如下：

```
fun:153.90748578525623
    jac:array([45.56741714,  9.74345207, 12.48651695])
 message:'Optimization terminated successfully'
    nfev:283
     nit:57
    njev:57
  status:0
 success:True
        x:array([5.51348339, 4.87172601, 0.72977492])
```

⑤ fmin_slsqp 调用及打印结果代码

```
res2=optimize.fmin_slsqp(fun,x0=(2,2,2),f_eqcons=eq_cons,f_ieqcons=cons,
     bounds=bnds)
print(res2)
```

运行结果如下：

```
Optimization terminated successfully    (Exit mode 0)
            Current function value: 153.90748578525339
            Iterations: 5
            Function evaluations: 21
            Gradient evaluations: 5
[5.51348339 4.87172601 0.72977492]
```

由两种运行结果可知，两种调用格式均成功收敛，几乎得到了完全一致的计算结果（保留 5 位小数）x=5.51348，y=4.871726，u=0.72977，J=153.90749（详细代码参见程序 13-slsqp_fmin.py）。需要注意的是当变量增加时，如果初值设置的不合理，优化求解有可能收敛在不是全局最小值的位置上，或收敛失败。如本题设置初值为（1,0,0），则返回收敛失败的信息提示。更多的 SLSQP 方法求解非线性规划问题还可以参看程序 14-SLSQP.py。

本章重点知识

本章重点在于如何根据优化的数学模型，选择合理的数学方法进行自己编程或利用库函数进行优化求解。在利用库函数进行优化求解时，对线性规划问题相对简单，建议直接利用 linprog 函数求解；对非线性规划问题，需要注意约束条件是否含有等式约束，如果有等式约束，建议用 SLSQP 方法；如果只有不等式约束，则也可以用 COBYLA 方法。无论采用哪一种方法，都必须对求解的结果进行分析，务必保证结果是收敛的，因为非线性规划问题有时可能无法收敛，这时必须检查初值设置是否合理，代码输入是否有错，转用其他方法是否可以收敛等多种措施进行调试，只有结果收敛的优化才是真正的优化，务必切记。

习　题

1. 求解下面线性规问题

$$\begin{aligned} \max \quad & J=4x_1+3x_2 \\ \text{s.t} \quad & 2x_1+3x_2 \leqslant 12 \\ & 3x_1+6x_2 \geqslant 18 \\ & 7x_1-16x_2 \geqslant -10 \\ & x_1 \geqslant 0,\ x_2 \geqslant 0 \end{aligned}$$

2. 求解下面无约束优化问题:

$$\min\ J=2x_1^2+4x_2^2-x_1x_2+2x_1-x_2+6$$

3. 用不同方法计算下面非线性规划问题

$$\begin{aligned} \min \quad & J=(x-3)^2+4xy+(y-2z)^2+(z-6)^2+3yz \\ \text{s.t.} \quad & 2x^2+y+z=54 \\ & y^2+3z^2=48 \\ & 4x+3y+z \geqslant 18 \\ & 6x+2y+4z \leqslant 36 \\ & x \geqslant 0,\ 6 \geqslant y \geqslant 0,\ z \geqslant 0 \end{aligned}$$

4. 求解下面无约束优化问题:

$$\min\ f(x,y)=-20e^{-0.5\sqrt{\frac{2x^2+y^2}{2}}}-2e^{0.3(\cos\pi x+\cos 2\pi y)}+20$$

5. 求解下面线性规划问题:

$$\begin{aligned} \max\ & J=2x_1+3x_2-x_3 \\ \text{s.t.} \quad & x_1+2x_2+x_3=4 \\ & 2x_1+x_2 \leqslant 5 \\ & x_{1\text{-}3} \geqslant 0 \end{aligned}$$

第6章 模型参数拟合及辨识

【本章导读】

本章将介绍利用 Python 语言拟合确定数学模型的参数及辨识微分方程中的参数。学习本章知识，必须具备一定的数学知识，尤其是对于参数拟合和辨识的标准有一个清晰的了解。无论是参数拟合还是参数辨识，将得到的参数不管是代入数学模型还是进行微分方程求解，最后得到的数据和实际测量、实际统计的数据是有差异的。模型参数拟合及辨识的任务就是将这个差异最小化。差异的表达有多种方法，在本章研究中采用均方差作为差异的标准，所谓均方差就是所有实际数据与拟合数据之间的差异平方和。注意本书中直接将差异平方和作为均方差和其它书籍中将差异平方和除以数据个数后作为均方差其模型参数拟合及辨识的结果是一致的。利用均方差作为参数拟合和辨识的标准，一方面可以保证各个实际数据点和拟合数据点之间不会因为出现正、负差异而互相抵消，另一方面采用均方差作为标准也有利于数学上的处理。读者在学习本章知识的时候，重点在于如何应用 Python 语言拟合各种模型参数和辨识任意微分方程组参数，尽量利用已有库函数进行求解，如无法找到库函数或对库函数的应用把握不准以致无法求得理想的参数时，建议读者结合最基础的数学知识，自己进行编程求解。

6.1 参数拟合及辨识的标准

6.1.1 问题的提出

无论是人文学科还是自然学科都需要利用模型帮助人们更好地开展科学研究，如人文科学中的人口增长模型、经济发展模型；自然科学中的气候变化模型、液体饱和蒸气压随温度变化模型。无论是人文科学的模型还是自然科学的模型，除了确定模型的结构外，还需要确定模型中的各种参数。如液体的饱和蒸气压和温度关系的模型结构：

$$p = e^{\left(a+\frac{b}{T+c}\right)} \tag{6-1}$$

尽管式（6-1）确定了饱和蒸气压 p 和温度 T 的关系，但如果没有式（6-1）模型中的参数 a，b，c 的值，仍然无法研究饱和蒸气压 p 和温度 T 的关系，所以学会确定模型参数的方法是科学研究的基本要求。

对于动态问题的研究，诸如病毒扩散、经济增长、污染渗透等，可能是一组微分方程，如式（6-2）所示：

$$\begin{cases} \dfrac{dx}{dt} = k_1x^2 - k_2y^{1.5} + e^{-k_4t} \\ \dfrac{dy}{dt} = k_2y^2 - k_3z + e^{-k_5t} \\ \dfrac{dz}{dt} = k_3z^2 - k_1x + e^{-k_6t} \end{cases} \tag{6-2}$$

对于式（6-2），必须首先确定模型中的参数 k_1，k_2，k_3，k_4，k_5，k_6 然后通过对微分方程组的求解，进行动态问题的研究。

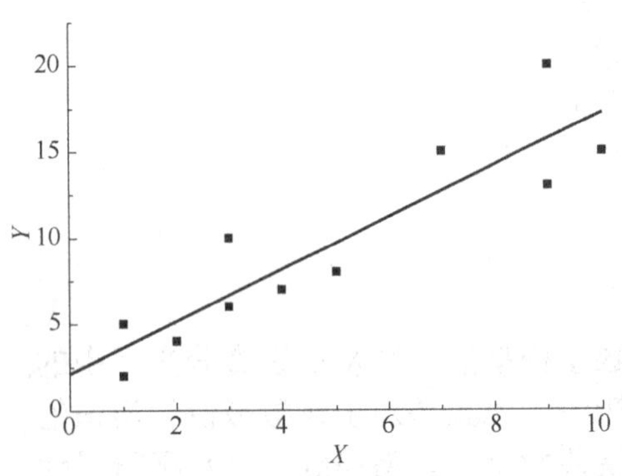

图 6-1　无法同时满足某特定函数的数据序列

模型参数的确定首先需要通过实验或调查收集一系列自变量和应变量的数据，然后利用已知的数据及确定的模型，选择一定的数学方法，利用计算机进行编程求解。由于真实问题并不一定与理论模型完全符合，见图 6-1，只能要求所做逼近函数 $\psi(x)$ 最优地靠近样点，即拟合向量 $Q=(\psi(x_1),\psi(x_2),\cdots,\psi(x_m))^{\mathrm{T}}$ 与真实向量 $Y=(y_1,\ y_2,\cdots,\ y_m)^{\mathrm{T}}$ 的误差或距离最小。按 Q 与 Y 之间误差最小原则作为最优标准构造的逼近函数，称为拟合函数。

6.1.2　标准的确定

前面我们已经提到按 Q 与 Y 之间误差最小原则作为最优标准构造的逼近函数，称为拟合函数，而向量 Q 与 Y 之间的误差或距离有各种不同的定义方法。一般有以下几种方法。

（1）用各点误差绝对值的和表示

$$R_1 = \sum_{i=1}^{m} \left| \psi(x_i) - y_i \right| \tag{6-3}$$

（2）用各点误差按绝对值的最大值表示

$$R_\infty = \max_{1 \leqslant i \leqslant m} \left| \psi(x_i) - y_i \right| \tag{6-4}$$

（3）用各点误差的平方和表示

$$R = R_2 = \sum_{i=1}^{m} (\psi(x_i) - y_i)^2 \quad 或 \quad R = \left\| Q(x) - Y \right\|_2^2 \tag{6-5}$$

其中 R 称为均方误差。由于计算均方误差的最小值的原则容易实现而被广泛采用。按均方误差达到极小构造拟合曲线的方法称为最小二乘法，同时还有许多种其它的方法构造拟合曲线，感兴趣的读者可参阅有关专著。

在实际问题中，如何由实验测得的数据设计和确定“最贴近”的拟合曲线？关键在于选择适当的拟合曲线类型或模型类型，有时根据专业知识和工作经验即可确定拟合曲线类型。在对拟合曲线一无所知的情况下，不妨先绘制数据的粗略图形，或许从中观测出拟合曲线的类型。更一般地，对数据进行多种曲线类型的拟合，并计算均方误差，用数学实验的方法找出在最小二乘法意义下的误差最小的拟合函数。当然也可以利用人工智能，通过机器学习的方法确定最佳的模型及拟合参数，这属于机器学习的范畴，将在其他章节讲述，本章主要介绍针对已知模型中的参数如何用 Python 语言通过编程确定模型参数的方法。

6.2 单变量拟合

6.2.1 基本方法

本章采用的拟合标准均采用均方误差最小作为优化目标函数，就是俗称的最小二乘法。针对单变量函数拟合，可分为线性拟合、二次拟合、任意次拟合、任意形式拟合等多种情况，下面分别介绍具体编程求解的方法及思路。

（1）线性拟合

给定一组数据（x_i,y_i），$i=1, 2, \cdots, m$，作拟合直线 $p(x)=a+bx$，均方误差为：

$$Q(a,b)=\sum_{i-1}^{m}(p(x_i)-y_i)^2=\sum_{i-1}^{m}(a+bx_i-y_i)^2 \quad (6\text{-}6)$$

由数学知识可知，$Q(a,b)$的极小值需满足：

$$\frac{\partial Q(a,b)}{\partial a}=2\sum_{i=1}^{m}(a+bx_i-y_i)=0$$

$$\frac{\partial Q(a,b)}{\partial b}=2\sum_{i=1}^{m}(a+bx_i-y_i)x_i=0$$

整理得到拟合曲线满足的方程：

$$\begin{cases} ma+\left(\sum_{i=1}^{m}x_i\right)b=\sum_{i=1}^{m}y_i \\ \left(\sum_{i=1}^{m}x_i\right)a+\left(\sum_{i=1}^{m}x_i^2\right)b=\sum_{i=1}^{m}x_iy_i \end{cases} \quad (6\text{-}7)$$

或

$$\begin{pmatrix} m & \sum_{i=1}^{m}x_i \\ \sum_{i=1}^{m}x_i & \sum_{i=1}^{m}x_i^2 \end{pmatrix}\begin{pmatrix} a \\ b \end{pmatrix}=\begin{pmatrix} \sum_{i=1}^{m}y_i \\ \sum_{i=1}^{m}x_iy_i \end{pmatrix}$$

称式（6-7）为拟合曲线的法方程，该法方程可以用 Python 的线性方程求解方法求出拟合系数 a 和 b。

【例 6-1】已知某函数 $p(x)$及其自变量的数据见表 6-1 所示，请用 $p(x)=a_0+a_1x$ 线性关系进行拟合，计算拟合参数 a_0 和 a_1 的值，并计算均方误差，绘制图形。

表 6-1　某函数自变量 x 和应变量 $p(x)$数据表

x	1	2	3	4	5	6	7	8
$p(x)$	3.12	4.92	7.15	8.92	11.24	12.76	15.08	17.28

解：根据题目提供的数据及拟合模型，利用 Numpy 库的数组运算功能及该库下的 linalg 模块可以方便地求出式（6-7）的所求系数。具体核心代码如下：

```
#给定实验数据
x=np.array([1,2,3,4,5,6,7,8])                                        #自变量
y=np.array([3.12,4.92,7.15,8.92,11.24,12.76,15.08,17.28])            #应变量
#计算法方程系数：
m=len(x)
a12=a21=sum(x)
```

```
a22=sum(x**2)
A=np.mat([[m,a12],[a21,a22]])
b11=sum(y)
b21=sum(x*y)
b=np.mat([[b11],[b21]])
coef=linalg.solve(A,b)                # 线性方程求解 Acoef=b
for i in range(len(coef)):            #print("一次拟合求解")
    print(f"a{i}={coef[i,0]:.5f}")    #.5 表示保留 5 位小数点的浮点数,注意 coef 是二维的
def func(x,a0,a1):                    #定义方程
        return  a0+a1*x
ydata=np.zeros(m)                     #计算拟合值
eer=0
for i in range(m):                    #计算均方差
    ydata[i]=func(x[i],*coef)         # *coef 代表多个参数,具体和原方程定义相对应
    eer=eer+(ydata[i]-y[i])**2
```

运行上述核心代码所在的程序 01-lin_fit.py，得到图 6-2 所示的拟合结果。

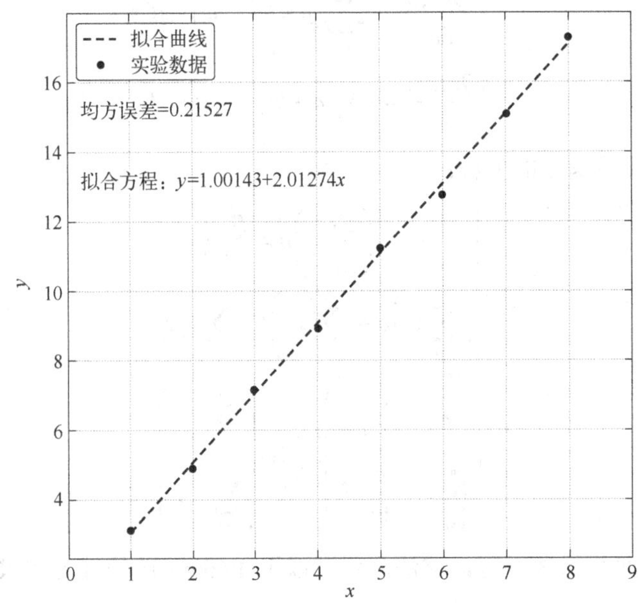

图 6-2　线性拟合结果示意图

需要注意的是利用 linalg.solve 函数求解拟合系数 coef 时，得到解的数据类型是矩阵，具体调用时需引起注意。对于一次拟合程序，上面程序中的有关输入数据 x 稍加修改，就可以对一些其它非一次性的曲线进行拟合，如 $y=a+bx^n$、$y=a+b\ln x$ 拟合，只需在数据 x 输入后增加一句 x=x**n 或 x=np.log(x)即可进行拟合，如果能够灵活地应用一次拟合的方法，能够解决不少单变量拟合问题。

（2）二次拟合函数

给定数据序列（x_i,y_i）,i=1, 2, …, m，用二次多项式函数拟合这组数据。

设 $p(x)=a_0+a_1x+a_2x^2$，作出拟合函数与数据序列的均方误差表达式：

$$Q(a_0,a_1,a_2)=\sum_{i=1}^{m}(p(x_i)-y_i)^2=\sum_{i=1}^{m}(a_0+a_1x_i+a_2x_i^2-y_i)^2 \tag{6-8}$$

由数学知识可知，$Q(a_0,a_1,a_2)$的极小值满足：

$$\begin{cases} \dfrac{\partial Q}{\partial a_0} = 2\sum_{i=1}^{m}(a_0 + a_1 x_i + a_2 x_i^2 - y_i) = 0 \\ \dfrac{\partial Q}{\partial a_1} = 2\sum_{i=1}^{m}(a_0 + a_1 x_i + a_2 x_i^2 - y_i)x_i = 0 \\ \dfrac{\partial Q}{\partial a_2} = 2\sum_{i=1}^{m}(a_0 + a_1 x_i + a_2 x_i^2 - y_i)x_i^2 = 0 \end{cases}$$

整理上式得二次多项式函数拟合的满足条件方程：

$$\begin{pmatrix} m & \sum_{i=1}^{m} x_i & \sum_{i=1}^{m} x_i^2 \\ \sum_{i=1}^{m} x_i & \sum_{i=1}^{m} x_i^2 & \sum_{i=1}^{m} x_i^3 \\ \sum_{i=1}^{m} x_i^2 & \sum_{i=1}^{m} x_i^3 & \sum_{i=1}^{m} x_i^4 \end{pmatrix} \begin{pmatrix} a_0 \\ a_1 \\ a_2 \end{pmatrix} = \begin{pmatrix} \sum_{i=1}^{m} y_i \\ \sum_{i=1}^{m} x_i y_i \\ \sum_{i=1}^{m} x_i^2 y_i \end{pmatrix} \tag{6-9}$$

解此方程得到在均方误差最小意义下的拟合函数 $p(x)$。方程式（6-9）称为二次多项式拟合的法方程，法方程的系数矩阵是对称的。当拟合多项式 $n>5$ 时，法方程的系数矩阵是病态的，在用通常的迭代方法求解这类线性方程时会发散，在计算中要采用一些特殊算法以保护解的准确性。

【例 6-2】请用二次多项式函数拟合下面这组数据，见表 6-2。

表 6-2　二次拟合数据

x	−4	−3	−2	−1	0	1	2	3	4
y	6.2	2.6	0.48	0.56	2.4	6.7	12.3	20.7	30.2

解：根据二次拟合的法方程（6-9），只要根据原始数据 x 和 y ，确定法方程（6-9）中的各个系数，利用 linalg.solve 函数就可以方便地求解出二次拟合方程中的系数，具体核心代码如下：

```
x=np.array([-4,-3,-2,-1,0,1,2,3,4])                    #自变量
y=np.array([6.2,2.6,0.48,0.56,2.4,6.7,12.3,20.7,30.2])  #应变量
m=len(x)                                                #计算法方程系数:
a12=a21=sum(x)
a13=a22=a31=sum(x**2)
a23=a32=sum(x**3)
a33=sum(x**4)
A=np.mat([[m,a12,a13],[a21,a22,a23],[a31,a32,a33]])
b11=sum(y)
b21=sum(x*y)
b31=sum(x**2*y)
b=np.mat([[b11],[b21],[b31]])                       #线性方程求解 Acoef=b
coef=linalg.solve(A,b)
cc=np.array(coef).reshape(3,)                       #将矩阵变成数组再变成一维
for i in range(len(coef)):                          #打印系数
      print(f"a{i}={cc[i]:.5f}")
def func(x,a0,a1,a2):                               #定义拟合方程
           return  a0+a1*x+a2*x*x
ydata=func(x,*cc)                                   #计算拟合值
eer=sum((y-func(x,*cc))**2)                         #计算均方差
```

运行上述核心代码所在的程序 02-second_fit.py，得到图 6-3 所示的拟合结果。注意在本次编程中将利用 linalg.solve 函数求解得到的系数进行了处理，通过 cc=np.array(coef).reshape(3,)语句，将系数的数据类型由原来的矩阵变成数组以便后续计算和调用。上面是二次拟合基本类型的求解方法，和一次拟合一样，二次拟合也可以有多种变型，例如 $p(x)=a_0+a_1x^3+a_2x^5$，套用上面的公式，我们可以得到关于求解此拟合函数的法方程（6-10）。值得注意的是在此法方程的构建过程中，我们进行了变量的代换，首先是拟合函数中变量的代换：$x^3\to x, x^5\to x^2$；其次是法方程的代换：将相应拟合函数中的代换代入方法方程中，同时应引起注意的是法方程中的 x 的 4 次幂是由两个原始两次幂相乘得到，x 的 3 次幂是由一个原始两次幂和一个原始一次幂相乘得到，在这里原始一次幂就是 x^3，原始二次幂就是 x^5，而法方程中的二次幂分为两种情况，在式（6-9）等式左边的法方程系数矩阵中，第 1 列第 3 行和第 3 行第 1 列以及式(6-9)等式右边第 3 行中的二次幂用原始二次幂代替即 x^5，而式(6-9)等式左边的法方程系数矩阵中第 2 行第 2 列中的二次幂是两个一次幂的乘积，即 x^6，更为清晰的理解可参见后面介绍的多变量函数拟合。

$$\begin{pmatrix} m & \sum_{i=1}^{m}x_i^3 & \sum_{i=1}^{m}x_i^5 \\ \sum_{i=1}^{m}x_i^3 & \sum_{i=1}^{m}x_i^6 & \sum_{i=1}^{m}x_i^8 \\ \sum_{i=1}^{m}x_i^5 & \sum_{i=1}^{m}x_i^8 & \sum_{i=1}^{m}x_i^{10} \end{pmatrix}\begin{pmatrix} a_0 \\ a_1 \\ a_2 \end{pmatrix}=\begin{pmatrix} \sum_{i=1}^{m}y_i \\ \sum_{i=1}^{m}x_i^3y_i \\ \sum_{i=1}^{m}x_i^5y_i \end{pmatrix} \tag{6-10}$$

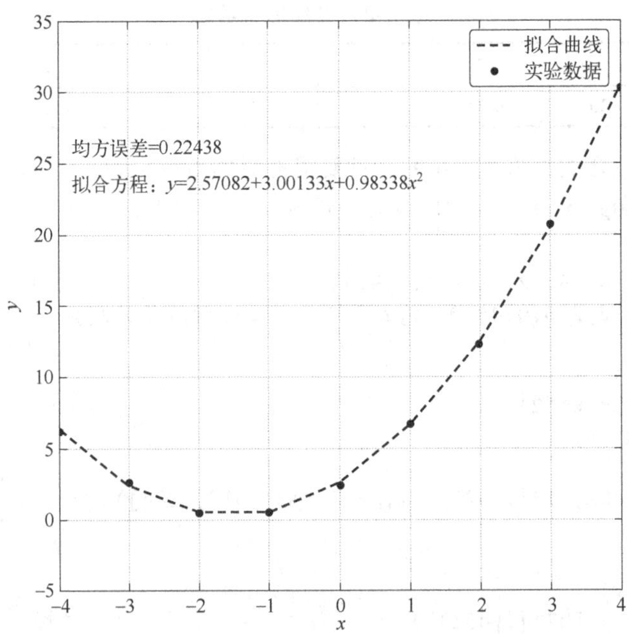

图 6-3　二次拟合计算结果图

（3）任意次多项式拟合

对于 n 次多项式曲线拟合，要计算均方误差 $\sum_{i=1}^{m}(a_0+a_1x_i+\cdots+a_nx_i^n-y_i)^2$ 达到最小值时的拟合方程系数 a_0、a_1、a_2、$\cdots a_n$ 相当于求解下面方程组（6-11）。通过方程组（6-11）的求解，

获取多项式任意次拟合方程的系数。关于方程组（6-11）也可以利用 Python 语言中的 Numpy 第三方库的 linalg.solve 求解，具体的代码请读者自己开发。对于单变量函数的任意形式拟合将在 6.2.3 灵活应用一节中加以讲解。

$$\begin{pmatrix} m & \sum_{i=1}^{m} x_i & \sum_{i=1}^{m} x_i^2 & \cdots & \sum_{i=1}^{m} x_i^n \\ \sum_{i=1}^{m} x_i & \sum_{i=1}^{m} x_i^2 & \sum_{i=1}^{m} x_i^3 & \cdots & \sum_{i=1}^{m} x_i^{n+1} \\ \vdots & \vdots & \vdots & \vdots & \vdots \\ \sum_{i=1}^{m} x_i^{n-1} & \sum_{i=1}^{m} x_i^n & \sum_{i=1}^{m} x_i^{n+1} & & \sum_{i=1}^{m} x_i^{2n-1} \\ \sum_{i=1}^{m} x_i^n & \sum_{i=1}^{m} x_i^{n+1} & \sum_{i=1}^{m} x_i^{n+2} & & \sum_{i=1}^{m} x_i^{2n} \end{pmatrix} \begin{pmatrix} a_0 \\ a_1 \\ a_2 \\ \vdots \\ \vdots \\ a_{n-1} \\ a_n \end{pmatrix} = \begin{pmatrix} \sum_{i=1}^{m} y_i \\ \sum_{i=1}^{m} x_i y_i \\ \sum_{i=1}^{m} x_i^2 y_i \\ \vdots \\ \vdots \\ \sum_{i=1}^{m} x_i^{n-1} y_i \\ \sum_{i=1}^{m} x_i^n y_i \end{pmatrix} \tag{6-11}$$

6.2.2 库函数拟合

对于参数拟合，Python 语言中的 SciPy 和 NumPy 第三方库提供了多种函数和方法，有些已将具体的过程进行封装，无需定义均方误差如 SciPy 库的 optimize 模块中的 curve_fit 函数、NumPy 库中的 polyfit、polynomial.Polynomial.fit 等函数可直接进行参数拟合。尤其是 polyfit、polynomial.Polynomial.fit 函数，直接用于多项式拟合，无需再定义方程，polyfit 的一般调用格式如下：

```
coef=polyfit(x,y,deg,rcond=None,full=False,w=None,cov=False)
```

其中 x 为自变量数据，y 为应变量数据，deg 为拟合次数，其他参数可以选用默认。需要注意的是利用该函数得到的拟合系数是从最高次幂开始，最后一个系数是 0 次幂的，相当于截距。如前面例 6-2，利用 polyfit 函数进行拟合，代码十分简单，全部代码具体如下：

```
import numpy as np
#给定实验数据
x=np.array([-4,-3,-2,-1,0,1,2,3,4])                    #自变量
y=np.array([6.2,2.6,0.48,0.56,2.4,6.7,12.3,20.7,30.2])  #应变量
coef=np.polyfit(x,y,deg=2)
print("coef=",coef)
```

运行上述代码，得到以下结果：

```
coef=[0.98337662 3.00133333 2.57082251]
```

由运行结果可知，利用 polyfit 函数可以进行任意次幂的多项式拟合，除函数调用外，无需定义任何其他函数，但需要注意得到的系数是从最高次幂开始，依次到 0 次幂，上述代码中如将 deg 设置为 3，则得到以下结果：

```
coef=[3.19865320e-04 9.83376623e-01 2.99755892e+00 2.57082251e+00]
```

注意对于只有 n 组数据的多项式拟合，拟合次数最多取 n-1 次，此时理论上拟合曲线和 n 组数据完全吻合，均方误差为零。

多项式拟合还可以用 polynomial.Polynomial.fit 函数进行拟合，该函数的调用格式为：

np.polynomial.Polynomial.fit(x, y, deg, domain=None, rcond=None, full=False, w=None, window=None)，针对例 6-2 中的参数拟合，具体调用格式为：

```
coef2=np.polynomial.Polynomial.fit(x,y,deg=2,window=[min(x),max(x)])
```

注意 polynomial.Polynomial.fit 函数返回的是多项式，本例返回多项式 2.570822510822517 + 3.001333333333333 x**1 + 0.9833766233766226 x**2。需要提醒读者注意的是对 window 的设置，如果不进行设置，返回的多项式是经过数据缩放的多项式，内部指定 window=[-1,1]，所以该函数用于多项式拟合一定要通过 window 的设置，使拟合的范围和实际数据一致。如果需要计算拟合参数的值则可用通过调用 coef2(x)可以得到拟合函数的计算值，具体参见程序 03-np-polyfit.py。

如果根据均方误差的定义，利用优化函数中的最小二乘法 leastsq，就可以通过自定义函数求解任意形式的拟合方程参数，也可以直接利用 curve_fit 函数进行任意方程形式的参数拟合。

6.2.3 灵活应用

对于任意形式的单变量函数拟合，尽管可以根据均方差最小的原理推导出拟合系数的计算公式，再根据计算公式编写拟合系数求解的代码，但作者并不建议利用此方法求解单变量函数任意拟合形式的系数。Python 语言的 SciPy 第三方库的 optimize 模块提供的 leastsq 和 curve_fit 函数可直接用于单变量函数任意形式模型的拟合参数求解，下面通过具体案例来说明这两个函数的具体应用。

【例 6-3】已知某物质的饱和蒸汽压和温度有关，并已测得表 6-3 所示的一组数据。

表 6-3 某物质温度与饱和蒸汽压数据

序号	1	2	3	4	5	6	7
温度 T/K	283	293	303	313	323	333	343
压力 P/mmHg	35	120	210	380	520	680	790

现拟用 $\ln P = a + \dfrac{b}{T+c}$ 来拟合实验数据，试用计算机求取 a、b、c。

解：该拟合函数无法直接调用多项式拟合函数进行拟合，但可以根据最小二乘法原理通过自定义拟合函数及自定义均方差函数，利用 leastsq 函数进行求解，具体步骤如下：

（1）调入计算及绘图模块

```
from scipy import optimize as op
import numpy as np
import matplotlib  as mpl
import matplotlib.pyplot as plt
```

（2）输入数据

```
xdata=np.array([283,293,303,313,323,333,343])
y_real=np.array([35,120,210,380,520,680,790])
```

（3）定义模型函数

```
def func(x,a,b,c):
  return  np.exp(a+b/(x+c))
```

（4）定义均方误差函数

```
def J(alfai):
  return y_real-func(xdata,*alfai)
```

（5）调用 leastsq 函数进行求解系数

```
alf0=[5,-1,-10]
alf_opt,alf_cov=op.leastsq(J,alf0,maxfev=10000)
print('alf=',alf_opt)
```

（6）绘制图形

```
plt.scatter(xdata,y_real,color="red",label='实验数据')#绘制数据点
```

```
ydata=func(xdata,*alf_opt)
plt.plot(xdata,ydata, label='拟合曲线',color="green",linewidth=2.0,linestyle="--")
```

运行上述代码所在的程序 04-tem_pre_fit.py 程序，得到以下结果：

```
alf=[8.09660376 -120.7296763 -257.44178889]
```

具体见图 6-4。

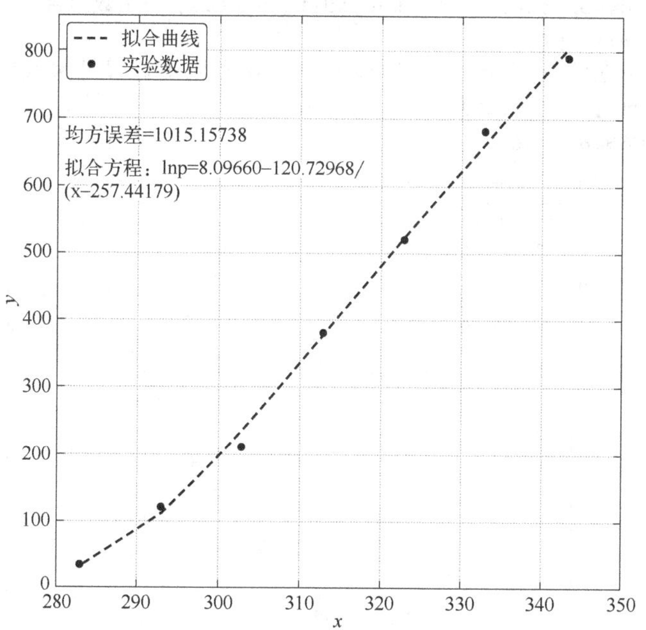

图 6-4　温度和饱和蒸汽压拟合曲线

在本题的求解中，需要用户自定义拟合模型、均方差计算模型，将需要拟合的参数带入这些模型中，leastsq 函数调用时还有更多的参数可以设置，本次调用时只设置了目标函数、初值及函数的最大调用次数，尤其需要注意的是初值的设置十分重要，如果初值设置不合理，有可能算法无法收敛。leastsq 函数的全参数调用格式为：

```
leastsq(func,x0,args=(),Dfun=None,full_output=0,col_deriv=0,ftol=1.49012e-08,
    xtol=1.49012e-08,gtol=0.0,maxfev=0,epsfcn=None,factor=100,diag=None)
```

具体各参数的含义可以通过 help 文档查询，不再详细介绍。

【例 6-4】用 $y=ae^{bx}$ 的经验函数公式，拟合表 6-4 所列数据。

表 6-4　某指数函数关系数据

x	1	2	3	4	5	6	7	8
y	15.3	20.5	27.4	36.6	49.1	65.6	87.8	117.6

解：本题采用 optimize 模块中的 curve_fit 函数来拟合参数，利用 curve_fit 函数来拟合的好处是无需构建均方差函数，只需要用户定义拟合函数即可，curve_fit 函数的全参数调用格式为：

```
curve_fit(f,xdata,ydata,p0=None,sigma=None,absolute_sigma=False,check_finite=
    True,bounds=(-inf,inf),method=None,jac=None,**kwargs)
```

主要参数 f 为自定义的拟合函数，xdata 为自变量；ydata 为应变量； p0 为拟合系数初始值，如果没有设置，则初始值将全部为 1；bounds 为拟合系数的范围，建议采用默认设置。

针对本题的核心代码如下：

```
xdata=np.array([1,2,3,4,5,6,7,8])
y_real=np.array([15.3,20.5,27.4,36.6,49.1,65.6,87.8,117.6])
def func(x,a,b):                                        #拟合函数
    return  a*np.exp(b*x)
alf_opt,alf_cov=op.curve_fit(func,xdata,y_real) #函数拟合
print('alf=',alf_opt)
```

运行上述代码所在的程序 05-exp_fit.py 程序，得到以下计算结果及图 6-5：

```
alf=[11.42409161  0.29140736]
eer=0.011916065065074817
```

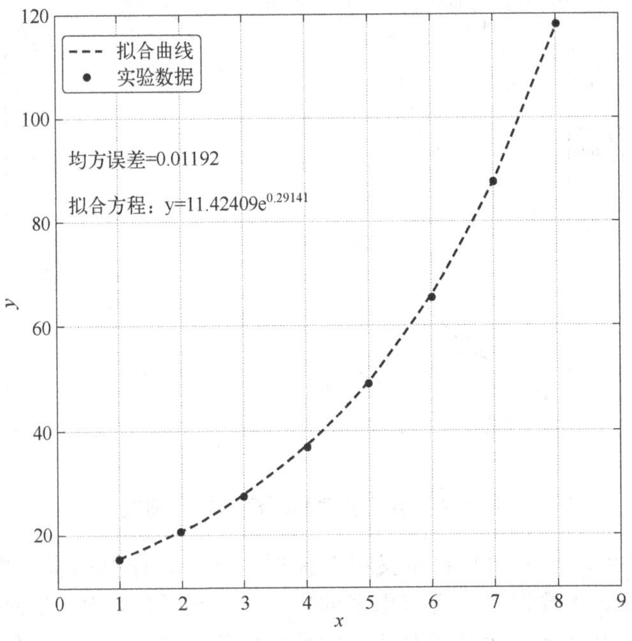

图 6-5　指数函数拟合结果

由上述两例可知，无论是利用 leastsq 函数还是 curve_fit 函数，通过一定的设置，均可以进行任何形式的单变量函数拟合参数求解，两个函数最终调用的都是最小二乘法，需要注意初值的设置问题。

6.3　多变量拟合

前面介绍的曲线拟合方法只涉及单变量函数的曲线拟合，但实际过程的模型参数拟合时，通常会碰到多变量的参数拟合问题。如工程传热实验中努塞尔准数和雷诺数及普兰德准数之间的拟合问题：

$$Nu = c_1 Re^{c_2} Pr^{c_3} \tag{6-12}$$

根据若干组实验测得的数据，如何求出方程（6-12）中参数 c_1、c_2、c_3，这是一个有两个变量的参数拟合问题。

在国民经济研究中，某地的 GDP 总量 y 与人口数量 x_1、大学生比例 x_2、生产效率 x_3、资源禀赋 x_4、土地面积 x_5、利用外资情况 x_6、国家重点项目投资 x_7、气候因素 x_8 等诸多变量有关，得到以下拟合公式：

$$y= a_0+a_1x_1+a_2x_2+a_3x_3+a_4x_4+a_5x_5+a_6x_6+a_7x_7+a_8x_8 \tag{6-13}$$

6.3.1 基本方法

多变量函数的拟合，采用和单变量函数拟合完全一致的思路，也就是将拟合结果和实际测量结果的数据求差后的平方和为最小作为拟合标准，如对于 $p(x_i)=a_0+a_1x_1+a_2x_2$ 的拟合，实验测得或调查得到一系列数据序列（x_{1i}，x_{2i}，y_i），i=1,2…,m，作出拟合函数与数据序列的均方误差为：

$$Q(a_0,a_1,a_2)=\sum_{i=1}^{m}(p(x_i)-y_i)^2=\sum_{i=1}^{m}(a_0+a_1x_{1i}+a_2x_{2i}-y_i)^2 \tag{6-14}$$

由多元函数的极值原理，$Q(a_0,a_1,a_2)$的极小值满足：

$$\begin{cases}\dfrac{\partial Q}{\partial a_0}=2\sum_{i=1}^{m}(a_0+a_1x_{1i}+a_2x_{2i}-y_i)=0\\ \dfrac{\partial Q}{\partial a_1}=2\sum_{i=1}^{m}(a_0+a_1x_{1i}+a_2x_{2i}-y_i)x_{1i}=0\\ \dfrac{\partial Q}{\partial a_2}=2\sum_{i=1}^{m}(a_0+a_1x_{1i}+a_2x_{2i}-y_i)x_{2i}=0\end{cases}$$

整理得多变量一次多项式函数拟合的法方程：

$$\begin{pmatrix} m & \sum_{i=1}^{m}x_{1i} & \sum_{i=1}^{m}x_{2i}\\ \sum_{i=1}^{m}x_{1i} & \sum_{i=1}^{m}x_{1i}^2 & \sum_{i=1}^{m}x_{1i}x_{2i}\\ \sum_{i=1}^{m}x_{2i} & \sum_{i=1}^{m}x_{1i}x_{2i} & \sum_{i=1}^{m}x_{2i}^2\end{pmatrix}\begin{pmatrix}a_0\\a_1\\a_2\end{pmatrix}=\begin{pmatrix}\sum_{i=1}^{m}y_i\\ \sum_{i=1}^{m}x_{1i}y_i\\ \sum_{i=1}^{m}x_{2i}y_i\end{pmatrix} \tag{6-15}$$

通过求解方程（6-15）就可以得到多变量函数线性拟合时的参数，但在具体求解时，作者建议直接调用库函数进行求解，将编程的重点放在模型方程的构建及拟合结果的展示方面，并注意初值的设置问题。

6.3.2 库函数拟合

对于多变量函数的库函数拟合，通过具体案例的求解来说明多变量函数的库函数的拟合方法。

【例 6-5】已知某催化反应 2A→B，反应物 A 的转化率 β(%)在实验数据范围内和反应温度 T(K)及催化剂用量 W(%)具有以下关系，$\beta=a_0+a_1\mathrm{T}^{0.6}+a_2\mathrm{W}^{1.3}$，已测得的 8 组实验数据如表 6-5。

表 6-5 转化率数据

T(K)	280	320	350	280	320	350	280	320
W(%)	5	5	5	10	10	10	15	15
β(%)	43.67	45.63	47.04	61.45	63.41	64.82	82.2	84.2

试利用以上已知条件，计算拟合转化率计算公式中的 3 个参数，并计算绝对平均百分误差。

解：分析该题的拟合公式，共有 2 个应变量，1 个自变量，可以直接调用 curve_fit 函数，只要定义好拟合模型函数即可，具体核心代码如下：

```
def func(x,a0,a1,a2):
```

```
        return a0+a1*x[0]**0.6+a2*x[1]**1.3
x=np.array([[280,320,350,280,320,350,280,320],[5,5,5,10,10,10,15,15]])
y_real=np.array([43.67,45.63,47.04,61.45,63.41,64.82,82.2,84.2])
fit_cc,fit_cv=op.curve_fit(func,x,y_real)        #拟合曲线 curve_fit 方法
print(f'a_0={fit_cc[0]:.5f},a_1={fit_cc[1]:.5f},a_2={fit_cc[2]:.5f}')
ydata=z=func(x,*fit_cc)
#计算绝对百分误差平均值
abseer=np.mean(abs(y_real-ydata)/ydata)*100
print("abseer=",f'{abseer:.5f}',"%")
```

运行上述代码所在的程序 06-react_fit.py 程序，得到以下计算结果及图 6-6：

```
a_0=7.91757,a_1=0.80249,a_2=1.50027
abseer=0.01029%
```

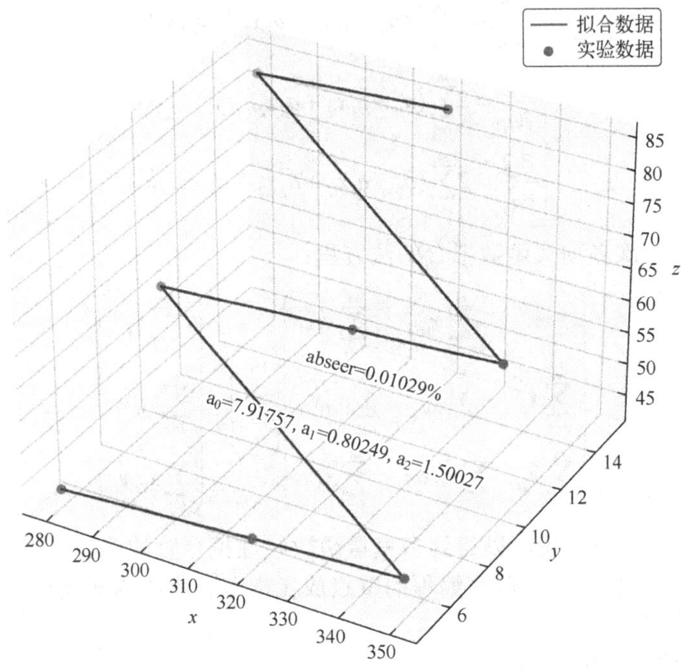

图 6-6　反应转化率双变量拟合图

由拟合结果可知，绝对平均百分误差仅为 0.01029%，表明拟合效果非常好，这点从拟合结果图 6-6 也可以发现，拟合后的计算曲线几乎和实验数据点重合。

【例 6-6】根据某传热实验测得如下数据，请用方程 $Nu = c_1 Re^{c_2} Pr^{c_3}$ 的形式拟合实验曲线。

表 6-6　传热实验部分数据

Nu	10.059	10.624	11.127	11.582	11.999	12.384	12.743
Re	2000	2000	2000	2000	2000	2000	2000
Pr	1	1.2	1.4	1.6	1.8	2	2.2

解：根据拟合方程的要求，此题是双变量拟合问题，其中两个拟合参数在指数上，可采用 optimize 模块下的 curve_fit 函数进行拟合，注意表 6-6 中只显示了部分数据，实际共有 99 组数据，先自定义拟合方程：

```
def func(x,c1,c2,c3):
    return c1*x[0]**c2*x[1]**c3
```

在这个自定义函数中，x[0]相当于 Re，x[1]相当于 Pr，函数返回值相当于拟合得到的 Nu，具体参数拟合的核心代码如下：

```
fit_cc,fit_cv=op.curve_fit(func,x,y_real,p0=(0.2,0.2,0.2))#拟合曲线 curve_fit 方法
print(f'c_1={fit_cc[0]:.5f},c_2={fit_cc[1]:.5f}, c_3={fit_cc[2]:.5f}')
ydata=z=func(x,*fit_cc)
abseer=np.mean(abs(y_real-ydata)/ydata)*100#计算绝对百分误差平均值
print("abseer=",f'{abseer:.5f}',"%")
```

运行上述代码所在的程序 07-Nu_Re_Pr-fit.py 程序，得到以下计算结果及图 6-7：

```
c_1=0.02359,c_2=0.79722,c_3=0.29995
abseer=0.17784%
```

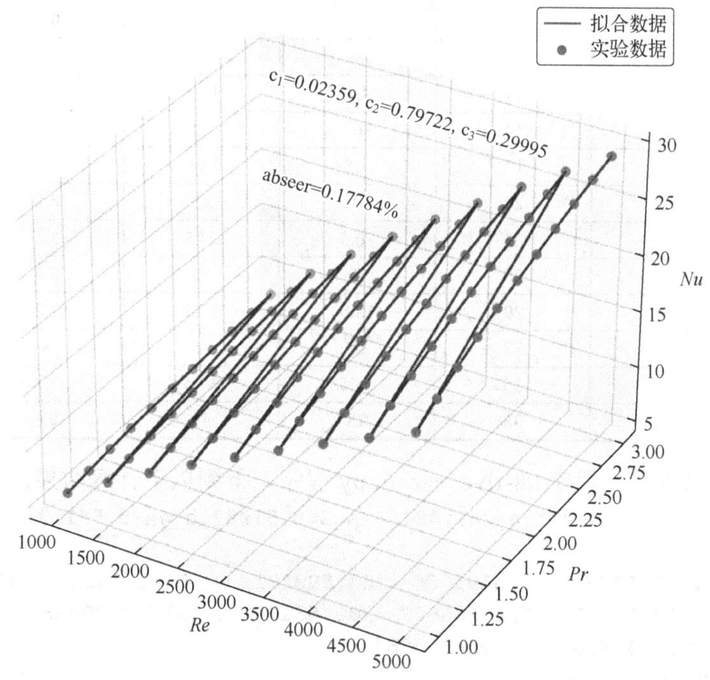

图 6-7　传热实验数据拟合图

由计算结果及数据拟合图 6-7 可知，利用 curve_fit 函数可以很好地拟合传热实验数据，拟合初值 p0 也可以采用默认值，也可以得到相仿的计算结果。

6.3.3 灵活应用

已知 $y=a_0+a_1x_1^{0.5}+a_2x_2^{1.2}+a_3x_3^{1.5}+a_4x_4+a_5x_5^2$，经过多年数据统计，得到 8 组有关上述函数关系的数据见表 6-7，试利用表 6-7 的统计数据，拟合计算系数 a_0～a_5 的值。这是一个关于 5 个变量拟合的问题，既可以采用 leastsq 函数，也可以采用 curve_fit 函数进行拟合。利用 curve_fit 函数进行拟合可以减少均方误差函数的定义，所以本问题拟合采用 curve_fit 函数进行拟合，具体核心代码如下：

```
y_real=np.array([34.13,47.67,64.89,85.56,109.56,136.78,167.17,200.68,237.27,
276.92,319.58,365.25])                          #统计数据
x=np.array([x0,x1,x2,x3,x4])                    #构建自变量数组
def func(x,a0,a1,a2,a3,a4,a5):                  #自定义拟合函数
    return a0+a1*x[0]**0.5+a2*x[1]**1.2+a3*x[2]**1.5+a4*x[3]+a5*x[4]**2
fit_cc,fit_cv=op.curve_fit(func,x,y_real,p0=[2,1.5,0.6,0.9,1.2,2])
                                                #拟合曲线 curve_fit 方法
```

```
print(f'a_0={fit_cc[0]:.5f},a_1={fit_cc[1]:.5f},a_2={fit_cc[2]:.5f},
      a_3={fit_cc[3]:.5f},a_4={fit_cc[4]:.5f},a_5={fit_cc[5]:.5f}')
                                                   #打印拟合系数
ydata=func(x,*fit_cc)
print('ydata=:\n',ydata)                           #打印拟合结果
#计算绝对百分误差平均值
abseer=np.mean(abs(y_real-ydata)/ydata)*100
print("abseer=",f'{abseer:.5f}',"%")               #打印绝对百分误差平均值
```

表 6-7　5 个变量拟合统计数据

序号	x1	x2	x3	x4	x5	y
1	45	5	1.5	12.5	0.8	34.13
2	50	8	3	15	1.6	47.67
3	55	11	4.5	17.5	2.4	64.89
4	60	14	6	20	3.2	85.56
5	65	17	7.5	22.5	4	109.56
6	70	20	9	25	4.8	136.78
7	75	23	10.5	27.5	5.6	167.17
8	80	26	12	30	6.4	200.68
9	85	29	13.5	32.5	7.2	237.27
10	90	32	15	35	8	276.92
11	95	35	16.5	37.5	8.8	319.58
12	100	38	18	40	9.6	365.25

运行上述代码所在的程序 08-five_var_fit.py 程序，得到以下计算结果：

```
a_0=0.98284,a_1=4.08991,a_2=1.48164,a_3=0.51087,a_4=-0.54113,a_5=2.05575
ydata=:
        [ 34.13018567   47.6691504   64.8902217   85.56342267  109.55589776
         136.77947172  167.1706667  200.68123516  237.27304583  276.91506115
         319.58142868  365.25021256]
abseer=0.00128%
```

由拟合结果可知，利用拟合公式计算得到的结果数据 ydata 和统计得到的实际数据 y_real 非常接近，绝对百分误差平均值只有 0.00128%，表明拟合结果非常接近实际值。需要注意的是当统计数据有所改变时，拟合参数有时会有较大的改变但拟合效果几乎不变；另外如果给定拟合参数的初值 p0，拟合参数也会有所改变，但整体拟合效果也是基本不变。具体原因可能是由于有太多的参数引入，不同的参数组合可以达到基本相同的拟合结果引起的，这一点在多参数拟合时需要引起注意。建议在多参数拟合时，通过不同模型的拟合并结合专业知识，在模型构建中尽量删除不必要的变量。

6.4 过程参数辨识

6.4.1 问题提出

微分方程模型中的参数的确定比前面介绍的参数拟合要复杂得多，它不能直接应用前面介绍的方法来确定微分方程模型中的参数。微分方程（组）模型中参数的确定一般称作模型参数辨识，因为它需要根据假设的模型参数求解微分方程，然后根据微分方程的求解结果跟真实测量值进行比较，根据比较得到的差异不断调整假设的参数，直到根据假设的微分方程

参数计算得到的微分方程解和真实测量得到的解一致为止，这个过程就是参数辨识的过程。

6.4.2 求解策略

微分方程中参数的求解一般可以采用以下策略：

（1）输入各种已知数据

已知数据主要有自变量 x 的具体数据 tspan，应变量 y（可以是数组）的数据 y_real，并从已知的 y_real 中抽取出初值 y0 用于微分方程的求解，一般的代码如下：

```
y0=y0
tspan=x
y_real=y_real。
```

（2）自定义带参数的微分方程（组），通用的代码如下：

```
def  dy(y,x,k1,k2,…,kn):
     dy1=f1(y,x,k1,k2,…,kn)
     dy2=f2(y,x,k1,k2,…,kn)
      …
     dym=fm(y,x,k1,k2,…,kn)
     return[dy1,dy2,…,dyn]
```

上述自定义方程中，k_1，k_2，…，k_n 就是需要辨识的参数，将它们先带入微分方程，以便参数变动时调用微分方程求解。

（3）定义参数辨识过程中的目标函数，参数辨识过程中，要求利用辨识得到的参数代入微分方程（组），求解微分方程得到的应变量数据 y_data 和实际测量得到的数据 y_real 之差的平方为最小，注意数据 y_data 和 y_real 数组，需要利用 sum 函数求解各个元素之和，一般的代码如下。

```
def J(k1,k2,k3):                      #3 个参数为例
   JJ=sum(sum((odeint(dy,y0,tspan,args=(k1,k2,k3))-y_real)**2))
   return JJ
```

（4）利用各种函数优化求解方法，确定微分方程的参数

优化求解既可以利用库函数进行优化求解，也可以自编优化程序求解，求出使目标函数最小的微分方程参数。

6.4.3 编程求解

下面通过具体例子的应用，来介绍参数辨识的具体求解过程。

【例 6-7】某容器中发生液相串联反应：

$$A \underset{k_2}{\overset{k_1}{\rightleftarrows}} B \xrightarrow{k_3} 2C \tag{6-16}$$

$$\begin{aligned}\frac{\mathrm{d}C_A}{\mathrm{d}t} &= -k_1 C_A + k_2 C_B \\ \frac{\mathrm{d}C_B}{\mathrm{d}t} &= k_1 C_A - k_2 C_B - k_3 C_B \\ \frac{\mathrm{d}C_C}{\mathrm{d}t} &= 2k_3 C_B\end{aligned} \tag{6-17}$$

3 个反应均为一级反应，反应式见式(6-16)，微分方程组见式(6-17)，初始浓度 C_{A0}=10mol/L，不含物质 B 和 C，已测得反应时间从零时刻到 5min 时每间隔 0.5min，容器中 A、B、C 的浓度变化，见表 6-8。试确定反应速率常数 k_1，k_2，k_3。

表 6-8　反应时间和浓度数据

t	C_A	C_B	C_C
0.0000	10.0000	0.0000	0.0000

续表

t	C_A	C_B	C_C
0.5000	8.6231	1.2759	0.2020
1.0000	7.4627	2.1736	0.7273
1.5000	6.4811	2.7808	1.4761
2.0000	5.6475	3.1666	2.3719
2.5000	4.9366	3.3850	3.3569
3.0000	4.3282	3.4780	4.3876
3.5000	3.8057	3.4783	5.4320
4.0000	3.3552	3.4118	6.4661
4.5000	2.9652	3.2984	7.4728
5.0000	2.6261	3.1537	8.4403

解：本题涉及 3 个常微分方程组成的微分方程组，初值已知，共有 11 个时间点上的 3 个应变量物质的浓度数据也已知，结合前面求解策略，具体的核心代码如下：

```
#输入应变量数据
C1=np.array([10,8.6231,7.4627,6.4811,5.6475,4.9366,4.3282,3.8057,3.3552,
2.9652,2.6261])
C2=np.array([0,1.2759,2.1736,2.7808,3.1666,3.385,3.478,3.4783,3.4118,3.2984,
3.1537])
C3=np.array([0,0.202,0.7273,1.4761,2.3719,3.3569,4.3876,5.432,6.4661,7.4728,
8.4403])
C=np.array([C1,C2,C3]).T
#定义微分方程组
def dy(y,t,k1,k2,k3):
    y1,y2,y3,=y[0],y[1],y[2]
    dy1=-k1*y1+k2*y2
    dy2=k1*y1-k2*y2-k3*y2
    dy3=2*k3*y2
    return [dy1,dy2,dy3]
y0=[10, 0,0]                        # 确定初始状态
tspan=np.linspace(0,5.0,11)         #确定自变量范围
def J(k1,k2,k3):                    #定义目标函数
    JJ=sum(sum((odeint(dy,y0,tspan,args=(k1,k2,k3))-C)**2))
    return JJ
k0=np.array([0.1,0.1,0.1])          #给定参数初值,作为单纯形算法的第一点
def paixu(x,y):                     #定义排序函数,用于单纯形法优化
  for i in range(len(y)-1):
        for j in range(i+1,len(y)):
              if y[i]>y[j]:
                    tempy=y[i]
                    y[i]=y[j]
                    y[j]=tempy
                    tempx=x[i]
                    x[i]=x[j]
                    x[j]=tempx
  xx=x
  yy=y
  return xx,yy
```

```
#单纯形法优化初始化
h=0.1
alfa=1
lamda=0.75
miue=1
flag=True
n=0
eer=0.000001
kk1=np.copy(k0)                    #注意用 copy 而不是用"="号赋值
kk1[0]=k0[0]+h
kk2=np.copy(k0)
kk2[1]=k0[1]+h
kk3=np.copy(k0)
kk3[2]=k0[2]+h
#得到初始单纯形 4 个点
kkx=[k0,kk1,kk2,kk3]
flag=True
while flag:                        #开始单纯形优化
     j0=J(*kkx[0])
     j1=J(*kkx[1])
     j2=J(*kkx[2])
     j3=J(*kkx[3])
     n=n+1
     #收敛判据
     if n>=300:
         flag=False
     if abs((j0-j3)/(j3+0.5))<eer:
          flag=False
     oby=[j0,j1,j2,j3]
     #目标函数排序
     kk,jj=paixu(kkx,oby)
          #找到最小、次大、最大三点
     fL=jj[0]
     UL=kk[0]
     fT=jj[1]
     UT=kk[1]
     fM=jj[2]
     UM=kk[2]
     fH=jj[3]
     UH=kk[3]
     #前面 3 点不变保留
     kkx[0]=kk[0]
     kkx[1]=kk[1]
     kkx[2]=kk[2]
     #计算重心
     UC=(kk[0]+kk[1]+kk[2])/3
     #进行映射
     UR=UC+alfa*(UC-UH)
     fR=J(*UR)
     if fR<fM:
           UE=UR+miue*(UR-UH)
           fE=J(*UE)
           if fE<fR:
               UH=UE
               kkx[3]=UH
               continue            #替换最大点后重新排序进行下一轮优化
```

```
            else:
                UH=UR
                kkx[3]=UH
                continue
    else:
        US=UH+lamda*(UR-UH)
        fS=J(*US)
        if fS<fM:
            UH=US
            kkx[3]=UH
            continue
        else:
            kkx[0]=UL
            kkx[1]=(UT+UL)/2
            kkx[2]=(UM+UL)/2
            kkx[3]=(UH+UL)/2
            continue
```

运行上述核心代码所在的程序 10-Parameter identification.py，得到下面运算结果和图 6-8。

```
优化目标=1.7922371829132717e-06
优化次数=58
辨识参数:k_1=0.29998, k_2=0.04959, k_3=0.29966
```

由辨识数据及图 6-8 显示，参数辨识非常成功，经过 58 轮的优化，收敛设定的目标函数已达到精度要求，利用参数辨识得到的参数，计算出微分方程的结果和实际数据点完全吻合。

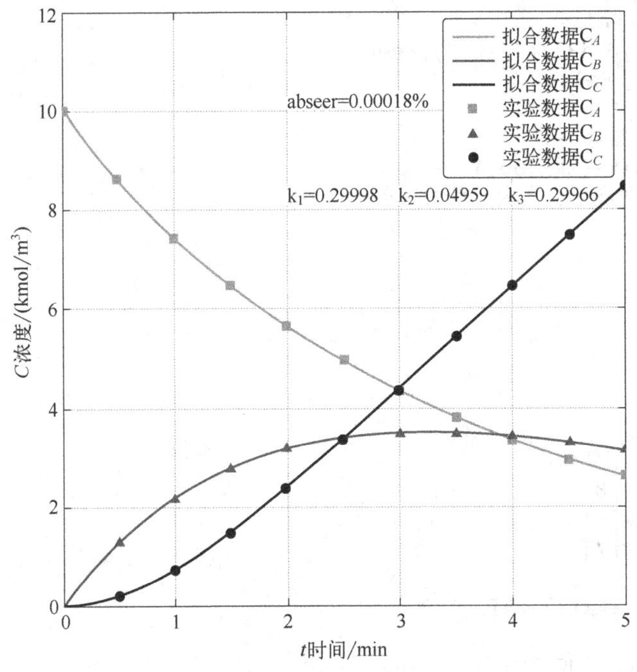

图 6-8 参数辨识拟合结果图

【例 6-8】 某容器中发生液相并联反应

$$A+B\xrightarrow{k_1}C+D \tag{6-18}$$

$$B\xrightarrow{k_2}D \tag{6-19}$$

$$
\begin{aligned}
\frac{\mathrm{d}C_A}{\mathrm{d}t} &= -k_2 C_A C_B \\
\frac{\mathrm{d}C_B}{\mathrm{d}t} &= -k_1 C_B - k_2 C_A C_B \\
\frac{\mathrm{d}C_C}{\mathrm{d}t} &= k_1 C_B + k_2 C_A C_B \\
\frac{\mathrm{d}C_D}{\mathrm{d}t} &= k_2 C_A C_B
\end{aligned}
\tag{6-20}
$$

表 6-9 第一组反应时间和浓度数据

t	C_A	C_B	C_C	C_D
0	7.311	1.884	0	0
1	6.965	1.386	0.346	0.497
2	6.719	1.029	0.592	0.855
3	6.542	0.769	0.769	1.115
4	6.412	0.577	0.899	1.307
5	6.317	0.434	0.994	1.449
6	6.245	0.328	1.066	1.556
7	6.192	0.248	1.119	1.636
8	6.152	0.187	1.159	1.696

表 6-10 第二组反应时间和浓度数据

t	C_A	C_B	C_C	C_D
0	6.982	2.273	0	0
1	6.582	1.691	0.399	0.582
2	6.299	1.27	0.682	1.002
3	6.093	0.961	0.888	1.311
4	5.942	0.731	1.04	1.541
5	5.829	0.558	1.153	1.714
6	5.744	0.428	1.238	1.845
7	5.679	0.328	1.302	1.944
8	5.63	0.252	1.351	2.02

表 6-11 第三组反应时间和浓度数据

t	C_A	C_B	C_C	C_D
0	6.593	2.642	0	0
1	6.154	1.989	0.438	0.652
2	5.842	1.514	0.751	1.127
3	5.614	1.162	0.979	1.479
4	5.444	0.897	1.148	1.744
5	5.316	0.696	1.276	1.946
6	5.219	0.541	1.373	2.1
7	5.145	0.422	1.448	2.219
8	5.087	0.33	1.505	2.311

反应方程式见式（6-18）和式（6-19），反应物和生成物各浓度关系如微分方程组（6-20）所示，其中根据初始反应物 A 和 B 浓度的不同配比，共进行了 3 组序列实验，具体的实验数据见表 6-9、表 6-10、表 6-11，试确定反应速率常数 k_1，k_2。

解：本题涉及 4 种物质的浓度、两个反应速率参数，需要注意的是本次提供的实验数据共有 3 组，需要同时满足 3 组实验数据，同时在参数辨识上不再通过单纯形法来优化参数，直接利用 Python 语言第三方库的优化函数进行求解，具体代码见 param_nlp2021flg.py，其中关键核心码如下：

```
#第一组实验数据
CC1=np.array([[0,7.311, 1.884,0,0],
[1, 6.965,  1.386,  0.346,  0.497],
[2, 6.719,  1.029,  0.592,  0.855],
[3, 6.542,  0.769,  0.769,  1.115],
[4, 6.412,  0.577,  0.899,  1.307],
[5, 6.317,  0.434,  0.994,  1.449],
[6, 6.245,  0.328,  1.066,  1.556],
[7, 6.192,  0.248,  1.119,  1.636],
[8, 6.152,  0.187,  1.159,  1.696]])
C1=CC1[:,1:5]
CO1=CC1[0,1:5]
#第二组实验数据
CC2=np.array([[0,6.982,2.273,0, 0],
[1, 6.582,  1.691,  0.399,  0.582],
[2, 6.299,  1.27,   0.682,  1.002],
[3, 6.093,  0.961,  0.888,  1.311],
[4, 5.942,  0.731,  1.04,   1.541],
[5, 5.829,  0.558,  1.153,  1.714],
[6, 5.744,  0.428,  1.238,  1.845],
[7, 5.679,  0.328,  1.302,  1.944],
[8, 5.63,   0.252,  1.351,  2.02]])
C2=CC2[:,1:5]
CO2=CC2[0,1:5]
#第三组实验数据
CC3=np.array([[0,6.593, 2.642,0,0],
[1, 6.154,  1.989,  0.438,  0.652],
[2, 5.842,  1.514,  0.751,  1.127],
[3, 5.614,  1.162,  0.979,  1.479],
[4, 5.444,  0.897,  1.148,  1.744],
[5, 5.316,  0.696,  1.276,  1.946],
[6, 5.219,  0.541,  1.373,  2.1],
[7, 5.145,  0.422,  1.448,  2.219],
[8, 5.087,  0.33,   1.505,  2.311]])
C3=CC3[:,1:5]
CO3=CC3[0,1:5]
tspan=CC1[:,0]
#定义反应微分方程组:
def dy(y,t,k1,k2):
    CA,CB,CC,CD=y[0],y[1],y[2],y[3]
    dCA=-k2*CA*CB
    dCB=-k1*CB-k2*CA*CB
    dCD=k1*CB+k2*CA*CB
    dCC=k2*CA*CB
    dC=[dCA,dCB,dCC, CD]
    return dC
#定义数据偏差平方和
def J(k1,k2):
    y0=CO1
```

```
    JJ1=sum(sum((odeint(dy, y0, tspan,args=(k1,k2))-C1)**2))
    y0=C02
    JJ2=sum(sum((odeint(dy, y0, tspan,args=(k1,k2))-C2)**2))
    y0=C03
    JJ3=sum(sum((odeint(dy, y0, tspan,args=(k1,k2))-C3)**2))
    JJ=JJ1+JJ2+JJ3
    return JJ
k0=np.array([0.01,0.01])
#定义优化函数
def fun(x):
     k1,k2=x[0],x[1]
     sum=J(k1,k2)
     return sum
#参数优化求解
res=op.minimize(fun,k0,method='L-BFGS-B',bounds=[(0.01,10),(0.01,10)])
k=res.x#参数值
j=res.fun#目标函数值
print(f'优化目标=",{j:.5f}')
print(f'辨识参数:k_1={k[0]:.5f}, k_2={k[1]:.5f}')
k1,k2=k[0],k[1]
#打印辨识参数计算的微分方程解
y0=C01
ca_C1=odeint(dy, y0, tspan,args=(k1,k2))
print(ca_C1)
y0=C02
ca_C2=odeint(dy, y0, tspan,args=(k1,k2))
print(ca_C2)
y0=C03
ca_C3=odeint(dy, y0, tspan,args=(k1,k2))
print(ca_C3)
```

运行程序 param_nlp2021flg.py，得到如图 6-9、图 6-10、图 6-11 所示的利用辨识参数计算得到的实验曲线及实际数据点关系的图形。

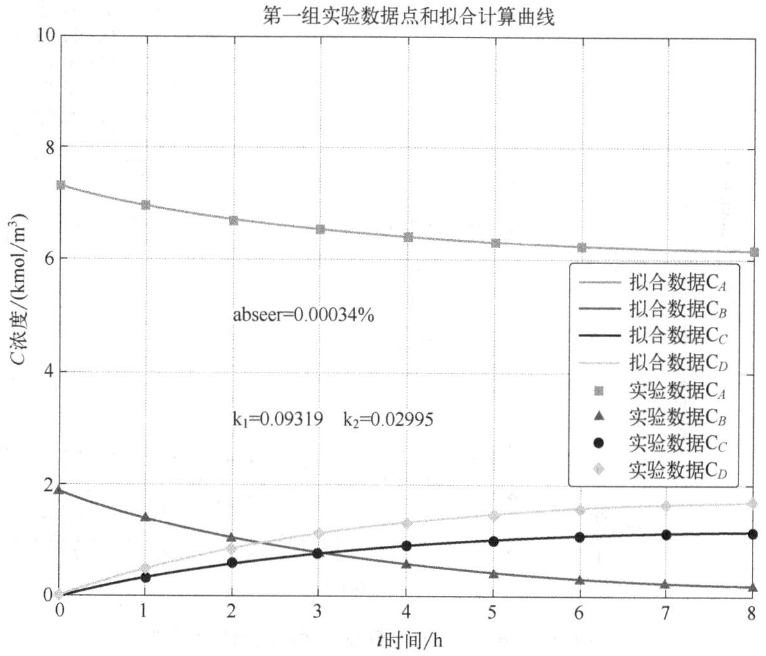

图 6-9 第一组实验数据点和拟合计算曲线

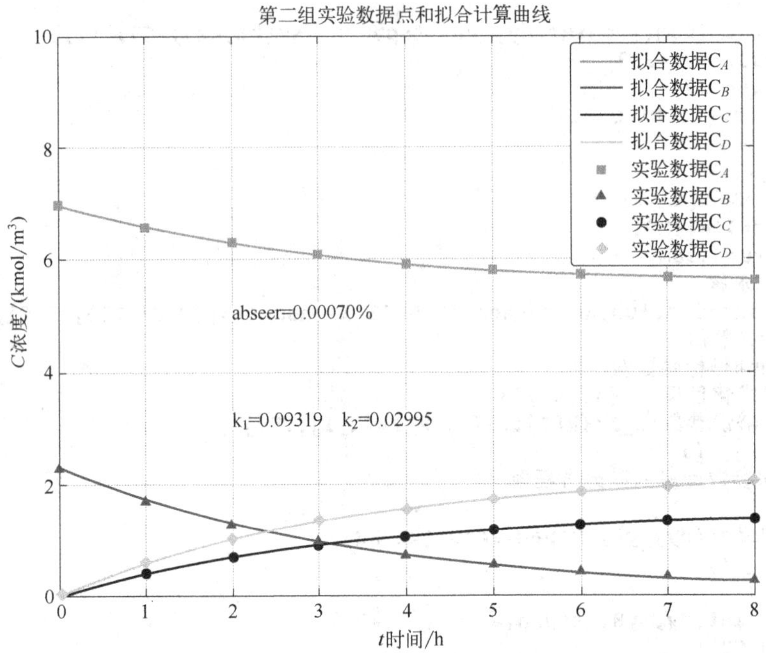

图 6-10 第二组实验数据点和拟合计算曲线

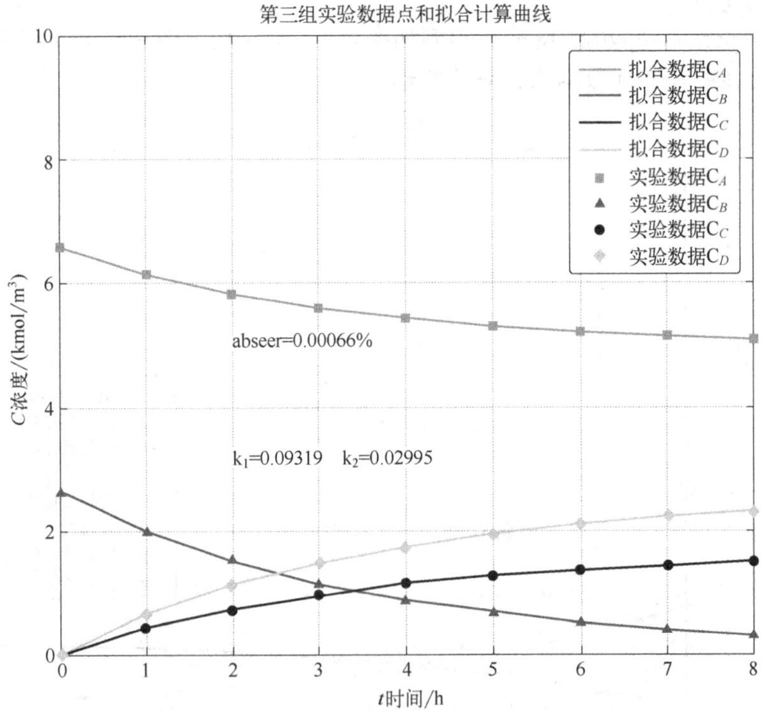

图 6-11 第三组实验数据点和拟合计算曲线

6.5 解矛盾方程

6.5.1 问题的提出

一般地，将含有 n 个未知量 m 个方程的线性方程组：

$$\begin{cases} a_{11}x_1 + a_{12}x_2 + \cdots + a_{1n}x_n = b_1 \\ a_{21}x_1 + a_{22}x_2 + \cdots + a_{2n}x_n = b_2 \\ \qquad \cdots \quad \cdots \\ a_{m1}x_1 + a_{m2}x_2 + \cdots + a_{mn}x_n = b_m \end{cases} \tag{6-21}$$

写成矩阵形式：

$$\begin{bmatrix} a_{11} & a_{12} & \cdots & a_{1n} \\ a_{21} & a_{22} & \cdots & a_{2n} \\ & \cdots & \cdots & \\ a_{m1} & a_{m2} & \cdots & a_{mn} \end{bmatrix} \begin{bmatrix} x_1 \\ x_2 \\ \cdots \\ x_n \end{bmatrix} = \begin{bmatrix} b_1 \\ b_2 \\ \cdots \\ b_m \end{bmatrix} \tag{6-22}$$

一般情况下，当方程数 m 多于变量数 n，且 m 个方程之间线性不相关，则方程组无解，这时方程组称为矛盾方程组。方程组在一般意义下无解，也即无法找到 n 个变量同时满足 m 个方程。这种情况和拟合曲线无法同时满足所有的实验数据点相仿，故可以通过求解均方误差 $\min\|AX-b\|_2^2$ 极小意义下矛盾方程的解来获取拟合曲线。由数学的知识还将证明：方程组 $A^TAX=A^Tb$ 的解就是矛盾方程组 $AX=b$ 在最小二乘法意义下的解，这样我们只要通过求解 $A^TAX=A^Tb$ 就可以得到矛盾方程的解。

6.5.2 实例求解

根据前面提出的求解矛盾方程就是求解线性方程 $A^TAX = A^Tb$ 的解，就可以利用各种线性方程求解的方法来求解 $A^TAX = A^Tb$，如 NumPy 库或 SciPy 库中是 linalg 函数来求解矛盾方程组。下面通过具体例子来说明求解的方法。

【例 6-9】解矛盾方程组

$$\begin{cases} x_1 + x_2 + x_3 = 2 \\ x_1 + 3x_2 - x_3 = -1 \\ 2x_1 + 5x_2 + 2x_3 = 12 \\ 3x_1 - x_2 + 5x_3 = 10 \end{cases}$$

解：此矛盾方程有 3 个变量，4 个约束方程，无一般意义上的方程解，但可以通过求解矛盾方程，求出最大限度符合 4 个方程约束的解，具体代码如下：

```
import numpy as np
from numpy import linalg
A=np.mat([[1.0,1,1],[1,3.0,-1],[2,5,2.0],[3,-1,5]])
b=np.mat([[2],[-1],[12],[10]])
  # 线性方程求解 A_TAx=A_Tb
AA=A.T*A
bb=A.T*b
x=linalg.solve(AA,bb)
print("4×3 矛盾方程组求解")
for i in range(len(x)):
     print(f"x{i+1}={x[i,0]:.5f}")
```

```
eer=sum(sum(np.array((A*x-b))**2))
print(f'均方误差={eer:.5f}')
```

运行上述程序，得到以下结果：

```
4×3 矛盾方程组求解
x1=-2.83993
x2=1.89209
x3=4.04137
均方误差=1.29856
```

其他矛盾方程的求解，可以根据此例的求解方法，修改具体的数据即可求解。

本章重点知识

本章的重点在于掌握参数拟合与辨识的具体求解方法。通过本章的学习，你必须掌握对于任意模型参数的拟合方法，至于具体采用什么方法不作强制要求，只要该方法能解决问题即可。同时，通过本章知识的学习，你还需掌握常微分方程组中参数辨识的方法，利用书中介绍的方法，将它平行拓展到 n 个应变量的微分方程组，并能对一些特殊的边界条件加以处理。

习　题

1. 已知某类型换热器的加工劳动力成本如表 6-12 所示，现用 $C=a_0+a_1S^{0.8}+a_2N^{0.9}$ 进行拟合，其中 C 为劳动力成本（元）；S 为换热器面积（m^2）；N 为换热器管子数，试确定最佳 a_0、a_1、a_2，并计算均方误差及绘制 3D 拟合数据图。

表 6-12　换热器加工成本数据

C/元	1860	1800	1650	1500	1320	1200	1140	900	840	600
S/ m^2	140	130	108	110	84	90	80	65	64	50
N	550	530	520	420	400	300	280	220	190	100

2. 已知某高温导热油在温度 t 为 250～350℃饱和蒸汽压 P 的数据，见表 6-13。现用以下四个公式的拟合温度和饱和蒸汽压之间的关系：

$$P=a_0+a_1t^{1.1}+a_2t^2$$

$$P=a_0+a_1t^{1.6}$$

$$P=at^b$$

$$P=a+\frac{b}{t^{0.9}+c}$$

试用计算机拟合以上 4 个公式中的各个参数，计算每种方法的均误差，根据均方误差大小，判断哪种拟合模型最佳，并绘制拟合数据图形。

表 6-13　不同温度下导热油饱和蒸汽压数据

温度 t/℃	250	270	290	300	310	330	350
饱和蒸汽压 P/Pa	281	289	298	303	306.8	315.5	326

3. 已知当雷诺数 Re 在 300 到 1000 之间，摩擦系数 λ_C 和雷诺数具有以下关系：

$$\lambda_C=aRe^b$$

今通过实验测得如下数据，请确定 a 和 b 及均方误差，并绘制拟合数据图形。

表 6-14 摩擦系数实验数据

实验序号	雷诺数	摩擦系数
1	300	1.11+0.001No
2	400	0.921+0.001No
3	500	0.835+0.001No
4	600	0.7569+0.001No
5	800	0.678+0.001No
6	1000	0.62147+0.001No

4. 求解下面矛盾方程的解：

$$\begin{cases} x_1+3x_2+2x_3=5 \\ x_1-3x_2+x_3=2 \\ x_1+5x_2-x_3=6 \\ 3x_1-x_2+5x_3=12 \end{cases}$$

5. 换热器是能源化工企业常用的设备，为了提高传热效率，常采用强化传热管。强化传热管的传热系数一般无理论公式，常常需要通过实验数据加以拟合得到。现已通过实验测得一组某强化传热管的实验数据，用 $Nu=C_1Pr^{C_2}Re^{C_3}Sr^{C_4}$ 式拟合公式中的 C_1、C_2、C_3、C_4 四个参数，式中所有变量均已作无量纲处理，实验数据见表 6-15。请确定 C_1、C_2、C_3、C_4 四个参数的值及绘制拟合数据图形，并利用拟合参数计算 Pr=1.8，Re=3000，Sr=0.13 时的 Nu 值。

表 6-15 某强化传热管传热实验测量数据

Pr	1	2	3	4	5	6	7	8
Re	3000	3500	4000	4500	5000	5500	6000	6500
Sr	0.18	0.17	0.16	0.15	0.14	0.13	0.12	0.11
Nu	15.34	20.34	24.21	27.39	30.02	32.14	33.79	34.95

6. 已知某碱性气体在水中的溶解度 m 和水的温度 t 及气体压力 P 存在以下关系：

$$m=\frac{a_0+a_1P^{1.05}}{bt^{0.5}+1}$$

实验测得溶解度 m 和水的温度 t 及气体压力 P 的数据见表 6-16。请拟合计算 a_0，a_1，b 的值及并绘制拟合数据图形（No 为调整参数序号，可以是学生作业号）。

表 6-16 某碱性气体在不同温度不同压力下溶解度数据

P/atm	25	50	75	100	25	50	75	100
t/℃	10	20	30	40	50	60	70	80
m/(Ncm^3/kg)	462 +0.5No	875 +0.5No	1271 +0.5No	1667 +0.5No	436 +0.5No	811 +0.5No	1224 +0.5No	1618 +0.5No

7. 已知某液相间歇反应过程如下式所示，测得反应物 A 的浓度 c 随时间的变化数据如表 6-17 所示，请确定微分方程中的参数 a 和 b。

$$\frac{\mathrm{d}c}{\mathrm{d}t}=-ac^b$$

表 6-17 浓度 c 随时间 t 变数数据

t	0	0.02	0.04	0.06	0.08	0.1	0.12	0.14	0.16	0.18	0.2
c	20	10.9	7.47	5.69	4.59	3.85	3.31	2.91	2.59	2.34	2.13

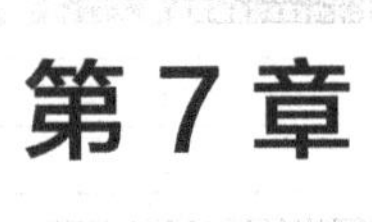

第7章 Python 图形用户界面开发

【本章导读】

本章内容不同于前面6章，学习的方法也需要加以调整。如果以前接触过图形用户界面的设计或学习过 Visual Basic，就会发现本章中有关图形用户界面的设计和 Visual Basic 有相同之处，控件设置、拖动放大、属性设置等均和 Visual Basic 相仿；如果以前没有接触过任何图形用户界面的知识，也不用紧张，本章介绍的 QtDesigner 可以通过拖拽控件比较方便地设置图形用户界面，然后再通过信号/槽机制，对图形用户界面的操作和自定义的 Python 函数进行关联和绑定，总之对于本章内容的学习要秉承各种图形用户界面，可大胆设置，具体功能实现要细心关联，各窗体之间转换需注意控件前缀名称的学习方法。

7.1 图形用户界面开发概述

图形用户界面，英文全称 Graphical User Interface，简称 GUI，是指采用图形方式显示的计算机操作用户界面。GUI 便捷、准确，实用性很强，主要功能是实现人与计算机等电子设备的人机交互，目前最成功的 GUI 首推 Windows 操作系统。

由于软件是无形的，因此 GUI 设计在用户与应用程序或网站的交互方式中起着至关重要的作用。好的 GUI 可以帮助软件使用者快速、便捷地使用软件中的各项功能，一个成功的软件必须具备良好的 GUI。目前许多的主流软件如 Word、Excel、AutoCAD、Origin、QQ 等无一不重视 GUI 的设计，这些软件均提供了良好的图形用户界面，实现软件各项功能的无缝体验，也为这些软件本身的推广应用起到很好的作用。

GUI 设计的两个主要基础是效率和可用性，两者必须同时兼顾。检验一个用户界面的标准不是软件开发者的意见和体验，而是最终用户的使用感受，所以界面设计要和用户需求紧密结合，是一个不断为最终用户设计满意视觉效果及使用效率的过程。一般而言，用户界面设计需遵循的三大原则：置界面于用户的控制之下；减少用户的记忆负担；保持界面的一致性。

7.2 Python 常用图形用户界面开发库

Python 本身没有 GUI，需要通过第三方库来生成 GUI。目前 Python 常用的 GUI 第三方库主要有 Flexx、Kivy、PyGTK、CEF Python、Dabo、wxPython、Tkinter、PyGObject、PyGUI、

PyQt、PySide 等，下面对常用库作简单介绍。

（1）Flexx

这是一款用 Python 创建的 GUI 开发库，使用 Web 技术，可以跨平台运行，只需要有 Python 和浏览器就可以运行。

（2）Kivy

这是一款基于 OpenGL ES 2，采用 Python 和 Cython 编写的 GUI 开发库，能够让使用相同源代码创建的程序跨平台运行，它采用基于主循环的事件驱动策略，非常适合开发游戏。

（3）CEF Python

这一框架基于 Google Chromium 编写的 GUI 开发库，面向 Windows，Linux 和 MacOS，可用于在第三方应用程序中嵌入式浏览器的使用上。

（4）wxPython

wxPython 是 Python 语言的 GUI 开发库，允许 Python 程序员很方便地创建完整的、功能键全的 GUI 用户界面。

（5）Dabo

Dabo 是一个跨平台的应用程序开发框架，基于 wxPython 的再封装库。它提供数据库访问，商业逻辑以及用户界面。

（6）Tkinter

这是一个轻量级的跨平台 GUI 开发库，是 Tk 图形用户界面工具包标准的 Python 接口，目前可以运行于绝大多数的 Unix 平台、Windows 和 MacOS 系统。

（7）PyGObject

通过 PyGObject，可以为 GNOME 项目编写 Python 应用程序，也可以使用 GTK+编写 Python 应用程序。

（8）PyGUI

PyGUI 的一个主要目的就是尽量减少 Python 应用与平台底层 GUI 之间的代码量，面向 Unix，MacOS 和 Windows 平台。

（9）PySide

PySide 是 Qt 的封装。Qt 是一种强大的图形用户界面构造工具，它对于 Python 也有很好的接口支持，PySide 采用无需购买版权的 LGPL 许可。

（10）PyQt

PyQt 是 Qt 库的 Python 版本，PyQt 对 Qt 做了完整的封装，几乎可以使用 PyQt 做 Qt 能做的任何事情。Qt 库本身是一个跨平台的框架，它是用 C ++编写的，是一个非常全面的库。它包含许多工具和 API，被广泛应用于许多行业。PyQt 采用需购买版权的商业版及免费的 GPL 许可，目前它的最新版本是 PyQt5。PyQt5 可以和 PyCharm 联合起来使用，可以方便地开发 Python 图形界面的程序。本书主要介绍利用 PyQt5 开发 Python 的图形用户界面。

7.3 PyQt5 图形用户界面开发

7.3.1 开发环境搭建

Python 语言 PyQt5 图形用户界面开发环境需要具备以下几个条件。

（1）安装 Python 语言解释器

开发基于 Python 的图形用户界面软件当然需要 Python 语言解释器，目前最新的稳定版本 Python 语言解释器是 Python 3.9.5，但该版本不支持 Windows 7 及更早的 Windows 系统，具体采用什么版本的 Python 语言解释器要结合自己电脑的操作系统。Python 语言解释器可以到 Python 官网下载，Python 官网链接地址为：https://www.python.org/，见图 7-1。下载好合适自己电脑的 Python 语言解释器并运行下载的*.exe，按默认路径安装执行即可。

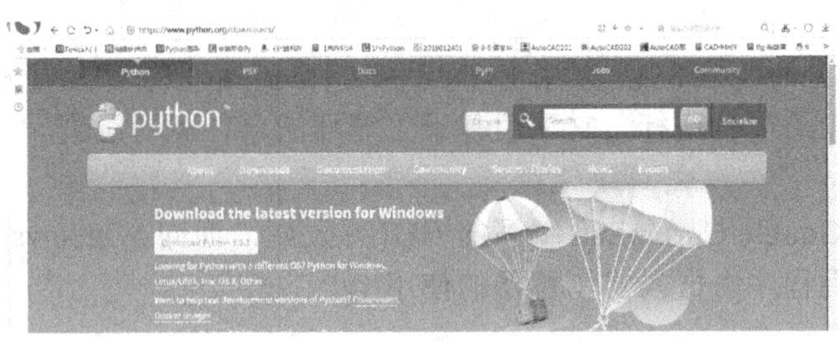

图 7-1　Python 语言官方网站

（2）安装 Python 语言开发工具 PyCharm

Python 语言的开发工具有多种，如 Python 语言自带的 IDLE、第三方编辑器 PyCharm 及 Visual Studio Code 等，但利用 PyCharm 集成环境编辑器，还可以安装和绑定第三方库，可以将 PyQt5 绑定到 PyCharm 环境下，方便 GUI 程序的开发。PyCharm 的官方网址是 www.jetbrains.com/pycharm/，具体下载界面见图 7-2。作为一般的学习和非商业应用建议下载社区版本的 PyCharm，是免费开源的；而专业版本的功能更多，但进行商业应用需要付费。

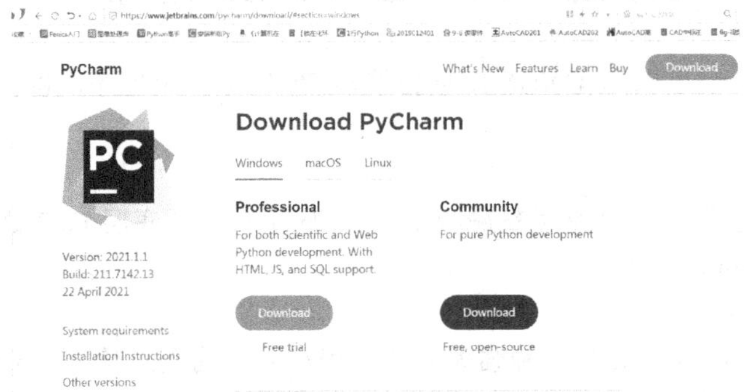

图 7-2　PyCharm 官方下载网站

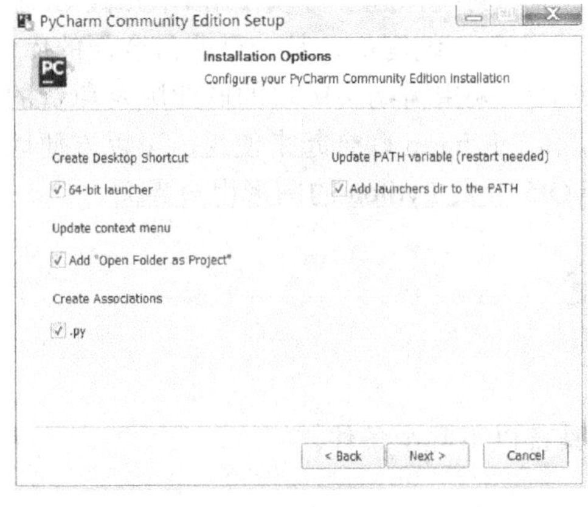

图 7-3　PyCharm 安装过程中的文件配置

目前最新的 PyCharm 是 pycharm-community-2021.1.1.exe，共有 363.81MB，下载完 PyCharm 的执行文件后运行该执行文件，一般按默认安装即可，在文件配置界面，全部选择打勾见图 7-3。

（3）安装 Qt Designer

Qt Designer 是为 Python 开发人员打造的界面设计工具，它支持多种平台系统，用户能够自行配置功能，软件支持代码效果即时预览，所见即所得。已经安装了 Python 解释器及 PyCharm 开发工具后，可以通过 PyCharm 的系统设置直接安装和绑定 Qt Designer 及其相关工具，具体步骤如下。

① 打开 PyCharm，点击“File”，系统弹出

图 7-4；

② 点击图 7-4 中的“Setings…”，系统弹出图 7-5；在图 7-5 中点击“Python Interpreter”，系统会显示 Python 解释器目录下已将安装的各种文件包，如果已安装了 PyQt5 有关的各种文件包，系统就会显示 PyQt5、PyQt5 Designer；如果没有显示这些文件名称，表示还没有安装这些文件包，可以点击图 7-5 中下部的“+”号，注意有些电脑“+”号可能在右上角，系统弹出图 7-6；

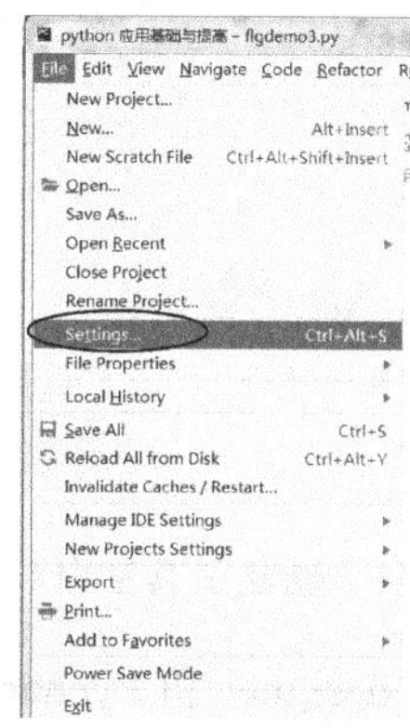

图 7-4　File 菜单

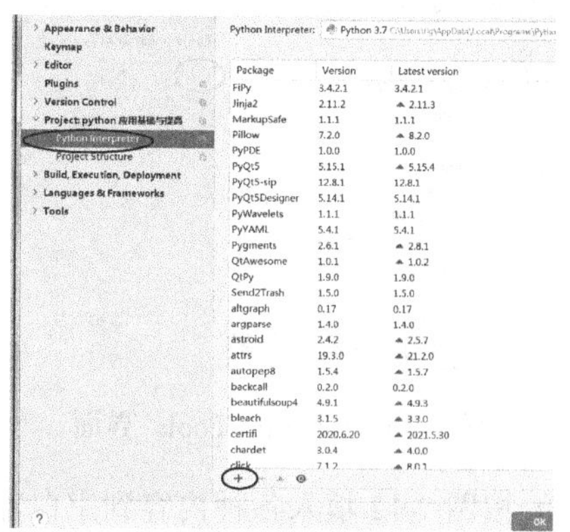

图 7-5　Setings 对话框

③ 在图 7-6 的左上方搜索框中，输入“PyQt5”，系统弹出图 7-7；如果较长时间没有得到图 7-7 所示的搜索结果，需点击图 7-6 中的“Manage Repositories”，系统弹出图 7-8；点击图 7-8 左下角的“+”号，系统弹出图 7-9，在中间的空框中输入“https://pypy.tuna.tsinghua.edu.cn/simple”，点击“OK”，返回图 7-6，再次搜索“PyQt5”，系统就会较快地搜索到和“PyQt5”有关的模块；

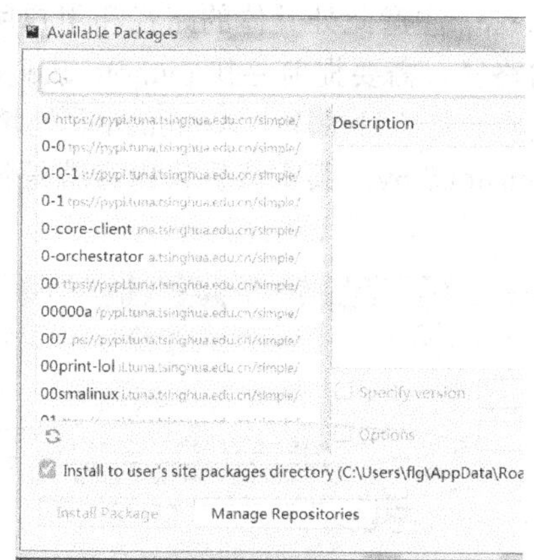

图 7-6　Python 可用模块

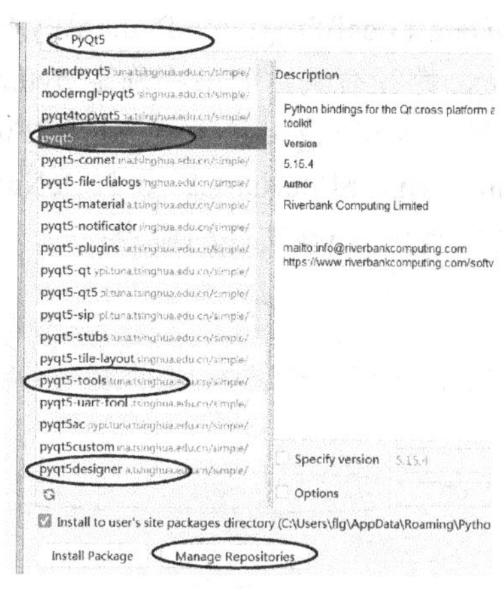

图 7-7　PyQt5 有关可用模块

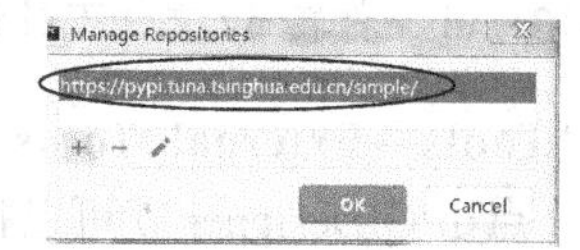

图 7-8　目前镜像地址窗口

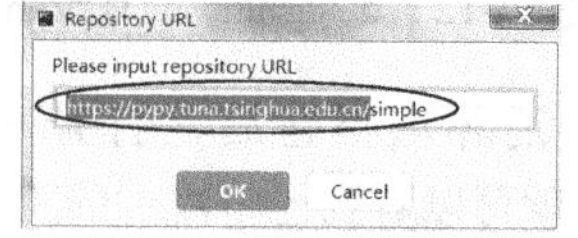

图 7-9　添加镜像地址

④ 在图 7-7 搜索到的模块中，分别选中 pyqt5、pyqt5-tools、pyqt5designer，然后点击“Install Package”，系统就会将这 3 个模块安装到 Python 解释器目录下。

完成了上述三个软件安装后，就可以进行 Python 语言 GUI 开发环境搭建，具体步骤如下。

① 打开 PyCharm，依次点击“File→Setings→Tools→External Tools”，系统弹出图 7-10；

② 点击图 7-10 中上部的“+”号处，系统弹出间空白创建工具对话框，见图 7-11；

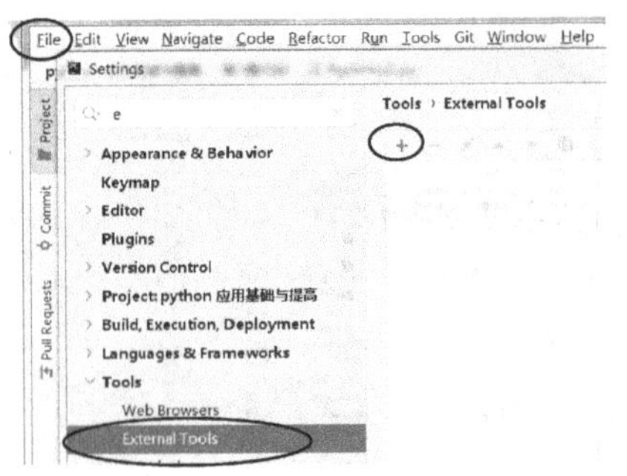

图 7-10　External Tools 界面

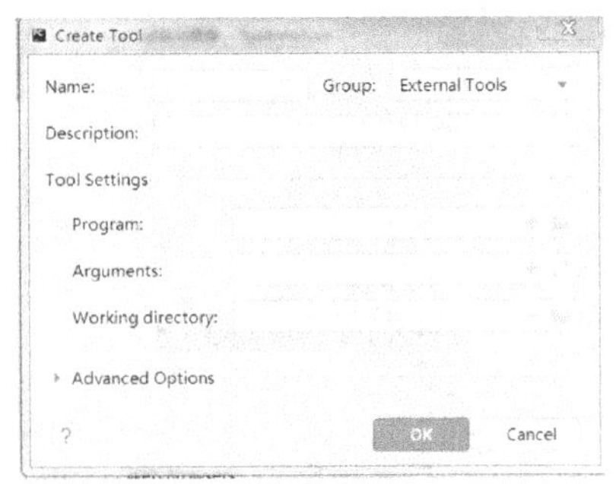

图 7-11　创建工具空白对话框

③ 按图 7-12 填入各种内容到空白对话框，点击 OK，将 designer 和 Pycharm 绑定，具体操作如下：Name 处填 QtDesigner；Program 处填 C:\Users\flg\AppData\Local\Programs\Python\Python37\Lib\site-packages\QtDesigner\designer.exe，注意此处具体的路径和用户所在的 designer.exe 路径有关，如果不确定 designer.exe 所在的路径，需要提前寻找 designer.exe 文件所在的路径；Working directory 处填$ProjectFileDir$，表明 designer.exe 所生成的文件在 PyCharm 的 Project 文件目录下；

④ 再次点击按图 7-13 填入各种内容到空白对话框，点击 OK，生成 PyUIC 工具，该工具可以将.ui 文件转化成.py 文件。具体操作如下：Name 处填 PyUIC；Program 处填 C:\Users\flg\AppData\Local\Programs\Python\Python37\ \python.exe，注意此处具体的路径和用户所在的 python.exe 路径有关，如果不确定 python .exe 所在的路径，需要提前寻找 python .exe 文件所在的路径；Working directory 处填$FileDir$，表明同一文件目录下；Arguments 处填入-m PyQt5.uic.pyuic $FileName$ -o $FileNameWithoutExtension$.py，其实该协议内容就是将同名的.ui 文件转化为.py 文件的命令；

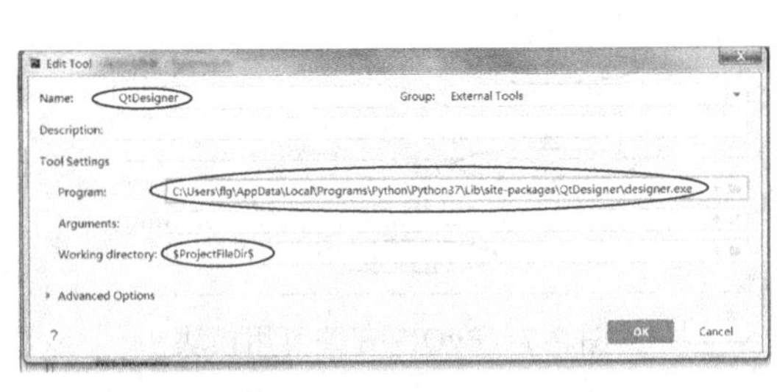

图 7-12　designer 工具设置

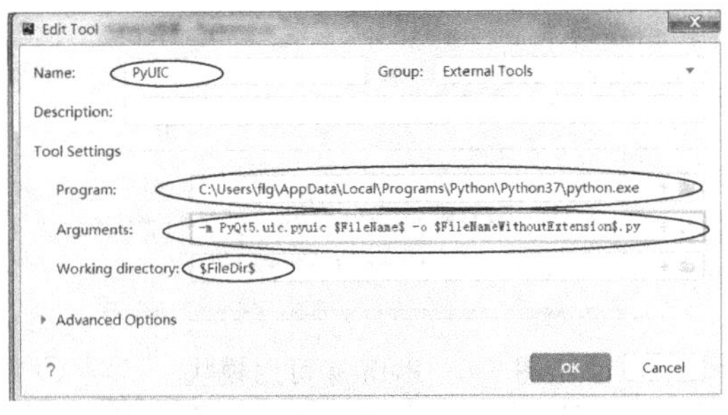

图 7-13　ui 文件转 py 文件工具设置

完成上述环境搭建后，打开 PyCharm，依次点击“Tools→External Tools”，系统弹出图 7-14，就可以看到已将添加的工具 QtDesigner 和 PyUIC。点击 QtDesigner 就可以打开图 7-15 所示的 QtDesigner 界面；而先选中 Project 目录下的 ui 文件，再点击 PyUIC 就可以将 ui 文件转化成同名 py 文件。注意也可以在 cmd 命令窗口中通过“pip install pyqt5”、“pip install pyqt5-tools”“pip install pyqt5designer”进行 Python 环境下的全局安装。

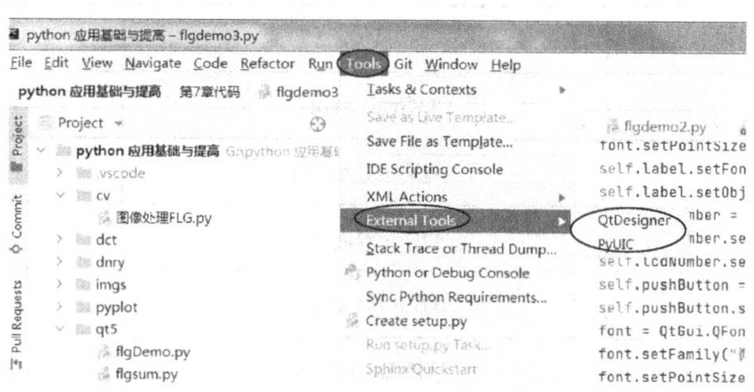

图 7-14 外部工具界面

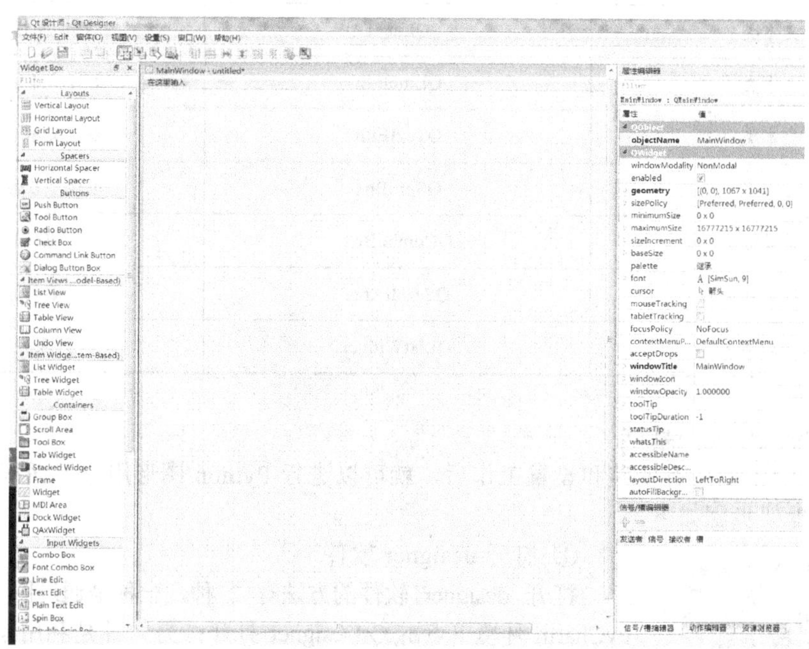

图 7-15 Qt Designer 空白界面

7.3.2 PyQt5 主要功能及入门

7.3.2.1 PyQt5 功能简介

PyQt5 是一个专门进行 GUI 编写的 Python 库，是基于一款名为 Qt 的图形应用程序框架的 Python 接口。作为一个包含 500 个以上的类和超过 6000 多种函数和方法的库，PyQt5 完美继承了 Qt 本身功能强大的特性，具有的优点：基于高性能的 Qt 的 GUI 控件集；可以在所有主要计算机操作系统 Windows、Linux 上运行；使用信号/槽机制进行控件、代码间的通信；通过 Qt Designer 可方便地进行图形界面设计，并利用 PyUIC 可自动生成 Python 代码直接执行；一整套种类繁杂的窗口控件。

利用 PyQt5 就可以在 Qt Designer 中直接使用大量成熟的控件，见表 7-1，不用通过代码就能绘制出大体的交互界面，同时使用信号/槽机制完成简单的信号传递；继而使用 PyUIC 将文件转换成可执行的 Python 代码，方便在程序中快速绘制窗体、传递信号。也可以直接在代码中调用 PyQt5 的函数方法，实现灵活、高效地创建、修改、删除控件及其属性，完成不同复杂界面的需要。

表 7-1 PyQt5 主要控件类

类别	类名	功能
布局类	QGridLayout	网格布局
布局类	QVboxLayout	垂直布局
布局类	QHboxLayout	水平布局
布局类	QFormLayout	表单布局
按钮类	QPushBotton	普通按钮
按钮类	QRadioButton	单选按钮
文本类	QLabel	文本/图形标签
文本类	QLineEdit	单行文本输入框
文本类	QTextEdit	多行文本输入框
文本类	QSpinBox	可调步长输入框
其他功能类	QComboBox	下拉选框
其他功能类	QScrollArea	可滚动区域
其他功能类	QListWidget	列表控件

7.3.2.2 PyQt5 入门基础

在做好 7.3.1 的所有安装和设置工作后，就可以进行 Python 图形用户界面程序的开发，开发的一般框架步骤如下。

① 打开 designer 软件

打开 designer 软件的方法有 2 种，一种是通过图 7-14 所示在 PyCharm 环境下点击 QtDesigner 打开；另一种是利用桌面 designer 的快捷方式打开，见图 7-16。

图 7-16 桌面快捷 designer

② 开发界面

在打开的 designer 界面上，各种功能区域见图 7-17，通过点击左边“2-各种控件与工具”，选中所需的控件，通过拖曳将所需的控件拖入“3-放置各种控件的主窗体”，通过“6-信号/槽编辑器”绑定各种信号控件和对应的槽控件，信号绑定工作也可以在后续程序的代码中进行绑定。

③ *.ui 文件转换*.py 文件

将已配置好各种控件工具以及设置好信号/槽机制的窗体以*.ui 文件保存在 PyCharm 的 project 目录下，选中已保存的*.ui 文件，点击图 7-14 中的 PyUIC，系统就会将*.ui 文件转换成同名的*.py 文件，见 7-18。

④ 打开转换得到的同名*.py 文件，根据需要通过自定义函数及信号/槽设置完成更为复杂的程序功能；

⑤ 运行重新编码后的*.py 文件，调试完善各种功能，完成 Python 语言的 GUI 软件开发工作。

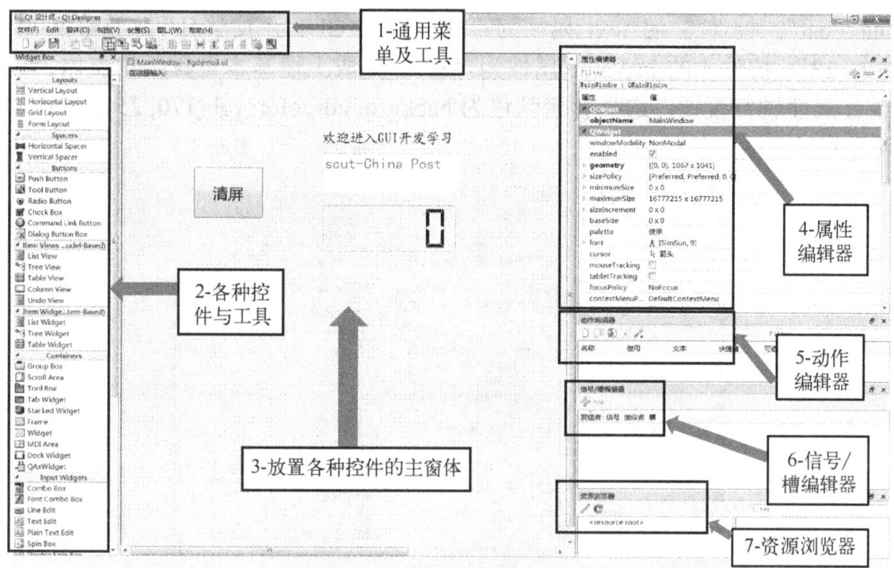

图 7-17　Qt Designer 界面主要配置

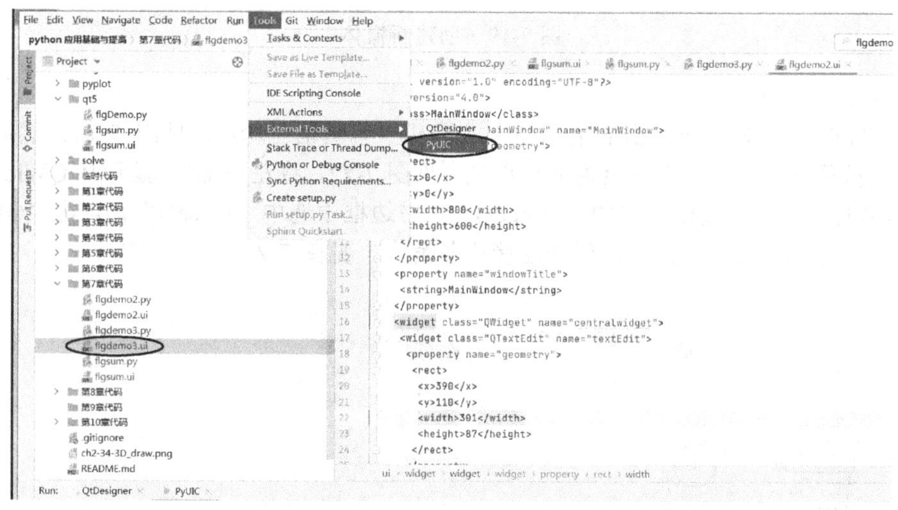

图 7-18　*.ui 文件转换 *.py 界面

7.3.3　几个简单的 GUI 设计

7.3.3.1　关闭窗体

本任务是开发一个点击界面中的某一控件，系统就关闭目前打开的窗体 GUI 软件，具体步骤如下。

① 创建空白窗体

打开 Qt Designer，在系统弹出的图 7-19 中，选中 Main Window，点击左下方的“创建(R)”，系统弹出空白窗体；

② 添加 4 个控件

在空白窗体中，依次通过拖拽添加“Push Button”控件 1、“Text Edit”控件 2、“Label”控件 3、“LCD Number”控件 4；同时对这 4 个控件的一些基本属性进行必要的设置，设置控件 1 的 text 属性为“清屏”，font 的属性为“微软雅黑，20”；控件 2 的 placeholderText “scut-China Post”；控件 3 的 text 属性为“欢迎进入 GUI 开发学习”，font 的属性为“楷体_GB2312，18”；控件 4 的 intValue 属性为“8”。完成上述基本设置后对窗体 MainWindow 的 styleSheet 属性进行设置，选择背景颜色为 background-color: rgb(170, 255, 255)，最后得到图 7-20 所得的界面图。

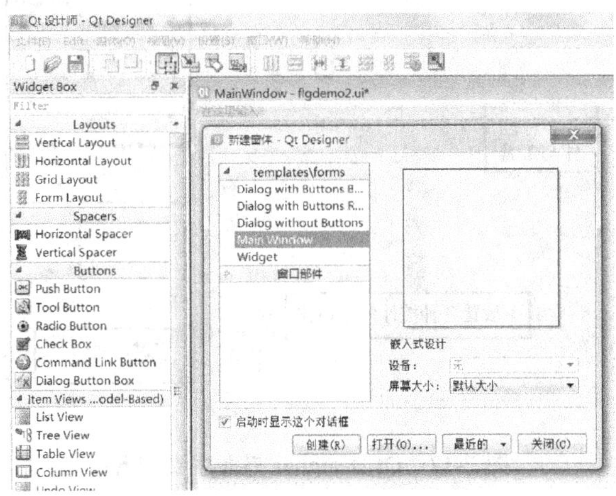

图 7-19 创建新窗体

③ 添加信号/槽机制

点击“Edit”工具，在弹出的菜单栏中，选择“编辑信号/槽”，见图 7-21；然后点击清屏控件 1，按住鼠标左键，拖动至窗体空白处，见图 7-22，将左下部的“显示从 QWidger 继承的信号和槽打勾”，左边框中选中“cliked()”，右边框中选中“close()”，点击“OK”，得到图 7-23，再点击点击“Esc”，信号连接线条消失，见图 7-24。

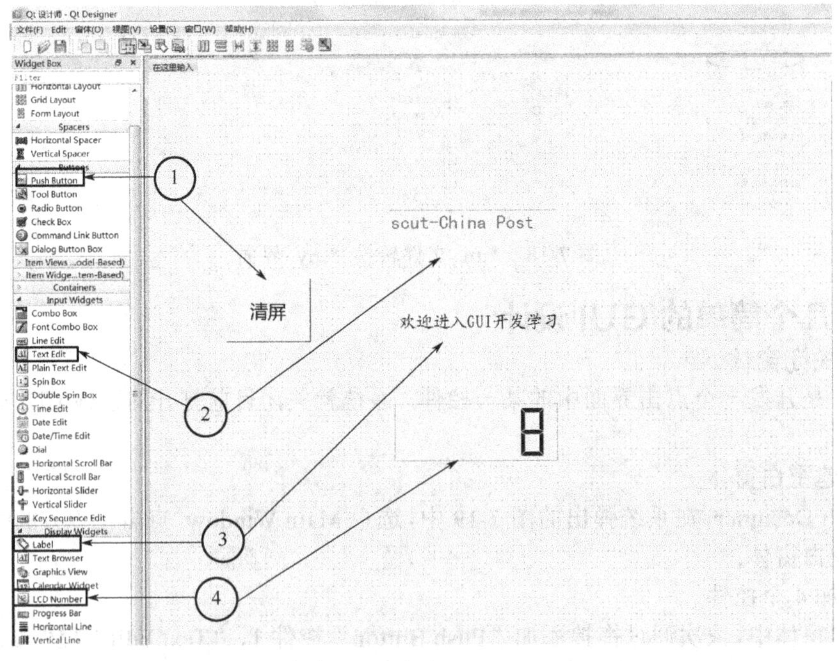

图 7-20 添加 4 个控件后的窗体界面图

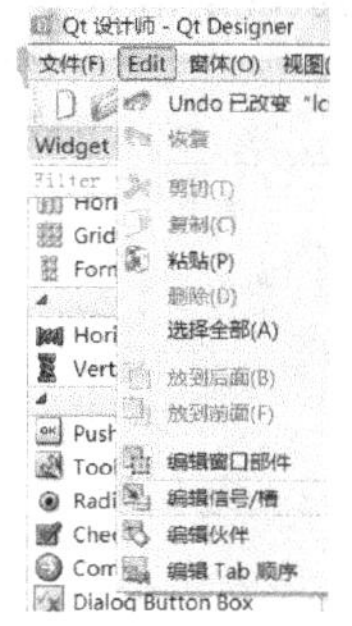

图 7-21 Edit 菜单

图 7-22 绑定信号/槽

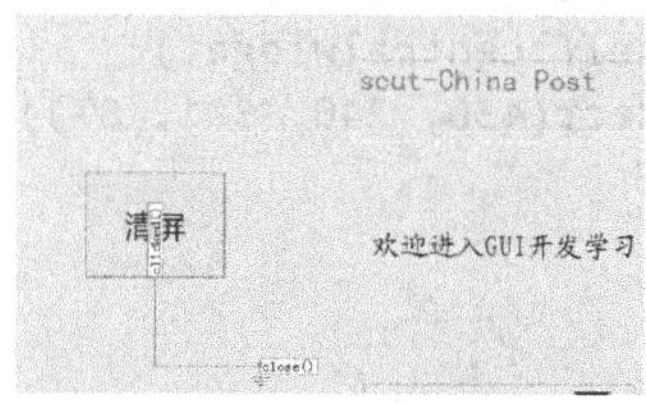

图 7-23 绑定后信号线界面

图 7-24 信号线消失界面

④ 文件转换

将上述绑定号信号/槽的窗体文件保存到 PyCharm 当前文件夹，取名 01-close.ui，然后按前面介绍过的方法将 01-close.ui 文件转换成 01-close.py 文件，见图 7-25。

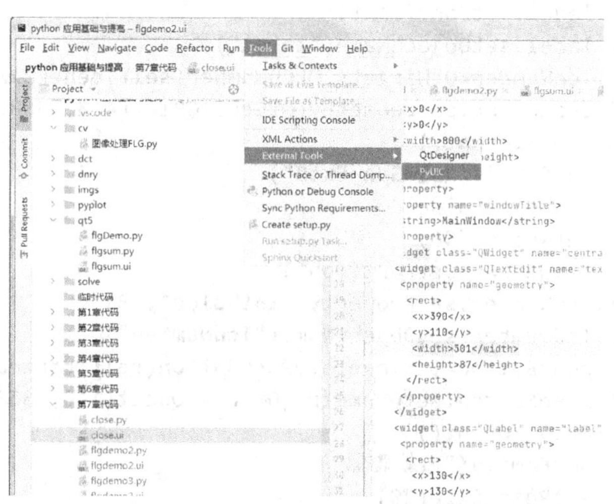

图 7-25 close.ui 文件转换成 close.py 文件

⑤ 添加程序入口

转换得到的 01-close.py 文件还不能运行，需要在后面添加一段程序入口代码，其内容为：

```
import sys                                    #主方法，程序从此处启动 PyQt 设计的窗体
if __name__=='__main__':
    app=QtWidgets.QApplication(sys.argv)
    MainWindow=QtWidgets.QMainWindow()        #创建窗体
    ui=Ui_MainWindow()                        #创建 PyQt5 设计的窗体
    ui.setupUi(MainWindow)                    #调用 PyQt5 窗体
```

```
    MainWindow.setWindowFlags(QtCore.Qt.WindowCloseButtonHint)#显示关闭按钮
    MainWindow.show()                                         #显示窗体
    sys.exit(app.exec_())                                     #退出进程
```

转换得到的代码如下:

```
from PyQt5 import QtCore, QtGui, QtWidgets
class Ui_MainWindow(object):
    def setupUi(self, MainWindow):
        MainWindow.setObjectName("MainWindow")
        MainWindow.resize(1839, 1051)
        MainWindow.setAutoFillBackground(False)
        MainWindow.setStyleSheet("background-color: rgb(170, 255, 255);")
        self.centralwidget=QtWidgets.QWidget(MainWindow)
        self.centralwidget.setObjectName("centralwidget")
        self.textEdit=QtWidgets.QTextEdit(self.centralwidget)
        self.textEdit.setGeometry(QtCore.QRect(430, 240, 301, 87))
        font=QtGui.QFont()
        font.setFamily("黑体")
        font.setPointSize(20)
        self.textEdit.setFont(font)
        self.textEdit.setObjectName("textEdit")
        self.label=QtWidgets.QLabel(self.centralwidget)
        self.label.setGeometry(QtCore.QRect(450, 400, 291, 71))
        font=QtGui.QFont()
        font.setFamily("楷体_GB2312")
        font.setPointSize(18)
        self.label.setFont(font)
        self.label.setObjectName("label")
        self.lcdNumber=QtWidgets.QLCDNumber(self.centralwidget)
        self.lcdNumber.setGeometry(QtCore.QRect(440, 580, 291, 101))
        font=QtGui.QFont()
        font.setFamily("SimSun-ExtB")
        font.setBold(False)
        font.setWeight(50)
        self.lcdNumber.setFont(font)
        self.lcdNumber.setProperty("intValue", 8)
        self.lcdNumber.setObjectName("lcdNumber")
        self.pushButton=QtWidgets.QPushButton(self.centralwidget)
        self.pushButton.setGeometry(QtCore.QRect(140, 360, 151, 111))
        font=QtGui.QFont()
        font.setFamily("微软雅黑")
        font.setPointSize(20)
        self.pushButton.setFont(font)
        self.pushButton.setObjectName("pushButton")
        MainWindow.setCentralWidget(self.centralwidget)
        self.menubar=QtWidgets.QMenuBar(MainWindow)
        self.menubar.setGeometry(QtCore.QRect(0, 0, 1839, 26))
        self.menubar.setObjectName("menubar")
        MainWindow.setMenuBar(self.menubar)
        self.statusbar=QtWidgets.QStatusBar(MainWindow)
        self.statusbar.setObjectName("statusbar")
        MainWindow.setStatusBar(self.statusbar)
```

```
            self.retranslateUi(MainWindow)
            self.pushButton.clicked.connect(MainWindow.close)
            QtCore.QMetaObject.connectSlotsByName(MainWindow)
    def retranslateUi(self, MainWindow):
            _translate=QtCore.QCoreApplication.translate
            MainWindow.setWindowTitle(_translate("MainWindow", "MainWindow"))
            self.textEdit.setPlaceholderText(_translate("MainWindow","scut-
            China Post"))
            self.label.setText(_translate("MainWindow", "欢迎进入 GUI 开发学习"))
            self.pushButton.setText(_translate("MainWindow", "清屏"))
```

其中真正信号绑定的代码为 self.pushButton.clicked.connect(MainWindow.close)这一句代码，如果修改 connect 后面的 MainWindow.close，改为其他自定义函数，就可以运行自定义函数，这为自定义信号/槽机制提供了思路。

⑥ 运行文件

添加了程序入口代码后的 01-close.py 文件，在 PyCharm 环境下运行，得到图 7-26 界面，单击“清屏”，窗体消失，再次运行 01-close.py 文件，窗体再次出现。

图 7-26 运行 01-close.py 文件后界面

7.3.3.2 打开多窗体

本次任务开发需要从一个窗体中，点击 pushButton 按钮控件打开其他 2 个窗体，并在主窗体中显示打开时间及提示内容。

① 创建主窗体文件 main.ui 和 main.py

打开 Qt Designer，选中 Main Window，创建空白窗体，然后在空白窗体中放置 4 个控件，具体情况见表 7-2。

表 7-2 控件名称及基本属性设置

控件名称	属性	设置内容
label	font	黑体，18
	text	欢迎进入窗体切换调试应用
pushButton	font	黑体，18
	text	打开子窗体
textEdit	font	黑体，18
label_2	font	黑体，18
	text	子窗体运行结果传递

完成上述设置后，见图 7-27，取名 02-main.ui 保存在当前文件夹下，然后选中该文件，通过 PyUIC 转换成 02-main.py。

② 创建 2 个空窗体，注意都选 Main Window，分别取名 seconf.ui，third.ui，然后转化成 seconf.py，third.py；在此基础上打开 second.py，在开头添加一句代码：

```
from PyQt5.QtWidgets import QMainWindow
```

同时将原来的下面一行代码：

```
class Ui_MainWindow( object):
```

改为：

```
class Ui_MainWindow(QMainWindow):
```

其他代码不变，保存。对 third.py 文件也作同样处理，否则主窗体调用时无法打开它们。

图 7-27 设置 Main 窗体控件

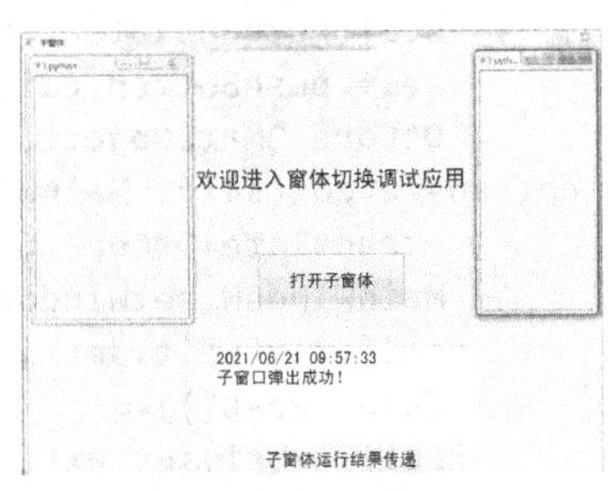

图 7-28 打开子窗体效果

③ 设置信号/槽机制

打开 02-main.py，在“self.retranslateUi(MainWindow)”语句前，添加信号连接语句：

```
self.pushButton.clicked.connect(self.open)
```

然后在“def retranslateUi(self, MainWindow):…”后面添加自定义槽函数：

```
def open(self):
    import second,third
    import time
    self.second=second.Ui_MainWindow()          #创建第 2 个窗体对象
    self.second.show()                          # 显示窗体
    self.third=third.Ui_MainWindow()            #创建第 3 个窗体对象
    self.third.show()
    my_format1="%Y/%m/%d %H:%M:%S"              #定义时间格式
    time1=time.strftime(my_format1)             #为字符串时间
    self.textEdit.setPlainText(time1+ "\n 子窗口弹出成功! ")
```

再添加主窗口程序运行入口代码，具体代码和前面一致，不再赘述。修改添加上述代码后原名保存，运行 02-main.py，点击打开子窗体，得到图 7-28 所示的结果。由图 7-28 可知，程序达到预想的结果要求，程序开发成功。

7.3.3.3 窗体切换

7.3.3.2 的打开多窗体中，无法打开其他窗体的控件，本次开发的任务要求能够打开其他窗体上的所有控件，同时两个窗体之间还可以互相切换，本次开发采用和前面不同的方法，ui 文件无需转换为 py 文件，而是在 py 文件中直接加载 ui 文件，具体开发步骤如下。

① 建立主窗口 ui 文件

打开 Qt Designer，选中 QWidge，创建空白窗体，然后在空白窗体中放置 2 个控件，具体情况见表 7-3，然后以 one.ui 保存。

② 建立子窗口 ui 文件

打开 Qt Designer，选中 QWidge，创建空白窗体，然后在空白窗体中放置 2 个控件，具体情况见表 7-4，然后以 two.ui 保存。

表 7-3 主窗体控件名称及基本属性设置

控件名称	属性	设置内容
pushButton	font	黑体，18
	text	欢迎进入窗体切换实验调试程序这里是窗体 one，点击我进入窗体 two
dataEdit	font	Arial，18
	dataTime	2021/6/22 18:18:18

表 7-4　子窗体控件名称及基本属性设置

控件名称	属性	设置内容
pushButton	font	黑体，18
	text	欢迎进入窗体切换实验调试程序这里是窗体 two，点击我进入窗体 one
calendarWidget	font	Arial，18
	selectData	2021/6/21

③ 建立 one.py 文件

本次开发的 one.py 文件并不需要利用 one.ui 转换文件，全部需要人工输入，具体代码如下：

```
import sys
import two
from PyQt5.QtWidgets import *
from PyQt5.uic import loadUi
class MainUI():                                    #直接读取ui 文件如下:
    def setupUi(self, Form):
        loadUi('one.ui',self)
class Main(QWidget, MainUI):                       #定义主窗体类
    def __init__(self):
        super().__init__()
        self.setupUi(self)
class Child(QWidget,two.childUI):#定义子窗体类,这里的 two,就来自前面 import two
        def __init__(self):
        super().__init__()
        self.setupUi(self)
if __name__=='__main__':
    app=QApplication(sys.argv)
    Main=Main()
    Child=Child()
    Main.show()
    def showmain():                                #自定义槽函数
        Child.close()
        Main.show()
    def showchild():                               #自定义槽函数
        Main.close()
        Child.show()
    Main.pushButton.clicked.connect(showchild)     #定义主窗体信号机制
    Child.pushButton.clicked.connect(showmain)     #定义子窗体信号机制
    sys.exit(app.exec_())
```

④ 创建 two.py 文件

two.py 文件代码比较简单，就是定义打开 two.ui 文件的界面即可，具体代码如下：

```
from PyQt5.uic import loadUi
class childUI():
    def setupUi(self,form):
        loadUi('two.ui',self)
```

⑤ 完成上述任务后，运行 one.py 就可以实现两个窗体之间的互相切换，具体见图 7-29、图 7-30。

针对此例开发，用户如果需要使用其他界面，只需修改两个 py 文件代码中有关“one”和“two”改为用户自己对应的文件名即可，其他无需修改。

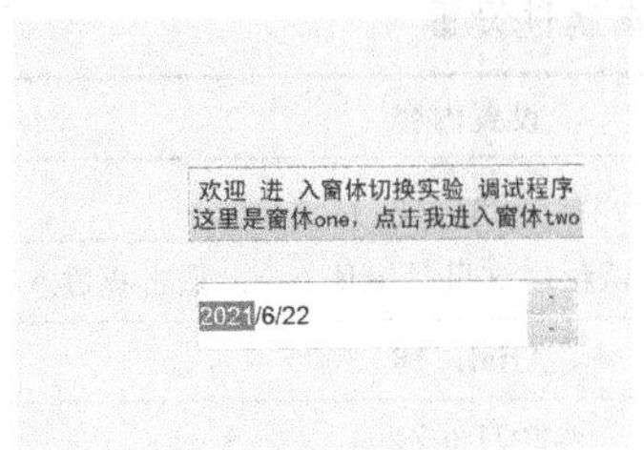

图 7-29 主窗体界面

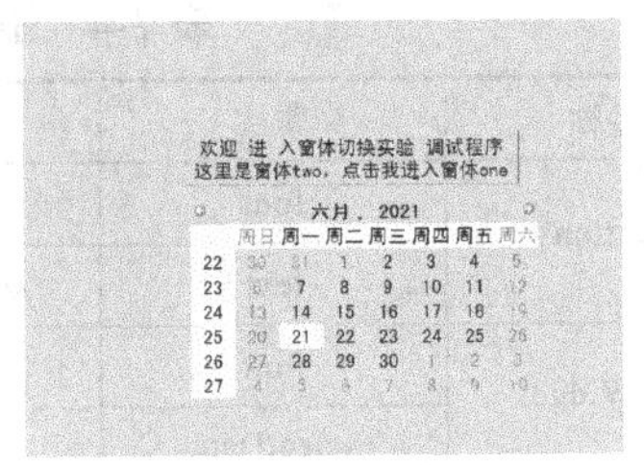

图 7-30 子窗体界面

7.3.3.4 显示时间

本次开发的界面希望程序运行后在窗体上显示当前的时间，并增加一个双重循环语句，通过窗体界面输入每个单循环次数，通过单击运行计时按钮，更新当前时间并显示累加和程序运行时间。

① 窗体界面开发

本次开发的程序界面共设置 6 个控件，具体控件名称及基本设置见表 7-5。

表 7-5 控件名称及基本属性设置

控件名称	属性	设置内容
label	font	楷体_GB2312，18
	text	显示时间
label_2	font	楷体_GB2312，18
	text	循环次数
	styleSheet	background-color: rgb(255, 170, 255)
pushButton	font	楷体_GB2312，18
	text	运行计时
textEdit textEdit_2 textEdit_3	font	黑体，18

打开 Qt Designer，选中 Main Window，创建空白窗体，然后在空白窗体中放置表 7-4 所示的 6 个控件，并作一些基本设置，具体效果见图 7-31，先取名 03-showtime.ui 保存，再转化为 showtime.py 文件。

② 编辑 showtime.py 文件

在 PyCharm 环境下打开 03-showtime.py，本次需要通过 03-showtime.py 代码的修改来设置一些控件的属性及设置信号/槽机制。

首先对控件 pushButton 及控件 textEdit_3 的高度属性进行修改，原转换过来的代码设置如下：

```
self.pushButton.setGeometry(QtCore.QRect(310,340,131,51))
self.textEdit_3.setGeometry(QtCore.QRect(450,340,381,51))
```

注意每行代码中关于控件位置和大小用一个含有 4 个数字的元组来表示，分别表示控件左上角的 x 坐标，y 坐标，长度和高度；其中 x 坐标从左到右增加，y 坐标从上到下增加，现需要将控件 push Button 及控件 textEdit_3 的高度改为 101，故修改代码为：

```
self.pushButton.setGeometry(QtCore.QRect(310,340,131,101))
self.textEdit_3.setGeometry(QtCore.QRect(450,340,381,101))
```

同时将 textEdit_3 的字体大小通过 font.setPointSize(12)由原来的 18 改为 12， 另外当程序启动时，需要在控件 textEdit 中显示当前的时间，需要在“def setupUi(self, MainWindow):”函数下添加以下代码：

```
import time
my_format1="%Y/%m/%d %H:%M:%S"                    #定义时间格式
time1=time.strftime(my_format1)
self.textEdit.setPlainText(time1)
```

为了绑定 pushButton 控件的信号/槽机制，在“def setupUi(self, MainWindow):”函数最后添加以下代码：

```
self.pushButton.clicked.connect(self.showtime)
                                #在“class Ui_MainWindow(object):”添加槽函数:
def showtime(self):
    import time
    my_format1="%Y/%m/%d %H:%M:%S"                #定义时间格式
    time1=time.strftime(my_format1)
    self.textEdit.setPlainText(time1)
    s1=self.textEdit_2.toPlainText()              #获取文本框字符串
    start=time.time()
    s1=int(s1)                                    #字符串转变成数字
    print(s1)
    sum=0                                         #设置初值
    for i in range(s1):
        for j in range(s1+1):
            sum=sum+j
    sum=str(sum)                                  #数值转字符串
    end=time.time()
    op_time=end-start
    str_sum="累加和:\n"+sum+"\n"+"程序运行时间:\n"+str(op_time)+"秒"
    self.textEdit_3.setPlainText(str_sum)
```

最后，再添加主窗口程序运行入口代码，完成上述代码修改后，运行 showtime.py，在循环次数右边输入 10000，点击“运行计时”按钮得到图 7-32 所示的结果。对比图 7-32 和图 7-31 可知，通过代码对控件 push Button 及控件 textEdit_3 的属性修改的效果已经体现出来。本次程序开发过程中，首次用到了通过代码修改控件的属性，同时继续利用代码设置信号/槽机制，程序的开发更加灵活方便，读者可以借鉴此思路进行其他 GUI 程序的开发。

图 7-31　Qt 设计界面

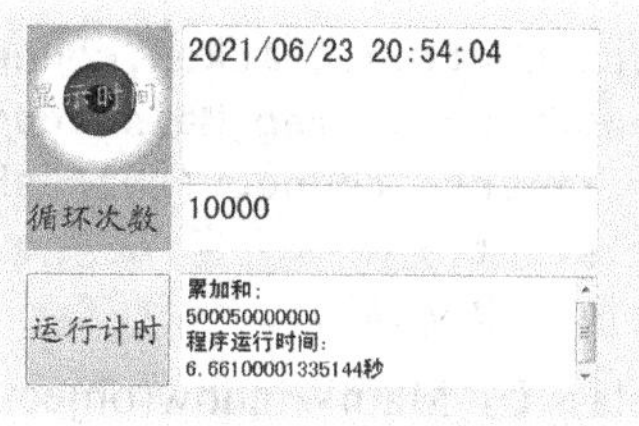

图 7-32　py 文件修改属性后运行界面

7.3.3.5　方程求解

本次需要开发一个单变量多根方程求解的 GUI 界面，要求通过界面数据的输入构建方程结构、求解范围、求解精度及前 16 个根的显示（少于 16 个根的以 0 作为根补充），同时要求绘制函数的图形。

① 界面开发

本次开发尽管涉及的控件数量较多，但涉及的控件类型只有三个，分别是标签控件 label、单行文本框控件 lineEdit、按钮控件 pushButton，共有标签控件 20 个用以说明功能或变量；单行文本框控件 35 个用以设置方程结构参数、方程求解范围、求解精度及所求的根；按钮控件 1 个，作为方程求解的信号发射用。本次开发中对 lineEdit 控件的 alignment 属性的水平和垂直方向均设置为中央对齐，同时通过程序代码 self.lineEdit.setText()设置 lineEdit 控件的初值。所有控件完成字体、背景颜色等一些基础属性设置后取名 04-Multi-root.ui 保存，然后转换为 04-Multi-root.py 文件。

② 设置初值数据

由于需要将 lineEdit 控件中在程序启动时自动填入一些初值方便使用者，需要打开前面转换过来的 04-Multi-root.py 文件，在“def setupUi(self, MainWindow):”下添加下面代码：

```
self.lineEdit_17.setText(str(0))
        self.lineEdit_18.setText(str(0))
        self.lineEdit_19.setText(str(0))
        self.lineEdit_20.setText(str(0))
        self.lineEdit_21.setText(str(0))
        self.lineEdit_22.setText(str(0))
        self.lineEdit_23.setText(str(0))
        self.lineEdit_24.setText(str(0))
        self.lineEdit_25.setText(str(0))
        self.lineEdit_26.setText(str(1))
        self.lineEdit_27.setText(str(2))
        self.lineEdit_28.setText(str(3))
        self.lineEdit_29.setText(str(1))
        self.lineEdit_30.setText(str(1))
        self.lineEdit_31.setText(str(1))
        self.lineEdit_32.setText(str(1))
        self.lineEdit_33.setText(str(-10))
        self.lineEdit_34.setText(str(10))
        self.lineEdit_35.setText(str(0.000001))
```

③ 设置信号槽机制

本次需要设置两个信号发射机制，一个是点击 pushButton 控件时进行函数绘图及根的求解，另一个是程序启动后运行定时装置，定时激发状态栏当前时间显示，在②的代码后面放置以下代码：

```
self.pushButton.clicked.connect(self.bie)      #连接 bie(self)自定义函数
timer=QtCore.QTimer(MainWindow)                #创建一个 QTimer 计时器对象
timer.timeout.connect(self.showtime)           #发射 timeout 信号,与自定义槽函数关联
timer.start()
```

④ 添加自定义函数

在“class Ui_MainWindow(object):”目录的最后面，添加以下代码：

```
def showtime(self):
        import time
        my_format1="%Y/%m/%d %H:%M:%S"                          #定义时间格式
        time1=time.strftime(my_format1)
        self.statusbar.showMessage('当前日期时间:'+time1,0)  #0 表示重复显示
def bie(self):
        import numpy as np
```

```
import matplotlib  as mpl
import matplotlib.pyplot as plt
mpl.rcParams["font.sans-serif"]=["SimHei"]              #保证显示中文字
mpl.rcParams["axes.unicode_minus"]=False
mpl.rcParams["font.size"]=16                             #设置字体大小
mpl.rcParams['ytick.right']=True
mpl.rcParams['xtick.top']=True
mpl.rcParams['xtick.direction']='in'     # 坐标轴上的短线朝内,默认朝外
mpl.rcParams['ytick.direction']='in'
def f(x):                                                #获取数据
    para1=float(self.lineEdit_17.text())
    para2=float(self.lineEdit_18.text())
    para3=float(self.lineEdit_19.text())
    para4=float(self.lineEdit_20.text())
    para5=float(self.lineEdit_21.text())
    para6=float(self.lineEdit_22.text())
    para7=float(self.lineEdit_23.text())
    para8=float(self.lineEdit_24.text())
    para9=float(self.lineEdit_36.text())
    para10=float(self.lineEdit_37.text())
    para11=float(self.lineEdit_40.text())
    para12=float(self.lineEdit_41.text())
    id1=float(self.lineEdit_25.text())
    id2=float(self.lineEdit_26.text())
    id3=float(self.lineEdit_27.text())
    id4=float(self.lineEdit_28.text())
    id5=float(self.lineEdit_29.text())
    id6=float(self.lineEdit_30.text())
    id7=float(self.lineEdit_31.text())
    id8=float(self.lineEdit_32.text())
    id9=float(self.lineEdit_38.text())
    id10=float(self.lineEdit_39.text())
    id11=float(self.lineEdit_42.text())
    id12=float(self.lineEdit_43.text())
    if para6==0:
        return  para1*x**id1+para2*x**id2+para3*x**id3+para4*x**
                id4+para5*(x*np.sin(x))**id5+para7*np.exp(x)**
                id7+para8*np.cos(x) **id8+para9*x**id9+para10*x
                **id10+para11*x*np.cos(x)**id11+para12*x*np.
                exp(x)**id12
    else:     #含有对数项的系数
       return para1*x**id1+para2*x**id2+para3*x**id3+para4*x**id4+
       para5*(x*np.sin(x))**id5+para6*np.log(x)**id6+para7*np.
       exp(x)** id7+para8*np.cos(x)**id8para9*x**id9+para10*x**id10
a=float(self.lineEdit_33.text())
b=float(self.lineEdit_34.text())
esp=float(self.lineEdit_35.text())
plt.figure(figsize=(16,8),num="绘制函数曲线")
x=np.linspace(a,b,300)
y=f(x)
plt.plot(x,y,lw=2,color="b",label="y")       #绘制函数曲线
```

```
plt.xlabel("变量,x",fontsize=18)
plt.ylabel("函数值,f(x)",labelpad=5,fontsize=18)
plt.grid(which='both',axis='both',color='r',linestyle=':',linewidth=1)
plt.xlim(a,b)
plt.legend()
plt.title("函数图")
plt.show()
def binarySolver(f,a,b,eps):
      y1,y2=f(a),f(b)
      if y1*y2>0:
             print(f"the input range [{a},{b}]is not valid,plz check")
             raise ValueError
      elif abs(y1)==0:                               # edge case
             return a
      elif abs(y2)==0:
             return b
      while y1*y2<0:
             mid=(a+b) / 2
             y=f(mid)
       if abs(y)<=eps:
             return mid
        if y*y1<0:
             b=mid                                #[a,mid]
             continue
        if y*y2<0:
              a=mid  #[mid,b]

def binaryMulSolver(f,a,b,eps):
     """ 应对多个零点的方程,找出全部的零点
     f: function
     a,b: search range of root
     eps: precision
     """
     res=[]
     i,j=a,a+0.1                                  #子区间
     while i<b and j<b:
            if f(i)*f(j)<=0:  # one solution exists in [i,j]
                  k=binarySolver(f,i,j,eps)
                  res.append(k)
                  i=j  # modify "start" of the range
            else:
                  j=j+0.1  # modify "end" of the range
      return res
sol1=binaryMulSolver(f,a,b,esp)
for i,s1 in enumerate(sol1):
      print("x{}={:.5f}".format(i,s1))
num=len(sol1)
if num>=18:
     sol=sol1
else:
```

```
        sol=np.zeros(18)
        sol[0:num-1]=sol1[0:num-1]      #根少于 18 个时以 0 填充

    self.lineEdit.setText(str(int(100000*sol[0]+0.5)/100000))
    self.lineEdit_2.setText(str(int(100000*sol[1]+0.5)/100000))
    self.lineEdit_3.setText(str(int(100000*sol[2]+0.5)/100000))
    self.lineEdit_4.setText(str(int(100000*sol[3]+0.5)/100000))
    self.lineEdit_5.setText(str(int(100000*sol[4]+0.5)/100000))
    self.lineEdit_6.setText(str(int(100000*sol[5]+0.5)/100000))
    self.lineEdit_7.setText(str(int(100000*sol[6]+0.5)/100000))
    self.lineEdit_8.setText(str(int(100000*sol[7]+0.5)/100000))
    self.lineEdit_9.setText(str(int(100000*sol[8]+0.5)/100000))
    self.lineEdit_10.setText(str(int(100000*sol[9]+0.5)/100000))
    self.lineEdit_11.setText(str(int(100000*sol[10]+0.5)/100000))
    self.lineEdit_12.setText(str(int(100000*sol[11]+0.5)/100000))
    self.lineEdit_13.setText(str(int(100000*sol[12]+0.5)/100000))
    self.lineEdit_14.setText(str(int(100000*sol[13]+0.5)/100000))
    self.lineEdit_15.setText(str(int(100000*sol[14]+0.5)/100000))
    self.lineEdit_16.setText(str(int(100000*sol[15]+0.5)/100000))
```

⑤ 添加主程序入口

主程序入口代码同前面例子，添加完后，运行上述程序，输入方程结构数据，本次求解的方程是 x-10$x$sin$x$+2=0，求解范围[0，60]，求解精度为 0.000001，输入各项参数后，点击求解，得到图 7-33 所示的求解结果。

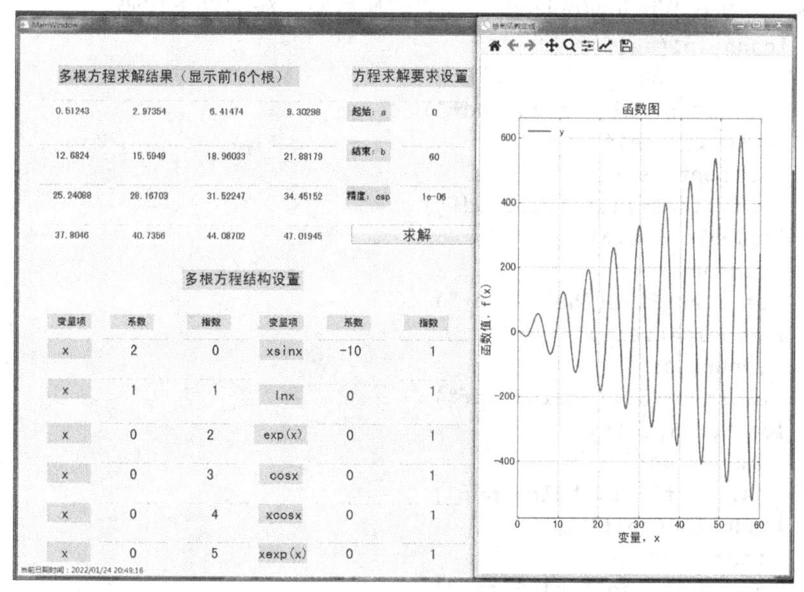

图 7-33　多根方程求解结果图

在上述方程求解过程中，需要注意一个细节问题，求解方程中常数项输入问题，本次方程中有常数项 2，通过 $2x^0$ 的设置来实现。

7.3.3.6 文件操作

本次开发的文件操作 GUI 程序是通过 Python 打开帮助文档，以打开本书前 6 章的目录为例进行开发。

① 文档准备

本书前6章每一章的目录制作成一个pdf文件，依次取名为help1.pdf、help2.pdf、help3.pdf、help4.pdf、help5.pdf、help6.pdf，并将这些文件放在和开发的 Python 文件相同的目录下，供 Python 文件调用。

② 界面开发

打开 QtDesigner,设置 6 个 pushButton 控件和一个 label 控件，具体效果见图 7-34，取名 05-loadfile.ui 保存在 PyCharm 对应的目录，通过 PyUIC 转换成 05-loadfile.py。

③ 设置信号槽机制

本次需要设置 7 个信号发射机制，一个是程序启动后运行定时装置，定时激发状态栏当前时间显示，另外 6 个是点击 pushButton 控件时打开对应的 pdf 文档，在“def setupUi(self, MainWindow):”下添加下面代码：

```
timer=QtCore.QTimer(MainWindow)             #创建一个 QTimer 计时器对象
timer.timeout.connect(self.showtime)        #发射 timeout 信号
timer.start()                               #启动计时
self.pushButton.clicked.connect(self.loadhelp1)
self.pushButton_2.clicked.connect(self.loadhelp2)
self.pushButton_3.clicked.connect(self.loadhelp3)
self.pushButton_4.clicked.connect(self.loadhelp4)
self.pushButton_5.clicked.connect(self.loadhelp5)
self.pushButton_6.clicked.connect(self.loadhelp6)
```

④ 添加自定义函数

在“class Ui_MainWindow(object):”目录的最后面，添加以下代码：

```
    def loadhelp1(self):
        import os
        os.startfile("help1.pdf")
    def loadhelp2(self):
        import os
        os.startfile("help2.pdf")
    def loadhelp3(self):
        import os
        os.startfile("help3.pdf")
    def loadhelp4(self):
        import os
        os.startfile("help4.pdf")
    def loadhelp5(self):
        import os
        os.startfile("help5.pdf")
    def loadhelp6(self):
        import os
        os.startfile("help6.pdf")
    def showtime(self):
        import time
        my_format1="%Y/%m/%d %H:%M:%S"  # 定义时间格式
        time1=time.strftime(my_format1)
        self.statusbar.showMessage('当前日期时间:' + time1, 0)  #
```

⑤ 添加主程序入口

主程序入口代码和前面一致，放在程序最后面，运行程序，依次点击第一章目录、第二章目录、第三章目录、第四章目录、第五章目录、第六章目录就可以打开对应文件，见图 7-35。

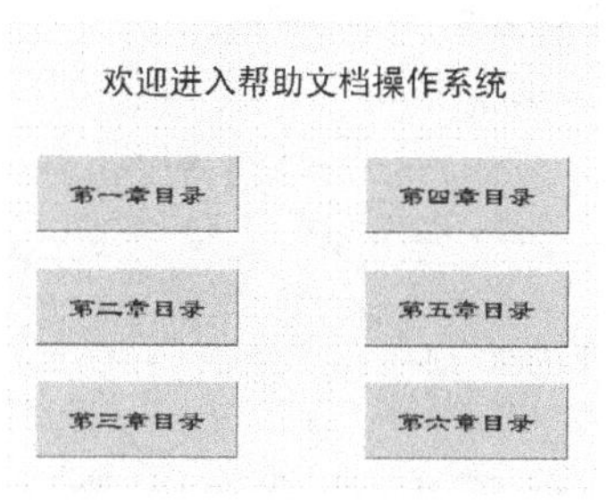

图 7-34　控件设置界面

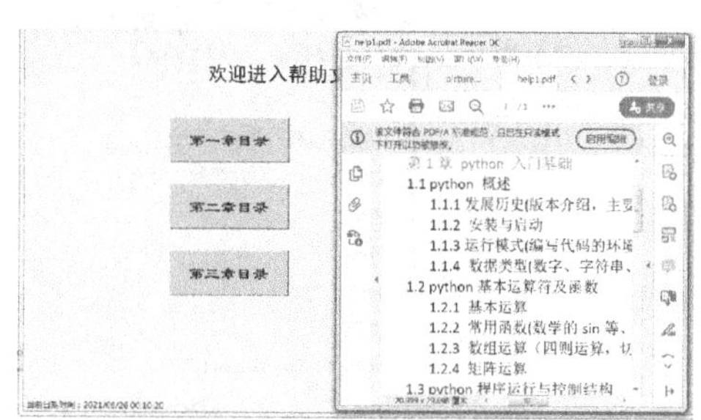

图 7-35　程序运行界面

7.4　复杂用户界面开发应用实例

下面是华南理工大学 Python 开发小组开发的两个采用 GUI 界面的应用程序，目前程序版本为 0.1 版本，处于初创阶段，按 Python 软件开源协议可以共享，需要的读者可以通过邮件联系作者。

7.4.1　方程求解及过程优化系统开发

（1）软件功能介绍

工程设计和开发过程中涉及大量的方程求解、参数拟合、优化计算的问题，本软件结合工程计算和优化知识，开发了一款功能完备、简单易用、免费开源、可拓展性良好的数值分析与优化软件，具体内容包含单变量方程求解、方程组求解、微分方程求解、插值与数值积分求解、优化计算、数据参数拟合六大功能模块，可以解决涉及数值计算与优化计算的各种问题。

（2）具体应用界面

软件将每一个功能模块开发成一个 GUI 界面，用户可以方便地通过界面定义问题、输入参数，最后点击运算按钮，方便地获得运算结果，具体界面见图 7-36～图 7-41。

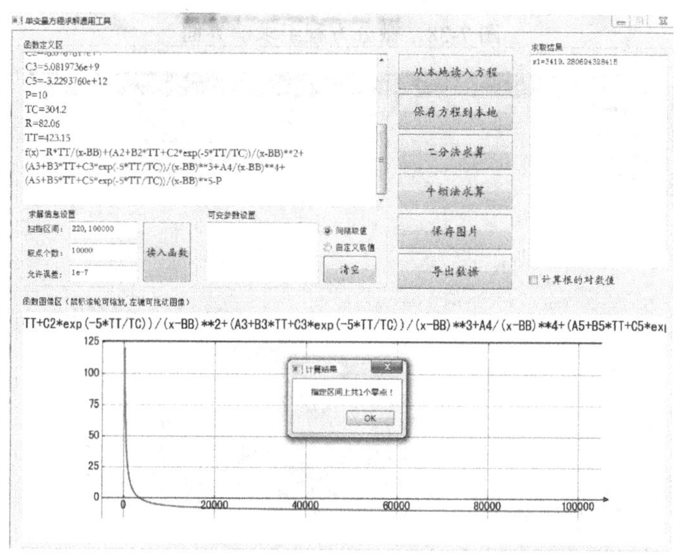

图 7-36　单变量方程求解界面

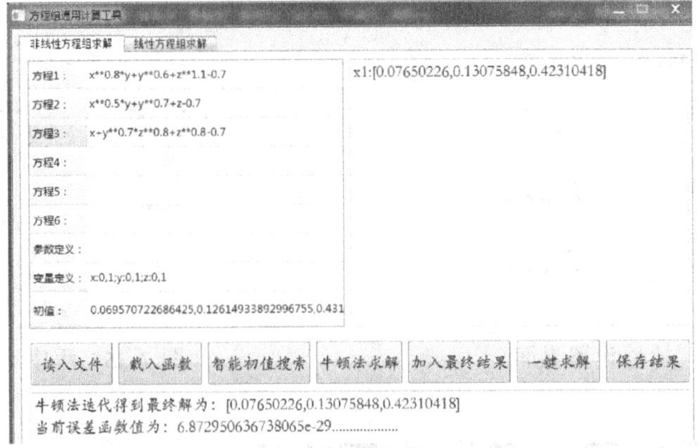

图 7-37　常规方程组求解界面

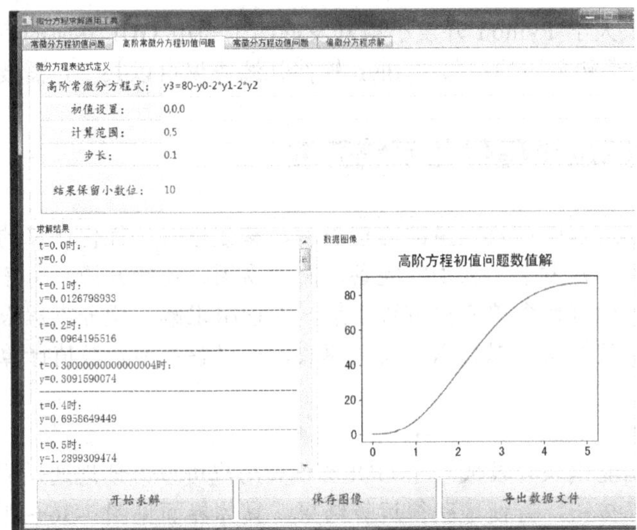

图 7-38　微分方程组求解界面

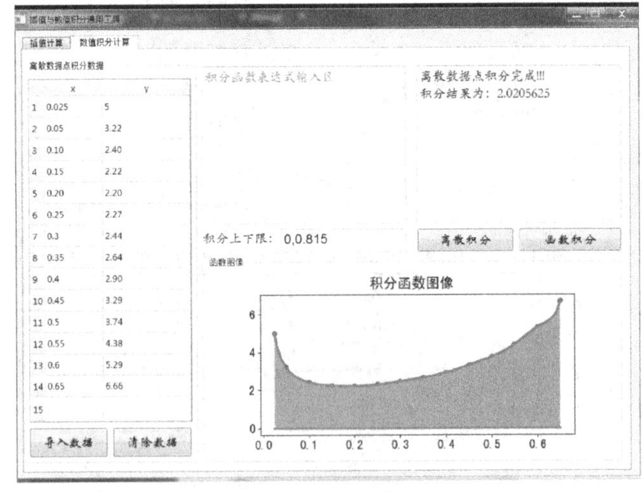

图 7-39　插值与数值积分求解界面

图 7-40　通用参数拟合求解界面

图 7-41　通用系统优化界面

7.4.2　实验数据处理及图像绘制系统开发

（1）软件功能介绍

本软件是一款基于 Python 的实验数据处理及图像绘制系统，可以进行实验数据绘制及常见函数的数据拟合。在实验数据绘制时有多种选项供用户选择，初步满足用户对数据图像绘制的要求。

（2）具体应用界面

软件运行后进入系统，显示图 7-42 所示的主窗体，在主窗体中输入数据，选择 A 列为 X 轴，B 列为 Y 轴，点击绘图，可以得到图 7-43 所示的结果图。当然还可以进行更多的其他选项，如“图像选择”中选择“饼图”并进行一些基本设置后，可以得到图 7-44 所示的图形，也可以进行数据拟合，如选择多项式 2 次拟合，选中数据后得到图 7-45 的拟合结果图。

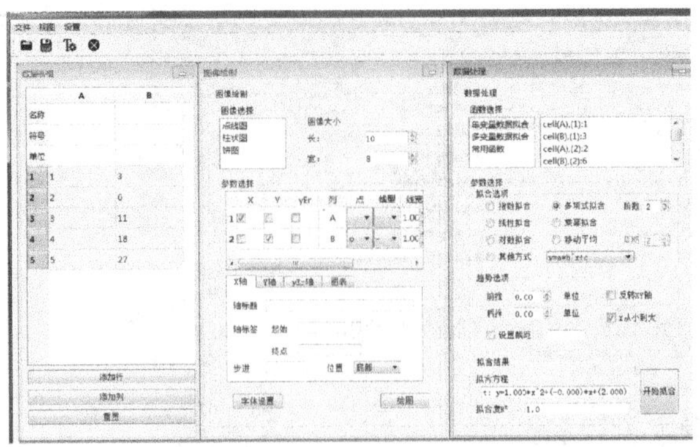

图 7-42 软件主窗体

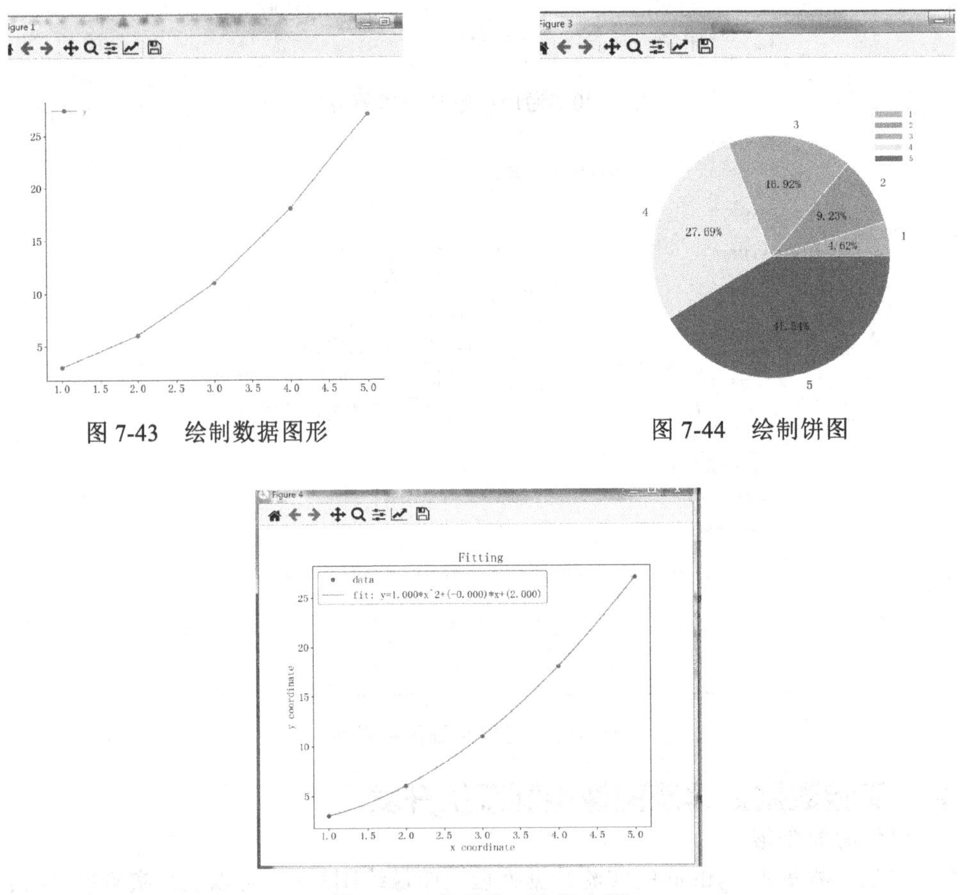

图 7-43 绘制数据图形

图 7-44 绘制饼图

图 7-45 多项式二次拟合图

本章重点知识

本章重点知识在于掌握 Qt Designer 各种控件的具体应用及其在不同窗体之间信号的传递，尤其要注意在具体编写自定义槽函数时控件名称的前缀添加部分及控件数值属性获取和控件数值属性设置在代码上的不同，注意字符串变量和数值变量之间的转换，保证开发的 GUI 程序能完成预定的设计任务。

习　题

1. 利用本章介绍的 GUI 知识，结合 Pythony 语言，开发一款趣味的小游戏，如成语接龙、挖地雷等，要求全部知识点无需借助外部其他软件完成。

2. 结合各自的专业需求，设置一个具体的任务需求，开发一个和 7.4 节相仿的程序，要求能具体运行，解决专业实际问题。

第 8 章 数据统计与分析

【本章导读】

本章主要阐述如何用 Python 语言的基本函数及第三方库等工具来进行数据统计和分析工作，重点介绍 Pandas、Seaborn、Statsmodels 等第三方库在数据统计和分析中的主要应用，至于有关涉及数据统计与分析的专业知识及具体公式不作详细介绍，只是直接拿来应用或直接给出结果，读者想要了解有关数据统计和分析的详细资料请参考本书所附的参考资料或其他有关数据统计和分析的专著。

8.1 数据统计与分析概述

8.1.1 数据

数据（data）无处不在，数据是信息的原始材料，数据是变量的观测值。对数据的定义，没有一个统一的定义，如对于计算机科学而言，数据是指所有输入到计算机的数字、字母、符号和模拟量等的通称；而对于企业信息管理系统而言，数据是指企业的性质、员工人数、产品规格及数量、原材料名称及消耗量、现金流、客户数量、银行贷款等一系列和企业有关的资料及具体数值。对于区域环境信息系统而言，数据是指本区域的降水量、日照时间、日均温度、日均臭氧浓度、日均 PM2.5 浓度、年台风次数等；而对于科学实验而言，数据是指实验条件和实验结果。实验条件有实验设备、实验原料、实验工况，如采用什么型号的反应釜、什么规格的渗透膜、催化剂是什么、用量多少、反应温度、反应压力等；而实验结果的数据有产物总量、颜色、粒径、组分浓度等。总之，不同的研究领域、不同的行业对数据的具体指向有所不同，但就一般而言，数据（data）是自然现象、社会现象、实验现象的事实反映或观察结果，是对客观事物的逻辑归纳，是用于表示客观事物的未经加工的原始素材。

依据前面对数据的定义可知，数据可以是具体的数值如企业员工人数 5000 人，也可以是分类形式如企业性质为民营企业、国有企业等，也可以是顺序号如空调设备的能效等级为 1 级、2 级、3 级。以上数据的分类是根据数据的计量尺度划分为数值型数据、分类型数据、顺序型数据共三类，其中数值型数据又称定量数据；分类型数据、顺序型数据可归为定性数据，定性数据有些文献称为描述型数据。

许多数据和时间有关，时间改变，数据也随之改变，按照数据是否和时间有关又可以分为截面数据和时间序列数据。如区域环境信息系统中的日均温度、日均臭氧浓度等数据和时间有关，属于时间序列数据，该数据在不同的日期具体的数值是不同的。时间序列数据是同一指标按时间顺序记录的数据列。在同一数据列中的各个数据必须是同口径的，要求具有可比性。时序数据的时间可以是时期数，也可以是时点数，时间序列数据又称纵向数据。和时间序列数据相对的是截面数据，截面数据是指在同一时间（时期或时点）截面上反映一个总体的一批（或全部）个体的同一特征变量的观测值，例如，某企业统计在过去一年生产了多少产品、消耗了多少原材料、排放了多少废物等企业统计数据、人口普查数据等属于截面数据，截面数据又称横向数据。

如果按数据收集方法分，数据可以分为观测数据和试验数据。观测数据的获得无需经过人为设计的实验，根据自然现象或企业生产、部门工作、团队活动等实际情况，通过观测和收集获得的数据；而试验数据需要通过实验研究，通过人为的设计各种实验，通过测量得到各种数据，如实验过程中的温度、压力、流量等数据。至于Python语言中的数据类型一般可分为数字（Number）、字符串（String）、列表（List）、元组（Tuple）、集合（Set）、字典（Dictionary）共六大类。

了解数据的类型是为了更好地对数据进行统计和分析，不同类型的数据常常需要采用不同的建模分析方法，如时间序列数据，需要建立时间序列有关的模型，进行数据分析。

8.1.2 统计

何谓统计，简单地说就是统而计之，就是搜集数据、整理数据、计算数据，进而在统计的基础上分析数据，获得数据内在的客观规律，预测数据的变化趋势，为决策提供依据。兵法有云：知己知彼，百战不殆。这里的知己知彼就是要知道自己和对方跟兵力有关的各项统计数据，并通过对兵力数据的分析，制定具体的用兵策略。古时用兵者需要统计敌我双方的兵力数据，以确保自己用兵策略的正确性，而作为一个国家统治者，为了更好地管理好国家，更加需要通过统计工作弄清国家的人力、物力和财力。当然那时的统计工作只是相对简单的对数据进行归类和计数，没有现在各种复杂的数据检验、数据回归等数据分析工作。发展到现在大数据时代，数据的作用越来越重要，谁掌握了数据，也就掌握了先机，掌握了一切行动的主动权，数据已经是一种重要的国防资源，必须从国家安全层面加以管控。

8.1.3 数据分析

通过数据统计，人们获得经过显式归类、计数等初级处理后的数据，在此基础上，再进行进一步的数据处理工作，便是数据分析。如对数值型数据进行求平均值、中位数、标准差、方差、上下四分位、极差、众数。数据分析还包含对数据的各种检验、回归、相关性分析、透视化表示等工作。数据分析一般包括聚类分析（cluster analysis）、因子分析（factor analysis）、相关分析（correlation analysis）对应分析（correspondence analysis）、回归分析（regression analysis）、方差分析(variance analysis)等分析工作。

8.2 Pandas 库

8.2.1 Pandas 库简介

Pandas 库的名称来自于面板数据（panel data）和数据分析（data analysis）的英文缩写，是数据处理最常用的分析库之一，可以读取诸如 txt、csv、excel、json 等各种格式的数据文件，也可以将数据输出到 excel 表中或 csv 文件中。Pandas 库最初由 AQR Capital Management 于 2008 年 4 月开发，并于 2009 年底开源发布，目前由专注于 Python 数据包开发的 PyData 开发团队继续开发和维护，属于 PyData 项目的一部分。Pandas 有两个非常重要的数据结构：Series 和 DataFrame。读者需要注意的是与 Panel 有关的数据结构已在该库的 0.25.0 版本中删除，相关内容可加载 xarray 库。Series 和 DataFrame 这两个数据结构，分别代表着一维的序列和二维的表结构，利用这两个数据结构，Pandas 可以对数据进行导入、清洗、统计和输出等处理工作。

在 Windows 系统下安装 Pandas 库，可以通过 cmd 环境下输入“pip install pandas”安装 Pandas 库，当然必须保证你的计算机是连网的，最新的版本是 1.2.1。安装好 Pandas 库，在 IDLE 交互环境下输入“import pandas as pd” 命令，如返回空白符“>>>”，则表明系统已安装好 Pandas 第三库，可以通过“dir(pd)”命令查找 Pandas 库中的全部方法、模块、函数，输入“dir(pd)”命令后回车，系统返回如下信息：

```
['BooleanDtype','Categorical','CategoricalDtype','CategoricalIndex','DataFrame','Date
Offset','DatetimeIndex','DatetimeTZDtype','ExcelFile','ExcelWriter','Flags','Float32D
type','Float64Dtype','Float64Index','Grouper','HDFStore','Index','Index Slice','Int16-
Dtype','Int32Dtype','Int64Dtype','Int64Index','Int8Dtype','Interval','IntervalDtype',
'IntervalIndex','MultiIndex','NA','NaT','NamedAgg','Period','PeriodDtype','PeriodIndex',
'RangeIndex','Series','SparseDtype','StringDtype','Timedelta','TimedeltaIndex','Times
tamp','UInt16Dtype','UInt32Dtype','UInt64Dtype','UInt64Index','UInt8Dtype','__builtins__',
'__cached__','__doc__','__docformat__','__file__','__getattr__','__git_version__',
'__loader__','__name__','__package__','__path__','__spec__','__version__','_config','
_hashtable','_is_numpy_dev','_lib','_libs','_np_version_under1p17','_np_version_under
1p18','_testing','_tslib','_typing','_version','api','array','arrays','bdate_range','
compat','concat','core','crosstab','cut','date_range','describe_option','errors','eva
l','factorize','get_  dummies','get_option','infer_freq','interval_range','io','isna',
'isnull','json_normalize','lreshape','melt','merge','merge_asof','merge_ordered',
'notna','notnull','offsets','option_context','options','pandas','period_range','pivot',
'pivot_table','plotting','qcut','read_clipboard','read_csv','read_excel','read_feather','
read_fwf','read_gbq','read_hdf','read_html','read_json','read_orc','read_parquet',
'read_pickle','read_sas','read_spss','read_sql','read_sql_query','read_sql_table',
'read_stata','read_table','reset_option','set_eng_float_format','set_option','show_
versions','test','testing','timedelta_range','to_datetime','to_numeric','to_pickle','
to_timedelta','tseries','unique','util','value_counts','wide_to_long']
```

上面共有 142 项内容，涉及各种方法、函数、模块，如 DataFrame、DatetimeIndex、ExcelFile、Series、read_csv、read_excel、read_html、read_json。如果要了解 Pandas 库的主要功能介绍，可以在交互环境下输入 help(pd) 回车后得到对该库内容的介绍。

8.2.2 Series 数据结构

Series 是 Pandas 库的一种重要数据结构，属于一维数组，与 NumPy 库中的一维数组 array 类似，能保存不同种数据类型，如字符串、布尔值、数字等都能保存在 Series 中。如要查看 Series 数据结构的功能及其具体应用，可以在交互环境下通过下面代码实现：

```
>>> import pandas as pd
>>> help(pd.Series)
```

系统提示共有 13501 行内容，读者可以自行运行上述代码，通过双击鼠标打开压缩的文档，也可以通过点击右键，保存文档或浏览文档。如果想查阅 Series 有哪些方法、函数、属性等，可以在交互环境下输入“dir(pd.Series)”命令即可，详细内容请读者自行查阅。

8.2.2.1 创建 Series 数据结构

Series 数据结构的创建十分简单，在通过“import pandas as pd”命令导入 Pandas 的前提下（后面不再提及，默认系统已导入 Pandas 库、NumPy 库、SciPy 库、Matplotlib 库等主要核心库），其全面创建格式为：

```
pd.Series(data=None,index=None,dtype=None,name=None,copy=False,fastpath=
False)
```

其中只有参数data为必选参数，其余参数均可缺省或通过对数据属性的设置进行添加，创建Series数据最简单的格式为：

```
pd. Series(data)
```

其中数据data可以是列表、元组、字典、字符串序列、数组等，如下面创建的Series数据均是合理的：

```
ds1=pd.Series(np.arange(10))          #数组创建 Series
ds2=pd.Series([1,2,3,4,5,6])          #列表创建 Series
ds3=pd.Series ((1,3,6,9,12,15))       #元组创建 Series
```

交互环境下运行pd.Series([138,129,148,88,97,78])，系统得到以下数据结构：

```
0    138
1    129
2    148
3     88
4     97
5     78
dtype: int64
```

注意第一列是索引号，自动默认添加，从0开始，间隔1，和数组的索引类似，但Series数据结构的索引可以改为任何可散列类型的数据；第二列是具体的数据，最后一行是对具体数据类型的说明，比如本例中的数据类型为int64，似乎看上去这个数据结构和NumPy的数组似乎有没有多大的改进，但Series数据结构和NumPy的数组相比具有更多的属性和方法，如对于上面设置的数据结构，可以将索引index变成具体的课程名称，将数据名称name变成“张三2021高考成绩”，数据的指向就一目了然，具体代码如下：

```
ds=pd.Series([138,129,148,88,97,78])
ds.index=['数学','语文','英语','化学','物理','生物']
ds.name="张三 2021 高考成绩"
print("张三 2021 高考成绩单:")
print(ds)
print("总成绩=",ds.sum())
```

运行上述代码，得到以下结果：

张三2021高考成绩单：

```
数学    138
语文    129
英语    148
化学     88
物理     97
生物     78
Name: 张三 2021 高考成绩, dtype: int64
总成绩=678
```

由此可见，通过索引和名称的修改，可使Series数据结构具备更多的可读性，同时通过sum()方法求取高考总成绩，尽管求取数据总和这个方法在数组中也有，但Series数据结构还有更多的有关统计方面的方法，将在后续章节中介绍，本节具体代码请参考本章程序01-creat_Series.py。

8.2.2.2 Series数据之间基本运算

Series数据之间可以进行+, -, /, *, **运算，运算时只有具有相同索引值的数据进行对应的运算，最后的索引以同值合并，不同值以前后堆叠的形式出现，注意无法合并的索引对应的值以NaN出现，而同值索引对应的值按正常的加、减、除、乘（+, -, /, *）进行运算，如下面代码：

```
ds1=pd.Series([138,129,148])
ds2=pd.Series([128,109,118,67,89,92])
print("ds1+2*ds2:\n",ds1+2*ds2)
print("ds1/ds2:\n",ds1/ds2)
print("log(ds2):\n",np.log(ds2))
```

返回结果为：

```
ds1+2*ds2:
0    394.0
1    347.0
2    384.0
3      NaN
4      NaN
5      NaN
dtype: float64
ds1/ds2:
0    1.078125
1    1.183486
2    1.254237
3         NaN
4         NaN
5         NaN
dtype: float64
log(ds2):
0    4.852030
1    4.691348
2    4.770685
3    4.204693
4    4.488636
5    4.521789
dtype: float64
```

其实 Series 数据具备和数组相仿的各种功能，除了加、减、除、乘、乘方运算外，还可以进行三角函数、对数函数、指数函数等运算，更多的例子请参看本章 02-Basic_Cal.py 程序。

8.2.2.3 Series 数据属性设置及索引

Series 数据结构和数组最大的不同是可以重置数据的索引属性及数据名称，增强数据的可读性，使读者一目了然明白数据的具体含义。如有以下 21 个数据建立的 Series 数据结构：

```
data=[74,85.5,94.5,79,72,86,93.5,85.5,95,75,97.5,87,73,94.5,60,54.5,74,88,71,
89,75]
ds=pd.Series(data)                  # 列表创建 Series
```

通过添加数据名称属性及重置索引属性，代码如下：

```
ds.name="CAD score"                 #添加数据名称属性
ds.index=["张三","李四","方一","郭二","何三","何四","黎五","李六","吕二",
"马三","莫二","彪三","庞一","欣三","松二","周三","耿四","董三","文二","龙三","马尔"]
                                    #重置索引属性
```

再通过“print(ds)”语句，就可以得到以下具体的数据结构：

```
张三    74.0
李四    85.5
方一    94.5
郭二    79.0
```

```
何三    72.0
何四    86.0
黎五    93.5
李六    85.5
吕二    95.0
马三    75.0
莫二    97.5
彪三    87.0
庞一    73.0
欣三    94.5
松二    60.0
周三    54.5
耿四    74.0
董三    88.0
文二    71.0
龙三    89.0
马尔    75.0
Name: CAD score, dtype: float64
```

上述数据结构读者就可以一目了然，是 21 名同学 CAD 课程的成绩，并且有 21 名同学的名字及其对应成绩。有了上述数据结构，Series 数据也可以像数组一样可以进行任意的索引操作，如下面代码的索引是合理的：

```
print('ds[["方一","郭二","何三"]]:\n',ds[["方一","郭二","何三"]])
                                                #索引列表访问数据
print('ds[["马三"]]:\n',ds[["马三"]])           #索引列表访问数据
print('ds["马三"]=',ds["马三"])                 #索引下标访问数据
print("ds.欣三=",ds.欣三)                       #索引属性访问数据
```

运行上述代码，达到下面数据结构：

```
ds[["方一","郭二","何三"]]:
方一    94.5
郭二    79.0
何三    72.0
Name: CAD score, dtype: float64
ds[["马三"]]:
马三    75.0
Name: CAD score, dtype: float64
ds["马三"]=75.0
ds.欣三=94.5
```

注意用索引列表来访问数据时，返回的是一个新的原始数据结构的子集，而其他形式来访问时，只得到对应索引的具体数值，没有索引名称和数据结构名称显示，如 ds["马三"]只返回“马三”的成绩 75.0，没有其他有关数据结构的信息。对于 Series 数据的索引 index 属性和数值 value 属性具有和数组相仿的性质，可以利用数组下标进行访问和切片操作，下面是可行的操作：

```
print(ds.values[1:11:2])     #从下标序号 1 开始,到 11 结束,但不包含 11,每次增加 2
print(ds.index[16:])         #从下标序号 16 开始,直至结束,
```

运行上述代码，返回下列信息：

```
[85.5 79.  86.  85.5 75.]
Index(['耿四','董三','文二','龙三','马尔'], dtype='object')
```

由上述返回信息可知，index 和 value 属性确实具有和数组相仿的访问和切片功能，本节具体程序请参见本章 03-set_index.py。

8.2.2.4 Series 数据统计信息计算方法

Series 数据结构除了上述特性及功能外，还有大量的统计信息计算方法，为我们对数据的处理提供了快捷便利的方法，常用的统计函数见表 8-1。

表 8-1 Series 数据结构常用统计方法

函数名称	功能及计算公式	例子
count()	计算非空值 NaN 元素个数	in：pd.Series([3,4,np.NaN]).count()) out：2
describe()	一次性输出多个统计指标，包括 mean，count,，,std,min,max 等	in: pd.Series([3,4,5,6]).describe()) out: mean 4.500000 std 1.290994 min 3.000000 25% 3.750000 50% 4.500000 75% 5.250000 max 6.000000
min()	最小值	in：pd.Series([3,4,5).min()) out：3
max()	最大值	in：pd.Series([3,4,5).max()) out：5
sum()	总和：$sum=\sum_{i=1}^{n}x_i$	in：pd.Series([3,4,5).sum()) out：12
mean()	均值：$\bar{x}=\frac{\sum_{i=1}^{n}x_i}{n}$	in: pd.Series([3,4,5,6]).mean()) out:4.5
median()	中位数，数据个数 n 为奇数时，为从小到大排序的第(n+1)/2 个数；数据个数为偶数时，为从小到大排序的第 n/2 个及第 n/2+1 个的两个数的平均值	in:pd.Series([3,4,5,5.5,6,18,45]).median()) out:5.5 in:pd.Series([2,3,4,6,7,8,18,45]).median() out:6.5
var()	方差：$var=\frac{\sum_{i=1}^{n}(x_i-\bar{x})^2}{n-1}$	in: pd.Series([3,4,5,6,7]).var() out:2.5
std()	标准差：方差的平方根	in: pd.Series([3,4,5,6,7]).std() out:1.58113883
argmin()	统计最小值的索引位置	in: pd.Series([3,4,5,1,6,7]). argmin () out:3
argmax()	统计最大值的索引位置	in: pd.Series([3,4,5,1,6,7]). argmax () out:5
idxmin()	统计最小值的索引值	in: pd.Series([3,4,5,1,6,7]).idxmin() out:3
idxmax()	统计最大值的索引值	in: pd.Series([3,4,5,1,6,7]). idxmax () out:5

如对上面 8.2.2.3 小节中 CAD 成绩数据进行统计，具体代码如下：

```
print("考试人数:",ds.count())
print("最低成绩:",ds.min())
print("平均成绩:",ds.mean())
print("中位成绩:",ds.median())
print("成绩方差:",ds.var())
print("成绩标准差:",ds.std())
```

```
print("最小成绩索引位置:",ds. argmin ())
print("最小成绩索引值:",ds.idxmin())
print("最大成绩索引位置:",ds. argmax ())
print("最大成绩索引值:",ds.idxmax())
```

运行结果如下：

```
考试人数:21
最低成绩:54.5
平均成绩:81.11904761904762
中位成绩:85.5
成绩方差:138.27261904761906
成绩标准差:11.758937836710382
最小成绩索引位置:15
最小成绩索引值:周三
最大成绩索引位置:10
最大成绩索引值:莫二
```

注意索引位置和索引值可以相同也可以不同，当没有单独对 Series 数据设置索引值时，索引位置和索引值一致；如有单独设置索引值，则一般情况下索引值和索引位置不同，有关 Series 数据结构更多的统计方法请读者自己练习，记住多练习是学习软件的唯一之道，本节具体程序请参见本章程序 04-CAD_stats.py。

8.2.2.5 Series 数据图形绘制

Series 数据结构提供了基于 Matplotlib 第三库的图形绘制方法，其调用方法通过下面代码实现：

```
ds.plot(kind="bar",*)
```

其中 ds 表示 Series 数据，参数 kind 可以是 Matplotlib 中的各种绘制方法，可以是 line、bar、hist、pie 等；*表示各种和绘制方法有关的各种参数，如颜色、线条形式等，除了将绘制方法通过 kind 设置，绘制数据放在 plot 前面外，其余各种设置方法和在第 2 章介绍的方法完全一致，如中文显示设置、字体大小设置、坐标范围设置、标题设置等，利用前面 CAD 课程成绩的 Series 数据，我们绘制了线条图（line）和直方图（hist），详细代码参看本章程序 05-Seri_plot，核心代码如下：

```
fig, ax=plt.subplots(figsize=(9, 9))                  #绘制直方图
ds.plot(kind="hist",bins=range(50,101,10),rwidth=0.5,align="left",edgecolor=
        'r',label="课程成绩分布图")
plt.xlabel("CAD 成绩")
plt.ylabel("学生人数")
ax.set_xticklabels(['','50-60','60-70','70-80','80-90','90-100'])
plt.ylim(0,9)
plt.legend()
fig, ax=plt.subplots(figsize=(9, 9))             #绘制线条图
ds.plot(kind="line",label="score",lw=2,color="blue")
plt.ylabel("CAD 成绩")
plt.xlabel("学生姓名",labelpad=5)
ax.set_xticks(np.arange(0,21))
ax.set_yticks(np.arange(50,101,2))
ax.set_xticklabels(dxt)
plt.legend()
plt.grid()
plt.figure()                                          #绘制饼图
ds.name=""
```

```
ds.plot(kind="pie",startangle=45,shadow=True,autopct="%3.1f%%")
plt.title("CAD 成绩各人百分占比图",fontsize=28)
plt.show()
```

运行上述核心代码所在的本章程序 Seri_plot，得到图 8-1、图 8-2 和图 8-3。

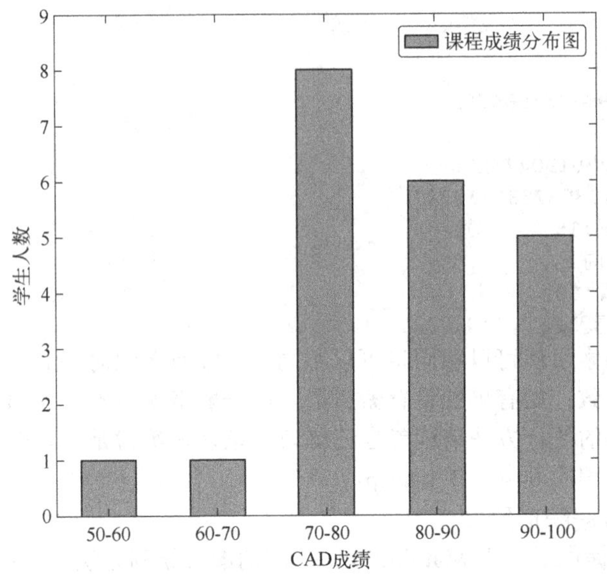

图 8-1 CAD 成绩直方图

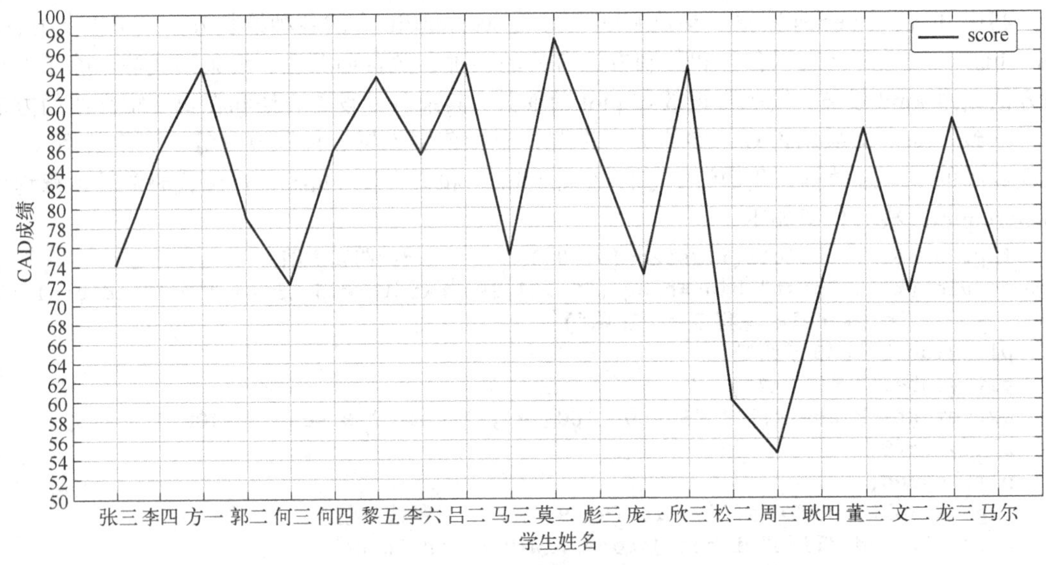

图 8-2 CAD 成绩线条图

8.2.3 DataFrame 数据结构

DataFrame 数据结构是 Pandas 中另一种重要的核心数据结构，不同于 Series 的一维序列数据，DataFrame 为二维表格型数据，和平常的 Excel 电子表格或 SQL 表结构相似。DataFrame 数据不但具有行索引而且还具有列索引，是带有行号和列号的数据，默认行号从 0 开始，往下每行增加 1；默认列号和默认行号设置方法相同。

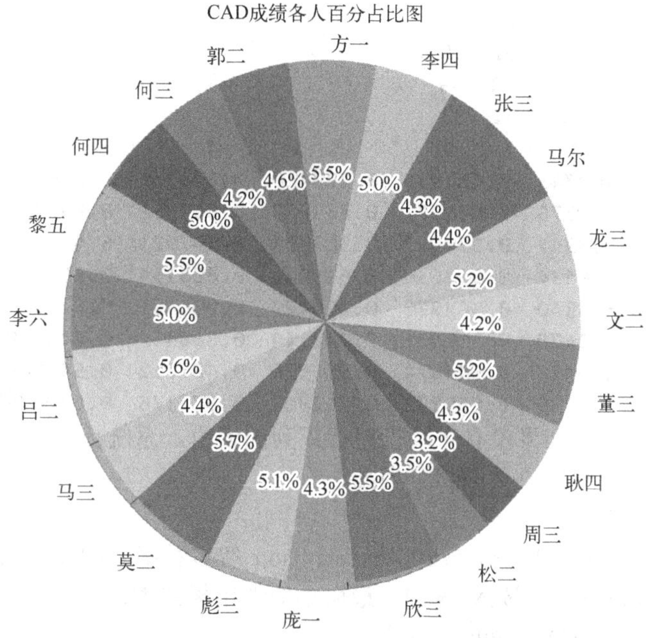

图 8-3　CAD 各人成绩百分占比图

8.2.3.1　创建 DataFrame 数据结构

DataFrame 数据结构可以采用多种方法进行创建，其中最重要的两种创建方法是利用 DataFrame 函数直接创建和利用 read_excel 及 read_csv 文件读入间接创建。

（1）DataFrame 函数创建

利用 DataFrame 函数创建 DataFrame 数据结构的基本调用格式如下：

```
pd.DataFrame(data, index=None, columns=None)
```

其中参数 data 为必选参数，参数 index 行索引参数，columns 列索引可以默认缺省，后续根据需要通过 df.index 及 df.columns 添加设置即可。参数 data 可以为列表、数组、字典等多种数据，下面通过几种不同数据形式创建的 DataFrame 都是可行的，具体代码如下：

```
dict={"GDP":[12390,10890,1900,8901,7821,6532],  "Population":[103,98,160,102,98,89],
"Incre_rate":[1.4,2.1,-1.5,3.2,3.1,0.8]}     #字典数据
df1=pd.DataFrame(dict)
print(df1)
list1=[[138,129,148,88,97,78],[111,126,123,785,83,59],[99,133,127,79,91,83]]
df2=pd.DataFrame(list1)           #列表数据创建 DF
print(df2)
df3=pd.DataFrame(np.random.rand(8,6))    #NumPy 数组创建 DF
print(df3)
```

运行上述代码，得到以下数据：

```
     GDP  Population  Incre_rate
0  12390         103         1.4
1  10890          98         2.1
2   1900         160        -1.5
3   8901         102         3.2
4   7821          98         3.1
5   6532          89         0.8
Index(['GDP', 'Population', 'Incre_rate'], dtype='object')
```

```
     0    1    2    3   4   5
0  138  129  148   88  97  78
1  111  126  123  785  83  59
2   99  133  127   79  91  83
          0         1         2         3         4         5
0  0.845810  0.309743  0.627955  0.293410  0.823370  0.256861
1  0.273415  0.345776  0.681773  0.800430  0.665351  0.088774
2  0.987307  0.530341  0.390557  0.303900  0.197521  0.415009
3  0.178960  0.840434  0.951630  0.913985  0.868134  0.561376
4  0.553770  0.665160  0.862970  0.010479  0.006451  0.873692
5  0.075137  0.209470  0.312321  0.238144  0.838462  0.444108
6  0.964637  0.380416  0.544474  0.536129  0.487212  0.541688
7  0.582246  0.339739  0.869182  0.712305  0.577176  0.642075
```

上述返回的数据中，如果没有主动设置行或列的索引，系统会自动按默认方式设置，如果已主动设置了索引，则以设置的索引为准。

（2）read 函数创建

Pandas 的 read 函数可以读入 csv、excel、json 等多种格式的文件数据，数据读入后以 DataFrame 格式导入系统，如读入 excel，最简单的调用格式为：

```
pd.read_excel('g:\city_gdp.xls')
```

如果需要过滤掉空数据，则需要增加 na_filter=False 项，变成下面格式：

```
pd.read_excel('g:\city_gdp.xls', na_filter=False)
```

如果不要默认的索引设置，则可以增加 index_col=0，变成下面格式：

```
pd.read_excel('g:\city_gdp.xls', na_filter=False, index_col=0)
```

有关 read_excel 更多的设置，可以通过 help(pd.read_excel)获得帮助文档，由帮助文档可知，read_exce 全面调用格式为：

```
read_excel(io,sheet_name=0,header=0,names=None,index_col=None,usecols=None,squeeze=False,dtype=None,engine=None,converters=None,true_values=None,false_values=None,skiprows=None,nrows=None,na_values=None,keep_default_na=True,na_filter=True,verbose=False,parse_dates=False,date_parser=None,thousands=None,comment=None,skipfooter=0,convert_float=True,mangle_dupe_cols=True,storage_ options:Union[Dict[str,Any],NoneType]=None)
```

其中 io 表示读入的文件名称，包含文件具体的路径，如果 Excel 数据文件和 Python 程序文件在同一个文件夹下，则可以省略文件的具体路径，文件可以是 xls、xlsx、xlsm、xlsb、odf、ods 和 odt 格式的文件，默认读取文件第一个 Sheet 表的数据，如要需要读取指定分表或多个表，需要对 sheet_name 参数进行设置，该参数的数据格式是字符串，如设置为'['0','2','Sheet6']'表示读取第一个表、第三个表、表名为 Sheet6 的共 3 个表的数据；如果需要跳过前面几行的数据，可以通过参数 skiprows=n 来设置，n 为正整数，表示跳过的行数；更多的信息请读者自己通过帮助文档查询。本小节的具体代码参见本章程序 06-creat _DF.py。

8.2.3.2 DataFrame 数据统计信息计算

DataFrame 数据统计信息计算和 Series 数据的统计信息计算基本类似，但在统计计算时如果碰到非数值数据，许多统计信息意义不大，可以通过索引定位数值型数据进行统计计算。DataFrame 数据结构的所有方法、函数、属性等功能可以通过交互环境下的 dir(pd.DataFrame)命令查询得到，共有 441 项，和统计信息有关的主要有 count、cummax、cummin、cumsum、describe、drop、max、mean、median、std、var、value_counts 等；和索引、排序、分组等有关的主要有 head、loc、tail、sort_index、sort_values、groupby 等；如果想要了解这些函数或方法的详细应用，可以通过在交互环境下输入诸如 help(pd.DataFrame.sort_values)命令，获得它们的具体应用。下面以通过随机数产生的 10 行 6 列标准化归一的虚拟高考成绩为例，展示多种统计信息的计算结果，具体代码如下：

```
DF_gk=pd.DataFrame(np.random.rand(10,6))                    #创建归一化六科成绩
DF_gk.index=["郭二","何三","黎五","李六","吕二","马三","莫二","彪三","庞一","欣
      三"]                                                  #添加行索引——姓名
DF_gk.columns=['数学','语文','英语','化学','物理','生物']   #添加列索引——课程
print("       10 人高考归一化成绩单\n",DF_gk)
print("DF_gk.sum():\n",DF_gk.sum())                         #统计 10 人每科的总分
print("DF_gk.mean():\n",DF_gk.mean())                       #统计 10 人每科的平均分
print("DF_gk.describe():\n",DF_gk.describe())    #10 人成绩的一些基本统计信息
print("DF_gk.sum(axis=1):\n",DF_gk.sum(axis=1))  #统计每人六科的总分
print("DF_gk.mean(axis=1):\n",DF_gk.mean(axis=1))           #统计每人六科的平均分
print("DF_gk.var(axis=1):\n",DF_gk.var(axis=1))  #统计每人六科成绩平方差
```

运行结果如下：

```
10 人高考归一化成绩单
         数学       语文       英语       化学       物理       生物
郭二  0.428270  0.564375  0.815982  0.171349  0.519234  0.819181
何三  0.616272  0.222874  0.103022  0.320217  0.783807  0.276642
黎五  0.078832  0.683021  0.511785  0.600827  0.947425  0.743928
李六  0.273272  0.991395  0.094710  0.192397  0.298995  0.328147
吕二  0.961304  0.428261  0.581458  0.312785  0.573770  0.408475
马三  0.802735  0.061037  0.205128  0.768901  0.722063  0.508332
莫二  0.050624  0.894350  0.235109  0.730939  0.569880  0.060092
彪三  0.014802  0.747848  0.380243  0.576783  0.340425  0.366726
庞一  0.821032  0.705269  0.905911  0.388501  0.522147  0.055419
欣三  0.215014  0.345673  0.034492  0.412934  0.201601  0.262497
DF_gk.sum():
数学    4.262157
语文    5.644104
英语    3.867839
化学    4.475635
物理    5.479347
生物    3.829440
dtype: float64
DF_gk.mean():
数学    0.426216
语文    0.564410
英语    0.386784
化学    0.447563
物理    0.547935
生物    0.382944
dtype: float64
DF_gk.describe():
              数学         语文         英语         化学         物理         生物
count  10.000000  10.000000  10.000000  10.000000  10.000000  10.000000
mean    0.426216   0.564410   0.386784   0.447563   0.547935   0.382944
std     0.352624   0.297237   0.307898   0.211928   0.229290   0.253326
min     0.014802   0.061037   0.034492   0.171349   0.201601   0.055419
25%     0.112878   0.366320   0.128548   0.314643   0.385128   0.266033
50%     0.350771   0.623698   0.307676   0.400717   0.546014   0.347437
75%     0.756119   0.737204   0.564040   0.594816   0.684990   0.483368
```

```
max    0.961304  0.991395  0.905911  0.768901  0.947425  0.819181
DF_gk.sum():
郭二    3.318392
何三    2.322834
黎五    3.565818
李六    2.178917
吕二    3.266052
马三    3.068197
莫二    2.540995
彪三    2.426827
庞一    3.398279
欣三    1.472211
dtype: float64
DF_gk.mean():
郭二    0.553065
何三    0.387139
黎五    0.594303
李六    0.363153
吕二    0.544342
马三    0.511366
莫二    0.423499
彪三    0.404471
庞一    0.566380
欣三    0.245368
dtype: float64
DF_gk.var():
郭二    0.060499
何三    0.066848
黎五    0.085503
李六    0.101865
吕二    0.052331
马三    0.098440
莫二    0.128848
彪三    0.061111
庞一    0.098819
欣三    0.017148
dtype: float64
```

注意，当统计数据按行统计时，即统计个体成绩分布情况时，需要在各种统计方法中添加 axis=1 选项，否则默认按列进行统计，更多的代码及运行结果请读者运行本章程序 07-DF_stats.py。

8.2.3.3 DataFrame 数据索引及分层处理

DataFrame 数据索引形式除了和二维数组及 Series 数据相仿的索引方式外，还可以指定 2 列以上数据为索引数据、利用 groupby 方法进行分组、利用 sort_indexs 和 sort_values 方法进行排序等，下面的索引排序是可行的，具体代码如下：

```
dict={"city":['A城','B城','C城','D城','E城','F城'],"GDP":[12390,10890,
        1900,8901, 7821, 6532], "Population":[103,98,160,102,98,89],"Incre_
        rate":[1.4,2.1,-1.5,3.2,3.1,0.8]}
DF=pd.DataFrame(dict)                    #字典数据创建 DF
DF=DF.set_index(['city']) 设置 city 为索引
print(DF)                                #打印基本数据
print(DF.info())
```

```
print("DF.loc['A城']:\n",DF.loc['A城'])         #loc函数横向索引A城数据
print("DF.GDP\n",DF.GDP)                          #纵向索引GDP的数据
print("DF.GDP.C城:\n",DF.GDP.C城)                 #精确定位索引C城的GDP数据
print("DF.['GDP']\n",DF['GDP'])                   #纵向索引GDP的数据
print("DF.values[(0,2)=",DF.values[(0,2)])       #利用values的行、列序号索引任意数据
```

运行上述代码，得到以下数据：

```
        GDP   Population   Incre_rate
city
A城    12390         103          1.4
B城    10890          98          2.1
C城     1900         160         -1.5
D城     8901         102          3.2
E城     7821          98          3.1
F城     6532          89          0.8
DF.loc['A城']:
DP            12390.0
Population      103.0
Incre_rate        1.4
Name: A城, dtype: float64
DF.GDP
city
A城    12390
B城    10890
C城     1900
D城     8901
E城     7821
F城     6532
Name: GDP, dtype: int64
DF.GDP.C城:
 1900
DF.['GDP']
city
A城    12390
B城    10890
C城     1900
D城     8901
E城     7821
F城     6532
Name: GDP, dtype: int64
DF.values[(0,2)=1.4
```

进行各种索引及定位操作时，如果用loc()进行定位索引，括号内的数据必须是已经设置为索引项，如本例中已将"city"设置为索引项，故可以通过 DF.loc['A 城']索引 A 城数据，但不能通过 DF.loc['GDP']索引所有城市的 GDP 数据，如要索引所有城市的 GDP 数据，可以通过 DF.GDP，还可以在 DF.GDP 后面再加上“.*城”，查询具体对应城市的 GDP 数据。如果要查询 B 城的人口，可以通过 DF. Population.B 城即可。对于已知数据行号和列号的数据查询，以直接利用数组的查询方式，采用 DF.values[(0,2)]的方式查询，其中 0 表示第 1 行，2 表示第 3 列，在本数据结构中就是 A 城的 GDP 变化百分数为 1.4。

DataFrame 数据的多列索引及分组排序选取网上公开的 2020 年全国前 50 城市的 GDP 数据，通过数据文件读入，表 8-2 展示了原始数据的前 6 个城市的数据。

表 8-2　2020 年全国 GDP 前 50 城市部分信息

number	city	province	GDP	increase
1	上海	直辖	38700.58	1.7
2	北京	直辖	36120.60	1.2
3	深圳	广东	27670.24	3.1
4	广州	广东	25019.11	2.7
5	重庆	直辖	25002.79	3.9
6	苏州	江苏	20170.50	3.4

对于表 8-2 所示的全部数据，通过下面的代码全部导入：

```
DF3=pd.read_excel('g:\city_gdp.xls','Sheet1',na_filter=False,index_col=0)
```

数据文件 city_gdp.xls 放在 G 盘，通过 na_filter=False 设置过滤空数据，通过 index_col=0 取消默认的行索引。如果要对导入的数据统计省份的城市数目，可以用下面代码：

```
DF3.province.value_counts()
```

如果只要打印其中前 6 行数据，可以用下面代码：

```
print( DF3.province.value_counts().head(6))
```

得到下面统计数据：

```
江苏    8
浙江    7
山东    6
广东    4
直辖    4
福建    4
Name: province, dtype: int64
```

注意 head(n)中的 n 用正整数表示。如果想要数据的最后几行，可以用 tail(n)，如代码

```
print("DF3.tail(6)最后 6 行数据:\n",DF3.tail(6))
```

运行结果为：

```
DF3.tail(6)最后 6 行数据:
  number   city    province    GDP      increase
      45   洛阳      河南     5128.40      3.0
      46   临沂      山东     4805.25      3.9
      47   漳州      福建     4747.00     -1.5
      48   南宁      广西     4726.34      3.7
      49   金华      浙江     4703.95      2.8
      50   襄阳      湖北     4601.97     -5.3
```

如果需要按省份和城市进行分层索引，需要设置以下索引：

```
DF4=DF3.set_index(['province','city'])
```

产生新的数据 DF4 不会影响原数据 DF3，对数据 DF4 就可以分层索引，如需定位浙江省索引，代码如下：

```
print("DF4.loc['浙江']:\n",DF4.loc['浙江'])
```

运行上述代码，得到浙江省上榜的全部城市数据信息，具体结果如下：

```
DF4.loc['浙江']:
          number    GDP      increase
city
杭州           8  16106.00       3.9
宁波          12  12408.70       3.3
```

```
温州      30   6870.90       3.4
绍兴      36   6001.00       3.3
嘉兴      41   5509.52       3.5
台州      43   5262.70       3.4
金华      49   4703.95       2.8
```

如果需要具体定位某省、某城市的数据，可以通过 DF4.loc[('浙江','宁波')]的形式具体定位到确定的数据，如果需要将数据按省份分组，并统计省份的总 GDP 数据同时按降序排序，则具体的代码如下

```
print(DF4.drop('number',axis=1).groupby('province').sum().sort_values('GDP',
ascending=False))
```

运行上述代码，得到以下数据（截取前 6 项数据）：

```
province        GDP      increase
直辖       113907.70        8.3
江苏        84522.02       31.3
广东        73156.01        8.5
浙江        56862.77       23.6
山东        46350.01       23.3
福建        31309.70       12.2
```

上述数据是上榜前 50 城市的 GDP 数据统计之和，4 个直辖市的 GDP 数据之和为 113907.70，紧随其后的是江苏、广东、浙江。注意 drop('number',axis=1)表示按行（axis=1），删除 number 数据，groupby('province')表示按省份分组，sum()表示求和，sort_values('GDP', ascending=False)表示按 GDP 的数值降序（ascending=False）排序，相同的功能也可以用下面的代码实现：

```
print(DF4.drop('number',axis=1).sum(level='province').sort_values("GDP",asce
nding=False))
```

其中，sum(level='province')中的参数 level='province'表示按省份分类统计加和数据，对于读者而言，只要找到一种自己熟悉的方法即可，关键是能够按照规定的要求处理数据，如果需要上榜城市平均 GDP 排序，只需将上述代码中的 sum 改成 mean 即可，运行后得到按平均值排序的数据（截取前 6）如下：

```
province        GDP            increase
直辖        28476.925000   2.075000
广东        18289.002500   2.125000
四川        17716.700000   4.000000
湖南        12142.520000   4.000000
江苏        10565.252500   3.912500
湖北        10109.035000  -5.000000
```

按平均上榜城市的 GDP 排序和按上榜城市 GDP 总值排序有所不同，因为有些省份上榜城市多，但排名较后的城市 GDP 相对较少，拖了平均值的后腿；有些省份，尽管总值排名靠后，但上榜城市数少，平均值反而较高，所以按平均值排序位置就靠前了。如果引入更多的参数，如每个上榜城市的常住人口、转移支付、资源禀赋等因素进行平均值统计，数据就更有说服力，本节更多的代码请参见本章 08-DF_index_loc.py 程序。

8.2.3.4 DataFrame 数据图形绘制

DataFrame 数据和 Series 数据一样，也具有 plot 方法，其图形具体绘制方法和 Series 数据类似，最简单的调用格式为：

```
DataFrame.plot(kind="bar",*)
```

其中 bar 可以改为其他参数值，如 line、box、hist、pie、barh、kde、density、area、scatter、hexbinr，*表示其他各种与绘图有关的参数，具体内容和 Matplotlib 库绘制图形一致。下面以

3 个城市 2010～2019 年 GDP 数据为例，说明 DataFrame 数据图形的绘制，数据为虚拟随机数据方法产生，具体核心代码如下：

```
DF_GDP=pd.DataFrame({"A 城":1000*np.random.rand(10)+3000,"B 城": 1500*np.random.
rand(10)+4500, "C 城":4000*np.random.rand(10)+4000})
DF_GDP.index=np.arange(2010,2020)
DF_GDP.plot(kind="line",lw=2,color=["blue","k","red"])   #绘制线条图
plt.ylabel("GDP")
plt.xlabel("年份",labelpad=5)
plt.grid()
#绘制柱状图
DF_GDP.plot(kind="bar",align="center",edgecolor='k',lw=2,color=["blue","purp
le","pink"])
plt.ylabel("GDP")
plt.xlabel("年份",labelpad=5)
plt.legend()
plt.figure()                                                  #绘制单个城市饼图
DF_GDP.A 城.plot(kind="pie",startangle=45,shadow=True,autopct="%3.1f%%")
plt.legend(bbox_to_anchor=(0.9,0,0.3,0.8))
#绘制多个城市饼图
DF_GDP.plot(kind="pie",startangle=45,shadow=True,autopct="%3.1f%%",subplots=
True)
plt.legend(bbox_to_anchor=(1.01,0,0.45,1))
plt.show()
```

运行上述核心代码所在的本章程序 09-DF_plot.py，得到图 8-4～图 8-7。注意如果直接用 DataFrame 原始数据绘制饼图时，需要设置 subplots=True，否则无法绘制饼图，也可以通过指定具体列的数据，绘制单个城市数据的饼图。在绘制柱状图时，colour 可以传入 3 个颜色的数据和 DataFrame 原数据的 3 列数据相对应，但在饼图绘制时，无法同时传入 bbox_to_anchor 参数的 3 个设置，该参数的设置只对最后一列数据绘制的饼图起作用。有关DataFrame 数据图形绘制更多的内容请读者通过帮助文档 help(pd.DataFrame.plot)自己实践。

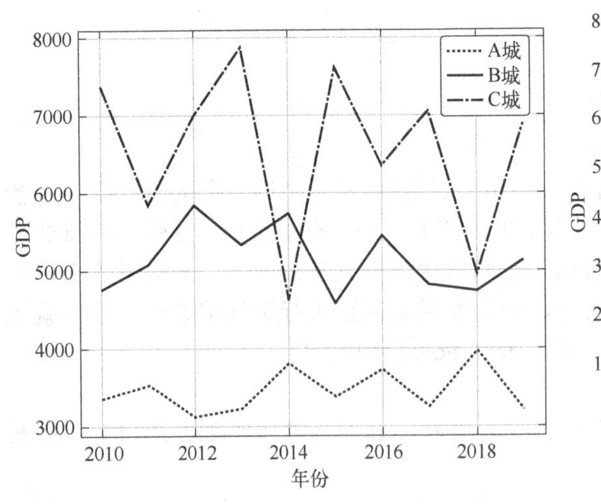

图 8-4　GDP 数据线条图

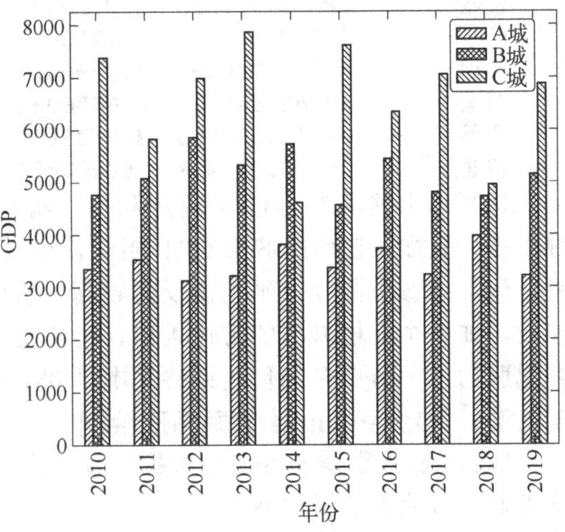

图 8-5　GDP 数据柱状图

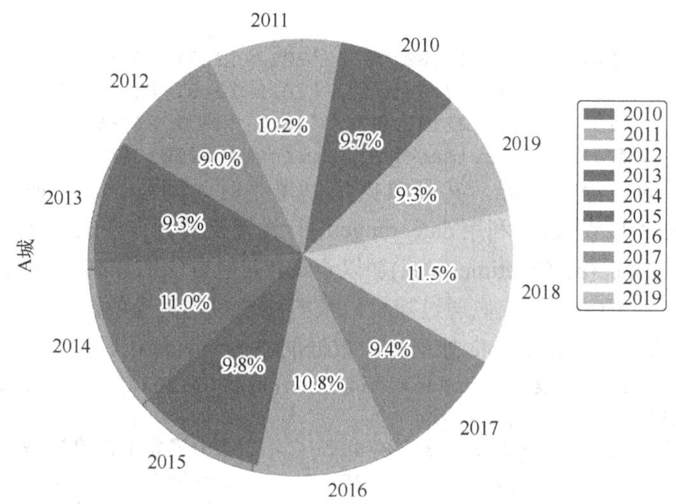

图 8-6　单个城市 GDP 数据饼图

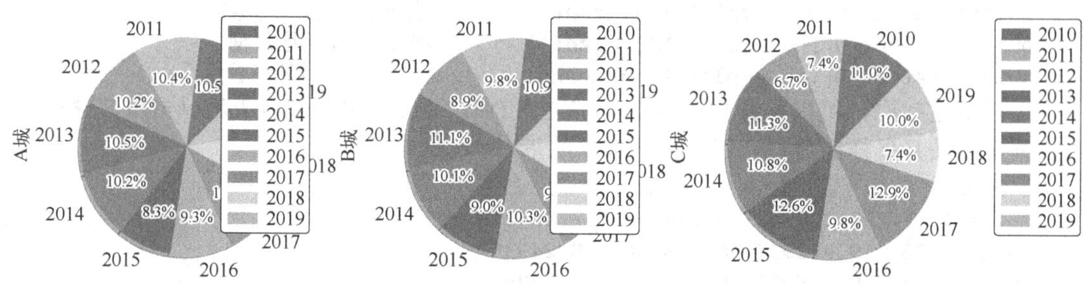

图 8-7　三个城市 GDP 数据饼图

8.2.4　时序数据

现实生活中有许多数据和时间序列有关，如某地的温度、湿度、风速等气象数据、PM2.5、臭氧浓度、氮氧化物浓度、颗粒物浓度等环境污染物浓度，这些数据都属于时序数据。Pandas 的时间序列索引 DatetimeIndex、PeriodIndex 及 date_range 可以创建和添加时间索引，并可以对这些时间序列数据执行日期、时间、周期及日历相关的各种操作，如数据选择、移动、重采样并在此基础上进行时序数据的查漏、补缺、分类、求取平均值等多种运算。尽管以上各种运算也可以利用 NumPy 库和 SciPy 库，通过一定的编程方法实现，但利用 Pandas 库处理时间序列数据的方法进行这些操作，可以使上述工作更加简单快捷。下面以某地的温度、湿度、风速三个时间序列的数据为例，通过两种方法来说明时间序列数据的创建及处理。首先创建数据对应的系列时间，Pandas 库的 data_range 可以快速创建系列时间，如要创建 2022 年 1 月 1 日到 2022 年 12 月 31 日 23 时按小时为间隔单位的时间系列，可以通过下面代码：

```
time_id2022=pd.date_range("2022-1-1 00:00","2022-12-31 23:00",freq="H")
```

其中 2022-1-1 00:00 表示开始时间，2022-12-31 23:00 表示结束时间，freq="H"表示以小时为间隔，也可以是以月为间隔用 freq="M"表示，以星期为间隔可以用 freq="W"表示。

```
time_id2022=pd.date_range("2022-1-1 00:00", periods=8760 ,freq="H")
```

其中参数 periods 表示时间系列的数目，上述两种设置结果，均得到以下时间系列：

```
DatetimeIndex(['2022-01-01 00:00:00', '2022-01-01 01:00:00',
               '2022-01-01 02:00:00', '2022-01-01 03:00:00',
               '2022-01-01 04:00:00', '2022-01-01 05:00:00',
```

```
              ... ...,
              '2022-12-31 18:00:00', '2022-12-31 19:00:00',
              '2022-12-31 20:00:00', '2022-12-31 21:00:00',
              '2022-12-31 22:00:00', '2022-12-31 23:00:00'],
              dtype='datetime64[ns]', length=8760, freq='H')
```

注意上述显示的是部分数据，实际数据是以每小时为间隔。当然时间系列还可以通过 datetime 等其他方法加以设置，但利用 date_range 进行设置是较为方便的方法，有关 DatetimeIndex 更多的应用可以通过 help(pd.DatetimeIndex)加以查询，其他方法的详细应用也可以仿照此方法加以查询。有了上述时间的设置，我们通过随机函数构建虚拟的某地的温度、湿度、风速 3 个时间序列的数据，先介绍重采样 resample 处理时序数据的方法，具体代码如下：

```
weather_DF=pd.DataFrame(np.random.rand(len(time_id2022),3),index=time_id2022,
columns=['温度','湿度','风速'])
weather_DF.温度=weather_DF.温度*30+5              #构建虚拟温度数据
weather_DF.湿度=weather_DF.湿度*65+35             #构建虚湿度数据
weather_DF.风速=weather_DF.风速*15+0.5            #构建虚拟风速数据
print(weather_DF.resample('D').mean())            #按日采样平均数据
print(weather_DF.resample('W').mean())            #按星期采样平均数据
print(weather_DF.resample('M').mean())            #按月采样平均数据
print(weather_DF.resample('8D').mean())           #按 8 天采样平均数据
```

运行上述代码，可以得到按日（D）、按星期(W)、按月(M)及任意天数（nD）采样的平均数据，以按月采样的数据为例，具体数据如下：

```
  时间          温度         湿度        风速
2022-01-31  20.239342  67.343933  7.824279
2022-02-28  19.982937  67.999388  8.245360
2022-03-31  20.316925  67.064038  8.022867
2022-04-30  19.718231  66.686570  7.965557
2022-05-31  19.524378  67.386367  7.798597
2022-06-30  19.967190  67.141618  8.017607
2022-07-31  19.396630  68.226896  7.943316
2022-08-31  19.995745  67.288393  8.140491
2022-09-30  20.118132  66.865218  7.874046
2022-10-31  20.127650  67.874744  7.686908
2022-11-30  20.135687  67.954084  8.043714
2022-12-31  20.621150  67.098772  8.021697
```

注意按月统计数据的平均值时，显示的时间是每月的最后一天，如果需要统计每月数据的中位数，只要将 mean 换成 median 即可。还可以将 mean 换成 sum、var、std 等其他方法。如要绘制按月统计数据的平均值，可以通过下面核心代码实现：

```
fig,ax=plt.subplots(figsize=(18, 9))
weather_DF.resample('M').mean().plot(ax=ax,kind='bar',lw=2)
ax.set_xticklabels(['1 月','2 月','3 月','4 月','5 月','6 月','7 月','8 月','9 月',
'10 月','11 月','12 月'
```

注意上述代码中，最后一行是对 x 轴刻度标签的自定义设置，利用该设置替换 DataFrame 数据 plot 方法绘制中的原 x 轴刻度标签（原标签数字过多），需要首先引入 matplotlib.pyplot 中的 subplots 方法，具体图形见图 8-8。

除了上述采用重采样 resample 方法处理时序数据，还可以通过 apply 方法添加新的分组数据列，再结合分组 groupby、聚合 aggregate 及 NumPy 处理数组数据的基本方法（mean、median、std、sum、var），具体代码如下：

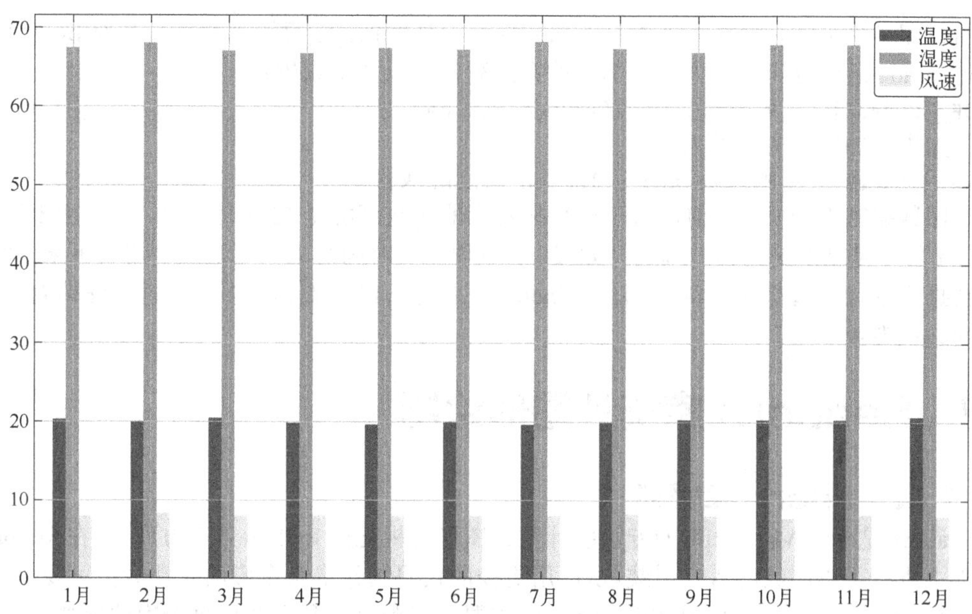

图 8-8　按月重采样平均数据柱状图

```
WD=pd.DataFrame({"time":time_id2022,'温度':np.random.rand(len(time_id2022)),
'湿度':np.random.rand(len(time_id2022)),'风速':np.random.rand(len(time_id2022))})
WD.温度=WD.温度*18+7
WD.湿度=WD.湿度*35+65
WD.风速=WD.风速*10+2
DF_M=WD
DF_M['month']=DF_M.time.apply(lambda x:x.month)        #添加 month 列数据
print(DF_M.head(6))                                     #打印头部 6 行数据
print(DF_M.groupby("month").aggregate(np.mean))
print(DF_M.groupby("month").aggregate(np.sum))
print(DF_M.groupby("month").aggregate(np.std))
print(DF_M.groupby("month").aggregate(np.var))
```

运行上述程序，其中打印代码前 2 行命令得到的打印结果如下：

```
 time                       温度        湿度        风速        month
0 2022-01-01 00:00:00  11.662586  92.929123  11.186714      1
1 2022-01-01 01:00:00  10.270417  93.269498   4.381478      1
2 2022-01-01 02:00:00   8.805431  93.730130  11.538794      1
3 2022-01-01 03:00:00   8.967422  98.864876  10.436370      1
4 2022-01-01 04:00:00  19.284049  99.427467  10.589510      1
5 2022-01-01 05:00:00  16.379617  88.433618  11.561124      1
month     温度         湿度         风速
1       16.071927  82.273227  7.147911
2       15.621730  82.621010  7.023528
3       16.109756  82.689506  7.067285
4       15.729093  82.932799  7.082322
5       15.668158  82.057009  6.865840
6       15.837512  82.617592  7.064937
7       15.614311  82.742786  7.070710
8       15.938606  82.807126  6.992591
9       15.701540  82.409291  6.868917
10      16.053875  82.695008  7.223676
11      15.880937  82.717655  7.035895
12      16.268731  82.238271  6.875064
```

由打印结果可知，数据确实加上了 month 这一列数据，注意这列数据是从原 time 列数据中通过 lamda 函数得到的，如果添加日的数据列，可以如下设置：

```
DF_M['day']=DF_M.time.apply(lambda x:x.day)
```

但如果添加周数的数据列：

```
DF_M['week]=DF_M.time.apply(lambda x:x.week)
```

打印数据时你会发现，前面若干行数据对应的周数可能是 52 而不是 1，这是由于这一年的 1 月 1 日不是刚好是新的一周的开始，52 表示现在的时间是上一年最后一周留下来的时间。时序数据详细代码请参看本章 10-Time_index.py 程序，时序数据更多的处理方法请查询库包官方网站或专业书籍。

8.3 Seaborn 库统计图形绘制

8.3.1 Seaborn 库概述

Seaborn 是基于 Matplotlib 的专攻统计数据图形可视化的 Python 第三方库，并在 Matplotlib 的基础上进行了更高级的 API 封装，从而用更少的代码制作丰富多彩的统计数据可视化图形。值得注意的是 Seaborn、Matplotlib、Pandas 需要互相配合，各自发挥每个库的优势，从而使得复杂的问题简单化，常常只需一行代码就可以绘制出复杂的统计图形。

安装 Seaborn 库十分简单，对于 Windows 系统而言，只要在 cmd 环境下输入 “pin install seaborn” 回车即可，当然前提条件是你的电脑必须是联网的。安装完成后，可以在交互环境下输入“import seaborn as sn”回车（后续所有代码中，均默认系统已输入上述命令，以 sn 表示加载的 seaborn 库），系统返回”＞＞＞”，没有其他错误提示，表明 Seaborn 库已成功安装，此时通过 “dir(sn)” 命令，系统返回 Seaborn 的全部方法、函数、类等内容，其中涉及图形绘制的主要有以下绘制函数：

```
'barplot','boxenplot','boxplot','catplot','countplot','dogplot','displot',
'distplot','ecdfplot','factorplot','histplot','jointplot','kdeplot','lineplot',
'lmplot','pairplot','palplot','pointplot','regplot',,'relplot','residplot','rug-
plot','scatterplot',,'stripplot','swarmplot','violinplot','heatmap'
```

如果想要具体了解某种绘制函数的应用，可以通过诸如 help(sn.barplot)查询，系统会返回该函数的帮助文档。

8.3.2 Seaborn 库图形绘制

绘制图形首先需要统计数据，seaborn 中有内置的数据集，可以通过 sn.load_dataset 命令从在线存储库加载数据集，如要了解数据集中有哪些数据，可以在交互环境下通过 sn.get_dataset_names()获取具体数据的名称，作者在写书时实时操作得到目前数据集中的数据名称如下：

```
'anagrams','anscombe','attention','brain_networks','car_crashes','diamonds','dots',
'exercise','flights','fmri','gammas','geyser','iris','mpg','penguins','planets',
'tips','titanic'
```

注意在首次加载这些数据时，你的电脑必须是联网的，一般需要花费一些时间，有时可能无法连接，一旦连接成功，以后再连接这些数据时就会很快加载这些数据。如要加载小费 tips 数据，在交互环境下输入 “sn.load_dataset("tips")”，系统返回以下数据：

```
      total_bill   tip    sex    smoker  day    time    size
0      16.99      1.01  Female     No    Sun   Dinner    2
1      10.34      1.66    Male     No    Sun   Dinner    3
2      21.01      3.50    Male     No    Sun   Dinner    3
```

```
3         23.68     3.31    Male     No   Sun    Dinner    2
4         24.59     3.61  Female     No   Sun    Dinner    4
..          ...      ...     ...    ...   ...     ...    ...
239       29.03     5.92    Male     No   Sat    Dinner    3
240       27.18     2.00  Female    Yes   Sat    Dinner    2
241       22.67     2.00    Male    Yes   Sat    Dinner    2
242       17.82     1.75    Male     No   Sat    Dinner    2
243       18.78     3.00  Female     No  Thur    Dinner    2
[244 rows x 7 columns]
```

数据共有 7 列 244 行，有总消费、消费、性别、是否抽烟、日期、餐别、数量等数据，有了这些数据就可以利用 Seaborn 的绘制函数，绘制各种数据统计图形。数据除了通过数据加载外，对于用户而言，需要解决的是实际问题的数据统计图形，这时需要输入实际问题的数据。作者根据目前不同学历工作者年收入的基本情况，利用随机函数结合一定的人工修改，构建了 110 名在职人员的年收入数据，数据的前 8 行情况见表 8-3，包含了在职人员的身高、年龄、性别、收入、学历、省份共六个方面的信息数据，数据以 income.xls 为文件名保存在 G 盘，以便绘制数据统计图形时调用。下面将介绍在上面已建立的数据集数据及利用随机函数构建的在职人员年收入数据的基础上，利用 Seaborn 库绘制数据统计图形的几个主要函数。

表 8-3　在职人员年收入统计表

height	age	sex	income	Education	province
171	53	男	70556	本科	广东
191	52	女	64322	专科	福建
160	34	女	109785	硕士	山东
151	33	男	78804	硕士	江苏
181	38	男	125471	博士	浙江
188	32	男	151715	博士	湖南
150	46	女	63149	其他	湖北
156	34	女	64081	其他	安徽

（1）barplot

barplot 用来绘制条形图，但条形最高点的数据是某类集合数据的平均值，同时有误差棒线条，该误差棒对应的数据范围的置信度 ci=95%，也可以修改置信度。该函数的全部参数调用格式为：

```
    barplot(*, x=None, y=None, hue=None, data=None, order=None, hue_order=None,
estimator=<function mean at 0x0000000039824C8>, ci=95, n_boot=1000, units=None,
seed=None, orient=None, color=None, palette=None, saturation=0.75, errcolor='.26',
errwidth=None, capsize=None, dodge=True, ax=None, **kwargs)
```

为了绘制数据统计图形，首先需要导入下面基本第三方库及加载基础数据，具体代码如下（后面例子中不再提及，均默认已有上述代码）

```
from datetime import date
import numpy as np
import pandas as pd
import seaborn as sn
import matplotlib as mpl
import matplotlib.pyplot as plt
import matplotlib.ticker as mticker
```

```
#全局设置字体
mpl.rcParams["font.sans-serif"]=["SimHei"]          #保证显示中文字
mpl.rcParams["axes.unicode_minus"]=False            #保证负号显示
mpl.rcParams['ytick.right']=True
mpl.rcParams['xtick.top']=True
mpl.rcParams['xtick.direction']='in'                #坐标轴上的短线朝内，默认朝外
plt.rcParams['ytick.direction']='in'
mpl.rcParams["font.size"]=18                        #设置字体大小
tips=sn.load_dataset("tips")                        #加载小费数据集
DF=pd.read_excel('g:\income.xls','Sheet1', na_filter=False,index_col=0)
                                                    #加载在职人员收入数据集
```

在 barplot 函数绘制图形中，最少需要赋值参数 x 的列名称，参数 y 的列名称及数据 data，当然，如果你直接定义 x、y 的数据，无 data 也是可以绘制图形的，但会返回一个警告，所以规范的输入还是依次赋值 x、y、data。通过指定色彩参数 hue 的数据列名称，实现数据的二级分层统计，下面是 barplot 函数的 4 种调用绘制核心代码：

```
figure,ax=plt.subplots(2,2,figsize=(16,16),num="barplot 四种不同调用格式")
#ax1:具有误差帽的性别分层统计
ax1=sn.barplot(x="sex", y="total_bill", data=tips,ax=ax[0,0],capsize=0.5)
#ax2:sex-smoker 二级分层统计
ax2=sn.barplot(x="sex", y="total_bill", hue="smoker",data=tips,ax=ax[0,1])
#ax3:按学历分层统计收入
ax3=sn.barplot(y='income',x='Education',data=DF,ax=ax[1,0])
#ax4:按省分层统计收入_置信度为 65%
ax4=sn.barplot(y='income',x='province',data=DF,ax=ax[1,1],ci=65)
```

运行上述代码后，得到图 8-9。图 8-9 中四个分图的排列次序雷同于 2 维数组的排列次序，从左到右第一排为 ax1：具有误差帽的性别分层统计、ax2:sex-smoker 二级分层统计；第 2 排分别是 ax3:按学历分层统计收入、ax4:按省分层统计收入_置信度为 65%。

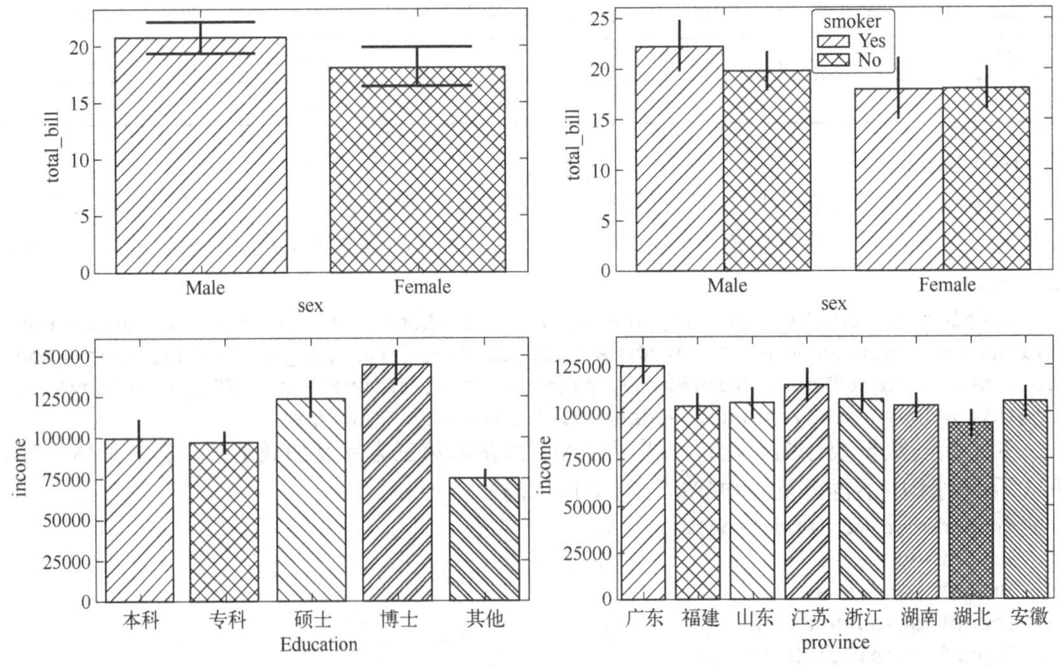

图 8-9　barplot 四种调用格式图

（2）boxplot

boxplot 可以绘制统计数据的箱线图，也称箱型图，其图形和 Matplotlib 库中绘制的箱线图一致，包括上下四分位的矩形箱体、中位数、上下箱须及离群值。Seaborn 库中的调用格式和 Matplotlib 库相仿，只不过 Seaborn 对于多列数据的处理更加简单方便，下面是和 barplot 绘制相仿的 boxplot 四种调用格式的核心代码：

```
flp1={'marker': 'o','markersize':16,'markerfacecolor' : 'red','color' : 'black'}
ax1=sn.boxplot(x="sex",y="total_bill",data=tips,ax=ax[0,0])
ax2=sn.boxplot(x="sex",y="total_bill",hue="smoker",data=tips,ax=ax[0,1])
ax3=sn.boxplot(y='income',x='Education',data=DF,ax=ax[1,0],flierprops=flp1)
ax4=sn.boxplot(y='income',x='province',data=DF,ax=ax[1,1])
```

运行上述代码，得到图 8-10。上述代码中的 flp1 是为离群数据绘制格式而设置的字典数据，表明离群数据用圆表示，大小为 16，红色填充，黑色线条，见图 8-10 中左下分图。

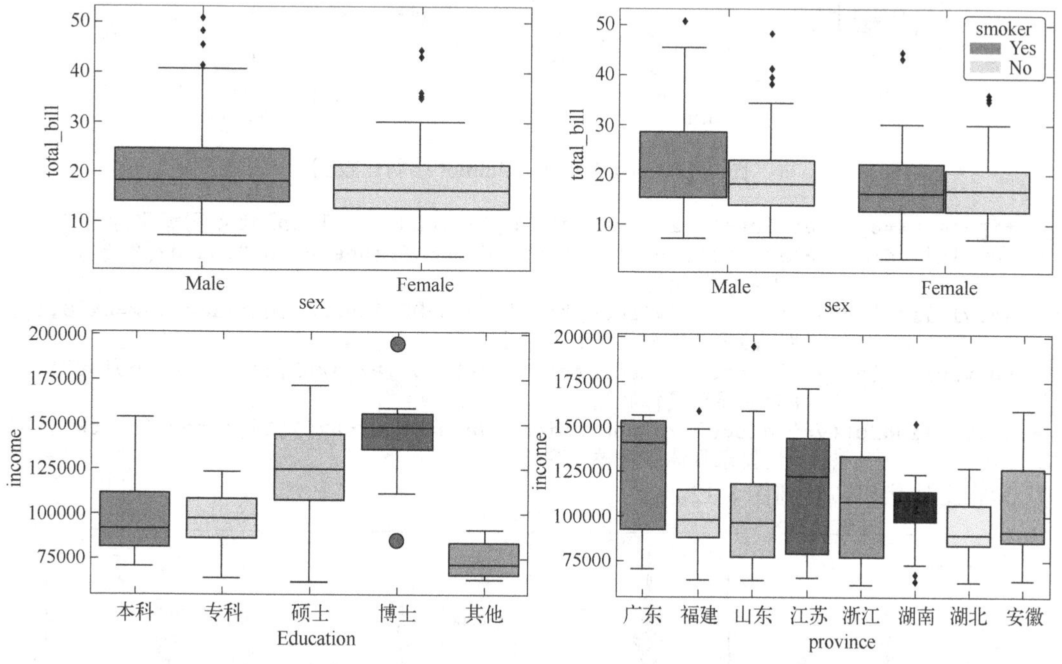

图 8-10　boxplot 四种调用格式图

（3）violinplot

violinplot 函数可以绘制小提琴图，其功能和 boxplot 相仿，下面提供两者进行比较的核心代码：

```
figure,ax=plt.subplots(2,2,figsize=(16,16),num="violinplot不同调用格式")
sn.boxplot(x="sex",y="total_bill",hue="smoker",data=tips,ax=ax[0,0])
sn.violinplot(x="sex",y="total_bill",hue="smoker",data=tips,ax=ax[0,1])
sn.boxplot(y='income',x='Education',data=DF,ax=ax[1,0])
sn.violinplot(y='income',x='Education',data=DF,ax=ax[1,1])
```

运行上述代码，得到图 8-11。由图 8-11 可知，小提琴图的最高点就是该类所有数据的最大值，常和 boxplot 图中的离群数据最大值相对应。小提琴图中的小白点就是中位数。

在 violinplot 图绘制中，小提琴内部的图像图形可以通过参数 inner 设置成“box”、“quartile”、“point”、“stick”四种方式，具体绘制代码如下：

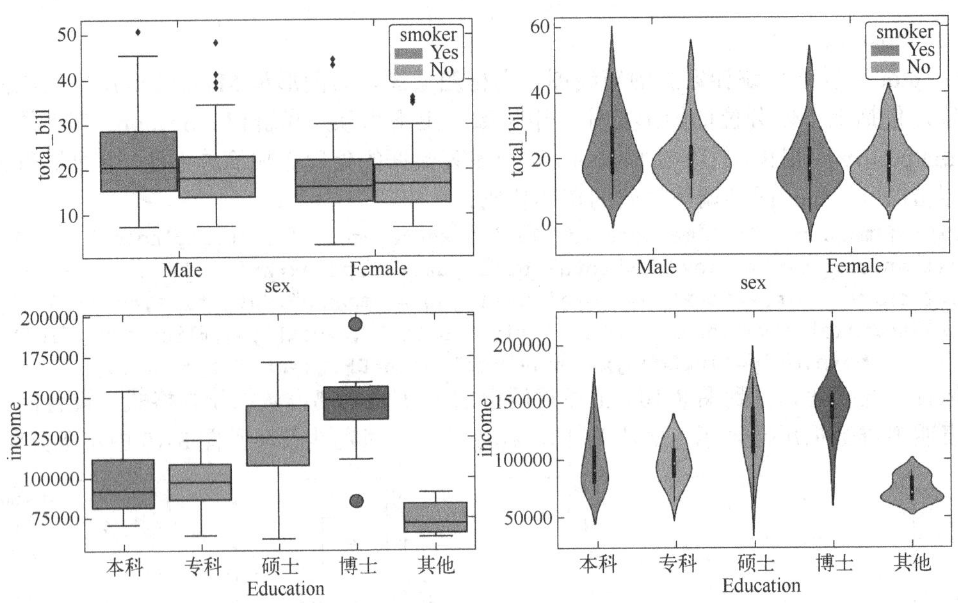

图 8-11 boxplot 和 violinplot 绘制比较图

```
figure,ax=plt.subplots(2,2,figsize=(16,16),num="violinplot 不同调用格式")
sn.violinplot(y='income',x='Education',data=DF,inner="box",ax=ax[0,0])
                 #内部显示箱型
sn.violinplot(y='income',x='Education',data=DF,inner="quartile",ax=ax[0,1])
                 #内部显示四分位数线（右上）
sn.violinplot(y='income',x='Education',data=DF,ax=ax[1,0],inner="point")
                 #内部显示具体数据点
sn.violinplot(y='income',x='Education',data=DF,ax=ax[1,1],inner='stick')
                 #内显示具体数据棒（右下）
```

运行上述代码，得到图 8-12。

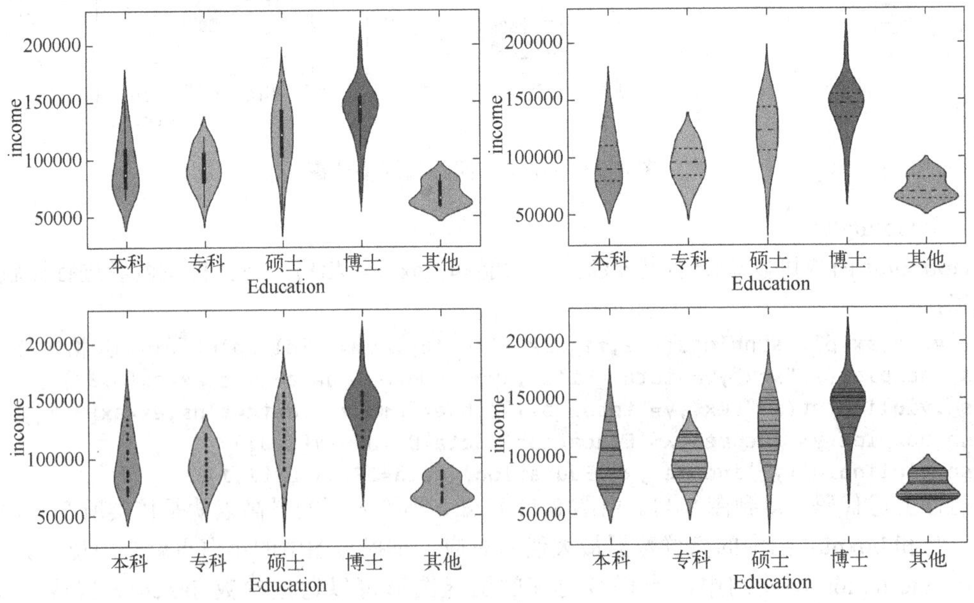

图 8-12 小提琴图内部四种不同设置图

（4）distplot

distplot 函数可以绘制数据分布图，只要导入一列数据即可，该功能将在未来的版本删除，下面是绘制数据分布图核心代码：

```
figure,ax=plt.subplots(1,3,figsize=(36,6))
sn.distplot(x=DF['age'],ax=ax[0],bins=10,color="m" )            #按年龄分布左一
sn.distplot(x=DF['income'],ax=ax[1],bins=10,color='b')          #按收入分布左二
sn.distplot(x=DF['height'],rug=True,rug_kws={"color": "g"},kde_kws={"color":
"k","lw": 3,"label": "KDE"},hist_kws={"histtype": "step","linewidth":3,"alpha":
1,"color": "g"},ax=ax[2])                                                  #按身高
```

运行上述代码，得到图 8-13 所示的数据分布图，注意纵坐标的数据是分布密度，已作归一处理。

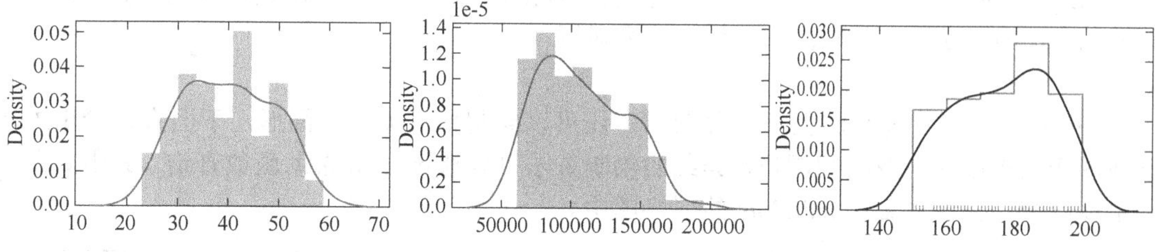

图 8-13　数据分布图

（5）histplot

histplot 函数可以绘制直方图，其中的 stat 参数有 4 个选项，分别为显示观察次数 count，显示观察数除以 bin 宽度的频率 frequency，使直方图的面积为 1 的归一化计数 density，对计数进行归一化，使得条形高度的总和为 1 的 probability。四种绘制 histplot 调用核心代码：

```
figure,ax=plt.subplots(2,2,figsize=(24,6))
sn.histplot(y='income',x='age',data=DF,bins=10,color="m",edgecolor='b',ax=ax
[0,0])                                                          #左上
sn.histplot(data=DF['income'],color="pink",hatch="//",edgecolor='b',bins=10,
ax=ax[0,1])                                                     #右上
sn.histplot(data=DF['income'],color="red",hatch="/",edgecolor='b',bins=10,
ax=ax[1,0],stat='frequency')                                    #左下
sn.histplot(data=DF['income'],color="red",hatch="'///'",edgecolor='k',bins=10,
ax=ax[1,1],stat='probability')                                  #右下
```

运行上述代码，得到图 8-14，图 8-14 中的左上图类似于热力图 heatmap 的效果。

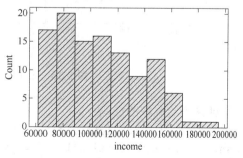

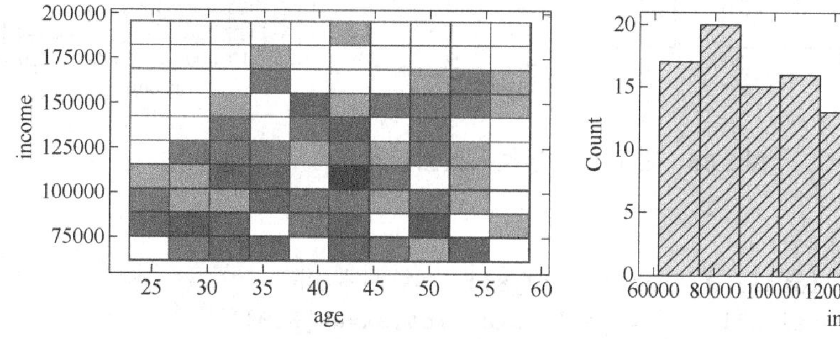

图 8-14

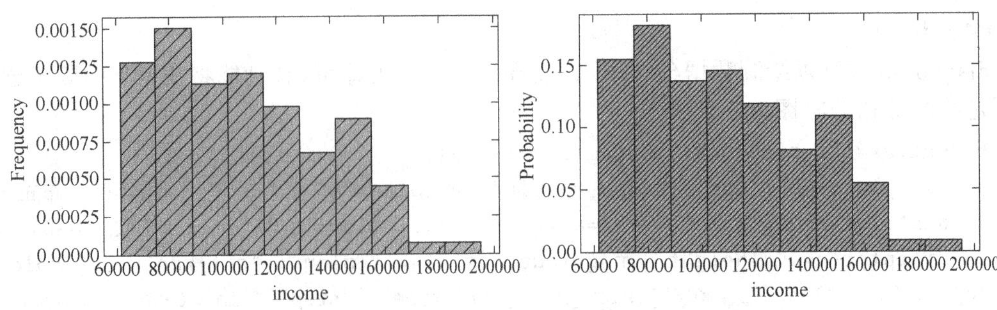

图 8-14 histplo 四种不同调用绘制的图形

（6）pairplot

pairplot 函数可以绘制配对图，系统自动对数据进行配对操作，函数命令也十分简单，如 sn.pairplot(data=DF)，得到图 8-15 所示的配对图。

（7）其他图形

Seaborn 库除了能绘制上述六种图形，还可以绘制更多类型的图形，下面直接给出绘制其他图形的核心代码及绘制图形，详细的绘制方法可以通过 help 帮助函数查询。其中 catplot 图单独绘制，无法放置在 subplots 的网格图中。

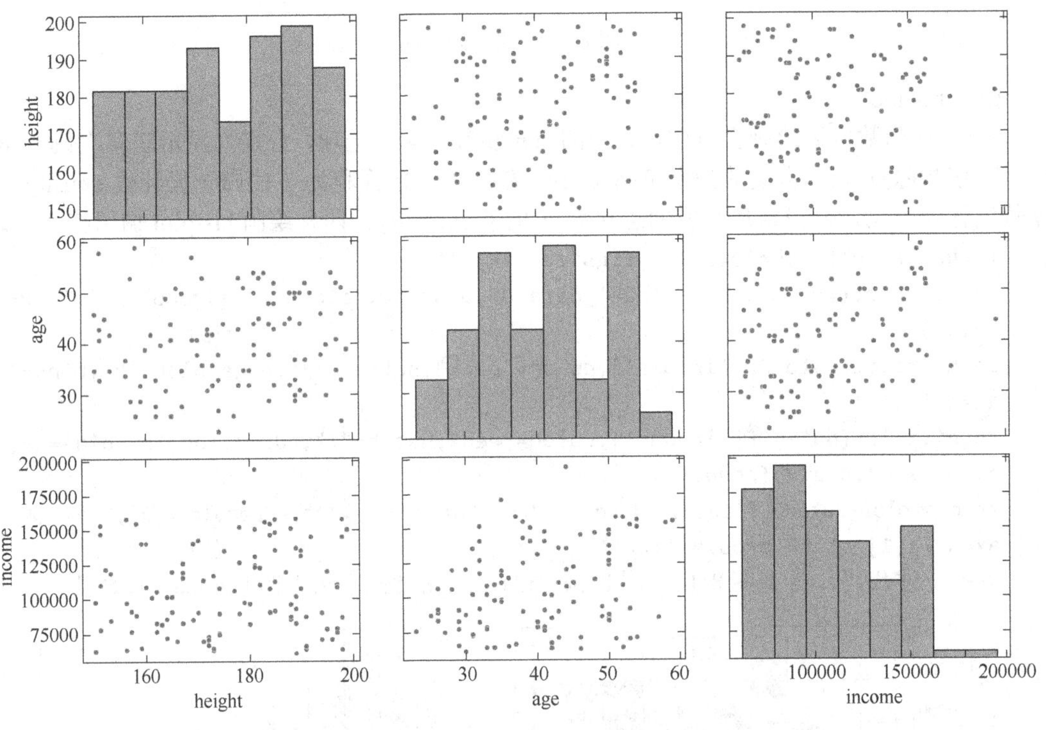

图 8-15 在职人员年收入数据配对图

其他图形绘制核心代码：

```
figure,ax=plt.subplots(3,2,figsize=(12,8))    #绘制带状图
sn.stripplot(y="total_bill", x='sex',data=tips,ax=ax[0,0])
sn.stripplot(y="total_bill", x='sex',hue='time',data=tips,ax=ax[0,1])
                                              #分层带状图
```

```
sn.countplot(x=DF["province"],data=DF,ax=ax[1,0])          #个数统计
sn.swarmplot(y='income',x='sex',data=DF,ax=ax[1,1])        #群图
sn.kdeplot(x='age',y='income',data=DF,ax=ax[2,0])          #kde 图
D2_data=np.random.rand(12,12)
sn.heatmap(D2_data,vmin=0,vmax=1,cmap="YlGnBu", yticklabels=np.arange(1,13,1),
        xticklabels=np.arange(1,13,1),ax=ax[2,1])
plt.subplots_adjust(wspace=0.2,hspace=0.3)
#catplot,该图单独绘制
sn.catplot(x="sex",y="total_bill",hue="smoker",col="time",data=tips,kind="bar)
```

运行上述代码，得到图 8-16 和图 8-17。其中图 8-17 是单独绘制的 catplot 图，catplot 函数具有多个层次的分类聚合，具备色彩 hue 和列 col 两个参数，再加上 x 坐标、y 坐标共涉及 4 个方面的数据进行分类统计，具体方法还可以通过参数 kind 设置，通过一行代码，完成了复杂的数据处理，这就是 Python 的强大所在。本节详细代码参见本章程序 11-SN_ plot1.py 和 12-SN_ plot2.py。

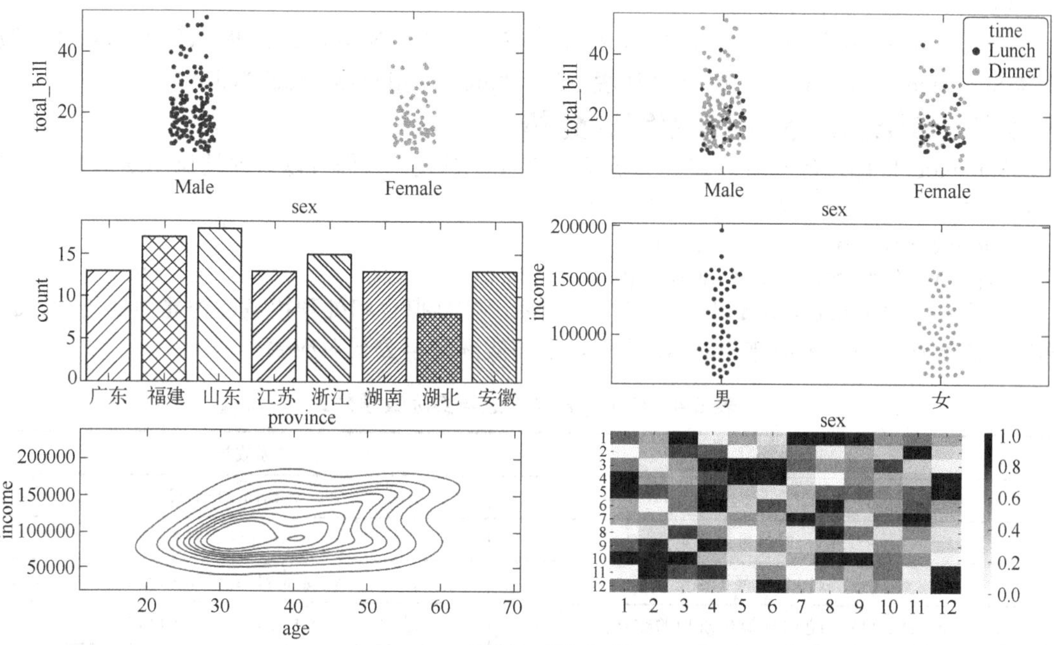

图 8-16　其他函数绘制图形

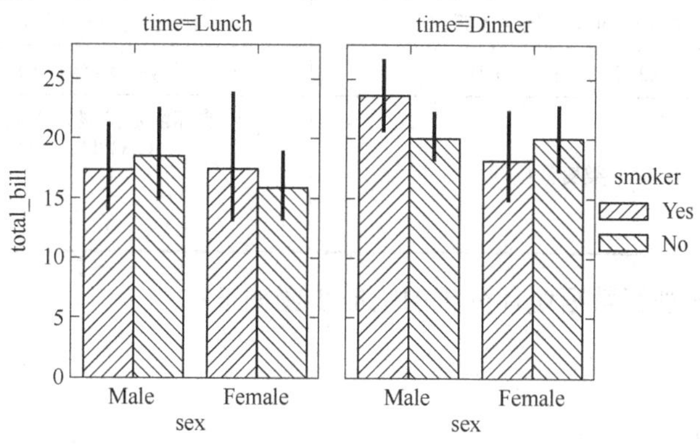

图 8-17　catplot 函数绘制图形

8.4 Statsmodels 库统计分析应用

8.4.1 Statsmodels 库概述

Statsmodels 是一个专攻统计数据分析的 Python 语言第三方库，包含了许多经典统计学和经济计量学的算法，通过和 Pandas 库的 DataFrame 数据结构及 Pasty 库方法定义的统计模型相结合，Statsmodels 库可用于拟合多种统计模型，执行统计测试以及数据探索和可视化，主要包括如下子模块：

① 回归模型；

② 方差分析；

③ 时间序列分析；

④ 非参数方法；

⑤ 统计模型结果可视化。

Statsmodels 主要关注于统计推断，提供不确定估计和各种诸如 t、P、R^2、F 等统计参数。安装 Statsmodels 库可以通过在 cmd 环境下运行“pip install statsmodels”即可。

8.4.2 Statsmodels 库统计分析

Statsmodels 库已经将各种统计分析工具进行了封装，人们可以方便地调用这些封装好的类和函数，一般有两个 API 接口可以进入：

```
import statsmodels.api as sm
import statsmodels.formula.api as smf
```

其中由 statsmodels.formula.api 接口进入后，数据拟合和处理模型的构建需要借助 Patsy 库的公式表达，表 8-4 是部分 Patsy 公式表达与实际数学公式对应表。

表 8-4 Patsy 公式表达与实际数学公式

Patsy 公式	实际数学公式
y~x1+x2[加号为并集]	$y=a_0+a_1x1+a_2x2$
y~-1+x1+x2[减号为差集]	$y=a_1x1+a_2x2$
y~x1+x2+x1:x2[冒号为纯交互]	$y=a_0+a_1x1+a_2x2+a_3x1*x2$
y~x1*x2[*号为包含所有低阶项的交互]	$y=a_0+a_1x1+a_2x2+a_3x1*x2$
y~x1*x2*x3	$y=a_0+a_1x1+a_2x2+a_3x3+a_4x1*x2$ $+ a_5x1*x3\ a_6x2*x3+a_7x1*x2*x3$
y~x1*x2+I(x1+x2)[I 后面表述数学运算]	$y=a_0+a_1x1+a_2x2+a_3x1*x2+a4(x1+x2)$
y~-1+I(x1**2)+x2+I(x1*np.log(x2)	$y=a_1x1*x1+a_2x2+a_3x1*\ln(x2)$
y~ C(x) [x 为分类变量]	实际函数扩展为正交虚拟变量 x=[1,2,3] C(x)[1] C(x)[2] C(x)[3] 0 1 0 0 1 0 1 0 2 0 0 1

用 Statsmodels 库进行数据统计分析的一般步骤如下：

① 输入数据；

② 构建模型；

③ 求解模型参数；

④ 获取各类统计数据；

⑤ 绘制各类数据透视图。

下面通过两个不同数据模型的例子，来说明 Statsmodels 库进行数据统计分析的具体过程。

1. $y=a_0+a_1x_1+a_2x_2+a_3x_1x_2$

本次统计分析的数据共有两个自变量 x_1 和 x_2，一个应变量 y，自变量的数据利用随机函数产生，应变量的数据利用拟合模型加随机扰动产生，并将数据转变成 DataFrame 数据结构，具体代码如下：

```
x1=np.random.randn(50)
x2=np.random.randn(50)
y=6+3*x1+5*x2+8*x1*x2+0.3*np.random.randn(50)
data=pd.DataFrame({'x1':x1,'x2':x2,'y':y})
```

有了上述 data 数据后，针对不同的求解方法，构建的模型方法有些不同，用 statsmodels.api 接口的，需要先构建 M 矩阵，具体代码如下：

```
M=np.vstack((np.ones_like(x1),x1,x2,x1*x2)).T
```

对于 statsmodels.formula.api 需要利用表 8-4 的公式代码构建模型，代码如下：

```
model=smf.ols('y~x1+x2+x1:x2',data)
```

对于利用 NumPy 库中的 linalg.lstsq 函数，有了上面构建的 M 矩阵及应变量 y 的数据就可以直接调用，三种不同求解方法具体求解的代码如下：

```
res_sm=sm.OLS(y, M).fit()                    # statsmodels.api 求解
res_smf=model.fit()#statsmodels.formula.api 求解
res_ls=np.linalg.lstsq(M, y,rcond=-1)     # linalg.lstsq 求解
```

上述三种方法中，前两种方法返回的内容一致，含有大量的统计信息和拟合模型的参数，第三种方法主要返回拟合模型参数，具体可采用下面的打印语句：

```
print("statsmodels.api 求解:\n",res_sm.summary())
print("statsmodels.formula.api 求解:\n",res_smf.summary())
print("NumPy 库底层 np.linalg.lstsq 求解:\n",res_ls[0])     #只打印拟合参数
```

具体打印数据如下（前两种打印结果一致，只显示前面第一种方法的打印结果）

```
statsmodels.api 求解:
                            OLS Regression Results
==============================================================================
Dep. Variable:                      y   R-squared:                       0.999
Model:                            OLS   Adj. R-squared:                  0.999
Method:                 Least Squares   F-statistic:                 2.342e+04
Date:                Fri, 30 Jul 2021   Prob (F-statistic):           3.18e-73
Time:                        10:18:55   Log-Likelihood:                -8.0465
No. Observations:                  50   AIC:                             24.09
Df Residuals:                      46   BIC:                             31.74
Df Model:                           3
Covariance Type:            nonrobust
==============================================================================
                 coef    std err          t      P>|t|      [0.025      0.975]
------------------------------------------------------------------------------
const          5.9828      0.044    137.094      0.000       5.895       6.071
x1             2.9999      0.046     65.087      0.000       2.907       3.093
x2             5.0051      0.039    129.160      0.000       4.927       5.083
x3             7.9596      0.044    180.051      0.000       7.871       8.049
==============================================================================
Omnibus:                        1.574   Durbin-Watson:                   2.043
Prob(Omnibus):                  0.455   Jarque-Bera (JB):                0.941
```

```
Skew:                          0.319   Prob(JB):                        0.625
Kurtosis:                      3.209   Cond. No.                         1.46
==============================================================================
Notes:
[1] Standard Errors assume that the covariance matrix of the errors is correctly specified.
```

NumPy 库底层 np.linalg.lstsq 求解：

```
[5.98278797 2.99993488 5.00510785 7.95956143]
```

由打印结果可知，第三种方法拟合得到的模型参数和前面两种方法拟合得到的参数基本一致，不同的是显示的小数点位数不同，当然前两种方法中得到更多的有关统计参数。一般情况下 t 大，P 小，R^2 接近 1，R^2=1，表明残差为 0，但并不表明模型就十分完善，AIC,BIC 和模型参数、数据数量及残差有关，相同情况下越小越好。几个主要统计参数的具体计算过程如下：

$y_i - y_i^F$ 为残差，y_i 为真实观察值，y_i^F 为模型拟合解释值，n 为数据数目，p 为模型参数数目，$\bar{y} = \sum_{i=1}^{n} y_i / n$ 为真实观察值的平均值，则总变差平方和 SST 为：

$$SST = \sum_{i=1}^{n} (y_i - \bar{y})^2 \tag{8-1}$$

回归平方和 SSR 为：

$$SSR = \sum_{i=1}^{n} (y_i^F - \bar{y})^2 \tag{8-2}$$

无法被模型解释的误差平方和，也称残差平方和 SSE(RSS)：

$$SSE = \sum_{i=1}^{n} (y_i - y_i^F)^2 \tag{8-3}$$

在假定模型误差为正态分布的前提下，有以下计算公式：

$$AIC = n + n\log 2\pi + n\log(SSE/n) + 2(p+1) \tag{8-4}$$

$$BIC = n + n\log 2\pi + n\log(SSE/n) + (p+1)\log n \tag{8-5}$$

$$F = \frac{SSR/p}{SSE/(n-p-1)} \tag{8-6}$$

$$R^2 = 1 - \frac{SSE}{SST} \tag{8-7}$$

有关更多的统计参数计算公式请读者参考其他专业书籍，由式（8-4）～式（8-7）可知，AIC、BIC、F、R^2 四个统计参数均和残差平方和 SSE 有关，当 SSE 趋于零时，AIC、BIC 均变小，有可能为负数，F 为趋向一个很大的数，R^2 会趋向于 1。前面两种方法拟合得到的结果除 summary 方法外，还有其他方法和属性，如获取拟合参数 params，获取 R^2 的 rsquared ，获取残差的 resid，获取拟合值的 fittedvalues 及计算预测值的 predict，具体代码如下：

```
print("res_smf.rsquared=",res_smf.rsquared)
print("res_smf.params=\n",res_smf.params)
print("res_smf.resid=\n",res_smf.resid)
print("res_smf.fittedvalues=\n",res_smf.fittedvalues)
y_pre=res_smf.predict(new_data)
```

读者必须注意的是 predict 获取的预测值的数据类型是 pandas.core.series.Series 单列的数据，如果需要绘制 contourf 图形，进行实际数据与预测数据之间的比较时，需要通过 reshape 方法进行数据转换，具体绘制比较图形的代码如下：

```
#绘制实际数据图和拟合数据图
x=np.linspace(-2,2,100)
X1,X2=np.meshgrid(x,x)
y_true=6+3*X1+5*X2+8*X1*X2
new_data=pd.DataFrame({"x1":X1.ravel(),'x2':X2.ravel()})
y_pre=res_smf.predict(new_data)                          #一维数据
y_pre=y_pre.values.reshape(100,100)
def title_and_lab(ax, title):                            #常规坐标轴特性设置,可通用
     ax.set_title(title)
     ax.set_xlabel(r"$x_1$")
     ax.set_ylabel(r"$x_2$")
fig,ax=plt.subplots(1,2,figsize=(18,9))
fig1=ax[0].contourf(X1,X2,y_true,cmap=mpl.cm.copper) #实际数据
cb1=fig.colorbar(fig1, ax=ax[0], shrink=0.8)
title_and_lab(ax[0], "y_true_contour")
cb1.set_label(r"$y$")#色棒
fig2=ax[1].contourf(X1,X2,y_pre,cmap=mpl.cm.copper)  #拟合数据图
cb2=fig.colorbar(fig2, ax=ax[1], shrink=0.8)         #色棒
title_and_lab(ax[1], "y_pre_contour")
cb2.set_label(r"$y$")
```

运行上述代码，得到图 8-18 所示的图形，本次统计分析详细的代码请参见本章程序 13-Statsmodels.py。

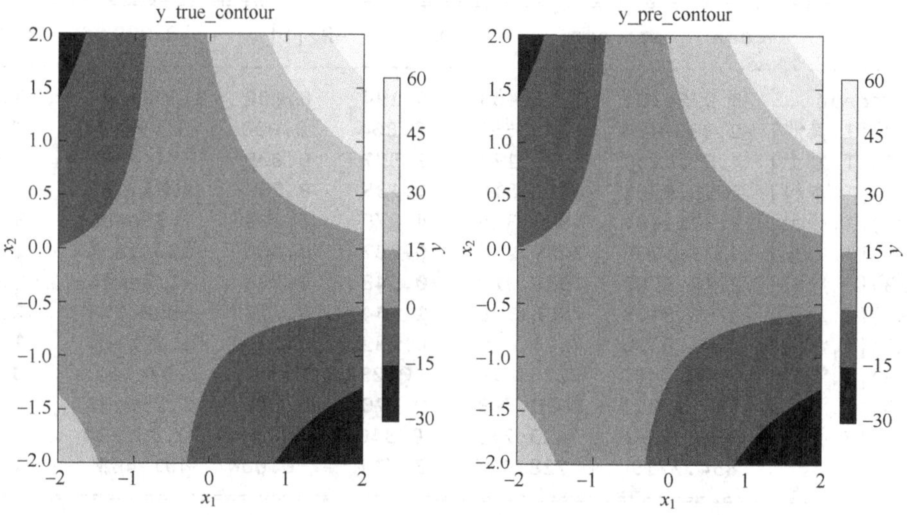

图 8-18 真实数据与拟合数据 contourf 比较图

2. $y=a_0+a_1x_1+C(x_2)+C(x_3)$

本次统计分析的数据来自 Excel 文件，利用 Pandas 库的 read_excel 函数读入文件，具体代码如下：

```
DF=pd.read_excel('g:\income.xls','Sheet1', na_filter=False,index_col=0)
```

本次读入的数据是前面表 8-3 的数据，涉及身高、年龄、学历、省份、性别、收入等数

据，拟建立的模型中 y 为收入 income，变量 x_1 为年龄，是数值型变量，变量 x_2 为分类变量学历 Education，变量 x_3 为分类变量省份 province，读入 Excel 数据文件后，设置变量的代码如下：

```
y=DF['income']
x1=DF['age']
x2=DF['Education']
x3=DF['province']
data=pd.DataFrame({"x1":x1, "x2":x2,"x3":x3,"y":y})
```

本次统计统计分析只采用 statsmodels.formula.api 接口，具体代码如下：

```
model=smf.ols('y~x1+C(x2)+C(x3)',data)
res_smf=model.fit()
print("statsmodels.formula.api 求解:\n",res_smf.summary())
```

运行上述代码，得到以下数据，本次统计分析详细的代码请参见本章程序 14-Income_fit.py。

```
                            OLS Regression Results
==============================================================================
Dep. Variable:                      y   R-squared:                       0.626
Model:                            OLS   Adj. R-squared:                  0.580
Method:                 Least Squares   F-statistic:                     13.53
Date:                Fri, 30 Jul 2021   Prob (F-statistic):           5.94e-16
Time:                        15:49:04   Log-Likelihood:                -1238.2
No. Observations:                 110   AIC:                             2502.
Df Residuals:                      97   BIC:                             2538.
Df Model:                          12
Covariance Type:            nonrobust
==============================================================================
                  coef    std err          t      P>|t|      [0.025      0.975]
------------------------------------------------------------------------------
Intercept      5.975e+04  1.15e+04      5.194      0.000    3.69e+04    8.26e+04
C(x2)[T.其他] -2.336e+04  6141.552     -3.804      0.000   -3.55e+04   -1.12e+04
C(x2)[T.博士]  4.651e+04  6305.178      7.377      0.000     3.4e+04     5.9e+04
C(x2)[T.本科]  7055.4761  6217.816      1.135      0.259   -5285.167    1.94e+04
C(x2)[T.硕士]  2.521e+04  5892.325      4.279      0.000    1.35e+04    3.69e+04
C(x3)[T.山东]  5333.5296  7289.216      0.732      0.466   -9133.546    1.98e+04
C(x3)[T.广东]  2772.5782  7959.329      0.348      0.728    -1.3e+04    1.86e+04
C(x3)[T.江苏]  9786.8108  7868.596      1.244      0.217   -5830.175    2.54e+04
C(x3)[T.浙江]  2141.8520  7596.649      0.282      0.779   -1.29e+04    1.72e+04
C(x3)[T.湖北] -2378.8405  9228.420     -0.258      0.797   -2.07e+04    1.59e+04
C(x3)[T.湖南]  3369.7059  8020.703      0.420      0.675   -1.25e+04    1.93e+04
C(x3)[T.福建] -2527.2766  7423.211     -0.340      0.734   -1.73e+04    1.22e+04
x1             854.7719   228.427      3.742      0.000     401.408    1308.136
==============================================================================
Omnibus:                        4.613   Durbin-Watson:                   1.361
Prob(Omnibus):                  0.100   Jarque-Bera (JB):                4.224
Skew:                          -0.336   Prob(JB):                        0.121
Kurtosis:                       3.685   Cond. No.                         373.
==============================================================================
```

由上述统计数据可知，模型拟合并不是十分理想，R^2 只有 0.625，AIC、BIC 的数值偏大，还有条件数 Cond. No 为 373 大大超过了 30 的一般接受条件数，说明模型中还缺少对年收入有影响的变量，如性格、行业等因素，由于本次分析的数据是随机加人工适当处理产生，不能反映真实数据的实际情况。如果简单进行年收入和年龄的拟合，其 R^2 只有 0.067，但条件数只有 195，AIC、BIC 的数值和前面考虑学历、省份的相仿，具体数据图形见图 8-19。

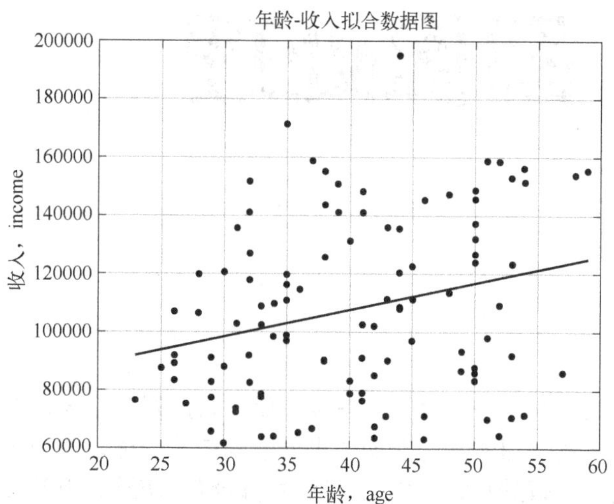

图 8-19　收入-年龄拟合数据图

本章重点知识

本章主要介绍了 Pandas 库、Seaborn 库、Statsmodels 库在数据统计分析中的应用，其中 Pandas 库的重点在于构建数据结构及进行数据的清洗、存储、分类、统计等数据基本处理；Seaborn 库的重点在于统计数据的透视图绘制；Statsmodels 库的重点在于数据的建模分析，对数据进行拟合、归类、检验等各种统计分析。读者应结合上述三个第三方库的各自强项，在具体的数据统计分析中，通过上述三个库的综合应用，展开统计数据的分类、计算、透视图绘制、建模、拟合、方差分析等工作。

习　题

1. 请自己从网上至少收集 50 个国家的人口、面积、GDP、科技水平、大学生比例、可用耕地等至少 10 项内容，进行数据统计分析，至少生成 10 幅统计数据透视图。

2. 请收集自己所在区域连续 30 年以上的气象数据，进行各种统计分析和未来 2 年气候预测。

第9章 图像处理

【本章导读】

本章将介绍如何利用 Python 语言及其第三方库对数字图像进行各种处理及辨识的知识，同时对机器学习的入门知识也进行了简单的介绍。学习本章内容，读者必须具备 Python 语言中有关数组、索引、切片、降维、重塑、折叠等基本知识，同时也必须掌握必要的 Matplotlib 数字透视化方法。读者可以在本书程序的基础上，引入图像，进行各种图像处理技术，通过修改各种参数，获得满意的图像处理效果。

9.1 图像处理概述

9.1.1 图像

图像是什么？要回答这个问题，需要注意站在不同的时间节点及不同的角度来回答这个问题。在没有发明照相技术之前，图像一般指的就是人们绘制的各种图形，均以实物形态存在，如存放在故宫的画册。到了照相技术发明以后，照相所得的图片也称之为图像，此时图像仍以实物状态存在。及至数码照相技术及计算机技术的出现，原来的物理图像概念逐渐被数字图像概念所代替，图像变成了一系列离散的数字。本章所涉及的各种图像处理技术指的均是对数字图像进行处理，当然原始的对象仍可以是物理图像，利用数码摄影技术，将物理图像通过摄影变成数字图像文件。此时的物理图像既可以是人们手工绘制的图像，也可以是自然界的各种景像，也可以是各种实验现象，通过数字摄影技术直接获得数字图像文件。数字图像背后的实质是数字，图像变成了离散化的数字，黑白图像可用一组二维数组表示，彩色图像需要三组二维数组，分别表示不同位置点上红 R、绿 G、蓝 B 三原色的值。目前除了一般的摄影技术成像的数字图像外，还有红外成像、遥感成像。红外成像和遥感成像均需要通过一定的传感器测量现实景像的物理信号，再将这些物理信号经过信号处理，通过输出器输送到显示器上，一般中间需要通过模拟信号转数字信号，转换后的数字信号通过处理再转换成模拟信号，在显示器上显示出人们可以认知的图像。

9.1.2 图像处理

图像处理对于物理实体图像而言就是对绘制好的图像进行装裱、上色、裁剪、修补等工作，而本章所说的图像处理并不涉及物理图像的处理，是对数字图像进行处理。数字图像处理（image processing）是用计算机通过对数字图像的数字文件进行处理达到所需结果的技术。数字图像处理技术的主要内容包括图像压缩、增强复原、图像分割、图像识别、图像修饰（美颜）、特征提取等。图像处理技术广泛应用于遥感测绘、红外成像、人脸识别、无人驾驶、无人工厂等领域，通过引入机器学习、人工智能等技术，使图像处理技术应用领域更加多元和广泛。对于一般的图像美化、修复、网络应用、格式转化等程式化处理，可以利用目前常见的诸如 Adobe Photoshop、Adobe Illustrator、CorelDRAW、Ulead GIF Animator、Macromedia Flash、Picasa 等软件，但对于更为复杂的图像识别、图像分类等人工智能图像处理需要利用 Python 语言及其丰富的第三方库进行处理。在计算机处理的数字图像中，根据图像的色彩及灰度，数字图像一般可以分为二值图像、灰度图像、索引图像和真彩色 RGB 图像四种基本类型。数字图像的数据有两种存储方式，分别是位图存储(Bitmap)和矢量存储(Vector)，本章涉及的图像处理基本上都以位图形式存储的图像。位图存储的图像色彩和色调变化丰富，可以逼真地再现实体图像或自然景像的真实色彩，同时也可以很容易地在不同软件之间交换文件。

9.1.3 图像处理常用第三方库

上一节中介绍的图像处理技术软件大部分为付费软件，一般也不涉及编程技术，只要按照软件已设计好的功能进行处理即可。Python 语言进行图像处理的各种库和模块均可免费使用，并且还可以根据使用者的具体要求进行编程处理，获得更加灵活的处理效果，当然你要付出的代价是学会 Python 的编程。Python 语言和图像处理有关的第三方库除了在本书第 1 章、第 2 章中介绍的 NumPy 库、Matplotlib 库以外，主要用到 Scikit-image 库、Scikit-learn 库、OpenCV 库、Pillow 库，但这些库的安装及调用比较特殊，安装的库名和调用的库名不同，下面分别介绍这些第三方库安装及调用的具体操作。

（1）Scikit-image 库

该库安装时在 cmd 环境下输入以下命令进行安装：

```
pip install scikit-image
```

调用时用下面命令：

```
import skimage
```

注意安装时库名和调用时库名的不同，主要是 Scikit-image 不符合 Python 第三方库名的命名格式。

（2）Scikit-learn 库

该库安装时在 cmd 环境下输入以下命令进行安装：

```
pip install scikit-learn
```

调用时用下面命令：

```
import sklearn
```

注意安装时库名和调用时库名的不同，主要是 Scikit-learn 不符合 Python 第三方库名的命名格式。

（3）OpenCV 库

该库安装时在 cmd 环境下输入以下命令进行安装：

```
pip install OpenCV-python
```

调用时用下面命令：

```
import cv2
```

注意安装时库名和调用时库名的不同，cv2 是指 OpenCV 库的底层是 C++ API 而不是 C API，有关 OpenCV 更多的版本内容请参见官方网站 https://opencv.org/releases/，目前最新的版本是 4.5.3。

（4）Pillow 库

该库安装时在 cmd 环境下输入以下命令进行安装：

```
pip install pillow
```

调用时用下面命令：

```
import PIL
```

注意安装时库名和调用时库名的不同，这是因为 Pillow 是从 PIL 1.1.7 分叉出来的。上面 4 个库中，Scikit-learn 库可用于机器学习，里面有许多机器学习的算法，也可用于数字图像的处理，如分类、聚合等，其他 3 个库具有相仿的图像处理功能，均可读入各种图像文件，进而进行进一步的图像处理。下面是 Scikit-image 库、OpenCV 库、Pillow 库读入图像、显示图像数据类型、显示图像的具体程序的核心代码：

```
import numpy as np
import matplotlib.pyplot as plt
import matplotlib as mpl
from skimage import io
import cv2
from PIL import Image
figure,ax=plt.subplots(1,4,figsize=(16,4))                #设置 1 行 4 列图形结构
R_image1=np.random.randint(0,256,size=(1101,901))   # numpy 随机数图像
ax[0].imshow(R_image1)
ax[0].set_title("0-255 随机整数图")
R_image2=io.imread("redleaf2.jpg")               # skimage 中的 io 模块读入图像
ax[1].imshow(R_image2)
ax[1].set_title("scikit_image 读入图")
print("skimage_type=",type(R_image2))            #显示 skimage 读入图像后数据类型
R_image3=cv2.imread("maofengshan.jpg")
print("cv2_type=",type(R_image3))                #显示 cv2 读入图像后数据类型
R_image3=cv2.cvtColor(R_image3,cv2.COLOR_BGRA2RGB)#需要进行颜色转换
ax[2].imshow(R_image3)         #若不转换,原图的红色和蓝色刚好对调,显示的不是原图
ax[2].set_title("OpenCV 读入 BGR2RGB 图")
R_image4=Image.open("g:/butterfly.JPG")
print("PIL_type=",type(R_image4))                #显示 PIL 读入图像后数据类型
R_image4=R_image4.rotate(90, expand=True)        #图片线旋转 90 度
print(R_image4.size)           #获取图片大小,方法和 cv2 不同,cv2.shape
R_image4=np.array(R_image4)  #类型转换,PIL 读入的图像不是 numpy 数组类型
R_image4=R_image4[500:2800,0:2000][:]            #截取部分图
ax[3].imshow(R_image4)
ax[3].set_title("PIL 读入图")
plt.show()#保证能显示
```

运行上述核心代码所在的程序 01-SOP_readshow.py，得到以下打印结果见图 9-1。

```
skimage_type=<class'numpy.ndarray'>
cv2_type=<class'numpy.ndarray'>
PIL_type=<class'PIL.MpoImagePlugin.MpoImageFile'>
```

图 9-1　不同方法读入后显示的图片

注意，PIL 读入的图像得到的数据不是 Numpy 的数组类型，需要通过 array 函数将其转换为 ndarray 类型后再进行其他处理工作。

9.2 OpenCV 图像处理基础

据 OpenCV 官方网站介绍 OpenCV 全称 Open Source Computer Vision Library，即开源计算机视觉库，是计算机视觉处理中经典的专用库，支持多语言、跨平台操作，功能强大。OpenCV-Python 为 OpenCV 提供了 Python 接口，使得开发者在 Python 环境中能够调用 C/C++，在保证易读性和运行效率的前提下，实现所需的功能。在 https://docs.opencv.org/master/d6/d00/tutorial_py_root.html 网站有官方提供的详细文档，感兴趣的读者可前去查阅。读者必须注意的是所有 OpenCV 的功能在 Python 环境下，均需通过 import cv2，然后以 cv2.***的形式加以引用。

9.2.1 图像读入与显示

图像读入与图像显示是任何图像处理软件最基础的功能，没有图像读入，后续处理工作就无法开展；当然没有图像显示，也就无法证实图像文件是否被正确的读入。OpenCV 在 Python 中读入图像的函数调用格式如下(后面提到的 OpenCV 均指在 Python 中的应用接口)：

```
cv2. imread(filename[,flags])
```

其中，cv2 表示调用 OpenCV 库，imread 是 OpenCV 库中的函数，filename 是读入图像的文件名，包含具体的盘符路径，如果没有盘符路径，表明文件在当前文件夹；flags 参数可以缺省，如果没有，表示读入原图，如果 flags=0，表明将原图转变成灰度度读入。imread 函数可以读入目前大多数图像文件，如*.bmp，*.dib ，*.jpeg，*.jpg，*.jpe ，*.jp2 ，*.png ，*.webp，*.pbm，*.pgm，*.ppm，*.pxm，*.pnm ，*.pfm ，*.sr，*.ras ，*.tiff，*.tif ，*.exr ，*.hdr，*.pic 等。

显示图像的调用格式是：

```
imshow(winname,mat)
```

其中参数 winname 是窗口的名称，参数 mat 是要显示的图像名称，注意如果窗口名称没有通过 cv2.namedWindow 创建，则默认是按 WINDOW_AUTOSIZE 创建一个窗口，此时图像以其原始大小显示，但仍受屏幕分辨率的限制。如果需要显示大于屏幕分辨率的图像，并可以对显示的图像进行缩放，则需要在 imshow 之前调用 namedWindow("winname", WINDOW_NORMAL)。

下面是图像读入与显示 02-cv2_readshow.py 的程序代码：

```
import cv2
cv2.namedWindow("Image1",cv2.WINDOW_NORMAL) #建立名字为 Image1、Image2、Image3
cv2.namedWindow("Image2",cv2.WINDOW_NORMAL) #Image4 的 WINDOW_NORMAL 窗口
cv2.namedWindow("Image3",cv2.WINDOW_NORMAL)
cv2.namedWindow("Image4",cv2.WINDOW_NORMAL)
img1=cv2.imread("jianghua.jpg") #读入图片文件,文件和运行的程序在同一文件夹下
img2=cv2.imread("starflower.jpg")
img3=cv2.imread("insect.png")
img4=cv2.imread("insect.png",flags=0)          #flags=0,彩色图片转换为灰度图
cv2.imshow("Image1",img1)
cv2.imshow("Image2",img2)
cv2.imshow("Image3",img3)
cv2.imshow("Image4",img4)
cv2.waitKey(delay=-2)
```

运行上述代码所在的程序 02-cv2_readshow.py，得到图 9-2。如果无最后一条 waitKey 语句，图片一闪就消失，delay 为负数，表示图片一直存在，除非人工操作加以删除；如 delay=600，表示图片保留 600 毫秒后消失。

图 9-2 cv2 文件读入及显示

9.2.2 图像数据获取

对于计算机而言，图像其实就是数据，不同的图像其实就是不同大小、不同结构的数据。OpenCV 对于读入的图像 img 获取图像数据大小及结构的方法为 img.shape，数据类型可以通过 type(img)获取，还可以通过 img.dtype 方法获得具体数据的表示方式，如 uint8 表示 8 位无符号整形数，uint16 表示 16 位无符号整形数等。获取图像高度、宽度、色彩通道数的代码如下：

```
height,width,n=img.shape     # height 为高度,width 为宽度,n 为通道数
```

下面是具体读入图像数据并显示部分数据结构的核心代码：

```
img1=cv2.imread("jianghua.jpg")                     #读入图像
img2=cv2.cvtColor(img1,cv2.COLOR_BGR2RGB)           #BGR 转 RGB
height1,width1,n1=img1.shape
height2,width2,n2=img2.shape
print(img1.shape,img2.shape)                        #打印两个图像的大小结构
print(type(img1))                                   #打印图像 img1 的数据类型
print(img1.dtype)
print(img1[100,200])            # img1 在第 100 行第 200 列像素处的三通道颜色值
print(img2[100,200])            #img2 在第 100 行第 200 列像素处的三通道颜色值
print(img1[100,200][0])         #img1 在第 100 行第 200 列像素处的第一通道颜色值
print(img2[100,200][0])         #img2 在第 100 行第 200 列像素处的第一通道颜色值
print(img1[:,:])                #img1 全部像素处的三通道颜色值
print(img1.flatten())           #将 img1 的数据降为一维
print(len(img1.flatten()))      #打印降为一维数据的长度
```

运行上述核心代码所在的程序 03-image_shape.py，得到以下结果：

```
(4608, 3456, 3) (4608, 3456, 3)     #表明两个图的图形结构大小一致
<class 'numpy.ndarray'>             #表明读入图像的数据为 Numpy 库的数组结构
uint8#表明具体数据为 8 位无符号整形数
[ 64  161  164]                 #表明三通道的颜色数据分别为 64、161、164,对应 B、G、R
[164  161  64]                  #表明三通道的颜色数据分别为 164、161、64,对应 R、G、B
64                              #表明第一通道颜色值为 64
164                             #表明第一通道颜色值为 164
[[[ 84 189 186]
  ...
  [ 23 141 130]]
 ...
 [[ 64 121 118]
  ...
  [ 14  42  36]]]               #图像具体数据,共有 4608×3456 个像素三通道的颜色值
[ 84 189 186 ...  14  42  36]   #全部数据降为一维,可以发现和原数据一致
47775744                    #此数为全部像素点三个通道的颜色数据个数为 4608×3456×3
```

由上面的运算结果及其中的解释可知，图像数据其实就是每一个像素点的颜色数据，每个像素点的颜色有 3 个数据确定，它们分别代表三原色的数值，每一种颜色的数值的范围为 0～255 的整数，共有 256 个选项，这样三通道就共有 256×256×256 种颜色。每一个图的像素就是图像的高度×宽度的乘积。注意图像变成了数据以后，处理图像其实就是处理数据，所以一定要搞清楚图像数据的具体结构，如上面读入图像 jianghua.jpg 其三通道颜色配置的情况和 cv2 默认显示的三通道不一致，所以需要通过 cvtColor 函数进行颜色通道数据转换才可以显示原来的正确图像。

9.2.3 三通道分离与合并

OpenCV 对于读入的彩色图像得到的是三通道的像素点颜色数据，从上面的图像数据显示可以看到，每个像素点的数据是一个 3 元列表，如[123 34 212]，显示和处理并不是十分方便，如果将 3 通道的数据进行分离，得到单通道的数据，那么每个单通道的数据就是一个简单的二维数据，三通道分离的函数是 split，其调用格式为：

```
r,g,b=cv2.split(img)
```

其中 r、g、b 分别代表三个通道的数据，r 通道的数据并不一定是红色通道的数据，这个和读入原图像文件的数据结构有关，r 通道的数据有可能是蓝色的数据，所以数据读入后需要进行通道颜色数据转换操作；img 是已读入的图像数据。我们可以截取三个通道的部分数据，通过热图的形式显示各个对应像素点的颜色数据；也可以将三个通道的数据单独作为一个图像显示出来，又可以通过 merge 函数，将三通道的数据合并，重新生成彩色图像，具体代码见程序 04_split_merge.py，核心代码如下：

```
img1=cv2.cvtColor(cv2.imread("jianghua.jpg"),cv2.COLOR_BGR2RGB)
R,G,B=cv2.split(img1)          #三通道数据分离
D2_data1=R[0:8,0:8]            #截取图像左上角 8×8 部分 R 通道的颜色数据
D2_data2=G[0:8,0:8]
D2_data3=B[0:8,0:8]
fig,ax=plt.subplots(1,3,figsize=(24,8))
sn.heatmap(D2_data1,vmin=0,vmax=256,linewidths=0.05, annot=True, fmt='.1f',
cmap='Reds_r', yticklabels=np.arange(1,9,1),xticklabels=np.arange(1,9,1),ax=ax[0])
#绘制 R 通道热图
sn.heatmap(D2_data2,vmin=0,vmax=256,linewidths=0.05, annot=True, fmt='.1f',
cmap='GnBu_r', yticklabels=np.arange(1,9,1),xticklabels=np.arange(1,9,1),ax=ax[1])
sn.heatmap(D2_data3,vmin=0,vmax=256,linewidths=0.05, annot=True, fmt='.1f',
cmap='Blues', yticklabels=np.arange(1,9,1),xticklabels=np.arange(1,9,1),ax=ax[2])
cv2.namedWindow("Image_R",cv2.WINDOW_NORMAL)          #设置可缩放窗口
cv2.namedWindow("Image_G",cv2.WINDOW_NORMAL)
cv2.namedWindow("Image_B",cv2.WINDOW_NORMAL)
cv2.namedWindow("Image_RGB",cv2.WINDOW_NORMAL)
img1,img2,img3=R,G,B                                  #每个通道一个图
img4=cv2.merge([B,G,R])          #合并三通道数据成一图,注意 cv2 的默认次序为 BGR
cv2.imshow("Image_R",img1)
cv2.imshow("Image_G",img2)
cv2.imshow("Image_B",img3)
cv2.imshow("Image_RGB",img4)
```

运行核心代码所在的 04_split_merge.py，得到图 9-3 所示的三通道具体数据图及 9-4 所示的三通道分离数据表示的灰度图及合并后的彩图。

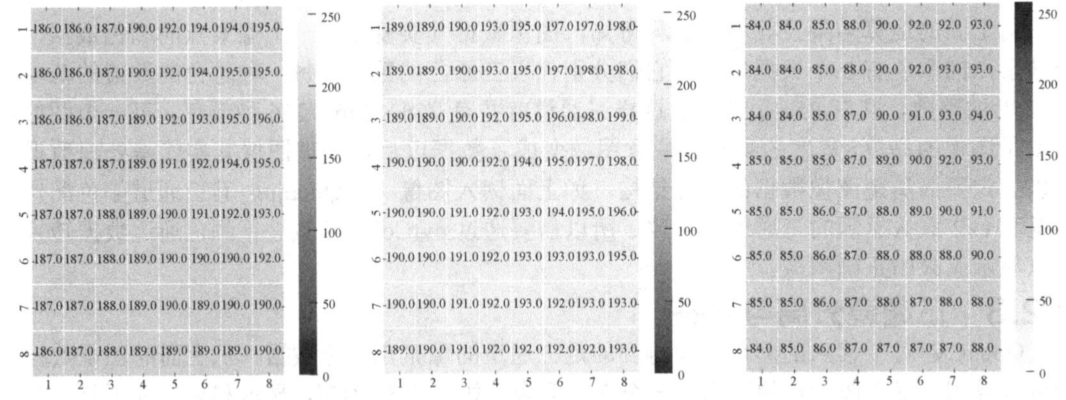

图 9-3　三通道分离数据显示

图 9-4　三通道分离数据灰度图及合并彩图

9.2.4　图像数据简单处理

有了前面对图像数据的基本知识后，就可以通过简单的数据处理，结合用户自己的意愿，获取不同的图像效果，同时也可以根据图像的数据结构，人为构造数据，观察这些数据对图像的影响。

下面是对图像数据简单处理程序 05-simple_process 的代码：

```
import cv2
import numpy as np
cv2.namedWindow("Image1",cv2.WINDOW_NORMAL)          #建立 4 个可缩放窗口
cv2.namedWindow("Image2",cv2.WINDOW_NORMAL)
cv2.namedWindow("Image3",cv2.WINDOW_NORMAL)
cv2.namedWindow("Image4",cv2.WINDOW_NORMAL)
img1=cv2.imread("taoflower2.jpg")        #读入当前文件夹图片 img1
img2=255-img1                            #用 255 减去原图数据,红蓝颜色会翻转
print("img1.shape=",img1.shape)          #打印原图的数据结构
height1,width1,n1=img1.shape
scale=10                                 #一维压缩倍数
h=int(height1/scale)
w=int(width1/scale)
img3=img1.copy()                         #先复制,构造图片数据结构
for i in range(h):
      for j in range(w):
      for k in range(n1):
            img3[i,j,k]=img1[i*scale,j*scale,k]
img3=img3[0:h,0:w,:]                     #截取压缩赋值部分,其余不要
print("img3.shape=",img3.shape)
img4=img1.copy()
```

```
img4[2000:3000,2000:3000,:]=np.random.randint(0,256,size=(1000,1000,3))
                                    #修改原图部分数据
cv2.imshow("Image1",img1)           #显示原图
cv2.imshow("Image2",img2)           #显示翻转图
cv2.imshow("Image3",img3)           #显示压缩图
cv2.imshow("Image4",img4)           #显示数据修改图
cv2.waitKey(delay=-1)
```

运行上述代码所在的程序 05-simple_process，得到以下数据及图 9-5。

```
img1.shape=(3456, 4608, 3)
img3.shape=(345, 460, 3)
```

图 9-5　简单数据处理图

由打印的数据可知，经过简单的重新采样，得到的 img3 图像的大小变成了 345×460，与大小为 3456×4608 原图 img1 相比缩小了 100 倍左右，原图位于图 9-5 的左边第一个图，压缩后的图像位于左三图；左二图是颜色翻转的图像，最右边的图是用随机数据遮挡部分区域的图像。读者可以通过修改程序中以下 3 行代码，得到不同的处理效果图。

① img2=255-img1

可将 255 改为其他数据，如 180。

② scale=10

可将 10 改为其他数据，不过如果数据过大，得到的 img3 图像会比较模糊。

③ img4[2000:3000,2000:3000,:]=np.random.randint(0,256,size=(1000,1000,3))

可改变需要遮挡范围的数据“2000:3000,2000:3000”，也可改变产生随机数据的范围，但当遮挡数据的范围改变时，size 的数据也必须对应改变。

9.3　图像处理基本函数

除了利用人工对图像数据进行处理外，OpenCV 还提供了大量的处理图像的函数供用户调用，下面介绍 OpenCV 几种常用的图像处理函数。

9.3.1　图像颜色数据直方图函数

在第 2 章中，我们曾经介绍过能够绘制具有数据统计功能直方图的 hist 函数，其最简单的调用格式是 plt.hist(x,bins)，x 表示定量数据，bins 表示将定量数据均匀分隔的份数，也可以采用提供列表数据，进行任意范围的分隔，而 OpenCV 直方图函数为 calcHist，注意 Hist 中大写的 H，具体的调用格式为：

```
calcHist(images, channels, mask, histSize, ranges[, hist[, accumulate]])
```

其中参数 images 表示需要绘制直方图已读入的原图数据；channels 表示数据中的通道数，如 0、1、2 等；mask 表示掩码，一般取 None，表示原图数据中全部需要进行直方图统计；

histSize 指的是直方图分成多少个区间，相当于 Matplotlib 库中 hist 函数中的 bin 的个数，一般取某种颜色表示值的个数，如 256；ranges 指统计颜色值的数据范围，一般全部统计，取[0,255]即可，下面是利用 calcHist 绘制直方图的具体代码：

```
import numpy as np
import cv2
import matplotlib.pyplot as plt
import matplotlib as mpl
img1=cv2.cvtColor(cv2.imread("taoflower.jpg"),cv2.COLOR_BGR2RGB)
R,G,B=cv2.split(img1)                                         #三通道数据分离
hist_R=cv2.calcHist([R],[0],None,[256],[0,256])
hist_G=cv2.calcHist([G],[0],None,[256],[0,256])
hist_B=cv2.calcHist([B],[0],None,[256],[0,256])
plt.plot(hist_R,color="r",lw=2,label="红色")                    #lw=2 表示线宽为 2
plt.plot(hist_G,color="g",lw=2,ls=":",label="绿色")  #ls=":",表示用点线
plt.plot(hist_B,color="b",lw=2,ls="-.",label="蓝色")
```

运行上述代码所在的程序 06-calcHist.py，得到图 9-6 所示的结果。

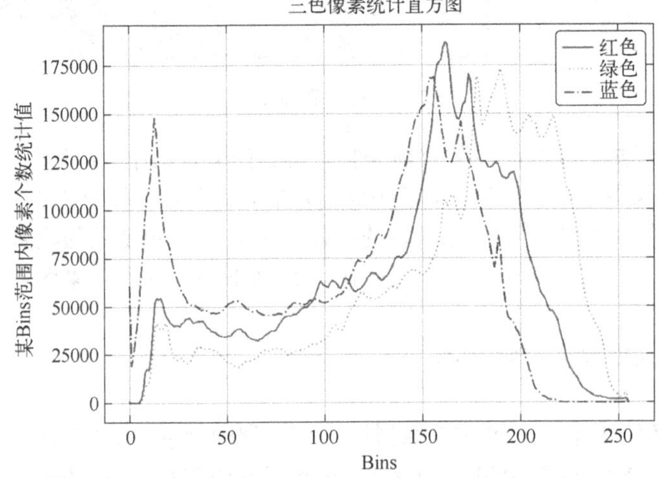

图 9-6　图像三原色数据直方图

9.3.2 图像颜色阈值处理函数

阈值处理函数 threshold 可以将目标物体从具有背景噪声的多值数字图像中提取出目标物体，该函数通过将目标图像（灰度图或彩图单通道）的全局颜色值设置一个阈值 T，用 T 将图像的数据分成两部分，大于 T 的像素群和小于 T 的像素群，两个像素群分别采用不同策略来设置颜色值，也称像素值，最简单的方法是将大于 T 的像素群的像素值设定为 255（最大值），小于 T 的像素群的像素值设定为 0，当然也可以有多种其他设置策略，阈值处理函数的具体调用格式如下：

```
ret, img=threshold(src,thresh,maxval,type)
```

其中参数 ret 为输出参数，一般为阈值数据；参数 img 为输出参数，是处理后的图像数据；参数 src 是原图数据文件，thresh 为阈值数据，maxval 为最大值数据，参数 type 为阈值处理策略，一般有以下 5 种方法。

① cv2.THRESH_BINARY

该方法处理后颜色值的取值策略是大于阈值的取最大值，一般设置最大值为 255，其他颜色值取零。

② cv2.THRESH_BINARY_INV

该方法处理后颜色值的取值策略和①刚好相反，大于阈值的取零，其他颜色值取最大值。

③ cv2.THRESH_TRUNC

该方法处理后颜色值的取值策略是大于阈值的取阈值，其他取原图的颜色值。

④ cv2.THRESH_TOZERO

该方法处理后颜色值的取值策略是大于阈值取原图颜色值，其他取零。

⑤ cv2.THRESH_TOZERO_INV

该方法处理后颜色值的取值策略刚好和④相反，大于阈值取零，其他取原图颜色值。

下面是阈值处理程序的 07-threshold.py 的核心代码：

```
img=cv2.imread("heflower.jpg",0)                          #0 表示读取灰度图
hist=cv2.calcHist([img],[0],None,[256],[0,255])           #绘制直方图以便判断阈值
plt.plot(hist,color="b",lw=2)
TR=180                                                    #此值通过直方图观察确定
plt.figure()
ret1,img1=cv2.threshold(img,TR,255,cv2.THRESH_BINARY)#大于阈值取 255 其他取零
ret2,img2=cv2.threshold(img,TR,255,cv2.THRESH_BINARY_INV)#和 img1 相反
ret3,img3=cv2.threshold(img,TR,255,cv2.THRESH_TRUNC)     #大于阈值取阈值其他取原值
ret4,img4=cv2.threshold(img,TR,255,cv2.THRESH_TOZERO)#大于阈值取原值其他取零
ret5,img5=cv2.threshold(img,TR,255,cv2.THRESH_TOZERO_INV)      #和 img4 相反
print("ret1,ret2,ret3,ret4,ret5=",ret1,ret2,ret3,ret4,ret5)    #打印阈值
from matplotlib import colors
import numpy as np
import cv2
import matplotlib.pyplot as plt
import matplotlib as mpl
mpl.rcParams["font.sans-serif"]=["SimHei"]              #保证显示中文字
mpl.rcParams["axes.unicode_minus"]=False                #保证负号显示
mpl.rcParams['ytick.right']=True
mpl.rcParams['xtick.top']=True
mpl.rcParams['xtick.direction']='in'                    #坐标轴上的短线朝内,默认朝外
plt.rcParams['ytick.direction']='in'
mpl.rcParams["font.size"]=16                            #设置字体大小
#img=cv2.imread("insect.png",flags=0)
#img=cv2.cvtColor(cv2.imread("heflower.jpg"),cv2.COLOR_BGR2GRAY)
img=cv2.imread("heflower.jpg",0)
hist=cv2.calcHist([img],[0],None,[256],[0,255])
plt.plot(hist,color="b",lw=2)
TR=180
plt.figure()
ret1,img1=cv2.threshold(img,TR,255,cv2.THRESH_BINARY)
ret2,img2=cv2.threshold(img,TR,255,cv2.THRESH_BINARY_INV)
ret3,img3=cv2.threshold(img,TR,255,cv2.THRESH_TRUNC)
ret4,img4=cv2.threshold(img,TR,255,cv2.THRESH_TOZERO)
ret5,img5=cv2.threshold(img,TR,255,cv2.THRESH_TOZERO_INV)
print("ret1,ret2,ret3,ret4,ret5=",ret1,ret2,ret3,ret4,ret5)
titles=['原图','大于阈值取 255 其他取零','大于阈值取零其他取 255','大于阈值取阈值其
他取原值','大于阈值取原值其他取零','大于阈值取零其他取原值']
imgs=[img,img1,img2,img3,img4,img5]
for i in range(6):
```

```
        plt.subplot(2,3,i+1)
        plt.imshow(imgs[i],cmap='gray', vmin=0, vmax=255)#一定要引入cmap='gray',
        vmin=0,
        plt.title(titles[i])   #vmax=255 三个参数,否则得到的并不是黑白的灰度图,而
        是伪彩图
        plt.xticks([])
        plt.yticks([])
    plt.tight_layout()
    plt.show()
```

运行上述核心代码所在的程序 07-threshold.py，得到图 9-7 所示的图像。

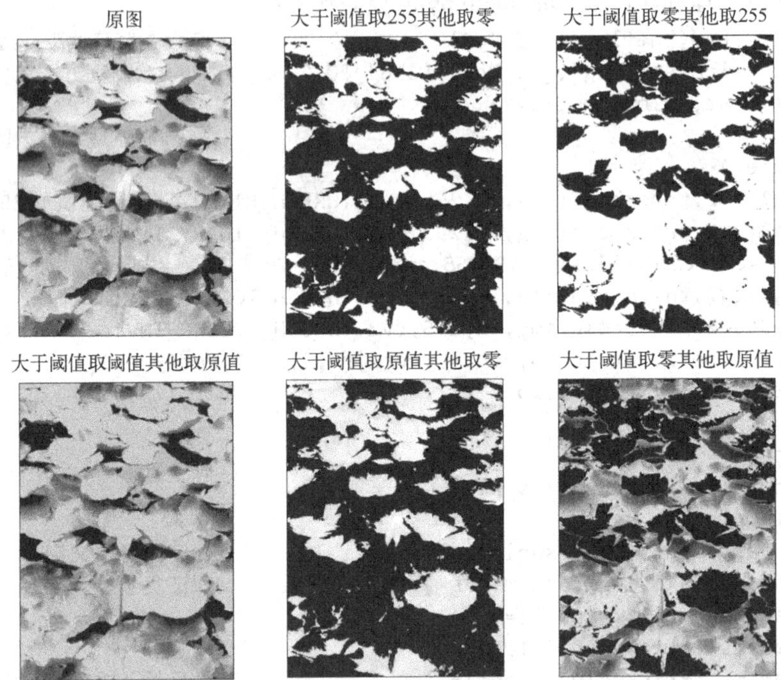

图 9-7　阈值函数处理后得到的图像

9.3.3　自适应阈值函数

前面的阈值处理函数 threshold 是一种全局性的阈值，只需要规定一个阈值，整个图像都和这个阈值比较，并且这个阈值需要人工设定。如果人工设定的阈值不合理，得到的图像就不理想，而自适应阈值函数 adaptiveThreshold 就可以解决这个问题。自适应阈值可以看成一种局部性的阈值，通过规定一个区域大小 blockSize，比较这个点与区域大小里面像素点的平均值（或者加权和）的大小关系，确定这个像素点的颜色值是属于 0 或者最大值 maxValue，调用格式为：

```
img=adaptiveThreshold(src, maxValue, adaptiveMethod, thresholdType, blockSize, C)
```

其中参数 img 为输出参数，为自适应阈值函数处理后的图像数据；输入参数 src 为原始图像数据，需要灰度图或单通道图的数据；maxValue 为处理后所取像素颜色的最大值；adaptiveMethod 为自适应处理方法，目前只支持 cv2.ADAPTIVE_THRESH_MEAN_C （领域内均值）、cv2.ADAPTIVE_THRESH_GAUSSIAN_C（领域内像素点加权和，权重为一个高斯窗口）两种方法；thresholdType 为阈值形式，只支持 cv2.THRESH_BINARY 和 cv2.THRESH_BINARY_INV 两种形式； blockSize 为规定领域大小，其值为 3、5、7、9、11

等，是奇数；C 为常数，阈值等于均值或者加权值减去这个常数，可以为正数也可以为负数，一般取正数。下面是自适应阈值函数处理图像具体应用的核心代码：

```
    img1=cv2.imread("insect.png",flags=0)    #通过设置 flags=0,直接获取灰度图数据
    ret,img2=cv2.threshold(img1,127,255,cv2.THRESH_BINARY)#图线固定阈值处理
    img3=cv2.adaptiveThreshold(img1,255,cv2.ADAPTIVE_THRESH_MEAN_C, cv2.THRESH_
BINARY,11,3)                                  #平均值处理
    img4=cv2.adaptiveThreshold(img1,255,cv2.ADAPTIVE_THRESH_GAUSSIAN_C,cv2.
THRESH_BINARY,7,2)                            #加权平均值处理
    images=[img1,img2,img3,img4]
    titles=['原灰度图 gray','二值图 THRESH_BINARY', '.ADAPTIVE_THRESH_MEAN_C',
'ADAPTIVE_THRESH_GAUSSIAN_C']
    fig,ax=plt.subplots(1,4,figsize=(20,5),num="自适应阈值绘制") #设置 1 行 4 列图框
    for i in range(4):
            ax[i].imshow(images[i],'gray')        #通过'gray'参数,防止伪彩色
            ax[i].set_title(titles[i])
    plt.show()
```

运行上述核心代码所在的程序 08-ad_Threshold.py，得到图 9-8 的图像。读者在具体应有该程序时，可以改变参数 blockSize 和 C 的大小，以便获取最佳效果。比较图 9-8 中的图像，采用自适应阈值处理的右边两幅小图明显比只采用一个阈值处理的左边第 2 个小图的纹理清晰。

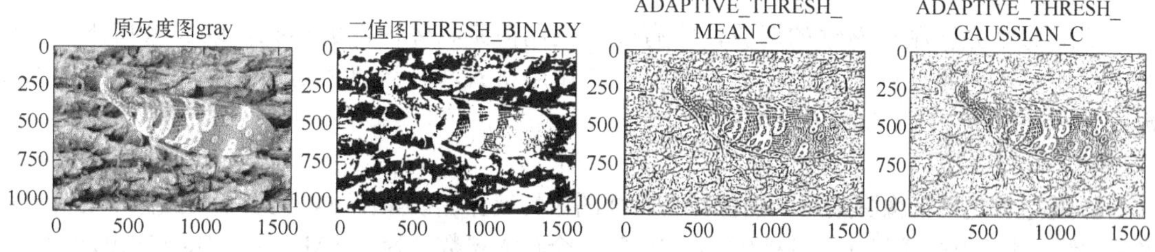

图 9-8　自适应阈值处理效果图

9.3.4　图像形态学函数

图像形态学函数 morphologyEx 可以对图像形态进行多种操作，最基本的形态学操作是膨胀操作和腐蚀操作，通过这两种基本的操作可以达到诸如去噪、分割图像、连通图像等功能。

（1）膨胀操作

膨胀操作通过原图像与内核的卷积，使得任何给定的像素被内核（kernel）覆盖的所有像素值的局部最大值所替换。默认内核是一个方形内核，也可以是椭圆形或十字形结构，其中心位置为锚点。通过膨胀操作，可以将两个分开的图像合并，注意分开的距离不能太大，膨胀操作的调用格式为：

```
    img=dilate(src,kernel[,dst[,anchor[,iterations[,borderType[,borderValue]]]]])
```

上述调用格式中输出参数只有一个 img，为膨胀处理后的图像数据；有两个必须输入的参数，一个是 src 为原图像数据；另一个 kernel 为内核；其他输入参数锚点位置 anchor 默认为内核中心点；迭代次数 iterations 参数默认为 1；borderType 参数是边界类型；borderValue 是 borderType 设置为 BORDER_CONSTANT 时，将用于边缘外像素的值。一般建议参数 anchor、参数 borderType 和参数 borderValue 不加设置，采用系统默认值；对于迭代次数 iterations 参数可取大于 1 的整数，可取 5～12 左右。

（2）腐蚀操作

腐蚀操作是膨胀操作相反的操作，它计算内核区域内的局部最小值，并以此最小值代替

计算内核区内所有的像素点，其调用格式是：

```
img=erode(src,kernel[,dst[,anchor[,iterations[,borderType[,borderValue]]]]])
```

腐蚀操作调用格式中的参数含义和膨胀操作一致，通过腐蚀操作，可以将两个原来相连的图像进行分割，但具体效果要视原图的结构而定。一般而言，膨胀扩大了一个明亮的区域，从而倾向于填充凹陷，将不相连的图像相连；而腐蚀减少了一个明亮的区域，趋于移除突起部分的图像，将原相连的图像分开。当然，确切的结果将取决于内核及具体原图像。

腐蚀操作通常用于消除图像中的“散斑”噪声。“散斑”被腐蚀，而包含视觉重要内容的较大区域则不受影响。通常使用膨胀操作来试图找出连通的分量，膨胀效用的产生是因为在很多情况下，由于噪音，阴影或其他类似的影响，大的区域可能会被分解成多个分量。小的膨胀会将这些分量融合成一个整体。

（3）开运算

开运算是将原图像腐蚀，再对其进行膨胀操作，采用图像形态学函数进行调用，调用格式为：

```
img=morphologyEx(src,cv2.MORPH_OPEN,kernel[,dst[,anchor[,iterations[,borderT
ype[,borderValue]]]]])
```

调用格式中的参数含义和上面相同，其中多了一个 cv2.MORPH_OPEN 参数，表示形态学开运算，开运算主要用于去噪，计数等。

（4）闭运算

闭运算是先膨胀后腐蚀的运算，它有助于关闭前景物体内部的小孔，或去除物体上的小黑点，还可以将不同的前景图像进行连接，其调用格式和开运算相仿，只需将第 2 个输入参数改为 cv2.MORPH_CLOSE 即可。

（5）梯度运算

梯度运算是用图像膨胀后的图像减去腐蚀图像的运算，该操作可以获取原始图像中的前景图像的边缘，其调用格式和开运算相仿，只需将第 2 个输入参数改为 cv2.MORPH_GRADIENT 即可。

（6）顶帽运算

顶帽运算是用原始图像减去其开运算图像的操作，它能够获取图像的噪声信息，或者得到比原图像的边缘更亮的边缘信息，其调用格式和开运算相仿，只需将第 2 个输入参数改为 cv2.MORPH_ TOPHAT 即可。

（7）黑帽运算

黑帽运算是用闭运算图像减去原始图像的操作。它能够获取内部的小孔，或前景色中的小黑点，亦或者得到比原始图像的边缘更暗的边缘部分，其调用格式和开运算相仿，只需将第 2 个输入参数改为 cv2.MORPH_ BLACKHAT 即可。

上述对图像的各种操作后得到的图像不仅跟原图像有关，也跟内核的大小及形式有关，内核默认为矩形，也可以是十字形和椭圆结构，图像的形态学操作具体代码如下（09_morphologyEx.py）：

```
import cv2
import numpy as np
img1=cv2.imread("xtx_open.jpg",cv2.IMREAD_UNCHANGED)
cv2.namedWindow("Original image",cv2.WINDOW_NORMAL)
cv2.imshow("Original image ",img1)
#内核,默认矩形
#kernel1=cv2.getStructuringElement(cv2.MORPH_RECT,(10,10))
#kernel2=cv2.getStructuringElement(cv2.MORPH_CROSS,(10,10))        #十字形
#kernel3=cv2.getStr2ucturingElement(cv2.MORPH_ELLIPSE,(10,20))     #椭圆
kernel4=np.ones((20,20), np.float32)                               #默认矩形
```

```
kernel=kernel4
#腐蚀
erosion=cv2.erode(img1, kernel ,iterations=1)
cv2.namedWindow("erosion",cv2.WINDOW_NORMAL)
cv2.imshow("erosion",erosion)
#膨胀
dilation=cv2.dilate(img1, kernel, iterations=1)
cv2.namedWindow("dilation",cv2.WINDOW_NORMAL)
cv2.imshow("dilation",dilation)
#开运算=先腐蚀后膨胀 dilate(erode())
open=cv2.morphologyEx(img1, cv2.MORPH_OPEN, kernel, iterations=9)
cv2.namedWindow("open",cv2.WINDOW_NORMAL)
cv2.imshow("open",open)
#闭运算=先膨胀后腐蚀 erode(dilate())
close=cv2.morphologyEx(img1, cv2.MORPH_CLOSE, kernel,iterations=9)
cv2.namedWindow("close",cv2.WINDOW_NORMAL)
cv2.imshow("close",close)
#形态学梯度:膨胀图减去腐蚀图得到物体的轮廓:dilation - erosion,
cv2.namedWindow("dilation - erosion",cv2.WINDOW_NORMAL)
img2=dilation - erosion
cv2.imshow("dilation - erosion",img2)
img3=cv2.morphologyEx(img1, cv2.MORPH_GRADIENT, kernel)          #轮廓图
cv2.namedWindow("cv2.MORPH_GRADIENT",cv2.WINDOW_NORMAL)
cv2.imshow("cv2.MORPH_GRADIENT",img3)
#顶帽:原图减去开运算后的图:tophat=img1 - open
img4=cv2.morphologyEx(img1, cv2.MORPH_TOPHAT, kernel)
cv2.namedWindow("cv2.MORPH_TOPHAT",cv2.WINDOW_NORMAL)
cv2.imshow("cv2.MORPH_TOPHAT",img4)
#黑帽:闭运算后的图减去原图:blackhat=close-img1
img5=cv2.morphologyEx(img1, cv2.MORPH_BLACKHAT, kernel)
cv2.namedWindow("MORPH_BLACKHAT",cv2.WINDOW_NORMAL)
cv2.imshow("MORPH_BLACKHAT",img5)
cv2.waitKey(delay=-1)
```

图9-9～图9-14是在不同原图下形态学函数处理图像结果。

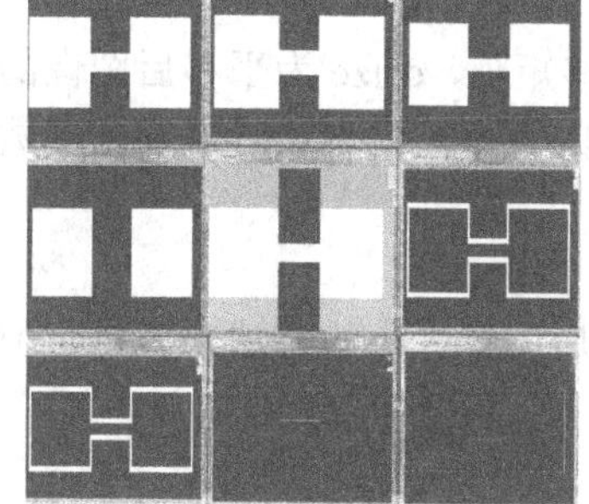
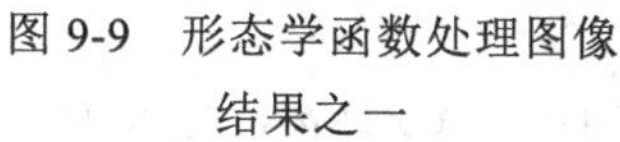

图9-9 形态学函数处理图像结果之一

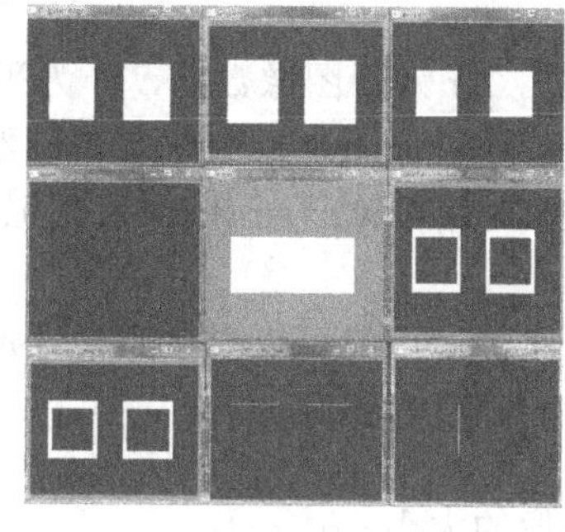

图9-10 形态学函数处理图像结果之二

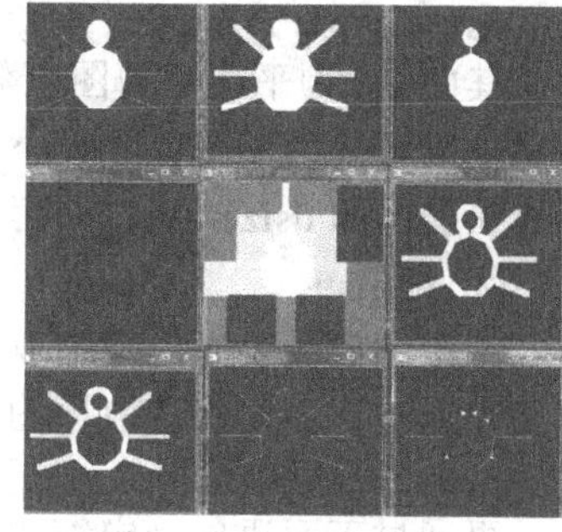

图9-11 形态学函数处理图像结果之三

每个图由3×3=9个小图组成，从左到右从上到下依次是原图11、膨胀图12、腐蚀图13、开运算21、闭运算22、膨胀减腐蚀23、梯度图31、顶帽图32、黑帽图33。图9-9中的开运算21分图，可以见到和原图11相比，原来相连的横线不见了；图9-10中的闭运算22分图，

可以见到和原图 11 相比，原来分开的图两个矩形连成了一片；几乎所有 6 个图中，膨胀减腐蚀 23、梯度图 31 都呈现轮廓线的效果。图 9-11 和图 9-12 中的顶帽图 32、黑帽图 33 基本体现了这两种图像的特性。总之，图像形态学处理函数可以获得预想的图像处理效果，但处理效果和原图的结构及内核的大小有关，需要人工调整内核的大小及形式，观察其具体的处理效果。

图 9-12 形态学函数处理图像结果之四

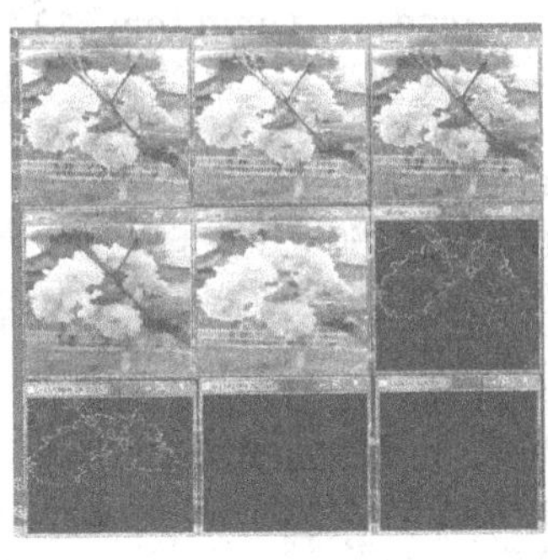

图 9-13 形态学函数处理图像结果之五

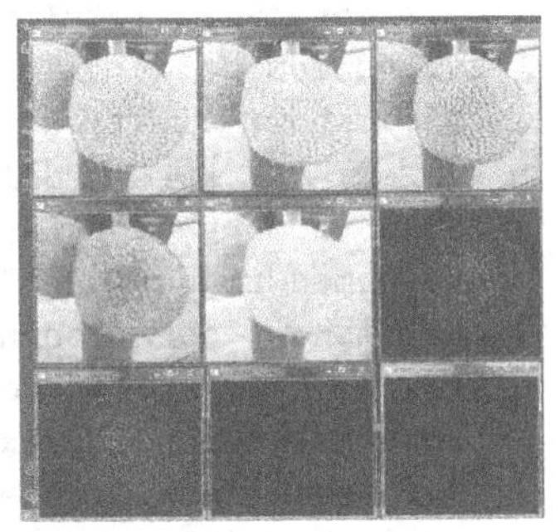

图 9-14 形态学函数处理图像结果之六

9.3.5 图像几何处理函数

对于图像几何处理，尽管可以根据图像读取的数据文件结合数学知识及数组运算规则进行编程，但如果能够利用已有函数直接调用，则可大大提高编程效率，将编程的主要工作放在图像几何处理的策略确定及处理效果显示上。OpenCV 提供了大量的有关图像几何处理的函数，主要有偏移、缩放、旋转、镜像等，下面简要介绍一下这些函数的调用格式及具体应用代码。

① 平移

平移是图像几何处理中最简单的处理方法，一般就是图像在当前的位置向水平（左右）和垂直（上下）方向上进行移动，进行平移前，需要先建立一个平移矩阵 M，具体定义如下：

```
M=np.float32([[1,0,fx],[0,1,fy]])
```

上式表示水平向右方向移动 fx，垂直向下方向移动 fy。注意如果 fx 或 fy 为负数，则移动方向和上述描述方向相反。有了平移矩阵，具体的平移图像数据需要通过下面仿射函数得到：

```
dst=warpAffine(str, M, dsize)
```

其中 dst 为平移后的图像数据，str 为原图像数据，M 为平移矩阵，dsize 为平移后图像的大小一般可采用原图像的大小，可通过 shape 方法获取原图像的大小，但表达时需要宽度数据放在前面如 dsize=(w,h)，而获取时用 h,w,n=str.shape，切记。

② 缩放

图像缩放需要先确定缩放的比例，一般可以直接定义缩放后图像大小的方法来确定，但需要先通过下面语句获取原图像的高度和宽度：

```
h,w,n=img1.shape
```

再通过下面语句确定缩放图像的大小：

```
dsize=(int(kx*w),int(ky*h)
```

其中 kx 是在宽度 w 方向的缩放系数，大于 1 放大，小于 1 缩小； ky 是在高度 h 方向的缩放系数，大于 1 放大，小于 1 缩小。注意数据元素先后次序和 shape 方法获取数据次序的不同，一定要有 int 取整函数，否则当缩放系数小于 1 时，会提示错误信息。有了上述处理后，再调用 resize 函数：

```
dst=cv2.resize(src,dsize, interpolation=cv2.INTER_AREA)
```

其中 interpolation 表示缩放时处理数据的方法，也可以采用其他方法，如 INTER_CUBIC（慢）或 NTER_LINEAR（快），其他参数含义和前面一致。

③ 旋转

旋转处理方法和平移的思路一致，先建立一个旋转矩阵，这里直接引用具体的数据：

```
M=cv2.getRotationMatrix2D((w/2.0,h/2.0),45,1)
```

其中元组(w/2.0,h/2.0)表示旋转的中心点；45 表示旋转的角度，以逆时针方向为正方向；1 表示图像的缩放系数。然后再调用仿射函数，得到旋转图像数据，具体调用格式和平时一致。其实可以通过旋转矩阵中缩放系数的修改，可以直接得到和缩放功能一致的图像，说明一种处理结果，可以有多种方法实现。

④ 翻转

图像翻转处理的函数 flip 相对简单，只有两个输入参数，一个是原图像数据，一个是翻转参数，0 表示水平翻转，1 表示垂直翻转；-1 表示先水平翻转再垂直翻转。

下面是以上 4 种图像几何处理方法的核心代码：

```
import cv2
import matplotlib.pyplot as plt
import numpy as np
from skimage import data
import matplotlib as mpl
img1=data.chelsea()                                   #读入第三方库数据
#平移:
M=np.float32([[1,0,50],[0,1,-50]])                    #x 方向向右移 50,y 方向向上移动 50
img2=cv2.warpAffine(img1,M,(w,h))
#缩小
scale1=(int(0.5*w),int(0.5*h))
img3=cv2.resize(img1,scale1,interpolation=cv2.INTER_AREA)     #缩小
#放大
scale2=(2*w,2*h)
img4=cv2.resize(img1,scale2,interpolation=cv2.INTER_AREA)     #放大
#旋转
M=cv2.getRotationMatrix2D((w/2.0,h/2.0),45,1)
img5=cv2.warpAffine(img1,M,(w,h))#(w,h)
#翻转
hor_img=cv2.flip( img1, 0 )                                   #水平翻转
ver_img=cv2.flip( img1, 1 )                                   #垂直翻转
both_img=cv2.flip(img1, -1 )                                  #两个方向
plt.figure(figsize=(24,12))
imgs=[img1,img2,img3,img4,img5,hor_img,ver_img,both_img]
titles=["原图","平移图","缩小图","放大图","旋转图","水平翻转","垂直翻转","水平垂
直同时翻转"]
axes_num=[241,242,243,244,245,246,247,248]                    #布局图号列表
for i,axn in enumerate(axes_num):
        ax=plt.subplot(axn)    #将布局图号为 axn 的子图赋给 ax,以便后续用 ax 调用
        ax.imshow(imgs[i])
        ax.set_title(titles[i])
plt.subplots_adjust(wspace=0.2,hspace=0.3)
plt.show()
```

运行上述核心代码所在的程序 10-geom_pro.py，得到图 9-15 的处理效果。

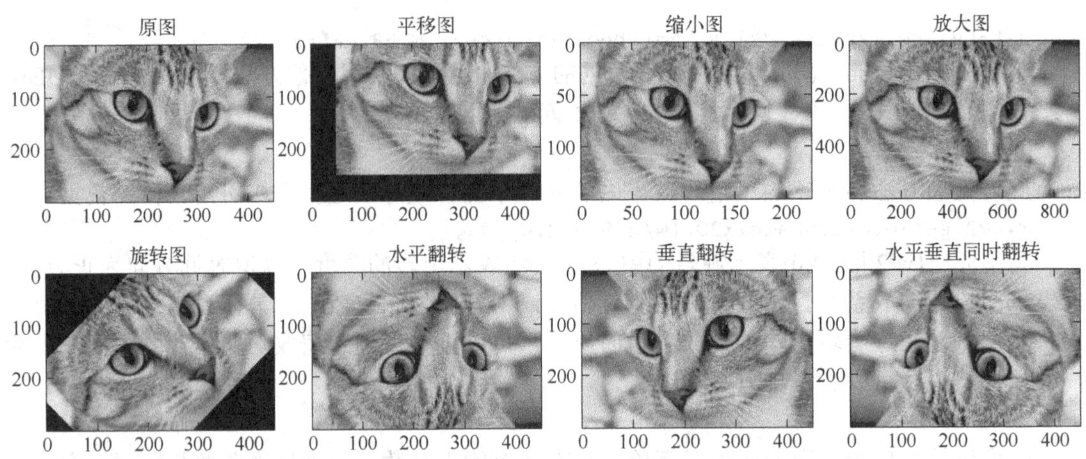

图 9-15 图像几何处理效果图（原图由第三方库提供）

9.3.6 几种绘制轮廓的函数

图像轮廓的绘制在前面介绍形态学函数时已介绍过一种方法，就是形态学梯度函数，其实质是膨胀图减去腐蚀图得到物体的轮廓，但具体效果和原图有关。绘制轮廓线还可以用边缘检测函数 Canny 得到的边缘直接作为轮廓线，Canny 的一般调用格式为：

```
edges=cv2.Canny(image,threshold1,threshold2[,edges[,apertureSize
                [,L2gradient]]]])
```

其中 edges 为检测得到的边缘图像数据，image 为原图像数据，threshold1, threshold2 分别为 2 个滞后阈值数据，需要人工调整，不同的数据对检测结果有影响。

除了利用 Canny 函数检测边缘外，还可以利用 findContours 发现图像边缘，drawContours 绘制边缘，具体调用函数请读者自行通过 help(cv2.drawContours)帮助文档学习掌握，下面是实际应用的核心代码：

```
import cv2
import matplotlib.pyplot as plt
import numpy as np
from skimage import data
img0=data.chelsea()                                    #第三方库数据图像读入
img1=cv2.cvtColor(img0,cv2.COLOR_BGR2GRAY)   #需要转变成灰度图
edges1=cv2.Canny(img1, 70, 200)                #需要两个阈值 70 和 200,得到边缘线
ret, thresh=cv2.threshold(img1, 70, 200, cv2.THRESH_BINARY)#二值处理,thresh 为
                                                                       二值图
contours, hierarchy=cv2.findContours(thresh, cv2.RETR_TREE, cv2.CHAIN_APPROX_
                            NONE)                                   #边缘
img2=cv2.drawContours(img0,contours,-1,(0,0,255),2) #img 为三通道才能显示轮廓
kernel=np.ones((8,8), np.float32)              #内核
img3=cv2.morphologyEx(img1, cv2.MORPH_GRADIENT, kernel) #形态学轮廓图
imgs=[edges1,img2,img3]
titles=["Canny 检测轮廓","drawContours 轮廓","形态学 MORPH_GRADIENT 轮廓"]
plt.figure(figsize=(24,8))
axes_num=[131,132,133]                         #布局图号列表
for i,axn in enumerate(axes_num):
        ax=plt.subplot(axn)#将布局图号为 axn 的子图赋给 ax,以便后续用 ax 调用
        ax.imshow(imgs[i],cmap='gray', vmin=0, vmax=255)
        ax.set_title(titles[i])
```

```
plt.subplots_adjust(wspace=0.2,hspace=0.3)
plt.tight_layout()                    #和上面 adjust 语句功能相同
plt.show()
```

运行上述代码所在的程序 11-Can_Cont.py，得到图 9-16 及图 9-17 的处理效果图。

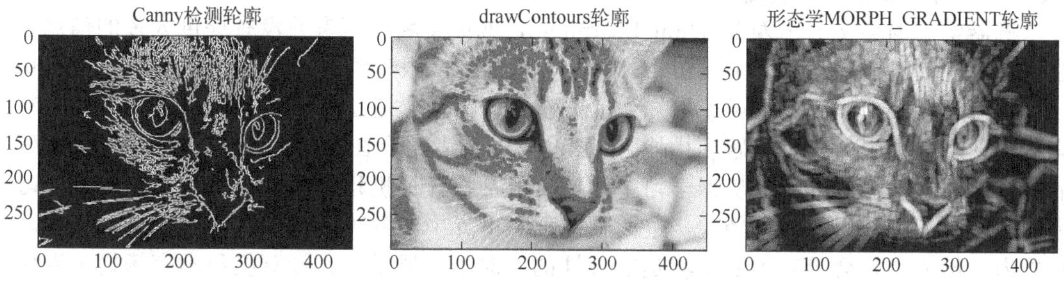

图 9-16 猫图片三种轮廓处理图

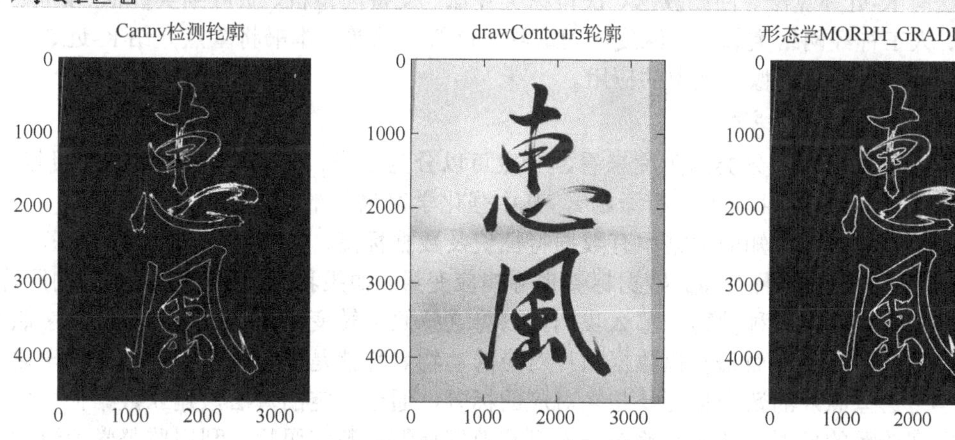

图 9-17 书法作品三种轮廓处理图

由图 9-16 和图 9-17 可知，轮廓处理的效果和原图有较大的关系，如原来黑白的书法作品，采用形态学的轮廓处理得到的效果较好，同时采用 Matplotlib 绘制的图像和采用 cv2 绘制的图像在表现 Canny 检测轮廓效果图时有所不同，见图 9-17 中左边上下两分图。对于彩色图片猫的轮廓线，反而是采用 Canny 检测得到的轮廓较好。总之，要想取得图像理想的轮廓线，需要选择合理的处理函数，确定合适的阈值，并用适当的表达方式加以显示，这个需要用户自己进行调试。

9.4 机器学习及图像处理基础

9.4.1 机器学习定义

机器学习的英文名称为 Machine Learning ，就英文名称而言并没有提供太多的信息，是名字 Machine 机器加动名词 Learning 学习。两者分开来很好理解，机器就是像车床、发电机、计算机等设备；而学习是人类获取知识的方法之一，人类通过学习前人积累的知识，不断提高解决现实世界中的各种问题和挑战。机器和学习两者结合在一起，机器其实并不是机器了，而是依赖于计算机的程序；机器学习中的学习就是指计算机程序具备了和人类相仿的学习能力，通过学习，获得知识和经验，进而解决现实世界中的各种问题。机器一旦具备了学习这种能力，给人类社会带来的变革将是颠覆性的。对于机器学习，计算机科学家汤姆·米切尔(Tom M.Mitchell)给出了如下定义：

```
A computer program is said to learn from experience E with respect to some class of tasks T and performance measure P if its performance at tasks in T,as measured by P, improves with experience E.
```

翻译成中文就是：

如果一个计算机程序的性能在任务 T 中体现，通过性能度量 P 来评估，并通过经验 E 来提升，那么则称该计算机程序是关于某类任务 T 和性能度量 P 从经验 E 中进行学习。

在上述该定义中，共有 3 个关键词，分别是经验 E，性能度量 P 和任务 T。在计算机系统中，通常“经验”是以“数据”形式存在，机器学习就是通过处理已有大量数据，获得经验或建立模型，进而利用已经得到的经验或模型来处理未知的数据，对未知的数据做出决策。

机器学习算法就是从给定不同任务的数据中产生经验或模型的算法，目前较为流行的机器学习算法有 K-近邻算法、回归算法、决策树类算法、支持向量机、贝叶斯类算法、k-means 聚类算法、人工神经网络类算法、深度学习算法、降维算法等，本书将重点介绍 K-近邻算法及 k-means 聚类算法在图像处理中的应用。

9.4.2 机器学习分类

机器学习从问题本身分类的角度来看，一般可以分为三类，分别是监督学习(有目标)、非监督学习(无目标)、强化学习（有激励），其中强化学习也称半监督学习。

监督学习过程中，已知的数据中有数据特征值及数据标签，数据特征值和数据标签一一对应，数据特征值也称解释变量，数据标签也称响应变量。如果我们收集了有关动物的照片，并且已知这些照片对应一种动物，那么我们可以将这些照片转变成数字照片，这些数字照片的数据就是数据特征值，而每一幅数据照片对应的动物名称就是数据标签，通过监督学习，让计算机学习这些照片的数据特征及与之对应的标签，通过一定的算法，建立数据特征值与数据标签之间关系的模型，从而能够对一份没有数据标签的数字照片，利用监督学习过程中建立的模型，判断出照片中动物的名称，这就是监督学习的基本过程。监督学习除了可以预测分类，还可以预测数值，预测数值一般称之为回归。监督学习的两种用途：一是分类，一是回归。利用回归方法可以预测股市的行情、城市房价的走势；利用分类方法可以预测天气、分辨植物的种类等。

非监督学习和监督学习的最大不同就是不知道数据的标签，只知道大量的数据特征值，也就是只知道解释变量，不知道响应变量，希望通过机器学习的方法，发现这些数据中的内在规律，把具有相同特性的数据聚为一类，例如从大量的对某部电影的评价中，将评价的内容聚为正面评价、中性评价、负面评价三类，但系统不会具体指出是属于哪一类的，因为系统没有得到有关这方面的知识，系统只能根据评价的内容，分析其用语，利用程序编制好评价规则，将其分成三类。

强化学习属于半监督学习，强调如何基于环境而行动，以取得最大化的预期利益。强化学习过程中并不提供具体的数据标签，但当学习过程中采取正确的行动，系统会给以正向的激励（奖励），反之则给予反向激励（惩罚），让系统逐步形成对刺激的预期，产生能获得最大利益的习惯性行为。如用户在玩某款游戏过程中，当用户采取了一系列正确的行动（选择）后，系统会给你一定的奖励，这些奖励可能是给予一定的积分或者直接进入下一关的游戏，但不会指导你如何获取积分或过关的具体措施；用户只有在不断试错中积累经验，记住获取奖励时采取了哪些措施或者得到惩罚时又采取了哪些措施，通过重复采取获取奖励时采取的措施，尽量避免采取获取惩罚时采取的措施，在不断的试错中学习和前行。正因如此，强化学习在运筹学和控制理论研究的语境下，又被称作“近似动态规划”（approximate dynamic programming），具有普适性的强化学习还也可应用于信息论、群体智能、仿真优化、统计学等领域。

9.4.3 机器学习算法开发步骤

机器学习算法一般可以分为数据准备、算法训练、算法测试、算法使用共四个基本步骤。

① 数据准备

数据准备包括数据收集、数据处理及数据分析。数据收集的方法有多种途径，对于某些特殊的领域，数据收集工作只能依赖用户亲临现场或进行实验进行数据收集，如通过机器学习研究某地昆虫数量及种类与当地气候及环境生态保护之间的关系，那么当地的昆虫数量及种类一般就需要研究者自己进行野外实地考察收集数据，当然气象数据可以利用当地气象部门提供的数据；对于大多数公共领域的普通问题，可以通过公开出版的图书、论文、期刊、报纸进行收集，或编制网络爬虫从网站抽取数据。对于 Python 语言而言，更方便的方法是利用第三方数据库提供的免费数据，如从 Sklearn 第三方库中加载 datasets 数据。

收集得到的数据，需要根据机器学习的不同模式进行处理，如果数据用于监督学习，需要将数据分成特征值数据和标签数据；对于从网上爬取回来的数据，需要删除不必要的字符及空格，将数据格式转化成机器学习所需要的格式。

收集回来经过初步处理的数据，必须经过一定的数据分析，才可投入下一步算法训练中。数据分析对于数据不多的数据，可直接打开文本，观察是否有空数据或数据值偏离其它数据特别大的数据；对于二维或三维的数据，可以通过 Matplotlib 来绘制数据透视图，通过图形观察是否有突变的数据；对于高维数据也可以尝试压缩到二维或三维，再绘制数据透视图来观察数据是否合理。

② 算法训练

根据第①步得到的合理的满足机器学习算法的数据，将数据输入到选定的算法中，从中抽提出知识和信息，当然这些知识和信息需要存储为计算机可以处理的格式。对于无监督学习，无需训练算法，可以直接进入下一步算法测试。算法训练中用到的数据一般称为训练数据，在程序代码中通常用 X_train 表示训练数据特征值，用 y_train 表示训练数据标签。

③ 算法测试

通过算法训练得到的知识和信息，必须通过算法测试评估其工作效果。对于监督学习用于算法测试的数据，必须同时知道数据的特征值 X_test 及数据的标签 y_tre，将数据的特征值输入到算法训练得到的模型中，从而得到模型的预测标签 y_pre，通过和输入特征值对应的实际标签 y_tre 进行比较，判断算法是否成功；对于无监督学习，由于没有算法训练，测试数据直接和训练数据一起进入算法测试，必须用一定的方法来检验算法的成功率。如果对算法的测试结果不满意，可以改变算法训练中的某些参数，如果改变参数仍得不到满意的结果，可以改变用其他算法进行训练，如果这时对测试结果仍不满意，就需要回到第①步数据准备阶段，可能是收集的数据有问题，如数据代表性不强，数据不均衡等。

④ 算法使用

算法使用就是将机器学习算法用于解决实际问题，并观测其在实际应用中能否正常工作。当然此时常常需要将机器学习获得的输出结果进行必要的处理，以便更直观地理解机器学习的输出结果。

9.4.4 k 均值聚类算法

k 均值聚类算法是 OpenCV 提供的最有用的聚类算法，它可以从一个未标记的数据集中搜寻超参数预设的 k 个聚类。该算法一般用于非监督学习，发现无标签数据中隐藏的数据结构，可以用于数据特征提取、图像色彩压缩，还可以用于监督学习的数据预处理。

下面先通过一个人为构建的数据聚类来说明 k 均值聚类算法的基本应用。

① 数据准备

本次机器学习的数据通过 sklearn.datasets 模块中的 make_blobs 函数产生，该函数可以随机产生人为指定聚类中心数目及总数据数目等特征的数据集，可验证 k 均值聚类算法的正确性，其函数的通用调用格式为：

```
X,kind=make_blobs(n_samples=100, n_features=2, *, centers=None, cluster_std=1.0,
center_box=(-10.0, 10.0), shuffle=True, random_state=None, return_centers=False)
```

上述参数中，主要输入参数是 n_samples 为数据集总数据数量，默认为 100，一般需要人为设定，参数 n_features 是数据维数，默认为 2，可以不设置；参数 centers 为聚类中心数目，用于验证 k 均值聚类算法一定要设置；cluster_std 为每簇数据的标准差，默认为 1.0，可以不设置；center_box 为数据集聚类中心的数据范围，默认在 2 维时为(-10.0, 10.0)，可以采用默认值，不用设置，其它参数均可采用默认的设置。输出参数为 X 和 kind，X 为产生的数据集全部数据，kind 为数据集中的数据聚类类型，如下面函数：

```
X,kind=make_blobs(n_samples=10,centers=3,cluster_std=2,center_box=
(0.0,20.0))
```

运行后可以返回：

```
(array([[ 8.02742099,  2.89979983],
       [16.67742025, 18.14129733],
       [ 3.45461798, 21.3396546 ],
       [ 5.15253081,  1.7998464 ],
       [ 4.50754923, 19.0189813 ],
       [ 9.53151701, 18.34579344],
       [13.02980963, 16.32166139],
       [17.38637045, 16.1847225 ],
       [14.85924776, 13.56059552],
       [ 8.12684381, -0.48851387]]), array([2, 0, 1, 2, 1, 1, 0, 0, 0, 2])
```

其中第一个 array 为产生的数据集 X，第二个 array 为数据集中的数据分别属于哪一类，如本次产生的 10 个二维数据，共分为 3 类，这是函数中已经设置好的，其中属于 0 类的共有 4 个数据，属于 1 类的有 3 个数据，数据 2 类的有 3 个数据，基本上每类数据呈均匀分布。

② 算法测试

由于本次机器学习是非监督学习，所以无需进行算法训练，就直接进行算法测试，观察通过算法测试，能否将前面已知聚类数目的数据合理区分开来，通用的调用函数如下：

```
compactness,labels,centers=cv2.kmeans(data, K, bestLabels, criteria, attempts,
flags[, centers])
```

上述调用函数中，输入参数 data 为需要聚类的数据，K 为聚类的数目，需要人为设定，bestLabels 为每个数据的聚类类别，一般设置为 None，criteria 为收敛准则，需要在函数外部设置，attempts 为算法初始随机选择的次数，flags 表示可以采用 cv::KmeansFlags 值的标志；输出参数中 compactness 紧凑度是每个数据到它对应聚类中心的距离平方和，该值越小，表明紧凑度越高，各点到它的聚类中心距离越小；反之，该值越大，表明各点到它的聚类中心距离越远，表明数据可能无法很好地进行分类。输出参数 labels 是所有数据的类别数据，注意通过机器学习获得的数据类别并不一定和原来产生数据时给定的类别一致，因为非监督的机器学习只能将数据进行聚类，相同特征的为一类，尽管可以获得和原给定分类一致的分类，但对每一类的先后次序不一定和原来给定的一致；参数 centers 是各聚类中心的数据。

算法测试时，通过调用上面的 cv2.kmeans 函数，可以得到 compactness，labels，centers 三个输出参数的数值，判断算法是否成功，即可以从紧凑度数据 compactness 的大小来判断，也可以利用 mAtplotlib 来绘制数据的散点图，同时将每一个数据的颜色数据设置成数据的聚类标签即聚类的类型，通过图形观察数据是否被成功划分聚类。

③ 算法应用

可以用于所有需要聚类划分的任何应用，可以用聚类中心 centers 的数据表示新的数据所归属的类别，因为 labels 的数据是相对的，带有一定的随机性。

下面是包含上述 3 个步骤的核心代码：

```
import matplotlib.pyplot as plt
import numpy as np
import cv2
from sklearn.datasets import make_blobs
import matplotlib as mpl                          #主要库导入
#①数据准备
X,kind=make_blobs(n_samples=500,centers=5,n_features=2,cluster_std=1.0,rando
m_state=10)                                       #每簇数据标准差为 1
plt.scatter(X[:,0],X[:,1],s=120, c=kind,cmap=mpl.cm.RdYlBu)  #绘制导入的数据
#②算法测试
criteria=(cv2.TERM_CRITERIA_EPS+cv2.TERM_CRITERIA_MAX_ITER,18,0.8)#收敛准则，
迭代 18 次,误差小于 0.8
flags=cv2.KMEANS_RANDOM_CENTERS                   #随机产生初始中心
compactness,labels,centers=cv2.kmeans(X.astype(np.float32),5,None,criteria,8,
flags)                                                #算法测试
plt.figure()                                      #绘制通过算法测试后数据的聚类及中心点
plt.scatter(X[:,0],X[:,1],s=80, c=labels,cmap=mpl.cm.seismic)
plt.scatter(centers[:,0],centers[:,1],s=280, c="k",alpha=1)
                                                  #s 为标记大小,c 为标记颜色
#③算法应用
plt.figure()
plt.scatter(X[:,0],X[:,1],s=80, c=labels,cmap=mpl.cm.seismic)
plt.scatter(centers[:,0],centers[:,1],s=280, c="k",alpha=1)
                                                  #s 为标记大小,c 为标记颜色
new_data=np.random.randint(-10, 10, size=(10, 2))          #随机产生 10 个数据点
num=len(centers)
distance=np.zeros(num)
for j in range(10):
        for i,center in enumerate(centers):   #计算新数据点到各聚类中心的距离
                distance[i]=(new_data[j,0]-center[0])**2+(new_data[j,1]-
                center[1])**2
        distance=list(distance)
```

```
        id_min_dist=distance.index(min(distance))#找到新数据点距聚类中心最短距离点的序号
        plt.scatter(new_data[j,0],new_data[j,1],s=400, c="red",alpha=1)#绘制新数据点
        xy=(centers[id_min_dist,0],centers[id_min_dist,1])
        xytext=(new_data[j,0],new_data[j,1])
        plt.annotate('',xy=xy,xytext=xytext ,bbox=dict( facecolor=None,alpha=0.5,edgecolor=None,lw=0), arrowprops=dict(arrowstyle='<->',color="g",lw=2))
                                                    #将新数据点和各自找到的离聚类
                                                    #中心最短的点连接起来
    plt.show()
```

运行上述核心代码所在的程序 12-k_means.py，得到图 9-18、图 9-19、图 9-20。

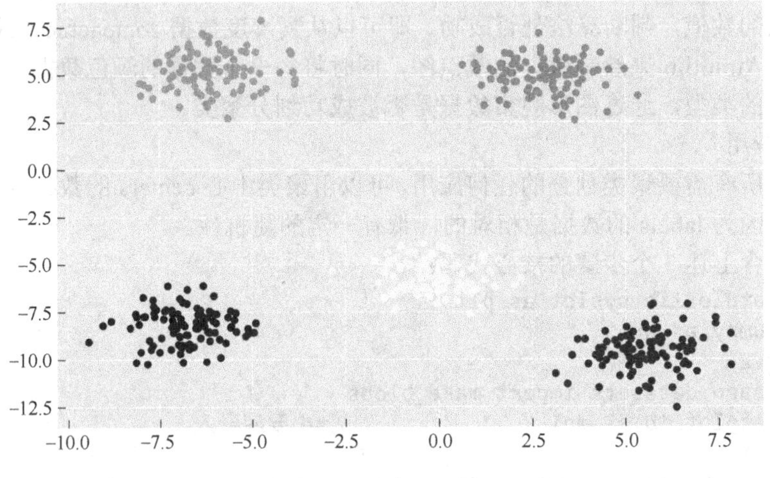

图 9-18　原始数据图

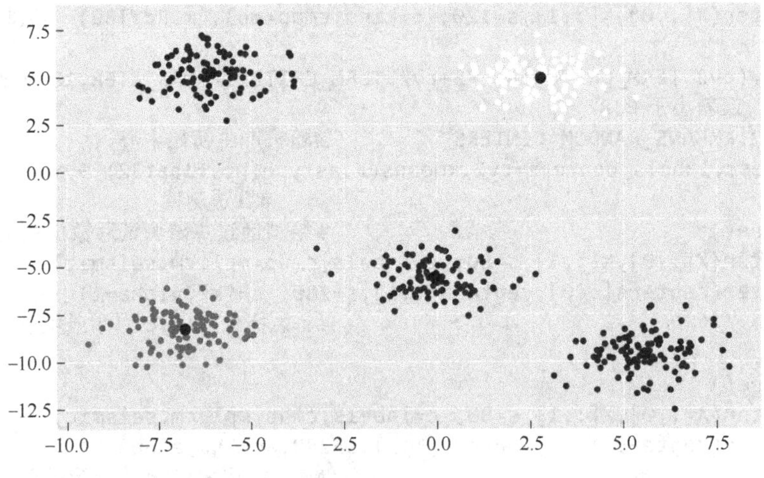

图 9-19　聚类测试后数据分类图

由图 9-18 可知，原来共 500 个数据共分为 5 类，每一类用一种不同的颜色表示，同类的颜色相同；图 9-19 是利用机器学习的 *k* 均值算法后分类的数据图及添加的中心点，由图 9-19 可知，数据分类情况和原始数据的分类完全一致，产生的 5 个数据中心点基本落在每一簇数据的中心，说明算法效果很好，当然这和本身原始数据的分布有关，如果原始数据并不如图 9-18 分布，而成几何图形分布时，采用 *k* 均值聚类算法就会失效，需要采用其他算法。

图 9-20 是利用通过该算法测试获得的中心数据，对新的随机产生的 10 个数据进行分类情况图，由图 9-20 可知，新产生的数据均被分配到了距离最近的中心点上。

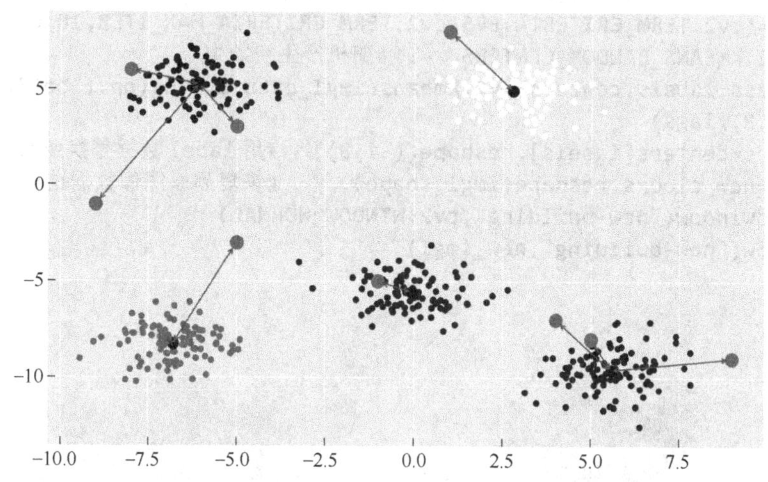

图 9-20　使用聚类方法分析新的 10 个数据归类图

对于三维数据，*k* 均值聚类算法也可以比较方便地进行聚类，具体聚类情况可以利用 Matplotlib 的 3D 绘图功能进行绘制，见图 9-21，具体代码见 13-k_means_3d.py。图 9-21 的左边分图是原始数据图，右边分图是聚类学习后产生的新图，产生了 10 个数据中心。

k 均值聚类算法还可以将彩色图像的色彩进行压缩处理，如原来三原色的每个原色均有 256 种可能取值，那么彩色图像每个像素点上的色彩可能的数据种类共有 256×256×256=16777216 种，可以通过 *k* 均值聚类算法将 16777216 种色素压缩到 96 种，压缩比达 17.5 万倍左右，而色彩压缩后重新绘制的图像，看上去效果还可以。色彩压缩程序 14_means_c.py 的核心代码如下：

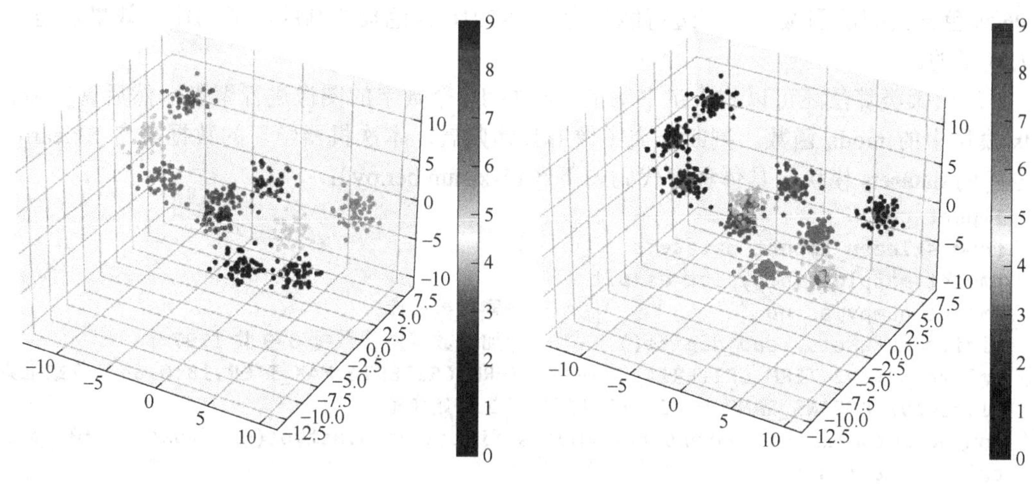

图 9-21　三维数据聚类图

```
import cv2
cv2.namedWindow("building",cv2.WINDOW_NORMAL)          #设置原图显示窗口
img1=cv2.imread("building2.jpg")                       #读入原图
cv2.imshow("building",img1)                #显示原图
```

```
height1,width1,n1=img1.shape                #确定原图结构参数
img1_data=img1/255.0                        #原图色彩数据归一,方便聚类处理
img1_data=img1_data.reshape((-1,3))  #数据降维
criteria=(cv2.TERM_CRITERIA_EPS+cv2.TERM_CRITERIA_MAX_ITER,18,0.5)#收敛准则
flags=cv2.KMEANS_RANDOM_CENTERS              #随机产生初始中心
compactness,labels,centers=cv2.kmeans(img1_data.astype(np.float32),96,None,
criteria,8,flags)
new_clours=centers[labels].reshape((-1,3))    #用 label 数据替换所有 3 元的颜色数据
new_img1=new_clours.reshape(img1.shape)       #恢复到原图像数据结构
cv2.namedWindow("new-building",cv2.WINDOW_NORMAL)
cv2.imshow("new-building",new_img1)
```

图 9-22 色彩压缩前后对比图

运行程序 14_means_c.py，得到图 9-22，左边的是原图，右边的是通过色彩聚类后，仅用 96 种色素绘制的图像，和左边可能包含 16777216 种色素绘制的图像相比，效果还是可以令人满意的。

k 均值聚类算法还可以将人工书写的 0-9 共 10 个数字的图像进行聚类，然后调用 scipy.stats 模块中的 mode 函数，判断分类图像的具体归属。本次机器学习的数据来自 Sklearn 第三方库的 datasets 模块，具体程序代码如下（15-k-number.py）：

```
import cv2
from sklearn import datasets
import matplotlib.pyplot as plt
import numpy as np                          #导入核心库
digits=datasets.load_digits()               #加载数字图像数据 0-9 共 1797 个
criteria=(cv2.TERM_CRITERIA_EPS+cv2.TERM_CRITERIA_MAX_ITER,18,0.5) #收敛准则
flags=cv2.KMEANS_RANDOM_CENTERS#随机产生初始中心
compactness,labels,centers=cv2.kmeans(digits.data.astype(np.float32),10,None,
criteria,8,flags)
fig,ax=plt.subplots(2,5,figsize=(20,8))
centers=centers.reshape(10,8,8)            #10 个聚类中心数据重构,原加载图像大小为 8×8
for ax1,center in zip(ax.flat,centers):
    ax1.imshow(center,cmap=plt.cm.binary)  #绘制聚类得到的 10 个图像
y_pre=labels.ravel()                        #数据降维为(1797,)
from scipy.stats import mode                #导入 mode
```

```
y_tre=digits.target                    #为原第三方库提供,每个数据图像对应的标签
from sklearn import metrics
#计算准确率
y_pre1=np.zeros_like(labels.ravel())
for i in range(10):
      mask=(labels.ravel()==i)         #如果 labels.ravel()中的元素等于 i,
                                  #则 mask 中的元素为 true,否则为 false
      y_pre[mask]=mode(digits.target[mask])[0]
acc=metrics.accuracy_score(y_pre,y_tre)
print("acc=",acc)
cf_mat=metrics.confusion_matrix(y_tre,y_pre) #计算混淆矩阵
print("cf_mat=\n",cf_mat)
```

运行上述程序,得到图 9-23 及以下数据:

```
acc=0.7935447968836951
cf_mat=
 [[177   0   0   0   1   0   0   0   0   0]
 [  0  55  24   1   0   1   2   0  99   0]
 [  1   2 148  13   0   0   0   3   8   2]
 [  0   0   0 154   0   2   0   7   7  13]
 [  0   7   0   0 163   0   0   7   4   0]
 [  0   0   0   0   2 136   1   0   0  43]
 [  1   1   0   0   0   0 177   0   2   0]
 [  0   2   0   0   0   0   0 175   2   0]
 [  0   5   3   2   0   4   2   5 100  53]
 [  0  20   0   6   0   4   0   8   1 141]]
```

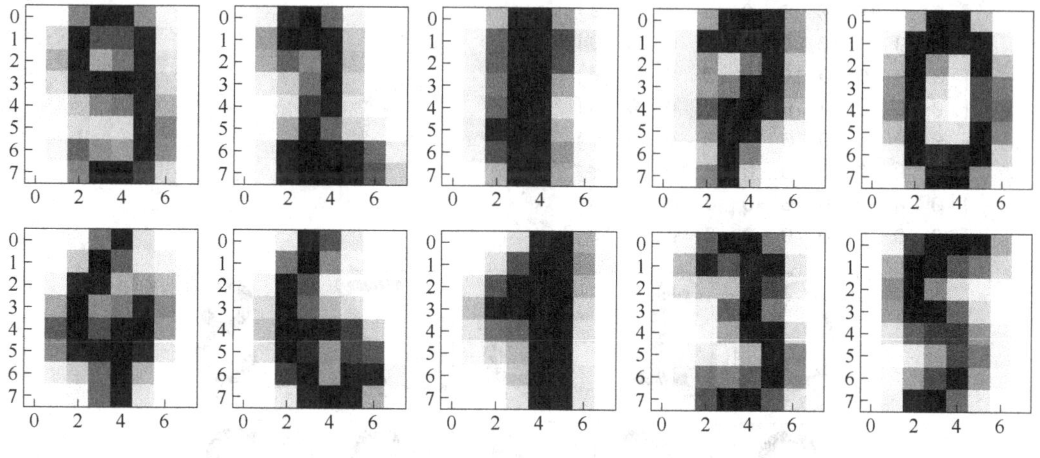

图 9-23　机器学习后得到的 10 个聚类中心图像

由计算结果可知，本次机器学习将手写数据进行分类的准确率达 79.4%，通过混淆矩阵可知，除数字 2 辨识度最低，有 99 个 2 辨识成了 8，数字 0 的辨识度最高，只有一个 0 被辨识成了 4，相对于无标签的非监督学习来说，如此的准确率及辨识效果已是相当不错。

如果直接利用相同的数字图像进行学习和辨识，那么辨识的准确度会达到惊人的 100%，也就是说，机器能够记住相同图像的能力为 100%，并能进行准确的分类。图 9-24 是全部用来学习和辨识的 100 个数字图像，图 9-25 是通过机器学习后得到的 10 个聚类中心，准确率及混淆矩阵的数据如下（具体代码见程序 16-number_data.py）。

图 9-24　100 个数字图像

```
acc1=1.0
cf_mat=

 [ [10 0  0  0  0  0  0  0  0  0]
   [ 0 10  0  0  0  0  0  0  0  0]
   [ 0  0 10  0  0  0  0  0  0  0]
   [ 0  0  0 10  0  0  0  0  0  0]
   [ 0  0  0  0 10  0  0  0  0  0]
   [ 0  0  0  0  0 10  0  0  0  0]
   [ 0  0  0  0  0  0 10  0  0  0]
   [ 0  0  0  0  0  0  0 10  0  0]
   [ 0  0  0  0  0  0  0  0 10  0]
   [ 0  0  0  0  0  0  0  0  0 10]]
```

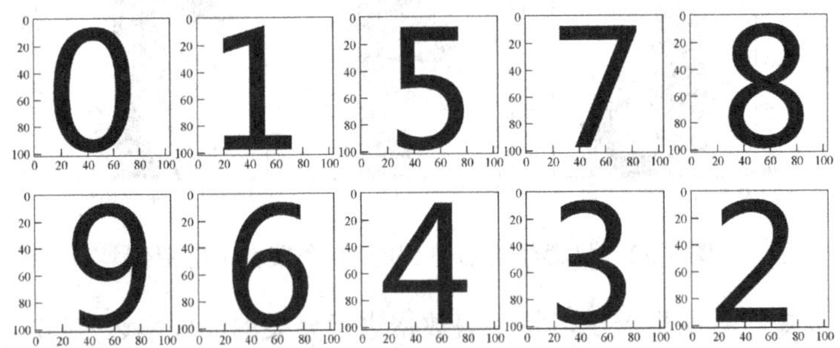

图 9-25　机器学习后得到的 10 个聚类中心图像

下面介绍利用 k 均值聚类算法对鸢尾花进行分类。首先利用 Sklearn 库中的 datasets，通过 iris=datasets.load_iris()读入鸢尾花的数据，其具体数据如下：

```
{'data': array([[5.1, 3.5, 1.4, 0.2],
               [4.9, 3. , 1.4, 0.2],
               [4.7, 3.2, 1.3, 0.2],
```

```
        [4.6, 3.1, 1.5, 0.2],
        [5. , 3.6, 1.4, 0.2],
         ……………………….]] ),
'target': array([0, 0, 0, ……,0, 1, 1, 1, ……,1,2, 2, 2,……, 2]),
'frame': None, 'target_names': array(['setosa', 'versicolor', 'virginica'],
dtype='<U10'),……}
```

其中解释变量 data 数据的第 1 列数据是萼片长度，第 2 列数据是萼片宽度，第 3 列数据是花瓣长度，第 4 列数据是花瓣宽度；响应变量 target 目标数据为 0,1,2 表示 3 类不同的鸢尾花，0 表示 setosa，1 表示 versicolor，2 表示 virginica。每类 50 个，共有 150 个的鸢尾花数据。1～50 个为 setosa 数据，51～100 为 versicolor 数控，101～150 为 virginica 数据。现利用前 100 个数据中的萼片长度和花瓣长度进行 k 均值聚类算法运算，观察算法能否正确区分 2 类不同的鸢尾花。程序的核心代码如下：

```
iris=datasets.load_iris()           #从 datasets 输入数据
X=np.array(iris.data[0:100,0:3:2])#将第 1 列、第 3 列数据转换成数组,以便进行聚类处理
y_tre=iris.target[0:100]
#算法测试
criteria=(cv2.TERM_CRITERIA_EPS+cv2.TERM_CRITERIA_MAX_ITER,50,0.4)
                                    #收敛准则,迭代 50 次,误差小于 0.4
flags=cv2.KMEANS_RANDOM_CENTERS  #随机产生初始中心
compactness,labels,centers=cv2.kmeans(X.astype(np.float32),2,None,criteria,8,
flags)#2 个中心
plt.figure()
plt.scatter(X[:50,0],X[:50,1],s=200, c=labels[:50],
            cmap=mpl.cm.seismic,marker="*",label='setosa')
plt.scatter(X[50:100,0],X[50:100,1],s=200,c=labels[50:100],
            cmap=mpl.cm.seismic,marker="+",label='versicolor')
plt.scatter(centers[:,0],centers[:,1],s=280, c="r",alpha=1)
                                    #s 为标记大小,c 为标记颜色
```

运行上述核心代码所在的程序 k_mean_iris.py，得到图 9-26 所示的分类效果，计算得到的分类准确率达 0.99，只有一个数据分类不正确，如图 9-26 中的箭头所指。

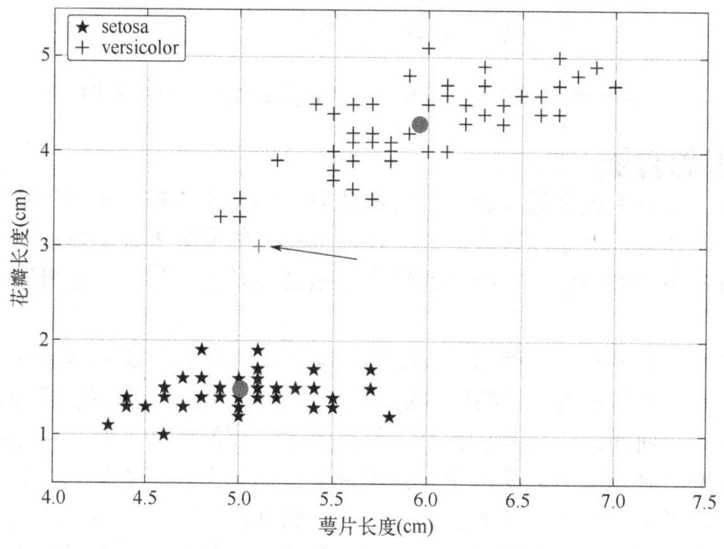

图 9-26　利用萼片长度和花瓣长度分类图

如果利用萼片长度、萼片宽度和花瓣长度共 3 个数据进行分类，程序核心代码如下：

```
X=np.array(iris.data[0:100,0:3:1])#将第 1 列、第 2 列、第 3 列数据转换成数组,以便进行聚类
y_tre=iris.target[0:100]
criteria=(cv2.TERM_CRITERIA_EPS+cv2.TERM_CRITERIA_MAX_ITER,50,0.4)
flags=cv2.KMEANS_RANDOM_CENTERS #随机产生初始中心
compactness,labels,centers=cv2.kmeans(X.astype(np.float32),2,None,criteria,8,flags)
fig=plt.figure()
ax=fig.add_subplot(projection='3d')
p=ax.scatter(X[:50,0],X[:50,1],X[:50,2],s=200,
c=labels[:50],cmap=mpl.cm.seismic,marker="*",label='setosa',zdir="z")
p=ax.scatter(X[50:100,0],X[50:100,1],X[50:100,2],s=200,
c=labels[50:100],cmap=mpl.cm.seismic,marker="+",label='versicolor',zdir="z")
p=ax.scatter(centers[:,0],centers[:,1],centers[:,2],s=280, c="r",alpha=1)
ax.set_xlabel('萼片长度(cm)',fontsize=24,labelpad=10)
ax.set_ylabel('萼片宽度(cm)',fontsize=24,labelpad=10)
ax.set_zlabel('花瓣长度(cm)',fontsize=24,labelpad=10)
```

运行上述核心代码所在的程序 k_mean_iris3D.py，计算得到分类准确率为 1，具体图形见图 9-27。

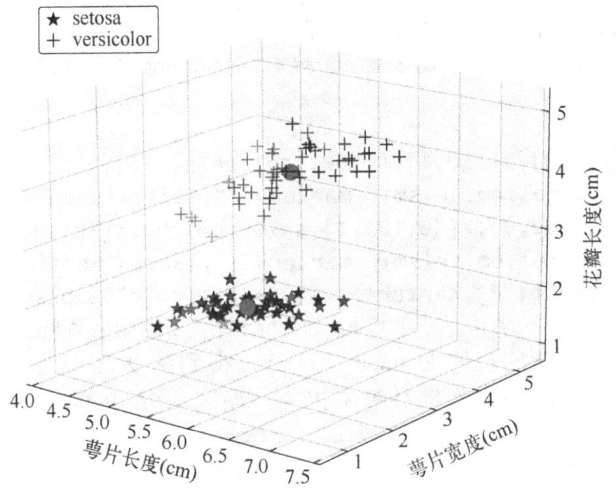

图 9-27　利用萼片长度、萼片宽度和花瓣长度分类图

9.4.5 K-近邻算法

K-近邻算法（KNN）顾名思义就可以猜到该算法的基本原理，该算法就是通过寻找和训练数据距离最近的邻居，根据邻居数据的标签，也称响应变量来确定新的无标签数据的响应变量。K-近邻算法用于监督学习，提供的训练数据必须是有标签的，它既可以用于分类，也可以用于回归。

K-近邻算法是一种惰性学习算法，也被称为基于实例的学习算法,该算法基本上无需训练数据，或仅对收集的数据集进行一些简单的处理，如归一化处理,标签转换处理。该算法应用时需要注意以下三个问题：一是邻居数目，数目多了，可能包括了对决策影响不大的数据；邻居少了，可能刚好碰到噪声数据，做出错误决策；第二个是距离计算公式，一般用欧几里德距离，当然也可以用其他距离计算公式；三是决策准则，在前面两项确定的前提下，找到了 K 个距离最近的邻居，如何根据这些邻居的标签确定未知标签数据的标签，一般可采用多数表决原则，则邻居中相同标签最多的标签就是未知数据标签的数据标签。例如有 A，B，C

共三类数据，每类 6 个，共 18 个，目前有四个新的数据，但不知其类别，通过与已知标签的 18 个数据进行距离计算，发现 5 个距离最近的邻居，并判断这四个新的数据的类别，实现上述问题的 K 近邻算法程序代码如下：

```
from sklearn.neighbors import KNeighborsClassifier
from sklearn.preprocessing import LabelBinarizer
from sklearn.preprocessing import MultiLabelBinarizer#加载主要库函数,标签处理函数
import numpy as np
#训练数据输入,共 18 个,分为 3 类标签
X_train=np.array([[-1,-1],[-2,-1],[-3,-2],[-1,0.5],[-2,1],[-3,1],
        [4,4],[3,4],[2,3],[4,5.5],[3,6],[2,6],
        [9,-1],[8,-1],[7,-2],[9,0.5],[8,1],[7,1]])

y_train=["A","A","A","A","A","A","B","B","B","B","B","B","C","C","C","C",
"C","C"]
lb=MultiLabelBinarizer()
y_train_mulb=lb.fit_transform(y_train)                #标签由字母转换成数字
#绘制训练数据散点图
plt.scatter(X_train[:,0],X_train[:,1],s=300, c=y_train_mulb,cmap=mpl.
cm.seismic)
X_test=np.array([[-0.5, -1.5], [3.1, 1.7], [-1.3, -2.4],[7,0]])#测试数据
plt.scatter(X_test[:,0],X_test[:,1],s=500, marker="*",c="purple")#测试数据散点图
# 创建 kNN_classifier 实例
KNN_CF=KNeighborsClassifier(n_neighbors=5)          #设立邻居数为 5
# kNN_CF 做一遍 fit(拟合)的过程,没有返回值,模型就存储在 kNN_CF 实例中
K_model=KNN_CF.fit(X_train, y_train_mulb)
y_predict=K_model.predict(X_test)          #预测输出的是数字,并非原标签
y_predict=np.array(lb.inverse_transform(y_predict)).reshape(-1)  #标签反向逆转
for i ,X in enumerate(X_test):
      plt.text(X[0]+0.3,X[1]-.2,y_predict[i])#坐标适当偏移,防止标签符号和散点
                                                          符合重叠
plt.grid()
```

运行上述核心代码所在的程序 17-KNN1.py，得到图 9-28。由图可知，4 个测试数据通过 K-近邻算法的机器学习，进行了很好的分类。其中两个数据被分成了 A 类，另外两个数据被分别划分成了 B 类和 C 类，从图 9-28 显示的情况来看，分类是完全正确的。下面再通过另外一个实用的例子来说明 K-近邻算法的实际应用。本次机器学习的问题是手写数字的辨识，数字来源于第三方库数据集，采用监督学习方法，训练数据带有标签，测试数据也已知标签，测试数据通过机器学习获得预测标签，通过预测标签和测试数据实际标签的比较，获得方法的准确率数据，本次机器学习研究的是邻居数目与测试集数据通过机器学习获得标签准确率之间的关系，具体核心代码如下：

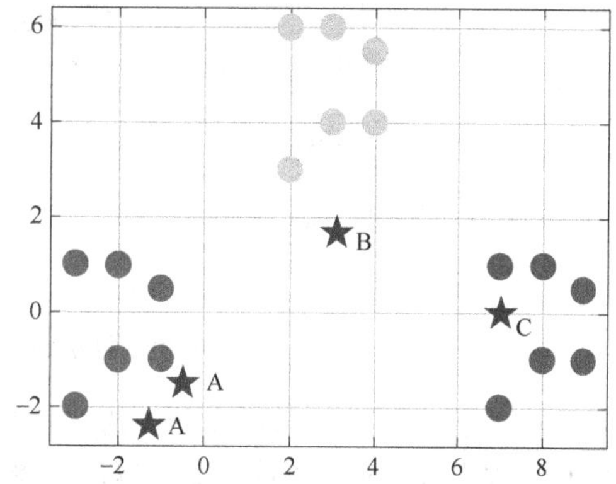

图 9-28　K-近邻算法数据分类图

```
from sklearn.neighbors import KneighborsClassifier#核心库,其他省略,详细见程序
#①数据准备
from sklearn import datasets
digits=datasets.load_digits()
X_train=digits.images[0:500].reshape(500,-1)
#KNN 需要传入一个矩阵,而不能是一个数组。reshape()成一个二维数组,第一个参数是 500,表
示 500 个数据,第二个参数-1,numpy 自动决定第二维度有多少
y_train=digits.target[0:500]
#②算法测试
acc=np.zeros(100)
y_tre=digits.target[500:1000]
for i in range(100):
        n_neighbors=i+1
        KNN_CF=KNeighborsClassifier(n_neighbors=n_neighbors)
        K_model=KNN_CF.fit(X_train, y_train)
        X_test=digits.images[500:1000].reshape(500,-1)
        y_pre=K_model.predict(X_test)
        acc[i]=metrics.accuracy_score(y_pre,y_tre)
#图形绘制
plt.figure()
x_n=np.arange(100)+1
plt.plot(x_n,acc,lw=2,marker="o",color='#1f77b4')
```

运行上述核心代码所在的程序 18-KNN2.py，得到图 9-29 所示的图形。在本次机器学习过程中，需要注意对需要图像数据的降维处理，图像数据原来的结构为[*,8,8]，需要通过 reshape(*，-1)降维为[:,:]，其中*表示训练集的数据数目，测试集图像数据也需要按以上方法处理；图像标签数据 digits.target 无需处理，可直接使用。

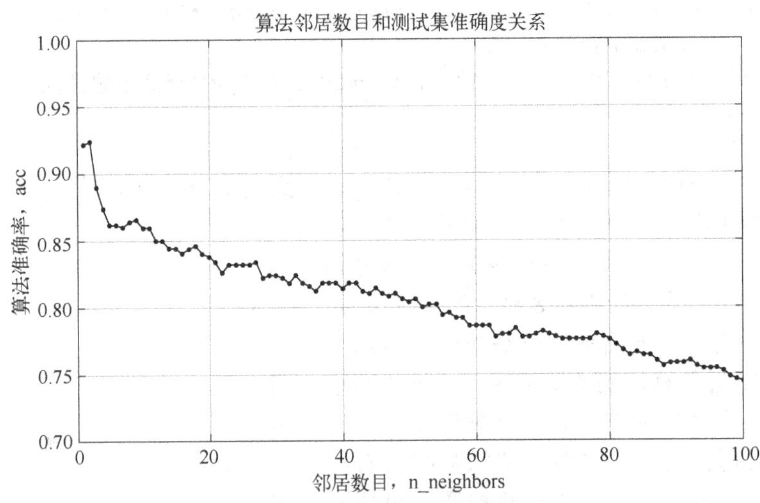

图 9-29　算法邻居数目和测试集准确度关系图

由图 9-29 可知，精确率最高的邻居数目是 2 个，随后邻居数目从 3、4、5 变化时，准确率有较大下降，从邻居数目 5 个以后再增大邻居数目，准确率缓慢下降，说明在 K-近邻算法中，邻居数目不是越大越好，针对不同的数据，有不同的最佳邻居数目。

本章
重点知识

本章重点知识主要在以下几个方面：一是了解和掌握图像背后的实质是数据，不同的数据代表了不同的图像；二是掌握黑白图像、灰度图像、彩色图像的不同数据结构，能够在三者之间进行转换；三是掌握 OpenCV 处理图像的基本函数及方法，能够对图像进行平移、旋转、缩放、绘制轮廓线等基本操作；四是掌握机器学习算法中两种重要的基本算法：k-均值聚类算法和 K-近邻算法，能够利用这两种算法进行图像处理和分类识别。

习　题

1. 利用 OpenCV 中的各种图像处理函数及其他数学处理方法，开发一个具备多种功能的人脸美颜软件，要求具备 GUI 界面，用户只需输入需要处理的图像文件，通过点击对应的控件就可以获得所需的处理效果。

2. 通过实例编程说明 scipy.stats 模块中 mode 函数的具体应用。

3. 通过实例编程说明 Sklearn 第三方库中 metrics 模块有关准确率、召回率、精确率、F1 等函数的具体应用。

4. 开发一个针对某类物体图像进行辨识的程序（如化学实验的玻璃仪器、电工实验的各种工具及装置）

5. 自学除了本书介绍两种机器学习算法之外的 1~2 种算法，结合实际应用和编程，写出读书报告。

第10章 Python 智能算法实战

【本章导读】

终于来到了本书的最后一章，感谢您的一路坚持。虽说是最后一章，作者仍将坚持创作初心，继续秉承以案例为导向，以实用为原则的写作风格。

在本章的学习过程中，读者主要关注各种智能算法的具体应用，至于对这些算法的数学证明作为使用者来说，可以暂时不去管它。智能算法应用范围非常广泛，各类算法没有优劣之分，只有是否适合你的问题之分，最适合解决问题的算法才是最佳的算法。

10.1 智能算法概述

智能算法不同于一般的黄金分割法、共轭梯度法、拉格朗日乘子法等算法，这些一般的算法都有明确无误的数学理论支持及固定的计算模式，而智能方法仅提供了一个大概的计算理念。智能算法数学理论证明较难，具体实施时有多种可能的途径，需要使用者自己选用及开发。智能算法顾名思义就是利用人工智能的方法，尽管在这些方法中有些理念是借鉴动物、植物、自然界物理变化过程的现象而开发的智能优化方法，如鱼群算法、蚁群算法、遗传算法、模拟退火算法、粒子群优化算法（Particle Swarm Optimization，PSO）、分层时间记忆（Hierarchical Temporal Memory，HTM）算法、人工神经网络算法（Artificial Neural Network，ANN）、天牛须搜索算法（Beetle Antennae Search Algorithm，BAS），其实你还可以举出许多算法，是人类的智慧发现了这些现象，并将这些现象转变成计算机可以实现的方法。如遗传算法，人们观测到大自然中无论是动物界还是植物界，都是物竞天择，能适应大自然的优良品种可以通过基因一代一代的遗传下去，而不适应大自然的品种在其未达到传宗接代的时候已被大自然淘汰；同时人们还发现基因遗传过程中有交叉、变异、隔代、选择等特性，将上述过程，用一定的数学方法表达出来，就构成了遗传算法基本构架，所有其他的智能算法的构建也和遗传算法构建过程相仿。Python 智能算法实现策略和前面介绍机器学习的算法相仿，一般需要经历确定问题、选择算法、训练算法、问题求解等四个基本步骤，具体应用时可能会根据具体不同的问题，算法策略有所调整。

10.2 人工神经网络算法

人工神经网络算法（Artificial Neural Network，ANN），简称神经网络算法。神经网络算法是众多智能算法中应用和研究相对较为透彻的一种智能算法，有许多专著文献，如加拿大学者 Simon Haykin 著的《神经网络与机器学习》(Neural Networks and Learning Machines)。人工神经网络是在对人脑认识的基础上，以数学和物理方法以及从信息处理的角度对人脑生物神经网络进行抽象并建立起来的简化模型，它是计算智能和机器学习研究最活跃的分支之一。目前神经网络已与各种智能信息处理方法，如与模拟退火算法、遗传算法、粒子群算法、模糊理论、混沌理论、小波分析等有机结合相结合，形成了"混合神经网络技术"。

人工神经网络是相对于生物神经网络而言的，是对生物神经网络的模拟，神经元也由生物神经元，变成了人工神经元。人工神经元一般可用电子模拟线路（硬件）或数学模型（软件）构成。限于物理实现的困难和计算上的简便，神经元的数量远远少于生物神经网络的数量。目前一般的研究中，人工神经元的数量限于 1 万以下，同时，每一个神经元具有相同的结构，在没有特别规定的情况下，所有神经元的动作在时间和空间上都是同步的。和生物神经网络一样，人工神经网络也需要学习的过程，在学习的过程中不断调整神经元之间的连接权及阈值，使其具有特定的性能。

10.2.1 神经网络的基本原理

10.2.1.1 神经元基本生物特性

人脑大约由 100 亿个神经元组成，而每个神经元又和其它 1 到 10 万个神经元相连接。生物神经元是构成大脑的基本单元，典型的神经元由四部分组成，它们分别是细胞体又称胞体、树突也称树状突起、轴索也称轴突及神经键也称突触。细胞体是由细胞核、细胞质和细胞膜构成，是许多大分子形成的综合体，内含核、核糖体及原生质网状结构等；树突是由细胞体向外延伸的树枝状纤维体，它通过神经键接受本神经元外的输入信号，是神经接受输入信息的通道，与其连接的所有神经元通过树突传入神经激发脉冲；轴索是由细胞体向外延伸的最长、最粗的一条树枝纤维体即神经纤维，它相当于细胞的输出通道。神经元的输出激发脉冲，通过轴索由神经键传给与其相连的其它神经元；由细胞体向外延伸的最长神经键位于轴索的末端，是本神经元轴索与其它神经元信息接收通道树突的连接体，也是两个神经元之间的输入/输出通道。图 10-1 是生物神经元的示意图，而图 10-2 则是生物神经元的工作示意图。

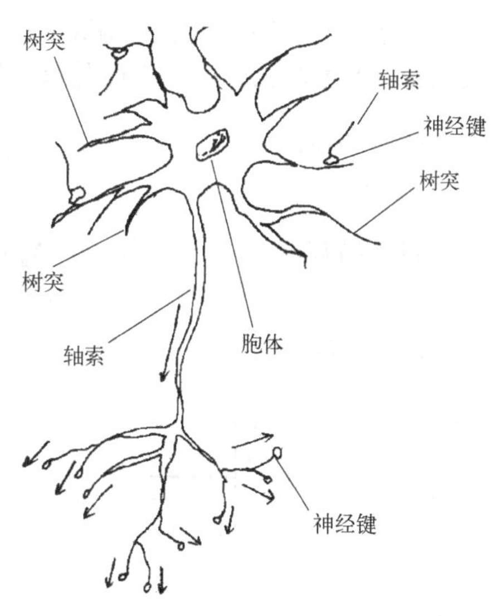

图 10-1　生物神经元结构示意图

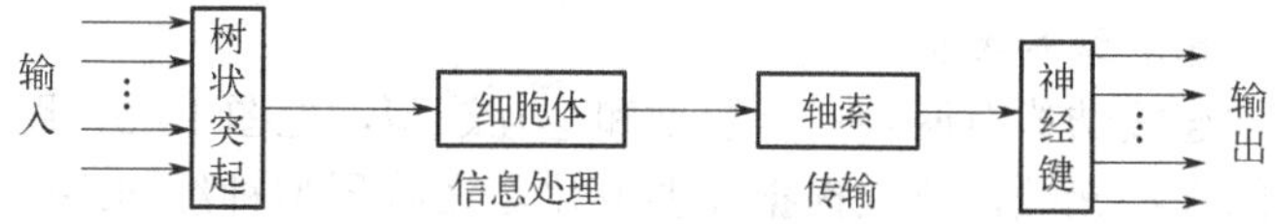

图 10-2　生物神经元工作原理示意图

由图 10-2 可知，神经元通过树状突起接受外界的信息，并将该信息传递给细胞体，细胞经过信息处理，通过轴索传输到神经键，由神经键将结果输出。神经键输出的信号与神经元输入信号的关系是非线性关系，只有当输入信号由细胞体通过轴索传递到神经键的值达到一定强度，即超过其阈值时，才输出信号，也可以说该神经元处于兴奋状态，反之则该神经元处于抑制状态。

10.2.1.2 神经元的基本数学表达

前面已经介绍了生物神经元的基本特性，现在要用数学的模型来表达神经元。需要说明的是数学模型是在简化之后的抽象和模拟，并不是生物神经元的真实描写；同样，依此为基础而建立的神经网络模型，也只是生物神经网络在功能上大大简化之后的抽象和模拟，因此随着人们对生物神经元研究的深入，其数学模型也会不断改进，就目前对生物神经元的认识而言，神经元的数学模型可用图 10-3 及式（10-1），式（10-2）表示。

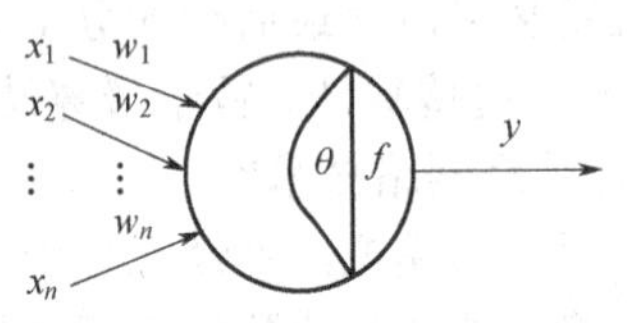

图 10-3 神经元数学模型示意图

$$y = f(X) \tag{10-1}$$

$$X = \sum_{i=1}^{n} w_i x_i - \theta \tag{10-2}$$

上面神经元示意图及数学模型中，x_i 是输入神经元的信号，w_i 是输入各信号的权重，θ 是神经元的输出阈值，只有当输入神经元各信号的加权之和大于神经元的输出阈值，神经元才有输出信号。而输出响应函数 $y = f(X)$ 可以有多种形式，如阶跃响应函数，符号函数及 S（Sigmoid）型响应函数，下面是该三种响应函数的表达形式及其响应曲线（如图 10-4）：

阶跃响应：
$$f(x) = \begin{cases} 1 & x \geqslant 0 \\ 0 & x < 0 \end{cases} \tag{10-3}$$

符号函数：
$$S_{gn}(x) = \begin{cases} 1 & x \geqslant 0 \\ -1 & x < 0 \end{cases} \tag{10-4}$$

S 型函数：
$$f(x) = \frac{1}{1+e^{-x}} \tag{10-5}$$

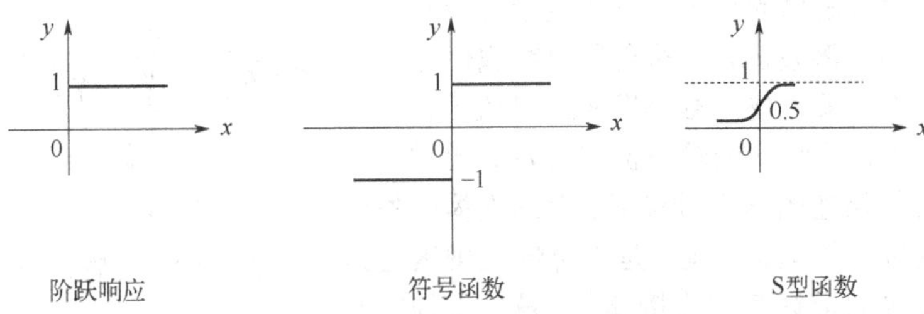

图 10-4 神经元三种基本输出响应函数特性

10.2.1.3 神经网络的基本结构类型及学习规则

（1）神经网络的基本结构类型

神经网络的基本连接结构有两种：阶层型和全互连型，见图 10-5，图 10-6。阶层型神经网络的层数，每层的神经元数，可以根据需要变化。在阶层型神经网络中，每一个神经元只和前后两层的神经元连接；同层神经元或隔层神经元之间没有直接的联系。全互连型神经网络中，神经元的数量可以根据需要变化，每一个神经元和所有的其它神经元相连。由以上两种基本结构可以演变成各种不同的其它连接形式，如部分互连型，阶层与互连混合型。但无论哪种形式的神经网络都有一个共同的特点：网络的学习和运行取决于每个神经元连接权值及阈值的动态演化过程。尽管某些神经网络具有相同的拓扑结构，如果其学习和运行规则不同，也就是神经元连接权值及阈值的演化过程不同，那么，这些结构相同的神经网络将具有不同的功能和特性。决定神经网络特性的因素有两个，它们分别是网络的拓扑结构和网络的学习、工作规则，两者缺一不可，只有当两者都确定的时候，网络的特性才能确定。

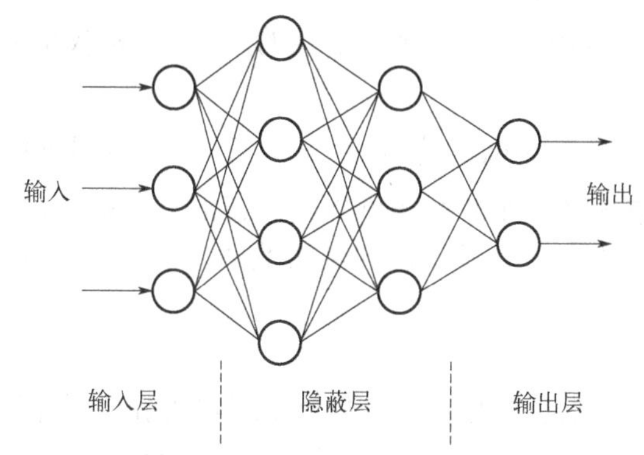

图 10-5　阶层型神经网络

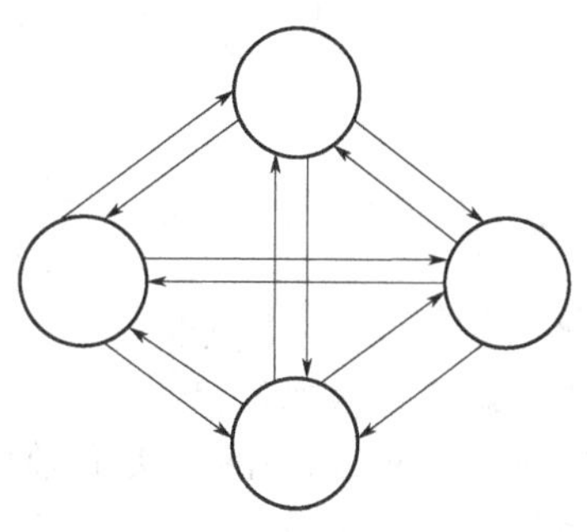

图 10-6　全互连型神经网络

（2）神经网络的基本学习规则

人工神经网络的训练就是调整权重因子，直到对于给定的输入信号所得到的输出模式或输出值和与所期望的结果相匹配为止。人工神经网络有许多种学习方法，但总体上讲，一般可分为两类学习方法，分别是有监督学习（supervised learning）和无监督学习（unsupervised learning）。有监督学习是由外部教师控制下的学习。在学习时，往往先给网络提供一个输入模式，通过网络运算得到一个输出结果，然后由教师根据正确的输出结果对网络的连接权加以修正，也就是说网络好坏的评价标准由外部教师掌握。无监督学习方法不需要外部教师指导，网络依赖于内部控制和局部信息进行自动学习与调整，网络的学习评价标准隐含于网络内部。下面介绍几种典型的学习规则。

① Hebb 学习规则

这是人工神经网络初期最著名的学习规则，其原则是如果两个神经元同时兴奋，则它们之间的连接权值增加，对于相互连接节点 i 和 j，其输出值分别为 a_i 和 b_j，则根据下式调整权重：

$$w_{ij,new}=w_{ij,old}+\beta_j a_i b_j \tag{10-6}$$

其中 β_j 是节点 j 的学习速度常数，$0<\beta_j<1$。

② 随机学习规则

应用统计学、概率论随机调节连接权重。其特点是只接受可使误差矢量 ε 减小的随机权重变化。如果随机权重变化使 ε 增大，则通常放弃这种变化；但如果根据特定的概率分析，某种变化能使误差趋于全局最小的概率高于平均概率，则可以接受这种使 ε 增大的变化，这是由于接受当前看起来较差的权重，可使随机学习过程中避免局部最小，从而达到全局最小的最终目标。

③ 误差修正学习

这是现今应用最普遍的人工神经网络学习方法，是一种有监督学习。它按照输出误差矢量 ε 的比例来调整权重。输出误差矢量是 n 维的，这里 n 是输出层的节点数，误差修正学习是通过定义输出层某一节点 t 的输出误差：

$$\varepsilon_t = d_t - b_t \tag{10-7}$$

其中ε_t为输出层的第t个节点的输出误差，d_t为该节点的期望输出，b_t为该节点的计算输出，然后计算输出层的总平方误差：

$$E = \sum_{t=1}^{n} \varepsilon_t = \sum_{t=1}^{n} (d_t - b_t)^2 \tag{10-8}$$

已知E，可以计算出与第j个节点连接的第i个连接权重因子的变化Δw_{ij}：

$$\Delta w_{ij} = \beta_j a_i E \tag{10-9}$$

式中β_j是节点j的一个线性比例常数，通常$0<\beta_j<1$，a_i是节点j的第i个输入，其示意图见图 10-7。

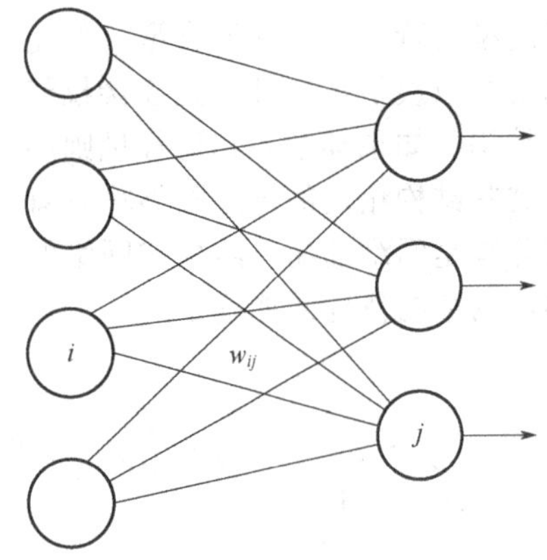

图 10-7　误差修正学习法示意图

10.2.2　BP 神经网络

10.2.2.1　网络的基本原理

BP(Back Propagation)网络是目前应用最广，基本思想最直观、最容易理解的阶层型神经网络，网络采用误差逆传播学习算法。BP 网络及其算法的完整提出是以 Rumelhatr 和 McCelland 为首的科学家小组。BP 网络中的阶层型神经，其层数大于或等于三层，由于增加了中间隐层并有相应的学习规则，使其具有对非线性模式的识别能力。典型的三层 BP 网络拓扑结构见图 10-8，网络的第一层是输入层，第二层是隐含层，第三层是输出层，同层之间的神经元互不相连，相邻两层之间的神经元采用全互连型。BP 网络的基本工作原理如下：首先根据需要解决的问题确定网络的层数及各层的神经元数；其次，利用已知的模式，按误差逆传播的算法训练网络，直至确定网络的各连接权及阈值。最后，利用已经训练好的网络，在输入层输入变量，让网络按照前面确定的连接权及阈值进行运算，得到输出层神经元的输出，最后一步，又称回响，也是最后解决问题的关键。从上面三步的工作过程来看，BP 网络似乎十分简单，但 BP 网络工作的第二步，也就是确定神经元之间的连接权及其阈值的学习与训练过程，涉及到较多的数学知识，也较为繁复。该训练学习工作由四个过程组成：

① 模式顺传播过程

该过程就是将已知模式（已知网络的输入和输出）的输入值提供给网络的输入层神经元，网络按照神经的数学模型向输出层进行传播计算。以图 10-8 为例，输入层共有n个神经元，中间层共有p个神经元，输出层共有q个神经元，共有m对学习模式供网络训练学习，每一对学习模式均有一个输入向量A_k和输出Y_k组成，其中：

$$\begin{matrix} A_k = (a_1, a_2, \cdots, a_n) \\ Y_k = (y_1, y_2, \cdots, y_q) \end{matrix} \quad k = 1, 2, \cdots m \tag{10-10}$$

输入层n个神经元不作任何运算直接输出，中间层的神经元需按前面介绍的神经元数学模型进行计算，这样中间层j神经元的输入值s_j为：

$$s_j = \sum_{i=1}^{n} w_{ij} a_i - \theta_j \quad j = 1, 2 \cdots p \tag{10-11}$$

其中　w_{ij} ——输入层i神经元和中间层j神经元之间的连接权；

a_i ——输入层i神经元的输入值；

θ_j ——中间层j神经元的阈值。

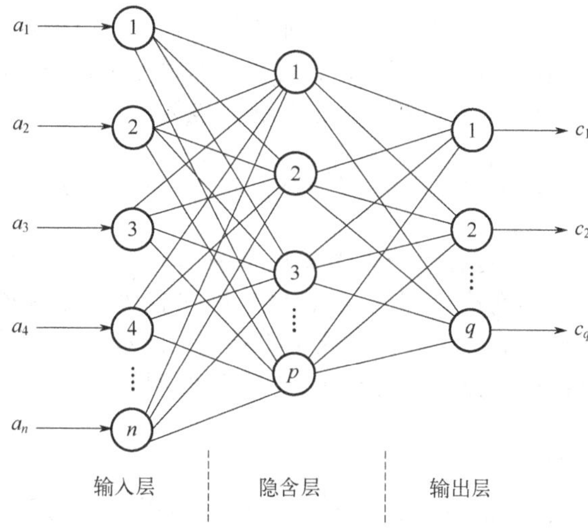

图 10-8 BP 神经网络拓扑图

中间层神经元输入与输出的关系采用 S 型函数，这样中间层 j 神经元的输出 b_j 为：

$$b_j = f(s_j) = \frac{1}{1+e^{-s_j}} = \frac{1}{1+e^{-\sum_{i=1}^{n} w_{ij} a_i + \theta_j}} \tag{10-12}$$

而中间层神经元的输出值将作为输出层神经元的输入信号，这样，输出层 t 神经元的输入信号 L_t 及输出信号 C_t 为：

$$L_t = \sum_{j=1}^{t} v_{jt} b_j - \gamma_t \qquad t = 1, 2 \cdots q \tag{10-13}$$

$$C_t = f(L_t) = \frac{1}{1+e^{-L_t}} = \frac{1}{1+e^{-\sum_{j=1}^{p} v_{jt} b_j + \gamma_t}} \tag{10-14}$$

其中 v_{jt} ——中间层 j 神经元和输出层 t 神经元之间的连接权；

γ_t ——输出层 t 神经元的阈值。

至此，一个输入模式完成了一遍顺传播过程。

② 误差逆传播过程

误差的逆传播过程就是将网络顺向计算所得的输出值也就是网络的响应值和我们希望输出之间的误差，在乘上一个校正因子之后，按反向网络进行传播，得到各神经元的校正误差，其计算公式都有详细的数学推导过程，这里我们省去该过程，直接给出其计算公式，对这方面知识感兴趣的读者可阅读专业书籍，输出层各神经元的校正误差为：

$$d_t^k = (y_t^k - C_t^k) f'(L_t^k) \tag{10-15}$$

其中 y_t^k 是第 t 个神经元在第 k 个模式对中的希望输出值，而 $(y_t^k - C_t^k)$ 是第 t 个神经元在第 k 个模式对中的原始绝对误差，$f'(L_t^k)$ 是第 t 个神经元在第 k 个模式对中的误差校正系数，它是神经元输出函数的导数，其性质和神经元输出函数变化幅度相配合。如当 L_t^k 的值接近零时，神经元的输出函数变化幅度较大，此时的 $f'(L_t^k)$ 达到峰值，从而使校正偏差增大，增加了本次学习过程校正作用；反之，如果 L_t^k 的绝对值较大时，神经元输出变化很小，而此时的 $f'(L_t^k)$ 也正好处于较小值的部分，从而使校正偏差更加减小，削弱了本次学习过程校正作用，对原始误差如此的处理，是符合生物神经的基本规律的，也可以促使网络学习过程的收敛。当然，随着人们对神经元研究进一步深入，会有不同的误差校正公式，从而使神经网络的收敛过程更加快速和稳定，而中间层各神经元的校正误差为：

$$e_j^k = \left[\sum_{t=1}^{q} v_{jt} \cdot d_t^k\right] f'(s_j^k) \qquad j = 1,2,\cdots p \tag{10-16}$$

和输出层的校正误差一样，中间层的校正误差也有两部分组成，第一部分由输出层的误差，按神经网络的逆向传播加和而成，即式（10-16）等式右边的方括号内部分；第二部分是校正系数，其含义和上面输出层相同，在此不再赘述。这样，在误差的逆传播过程中，就得到了输出层和中间层各神经元的校正误差，为在神经网络训练过程中调整权值及阈值打下了基础。

③ 神经网络训练过程

所谓神经网络训练过程就是网络反复学习的过程，并在学习过程中，根据前面已经得到的校正误差，不断调整连接权及阈值，通过不断重复“模式顺传播”与“误差逆传播”，网络的输出值逐渐逼近希望输出值。对于典型的 BP 网络，一组训练模式，一般要经过数百次乃至几千次的学习过程，才能使网络收敛。在训练过程中，连接权值及阈值的调整公式如下：

$$\Delta v_{jt} = \alpha \cdot d_t^k \cdot b_j^k \tag{10-17}$$

$$\Delta \gamma_t = -\alpha \cdot d_t^k \tag{10-18}$$

$$\Delta w_{ij} = \beta \cdot e_j^k \cdot a_i^k \tag{10-19}$$

$$\Delta \theta_j = -\beta \cdot e_j^k \tag{10-20}$$

其中：$i = 1,2,\cdots,n;\ j = 1,2,\cdots,p;\ t = 1,2,\cdots,q;\ k = 1,2,\cdots,m$，$\alpha$ 和 β 是学习系数，其值均大于 0 小于 1，其值越大，表明该次学习过程的调整量越大，学习速度加快。但学习速度加快，又可能使网络振荡而难以收敛。一般情况下，学习系数取值范围为 0.25 和 0.75 之间。学习系数在整个训练过程中，即可以取定常数不变，也可以在训练过程中，不断修改学习系数。为了使整个学习过程速度适当加快，又不至于引起振荡，可采用改变学习系数的办法。采用该办法时，一般在训练初期采用较大的学习系数，而随着训练的进行，不断减小学习系数。

④ 网络的收敛过程

首先需要说明的是对网络收敛的判断问题，对于有 k 对模式的学习训练过程中，只有当所有的模式对都收敛时，网络才收敛，只要有一对模式没有收敛，就不能判断为网络已收敛。这样，我们就必须用网络全局误差来作为判断网络收敛的判据，网络的全局误差主要有两种表达形式，但其本质上是一致的。第一种为平均平方误差，其计算公式如下：

$$E = \sqrt{\frac{\sum_{k=1}^{m}\sum_{t=1}^{q}(y_t^k - C_t^k)^2}{m \cdot q}} \tag{10-21}$$

第二种为误差平方和，其计算公式为：

$$E = \sum_{k=1}^{m}\sum_{t=1}^{q}(y_t^k - C_t^k)^2 / 2 \tag{10-22}$$

至于该公式中的除数 2 是为了在以此全局误差作为收敛标准进行梯度计算时，梯度计算公式中的系数可保持为 1，方便以后的有关计算。

无论采用上面两种全局误差计算公式中的哪一种，只要全局误差达到一定的精度要求而并非为零，就可以认为网络已收敛。也就说当你用已收敛的网络对已知模式进行回响时，其输出值并不是和希望输出值完全一致，而存在一定的允许误差，当然还可以利用一些其它的处理工具，将这些在允许误差范围内的输出值默认为希望输出值。

10.2.2.2 网络的计算过程

BP 网络的具体计算过程可以分为以下几步：

① 初始化工作

赋训练次数初值 train_num=0，输入层神经元数为 n，中间层神经元数为 p，输出层神经元数为 q，并给各神经元的连接权 w_{ij}、v_{jt} 及阈值 θ_j、γ_t 赋予绝对值小于 1 的随机数。

② 向前顺算

随机选取一个已知模式对，$A_k=(a_1,a_2,\cdots,a_n)$，$Y_k=(y_1,y_2,\cdots,y_q)$，利用前面随机给定的连接权及阈值（如果是第二次计算，或权值及阈值已作改进，则用新的权值、阈值代替原来的随机值）进行模式顺传播计算，直算至输出层各神经元的输出值，即响应 C_t，整个模式顺传播计算按以下 4 个公式依次计算，就可以得到对输入 $A_k=(a_1,a_2,\cdots,a_n)$ 的响应 C_t。

$$s_j=\sum_{i=1}^{n}w_{ij}a_i-\theta_j \qquad j=1,2\cdots p$$

$$b_j=f(s_j)=\frac{1}{1+e^{-s_j}}=\frac{1}{1+e^{-\sum_{i=1}^{n}w_{ij}a_i+\theta_j}}$$

$$L_t=\sum_{j=1}^{t}v_{jt}b_j-\gamma_t \qquad t=1,2\cdots q$$

$$C_t=f(L_t)=\frac{1}{1+e^{-L_t}}=\frac{1}{1+e^{-\sum_{j=1}^{p}v_{jt}b_j+\gamma_t}}$$

③ 计算输出层及中间层的校正误差

利用前面介绍的公式，对校正误差公式中的校正系数进行计算后，直接代入校正误差计算公式，可得到输出层校正误差 d_t^k 及中间层校正误差 e_j^k 的计算公式（10-23）、式（10-24），按此两式计算校正误差。

$$d_t^k=(y_t^k-C_t^k)C_t^k(1-C_t^k) \tag{10-23}$$

$$e_j^k=\left[\sum_{t=1}^{q}v_{jt}d_t^k\right]b_j(1-b_j) \tag{10-24}$$

④ 调整连接权和阈值

根据各神经元的校正误差及输入值，调整各神经元的连接权和阈值，调整公式如下：

$$v_{jt}(\text{train\_num}+1)=v_{jt}(\text{train\_num})+\alpha d_t^k b_j^k \tag{10-25}$$

$$\gamma_t(\text{train\_num}+1)=\gamma_t(\text{train\_num})-\alpha d_t^k \tag{10-26}$$

$$w_{ij}(\text{train\_num}+1)=w_{ij}(\text{train\_num})+\beta e_j^k a_i^k \tag{10-27}$$

$$\theta_j(\text{train\_num}+1)=\theta_j(\text{train\_num})-\beta e_j^k \tag{10-28}$$

其中 $i=1,2,\cdots,n$; $j=1,2,\cdots,p$; $t=1,2,\cdots,q$，α 和 β 是学习系数。

⑤ train_num=train_num+1，返回步骤②，直至所有 m 个模式对训练完毕，转下一步。

⑥ 计算全局误差

若 E 小于给定的精度要求，则停止网络训练，表明网络已收敛，打印网络的训练次数、连接权值、阈值及全局误差，转下一步⑦；反之若 E 大于给定的精度，且 train_num 已大于预定的学习次数，一般可设几千到几万，也停止训练，表明网络无法收敛，需要修改初始值或收敛策略；如果 E 大于给定的精度，但 train_num 仍小于预定的学习次数，重新对 m 个已知的模式进行训练，转②。

⑦ 进行网络测试

判断其对除原学习模式外的新的测试模式的响应性能，若网络响应值和希望响应值相吻合，或两者之差符合预定精度要求，即认为该网络可以投入实际应用。网络的实际应用过程和网络的测试过程相仿，只不过在实际应用时并不知道希望响应值，只知道网络的输入值，通过网络计算其输出值，并将其输出值作为我们所需的数据加以应用。

⑧ 网络实现代码

前面每一步的工作，均涉及较大的计算量，如果采用人工计算，想要达到收敛的网络，将是十分艰难的工作。因此，只能采用计算机计算，而采用计算机计算，就必须将前面的每一步工作，转化成计算机可以执行的程序，下面是关于三层 BP 神经网络的通用计算程序 01-BP_basic.py 的代码，对程序有关功能的说明已在程序的相关位置加以说明。

```
#01-BP_basica
import time
import numpy as np
import random as rnd                                  #主要库引入
import matplotlib.pyplot as plt
#网络结构初始化
n=eval(input("输入输入层神经元数目="))              #相当于输入变量有 n 个分量
p=eval(input("输入中间层神经元数目="))
q=eval(input("输入输出层神经元数目="))              #相当于输出变量有 q 个分量
m=eval(input("训练模式数量="))
a=np.zeros((m,n))
y=np.zeros((m,q))
#输入已知模式对的输入输出数据
for i in range(m):
    for j in range(n):
        print("输入第",i+1,"模式第",j+1,"输入变量 a[i,j]")
        a[i,j]=eval(input("a[i,j]="))
    for j in range(q):
        print("输入第",i+1,"模式第",j+1,"输出变量 y[i,j]")
        y[i,j]=eval(input("y[i,j]="))
#生成初始连接权数及阈值
start_time=time.perf_counter()
w=np.zeros((n,p))
thta=np.zeros(p)
for j in range(p):
    for i  in range(n):
         w[i,j]=2 *rnd.random()-1              #'保证产生(-1,1)之间的随机数
    thta[j]=2 *rnd.random()-1                   #'随机函数
v=np.zeros((p,q))
r=np.zeros(q)
for t in range(q) :
    for j in range(p):
```

```
            v[j,t]=2 *rnd.random()-1
        r[t]=2 *rnd.random()-1
#神经元函数
def fnf(x):
    fnf=1 / (1+np.exp(-x))
    return fnf
ee=1
train_num=0
tol=[]
b=np.zeros(p)
c=np.zeros((m,q))
d=np.zeros(q)
while ee>0.001:
    eer=np.zeros(m)
    e=np.zeros((m,p))
    for k in range(m):
            #模式顺传播
            s=np.zeros(p)
            for j in range(p):
                    for i in range(n):
                            s[j]=s[j]+w[i,j]*a[k,i]
                    s[j]=s[j] - thta[j]
                    b[j]=fnf(s[j])
            L=np.zeros(q)
            for t in range(q):
                    for j in range(p):
                            L[t]=L[t]+v[j,t]*b[j]
                    L[t]=L[t] - r[t]
                    c[k,t]=fnf(L[t])
                    #误差逆传播
                    d[t]=(y[k,t]-c[k,t])*c[k,t]*(1-c[k,t])
            for j in range(p):
                    for t in range(q):
                            e[k,j]=e[k,j]+d[t]*v[j,t]
                    e[k,j]=e[k,j]*b[j]*(1-b[j])
            #调整连接权及罚值,网络的学习系数均取 0.5
            for t in range(q):
                    for j in range(p):
                            v[j,t]=v[j,t]+0.5*d[t]*b[j]
                    r[t]=r[t]-0.5*d[t]                #0.5 学习效率,下同
            for j in range(p):
                    for i in range(n):
                            w[i,j]=w[i,j]+0.5*e[k,j]*a[k,i]
                    thta[j]=thta[j]-0.5*e[k,j]
    train_num=train_num+1
    #计算全局误差
    ee=0
    for k in range(m):
            for t in range(q):
                    eer[k]=eer[k]+(y[k,t]-c[k,t])**2
            ee=ee+eer[k]
    ee=np.sqrt(ee)
```

```
        #全局误差判断
        if train_num/1000==int(train_num/1000):
                tol.append(ee)
        if train_num<10000000:
                continue        #网络尚未收敛,继续计算
        else:
                exit
        #网络收敛,绘制误差图,打印权值及阈值并进入回响
    train_num1=[]
    for i in range(len(tol)):
         train_num1.append((i+1)*1000)
    plt.figure()
    plt.plot(train_num1,tol,lw=2,marker="o",color='#1f77b4')#
    plt.show()
    #打印权值及阈值
    for j in range(p):
            for i in range(n):
                    print("w(",i,j,")=",w[i,j])
            print("thta(",j,")=",thta[j])
    for t in range(q):
            for j in range(p):
                    print("v(",j,t,")=",v[j,t])
            print ("r(",t,")=",r[t])
    print ("全局误差=",ee,"\n" "总训练次数=",train_num)
    end_time=time.perf_counter()
    print("perf_counter 程序运行计时=",end_time-start_time,"秒")
    #网络回响
    flags=True
    while flags:
        x=np.zeros(n)
        for i in range(n):
            print("输入第",i+1,"输入变量")
            x[i]=eval(input("x[i]="))
            print(x[i])
        s=np.zeros(p)
        for j in range(p):
            for i in range(n):
                s[j]=s[j]+w[i,j]*x[i]
            s[j]=s[j] - thta[j]
            b[j]=fnf(s[j])
        L=np.zeros(q)
        for t in range(q):
            for j in range(p):
                L[t]=L[t]+v[j,t]*b[j]
            L[t]=L[t] - r[t]
            yy=fnf(L[t])
            print(yy)
        tt=input( "是否继续需要网络回响,是输入 y,否输入 n")
        if tt=="y":
            flags=True
        else:
            flags=False
```

上述程序可用于“异或”问题的分类计算，“异或”问题共有 4 对学习模式对，每对学

习模式对有两个输入，一个输出，故输入神经元数选定为 2 个，输出神经元数为 1 个，中间神经元数可任选，本次选为 3 个。输入的 4 对学习模式分别为（0，0，1）、（0，1，1）、（1，0，1）、（1，1，0），前两个数为输入神经元的数值，后一个数为输出神经元的数值。根据程序的提示，输入 4 对“异或”问题学习模式对后，运行上述程序，由于设定了 0.001 作为收敛精度，系统运行了 2363.9 秒后，全局误差为 0.000999999570824186，总训练次数为 7510311，具体的网络参数如下（取 6 位小数）：

w(0,0)= −7.952199，w(1, 0)= −7.952577，w(0, 1)= 4.6469496，w(1, 1)= 4.647185，w(0, 2)= 5.269842，w(1, 2)= 5.269730，thta(0)= −3.4654199，thta(1)= 7.474756，thta(2)= 8.381801，v(0, 0)= −16.700381，v(1 ,0)= −8.296011，v(2, 0)= −10.354556，r(0)= −8.632492。注意上述参数名称中，下标从 0 开始编号，这是 Python 语言的特点，和文中公式从 1 开始编号不同。训练次数和全局误差的关系图见图 10-9。由图 10-9 可知，刚开始训练时，全局误差下降速度非常快，当训练次数达到 100 万次后，全局误差的改进速度非常慢，这可能是两方面的原因造成的，一方面是由于全局误差本身已经很小了，大约 0.005 左右；另一方面是算法中的各种计算参数没有根据全局误差的变化而改变优化策略，可以考虑当全局误差较小时，改变学习效率或其他可能的方法。

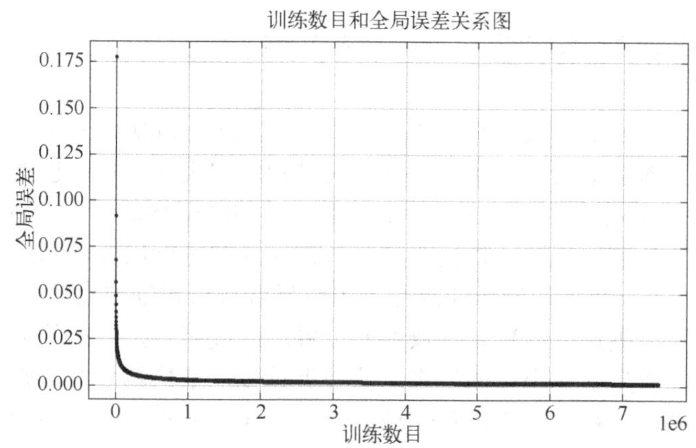

图 10-9　BP 神经网络训练数目和全局误差关系图 1

如果将“异或”问题的分类计算中的收敛精度设置为 0.005，则系统大约 2 分钟左右就可以收敛，具体数据为系统运行了 122.9 秒，全局误差为 0.004999992，总训练次数为 324423，具体的网络参数如下（取 6 位小数）：

w(0,0)= 7.038590，w(1, 0)= −7.160315，w(0, 1)= 1.699707，w(1, 1)= −1.595029，w(0, 2)= −6.831418，w(1, 2)= 6.666239，thta(0)= 3.739472，thta(1)= −1.575583，thta(2)= 3.666946，v(0, 0)= 13.380032，v(1 ,0)= −3.213012，v(2, 0)= 12.105872，r(0)= 3.857211。注意本次得到的网络参数和上次得到的网络参数有较大的不同，但通过网络回响测试，本次得到的网络也可以较好地进行“异或”问题的分类计算，具体回响情况见表 10-1。

表 10-1　网络测试回响结果

输入（学习模式）	（0，0）	（1，1）	（0，1）	（1，0）
响应	2.712×10^{-3}	2.392×10^{-3}	0.9977	0.9974
输入（新模式）	（7，7）	（0.8，0.8）	（2，1）	（0.5，1.5）
响应	1.429×10^{-3}	2.273×10^{-3}	0.9972	0.9975

由表 10-1 的数据可知，无论对学习模式还是新模式，网络都做出了比较理想的回响，本次训练学习过程每隔 10000 次记录一次误差，第一次记录的误差数据已相对较小，获得了全局误差和训练次数关系更加清晰的关系图，具体见图 10-10。

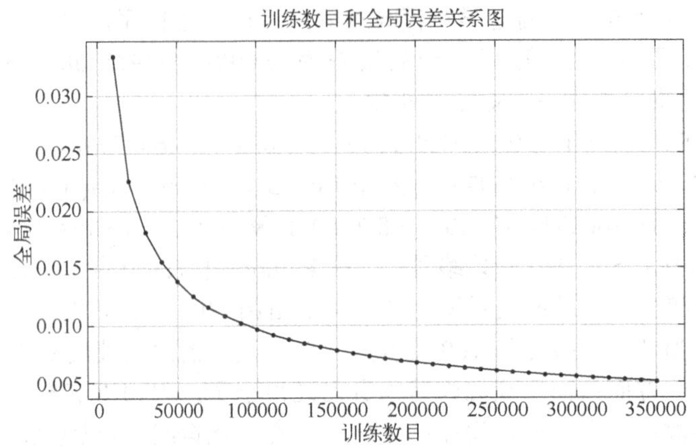

图 10-10　BP 神经网络训练数目和全局误差关系图 2

10.2.3　BP 神经网络物性估算实例求解

10.2.3.1　基本策略

用神经网络来估算物质的性质必须解决三个基本问题，解决该三个问题也就解决了用神经网络进行物性估算的基本策略问题。第一个是对物质的表征问题，也就是说用什么特征变量来表示是 A 物质而不是 B 物质。这个特征变量就是神经网络的输入变量，而神经网络的输出变量就是我们需要估算的物性。特征变量，一方面我们可以用分子的结构来表示，譬如对于直链烷烃，我们只需一个特征变量即碳原子的数目就可以表征该物质；而如果是直链烯烃，就需要两个特征变量即碳原子的数目及双键的位置。一般而言，物质的种类越单一，结构越简单，其所需的特征变量就越少；如果物质的种类越多，结构越复杂，则所需的特征变量就越多。如果需要用同一个神经网络估算烷烃和烯烃（包括非直链）的物性，则所需的特征变量数在两个以上。另一方面我们也可以用某些可以得到的物性作为特征变量，如临界温度、临界压力及分子量。至于究竟采用哪种方法来表征物质，需要根据实际情况，也就是目前我们所能得到的数据及所估算物质的种类。

第二个是采用何种神经网络及其算法问题。对于这个问题，一般较好解决。根据物性估算的特点一般采用阶层型神经网络，输入层的神经元数目由需要进行物性估算物质的特征变量数决定，数目和特征变量数相等；输出层神经元数目和估算的物性种数相等，如需要同时估算物质的常压沸点和常压蒸发潜热，则需要两个神经元作为输出神经元；至于中间隐蔽层的层数及神经元数目，可根据不同的情况加以选取，一般隐蔽层层数为 1～2 层即可，神经单元数在 2～5 个即可。目前，对于阶层型神经网络，普遍使用的误差逆传播算法，简称 BP（Back Propagation）算法。由于 BP 算法是基于梯度下降的优化策略，故它和其它的梯度优化的方法一样，它是在局部情况下的最优策略，并不是全局条件下的最优策略，并且在优化计算过程中有可能陷入局部最小点，而无法搜索得到全局最优点。因此，人们对 BP 算法进行了各种改良，目的是使 BP 算法能以较快的速度收敛到全局最小点。

第三个问题是神经网络输入与输出数据的归一化问题，由前面介绍的神经元数学模型可知，神经元输出值一般在-1 和 1 之间，但我们需要预估的物性值是不可能满足这个条件的，但通过归一化处理，就可以满足这个条件；同时，不同输入变量之间在数值上的差异也很大，为了使各个输入变量具有相同的权重，也需要归一化处理。假设神经网络的某一个输入或输出变量为 x_i，则经归一化处理后的值为：

$$x_i^* = \frac{x_i}{\sqrt{\sum_{i=1}^{n} x_i^2}} \qquad n\text{为训练该神经网络的变量数目} \tag{10-29}$$

除了利用上式对输入和输出变量进行归一化处理外，还可以采用一种较简单的方法进行处理，其计算公式为：

$$x_i^* = \frac{x_i}{X} \qquad X\text{为比所有}x_i\text{中的最大值还大的一个数} \tag{10-30}$$

无论采用哪种方法对数据进行处理，当用经过训练的神经网络进行物性预估时，不能将网络直接的输出值作为物性预估值，而是要进行反归一化处理，也就说神经网络的输出值再乘上一个系数，这个系数就是我们前面进行归一化处理时对数据的除数，相乘后得到的值作为物性预估值。

10.2.3.2 具体求解

本次问题是如何利用物质的常压沸点、临界温度、临界压力三个特征值，通过 BP 神经网络来预测物质的常压摩尔蒸发潜热。目前已收集 30 种物质的数据，前 15 种物质的数据用来训练神经网络，后 15 种数据用来测试非训练集数据的回响效果，具体代码需要在 01-BP_basic.py 加以改进，改进后的代码见 02-phy_properties，其中数据输入及归一化处理部分的代码如下：

```
DF=pd.read_excel('xuexi.xlsx','Sheet1',na_filter=False,index_col=0)
                                    #共有 30 组物性数据
a1=np.array( DF['TB'])              #数据分配
a2=np.array( DF['TC'])
a3=np.array( DF['PC'])
yy=np.array( DF['HV'])
a1_max=a1.max()*1.25
a2_max=a2.max()*1.25
a3_max=a3.max()*1.25
yy_max=yy.max()*1.25
a1=a1/a1_max                        #数据简单归一化,保证不大于 1
a2=a2/a2_max
a3=a3/a3_max
yy=yy/yy_max
```

BP 神经网路采用 3×3×1 结构，全局误差设计为 0.0045，程序经过 1.5 小时左右的运算，得到以下数据及误差收敛图 10-11。

```
全局误差=0.004499999941689699
总训练次数=5501948
perf_counter 程序运行计时=5993.68230518 秒
训练集相对百分误差=0.31%
测试集相对百分误差=11.38%
w(0,0)=3.9509891074141983
w(1,0)=0.3416901624625473
w(2,0)=-0.4980703901749863
thta(0)=0.5066454028450766
w(0,1)=0.001331163440978557
w(1,1)=1.3419103911385064
```

```
w(2,1)=-1.8486056379891793
thta(1)=1.6427622691254542
w(0,2)=-3.5518508559145694
w(1,2)=3.420382958605528
w(2,2)=-0.5474452023137583
thta(2)=0.7235538962920194
v(0,0)=6.482735992257405
v(1,0)=-2.9161576728179788
v(2,0)=-8.587797673384223
r(0)=2.156359674656404
```

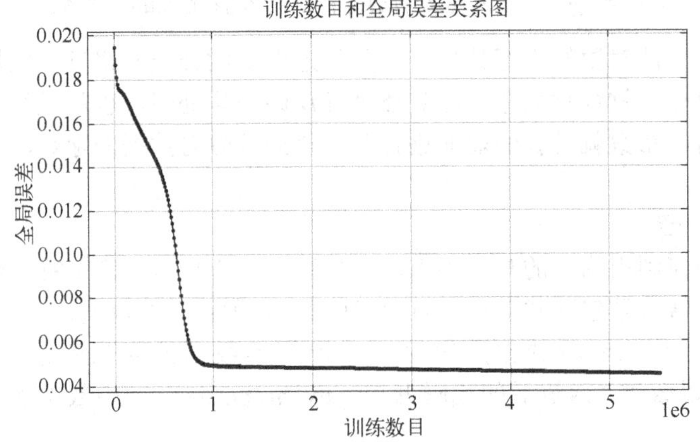

图 10-11　摩尔蒸发潜热估算神经网络训练数目和全局误差关系图

由图 10-11 可知，当训练数目较小时，全局误差改善较大，当训练数目达到 100 万次左右后，全局误差改善非常缓慢，这时需要耗费较长的计算时间，全局误差才有一点改进，可以考虑当训练次数达到 100 万次后，对网络参数采用其它方法进行改进，这个问题留给读者自己去分析。另外，还可对训练的数据进行更加详细的分类，将这些分类信息也作为神经元输入，如直链烷烃、支链烷烃、环烷烃等进行细分。

10.2.4　方法展望

相对于其它人工智能和传统的模型，人工神经网络只不过是另一种计算机建模工具而已，但与一些著名的、传统的计算机建模方法相比，具有一些明显的优点，这些优点如下。

① 自适应性

人工神经网络具有对周围环境的自适应或学习的能力。当给人工神经网络以输入-输出模式时，它可以通过自我调整使误差达到最小，即通过训练进行学习。对于某些难以参数化的因素，可以通过训练，自动总结规律。

② 容错性

在输入-输出模式中混入错误信息，对整体不会带来严重的影响。

③ 模式识别性能

人工神经网络能够很好地完成多变量模式识别。尤其适用在包含了大量的模式识别的各种过程控制与故障诊断中。

④ 外推性

人工神经网络有较好的外推性，即可通过训练，将从部分样本中学到的知识推广到全体样本。

⑤ 自动抽提功能

人工神经网络能通过采用直接的，可以是不精确的数值数据进行训练，并能自动地确定因果关系。

⑥ 在线应用的潜力

人工神经网络的训练可能要花费大量的时间，但训练一旦完成，它们就能从给定的输入很快地计算出结果。由于训练好的网络能快速得出计算结果，所以它有可能在控制系统中在线使用。但是应该注意，此时的人工神经网络必须是离线训练好的。

人工神经网络的局限性主要如下。

① 训练时间长

人工神经网络需要长时间的训练，有时可能使之变得不实用。大多数简单问题的网络训练需要至少 1 万次迭代，复杂问题的训练可能需要多达 100 万次迭代。根据网络的大小，训练过程可能需要主机时间数十分钟到几个小时。

② 需大量训练数据

因为人工神经网络在很大程度上取决于训练时关于问题的输入-输出数据，若只有少量输入-输出数据，一般不考虑使用人工神经网络。

③ 不能保证最佳结果

反向传播是调整网络的一个富有创造性的方法，但它并不能保证网络能恰当地工作。训练可能导致网络发生偏离，使之在一些操作区域内结果准确，而在其他区域则不准确。

此外，在训练过程中，有可能偶尔陷入“局部最小”。

解决这些局限性问题的主要策略可以采用混合神经网络计算方法，将神经网络算法和其他智能算法及常规算法进行各种形式的耦合，针对不同的具体问题，选择合理的计算策略。

10.3 遗传算法

10.3.1 算法基本原理

遗传算法 Genetic Algorithm，简称 GA，是一类借鉴生物界适者生存、优胜劣汰遗传机制演化而来的随机化内在隐性并行的搜索方法。1967 年 Holland 教授的学生 Bagley 在其博士论文中首次提出 Genetic Algorithm ，1975 年 Holland 教授出版了第一本系统叙述遗传算法内容的专著，奠定了遗传算法的理论基础。

遗传算法无需函数求导，不存在函数连续性的限定，对连续函数和离散函数均适用，具有较强的全局寻优能力；该算法采用概率化的寻优策略，直接对优化对象进行操作，能自动获取和指导优化的搜索空间，自适应地调整搜索方向，不需要确定的规则。遗传算法的这些性质，已被人们广泛地应用于机器学习、信号处理、路径优化、物流规划、自适应控制等领域，是目前有关智能计算中的关键技术之一。

10.3.2 遗传算法实现流程图

遗传算法提供了一种解决优化问题的思路，针对不同的具体问题，要实现该算法，尽管在某些细节问题上会有所不同，但整体的宏观方法和路径是一致的，下面对遗传算法的通用路径及步骤进行介绍。

（1）问题表征（编码）

问题表征是遗传算法第一个必须解决的问题，简单来说就是要把你的优化问题转化成生物学上的遗传问题。如以函数优化来说，函数值的大小转变成生物个体或种群个体的特性或适应度，适应度越大，生存的概率越大，其基因特性遗传给下一代的可能性也越大。如优化是求函数的最大值，则函数值就可以作为适应度；反之如果优化是求函数的最小值，可以将函数值的倒数作为适应度。解决了适应度的表征问题，另一个表征问题就是如何将问题的解即自变量的值，表达成基因编码。如在函数优化时，可以将自变量的值用若干个二进制编码如 010011010 来表示，具体计算函数值时，再将二进制编码转换成十进制的数值作为自变量的值代入函数即可；如问题是旅行家求最短路径问题，则基因的编码变成了不重复随机整数系列 5321098764。有了基因编码及适应度计算公式，原优化问题就可以根据遗传算法优胜劣汰、适者生存的演化规律进行具体编程计算。

（2）生成初始种群

根据第一步确定的基因编码规则，一次性产生 100～300 个初始种群的基因，以便后续的遗传操作，如基因用二进制编码，可以用下面程序产生。

```
def Bin_pop(ZQS,N):
     LJ=np.zeros((ZQS,N))
     for i in range(ZQS):
          for j in range(N):
               LJ[i,j]=np.fix(0.5+np.random.random())
     return LJ.astype(int)             #需要强制转变成整数
print(Bin_pop(10,20))
```

运行上述代码得到以下数据：

```
[[0 0 1 1 0 0 0 1 1 0 1 0 1 0 0 0 1 0 0 1]
 [1 0 0 1 0 1 0 0 1 1 0 1 1 1 0 0 1 1 1 1]
 [1 1 1 0 0 1 1 1 0 1 0 1 0 0 1 1 1 0 0 1]
 [0 1 1 0 0 0 0 1 0 0 0 1 1 1 0 1 1 1 0 0]
 [0 0 0 1 1 1 0 1 1 0 0 1 1 0 1 0 0 1 1 0]
 [1 0 1 1 0 0 0 1 0 0 0 1 0 0 0 0 1 0 1 0]
 [1 0 0 0 1 0 0 1 0 0 1 1 0 0 0 0 0 0 1 0]
 [0 0 0 0 0 1 0 1 0 1 0 0 1 1 1 0 0 1 0 1]
 [1 0 0 0 1 0 1 1 1 1 0 1 0 0 0 1 1 1 0 1]
 [1 1 0 1 1 0 1 1 0 1 1 0 1 1 1 0 0 1 1 1]]
```

注意代码中一定要将初始种群的数据强制转换成整数，否则是以浮点数的形式出现，在后期操作中会引起不必要的麻烦。如果是旅行商问题（TSP），则初始种群可用下面代码产生：

```
def TSP_pop(ZQS,N):
     li=np.arange(0,N)
     LJ=np.zeros((ZQS,N))
     for i in range(ZQS):
          np.random.shuffle(li)     #随机重排 li 无返回
          LJ[i,:]=li
     return LJ.astype(int)             #需要强制转变成整数
print(TSP_pop(10,20))
```

注意上述有关 li 的代码不能用 li=np.random.randint(N,size=N)来代替，因为 li=np.random.randint(N,size=N)产生的是有可能重复的随机数，不符合条件，运行上面产生 TSP 问题初始种群代码，得到以下结果：

```
[[ 1  0 12 13 15  5  2  9 18  8 10  7 19 16 14 11  3  6   4 17]
 [18 16 17  8  7  0  2 15 11 13 12 19  6  3 14  1  5  4   9 10]
 [ 5  2 11 17  1 14 12  4  0  3  9 16 10 19 13  7 18   8  6 15]
 [ 8 10  3  5  2 14 19 12  0  7 13  9 11 16 15 17  6   4  1 18]
 [ 8 13  6 18 11  7  5  4 17 14 16  1 10 19  3  9  0  12  2 15]
 [ 5  6  0 18  7  9 12  8 14  3 17 15  2 10 11  1 13   4 19 16]
 [ 9  8  1  0 11  4 19  5 17  2 15 18 12  7 10  3 16   6 13 14]
 [ 9  6 16 10 14 18  3  7  2  0 13 15  4  8 17 12 11   5  1 19]
 [16  3 17  1  8 14  0  9  4  5 13 18 12 11 10 15  6   2 19  7]
 [ 5  11 4 15 12  8 19  3 14  2 17  9  6  1  0  7 18  16 10 13]]
```

对于其他问题的初始种群产生代码，请读者自行开发。

（3）计算适应度

适应度的定义在前面问题表征中已有阐述，由于在后续的操作中需要根据适应度的大小确定遗传操作，故一般需要将适应度进行归一化处理，具体处理方法有多种形式，作者倾向于使用下面代码的归一化计算：

```
max=np.max(fitnv)
min=np.min(fitnv)
fitnv[:]=(fitnv[:]-min)/(max-min)
```

上述代码前 2 行中 fitnv 是已知的原始适应度，通过第三行代码处理后，种群中原始适应度最大的变成了 1，最小的变成了 0，这个数据范围刚好和 np.random.random()的随机函数一致，方便后续遗传操作中的处理。

（4）选择操作

根据优胜劣汰、适者生存的遗传演化规律，从初始种群中选择适应度大的个体，同时为了保证基因的多样性，目前父本适应度不大的个体也有选中的可能，具体的办法是产生一个 0～1 之间的随机数，如果父本的适应度值大于这个随机数，则父本个体被选中，依次对种群中的每个个体进行操作，直到选中的个体数目符合条件为止，具体的代码如下：

```
def select(LJ,Sel_ra,fitnv):
    ZQS=len(LJ)
    sel_num=int(ZQS*Sel_ra)
    n=0
    index=[]
    flags=True
    while flags:
        for i in range(ZQS):
            pick=rnd.random()
            if pick<0.8*fitnv[i]:         #乘上 0.8 保证尽量选择适应度大的个体
                index.append(i)
                n=n+1
                if n==sel_num:
                    break
        if n==sel_num:                    #保证一定选到规定数量
            flags=False
    Sel_LJ=LJ[index]
    return Sel_LJ
```

注意上述代码中，输入 LJ 初始种群，Sel_ra 选择率，fitnv 初始种群适应度，返回 Sel_LJ 为被选中个体集合。选择操作也可采用其他方法，如只比较适应度值，不规定具体的数量，这样被选中的数量就无法保证，如果刚好碰到极端情况，只选择了少量的个体，会影响后续遗传操作的效果，作者倾向于保证选择个体数量的选择操作，尽管该操作过程有可能将某些个体选中两次。

（5）交叉操作

选择操作选择了适应度大的个体，保证了优秀父本个体向下一代遗传，而交叉操作则将被选择操作选中的个体以一定的概率参加交叉操作。交叉操作就是两个个体，选中某一个对应的编码段进行对换，达到基因多样性的目的，如是二进制的编码，个体 A 的编码为 110|1001|101，个体 B 的编码为 010|0011|001，选取编码第 4 到第 7 个元素段进行交叉对换，对换后个体 A 的编码变成 110|0011|101，个体 B 的编码变成 010|1001|001。对于非二进制的编码，如 TSP 问题，交叉对换后可能产生重复元素的问题，这时需要采用交叉部分进行对应

映射，消除编码元素重复问题，如下面两个个体：

```
个体A编码  1  3  5  |7  8  0  2|  6  4  9
个体B编码  0  4  3  |8  6  2  5|  1  9  7
```

选择第4个元素到第7个元素进行交叉对换，对换后，出现非对换元素和对换元素出现重复现象，重复元素先用*表示，得到交叉后两个个体的编码如下：

```
个体A编码  1  3  *  |8  6  2  5|  *  4  9
个体B编码  *  4  3  |7  8  0  2|  1  9  *
```

消除重复，符合条件的编码为：

```
个体A编码  1  3  7  |8  6  2  5|  0  4  9
个体B编码  5  4  3  |7  8  0  2|  1  9  6
```

具体代码如下：

```
def cross(a,b):
#a和b为两个待交叉的个体
#输出：
#a和b为交叉后得到的两个个体
    n=len(a)#城市数目
    flags=True
    while flags:
          r1=rnd.randint(0,n-1)          #随机产生一个0:n-1的整数
          r2=rnd.randint(0,n-1)          #随机产生一个0:n-1的整数
          if r1!=r2:
                flags=False
#保证找到两个不同整数,可以进行交叉操作
    a0=np.zeros(n)
    b0=np.zeros(n)
    a1=np.zeros(n)
    b1=np.zeros(n)
    a0[:]=a[:]
    b0[:]=b[:]
    a1[:]=a[:]#先保护原数据到a1,b1
    b1[:]=b[:]
       if r1>r2:
       s,e=r2,r1
    else:
         s,e=r1,r2
    for i in range(s,e+1):
         a[i]=b0[i]
         b[i]=a0[i]
         x=[id for id in range(n) if a[id]==a[i]]#找到交换后a中重复元素的序号
         y=[id for id in range(n) if b[id]==b[i]]
         id1=[s1 for k, s1 in enumerate(x)  if x[k]!=i] #找到序号不为i的其他序号
         id2=[s2 for k, s2 in enumerate(y)  if y[k]!=i]
         if id1!=[]:
               i1=id1[0]
               a[i1]=a1[i]
               a1[i1]=a[i1]
         if id2!=[]:
               i2=id2[0]
               b[i2]=b1[i]
               b1[i2]=b[i2]
      return [a,b]
```

（6）变异操作

变异操作就是在交叉操作的基础上，选择每个个体的遗传基因，在两个点位上互换基因，当然也可以 3 个点位进行互换。变异操作需要满足一定的条件才可以进行变异操作，其条件是程序设置的变异率大于程序产生的 0～1 的随机数，否则保持原个体基因不变，对于 TSP 问题，变异操作的代码如下：

```
#变异操作
#Pm 为变异概率
#Sel_LJ 为变异操作前后路径
def Mutate(Sel_LJ, Pm):
     ZQS,n=Sel_LJ.shape
     Sel_LJ1=np.copy(Sel_LJ)
     for i in range(ZQS):
            if Pm>=rnd.random():
                  r=np.random.randint(n,size=2)    #产生 2 个不相等的 0 到 n-1 的整数
                  r.sort()
                  r_min=r[0]
                  r_max=r[1]
                  Sel_LJ[i,r_min]=Sel_LJ1[i,r_max]
                  Sel_LJ[i,r_max]=Sel_LJ1[i,r_min]
return Sel_LJ
```

（7）逆转操作

全部个体都参加逆转操作，该操作先随机产生两个不相等的小于等于个体基因点位数减 1 的整数（因为具体点位从 0 开始排序），再找到这两个数中大的数为 r2，小的数为 r1，将个体基因点位序号在 r1-r2 之间进行逆转，如果逆转后产生的新个体的适应度大于原个体适应度，则以新个体代替原个体，反之保留原个体，由此可见，逆转操作不会破坏种群的优势。

（8）重组操作

重组操作就是根据前面系列遗传操作后得到的新种群，计算新种群的数量，这个数量肯定小于初始种群的数量，计算两者之差为 N1；然后再将初始种群按适应度大小从高到低进行排序，将初始种群中前 N1 个个体和遗传操作后得到的新个体进行合并，得到种群数量恢复到初始种群数量的新的初始种群。如此重组操作可以保证上一代的最优个体不会因为前面交叉操作或变异操作所淘汰。重组操作的具体代码如下：

```
#重新产生新种群
#输入原种群 LJ
#输入经过遗传操作后的优势种群 Sel_LJ
#输出新的种群 LJ1
def  newLJ(LJ,Sel_LJ,D):
     ZQS,n=LJ.shape
     sel_num=len(Sel_LJ)
     p_len=pathlength(D,LJ)
     tem_p=[]
     for i,e in enumerate(p_len):
            tem_p.append((i,e))
     z=sorted(tem_p,key=lambda x:x[1])
     index=[id[0] for id in z]
     LJ1=np.copy(LJ)
     LJ1[0:ZQS-sel_num-1,:]=LJ[index[0:ZQS-sel_num-1],:]
     LJ1[ZQS-sel_num:ZQS,:]=Sel_LJ
     return LJ1
```

(9) 统计代数

每一代操作均需经过上述步骤，当总代数达到规定要求时，停止迭代计算，打印具体的路径。具体迭代的程序代码如下：

```
while gen<=Maxgen:
    p_len=pathlength(D,LJ)                          #计算路径长度
    index=list(p_len[:]).index(min(p_len[:]))       #找到最短距离路径序号
    obj=p_len[index]
    plt.plot([gen,gen+1],[pre_obj,obj])
    pre_obj=obj
    #选择操作
    fitnv=fit(p_len)
    Sel_LJ=select(LJ,Sel_ra,fitnv)                  #LJ 由上一代带入
    #交叉重组操作
    Sel_LJ=Re_com(Sel_LJ,Pc)
    #变异操作
    Sel_LJ=Mutate(Sel_LJ, Pm)
    #逆转操作
    Sel_LJ=Reverse(Sel_LJ,D)
    #新种子重组,保证上一轮最优解遗传给下一代
    LJ=newLJ(LJ,Sel_LJ,D)
    gen=gen+1
```

10.3.3 实例求解

本次要求解的问题是 31 个城市的 TSP 问题，已知 31 个城市的具体坐标位置，利用遗传算法，找到一条每个城市经过一次，总长度为最短的路径，详细的代码请参见 03-Genetic.py，各种遗传操作的自定义函数已在前面介绍，而路径绘制的自定义函数代码如下：

```
def drawpath(LJ,city_zb,num):
    plt.figure(num=num)
    n=len(LJ)
    plt.scatter(city_zb[:,0],city_zb[:,1],marker='o',color="b",s=100)
                                #所有城市位置上画上 o
    plt.text(city_zb[LJ[0],0]+0.5,city_zb[LJ[0],1]+0.5,'起点')
    plt.text(city_zb[LJ[n-1],0]+0.5,city_zb[LJ[n-1],1]+0.5,'终点')
    for i in range(n):
        plt.text(city_zb[i,0]-0.3,city_zb[i,1]+0.5,str(i+1),color="r")
                                #标注城市序号
    #绘线
    xy=(city_zb[LJ[0],0],city_zb[LJ[0],1])
    xytext=(city_zb[LJ[1],0],city_zb[LJ[1],1])
    plt.annotate('',xy=xy,xytext=xytext,arrowprops=dict(arrowstyle='<-',
     color="g",lw=2))
    for i in range(1,n-1):
        xy=[city_zb[LJ[i],0],city_zb[LJ[i],1]]
        xytext=[city_zb[LJ[i+1],0],city_zb[LJ[i+1],1]]
        plt.annotate('',xy=xy,xytext=xytext,arrowprops=dict(arrowstyle=
    '<-',color="g",lw=2))
    xy=(city_zb[LJ[n-1],0],city_zb[LJ[n-1],1])
    xytext=(city_zb[LJ[0],0],city_zb[LJ[0],1])
    plt.annotate('',xy=xy,xytext=xytext,arrowprops=dict(arrowstyle='<-',
    color="g",lw=1))
```

运行 03-Genetic.py，得到图 10-12 的初始轨迹图；图 10-13 的最后优化轨迹图；图 10-14 的优化路径距离和遗传代数关系图及具体的优化轨迹数据如下。

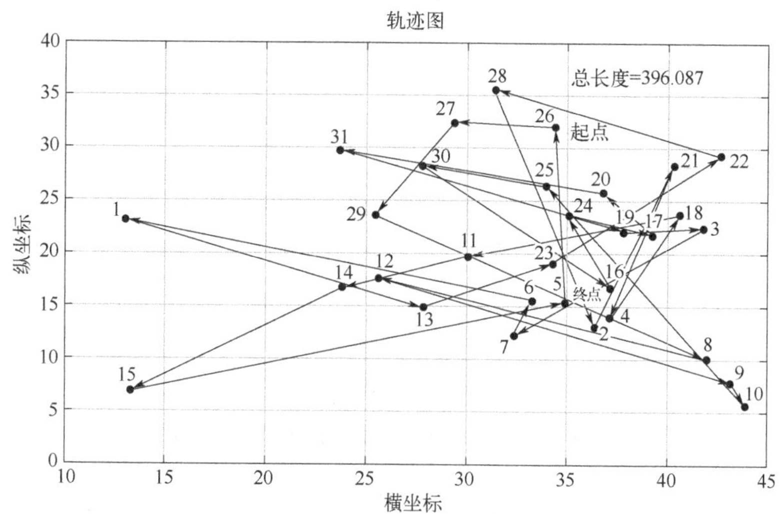

图 10-12 初始轨迹图

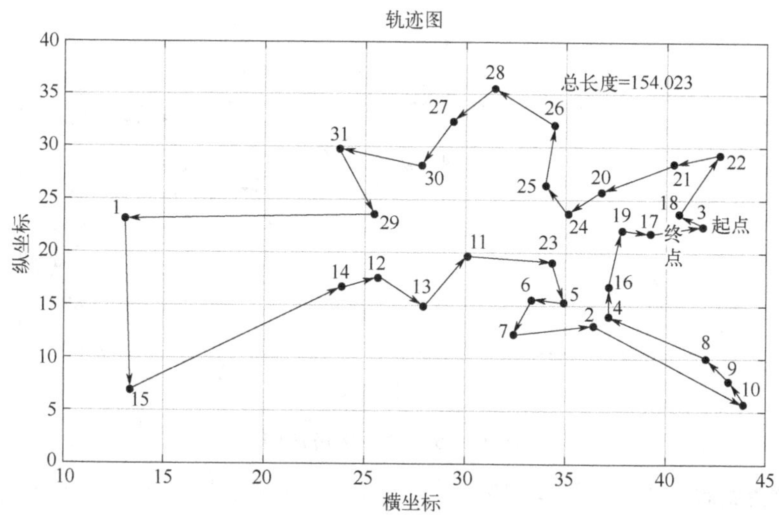

图 10-13 最优轨迹图

优化路线：3-->18-->22-->21-->20-->24-->25-->26-->28-->27-->30-->31-->29-->1-->15-->
14-->12-->13-->11-->23-->5-->6-->7-->2-->10-->9-->8-->4-->16-->19-->17-->3

需要提醒读者的是程序 03-Genetic.py 每次运行的结果可能会有些不同，但最优距离都比较接近，如另一次运算得到的优化路径图如 10-15 所示，这次的最优距离为 154.506，上次运行的最优距离为 154.023。

上述遗传算法程序除了解决常规的 TSP 问题，可以通过对适应度函数的适当改变，求解 TSP 问题的三类约束问题。第一类是自由端点的 TSP 问题，从任意一个城市开始，走完全部 n 个城市，无需回到出发城市。对于第一类约束问题，只需将路径总距离计算中删除从终点城市到起点城市之间的距离即可，其他计算代码不用改变，当然在路径绘制时也无需绘制从终点城市回到出发城市的路径。常规 TSP 问题路径长度计算函数如下：

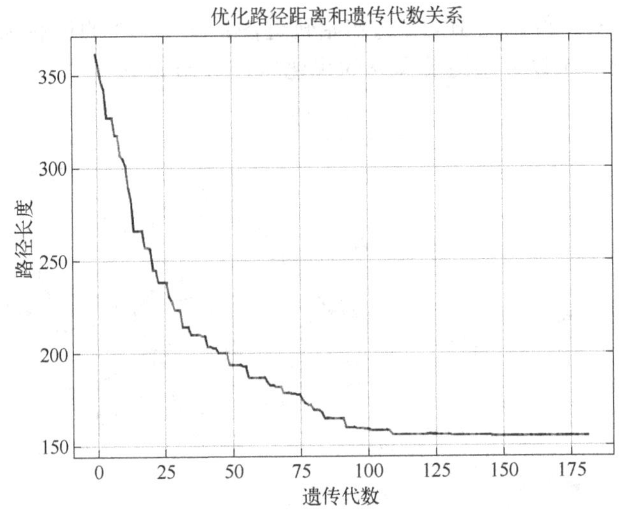

图 10-14　优化路径距离和遗传代数关系图

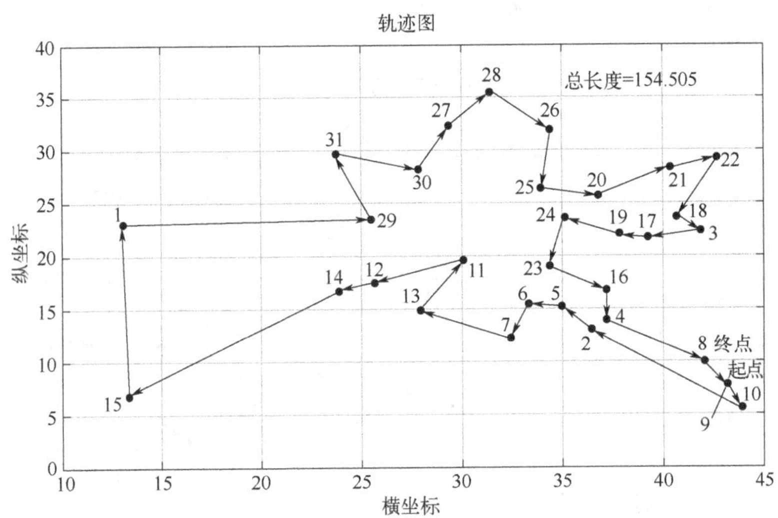

图 10-15　最优化路径图

```
#计算路径总距离
def pathlength(D,LJ):
  N=D.shape[1]
  ZQS=LJ.shape[0]
  p_len=np.zeros(ZQS)
  for i in range(ZQS):
        for j in range(N-1):
              p_len[i]=p_len[i]+D[LJ[i,j],LJ[i,j+1]]
        #无需回起点时,下面 1 行代码不要
        p_len[i]=p_len[i]+D[LJ[i,N-1],LJ[i,0]]
  return p_len
p_len=pathlength(D,LJ)
```

对于第一类约束的 TSP 问题，只要将上述代码中斜体一行的代码删除即可，如对 31 个固定城市的第一类约束的 TSP 问题，得到图 10-16 所示的最优路径图；对于 100 个随机坐标城市的第一类约束的 TSP 问题，得到图 10-17 所示的最优路径图。由图 10-16 和图 10-17 可知，通过修改路径总距离计算公式，遗传算法较好地解决了第一类约束的 TSP 问题。

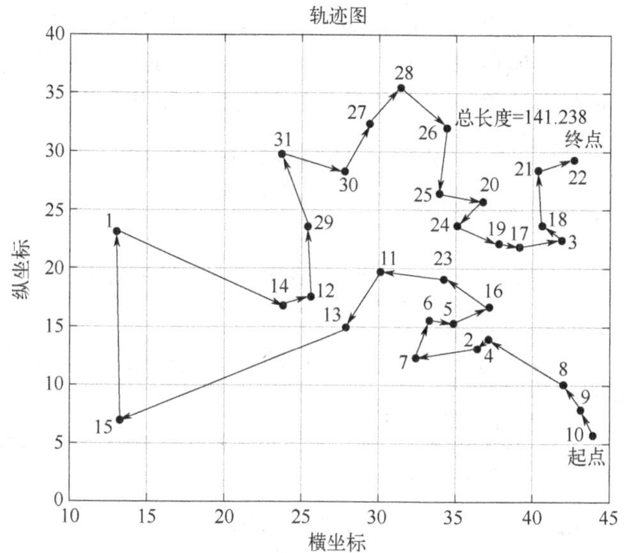

图 10-16　31 个固定城市第一类约束的 TSP 问题优化路径图

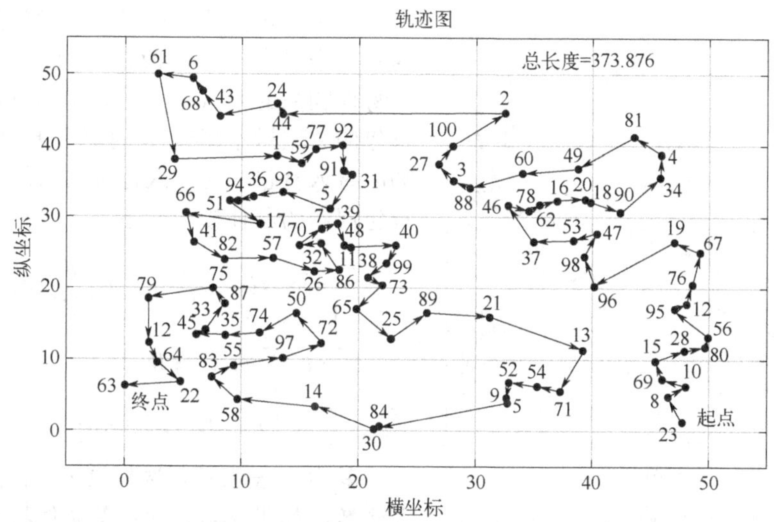

图 10-17　100 个随机坐标城市第一类约束的 TSP 问题优化路径图

第二类约束的 TSP 问题就是指定出发城市或终点城市，或者同时指定出发城市和终点城市，对于第二类约束问题，需要首先将指定的城市（1 个或 2 个）从原城市数据集中分离出来，对剩下的 n-1 或 n-2 个城市重新进行按序编号（假定为 0-m），对重新编号的城市按常规 TSP 问题进行求解，但在计算路径长度时，需要将指定城市重新编号的城市路径总和进行加和，假定同时指定出发城市和终点城市，具体公式如下：

$$p\_len = p\_len_{0\text{-}m} + d_{start\_0} + d_{m\_end} \tag{10-31}$$

如果只指定其中一个城市，则式（10-31）右边最后两项只需保留 1 项即可，在具体求解时，也需要对绘制程序做作适当修改，具体修改工作请读者自己完成。

第三类约束的 TSP 问题就是指某两个城市之间有障碍物不能直接访问，需要通过其他城市才能间接到达。对于第三类约束问题，最简单的方法就是在计算城市间距离的自定义函数基础上，将不能直接到达城市之间的距离设置为一个非常大的数，如 10^6 即可，无需通过求

城市间最大距离 d_{max} 等相对复杂的方法。如在计算固定 31 个城市的 TSP 问题时，已知第三类约束条件为城市编号 1 和城市编号 15 之间有障碍物，城市编号 30 和城市编号 31 之间有障碍物，则只要将城市间距离计算的自定义函数代码改为如下代码即可。

```
# 计算城市 i 和城市 j 之间的距离
# 输入 city_zb 各城市的坐标,用 city_zb[i,0:1])
# 输出 D 城市 i 和城市 j 之间的距离,用 D[i,j]表示
def  Distance(city_zb):
     n=len(city_zb)
     D=np.zeros((n,n))              #  产生两城市之间距离数据的空矩阵即零阵
     for i in range(n):
               for  j in range(i+1,n):
                    D[i,j]=((city_zb[i,0]-city_zb[j,0])**2+(city_zb[i,1]-
     city_zb[j,1])**2)**0.5
                    D[j,i]=D[i,j]
     D[0,14]=D[14,0]=1000000        #注意数组下标从 0 开始,和实际编号相差 1;
     D[29,30]=D[30,29]=1000000
     return D
D=Distance(city_zb)                 #计算一次即可
```

通过修改计算城市间的自定义函数，再运行程序 03-Genetic.py 得到图 10-18 所示的优化路径图。

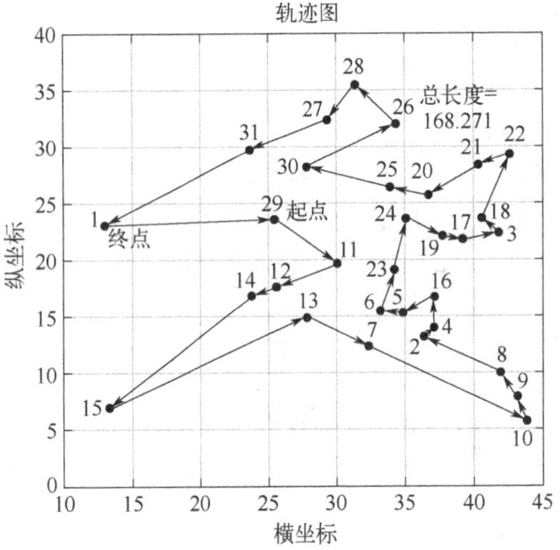

图 10-18　第三类约束的 TSP 问题优化路径图

利用遗传算法还可以解决背包问题。该问题为有一个最大承重为 M 的背包以及 n 件物品，已知每件物品的重量是 m_i，价值是 v_i，在保证放入背包的总重量不超过 M 的前提下，如何选择某些物品装入背包，使放入背包物品的总价值最大？背包问题的具体模型如下：

$$
\begin{cases}
\max\ J(x_1,x_2,\cdots,x_n)=\sum_{i=1}^{n} v_i x_i \\
s.t\ \ \sum_{i=1}^{n} m_i x_i \leqslant W \\
x_i \in \{0,1\}\quad (i=1,2,\cdots,n)
\end{cases}
\tag{10-32}
$$

其中 x_i 表示是否选择第 i 件物品放入背包的逻辑数，如果 x_i=1，表明第 i 件物品放入背包；如果 x_i=0，表明第 i 件物品不放入背包。尽管采用 0 和 1 进行编码很适合遗传算法，在进行各种交叉、变异、逆转等遗传操作时，对产生的编码无需像 TSP 问题采用整数序列编码那样进行重复节点数的消除问题，但随机产生的 0、1 序列编码可能使放入背包的物品总重量超过背包的最大承重量。为了解决这个超重问题，在具体代码中，采用目标函数 J 作为遗传算法的适应度函数，在归一化处理前，将不满足约束条件方案的适应度，直接赋值为负数，保证这些不符合约束条件的方案不会被选中，具体的适应度函数自定义代码如下：

```
#计算适应度值 fitness 归一化处理
def fit(GM,GV,M):
      ZQS=len(GM)
      fitnv=np.ones(ZQS)
      for i in range(ZQS):
             if GM[i]>M:
                GV[i]=-I        #违法约束条件的惩罚性适应度赋值
      fitnv[:]=GV[:]
```

```
        max=np.max(fitnv)
        min=np.min(fitnv)
        fitnv[:]=(fitnv[:]-min)/(max-min)        #归一化处理
        return fitnv
```

上述代码中，GM为放入背包的总物品重量，由其它自定义函数产生；GV为放入背包的物品总价值，也由其它自定义函数产生。对于初始背包物品放入方案由下面两个自定义函数产生：

```
#定义背包是否放入物品0-1数组,0代表不放入,1代表放入
def put_array(n):
        x=np.zeros(n)
        for i in range(n):
                if np.random.random()>=0.5:  #随机数大于等于0.5则放入第i件物品
                        x[i]=1
        return x
#产生随机放入背包物体序列,共ZQS个
#输入种群数ZQS及物品总数目n
def array(ZQS,n):
        T_x=np.zeros((ZQS,n))
        for i in range(ZQS):
                T_x[i,:]=put_array(n)
        return T_x
T_x=array(ZQS,n)
```

其它更多的代码请参见程序03-2-Genetic_bag.py，采用参考文献13中背包问题的数据，共30个物品，具体重量及价值如下：

v=np.array([202,208,198,192,180,180,165,162,160,158,155,130,125,122,120,118,115,110,105,101,110,100,98,96,95,90,88,82,80,77,75,73,72,70,69,66,65,63,60,58,56,50,30,20,15,10,8,5,3,1])

m=np.array([80,82,85,70,72,70,66,50,55,25,50,55,40,48,50,32,22,60,30,32,40,38,35,32,25,28,30,22,50,30,45,30,60,50,20,65,20,25,30,10,20,25,15,10,10,10,4,4,2,1])，背包可以放入物品的总重量为1000，具体计算结果如图10-19所示。

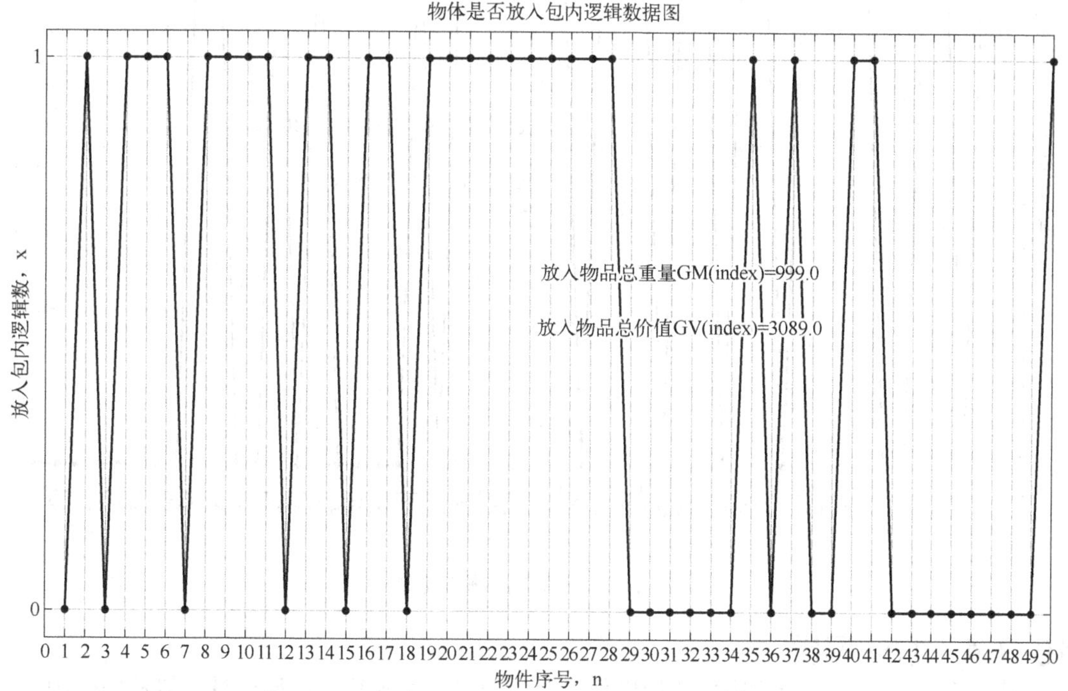

图10-19　背包问题10次运算最优解

图 10-19 是在 10 次运行中目标函数值最大的物品放入方案图，其总价值为 3089，放入物品的总重量为 999。在 10 次运算中，放入物品的总价值一般在 3080 左右，放入物品的总重量一般在 998～1000 之间。

图 10-20 是计算过程的收敛情况图，由图可知，当迭代计算 400 次后，目标函数基本不再变。

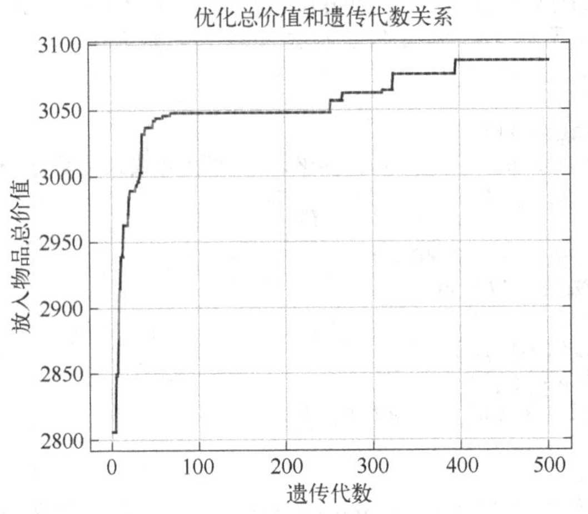

图 10-20　背包问题收敛图

图 10-21 是另一次相对较优的方案，放入物品的总重量为 1000，总价值为 3087。

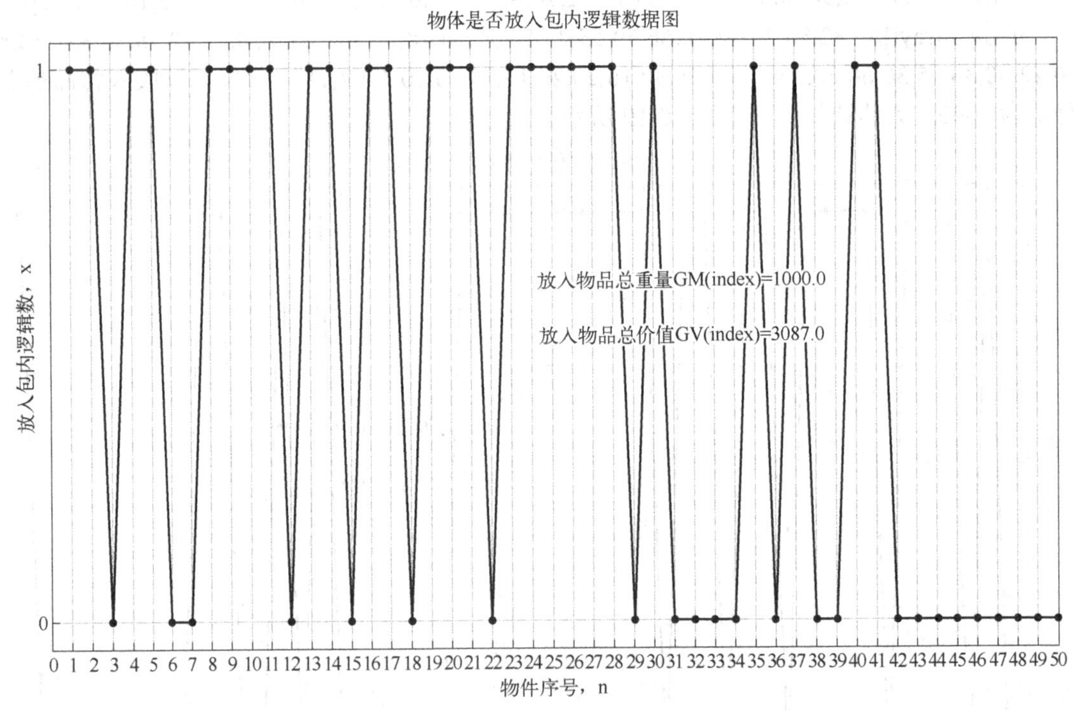

图 10-21　背包问题次优解

10.3.4　方法展望

遗传算法是一种用于解决复杂最优化问题的搜索启发式算法，属于进化算法的一种。它通过模拟生物进化中的基因遗传、突变、自然选择以及杂交等现象，结合不同的具体问题，利用适应度函数作为遗传操作的判据，在具体算法实现过程中，通过引入随机函数，允许一定量适应度并不大的个体向下一代遗传，可适当防止优化过程进入局部最优解。尽管遗传算法还有不少问题，但遗传算法的隐性并行、对目标函数无可导及连续性要求、收敛过程稳定等特性使得该算法在处理多极值函数最优化、TSP 问题、工序组合等传统优化方法难以处理的复杂问题优化上具有较大的优势。展望未来，通过优化遗传操作及和其他智能算法及常规算法的混合使用，遗传算法将在人工智能更多的领域发挥其的作用。

10.4 模拟退火算法

10.4.1 算法基本原理

模拟退火算法（Simulated Annealing Algorithm，SAA）的最早思想是由 N. Metropolis 等人于 1953 年提出，它是基于蒙特卡洛（Monte-Carlo）迭代求解策略的一种随机寻优算法，其基本原理是基于物理学中固体物质的退火过程与一般组合优化问题之间的相似性。1983 年 Kirkpatrick 等人将其应用于组合优化，并逐渐为解决多项式复杂程度的非确定性（Non-deterministic Polynomial，NP）问题提供了有效的近似算法。

物理退火过程中经历高温加热、等温保热、降温冷却三个过程，在高温加热阶段，固态物质熔融变成液体；在等温保热阶段，液体各处温度逐渐达到均衡，使系统整体自由能达到最小；降温冷却，液态物体进入下一个等温阶段。通过不断降温、保温，最后液态物质变成各相基本均一的固态物质，使系统整体自由能达到最小。模拟退火算法就是基于上述物理退火过程的三个阶段，构建了算法的对应三个步骤，高温加热，对应于算法在除了问题本身约束外无其他任何约束情况下随机产生一个可行解；等温保热阶段，对应算法在初始解的前提，不断产生各种扰动，产生链长为 L 的各种解，一般情况下可取 L=100−500，可以利用各种随机算法产生等温情况下的 L 个解，具体的解可以是二进制编码，也可以是不重复随机整数序列，也可以是其他数据，再将这些解转变成目标函数可以接收的变量，如将二进制编码转变成十进制的浮点数，将整数序列转变成城市之间的距离。对于在等温阶段 L 个解的选择问题，是模拟退火算法的核心。对于求取最小值而言，在等温阶段，经典的模拟退火算法解的选取规则如下：假设 S_i 为某等温阶段（此时温度为 T）的某个解，其目标函数为 f_1；通过一定的随机扰动，产生下一个解 S_{i+1}，计算其目标函数为 f_2，如果 $df= f_2-f_1<0$，表明目标函数变小，则接受这个解；反之如果 $df\geqslant 0$，则明目标函数变大，是否接受这个解需要结合当前的温度的指数函数及随机产生一个（0,1）之间的数字 random 进行比较之后确定，如果 $\exp(-df/T)>$ random，则仍然接受这个目标函数并没有改善的解，反之则不接受 S_{i+1} 这个解，用 S_i 代替 S_{i+1}，继续进行扰动，产生新的 S_{i+2} 的解，重复这个过程，直至全部 L 个解的产生。等温过程结束后，进行冷却降温，产生新的恒定温度，新的恒定温度 $T_{k+1}=qT_k$,其中 q 为小于 1 的正数，一般取 0.95 左右。在新一轮等温阶段计算之前，首先必须求出第 k 轮等温阶段所产生的解的目标函数的最小值 obj(k)，此最小值对应的解就是本轮的最优解 opt_S_k，如果 obj(k)<obj(k-1)，则就以 opt_S_k 作为新的等温阶段的初始解；反之则以 opt_S_{k-1} 作为初始解，并取 obj(k)= obj(k-1)，如此操作，可以保证通过等温操作后，系统的整体最优解不会变坏，即使由于本轮等温操作中全部接受了相对劣质的解，导致本轮的最优解比上一轮的最优解差，但系统仍能将上一轮的最优解隔代传给下一轮等温操作，从而保证了算法的稳定性及收敛性。

10.4.2 算法实现基本流程

经典模拟退火算法的基本流程可以分为以下几步。

（1）*算法参数初始化*

算法参数初始化需要确定初始温度 T_0，一般取1000以上；最终温度 T_{end}，一般取0.001左右；降温速率q，一般可取0.95左右。q取值过小，降温速度太快会导致解过早收敛，从而错过了全局最优解；q取值过大或接近1，降温速度过慢快会导致收敛缓慢，求解时间过长；等温操作过程中，个体产生的个数即链长，一般可取100以上的数据，具体大小还要根据解的复杂程度加以调整；解的变量数目D较多或较复杂表达的，可适当增加链长。在此基础上计算出降温操作次数T_num，初始化操作的一般代码如下：

```
from scipy import optimize
global  T0,q, Tend,T                  #作为全局变量,以便在自定义函数中调用
T0=3000                               #初始温度
Tend=0.0005                           #最终温度
L=280                                 #链长,每次稳定温度下优化次数
q=0.93                                #温度下降速率
def funT(x):                          #降温函数
    return T0*q**x[0]-Tend
T_num=int(optimize.fsolve(funT,[30])+2)#计算退火次数,30为初始值,+2保证在计算过
                                      #中数组数据的下标不超过给定的范围,其实是多了1
```

（2）*产生高温初始解*

初始解的产生方法和具体的问题有关，如果是一般的函数最优化问题，例如求取下面函数的最小值：

$$\min\ f = 30 + x_1^2 + x_2^2 - 10(\cos 2\pi x_1 + \cos 2\pi x_2) \tag{10-33}$$

目标函数共有2个自变量，尽管根据函数的数学形式，并没有对自变量的定义域提出要求，但考虑到求取函数最小值问题，我们可以对自变量函数的范围进行设置，如设置下限为lb，上限为ub，两个自变量通过N个二进制编码来表示，具体计算目标函数时再将二进制转变成十进制，具体程序代码如下：

```
D=2                         #变量维数
lb,ub=-5,5                  #变量上下限
N=80                        #二进制数据长度,每个变量分配40个编码
def Bin_pop(N):             #产生初始变量二进制数
    LJ=np.zeros(N)
    for i in range(N):
            LJ[i]=np.fix(0.5+np.random.random())#随机产生0和1
    return LJ.astype(int)             #需要强制转变成整数
def Change2_10(LJ,lb,ub,D):           #进制转化为十进制,能区分变量数目及上下限
    N=len(LJ)#二进制数组大小
    var2_num=int(N/D)                 #每个变量的二进制数编码长度
    x=np.zeros(D)
    for i in range(D):
        temp0=0#
        temp1=0
        for k in range(var2_num):
            temp0=temp0+2**(var2_num-k-1)* LJ[i*var2_num+k]#变量x[i]的二
    进制数
            temp1=temp1+2**k         #最大的二进制数
        temp0=lb+temp0/temp1*(ub-lb)
        x[i]=temp0
    return x.T                        #返回十进制数据,需要进行转置
```

```
def fun(x):                    #定义函数
    x1=x[0]
    x2=x[1]
    return 30+ x1**2+x2**2-10*np.cos(2*np.pi*x1)+np.cos(2*np.pi*x2)
```

（3）等温迭代产生 L 个解并进行降温

先利用前面初始解定义的函数，产生第一轮等温操作的初始解 L_0= Bin_pop(N)，然后可利用多种扰动方法产生本轮等温过程的 L 个解，再利用 Metropolis 规则确定解的取舍，迭代完 L 个解后，进行降温，一般的通用代码如下：

```
def Newpath(LJ):                                #新解产生函数
# 由原来的二进制 LJ1 数组计算产生新的二进制 LJ2 数组(部分逆转)
# 输入 LJ1 原来的二进制数组
# 输出 LJ2 新的二进制数组
   n=len(LJ)                                    #计算二进制数组长度
   LJ2=copy(LJ)                                 #先将原数组全部复制到新数组
   flags=True
   while flags:
        r1=rnd.randint(0,n-1)                   #随机产生一个 0:n-1 的整数
        r2=rnd.randint(0,n-1)                   #随机产生一个 0:n-1 的整数
        r3=rnd.randint(0,n-1)                   #辅助扰动
        if r1!=r2:
             flags=False
        if r1>r2:
            r_min,r_max=r2,r1
        else:
           r_min,r_max=r1,r2
        if r_min==0:
             r_min=1
        #LJ2[r_min:r_max+1]=LJ[r_max:r_min-1:-1]#也可以逆转
        LJ2[r_min]=LJ[r_max]
        LJ2[r_max]=LJ[r_min]
    return LJ2
LJ1=Bin_pop(N)
LJ2=Newpath(LJ1)
x=Change2_10(LJ2,lb,ub,D)                       #二进制转化为十进制,能区分变量数目及上下限
preObj=fun(x)
#新解取舍函数
def Metropolis(LJ1,LJ2,T,D,lb,ub):
    x1=Change2_10(LJ1,lb,ub,D)
    f1=fun(x1)                                  #计算变量为 x1 的函数值
    x2=Change2_10(LJ2,lb,ub,D)
    f2=fun(x2)                                  #计算变量为 x2 的函数值
    dc=f2-f1
    if  dc<0:
        LJ=LJ2
        f=f2
    else:
        if np.exp(-dc/T)>=rnd.random():
             LJ=LJ2
             f=f2
        else:
             LJ=LJ1
```

```
                f=f1
    return [LJ,f]
[LJ,f]=Metropolis(LJ1,LJ2,T0,D,lb,ub)
count=0
LJ0=LJ.astype(int)                      #产生初始解
count=0
obj=np.zeros(T_num)                     #每轮等温操作后选取的最优目标函数
obj1=np.zeros(T_num)                    #记录每次等温操作 L 个解中的最优目标函数
track=np.zeros((T_num,N))               #初始化轨迹
# 开始等温操作
while T0>Tend:
      count=count+1
      tem_LJ=np.zeros((L,N))            #每轮变量编码初始化
      tem_len=np.zeros(L)               #目标函数初始化
      # 进行一次退火需要进行 L 次新函数计算
      for i in range(L):
            LJ2=Newpath(LJ0)
         #Metropolis 法则判断新解
            [LJ0,f]=Metropolis(LJ1,LJ2,T0,D,lb,ub)#确定新的解及目标函数
            tem_LJ[i,:]=LJ0[:].astype(int) # 临时记录变量编码,在每次退火过程中
            tem_len[i]=f      #数据会更新
      #寻找最小目标函数
      index=list(tem_len[:]).index(min(tem_len[:]))#找到目标函数最小的序号
      opt_var=tem_len[index]
      opt_LJ=tem_LJ[index,:]
      obj1[count]=opt_var               #中间记录用
      obj[count]=opt_var                #将计算本次退火操作中最小的函数值给 obj(count)
      track[count,:]=opt_LJ[:]  #记录当前温度的最优变量编码
      LJ0=opt_LJ.astype(int)
      T0=q*T0#降温
      if count>1 and opt_var>obj[count-1]:
          LJ0=track[count-1,:].astype(int)  #如果本次退火操作最小函数值大于上次
          obj[count]=obj[count-1] #退火的最小函数值,用上次退火最优变量代替本次
          退火最优
          track[count,:]=track[count-1,:]   #变量进行新的退火操作
```

（4）打印最优解及绘制过程收敛图

注意由于变量是以二进制编码的形式表示，故最后的最优解需要将二进制转变成十进制，并将最优解代入目标函数，得到最优目标函数，具体代码如下：

```
x=Change2_10(LJ0,lb,ub,D)               #二进制转十进制
print(x,fun(x))
plt.figure(num="目标函数和和退火次数关系图")
for i in range(1,T_num-1):
      plt.plot([i,i+1],[obj1[i],obj1[i+1]])
```

10.4.3 实例求解

（1）求取下面函数的最小值问题

$$\min\ f=30+x_1^2+x_2^2-10(\cos 2\pi x_1+\cos 2\pi x_2) \tag{10-34}$$

解： 利用第 2 章 38-3D.py 的程序，将绘制函数代码改成：

Z=30+X**2 + Y**2-10*(np.cos(2*np.pi*X)+np.cos(2*np.pi*Y))，运行该程序，可得该函数的图形如图 10-22 所示。利用作者所编的 04-Sim_annealing _opt.py，得到最优解的变量及目

标函数的数据如下：

x_1=2.92059804e-05，x_2= 4.02329988e-06，f=10.000000172437684，

每次退火操作的最优解和退火次数的关系图如图10-23所示。

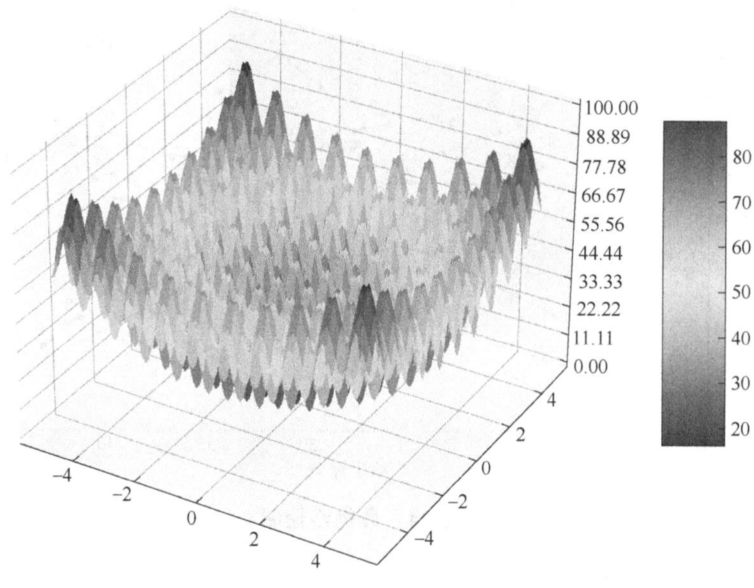

图10-22　优化函数图形

由图10-23可知，模拟退火算法对多极值二元函数求极值问题能够求到全局最优解，但每次退火过程的最优解波动较大，甚至在经过一段平稳期后又会突然较大幅度变化。由于算法代码中有截止本次退火操作全程最优解往下传递的记录，保证只要前面出现过比后面退火操作更好的解，系统最后会选取全程退火操作过程中的最优解，从而保证了即使最后一次退火操作的最优解出现了波动，但系统真正的最优解不会波动。如本次计算得到的最优解 x_1=2.92059804e-05，x_2=4.02329988e-06 已十分接近真正的最优解 x_1=0，x_2= 0。通过分析模拟退火的代码，出现退火过程的最优解波动较大的原因可能在等温操作过程中新解产生的方法上。新解通过两个不同位置的二进制编码进行互换实现，这时，如果处于二进制高位的编码由1换成0，那么对于变量的影响是十分巨大的，可以采取随着退火次数的增加，限制高位编码的变动，只允许低位编码进行交换。

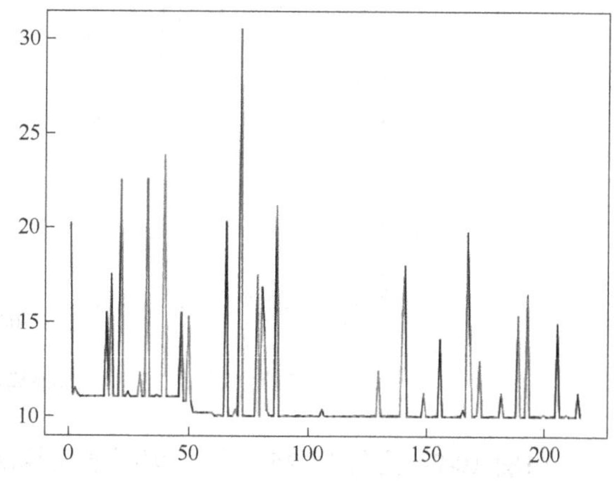

图10-23　退火操作次数和目标函数关系图

（2）求取31个城市的TSP问题

该问题的基本情况和在前面遗传算法中的问题一致，在利用模拟退火算法计算时，解的编码无需像上一个问题那样采用二进制编码，而是采用遗传算法中的随机整数序列编码，新解的产生也相对简单，一般可以采用遗传算法中的其中一种扰动即可，如变异、逆转、互换等简单的处理方法即可，具体代码见程序05- Sim_annealing _TSP.py，运行

该程序，得到如图 10-24 所示的最优路径及图 10-25 所示的退火操作次数和最优路径距离关系图。

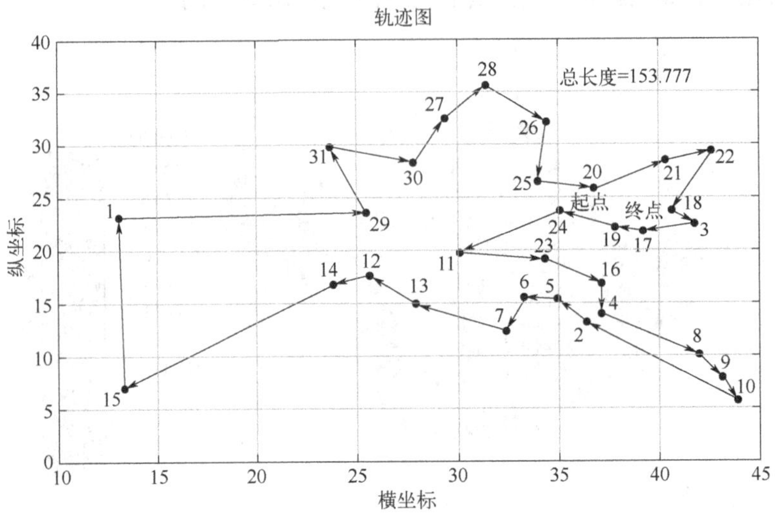

图 10-24　最优路径图

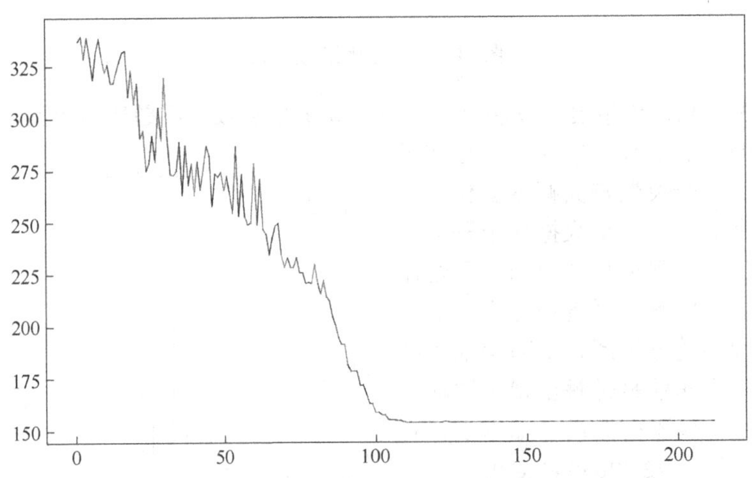

图 10-25　最优距离和退火次数关系图

由图 10-24 及图 10-25 可知，模拟退火算法对 TSP 问题的求解效果较好，每次退火过程的最优解波动较小，随着退火次数的增加逐渐进入平稳状态，100 次退火以后，最优距离基本不再变化，说明模拟退火算法针对离散的 TSP 问题有较好的收敛性及稳定性。

10.4.4　方法展望

模拟退火算法从某一较高初温出发，随着退火温度的不断下降，接受劣解的概率不断下降，但仍存在接受劣解的可能，从而保证即使计算过程进入局部最优解也能概率性地跳出并最终趋于全局最优。理论上，模拟退火算法具有概率的全局优化性能，是有效避免陷入局部极小并最终趋于全局最优的优化算法。目前该算法已在大规模集成电路（Very Large Scale Integrated Circuit，VLSI）设计、生产调度、控制工程、图像恢复、机器学习、神经网络、信号处理等领域得到应用。

10.5 粒子算法

10.5.1 算法基本原理

粒子算法全称为粒子群优化算法（Particle Swarm Optimization，PSO），也称微粒群算法，是通过模拟鸟群觅食行为而发展起来的一种基于群体协作的随机搜索算法。该算法是由Eberhart 博士和 Kennedy 博士在 1995 年提出，算法的基本核心是利用群体中的个体对信息的共享从而获得问题的最优解。通常认为粒子算法是群集智能（Swarm Intelligence, SI）的一种，可以被纳入多主体优化系统（Multiagent Optimization System，MAOS）。

鸟群的捕食行为可以描写为以下过程：一群鸟在随机搜索食物，在这个区域里只有一块食物，所有的鸟都不知道食物在那里，但是它们知道当前的位置离食物还有多远；那么找到食物的最优策略就是搜寻离食物最近的鸟的周围区域。将上述鸟群捕食行为转变成粒子算法就是将每一只鸟转换成为一个粒子，鸟的位置转换成粒子在多维超体（multi-dimensional hyper-volume）中的位置 X^k，通过随机产生 N 个粒子在多维超体中的初始位置 X^k 及初始速度 V^k，每个粒子都有一个由被优化的函数决定的适应值(fitnessvalue)，跟踪每个粒子在第 k 代迭代过程中的最佳位置（适应值最大或最小，默认求最小）$pbest^k$ 及全部粒子在第 k 代迭代过程的最佳位置 $gbest^k$，利用随机函数 r_1、r_2 及固定参数 c_1、c_2、ω 产生粒子在下一轮迭代时的计算公式：

$$X^{k+1} = X^k + \omega V^k + r_1 c_1 (pbest^k - X^k) + r_2 c_2 (gbest^k - X^k) \tag{10-35}$$

通过公式（10-35）的不断迭代计算，算法最终可以收敛到最优解。

10.5.2 算法实现步骤

基础粒子算法的基本流程可以分为以下几步：

（1）算法参数初始化

算法参数初始化需要确定惯性权重参数 ω，一般为小于 1 的正数； 学习因子 c_1、c_2，可取 1～2 之间的数；最大迭代次数 M，可取 1000～2000 的整数； 初始化群体的粒子个数 N，可取 50～100 之间的整数；每个粒子位置参数的维数 D，需要根据具体优化问题的变量而定，上述参数需要在程序迭代运算前赋值。

（2）粒子群位置及速度初始化

初始粒子群位置及速度采用随机函数产生，对于种群数为 N，变量维数为 D 的函数优化问题，粒子群位置及速度初始化代码如下：

```
x=k1*np.random.rand(N, D)      #初始位置,k1 需要根据具体的变量范围而定,默认为 1
v=k2*np.random.rand(N, D)      #初始速度,k2 需要根据具体的变量范围而定,默认为 1

pbest=np.copy(x)               #个体最优位置初值
p=np.zeros(N)                  #个体最优适应度值初值
for i, val in enumerate(x):
    p[i]=fitness(val)          #计算个体最优适应度初值,即目标函数,计算N个粒子的函数
```

（3）迭代更新个体及群体最优位置

群体的最优位置为 gbest，个体的最优位置为 pbest，判断的依据是适应值，适应值直接利用函数值，默认以求取最小值为准，求取最大值时，需要将函数值反转即可，具体代码如下：

```
# gbest 全局最优位置
    gbest=x[N-1]               #初始全局最优位置
    for i in range(N-1):       #寻找 N 个粒子函数值最小的粒子位置 gbest
        if fitness(x[i]) < fitness(gbest):
            gbest=x[i]
```

```
    # 主要循环
    pbest_fit=np.zeros(M)            #每一次迭代的最优函数值
    for t in range(M):               #进行 M 轮迭代
        for i in range(N):
            # momentum+cognition+social
            v[i]=w*v[i]+c1*np.random.random()*(pbest[i]-x[i])
                +c2*np.random.random()*(gbest-x[i])
            x[i]=x[i]+v[i]
            if fitness(x[i]) < p[i]:          #更新个体极值
                p[i]=fitness(x[i])
                pbest[i]=x[i]                 #pbest[i]为个体最优解
            if p[i]<fitness(gbest):           #更新全局极值
                gbest=pbest[i]
        pbest_fit[t]=fitness(gbest)
```

（4）打印计算结果及绘制图形

针对函数优化问题的具体代码如下：

```
print(f'目标函数取最小值时的自变量{gbest}')
print(f'目标函数的最小值为{fitness(gbest)}')
plt.figure(num="目标函数与迭代次数关系图")
for i in range(M-1):
    plt.plot([i,i+1],[pbest_fit[i],pbest_fit[i+1]],lw=2,c="b")
    plt.xlabel="迭代次数"
    plt.ylabel="目标函数值"
    plt.grid()
```

10.5.3 实例求解

（1）求取下面函数的最大值

$$\max\ f=\frac{\sin(x_1^2+x_2^2)^{0.5}}{(x_1^2+x_2^2)^{0.5}}+e^{\frac{\cos 2\pi x_1+\cos 2\pi x_2}{2}}-e \tag{10-36}$$

解：利用第 2 章 38-3D.py 的程序，将绘制函数改成：

```
R=np.sqrt(X**2 + Y**2)
Z=np.sin(R)/R+np.exp((np.cos(2*np.pi*X)+np.cos(2*np.pi*Y))/2)-np.exp(1)
```

运行该程序，可得该函数的图形如图 10-26 所示。

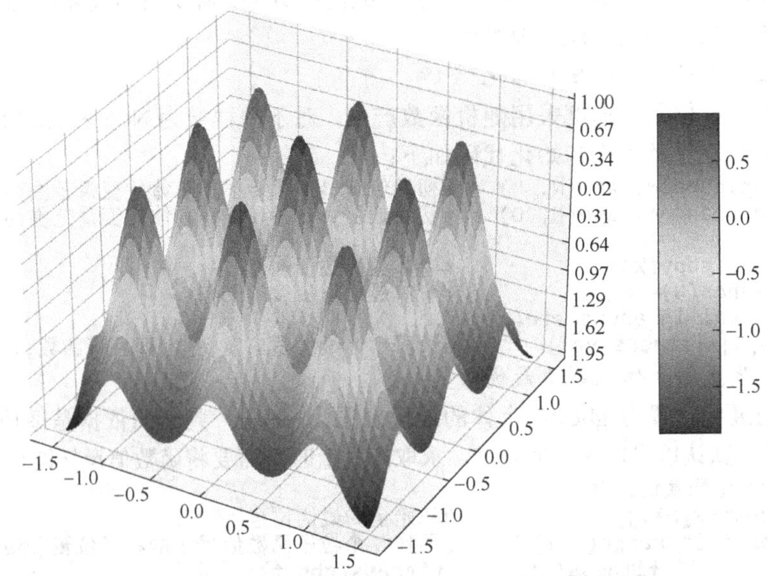

图 10-26　粒子算法优化函数图形

本题是求取最大值，需要将它转换成求取最小值，调用 06-pso.py 程序，其中自定义函数部分的代码为：

```
def func(x):
    x1, x2=x[0],x[1]
f=lambda x:np.sin(np.sqrt(x1**2 + x2**2))/np.sqrt(x1**2 + x2**2)+
    np.exp((np.cos(2*np.pi*x1)+np.cos(2*np.pi*x2))/2)-np.exp(1)
return np.sum(-f(x))     #求最大变成求最小,前面加负号
```

运行程序 06-pso.py，并注意在打印结果及图形绘制时，函数值再反转成求最大值，得到以下运算结果及图 10-27。

目标函数取最大值时的自变量 [3.11957904e- 09 3.13432915e-10]

目标函数的最大值为 1.0

（2）用粒子算法求解下面三元非线性方程组

$$\begin{cases} x^{0.8} + xy^{0.7} + z^{0.8} = 1 \\ x^{1.2}y + y^{0.9} + x^{0.5}\mathrm{z} = 1 \\ x + y^{0.4}z^{0.5} + z^{1.2} = 1 \end{cases} \tag{10-37}$$

解：粒子算法可以求解函数的最小值，将原方程转换成下面函数的最小值问题：

$$mim\, f = (x^{0.8} + xy^{0.7} + z^{0.8} - 1)^2 + (x^{1.2}y + y^{0.9} + x^{0.5}z - 1)^2 + (x + y^{0.4}z^{0.5} + z^{1.2})^2$$

将 06-pso.py 程序中自定义函数部分的代码改为下面代码：

```
def func(x):
    x,y,z=x[0],x[1],x[2]
    f=lambda x:(x**0.8+x*y**0.7+z**0.8-1)**2+(x**1.2*y+y**0.9+x**0.5*z-1)**2+
                (x+y**0.4*z**0.5+z**1.2-1)**2
    return np.sum(f(x))
```

同时，为了保证求解过程中的变量均大于等于 0，需在迭代计算中的 x[i] = x[i] + v[i]代码后面添加下面代码：

```
for j in range(D):
    if x[i,j]<0:
        x[i,j]=0
```

完成上述修改后，运行 06-pso.py，得到以下计算结果及收敛图 10-28。

目标函数取最小值时的自变量 [0.31132138 0.64672495 0.29578225]

目标函数的最小值为 1.554374568203545e-17

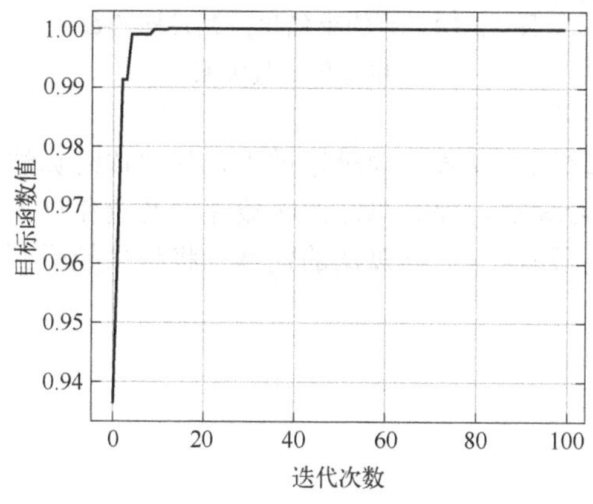

图 10-27　迭代次数和目标函数值关系图

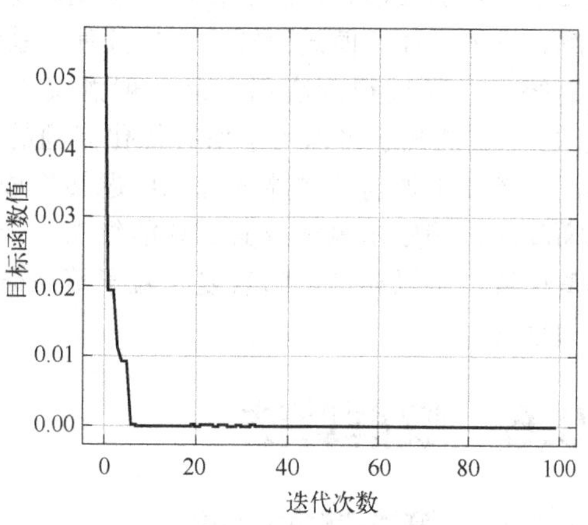

图 10-28　方程求解目标函数值和迭代次数关系

由计算结果可知，最后方程的解为 x=0.31132138，y= 0.64672495 ，z=0.29578225。由图 10-30 可知，迭代计算 20 次左右，目标函数值已接近 0 不再改变，说明利用粒子算法对于求解非线性方程组的实数解是十分有效的，没有出现遗传算法和模拟退火算法在迭代计算过程中目标函数波动的现象。

（3）求解下面优化问题

$$\begin{aligned}&\min J = x^2 - 2x + y\\&s.t\ \ 4x^2 + y^2 \leqslant 4\\&\quad x \geqslant 0 \quad y \geqslant 0\end{aligned} \tag{10-38}$$

本次求解的是带有约束条件的优化问题，采用粒子算法求解时，先将原问题转换成下面的无约束优化问题：

$$\min J = x^2 - 2x + y + 1000\min(4 - 4x^2 - y^2, 0)^2$$

同时，变量搜索过程和前面非线性方程组求解一样，对变量进行非负限制，目标函数的代码则修改成下面代码：

```
def func(x):
    x,y=x[0],x[1]
    f=lambda x: x**2-2*x+y+1000*(min(4-4*x**2-y**2,0))**2
    return np.sum(f(x))
```

完成上述修改后，运行 06-pso.py 程序，得到以下计算结果及收敛图 10-29。

目标函数取最小值时的自变量 [1. 0.]

目标函数的最小值为-1.0

由计算结果可知，该问题的最优解为 x=1，y=0，这时目标函数为-1。

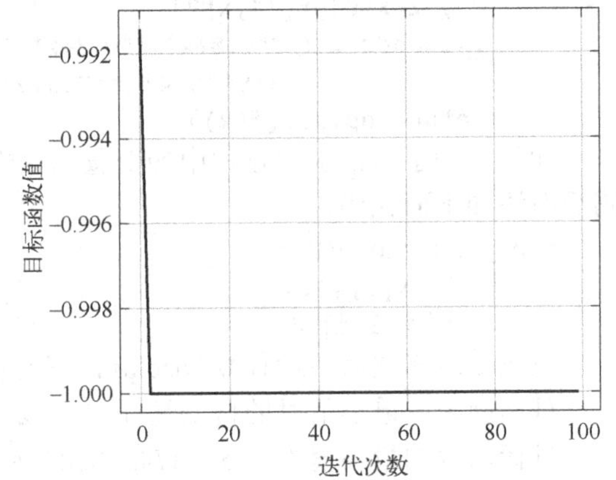

图 10-29　有约束优化问题目标函数值和迭代次数关系

10.5.4　方法展望

粒子算法通过保留全局最优位置 gbest 和粒子已知的最优位置 pbest 两个信息，对于提高收敛速度以及避免过早陷入局部最优解，都具有较好的效果，这也是后续粒子算法改进方向的基础。粒子算法原理简洁，编程容易，经过二十多年的发展，目前已在函数优化、规划求解、系统设计、模式识别、信号处理、系统控制等多个领域得到应用。从一般意义上来说，粒子算法几乎可以用于所有优化问题的求解，关键在于如何将具体的优化问题转换成粒子算法的模式，同时通过引入其他传统算法，如梯度法、鲍威尔算法及其他智能算法，形成复合算法，提高算法的收敛速度及避免进入局部最优解。可以相信，随着复合粒子算法研究的不断深入，其算法的优越性将越来越受到人们的重视。

10.6　蚁群算法

10.6.1　算法基本原理

蚁群算法（Ant Colony Algorithm，ANA）是由意大利学者 M. Dorigo 等人于 1991 年首

先提出的一种基于集群智能(Swarm Intelligence)的人工智能算法。算法通过自然界蚂蚁从巢穴出发寻找食物时总能找到巢穴与食物之间的最短路径获得启发。蚁群从巢穴出发时，每只蚂蚁随机朝不同的方向前进，当第一只首先发现食物的蚂蚁返回巢穴时，一路碰到其他蚂蚁，互相交换一种叫做信息素(Pheromone)的挥发性化学物质来进行通信和协调，得到信息素的蚂蚁碰到其他蚂蚁又将信息素释放出去，这样，越来越多的蚂蚁聚集到可以找到食物的路线上，同时在最短路线上，蚂蚁个体之间交换信息素及释放信息素的概率最大，这样，最短路径上蚂蚁的个体越来越多，整个蚁群就是通过使用信息素进行相互协作，形成正反馈，从而使多个路径上的蚂蚁都逐渐聚集到最短的那条路径上。

蚁群算法属于自然启发式计算（Nature-inspired computation）算法，算法利用了生物蚁群能通过个体间简单的信息传递，搜索从蚁巢至食物间最短路径的集体寻优特征，利用相对简单的算法及较少的代码，发挥蚁群的集群智能效益，解决诸如具有 NP 难度的旅行商问题、Job-Shop 调度问题、二次指派问题、多维背包问题等复杂的组合优化问题。

蚁群算法与其他优化算法相比，具有以下几个特点：

① 一种本质上并行的算法

蚁群算法中的每一只蚂蚁在搜索过程中彼此独立，仅通过信息素进行通信。多个个体同时进行并行计算，大大提高了算法的计算能力和运行效率。

② 一种正反馈的算法

蚁群算法通过正向激励机制，在正确的方向上信息素浓度不断增加，蚂蚁数目越来越多，最后使得搜索过程不断收敛，逼近最优解。

③ 一种自组织的算法

蚁群算法在计算初期，单个人工蚂蚁的寻解过程是无序的，但算法经过一段时间的演化，人工蚂蚁间通过信息素的作用，自发地越来越趋向于寻找到接近最优解的位置上聚集，从开始时的无序状态逐渐过渡到有序的寻找最优解的过程。

④ 一种鲁棒性较强的算法

相对于其他算法，蚁群算法对初始解要求不高，算法的参数数目较少，设置较简单；该算法搜索方式采用启发式的计算，不容易陷入局部最优解，易于寻找到全局最优解，具有较强的鲁棒性。

10.6.2 算法实现步骤

基于蚁群算法的优点，世界各地的研究工作者对其进行了精心的研究和实例应用开发，目前该算法现已被大量应用于数据分析、机器人协作问题求解、电力、通信、水利、采矿、化工、建筑、交通等领域。

对于具体的问题，蚁群算法有不同的实现步骤，但基本原理大致相同，下面以 TSP 问题为例，说明基本蚁群算法的具体实现步骤。

（1）算法参数初始化

针对 TSP 问题，蚁群算法需要确定的参数有蚂蚁个数 m，一般为 TSP 问题城市数目 n 的 1～1.5 倍，蚂蚁数目过多或过少均会影响求解过程，过多计算耗时长，过少有可能无法找到全局最优解；蚂蚁在爬过城市 i 到城市 j 的路径上释放所累积的信息素浓度初值 $\tau_{ij}(0)$，一般取为 1，也可以取其他值如 0，但必须一视同仁，所有路径的信息素浓度初值相等，保证蚁群在选择路径时的随机性；信息素蒸发系数 ρ，一般取 0.1，可以取其他数据，但需满足 $0<\rho<1$，蒸发系数 ρ 越大，表明前一次蚂蚁经过的路径对后一次蚂蚁选择该路径的影响越小，极限情况如蒸发系数 ρ 取 1，表明前次蚂蚁经过该路径的信息素完全挥发，对后一次蚂蚁路

径的选择不起任何作用，例如可以将全程爬过最差路径（距离最大）的蚂蚁所对应的蒸发系数取为 1；最大迭代参数 itera_max，一般可取 200～500 之间；表征信息素重要程度的参数 α，可取 1-2 之间的数值；表征启发式因子重要程度的参数 β，可取 3-5 之间的数值；启发因子 η_{ij} 取城市 i 到城市 j 之间距离 D_{ij} 的倒数的 k 倍，即 $\eta_{ij}=k/D_{ij}$，其中 k 可以取 1-4 之间的数据，k 越大，表示蚂蚁在路径选择过程中，选中离目前距离近的城市的概率越大；常数 Q，表示蚂蚁每次释放分信息素量，一般取 1，也可以取大于 1 的数。其他参数诸如各代最佳路线 LJ_best，各代最佳路线的长度 pen_best、路径记录 LJ 等跟 TSP 问题有关的数组参数需要给定数组初值，这个在其他方法中也需要用到，具体程序中参数初始化代码如下：

```
m=int(1.3*n)                        #确定蚂蚁数
alpha=1.2                           #表征信息素重要程度的参数
beta=4                              #表征启发式因子重要程度的参数
rho=0.1                             #信息素蒸发系数
itera_max=500                       #最大迭代参数
Q=1                                 #表示蚂蚁每次释放的信息素量
ran_ant=0                           #不受信息素影响的蚂蚁
LJ_best=np.zeros((itera_max,n))     #各代最佳路线
pen_best=np.zeros(itera_max)        #各代最佳路线的长度
eta=3.0/D                           #启发因子,取 3 倍距离的倒数
LJ=np.zeros((m,n))                  #路径记录初值
tau=np.ones((n,n))                  #信息素矩阵初值
```

初始化工作除了上述内容外，还需要输入 TSP 问题的城市坐标数据，计算各个城市之间的距离，定义图形绘制函数及路径输出函数，这些内容和前面遗传算法中代码相仿，可以借鉴。

（2）构建 m 只蚂蚁的选择路径

在每一轮迭代计算中，m 只蚂蚁通过随机与期望概率相结合的方法确定各自的路径。首先 m 只蚂蚁在 n 个城市中随机挑选一个城市作为路径的起点城市，在这个过程中，m 只蚂蚁各自并行确定，具体代码如下：

```
#随机产生每只蚂蚁的起点城市序号 0~n-1
start=np.zeros(m)                     #数组初始化
for i in range(m):
    start[i]=rnd.randint(0, n-1)    #注意城市编号为 0-（n-1）共 n 个
start=start.astype(int)               #强制转化为整数
LJ[:,0]=start                         #0 表示路径的起点城市,后续城市数据由后面代码产生
LJ=LJ.astype(int)                     #一定要强制转化,因为后续这些数据要作为数组序号
```

上述代码确定了 m 只蚂蚁的起点城市编号，注意在初始化代码中，已对二维数组 LJ 赋值，确定了每只蚂蚁的起点城市后，后续城市的确定需要根据期望概率的大小来确定，期望概率的计算公式如下：

$$P_{ij}^{k}=\begin{cases}\dfrac{[\tau_{ij}(t)]^{\alpha}\cdot[\eta_{ij}(t)]^{\beta}}{\sum\limits_{s\in allow_k}[\tau_{is}(t)]^{\alpha}\cdot[\eta_{is}(t)]^{\beta}}, & s\in allow_k\\ 0, & \text{其它}\end{cases} \tag{10-39}$$

$allow_k$ 表示第 k 只蚂蚁允许访问的城市列表，注意刚开始时 $allow_K$ 共有 n-1 个城市的编号（已扣除随机方法产生的城市编号），每只蚂蚁每访问一个城市，就在允许列表 $allow_k$ 中删除该城市的编号，确定新访问城市编号及删除允许列表城市的具体代码如下：

```
city_id=np.arange(n)
p_len=np.zeros(m)            #每只蚂蚁的总路径长度初始化
for i in range(m):           #m 只蚂蚁逐个城市选择路径
```

```
        for j in range(1,n):               #路径中序号 0 的城市已被随机确定
            prohi_tab=LJ[i,0:j]     #禁止表 prohibit_table
            allow=list(set(city_id).difference(set(prohi_tab)))#利用集合的差集确
定允许列表
            P=np.zeros(len(allow))                #建立初始空数据
            for k in range(len(allow)):          #计算期望概率
                P[k]=tau[prohi_tab[j-1],allow[k]]**alpha+eta[prohi_tab[j-1],
                allow[k]]**beta
                #确定下一个目标城市
            P=P/sum(P)
            Pc=cumsum(P)
            tar_id=[i for i,tp in enumerate(Pc) if tp>np.random.random()]
            tar=allow[tar_id[0]]# tar_id[0]是选中城市在允许列表 allow 的序号
            LJ[i,j]=tar                                  #赋值选中城市编号
        p_len[i]=pathlength(D,LJ[i,:])                   #确定每只蚂蚁本轮的路径长度
    id_ant=list(p_len[:]).index(min(p_len[:]))           #找到最短距离路径的蚂蚁序号
    pen_best[itera_num]=p_len[id_ant]                    # 各代最佳路线的长度
    LJ_best[itera_num,:]=LJ[id_ant,:]                    # 各代最佳路线
```

（3）更新信息素

通过一轮迭代后，信息素浓度需要重新计算，计算公式见式（10-40）：

$$\tau_{ij}(t+1)=(1-\rho)\tau_{ij}(t)+\Delta\tau_{ij} \tag{10-40}$$

其中 $\Delta\tau_{ij}=\sum_{k=1}^{m}\Delta\tau_{ij}^{k}$，而 $\Delta\tau_{ij}^{k}$ 表示第 k 只蚂蚁增加的信息素，计算公式如下：

$$\Delta\tau_{ij}^{k}=\begin{cases}\dfrac{Q}{p\_len[k]} & \text{第}k\text{只蚂蚁从城市 }i\text{ 访问城市 }j\\ 0 & \text{其它}\end{cases} \tag{10-41}$$

其中 Q 为常数，一般取 1，p_len(k)为第 k 只蚂蚁本轮路径的长度，信息素更新具体代码如下：

```
    detal_tau=np.zeros((n,n))
    for i in range(m):
        for j in range(n-1):
            detal_tau[LJ[i,j],LJ[i,j+1]]=detal_tau[LJ[i,j],LJ[i,j+1]]+Q/
        p_len[i]
        #最后一个点和起始点闭合
        detal_tau[LJ[i,n-1],LJ[i,0]]=detal_tau[LJ[i,n-1],LJ[i,0]]+Q/ p_len[i]
    #最优蚂蚁路线加强：
    for j in range(n-1):
        detal_tau[LJ[id_ant,j],LJ[id_ant,j+1]]=detal_tau[LJ[id_ant,j],
        LJ[id_ant,j+1]]+8
        detal_tau[LJ[id_ant,n-1],LJ[id_ant,0]]=detal_tau[LJ[id_ant,n-1],LJ
        [id_ant,0]]+8
    tau=(1-rho) *tau+detal_tau          #更新信息素
    itera_num=itera_num+1               #迭代次数加 1
    LJ=np.zeros((m,n))                  #路径记录清空,准备下一轮迭代
```

（4）迭代终止，输出最后优化路径

采用 while itera_num<itera_max:语句，当满足迭代次数时，程序自动跳出迭代计算，打印全部迭代过程中距离最短的路径及迭代过程每轮最优路径的长度，具体代码如下：

```
id_best=list(pen_best[:]).index(min(pen_best[:]))#找到最短距离路径的迭代序号
LJ_end=LJ_best[id_best,:].astype(int)                #全局最优路径
print("最优路径")
print_way(LJ_end)# print_way()是自定义打印函数,具体见代码
num="绘制最后路径"
draw_path=drawpath(LJ_end,city_zb,num)# drawpath()是自定义打印函数,具体见代码
plt.text(22,43,'总长度='+ str(int(1000*pen_best[id_best])/1000))
plt.figure(num="优化路径距离迭代次数关系图")
for i in range(itera_max-1):
        plt.plot([i,i+1],[pen_best[i],pen_best[i+1]])
plt.xlabel("迭代次数")
plt.ylabel("路径长度")
plt.title("优化路径距离和迭代次数关系")
plt.grid()
```

10.6.3 实例求解

（1）31 个固定城市 TSP 问题求解

针对 31 个固定城市的 TSP 问题，利用 07-ACA_TSP.py 程序，取初始参数 $\tau_{ij}(0)=1$，$\rho=0.1$，itera_max=500，$\alpha=1.2$，$\beta=4$，$\eta_{ij}=3.0/D_{ij}$， Q=1，同时对每轮最优蚂蚁爬过的路径信息素进行强化，强化数据为 8，计算结果表明，通过 500 轮的迭代，系统基本收敛，每次求得的最优路径的距离在 153.85-167 之间，其中 153.85 是作者目前在多次计算中达到的最小距离，具体路径如下，具体路径的图示见图 10-30。

1-->15-->14-->12-->13-->11-->23-->5-->6-->7-->10-->9-->8-->2-->4-->16-->19-->17-->3-->18-->22-->21-->20-->24-->25-->26-->28-->27-->30-->31-->29-->1

在计算过程中，最优路径距离相对较小的其他路径图如图 10-31，距离为 157.5，每轮计算最优路径的距离和迭代次数的关系见图 10-32。

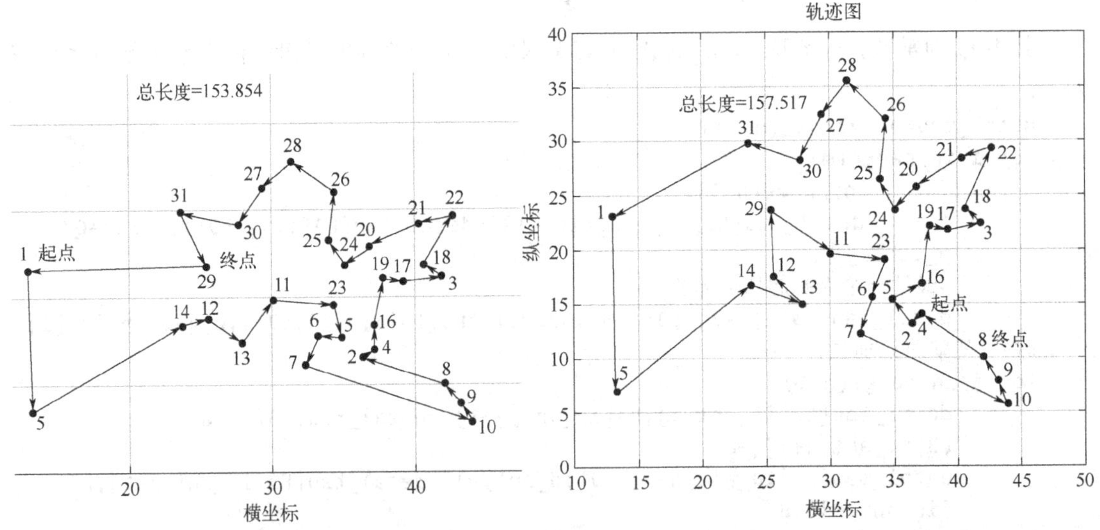

图 10-30　历次计算中距离最小路径图　　　　图 10-31　相对较小距离优化路径

由图 10-32 可知，经过 200 轮迭代后，最优路径的长度波动已比较小；经过 400 轮的迭代，最优距离已基本不变。当然，由于蚁群算法中有随机因素的影响，每一次的计算结果是不相同的，如在另一次计算中，收敛过程如图 10-33 所示。

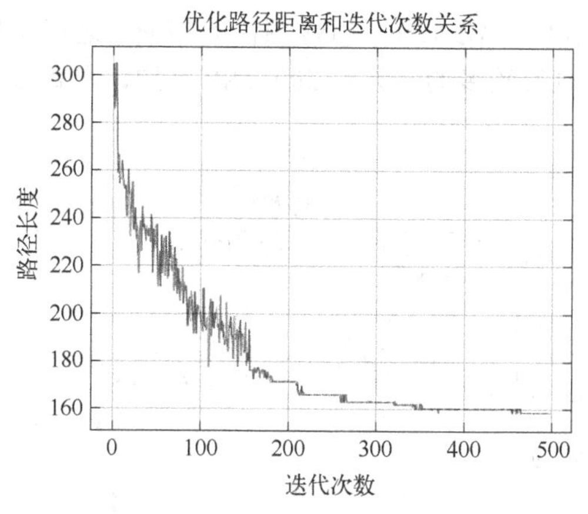

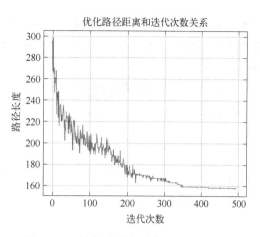

图 10-32　迭代次数与最优距离关系图 1

图 10-33　迭代次数与最优距离关系图 2

（2）随机 n 个城市 TSP 问题求解

对于随机城市的坐标利用下面自定义函数产生：

```
def city_zb(width,hight,city_num):
    """
    width:城市配置平面图宽度
    hight:城市配置平面图高度
    city_num:配置城市数目
    """
    city_zb=np.zeros((city_num,2))
    for i in range(city_num):
        city_zb[i,0]=int(np.random.random()*width*100)/100
        city_zb[i,1]=int(np.random.random()*hight*100)/100
    return city_zb
```

如需要产生 10 个随机城市的坐标，可以用 city_zb=city_zb(50,50,10)语句来定义，其中 50,50 表示城市坐标横向数据在 0-50 之间，纵向数据也在 0-50 之间，取最优强化系数为 3，某一次的优化计算如图 10-34 所示。由图 10-34 可知，对于 10 个随机城市的 TSP 问题，蚂蚁算法很快收敛，从绘制的轨迹图来看，计算结果十分理想。

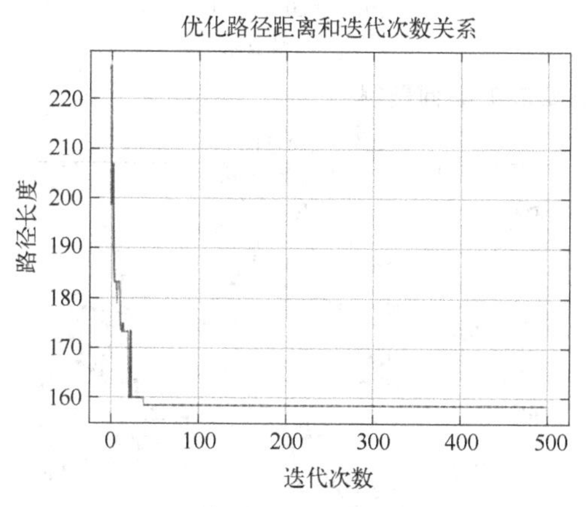

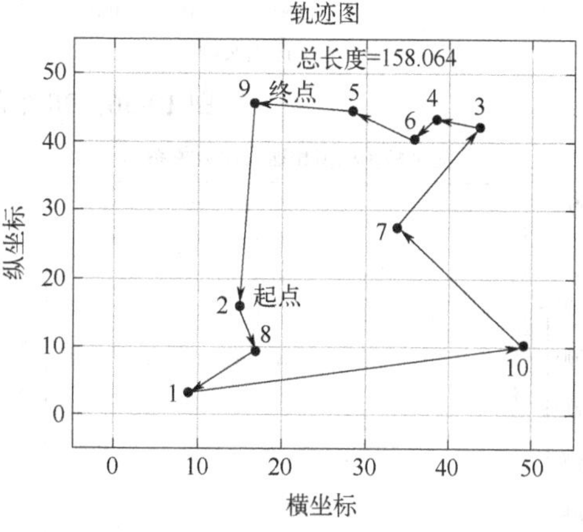

图 10-34　10 个随机城市 TSP 问题解

图 10-35 是 15 个随机城市 TSP 问题的求解结果图，效果也相当不错；图 10-36 是 30 个随机城市 TSP 问题的求解结果图，由图可知需要更多的迭代次数，最优路径长度才逐步收敛，轨迹图在某些城市之间出现交叉现象。图 10-37 是 50 个随机城市 TSP 问题的求解结果图，

由图可知迭代次数需要 2000 次左右，最优路径长度才逐步收敛；轨迹图在某些城市之间出现的交叉现象增加，说明常规的蚂蚁算法对于城市数目较多的（大于 50）TSP 问题，求解效果并不是十分理想。

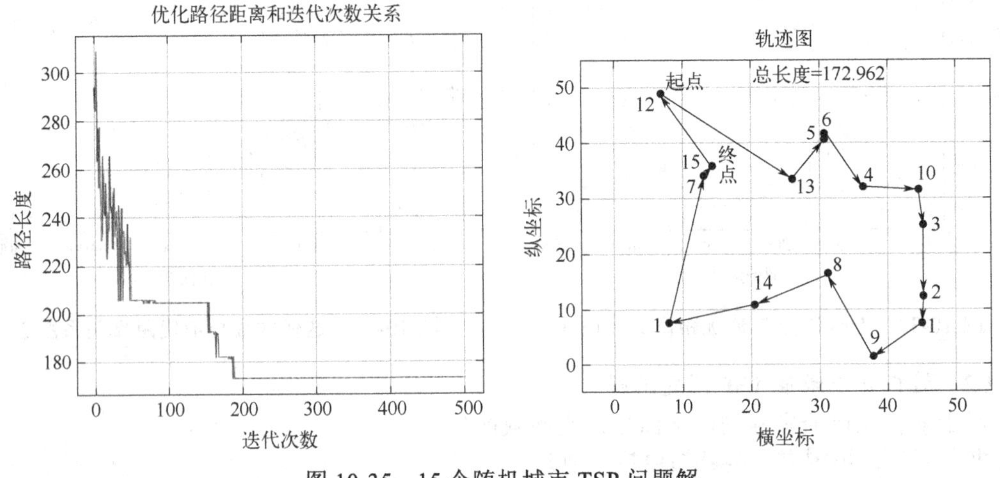

图 10-35　15 个随机城市 TSP 问题解

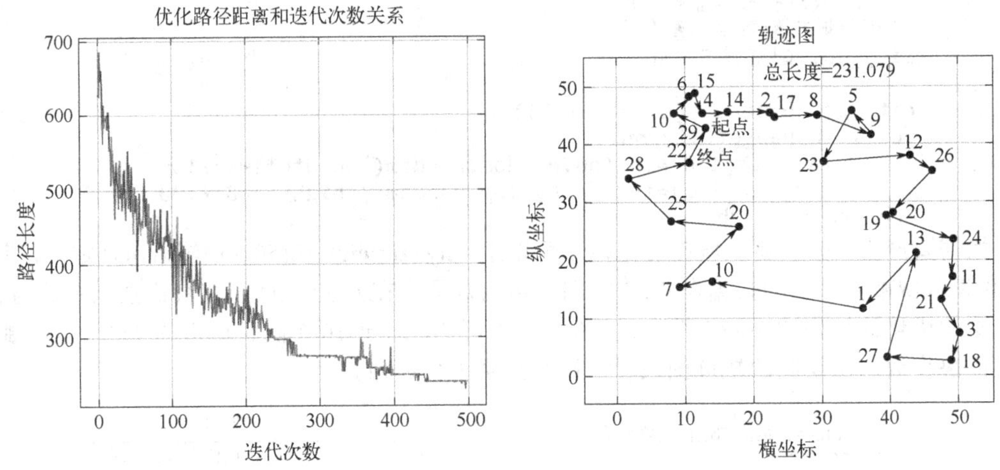

图 10-36　30 个随机城市 TSP 问题解

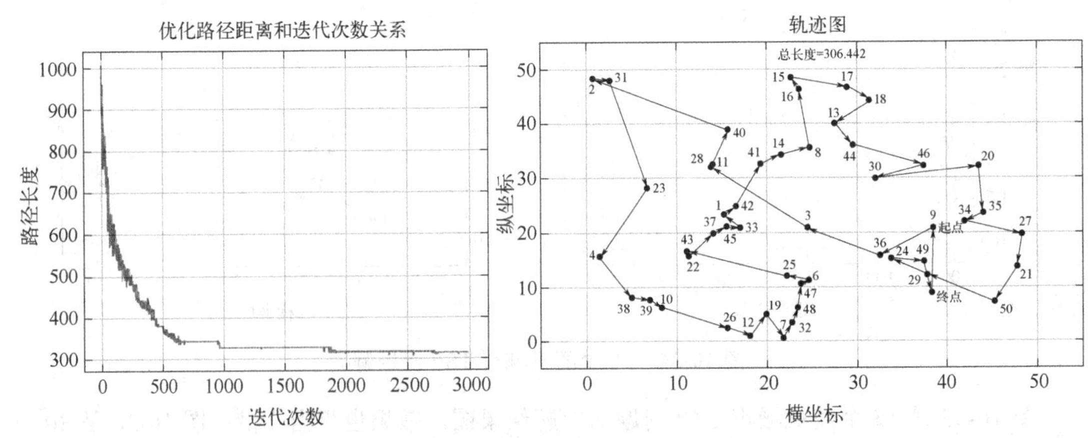

图 10-37　50 个随机城市 TSP 问题解

10.6.4 方法展望

蚁群算法通过模仿蚂蚁的合作行为来解决具体的优化问题，同时人为设置人工蚂蚁又增加了人类的智能，使得人工蚁群比自然界的蚁群具有更强的智慧。利用蚁群算法所具有的分布式并行计算、强鲁棒性、易与其他算法结合等特点，人们根据不同的优化问题提出了很多混合算法和改进算法，如和遗传算法相结合的动态蚁群遗传算法、各种信息素变异和动态强化算法（最优个体信息素强化、信息素浓度限值）。基于蚁群算法的各种优点及相对简单的代码编程，世界各地越来越多的研究工作者对蚁群算法及其混合算法进行了更加深入的研究，目前该算法已被大量用于作业调度、路径规划、数据分析、机器人协作等问题的求解，作为当今分布式人工智能研究一个热点的蚁群算法将会得到更加广泛的应用。

本章重点知识

本章介绍了五种基本智能算法，重点在于掌握这五种算法的具体应用。读者可以通过作者提供的程序，结合自己具体问题进行求解。在求解过程中，需要注意对代码的适当修改，作者开发的程序都是针对求取最小值为最优解的，如果用户的问题是求取最大值，需要将目标函数取负值，最后在绘制收敛图时再将目标函数进行翻转即可。所有智能算法均无需传统算法对目标函数的各种限制条件，如函数的连续性、可导性、凹凸性；所有智能算法一般均可以解决离散问题、非线性问题，同时具备隐性并发、跳出局部最优解的特性，至于其他智能算法的应用请读者参阅智能算法的专业书籍。

习　题

1. 利用随机函数 zb=30*np.random.rand(50,2)构建 50 个城市的坐标数据，利用人工智能算法求取最佳的 TSP 路线，并绘制出路线图，分析各种参数对最优解的影响。

2. 利用人工智能算法求取下面非线性方程组的解，其中 *No* 为学生序号（下同）：

$$\begin{cases} x^{0.5}y+y^{0.8}+z^{1.2}=1+\dfrac{No}{50} \\ x^{0.6}+y^{0.8}+y^{0.5}z=1+\dfrac{No}{50} \\ x+x^{0.7}z^{0.8}+z^{0.9}=1+\dfrac{No}{50} \end{cases}$$

3. 利用粒子算法求解下面非线性规划问题：

$$\min J=4x^2+y^2$$
$$s.t\ \ x^2+y=25+No$$
$$3x+2y\geqslant 0$$

4. 选择合适的人工智能算法求取下面函数的最小值：

$$\min f=-20\mathrm{e}^{-0.2\sqrt{\frac{x^2+y^2}{2}}}-\mathrm{e}^{0.5(\cos 2\pi x+\cos 2\pi y)}+20+\mathrm{e}\ \ +20\sin 2\pi x+20\cos 2\pi y$$

5. 一个背包总共可以放入（100+*No*）kg 的物体，现共有 10 种物体供选择装入背包，它们的重量 *W* 为[23,12,8,34,9,5,42,18,3,37]kg，这些物体的对应价值分别为[33,27,20,78,24,20,100,40,10,80]，请选择一种人工智能算法，自己编程解决在背包不超重的情况下，使背包中物体的总价值最大？

6. 任选一个自己专业的复杂问题，选择用人工智能算法进行求解，并分析解的正确性。

第11章 Python脚本共享框架 Streamlit 基础

【本章导读】

感谢您的一路坚持。虽说是本书的最后一章，但作者仍将坚持创作初心，继续秉承以案例为导向，以实用为原则的写作风格。

前面 10 章内容主要介绍了如何编写一个操作数据然后输出所需结果及图形的程序，也称脚本程序，而这一章将讨论如何将你所写的脚本程序“分享”给别人。

对于 Python 这种解释型的编程语言，分享文本形式的源代码就能让别人使用你写的功能。别人只需要安装一个近似版本的 Python，安装好必要的第三方依赖库，就能完美执行分享你的脚本。但这种“分享”有很高的门槛，分享的对象得是一个对 Python 有使用经验的人，一看代码就懂得应该怎么运行。

退而求其次，你利用 Pyinstaller 等打包工具，将你的脚本做成一个可执行程序，别人下载下来后执行，就能体验你写的功能。打包工具大大降低了用户的使用门槛，但是对你带来了额外的打包工作，并且你可能还得为不同平台（Windows 或 Unix）进行打包。发布一次还好，如果你有定期升级你的脚本，你不得不自动化你的流程，例如，利用 GitHub Actions 实现，编码更新后自动打包不同平台的程序并发布。

麻烦事儿可能还没完，有一天有人反馈，在某个系统上，可执行包不能正常执行。你换了一个写法，问题解决了，但马上有人反馈在另一个平台上程序不能正常工作了。看到这儿你可能已经很头大了，不过有了 Python 脚本共享框架 Streamlit 第三方库，上述问题就可以迎刃而解了。

本章在介绍 Streamlit 第三方库基础知识的前提下，通过本书前面章节程序代码基于 Streamlit 第三方库脚本共享网络 APP 的开发，介绍 Python 脚本共享 APP 的开发工作。

11.1 Streamlit 简介

Streamlit 第三方库的官方网站为 https://streamlit.io/，该网站首页就说 Streamlit 是“A faster way to build and share data apps”，即一种构建和共享数据数据应用程序更快捷的方法，并介绍说“Streamlit turns data scripts into shareable web apps in minutes.All in pure Python. No front-end experience required”，即 Streamlit 是纯 Python 编写，无需前端经验可以在几分钟内将数据脚本转化为可共享的网络应用程序。尽管 Streamlit 是一款专为机器学习工程师创建的

免费、开源的 APP 构建框架，但也可以用于数据统计处理、图像处理、方程求解、智能计算等方面开源 APP 框架的构建。这款工具可以在你编写 Python 代码的时候，实时更新你的应用。Streamlit 是免费开源库，你可以本地部署 Streamlit APP，甚至可以在不联网的情况下在笔记本电脑上本地运行 Streamlit。拥抱脚本、将 widget 视作变量、立即部署是 Streamlit 的三大原则，更多的有关 Streamlit 第三方库的内容请参看前面介绍的官方网站。

11.1.1 安装

Streamlit 第三方库的安装可以通过在电脑屏幕的左下角开始处输入“cmd”回车后进入 DOS 环境，通过“pip install streamlit”进行安装。注意 Streamlit 需要较多的依赖库，目前较高版本的 Python 及 pip 一般会自动安装；也可以去官方网站下载*.whl 的文件，注意选择适合自己操作系统及 Python 版本的 whl 文件，通过“pip install *.whl”进行安装，如果下载的*.whl 没有放在 pip 文件分目录下，注意需要通过“pip install <路径名>\ *.whl”进行安装，安装完成后，可以在前述的 DOS 环境下输入“streamlit hello”回车，在 DOS 界面得到图 11-1 所示的信息，根据命令行的回显，服务的端口是 8501。在浏览器界面，得到图 11-2 所示的信息，在这个界面上有官方提供的 Demo，请读者可以自行探索，界面上就有对应的源代码。

图 11-1 DOS 环境下 streamlit hello 运行回显信息

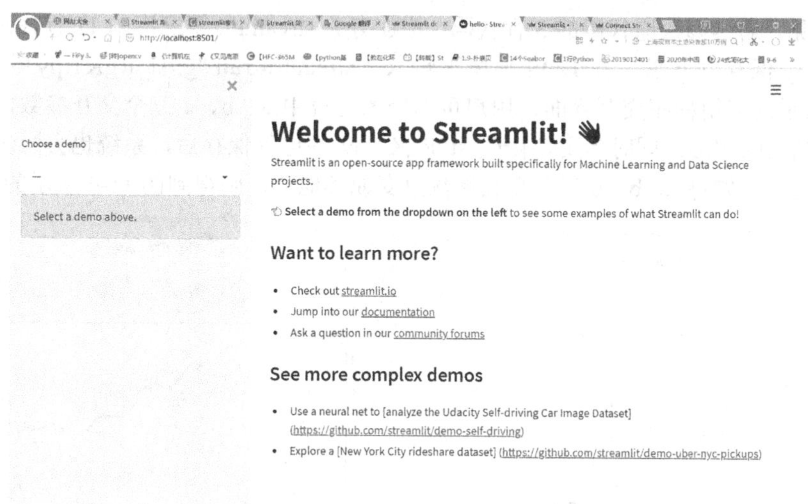

图 11-2 浏览器界面 streamlit hello 运行回显信息

11.1.2 快速入门

用 streamlit 将 Python 脚本变成共享的网络 APP 有时仅仅需要几行代码，如利用第 4 章 01-RgKT.py 程序求解微分方程（11-1）

$$\begin{cases}\dfrac{dy}{dx}=\cos ax+0.8\sin bx \\ y(0)=c\end{cases},\quad 0\leqslant x\leqslant 10 \tag{11-1}$$

并设置方程中 a、b、c 三个参数为交互参数，只要修改原代码中的几行代码，并增加交互操作代码即可，具体代码如下：

```
#st_RgKT.py
import streamlit as st
#原第三方库引用代码省略,以下是新增代码
st.latex("微分方程:f(x)= cos(ax)+0.8*sin(bx)")#显示微分方程
st.latex("初始条件:y(0)= c")
col1,col2,col3=st.columns(3)#进行参数设置
with col1:
      a= st.number_input("a", value=1.0, step=0.1, format="%f")
with col2:
      b = st.number_input("b", value=1.0, step=0.1, format="%f")
with col3:
      c= st.number_input("c", value=2.0, step=0.1, format="%f")
#原代码省略
y0=c #原代码为 y0=10
def dy(x, y):
      # ddy = y**2 *np.cos(x)
      ddy = np.cos(a * x) + 0.8 * np.sin(b * x) #修改方程将参数代入
      return ddy
#原代码不变#
fig=plt.figure(figsize=(8, 6), dpi=80)  #添加 “fig=”,原代码为 plt.figure
              (figsize=(8, 6), dpi=80)
st.pyplot(fig) #增加此句代码,以便在浏览器界面显示图形
```

由此可见，通过修改原代码的 3 行代码，增加有关 streamlit 第三库的 11 行代码，将其取名为 st_RgKT.py 保存到 g 盘，在 DOS 环境下输入“streamlit run "g:/st_RgKT.py"”回车，得到如图 11-3 所示的应用程序交互界面，用户可以修改方程中 a、b、c 三个交互参数，系统就会重新计算并绘制新的图形；同时当用户修改 st_RgKT.py 并进行保存后，系统也会同步在浏览器界面进行重新运行。如将 a、b、c 三个交互参数改变成其他值，则得到图 11-4 所示的界面。

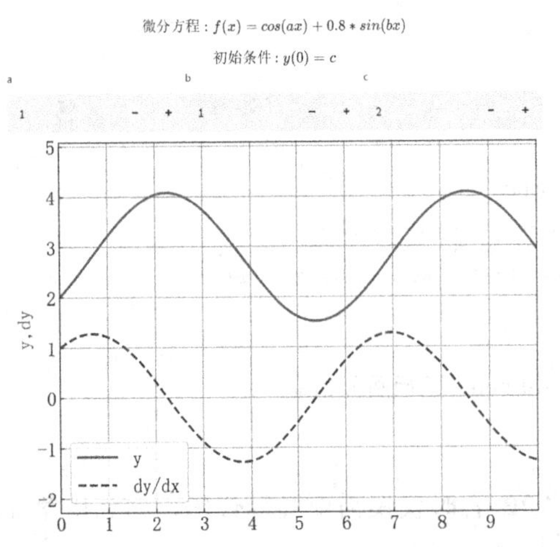

图 11-3　streamlit 快速入门案例交互界面 1

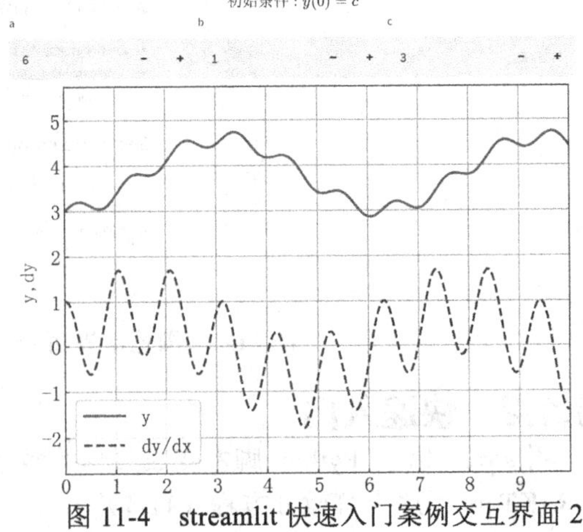

图 11-4　streamlit 快速入门案例交互界面 2

11.1.3 文本布局

Streamlit 的文本布局目前版本支持三级布局，分别是 title、header、subheader 在 subheader 下面还可以配置 text、write、markdown、latex 等内容，其实相当于四级文本，如下面的 st_text.py 代码：

```
import streamlit as st
st.title("Python 编程初学入门到实践目录")
col1,col2,col3=st.columns(3)
with col1:
     st.header("第 1 章 Python 入门基础")
     st.subheader("1.1 Python 概述")
     st.text("1.1.1 发展历史")
     st.text("1.1.2 安装与启动")
     st.text("1.1.3 运行与编码模式")
     st.text("1.1.4 变量与常量")
     st.latex("f(x)=a*cosbx+c")#编写公式用
with col2:
     st.header("第 2 章 数据图形绘制")
     st.subheader("2.2 布局设置")
     st.text("2.2.1 单个 axes 布局")
     st.text("2.2.2 subplot(ijn) 布局")
     st.text("2.2.3 subplots 布局")
     st.text("2.2.4 fig.add_axes()布局")
     st.write("参数设置:")
with col3:
     st.header("第 3 章 过程方程求解")
     st.subheader("3.1 超越方程求解")
     st.text("3.1.1 基本方法")
     st.text("3.1.2 编程求解")
     st.text("3.1.3 库函数求解")
     st.text("3.1.4 实例求解分析")
     st.markdown("目录导航")
```

将上述文件取名“st_text.py”保存在 g 盘，在 DOS 环境下输入“streamlit run "g:/st_text.py"”回车，得到如图 11-5 所示的应用程序界面。注意在图 11-5 中除了采用三级文本编辑技术外还采用了三列编辑技术。Streamlit 可以通过 columns 的布局命令进行多列布局，Streamlit 还有侧边布局 sidebar、膨胀布局 expander 及 container 和 empty 等工具进行布局设置，这些工具及命令的具体应用读者可以通过如图 11-6 所示的 Streamlit 官方网站自行学习。

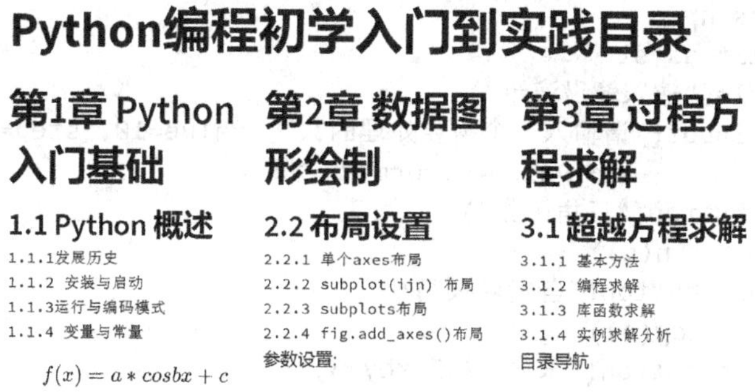

Python编程初学入门到实践目录

第1章 Python 入门基础
1.1 Python 概述
1.1.1发展历史
1.1.2 安装与启动
1.1.3运行与编码模式
1.1.4 变量与常量
$f(x) = a * cosbx + c$

第2章 数据图形绘制
2.2 布局设置
2.2.1 单个axes布局
2.2.2 subplot(ijn) 布局
2.2.3 subplots布局
2.2.4 fig.add_axes()布局
参数设置:

第3章 过程方程求解
3.1 超越方程求解
3.1.1 基本方法
3.1.2 编程求解
3.1.3 库函数求解
3.1.4 实例求解分析
目录导航

图 11-5 多级文本编辑界面

图 11-6　官方网站布局工具案例介绍界面

通过前面两个例子可以看到，无需 HTML、CSS、JavaScript、Flask、Django 等知识，只要采用纯 Python 语言及 Streamlit 第三方库就可以开发出网络版 APP，用户可以快速上手，有关 Streamlit 第三方库更多的内容将在后续案例中陆续介绍。

11.1.4　数据传递

数据传递是任何开发工具必须具备的功能，用户需要向程序传递数据，同时程序也必须将读取的数据或经过处理的数据通过交互界面展示出来。Streamli 输入数据的传递可以通过输入部件 Input widgets 来进行，包括数值数据、文本数据、逻辑选择数据、时间选择数据、色彩选择数据，这些部件的名称为 button、download_button、checkbox、radio、selectbox、multiselect、slider、select_slider、text_input、number_input、text_area、date_input、button、download_button、checkbox、radio、selectbox、multiselect、slider、select_slider、text_input、number_input、text_area、date_input、time_input、file_uploader、camera_input、color_picker。这些部件相当于 VB 语言中的控件，有名称、属性、事件。Streamli 部件触发的事件根据不同的部件主要有鼠标点击、拖动、直接输入数据等，但这些事件无需代码写入，程序会根据不同的部件自动具备这些功能，如控件（以后将 Streamli 中的各种部件均称为控件）number_input，可以向程序传入一个数值数据，默认值为 value；button 按钮控件可以传入一个布尔数，默认值为 False，当点击 button 按钮时，则返回 True，下面是一个输入数据后进行不同运算的网络 APP 程序 st_input.py：

```
#st_input.py
import numpy as np
import streamlit as st
st.sidebar.title("输入输出演示")
n = st.number_input("请输入一个需要处理的数", value=10, step=1, max_value=100,
                    min_value=0,format="%d")
if st.sidebar.button("三角函数"):
    st.write(np.sin(n))
elif  st.sidebar.button("自然对数"):
    st.write(np.log(n))
elif  st.sidebar.button("求平方和",key=3):
    st.write(sum(i**2 for i in range(1,n+1)))
elif  st.sidebar.button("求立方和",key=4):
```

```
        st.write(sum(i**3 for i in range(1,n+1)))
```

按前面方法运行该程序后，得到可以进行不同运算模式可选的浏览器界面，如果点击最后一个按钮“求立方和”，得到图 11-7 的界面，可以通过左边的“+”和“-”号修改需要运算的数据 n 值，也可以直接输入数据修改 n 值，n 值改变后，需要鼠标再次点击所需运算的按钮，系统才会按要求进行计算。

图 11-7　数据传递界面

在本次 APP 程序中，采用了控件套用技术，如 st.sidebar.title 和 st.sidebar.button 将侧边控件和标题控件 title 及按钮控件 button 组合起来，通过不同控件的组合套用，可以产生更加丰富的界面效果。

11.1.5　图片显示和视频播放

显示图片和播放视频是所有网页必须具备的功能，也是人机交互的重要手段。Streamlit 第三方库可以通过 image 控件显示图片、通过 video 控件播放视频、通过 pyplot 控件显示 Matplotlib 库所绘制的图形。当然 Matplotlib 库所绘制的图形也可以用 write 控件，write 控件可以说是一个万能的控件，可以显示许多内容，它会根据 write(**)括号内的内容不同而显示不同的内容，目前 write 可支持以下内容：

```
write(string) : Prints the formatted Markdown string
write(data_frame) : Displays the DataFrame as a table.
write(error) : Prints an exception specially.
write(func) : Displays information about a function.
write(module) : Displays information about the module.
write(dict) : Displays dict in an interactive widget.
write(mpl_fig) : Displays a Matplotlib figure.
write(altair) : Displays an Altair chart.
write(keras) : Displays a Keras model.
write(graphviz) : Displays a Graphviz graph.
write(plotly_fig) : Displays a Plotly figure.
write(bokeh_fig) : Displays a Bokeh figure.
write(sympy_expr) : Prints SymPy expression using LaTeX.
write(htmlable) : Prints _repr_html_() for the object if available.
write(obj) : Prints str(obj) if otherwise unknown.
```

有关 image 控件、video 控件、pyplot 控件的具体应用案例见程序 st_imvid.py ，核心代码如下：

```
import streamlit as st
from PIL import Image
import matplotlib as mpl
import matplotlib.pyplot as plt
```

```
import numpy as np
col1, col2, col3 = st.columns(3)
with col1:
    image1 = Image.open("g:/建筑.jpg")
    st.header("励悟楼图片")
    st.image(image1)
with col2:
    video_file = open("g:/chapter1-1.mp4", "rb")
    video_bytes = video_file.read()
    st.header("慕课视频")
    st.video(video_bytes)
with col3:
    fig=plt.figure(figsize=(8, 6), dpi=80)
    x = np.linspace(0, 10, 101, endpoint=True)
    plt.plot(x, np.sin(x), label="y", color="red", linewidth=2, linestyle="-")
    st.header("Matplotlib 图形")
    st.pyplot(fig)#也可以用 st.write(fig)
```

按前面方法，运行 st_imvid.py 程序，在浏览器界面得到图 11-8 所示的效果图。

图 11-8　图片显示及视频播放 APP 界面

11.1.6　其他控件

有关 Streamlit 库中更多的控件（即函数、方法、类）可以在交互环境下先输入“import streamlit as st”回车后再输入“dir(st)”可以得到该库中的全部内容如下：

```
['AutoSessionState', 'NoReturn', 'RootContainer', 'SECRETS_FILE_LOC', 'Secrets', 'StopException', 'StreamlitAPIException', '_DeltaGenerator', '_ForwardMsg_pb2', '_LOGGER', '_RerunData', '_RerunException', '__builtins__', '__cached__', '__doc__', '__file__', '__loader__', '__name__', '__package__', '__path__', '__spec__', '__version__', '_add_script_run_ctx', '_arrow_altair_chart', '_arrow_area_chart', '_arrow_bar_chart', '_arrow_dataframe', '_arrow_line_chart', '_arrow_table', '_arrow_vega_lite_chart', '_click', '_code_util', '_config', '_contextlib', '_env_util', '_get_script_run_ctx', '_is_running_with_streamlit', '_legacy_altair_chart', '_legacy_area_chart', '_legacy_bar_chart', '_legacy_dataframe', '_legacy_line_chart', '_legacy_table', '_legacy_vega_lite_chart', '_logger', '_main', '_maybe_print_use_warning', '_parse', '_source_util', '_string_util', '_sys', '_threading', '_transparent_write', '_update_logger', '_use_warning_has_been_displayed', '_version', 'altair_chart', 'area_chart',
```

```
'audio', 'balloons', 'bar_chart', 'beta_columns', 'beta_container', 'beta_expander',
'beta_util', 'bokeh_chart', 'button', 'cache', 'caching', 'camera_input', 'caption',
'checkbox', 'code', 'code_util', 'color_picker', 'columns', 'commands', 'config',
'config_option', 'config_util', 'container', 'cursor', 'dataframe', 'date_input',
'delta_generator', 'development', 'download_button', 'echo', 'elements', 'empty',
'env_util', 'error', 'error_util', 'errors', 'exception', 'expander', 'experimental_
get_query_params', 'experimental_memo', 'experimental_rerun', 'experimental_set_query_
params', 'experimental_show', 'experimental_singleton', 'file_uploader', 'file_util',
'folder_black_list', 'form', 'form_submit_button', 'forward_msg_queue', 'get_option',
'graphviz_chart', 'header', 'help', 'image', 'in_memory_file_manager', 'info',
'js_number', 'json', 'latex', 'legacy_caching', 'line_chart', 'logger', 'magic', 'map',
'markdown', 'metric', 'multiselect', 'number_input', 'plotly_chart', 'progress', 'proto',
'pydeck_chart', 'pyplot', 'radio', 'script_request_queue', 'script_run_context',
'script_runner', 'secrets', 'select_slider', 'selectbox', 'session_data', 'session_
state', 'set_option', 'set_page_config', 'sidebar', 'slider', 'snow', 'source_util',
'spinner', 'state', 'stats', 'stop', 'string_util', 'subheader', 'success', 'table',
'text', 'text_area', 'text_input', 'time_input', 'title', 'type_util', 'uploaded_
file_manager', 'util', 'vega_lite_chart', 'video', 'warning', 'watcher', 'write']
```

如果想要了解每一个控件的具体应用，可以通过在交互环境下输入 help(st.**)回车即可，如输入 help(st.camera_input)回车，则返回以下内容：

```
    Help on method camera_input in module streamlit.delta_generator:
    camera_input(label: str, key: Union[str, int, NoneType] = None, help: Union[str,
NoneType] = None, on_change: Union[Callable[..., NoneType], NoneType] = None, args:
Union[Tuple[Any, ...], NoneType] = None, kwargs: Union[Dict[str, Any], NoneType] =
None, *, disabled: bool = False) -> Union[streamlit.uploaded_file_manager.UploadedFile,
NoneType] method of streamlit.delta_generator.
    DeltaGenerator instance, Display a widget that returns pictures from the user's
webcam……以下省略。
```

11.2 通用超越方程求解网络 APP 开发

11.2.1 问题描述

本次要开发的 APP 是用来求解单变量超越方程 $f(x)=0$ 的根，使用者可以修改方程中的系数及方程求解范围及精度设置，要求 APP 能够根据上述给定的数据，求出该超越方程的根。至于具体超越方程的求解方法本 APP 中采用作者前面开发的二分法程序，无需再次开发，可直接调用。本 APP 设置的超越方程通用模式见式（11-1）。

$$y = a_0 + a_1x^{n_1} + a_2x^{n_2} + a_3x^{n_3} + a_4x\sin x + a_5x^2\cos x \tag{11-1}$$

11.2.2 核心代码

本次开发的主要工作是方程系数的传递、精度及求解范围的设置以及解的输出，主要核心代码如下：

```
    import streamlit as st
    import matplotlib.pyplot as plt
    import numpy as np
    #https://share.streamlit.io/gzlgfang/st-apps/main/st_root.py 共享地址
    st.title("二分法求解超越方程零根")
```

```
st.latex("a_0+a_1*x^{n_1}+ a_2*x^{n_2}+a_3*x^{n_3}+a_4*x* sinx +a_5*x^2*cosx")
st.header("系数输入")
col1, col2, col3  = st.columns(3)
with col1:
   a0= st.number_input("a0", value=-5.0)
with col2:
   a1= st.number_input("a1", value=0.0)
with col3:
   a2= st.number_input("a2", value=0.0)
col1, col2 ,col3 = st.columns(3)
with col1:
   a3= st.number_input("a3", value=0.0)
with col2:
   a4= st.number_input("a4", value=1.0)
with col3:
   a5= st.number_input("a5", value=0.0)
col1, col2 ,col3 = st.columns(3)
with col1:
   n1= st.number_input("n1", value=1.0)
with col2:
   n2= st.number_input("n2", value=2.0)
with col3:
   n3= st.number_input("n3", value=3.0)
col1, col2 ,col3  = st.columns(3)
with col1:
   eps = st.number_input("精度", value=0.000001,step=0.000001,format="%f")
with col2:
    a = st.number_input("起点", value=0.0)
with col3:
    b = st.number_input("终点", value=30.0)
f = lambda x: a0+a1*x**n1+ a2*x**n2+a3*x**n3+a4*x* np.sin(x) +a5*np.cos(x)*x**2
fig=plt.figure(figsize=(16, 8), num="绘制函数曲线")
st.pyplot(fig)#绘制图形
#二分法代码，省略
sol = binaryMulSolver(f, a, b, eps) #求解
for i, s in enumerate(sol):
     st.write("x{}={:.5f}".format(i,s)) #显示求解结果
```

上面核心代码中，主要调用了 Streamlit 库中的 title、latex、header、write、columns、pyplot、number_input 共七个控件，其中 latex 用来显示方程，可以展示上下标；columns 用了多列布局，本次是 3 列均匀布局，也可以采用不均匀布局，如 columna([2,1,1])，则产生不等宽的三列，其中第 1 列的宽度是第 2 和第 3 列宽度的 2 倍，第 2 和第 3 列等宽。

11.2.3 功能展示

将 11.2.1 核心代码所在的程序取名 st_root.py 保存在 g 盘，在本机 DOS 环境下输入以下命令：streamlit run "g:/st_root.py" ，回车后得到浏览器界面的方程求解效果图 11-9。可以修改方程中的系数及求解范围，如取 a0=-10，a1=11，a2=-6，a3=1，n1=1，n1=2，n1=3，a4=0，

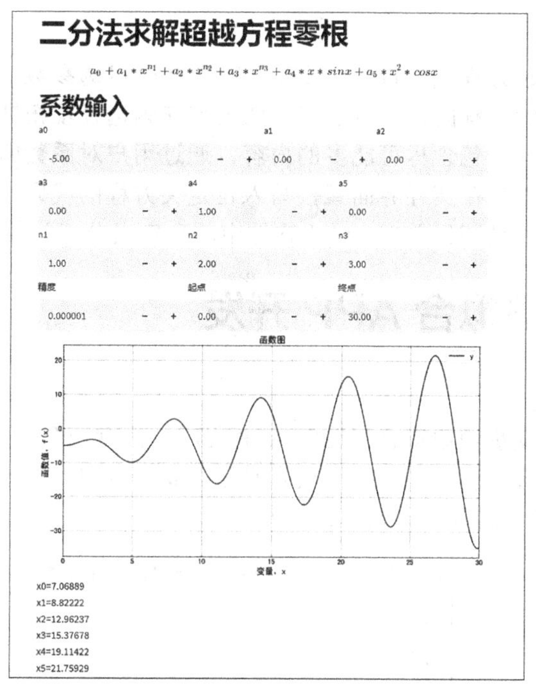

图 11-9　超越方程求解 APP 初始界面

a5=0，起点取为-10，终点为 10，相当于求解下面式（11-2）一元三次方程的根：

$$f(x)=x^3-6x^2+11x-6 \tag{11-2}$$

系数及求解条件修改完毕后回车，系统自动求解该一元三次方程，得到图 11-10 所示的求解结果图。由图 11-10 可知，完美求得方程 $f(x)=x^3-6x^2+11x-6$ 的三个根。

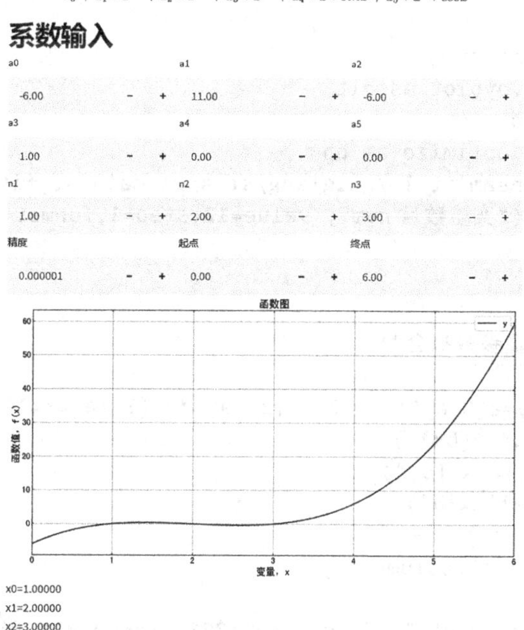

图 11-10　超越方程求解 APP 参数改变后求解界面

11.2.4 后续拓展

由于目前定义的超越方程式（11-1）只有六项共 9 个可选参数，无法求解有对数项、指数项、幂函数项等内容的方程的根，可以将这些内容作为选择项拓展超越方程的类型，也可以构筑一个超结构的方程，包含尽可能多的内容，通过用户对系数的修改确定具体的方程。更为理想的状态是允许用户在交互界面直接写入自定义方程的代码，系统自动读入该代码并重新整合到原程序中，做到和目前在 Excel 软件中的自定义公式计算相类似的功能。

11.3 通用参数拟合 APP 开发

11.3.1 问题描述

本次要开发的是单变量函数拟合问题的 APP 程序，只有一个自变量 x 和一个应变量 y。用户通过选择不同的拟合方程，APP 程序会自动进行拟合计算，进行拟合曲线绘制及并显示拟合方程，本 APP 能拟合的方程见式（11-3）。

$$y=\begin{cases} a_0+a_1x^{n_1}+a_2x^{n_2}+a_3x^{n_3}+a_4x^{n_4}+a_5x^{n_5} \\ ae^{bx} \\ ax^b \\ a\ln x+b \end{cases} \tag{11-3}$$

11.3.2 核心代码

本次开发的主要工作包括以下几个方面：

① 如何将自变量 x 和应变量 y 通过 APP 的交互界面传入程序；

② 如何将各种可选方程供用户选择；

③ 如何将拟合方程及拟合曲线展示给用户。

具体实现上述功能程序 st_fit.py 的核心代码如下：

```
#调入各种库
import streamlit as st
import matplotlib.pyplot as plt
import numpy as np
from scipy import optimize as op
#https://share.streamlit.io/gzlgfang/st-apps/main/st_fit.py 共享地址
n=st.number_input("实验数目 num", value=12,step=1,format="%d")
n=int(n)
x=np.zeros(n)
y=np.zeros(n)
st.markdown("单变量参数拟合")
#展示各种拟合方程形式
st.latex("多项式:y=a_0+a_1*x+a_2*x^{2}+a_3*x^{3}+a_4*x^{4}+a_5*x^{5}")
st.latex("指数:y=a*e^{bx}")
st.latex("幂函数:y=a*x^{b}")
st.latex("对数:y=a*lnx+b")
st.write("输入 x 变量")
col1, col2, col3 = st.columns(3)
with col1:
   x[0]= st.number_input("x1", value=1.001,step=0.001,format="%f")
with col2:
```

```
    x[1]= st.number_input("x2", value=2.001,step=0.001,format="%f")
  with col3:
    x[2]= st.number_input("x3", value=3.001,step=0.001,format="%f")
  col1, col2, col3 = st.columns(3)
  with col1:
    x[3]= st.number_input("x4", value=4.001,step=0.001,format="%f")
  with col2:
    x[4]= st.number_input("x5", value=5.001,step=0.001,format="%f")
  with col3:
    x[5]= st.number_input("x6", value=6.001,step=0.001,format="%f")
  col1, col2, col3 = st.columns(3)
  with col1:
    x[6]= st.number_input("x7", value=7.001,step=0.001,format="%f")
  with col2:
    x[7]= st.number_input("x8", value=8.001,step=0.001,format="%f")
  with col3:
    x[8]= st.number_input("x9", value=9.001,step=0.001,format="%f")
  col1, col2, col3 = st.columns(3)
  with col1:
    x[9]= st.number_input("x10", value=10.001,step=0.001,format="%f")
  with col2:
    x[10]= st.number_input("x11", value=11.001,step=0.001,format="%f")
  with col3:
    x[11]= st.number_input("x12", value=12.001,step=0.001,format="%f")
  st.write("输入 y 变量")
  col1, col2, col3  = st.columns(3)
  with col1:
    y[0]= st.number_input("y1", value=11.001,step=0.001,format="%f")
  with col2:
    y[1]= st.number_input("y2", value=12.001,step=0.001,format="%f")
  with col3:
    y[2]= st.number_input("y3", value=13.001,step=0.001,format="%f")
  col1, col2, col3 = st.columns(3)
  with col1:
    y[3]= st.number_input("y4", value=14.001,step=0.001,format="%f")
  with col2:
    y[4]= st.number_input("y5", value=15.001,step=0.001,format="%f")
  with col3:
    y[5]= st.number_input("y6", value=16.001,step=0.001,format="%f")
  col1, col2, col3 = st.columns(3)
  with col1:
    y[6]= st.number_input("y7", value=17.001,step=0.001,format="%f")
  with col2:
    y[7]= st.number_input("y8", value=18.001,step=0.001,format="%f")
  with col3:
    y[8]= st.number_input("y9", value=19.001,step=0.001,format="%f")
  col1, col2, col3 = st.columns(3)
  with col1:
    y[9]= st.number_input("y10", value=20.001,step=0.001,format="%f")
  with col2:
    y[10]= st.number_input("y11", value=21.001,step=0.001,format="%f")
```

```
with col3:
   y[11]= st.number_input("y12", value=22.001,step=0.001,format="%f")
m=st.number_input("参加拟合数据数目", value=12,step=1,format="%d")
m=int(m)
xx=x[0:m]
yy=y[0:m]
add_selectbox = st.sidebar.radio( "拟合基本图", ("一次", "二次", "三次","四次",
                                  "五次","指数","幂函数","对数") )
if add_selectbox=="一次":
      coef=np.polyfit(xx,yy,deg=1)
      st.write("拟合方程: y=",int(10000*
            coef[1]+0.5)/10000,"+",int(10000*coef[0]+0.5)/10000,"*x")
      #matplotlib 绘制曲线程序省略
      st.pyplot(fig)#展示曲线
elif add_selectbox=="二次":
      coef=np.polyfit(xx,yy,deg=2)
      st.write("拟合方程: y=",int(10000*coef[2]+0.5)/10000,"+",int(10000*
            coef[1]+0.5)/10000,"*x+",int(10000*coef[0]+0.5)/10000,"*x^2")
      #matplotlib 绘制曲线程序省略
      st.pyplot(fig)
 elif add_selectbox == "三次":
      coef=np.polyfit(xx,yy,deg=3)
      st.write("拟合方程: y=",int(10000*coef[3]+0.5)/10000,"+",int(10000*
            coef[2]+0.5)/10000,"*x+",int(10000*coef[1]+0.5)/10000,
            "*x^2+",int(10000*coef[0]+0.5)/10000,"*x^3")
      #matplotlib 绘制曲线程序省略
      st.pyplot(fig)
elif add_selectbox=="四次":
      coef=np.polyfit(xx,yy,deg=4)
      st.write("拟合方程: y=",int(10000*coef[4]+0.5)/10000,"+",int(10000*
            coef[3]+0.5)/10000,"*x+",int(10000*coef[2]+0.5)/10000,"*x^2+",
            int(10000*coef[1]+0.5)/10000,"*x^3+",
             int(10000*coef[0]+0.5)/10000,"*x^4")
      #matplotlib 绘制曲线程序省略
       st.pyplot(fig)
elif add_selectbox == "五次":
      coef=np.polyfit(xx,yy,deg=5)
      st.write("拟合方程: y=",int(10000*coef[5]+0.5)/10000,"+",int(10000*coef
            [4]+0.5)/10000,"*x+",int(10000*coef[3]+0.5)/10000,"*x^2+",
            int(10000*coef[2]+0.5)/10000,"*x^3+",int(10000*coef[1]+
             0.5)/10000,"*x^4+",int(10000*coef[0]+0.5)/10000,"*x^5")
      #matplotlib 绘制曲线程序省略
      st.pyplot(fig)
elif add_selectbox == "指数":
      xdata=xx
      y_real=yy
      def func(x, a,  b):
            return  a*np.exp(b*x)
      alf_opt,alf_cov=op.curve_fit(func,xdata,y_real)
      st.write("拟合方程: y=",int(10000*alf_opt[0]+
             0.5)/10000,"e^",int(10000*alf_opt[1]+0.5)/10000,"x")
```

```
            st.pyplot(fig) #matplotlib 绘制曲线程序省略
    elif add_selectbox == "幂函数":
        xdata=xx
        y_real=yy
        def func(x, a,  b):
            return  a*x**b
        alf_opt,alf_cov=op.curve_fit(func,xdata,y_real)
        st.write("拟合方程: y=",
                int(10000*alf_opt[0]+0.5)/10000,"x^",int(10000*alf_opt[1]+
                    0.5)/10000,"x")
        #matplotlib 绘制曲线程序省略
        st.pyplot(fig)
    elif add_selectbox == "对数":
        xdata=xx
        y_real=yy
        def func(x, a,  b):
            return  a*np.log(x)+b
        alf_opt,alf_cov=op.curve_fit(func,xdata,y_real)
        st.write("拟合方程: y=",
                int(10000*alf_opt[0]+0.5)/10000,"ln(x)+",int(10000*alf_opt[1]+
                    0.5)/10000)
        #matplotlib 绘制曲线程序省略
        st.pyplot(fig)
```

本次核心代码中除了 11.2 用到过的 latex、header、write、columns、pyplot、number_input 六个控件外，还调用了 Streamlit 库中的 sidebar、radio、markdown 三个控件，其中 sidebar、radio 采用了套接技术。

11.3.3 功能展示

和前面类似的方法，运行本节程序 st_fit.py，得到如图 11-11 所示的参数拟合浏览器界面初始图。由图可知，用户可以根据具体情况选择不同的拟合模型，也可以输入应变量和自变量，目前显示的是默认值。

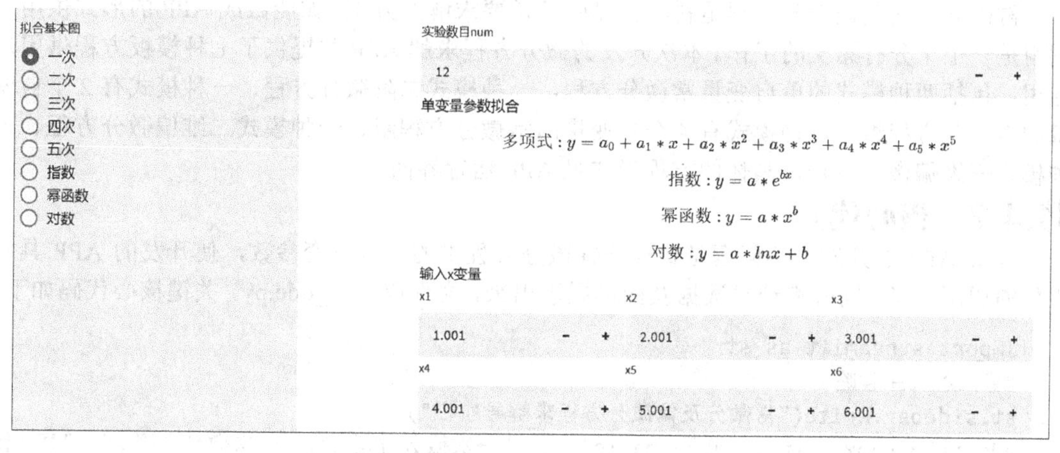

图 11-11　参数拟合初始界面

如果选择指数方程进行拟合，并且只选择前 8 组数据进行拟合，得到图 11-12 所示的拟合曲线及拟合方程。

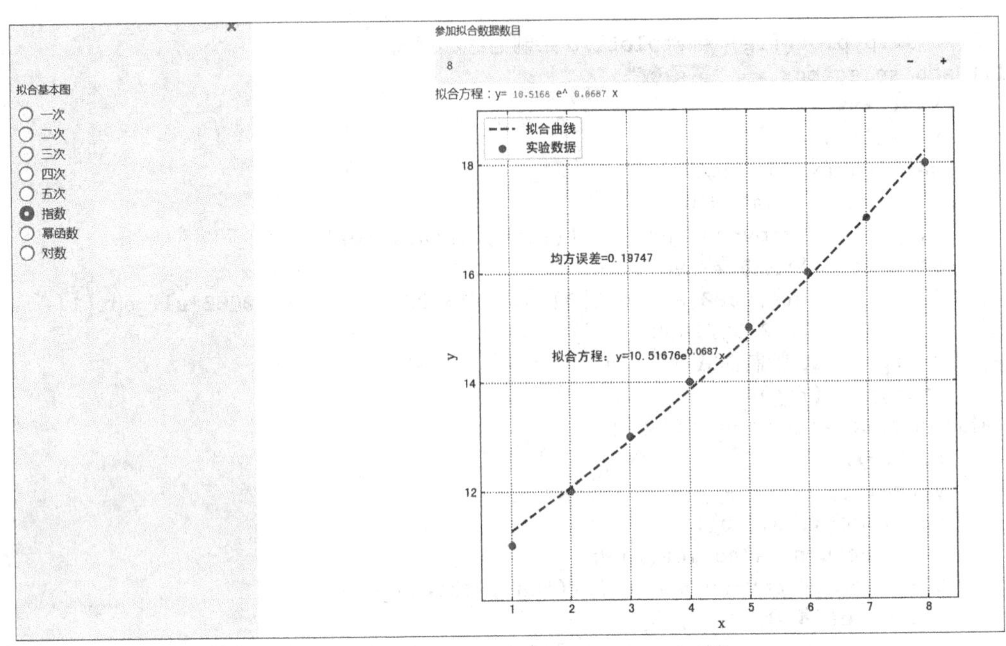

图 11-12　指数方程拟合结果界面

11.3.4　后续拓展

本次 APP 开发中只涉及了一个自变量的拟合方程，后续可以开发多个自变量拟合的 APP，同时对于所要拟合数据的输入方式允许采用多种形式传入，并对拟合系数的正负性进行判定，以免在拟合方程中出现“+ -”符号现象。

11.4　通用微分方程求解 APP 开发

11.4.1　问题描述

常微分方程及偏微分方程是科学计算中经常要求解的方程，如能做成 APP 的形式供用户调用是一个十分有意义的工作。本次开发的微分方程求解 APP 共提供了七种模板方程供用户选用，包括两种模式的单自变量常微分方程，一种模式二阶微分方程、一种模式有 2 个自变量的常微分方程组、一种模式有 4 个自变量的常微分方程组、一种模式二维偏微分方程、一种模式三维偏微分方程，具体的方程形式见 APP 运行界面。

11.4.2　核心代码

本次 APP 的开发关键问题是如何选择微分方程中的一些可变参数，使开发的 APP 具有更好的通用意义，同时将结果数据及图形展示出来，文件取名 st_ode.py，关键核心代码如下：

```
import streamlit as st
#导入各种库省略
st.sidebar.write("常微分及偏微分方程求解导航栏")
add_selectbox = st.sidebar.radio("", ("一次微分方程 1", "一次微分方程 2", "高阶微
        分方程","两应变量微分方程组", "四应变量微分方程组", "偏微分方程 1", "偏微分
        方程 2"))
if add_selectbox == "一次微分方程 1":
    st.latex("微分方程:f(x)=a_0+a_1*cos(b_0x)+a_2*sin(b_1x)+a_3x^{b_2}")
    st.write("参数设置:")
```

```
    col1, col2, col3 = st.columns(3)
    with col1:
        a0 = st.number_input("a0", value=1.0, step=0.001, format="%f")
    with col2:
        a1 = st.number_input("a1", value=1.0, step=0.001, format="%f")
    with col3:
        a2 = st.number_input("a2", value=1.0, step=0.001, format="%f")
    col1, col2, col3 = st.columns(3)
    with col1:
        a3 = st.number_input("a3", value=0.0, step=0.001, format="%f")
    with col2:
        b0 = st.number_input("b0", value=1.0, step=0.001, format="%f")
    with col3:
        b1 = st.number_input("b1", value=1.0, step=0.001, format="%f")
    b2 = st.number_input("b2", value=1.0, step=0.001, format="%f")
    st.write("初始条件:")
    col1, col2 = st.columns(2)
    with col1:
        x_s = st.number_input("起点 x_s", value=0.0, step=0.01, format="%f")
    with col2:
        y0 = st.number_input("初值 y0", value=0.0, step=0.01, format="%f")
    col1, col2 = st.columns(2)
    with col1:
        x_e = st.number_input("终点 x_e", value=10.0, step=0.01, format="%f")
    with col2:
        n = st.number_input("计算点数 n+1", value=100, step=1, format="%i")
    # 定义微分方程及求解代码省略
    st.pyplot(fig)
elif add_selectbox == "一次微分方程 2":
    st.latex("微分方程:f(x)=a_0*e^{a_1*(y-a_2)}*(y-a_3)^{a_4}")
    st.write("参数设置:")
    col1, col2, col3 = st.columns(3)
    with col1:
        a0 = st.number_input("a0", value=-0.03, step=0.001, format="%f")
    with col2:
        a1 = st.number_input("a1", value=0.0015, step=0.001, format="%f")
    with col3:
        a2 = st.number_input("a2", value=300.0, step=0.001, format="%f")
    col1, col2 = st.columns(2)
    with col1:
        a3 = st.number_input("a3", value=300.0, step=0.001, format="%f")
    with col2:
        a4 = st.number_input("a4", value=0.85, step=0.001, format="%f")
    st.write("初始条件:")
    col1, col2 = st.columns(2)
    with col1:
        x_s = st.number_input("起点 x_s", value=0.0, step=0.01, format="%f")
    with col2:
```

```
            y0 = st.number_input("初值 y0", value=2000.0, step=0.01, format="%f")
        col1, col2 = st.columns(2)
        with col1:
            x_e = st.number_input("终点 x_e", value=400.0, step=0.01, format="%f")
        with col2:
            n = st.number_input("计算点数 n+1", value=1000, step=1, format="%i")
        # 定义微分方程及求解代码省略
        st.pyplot(fig)
    elif add_selectbox == "高阶微分方程":
        st.latex("微分方程: d^{2}y/dx^{2}=a_0+a_1*sin(b_0x)+a_2*x^{b_1}")
        st.latex("+a_3*y^{b_2}+c_0*e^{c_1y}+c_2*dy/dx+d_0*e^{d_1x}")
        st.write("参数设置:")
        col1, col2, col3 = st.columns(3)
        with col1:
            a0 = st.number_input("a0", value=0.0, step=0.001, format="%f")
        with col2:
            a1 = st.number_input("a1", value=2.0, step=0.001, format="%f")
        with col3:
            a2 = st.number_input("a2", value=0.0, step=0.001, format="%f")
        col1, col2, col3 = st.columns(3)
        with col1:
            a3 = st.number_input("a3", value=0.0, step=0.001, format="%f")
        with col2:
            b0 = st.number_input("b0", value=1.0, step=0.001, format="%f")
        with col3:
            b1 = st.number_input("b1", value=1.0, step=0.001, format="%f")
        col1, col2, col3 = st.columns(3)
        with col1:
            b2 = st.number_input("b2", value=1.0, step=0.001, format="%f")
        with col2:
            c0 = st.number_input("c0", value=0.0, step=0.001, format="%f")
        with col3:
            c1 = st.number_input("c1", value=-1.0, step=0.001, format="%f")
        col1, col2, col3 = st.columns(3)
        with col1:
            c2 = st.number_input("c2", value=0.0, step=0.001, format="%f")
        with col2:
            d0 = st.number_input("d0", value=0.0, step=0.0001, format="%f")
        with col3:
            d1 = st.number_input("d1", value=-1.0, step=0.001, format="%f")
        st.write("初始条件:")
        col1, col2, col3 = st.columns(3)
        with col1:
            x_s = st.number_input("起点 x_s", value=0.0, step=0.01, format="%f")
        with col2:
            ys0 = st.number_input("初值 ys0", value=0.0, step=0.01, format="%f")
        with col3:
            ys1 = st.number_input("dy/dx 初值 ys1", value=1.0, step=0.01,
```

```
                                    format="%f")
        col1, col2 = st.columns(2)
        with col1:
            x_e = st.number_input("终点 x_e", value=10.0, step=0.01, format="%f")
        with col2:
            n = st.number_input("计算点数 n+1", value=100, step=1, format="%d")
        #求解代码省略
        st.pyplot(fig)
    elif add_selectbox == "两应变量微分方程组":
        st.latex("微分方程 u: dy_1/dx=a_0*y_1(1-y_1/a_1)-a_2*y_1y_2")
        st.latex("微分方程 v: dy_2/dx=b_0*y_2(1-y_2/b_1)-b_2*y_1y_2")
        st.write("参数设置:")
        col1, col2, col3 = st.columns(3)
        with col1:
            a0 = st.number_input("a0", value=0.1, step=0.01, format="%f")
        with col2:
            a1 = st.number_input("a1", value=20.0, step=0.01, format="%f")
        with col3:
            a2 = st.number_input("a2", value=0.35, step=0.01, format="%f")
        col1, col2, col3 = st.columns(3)
        with col1:
            b0 = st.number_input("b0", value=0.05, step=0.001, format="%f")
        with col2:
            b1 = st.number_input("b1", value=15.0, step=0.001, format="%f")
        with col3:
            b2 = st.number_input("b2", value=0.15, step=0.001, format="%f")
        st.write("初始条件:")
        col1, col2, col3 = st.columns(3)
        with col1:
            x_s = st.number_input("起点 x_s", value=0.0, step=0.01, format="%f")
        with col2:
            y10 = st.number_input("初值 y10", value=1.6, step=0.01, format="%f")
        with col3:
            y20 = st.number_input("初值 y20", value=1.2, step=0.01, format="%f")
        col1, col2 = st.columns(2)
        with col1:
            x_e = st.number_input("终点 x_e", value=300.0, step=0.01, format="%f")
        with col2:
            n = st.number_input("计算点数 n+1", value=300, step=1, format="%d")
        #求解代码省略
        st.pyplot(fig)
    elif add_selectbox == "四应变量微分方程组":
        st.latex("微分方程 1: dy_1/dx=-(k_1+k_2)*y_1")
        st.latex("微分方程 2: dy_2/dx=k_1*y_1-k_3y_2")
        st.latex("微分方程 3: dy_3/dx=k_2*y_1-k_4y_3")
        st.latex("微分方程 4: dy_4/dx=k_3*y_2+k_4y_3")
        R = 8.31434  # 气体常数 kJ/kmol.K
        st.write("输入 4 个阿累乌尼斯常数， 1/s")
```

```
        col1, col2, col3, col4 = st.columns(4)
        with col1:
            k1 = st.number_input("k1", value=1.2e10, step=0.1e10, format="%e")
        with col2:
            k2 = st.number_input("k2", value=2.8e10, step=0.1e8, format="%e")
        with col3:
            k3 = st.number_input("k3", value=1.8e5, step=0.1e5, format="%e")
        with col4:
            k4 = st.number_input("k4", value=3.2e7, step=0.1e7, format="%e")
        st.write("输入 4 个活化能数据, kJ/kmo")
        col1, col2, col3, col4 = st.columns(4)
        with col1:
            E1 = st.number_input("E1", value=1.3e5, step=0.1e5, format="%e")
        with col2:
            E2 = st.number_input("E2", value=1.6e5, step=0.1e5, format="%e")
        with col3:
            E3 = st.number_input("E3", value=8.0e4, step=0.1e4, format="%e")
        with col4:
            E4 = st.number_input("E4", value=1.2e5, step=0.1e5, format="%e")
        st.write("输入 4 个物质初值浓度", r"$c,kmol/m^{3}$")
        col1, col2, col3, col4 = st.columns(4)
        with col1:
            C_A = st.number_input("C_A", value=2.0, step=0.01, format="%f")
        with col2:
            C_B = st.number_input("C_B", value=0.0, step=0.01, format="%f")
        with col3:
            C_C = st.number_input("C_C", value=0.0, step=0.01, format="%f")
        with col4:
            C_D = st.number_input("C_D", value=0.0, step=0.01, format="%f")
         #方程定义及求解代码省略
        st.pyplot(fig)
    elif add_selectbox == "偏微分方程 1":
        st.latex("偏微分方程:∂u/∂t=D(∂^{2}u/∂x^{2}+∂^{2}u/∂y^{2})+αu+C_1∂u/∂x+
                  C_2∂u/∂y")
        st.write("输入偏微分方程 4 个参数")
        col1, col2, col3, col4 = st.columns(4)
        with col1:
            D = st.number_input("D", value=10.0, step=0.1, format="%f")
        with col2:
            alpha = st.number_input("α", value=8.0, step=0.1, format="%f")
        with col3:
            C1 = st.number_input("C1", value=10.0, step=0.1, format="%f")
        with col4:
            C2 = st.number_input("C2", value=1.0, step=0.1, format="%f")
        eq = TransientTerm() == DiffusionTerm(coeff=D) + ImplicitSourceTerm
                                (alpha) + PowerLawConvectionTerm((C1, C2))
        st.write("输入初始条件及边界约束")
        col1, col2, col3, col4 = st.columns(4)
```

```
        with col1:
            value = st.number_input("初值", value=0.0, step=0.1, format="%f")
        with col2:
            V_TL = st.number_input("左顶端边界值", value=30.0, step=0.1, format="%f")
        with col3:
            V_BR = st.number_input("一半右底端边界值", value=100.0, step=0.1,
                                   format="%f")
        with col4:
            steps = st.number_input("步长 0.01 时的计算步数", value=10, step=1,
                                    format="%d")
        #定义方程及求解代码省略
        st.pyplot(fig)
    elif add_selectbox == "偏微分方程 2":
        st.latex("偏微分方程:∂u/∂t=
            D(∂^{2}u/∂x^{2}+∂^{2}u/∂y^{2}+∂^{2}u/∂z^{2})+αu+C_1∂u/∂x+C_2∂u/∂y")
        st.write("输入偏微分方程 4 个参数")
        col1, col2, col3, col4 = st.columns(4)
        with col1:
            D = st.number_input("D", value=10.0, step=0.1, format="%f")
        with col2:
            alpha = st.number_input("α", value=8.0, step=0.1, format="%f")
        with col3:
            C1 = st.number_input("C1", value=10.0, step=0.1, format="%f")
        with col4:
            C2 = st.number_input("C2", value=1.0, step=0.1, format="%f")
        eq = TransientTerm() == DiffusionTerm(coeff=D) + ImplicitSourceTerm(alpha)
                            + PowerLawConvectionTerm((C1, C2))
        st.write("输入初始条件及边界约束")
        col1, col2, col3, col4 = st.columns(4)
        with col1:
            value = st.number_input("初值", value=0.0, step=0.1, format="%f")
        with col2:
            V_TL = st.number_input("左顶端边界值", value=30.0, step=0.1, format="%f")
        with col3:
            V_BR = st.number_input("一半右底端边界值", value=100.0, step=0.1,
                                   format="%f")
        with col4:
            steps = st.number_input("步长 0.01 时的计算步数", value=10, step=1,
                                    format="%d")
        #定义方程及求解代码省略
        st.pyplot(fig)
```

11.4.3 功能展示

本次开发的微分方程求解 APP 程序 st_ode.py，按前面类似的方法运行该程序，得到图 11-13 所示的浏览器界面。在图 11-13 所示的浏览器界面中，用户既可以修改参数，也可以在导航栏选择不同类型的微分方程，如选中“四应变量微分方程组”，则得到图 11-14 所示的计算结果，当然也可以在 11-14 图中修改参数，系统会自动进行重算；如果选中“偏微分微分方程 1”，则得到图 11-15 所示的计算结果，也可以在 11-15 图中修改参数，系统会自动进行重算。基于篇幅问题，其他 4 种微分方程求解界面不再一一展示，使用方法和前面介绍的 3 种微分方程求解界面一致。

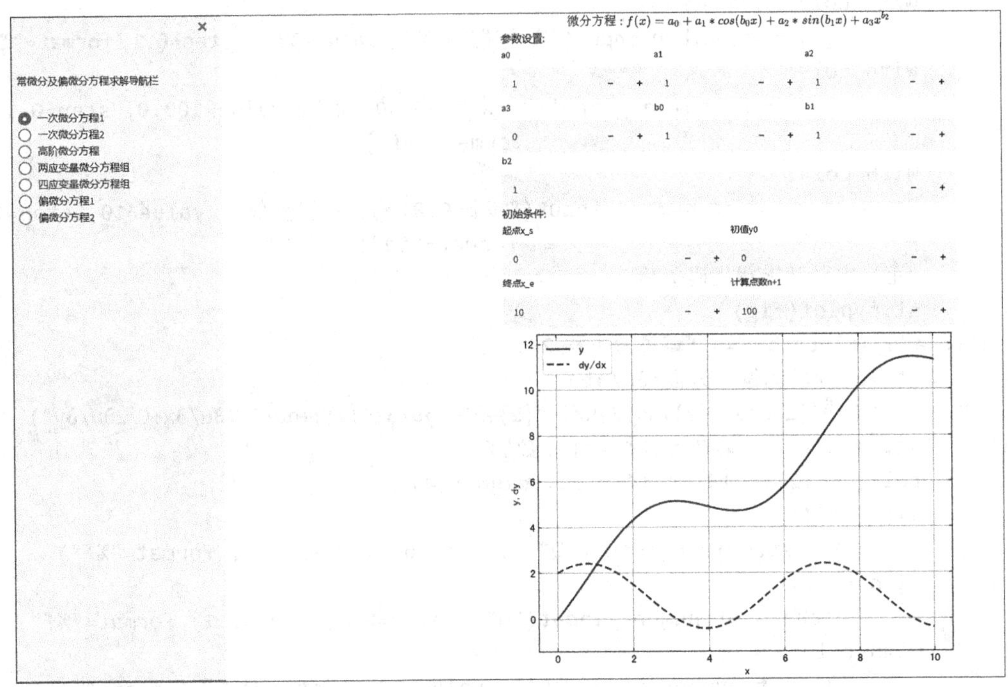

图 11-13　微分方程求解初始浏览器界面

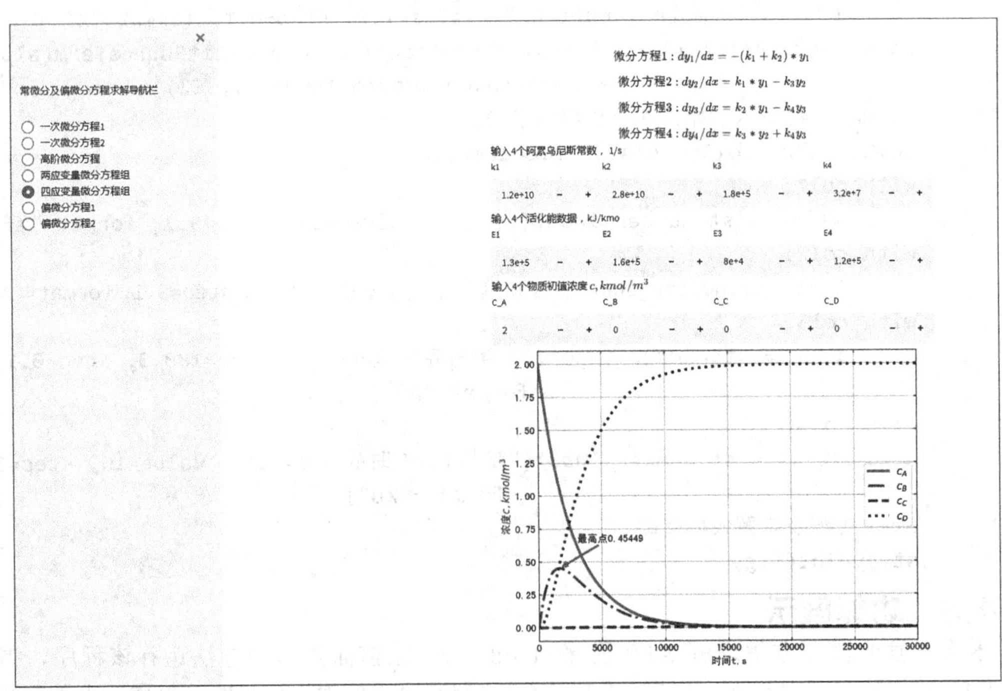

图 11-14　四应变量微分方程组求解界面

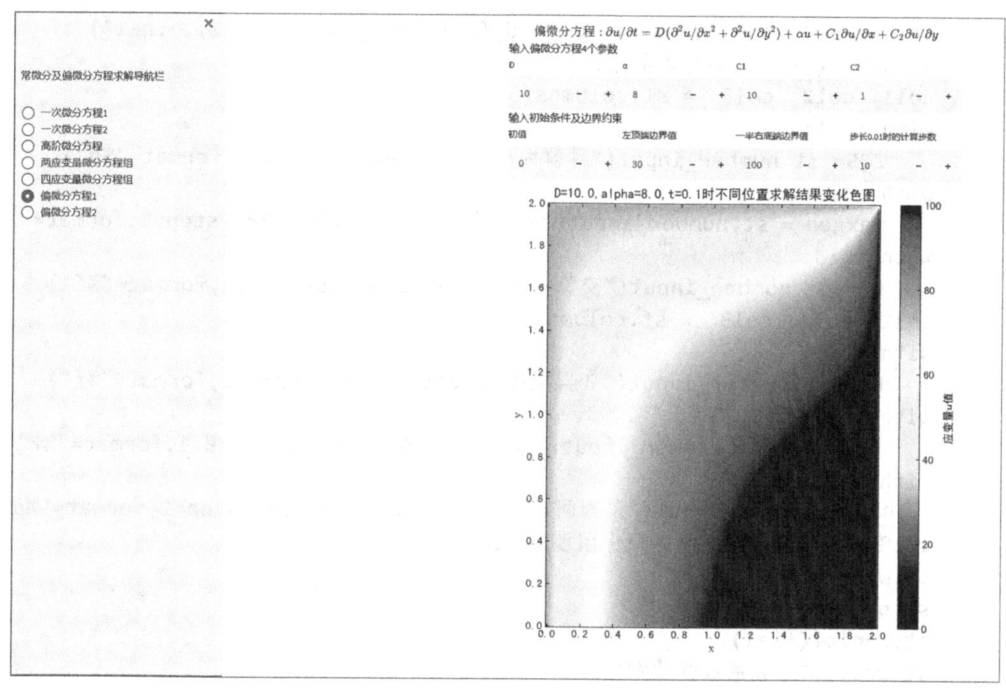

图 11-15　二维偏微分方程求解界面

11.4.4　后续拓展

本次开发的 APP 后续拓展可以从两个方向进行考虑，一是增加微分方程的形式，供用户选用；二是提供更加通用的微分方程，用户可以自行按一定的规律构建需要求解的微分方程，希望读者能进行这方面的尝试，并将开发成功的 APP 在通用网站进行分享。

11.5　通用智能算法 APP 开发

11.5.1　问题描述

在第 10 章作者介绍了用 Python 语言编写的蚁群算法、遗传算法、模拟退火算法、粒子群优化算法等人工智能算法，如何将这些智能算法快速地分享给用户是本节需要解决的问题。本节开发的 APP 允许用户选择不同的智能算法、选择合理的算法参数及具体的数据来源进行智能计算，从而解决各种复杂的优化和计算问题。

11.5.2　核心代码

本节开发的 APP 关键核心代码在于智能算法参数的设置及处理数据的选择问题，至于具体的智能计算则直接调用第 10 章的代码即可，本节开发的 APP 取名 st_ai.py，关键核心代码如下：

```
import streamlit as st
#导入其他第三方库代码省略
st.set_option('deprecation.showPyplotGlobalUse', False)#不显示错误提示，错误可以忽略
st.sidebar.write('智能算法实际应用导航栏')
add_selectbox = st.sidebar.radio("", ("遗传算法求解 TSP 问题","遗传算法求解背包问
                                    题","模拟退火算法求解最优邮路", "粒子算法求解三
                                    变量实数方程组", "蚁群算法求解 TSP 问题"))
if add_selectbox=="遗传算法求解 TSP 问题":
```

```
    st.latex("min J= \sum_{i=1}^{n}d_{i,i+1}+d_{n,1},i=1,2,...n-1")
    st.write("设置基本遗传数据:")
    col1, col2, col3  = st.columns(3)
    with col1:
        ZQS= st.number_input("种群大小", value=200,step=1,format="%d")
    with col2:
        Maxgen = st.number_input("最大遗传代数", value=200,step=1,format="%d")
    with col3:
        Pc= st.number_input("交叉概率", value=0.6,step=0.1,format="%f")
    col1, col2, col3  = st.columns(3)
    with col1:
        Pm= st.number_input("变异概率", value=0.2,step=0.1,format="%f")
    with col2:
        Sel_ra = st.number_input("选择率", value=0.7,step=0.1,format="%f")
    with col3:
       B= st.number_input("是否回起点,是 1,否 0", value=1,step=1,format="%d")
    #遗传算法求解代码省略，只保留涉及 streamlit 的代码
    st.write("初始优化图")
    st.pyplot(draw_path)
    st.pyplot(fig1)
    st.write("绘制最终优化图")
    st.pyplot(fig2)
    st.write("打印最终优化路径")
    st.write(print_LJ)
elif add_selectbox=="遗传算法求解背包问题":
    st.write("目标函数:")
    st.latex("max J= \sum_{i=1}^{n}v_i*x_i ,i=1,2,...n, x_i=1  if put  m_i
             else x_i=0")
    st.write("设置基本遗传数据:")
    col1, col2, col3  = st.columns(3)
    with col1:
        ZQS= st.number_input("种群大小", value=200,step=1,format="%d")
    with col2:
        Maxgen = st.number_input("最大遗传代数", value=300,step=1,format="%d")
    with col3:
        Pc= st.number_input("交叉概率", value=0.8,step=0.1,format="%f")
    col1, col2, col3  = st.columns(3)
    with col1:
        Pm= st.number_input("变异概率", value=0.3,step=0.1,format="%f")
    with col2:
        Sel_ra = st.number_input("选择率", value=0.8,step=0.1,format="%f")
    with col3:
      M= st.number_input("包中可以放入的总重量", value=1000.0,step=1.0,
                         format="%f")
    #遗传算法求解代码省略……
    st.pyplot(fig)
    st.pyplot(fig2)
    st.write("放入背包中的总重量及总价值=",GM[index], GV[index])
elif add_selectbox=="模拟退火算法求解最优邮路":
    st.latex("min J= \sum_{i=1}^{n}w_i*d_{i,i+1}+d_{n,1},i=1,2,...n-1")
    st.write("设置基本退火数据:")
```

```
    global T00, q, Tend, T0,L,test_num
    col1, col2, col3  = st.columns(3)
    with col1:
        T00= st.number_input("初始温度T00", value=3800.0,step=1.0,format="%f")
    with col2:
        Tend  = st.number_input("最终温度 Tend", value=0.001,step=0.0001,
                                format="%f")
    with col3:
        L= st.number_input("链长 L", value=300,step=1,format="%d")
    col1, col2, col3  = st.columns(3)
    with col1:
        q= st.number_input("温度下降速率", value=0.93,step=0.01,format="%f")
    with col2:
        test_num = st.number_input("实验次数 test_num", value=5,step=1,
                                   format="%d")
    with col3:
       post_files= st.text_input("邮局及投递点 x,y,w 数据", value="g:Postal.xlsx")
   #模拟退火算法求解代码省略……
    st.write("第",(test+1),"次实验最优路径")
        st.write(print_way(LJ0))
        st.write("最优目标函数=",p_len[0])
    st.write("全部实验中是最优解")
    st.write(print_way(opt_way[index]))
    st.write("最优目标函数=",opt_JJ[index])
    st.pyplot(fig1)
    st.pyplot(fig2)
    st.write("列次计算目标函数平均值=",np.mean(opt_JJ))
elif add_selectbox=="粒子算法求解三变量实数方程组":
    st.write("设置三变量方程:")
    st.latex("a_1x^{a_2}+a_3y^{a_4}+a_5z^{a_6}=1+No/1")
    st.latex("b_1x^{b_2}+b_3y^{b_4}+b_5z^{b_6}=1+No/1")
    st.latex("c_1x^{c_2}+c_3y^{c_4}+c_5z^{c_6}=1+No/1")
    col1, col2, col3 = st.columns(3)
    with col1:
        a1= st.number_input("a1", value=1.0,step=0.01,format="%f")
    with col2:
        a2= st.number_input("a2", value=0.5,step=0.01,format="%f")
    with col3:
        a3= st.number_input("a3", value=1.0,step=0.01,format="%f")
    col1, col2, col3 = st.columns(3)
    with col1:
        a4= st.number_input("a4", value=1.0,step=0.01,format="%f")
    with col2:
        a5= st.number_input("a5", value=0.5,step=0.01,format="%f")
    with col3:
        a6= st.number_input("a6", value=0.9,step=0.01,format="%f")
    col1, col2, col3  = st.columns(3)
    with col1:
       b1= st.number_input("b1", value=1.0,step=0.01,format="%f")
    with col2:
        b2= st.number_input("b2", value=0.9,step=0.01,format="%f")
```

```
    with col3:
        b3= st.number_input("b3", value=1.2,step=0.01,format="%f")
    col1, col2, col3 = st.columns(3)
    with col1:
        b4= st.number_input("b4", value=0.8,step=0.01,format="%f")
    with col2:
        b5= st.number_input("b5", value=1.0,step=0.01,format="%f")
    with col3:
        b6= st.number_input("b6", value=1.6,step=0.01,format="%f")
    col1, col2, col3= st.columns(3)
    with col1:
        c1= st.number_input("c1", value=0.9,step=0.01,format="%f")
    with col2:
        c2= st.number_input("c2", value=0.8,step=0.01,format="%f")
    with col3:
        c3= st.number_input("c3", value=1.0,step=0.01,format="%f")
    col1, col2, col3 = st.columns(3)
    with col1:
        c4= st.number_input("c4", value=0.8,step=0.01,format="%f")
    with col2:
        c5= st.number_input("c5", value=0.7,step=0.01,format="%f")
    with col3:
        c6= st.number_input("c6", value=1.5,step=0.01,format="%f")
    st.write("设置粒子算法基本数据:")
    col1, col2, col3  = st.columns(3)
    with col1:
        c1= st.number_input("学习因子 c1", value=1.5,step=0.1,format="%f")
    with col2:
        c2= st.number_input("学习因子 c2", value=2.5,step=0.1,format="%f")
    with col3:
        w= st.number_input("惯性权重 w", value=0.5,step=0.1,format="%f")
    col1, col2, col3  = st.columns(3)
    with col1:
        N= st.number_input("初始化群体个体数目 N", value=100,step=1,
                           format="%d")
    with col2:
        M = st.number_input("最大迭代次数 M", value=200,step=1,format="%d")
    with col3:
       No= st.number_input("方程右边校正数据", value=0,step=1,format="%d")
        #粒子算法代码省略……
        st.write("目标函数取最小值时的自变量:")
        st.write("x=",gbest[0],"  y=",gbest[1],"  z=",gbest[2])
        st.write("目标函数的最小值为",fitness(gbest))
        st.pyplot(fig)
elif add_selectbox=="蚁群算法求解 TSP 问题":
    col1, col2, col3 = st.columns(3)
    with col1:
        alpha= st.number_input("表征信息素重要程度的参数", value=1.5,step=0.1,
                               format="%f")
    with col2:
        beta = st.number_input("表征启发式因子重要程度的参数",
```

```
                                  value=4.0,step=0.1,format="%f")
    with col3:
        rho= st.number_input("信息素蒸发系数", value=0.08,step=0.01,format="%f")
    col1, col2, col3  = st.columns(3)
    with col1:
        itera_max= st.number_input("最大迭代次数", value=300,step=1,format="%d")
    with col2:
        Q = st.number_input("信息素增加强度系数", value=1.0,step=0.1,format="%f")
    with col3:
       ran_ant= st.number_input("不受信息素影响的随机蚂蚁数", value=0,step=1,
                                        format="%d")
    col1,col2=st.columns(2)
    with col1:
        city_num=st.number_input("输入随机城市数目，随机计算时使用",
                                         value=30,step=1,format="%d")
    with col2:
        B= st.number_input("是否回起点,是 1,否 0", value=1,step=1,format="%d")
    # 蚁群算法求解省略......
    st.write("最优路径")
    st.write(print_way(LJ_end))
    st.write("绘制最终优化图")
    st.pyplot(draw_path)
    st.write("最优路径总长度=",(int(1000 * pen_best[id_best]) /1000))
    st.pyplot(fig)
```

11.5.3 功能展示

按前面类似的方法运行 st_ai.py，得到图 11-16 所示的浏览器界面。在图 11-16 所示的浏览器界面中，用户既可以修改智能算法的参数，也可以在导航栏选择不同类型的智能算法。

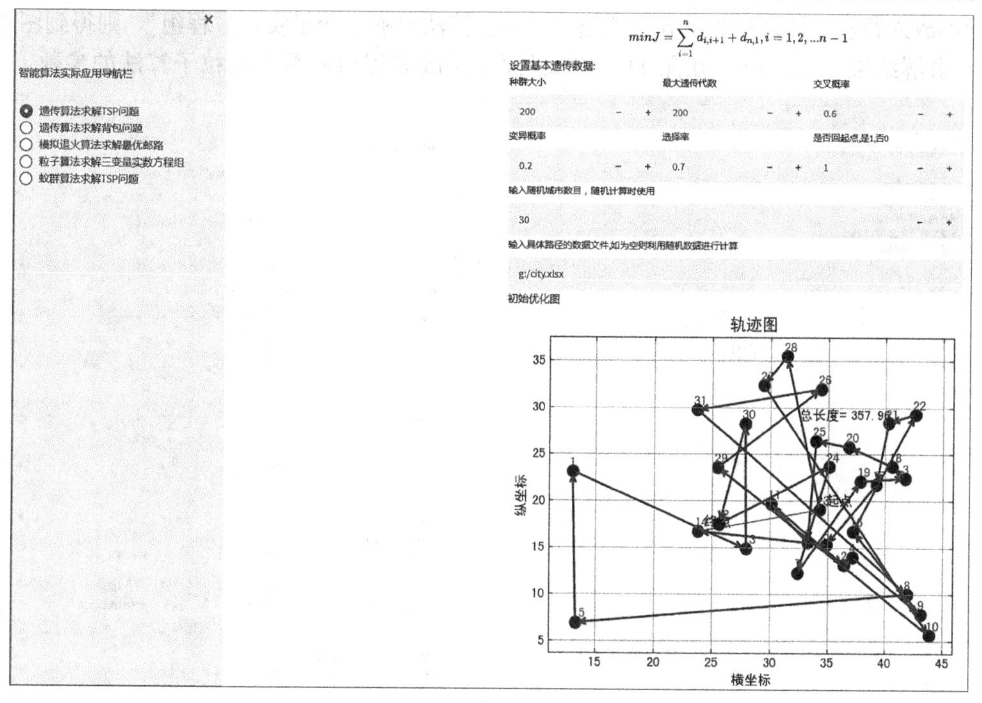

图 11-16 智能算法 APP 初始界面

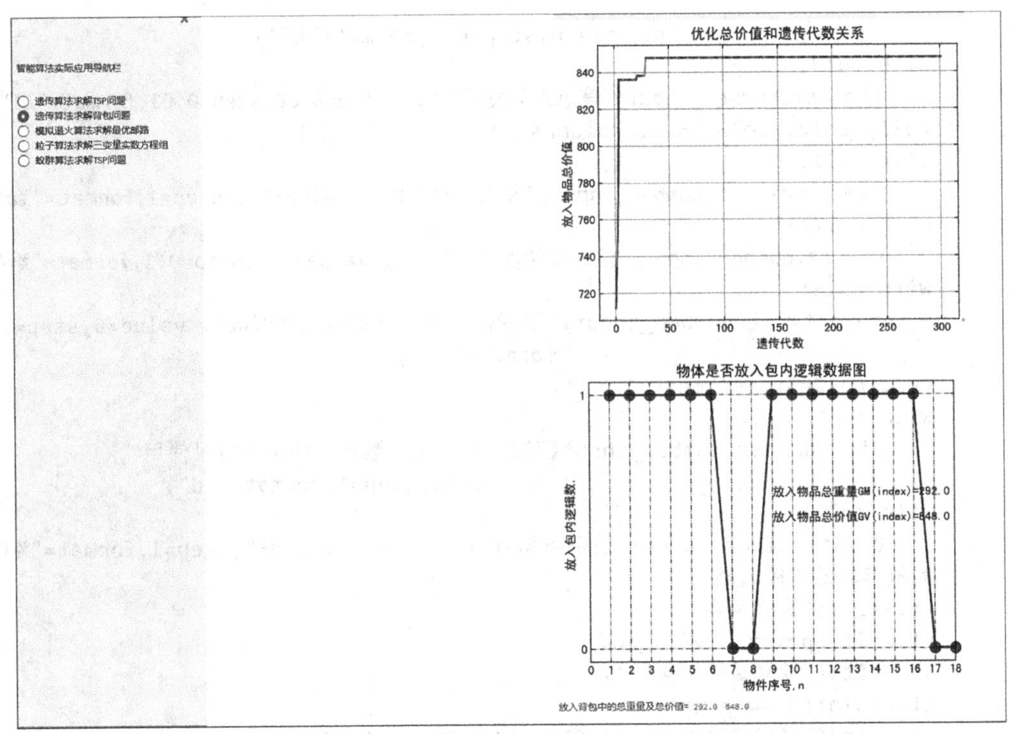

图 11-17 智能算法 APP 背包问题求解界面

图 11-17 是智能算法 APP 背包问题求解界面，其中参数设置中采用了随机参数，选择了 18 个物品，每个物品是重量在 0～50 之间随机产生，其价值在 0～100 之间随机产生，背包可以放入的总重量为 300，通过逻辑数 0 和 1 来表示该物品是否放入背包，1 表示放入背包，0 表示不放入背包。如果在算法导航栏选择“粒子算法求解三变量实数方程组”，则得到图 11-18 所示的求解结果，用户可以在图 11-18 的界面上修改方程组的系数或粒子算法的参数。

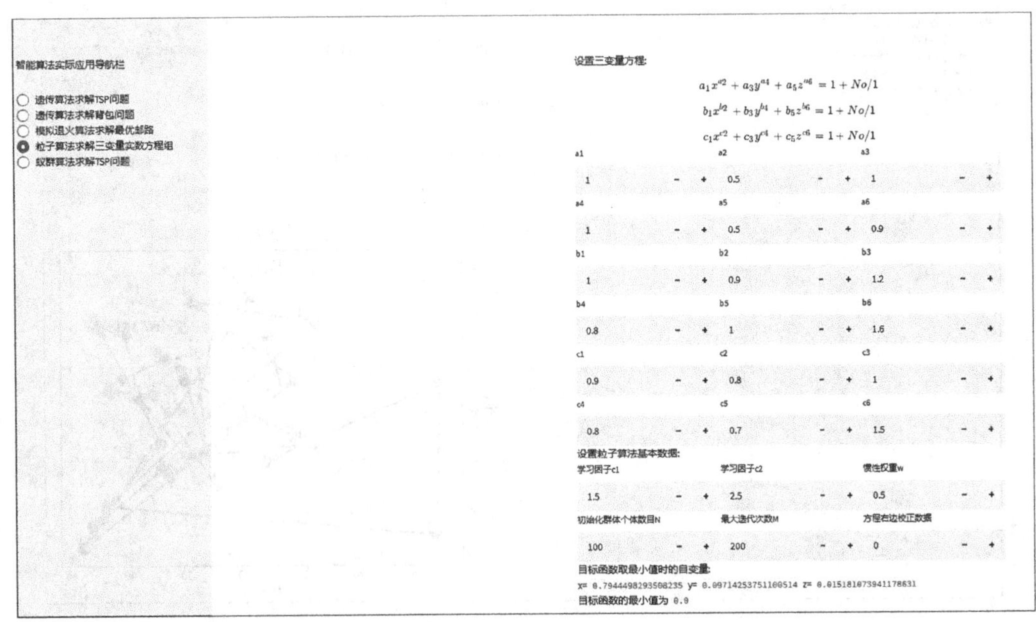

图 11-18 粒子算法求解三变量方程组界面

11.5.4 后续拓展

本节智能算法 APP 的拓展工作可以从以下两个方面加以考虑：一是在导航栏增加智能算法的其他类型，以便用户可以选择更多的智能算法进行应用研究；二是对已经开发的智能算法，在如何拓展应用、如何更方便地上传数据等方面进行功能扩充。

11.6 多页调用数据可视化 APP 开发

Streamlit 官方网站在 2022 年 6 月 3 日发布了 multipage apps 技术，这种技术让多页 APP 的开发变成十分容易的事。如果没有这种技术，你就必须通过使用 st.radio 或 st.selectbox 等控件将内容拆分到多个页面中，以选择要运行的“页面”，就像下面的代码一样：

```
def main_page():
      st.markdown("# Main page ")
      st.sidebar.markdown("# Main page ")
def page2():
      st.markdown("# Page 2")
      st.sidebar.markdown("# Page 2 ")
def page3():
      st.markdown("# Page 3")
      st.sidebar.markdown("# Page 3 ")
page_names_to_funcs = {
      "Main Page": main_page,
      "Page 2": page2,
      "Page 3": page3,
}
selected_page = st.sidebar.selectbox("Select a page", page_names_to_funcs.
                  keys())
page_names_to_funcs[selected_page]()
```

上述代码尽管可以有效拆分内容到 3 个页面（含主页面），但所有代码放在一个文件中，维护代码将变得十分困难，而 Multipage apps 技术允许用户将每一页以一个文件的形式进行编写，每一页文件各自分别编写，使代码编写条理清晰，功能明确，具体的做法是：

① 在某盘符下创建一个文件夹，取名为 my_app，也可以为其他名字；

② 在 my_app 文件夹下创建名字为 main_page.py 的主页文件，当然也可以取名为**_main_ page.py，**可以为任何文件名允许的字符，但后面 main_page.py 不能修改；

③ 在 my_app 文件夹下创建一个 pages 次级文件夹，这个文件夹的名字不能修改；

④ 在次级文件夹 pages 下创建新的页面文件，文件取名必须是 page_2.py、page_3.py、page_4.py，依次类推，在 page 前面可以添加任何文件名允许的字符，但文件名最后必须以 page_n.py 结束，其中 n 表示第几页面。

注意由于 Multipage apps 技术是 Streamlit 第三方库最新发布的技术，使用该技术需要通过“pip install --upgrade streamlit” 升级 Streamlit 第三方库，下面是作者根据上面介绍的方法构建的多页 APP 文件结构图 11-19，由图可知在 my_app 文件夹下有主页文件 draw_main.py，多页次文件夹 pages。在次文件夹 pages 下有 5 个文件，注意这 5 个文件均以 pape_n.py 结尾，这是多页 APP 技术规定的，不能修改。

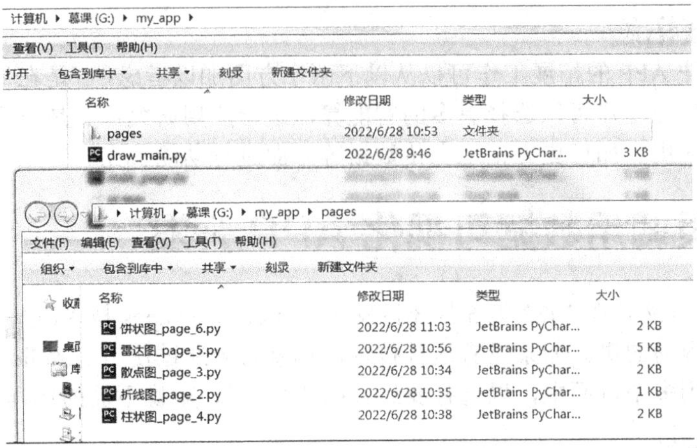

图 11-19　多页 APP 文件结构图

在 Dos 环境下运行 streamlit run "g:/my_app/draw_main.py"，系统就会弹出如图 11-20 所示的界面，在图 11-20 中，左边是主文件及分页文件列表，这个是系统自动生成的，无需任何代码，并且分页文件均按次序排列。用户通过点击文件列表，可以在不同页面之间自由切换，如点击“散点图 page3”，则得到图 11-21 所示的界面图。本次开发的分页文件只是一个简单的图形直接绘制，没有提供可供用户输入数据的界面，读者可以在这个多页 APP 文件结构中修改具体分页文件，让分页文件具有数据输入、功能选择等更多的控件，真正实现多页 APP 带来的优点。

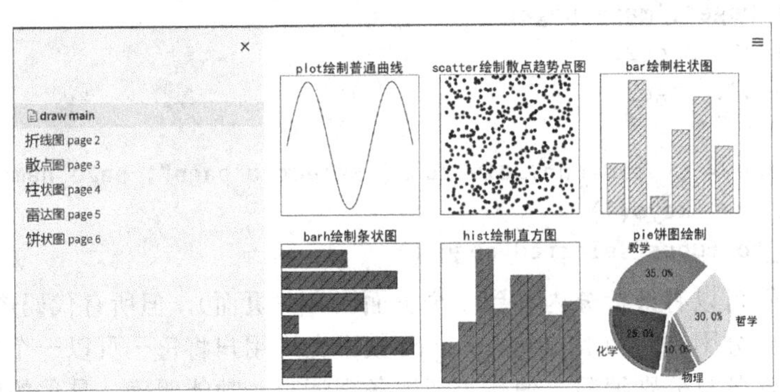

图 11-20　多页 APP 主界面

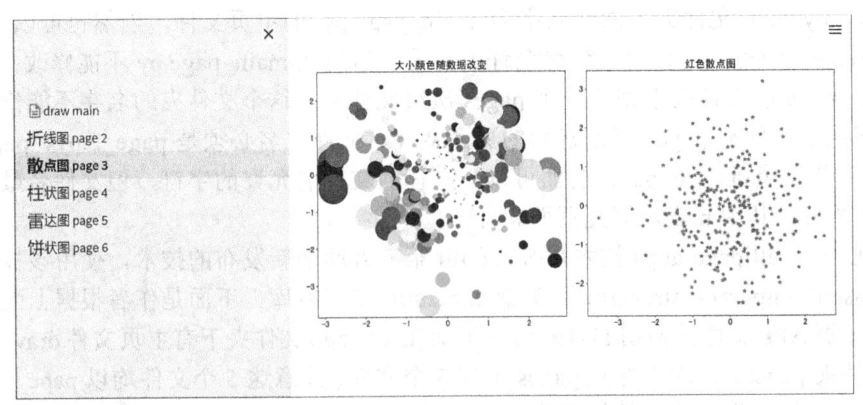

图 11-21　多页 APP 分页图

11.7 实验室安全考试系统 APP 开发

11.7.1 问题描述

实验室安全问题越来越引起人们的关注，尤其是化学化工类实验室涉及较多的有毒有害物质，实验过程也具有较大的危险性，因此本科生进入实验室做实验之前必须进行安全知识考试，只有通过安全知识考试的同学才有资格进入实验室进行实验。开发一个通过手机就可以进行实验室知识考试的 APP 是十分必要的，本节开发的 APP 正好解决该问题。

11.7.2 核心代码

本节开发的 APP 关键核心代码在于如何生成试题、如何评价答案及总成绩统计，本节开发的 APP 取名 saft1_test.py，共内置试题 1200 题，均为单项选择题，其关键核心代码如下：

```
st.header("有关化学化工实验室安全考试")
st.subheader("点击左上角的→可选择题目数量")
st.text("本软件代码由方利国开发，题目由 2022 化学与化工学院 Python 软件")
st.text("开发小组成员杨思维、曾佩欣、陈千潼、翁艺芝、李雨婕、谭杰提供，")
st.text("发现错误之处请联系 lgfang@scut.edu.cn,不胜感谢。")
st.text("点击左上方的>可以选择考题数量")
name = st.text_input("请输入您的姓名", "张三")
sel_no = st.number_input( "选择一个试卷序列号", value=3, min_value=0,
                          max_value=input_max, step=1, format="%i")
dt = datetime.datetime.now()
st.subheader("当前时间" + str(dt))
with st.form("my_form"):
    for i in range(num):
        str_k = "第" + str(i + 1) + "题"
        st.subheader(str_k)
        k = i * step + sel_no
        k = int(k)
        select = st.radio(str_test[k][0],(str_test[k][1], str_test[k][2],
                          str_test[k][3], str_test[k][4]),horizontal=
                          True )  # 前面题目，后面 4 个选项
        if select == str_test[k][answer[k]]:  # 这里填正确答案,目前题目从 0-1199
            n = n + 1
    submitted = st.form_submit_button("点击提交")
    if submitted:
        end_time = time.process_time()
        time_use = end_time - start_time
        str_finsh = "欢迎您" + name + ",已完成考试,试卷序号为" + str(sel_no) + ",
                    选择题目数为" + str(num)
        st.subheader(str_finsh)
        str_time = "考试用时" + str(time_use) + "秒"
        if n / num > 0.9:
            str_n = str(n)
            sstr = ( "恭喜您答对"+ str_n + "题,答对率为" + str(int(100 * 100 *
                    n / num + 0.5) / 100) + "%，是个化工实验室安全大行家" )
            st.subheader(sstr)
        elif n / num > 0.6:
```

```
            str_n = str(n)
            sstr = ( "恭喜您答对"+ str_n + "题,答对率为" + str(int(100 * 100 *
                    n / num + 0.5) / 100) + "%，本次成绩不错，还有提升空间" )
            st.subheader(sstr)
        elif n / num <= 0.6:
            str_n = str(n)
            sstr = ("本次只答对"+ str_n + "题,答对率为" + str(int(100 * 100 *
                    n / num + 0.5) / 100) + "%，成绩不理想，请多多学习")
            st.subheader(sstr)
        fig = plt.figure(num="Correct Answer Chart", figsize=(8, 8))
        labels = ["Correct", "Mistake"]
        C_M_data = [n / num, 1 - n / num]  # 正确与错误数据
        colors = ["lightblue", "red"]  # 颜色
        explode = (0.1, 0.1)  # 间隔距离，半径的比例
        plt.pie( C_M_data, explode=explode, labels=labels, startangle=45,
                shadow=True,colors=colors, autopct="%3.1f%%", )
        plt.title("Question Answering Correct and Mistake Rate Chart")
        st.pyplot(fig)
        dt = datetime.datetime.now()
        st.subheader("当前时间" + str(dt))
        str_finsh1 = str_finsh + "请截屏成绩发给指定人员或地址"
        sstr = ( "本次答对" + str(n) + "题,答对率为" + str(int(100 * 100 * n /
                num + 0.5) / 100) + "%" )
        sstr = sstr + str_finsh1
        add_selectbox = st.sidebar.subheader(sstr)
        add_selectbox = st.sidebar.subheader("##若要继续考试可重新选择左边的
                                        答题数目或改变右上方试卷序号##")
```

11.7.3 功能展示

软件进入运行的主界面如图 11-22 所示。在图 11-22 的左上角的导航栏可以选择进行考试的题目数量，共有 10 题、20 题、40 题、60 题、100 题五个选项。

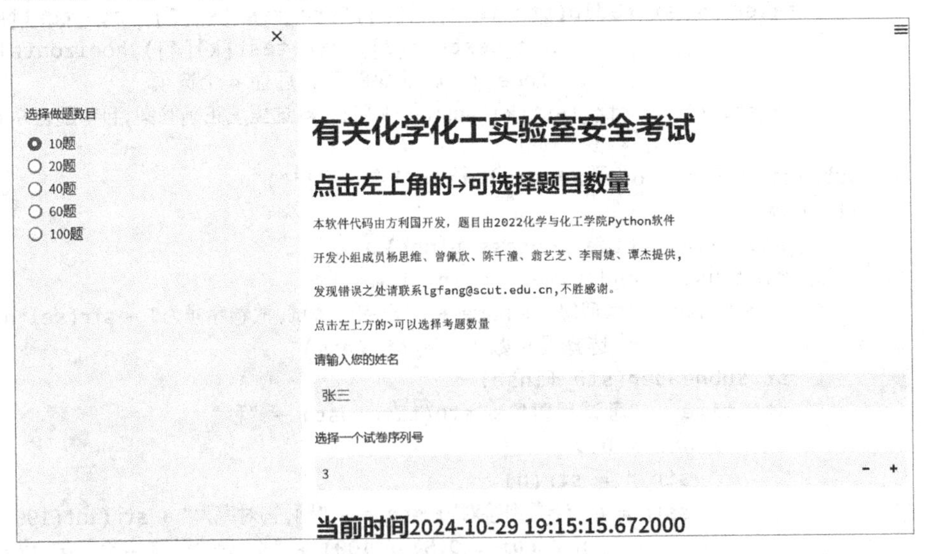

图 11-22　实验室安全考试系统主界面

在图 11-22 的“请输入您的姓名”后面，将默认“张山”改为“方利国”，并回车，将界面往下拉，得到图 11-23 所示的界面。

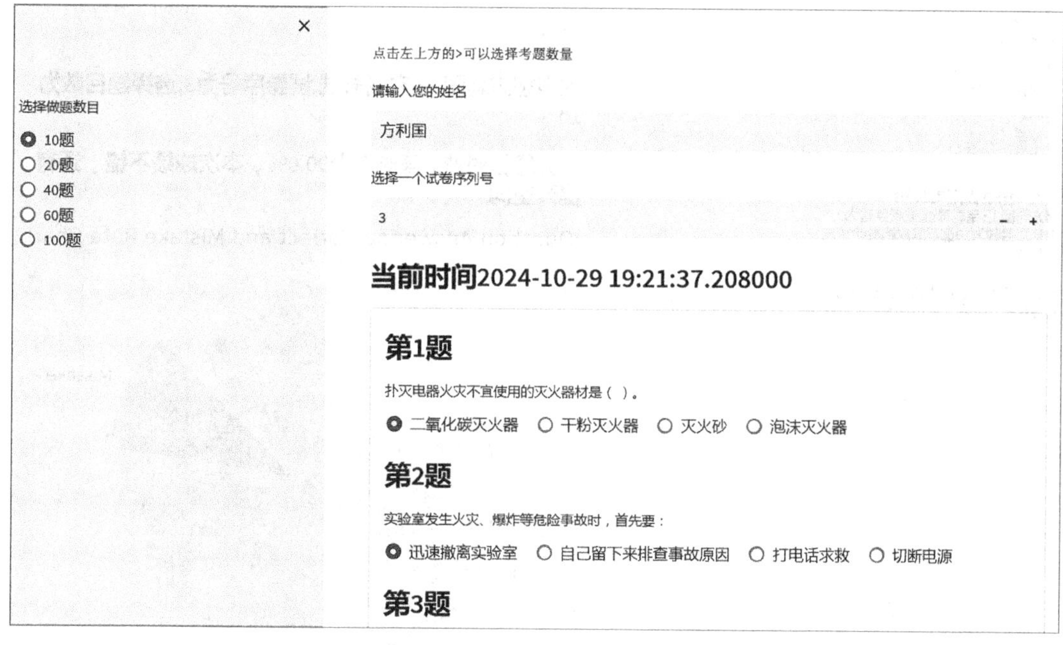

图 11-23　实验室安全考试系统答题界面

在图 11-23 实验室安全考试系统答题界面中，依次点击正确的选项，不断下拉答题界面，最后得到图 11-24 所示的本次最后的考试题目，点击图 11-24 中的“点击提交”，得到图 11-25 所示的本次考试的评分界面。

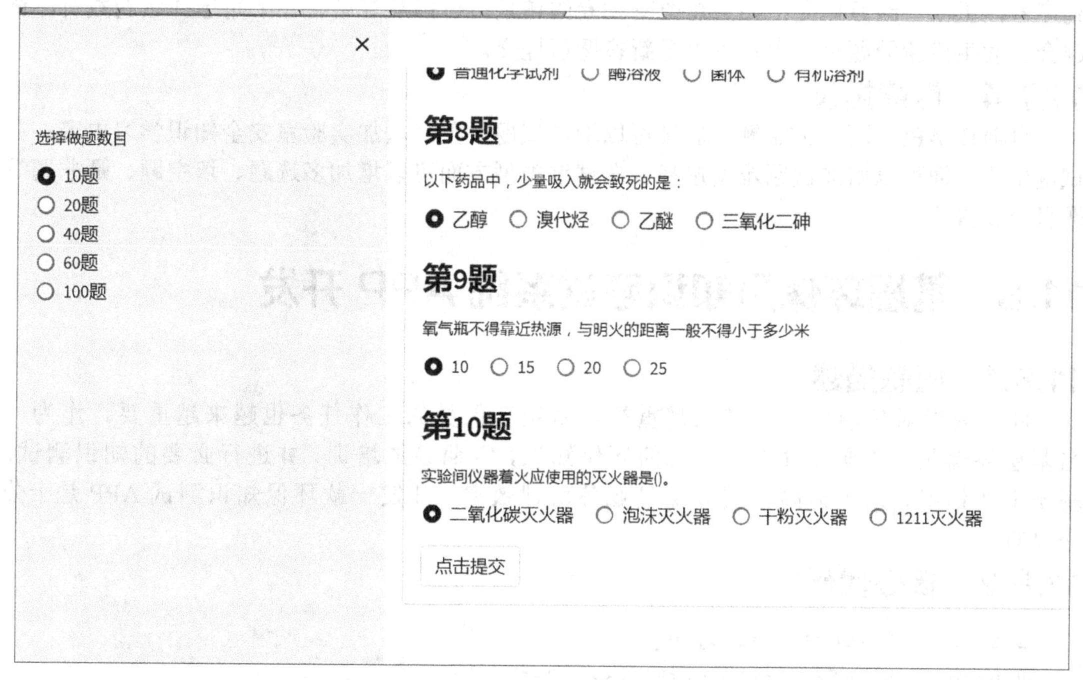

图 11-24　实验室安全考试系统最后答题界面

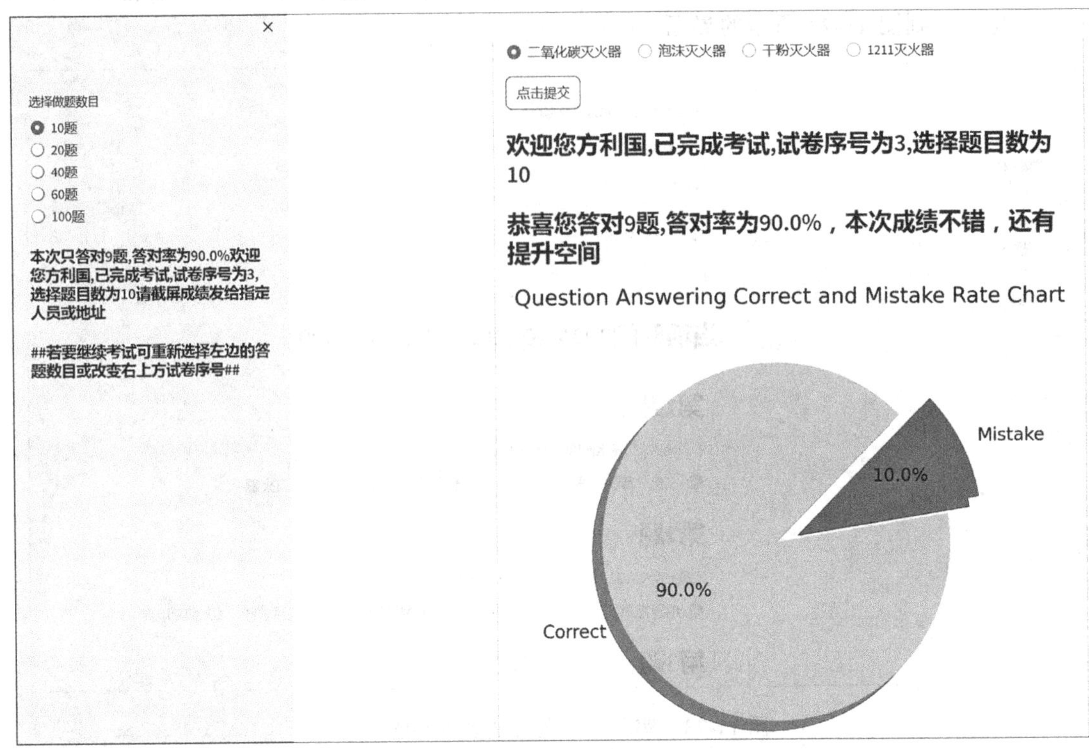

图 11-25　实验室安全考试系统评分界面

在图 11-25 所示的评分界面，如果觉得本次考试成绩不理想，可以选择一个新的试卷序列序号，重新答题后提交；如果想改变试卷的题量，可以从导航栏左上角选择做题数目，试题会自动生成新的题目，用户可以重新答题后提交。

11.7.4　后续拓展

目前该 APP 只有 1200 题，后续可以增加试题数量，增加实验室安全知识学习内容；在试题生成方面可以增加试题难度选择；在试题类型方面可以增加多选题、填空题、是非题等题目的设置。

11.8　基层环保员知识考试系统 APP 开发

11.8.1　问题描述

随着人们对环境安全的越来越重视，基层环保员的工作任务也越来越重要。作为一名基层环保员，必须及时更新自己的环保知识，定期参加培训，并进行必要的知识测试。基于上述情况，为了提高基层环保员业务培训效率，开发一款环保知识测试 APP 是十分必要的。

11.8.2　核心代码

```
global h, interval, m, s, h_s
# https://gzlgfang-st-apps/EEtest-st-spp
# streamlit  run "g:/st-app/st_EEtest.py"
```

```
# 基层生态环工作人员知识学习考试系统
# 包含隐患排查与治理、法律法规、各类标准、信访回复、噪声检测与争议、水质检测与争议、
  废气检测与争议、土壤检测
start_time = time.process_time()
answer = 600 * [1 * ["NA"]]
str_test = 600 * [6 * ["NA"]]
# 隐患排查与治理:0-99, 共 100 题
str_test[0] = ["企业环境安全隐患排查的时间为", "制定环境应急预案前", "制定环境应急
              预案中", "环境应急预案报备后", "任何时候", 3]
#其他所有题目省略
add_selectbox = st.sidebar.radio("选择做题内容", ("隐患排查与治理", "法律法规", "
                                各类标准", "信访回复", "检测与争议", "综合"))
if add_selectbox == "隐患排查与治理":
     name_test = "隐患排查与治理"
     sel_no = 1
     test_num = 18
     # st.subheader("本次答题内容为隐患排查与治理")
elif add_selectbox == "各类标准":
     name_test = "各类标准"
     sel_no = 2
     test_num = 18
elif add_selectbox == "法律法规":
     name_test = "法律法规"
     sel_no = 2
     test_num = 18
elif add_selectbox == "信访回复":
     name_test = "信访回复"
     sel_no = 2
     test_num = 18
elif add_selectbox == "检测与争议":
     name_test = "检测与争议"
     sel_no = 2
     test_num = 18
elif add_selectbox == "综合":
     name_test = "综合"
     sel_no = 2
     test_num = 18
st.header("基层生态环境工作人员培训知识考试")
str_testname = "本次考试内容为" + add_selectbox
st.subheader(str_testname)
st.subheader("点击左上角的→可选择考试内容")
```

```
st.text("本软件代码由方利国开发,发现错误之处请联系 lgfang@scut.edu.cn,不胜感谢。")
st.text("点击左上方的>可以选择考试内容")
name = st.text_input("请输入您的姓名", "张三")
dt = datetime.datetime.now() + datetime.timedelta(hours=8, minutes=0, seconds=-22)
st.subheader("当前时间" + str(dt))
if "time1" not in st.session_state:
    st.session_state.time1 = None
if "time2" not in st.session_state:
    st.session_state.time2 = None
# 按钮
if st.button("请在开始答题时点击我，做完题目再点击一次，马上点击提交"):
    # 如果 time1 是空的，记录第一次点击的时间
    if st.session_state.time1 is None:
        st.session_state.time1 = time.time()
        # 否则记录第二次点击的时间，并计算时间间隔
    elif st.session_state.time2 is None:
        st.session_state.time2 = time.time()
        interval = st.session_state.time2 - st.session_state.time1
        h = interval // 3600  ##计算小时
        h_s = interval % 3600
        m = h_s // 60  ##计算分钟
        s = h_s % 60  ##计算秒
        st.write("本次答题时间为：", h, "小时", m, "分钟", s, "秒")
        st.subheader("本次答题时间为:" + str(interval) + "秒,请截屏保存，并
                    马上点击后面的提交按钮")
        # 重置时间记录，准备下一次计时
        st.session_state.time1 = None
        st.session_state.time2 = None
with st.form("my_form"):
    for i in range(test_num):
        str_k = "第" + str(i + 1) + "题"
        st.subheader(str_k)
        k = i * step + (sel_no - 1) * 100
        k = int(k)
        select = st.radio( str_test[k][0],(str_test[k][1], str_test[k][2],
                     str_test[k][3], str_test[k][4]),horizontal=
                     True )  # 前面题目，后面 4 个选项
        if select == str_test[k][str_test[k][5]]:
                n = n + 1
    submitted = st.form_submit_button("点击提交")
    if submitted:
```

```
        if n / num > 0.9:
            str_n = str(n)
            sstr = ("恭喜您答对" + str_n + "题,答对率为" + str(int(100 * 100 *
                n / num + 0.5) / 100) + "%, 是个生态环境工作大行家")
            st.subheader(sstr)
        elif n / num > 0.6:
            str_n = str(n)
            sstr =("恭喜您答对" + str_n + "题,答对率为" + str(int(100 * 100 *
                n / num + 0.5) / 100) + "%, 本次成绩不错, 还有提升空间" )
            st.subheader(sstr)
        elif n / num <= 0.6:
            str_n = str(n)
            sstr =("本次只答对" + str_n + "题,答对率为" + str(int(100 * 100 *
                n / num + 0.5) / 100) + "%, 成绩不理想, 请多多学习" )
            st.subheader(sstr)
        fig = plt.figure(num="Correct Answer Chart", figsize=(8, 8))
        labels = ["Correct", "Mistake"]
        C_M_data = [n / num, 1 - n / num]  # 正确与错误数据
        colors = ["lightblue", "red"]  # 颜色
        explode = (0.1, 0.1)  # 间隔距离, 半径的比例
        plt.pie( C_M_data, explode=explode, labels=labels, startangle=45,
            shadow=True,colors=colors,  autopct="%3.1f%%" )
        plt.title("Question Answering Correct and Mistake Rate Chart")
        st.pyplot(fig)
        dt = datetime.datetime.now() + datetime.timedelta( hours=8,
            minutes=4, seconds=-22)
        st.subheader("当前时间" + str(dt))
        str_finsh1 = str_finsh + "请截屏成绩发给指定人员或地址"
        sstr ="本次只答对" + str_n + "题,答对率为" + str(int(100 * 100 * n /
            num + 0.5) / 100) + "%" )
        sstr = sstr + str_finsh1
        add_selectbox = st.sidebar.subheader(sstr)
        add_selectbox = st.sidebar.subheader("#若要继续考试可重新选择左边的答
            题内容#")
```

11.8.3 功能展示

软件进入运行的主界面如图 11-26 所示。在图 11-26 的左上角导航栏可以选择进行考试的内容，有隐患排查与治理、法律法规、各类标准、信访回复、检测与争议、综合共六个选项。

在图 11-26 的“请输入您的姓名”后面，将默认“张山”改为用户自己的名字，并回车，将界面往下拉，得到图 11-27 所示的界面。

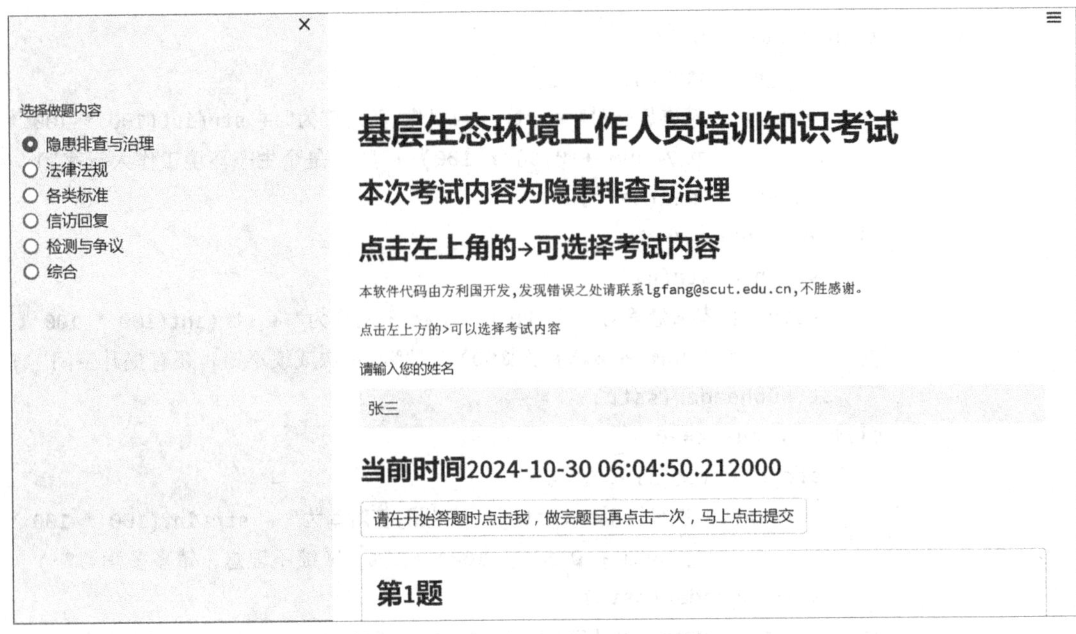

图 11-26　基层环保员知识考试系统主界面

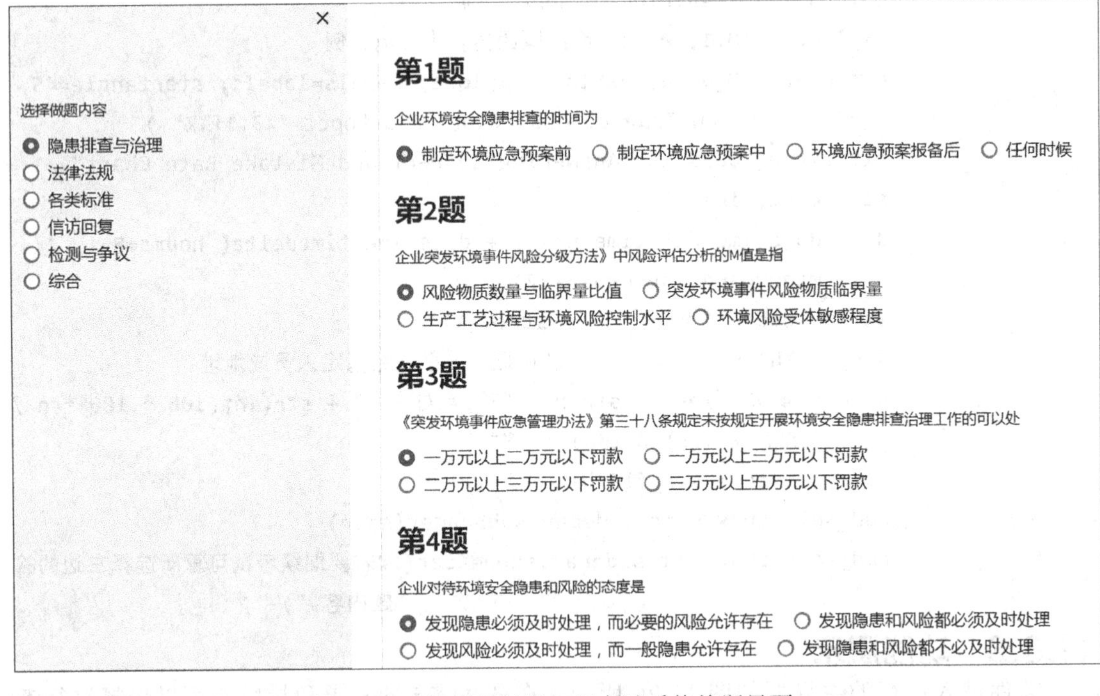

图 11-27　基层环保员知识考试系统答题界面

在图 11-27 基层环保员知识考试系统答题界面中，依次点击正确的选项，不断下拉答题界面，最后得到图 11-28 所示的本次考试题目的最后，点击图 11-28 中的“点击提交”，得到图 11-29 所示的本次评分界面。

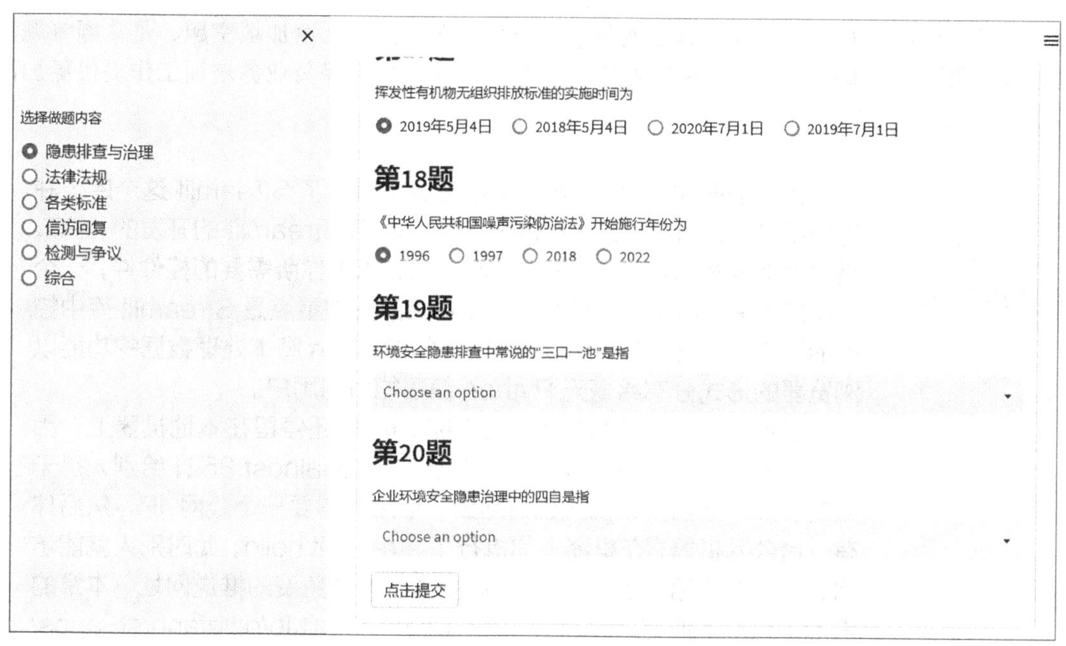

图 11-28　基层环保员知识考试系统最后答题界面

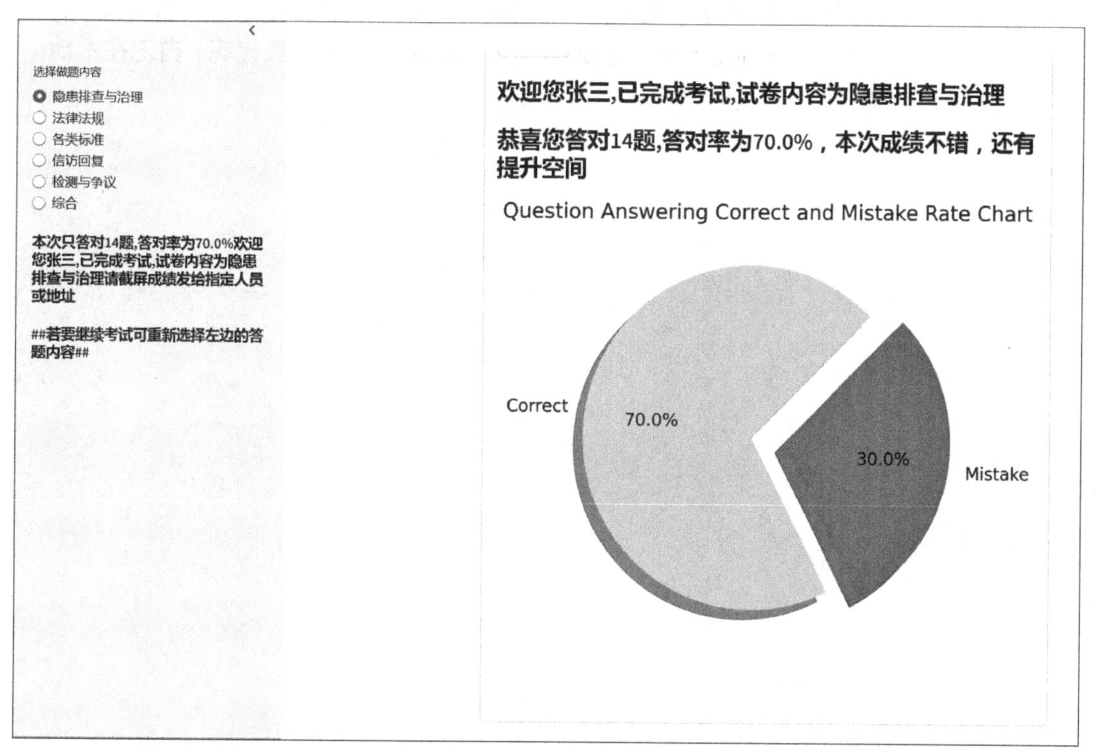

图 11-29　基层环保员知识考试系统评分界面

在图 11-29 所示的评分界面，如果觉得本次考试成绩不理想，可以重新答题后提交，直至取得理想成绩为止。

11.8.4　后续拓展

目前该 APP 只开发了隐患排查与治理、法律法规两个方面的内容，其它内容目前尚未开发；已开发的题型有单选题和多选题两种，用户可以在此基础上增加填空题、是非题等题型的设置。期待有更多的爱好者不断完善该 APP 功能，为基层环保员业务培训工作提供更加高效的有力工具。

本章
重点知识

相比前面 10 章的内容，本章主要新引入了 Streamlit 这个库，并用到不少 Streamlit 的组件也称控件，利用 Streamlit 的开发的 APP，其界面就像搭积木一样，找到 Streamlit 库中你所需要的控件件，一个一个加上去，显示到你的页面上。本章的关注重点是 Streamlit 库中控件的应用，通过合理利用这些控件，将 Python 脚本处理数据的功能以浏览器的形式分享给毫无 Python 编程能力的用户。

读者必须注意的是前面介绍的应用部署还停留在本地机器上，因为测试的访问地址是 localhost，分享一个 localhost:8521 给别人是无效的。如果你需要让别人也访问到，你至少需要一个公网 IP，然后你有一台公网机器，在机器上你执行了 streamlit hello，此时别人就能访问到对应的应用。幸好 streamlit 提供了一个免费的推送网址，本章的内容已全部推送至 https://share.streamlit.io/gzlgfang/st-apps/main/*.py，其中*表示本章开发的 APP 文件名称，注意有些应用由于某些第三方库的原因，可能无法应用，建议读者去 GitHub 的 https://github.com/gzlgfang/py-book/直接下载原代码，自己在本地运行。

参考文献

［1］张楠．Python 语言及其应用领域研究．科技创新导报［J］．2019（17）：122-123．

［2］方利国．计算机在化学化工中的应用［M］．4 版．北京：化学工业出版社，2021．

［3］方利国．化工过程系统分析与合成［M］．北京：化学工业出版社，2013．

［4］史峰，王辉，郁磊，等．MATLAB 智能算法 30 个案例分析［M］．北京：北京航空航天大学出版社，2011．

［5］Thomas Haslwanter．Python 统计分析［M］．李锐，译．北京：人民邮电出版社，2020．

［6］刘大成．Python 数据可视化之 matplotlib 实践［M］．北京：电子工业出版社，2019．

［7］Robert Johansson．Python 科学计算和数据科学应用［M］．黄强，译．北京：清华大学出版社，2020．

［8］Gavin Hackeling．scikit-learn 机器学习［M］．张浩然，译．北京：人民邮电出版社，2020．

［9］Michael Beyeler．机器学习［M］．王磊，译．北京：机械工业出版社，2020．

［10］王小科，李艳．Python GUI 设计 PyQt5 从入门到实践［M］．长春：吉林大学出版社，2020．

［11］温正，孙华克．MATLAB 智能算法［M］．北京：清华大学出版社，2020．

［12］梁旭，黄明．现代智能优化混合算法及其应用［M］．北京：电子工业出版社，2011．

［13］Seabastian Raschka，Vahid Mirjalili．Python 机器学习［M］．陈斌，译．北京：机械工业出版社，2021．

［14］弗朗索瓦•肖莱．Python 深度学习［M］．张亮，译．北京：人民邮电出版社，2018．

［15］陈波，刘慧君．Python 编程基础及应用［M］．北京：高等教育出版社，2020．